層とホモロジー代数

志甫 淳 著

新井仁之・小林俊行・斎藤 毅・吉田朋広 編

■共立講座
数学の
魅力■

共立出版

刊行にあたって

　数学の歴史は人類の知性の歴史とともにはじまり，その蓄積には膨大なものがあります．その一方で，数学は現在もとどまることなく発展し続け，その適用範囲を広げながら，内容を深化させています．「数学探検」，「数学の魅力」，「数学の輝き」の3部からなる本講座で，興味や準備に応じて，数学の現時点での諸相をぜひじっくりと味わってください．

　数学には果てしない広がりがあり，一つ一つのテーマも奥深いものです．本講座では，多彩な話題をカバーし，それでいて体系的にもしっかりとしたものを，豪華な執筆陣に書いていただきます．十分な時間をかけてそれをゆったりと満喫し，現在の数学の姿，世界をお楽しみください．

「数学の魅力」

　大学の数学科で学ぶ本格的な数学はどのようなものなのでしょうか？　数学科の学部3年生から4年生，修士1年で学ぶ水準の数学を独習できる本を揃えました．代数，幾何，解析，確率・統計といった数学科での講義の各定番科目について，必修の内容をしっかりと学んでください．ここで身につけたものは，ほんものの数学の力としてあなたを支えてくれることでしょう．さらに大学院レベルの数学をめざしたいという人にも，その先へと進む確かな準備ができるはずです．

編集委員

まえがき

　位相空間のホモロジー理論を創始したポアンカレの言葉に「数学とは異なるものを同じとみなす技術である」というものがある．この言葉はいろいろな解釈ができると思われるが，自然科学のいろんな場面で似た形で現れる数学的現象の本質を抽出して抽象化し，一つの理論にまとめることはまさに「異なるものを同じとみなす技術」ではないだろうか．例えば，平面幾何学における相似拡大，解析学における関数のある点の近くでの一次近似，自然科学，経済学の様々な場面で現れる諸量の比例関係などの中に潜む線形性という本質を捉え，抽象化して理論としてまとめたものが線形代数である．このように抽象化して理論をまとめておくことで数学的現象の本質の理解が深まり，また，新たな現象が見つかったときには，その理論が適用可能であることさえ確かめれば，同じ考察を再び繰り返すことなく抽象化された理論の恩恵を受けることができる．線形代数学が自然科学のあらゆる分野において重要なものであることは言うまでもないであろう．

　本書の主題であるホモロジー代数もまた，様々な場面に現れる数学的現象の代数的な部分をまとめてできた理論であり，今や現代数学の多くの分野において重要となっている．例えば，位相幾何学において，位相多様体などの位相空間について調べる際には，位相空間の情報を計算しやすい形でとりださないといけないが，n 次元的な情報は位相空間の n 次特異（コ）ホモロジーとして現れる．微分幾何学において C^∞ 級多様体を調べる際には，微分形式を用いて定義されるド・ラームコホモロジーを考えることもできる．また，代数学において，群あるいは群作用をもつ加群のもつ情報を群の（コ）ホモロジーの理論によりとりだすことができる．群としてガロア群を考えるとこれは整数論にも応用される．ここに出てきた（コ）ホモロジーたちは，由来は異なるものの，その定義の仕方の代数的部分に共通性が見られる．それを抽象化してまと

めたものがホモロジー代数である．したがって，数学のどの分野においても，研究対象の情報をとりだしてきて代数的に扱う際にホモロジー代数が重要になると言える．

ホモロジー代数を一般的な形で述べるためには，数学の根本である「対象とそれを繋ぐ射」の概念にまでいったん遡るのがよく，それは圏の概念として定式化される．これはある意味で数学の究極的な抽象化である．そしてホモロジー代数ができるような圏としてアーベル圏の概念が定義される．また，位相空間や多様体（の開部分集合）上の関数の貼り合わせの性質を抽象化して考えることによって位相空間上の層の概念に到達する．そして層に対してホモロジー代数を適用することにより層係数コホモロジーが定義される．これは適切な仮定の下で確かに特異コホモロジーあるいはド・ラームコホモロジーと一致しており，したがって種々のコホモロジーの統一的，抽象的な定義を可能にする．

ホモロジー代数については最近いくつかの和書あるいは邦訳書が出版されており，またホモロジー代数についての洋書は多くある．そのような状況において新たに本書を世に出すことにいささか躊躇する面もあるが，本書の特徴として以下のことを挙げたい．本書では基本的な集合論的知識以外の予備知識をほとんど仮定せずに環と加群の定義から始め，圏，層の理論もある程度まで一通り述べる．そして環上の加群に特有な事象よりも一般的に成り立つ抽象的な事象を重視して書く．また，紙数の都合上，具体的な応用事例については途中ではほとんど述べず，最後の節で特異コホモロジー理論，ド・ラームコホモロジー理論との比較を述べるにとどめることにする．より深いさまざまな数学の分野におけるホモロジー代数の応用については他書あるいはそれぞれの分野の専門書を参照されたい．

本書の内容の一部は 2003 年度および 2005 年度に東京大学で行ったホモロジー代数の講義のために準備したノートに基づいている．また，丁寧に原稿を読んでいただき，多くの助言をいただいたことに対して査読者の方へ深く感謝したい．本書が数学の専門的勉強を始める読者の役に立つことを願っている．

2015 年 9 月

志甫　淳

記　号

　本書を通じて，0 以上の整数全体の集合を $\mathbb{N}$，整数全体の集合を $\mathbb{Z}$，有理数全体の集合を $\mathbb{Q}$，実数全体の集合を $\mathbb{R}$，複素数全体の集合を $\mathbb{C}$ と書く．1 以上の整数全体の集合を $\mathbb{N}$ と書く流儀もあるが，本書では常に 0 は $\mathbb{N}$ に属するものとし，1 以上の整数全体の集合は $\mathbb{N}_{\geq 1}$ と書く．

目　次

まえがき　iii

記　号　v

第 1 章　環と加群　1
1.1　環と加群の定義　1
1.2　図式と完全列　14
1.3　直和と直積　28
1.4　帰納極限と射影極限　35
1.5　テンソル積　59
1.6　射影的加群と単射的加群　65
1.7　平坦加群　72
　　　演習問題　76

第 2 章　圏　78
2.1　圏の定義　78
2.2　関手と自然変換　88
2.3　帰納極限と射影極限　95
2.4　アーベル圏　117
2.5　加法圏　126
2.6　アーベル圏の間の関手　139
2.7　埋め込み定理 (I)　144
2.8　グロタンディーク圏　149
2.9　埋め込み定理 (II)　157

2.10　随伴関手　*168*
　　　　演習問題　*181*

第3章　ホモロジー代数 ―――――――――――― *183*
3.1　複体　*183*
3.2　射影的分解と単射的分解　*193*
3.3　導来関手　*205*
3.4　スペクトル系列　*217*
3.5　Tor と Ext　*238*
3.6　群のホモロジーとコホモロジー　*264*
　　　演習問題　*274*

第4章　層 ―――――――――――――――― *277*
4.1　前層の定義と基本性質　*277*
4.2　層の定義と基本性質　*286*
4.3　層係数コホモロジー　*303*
4.4　チェックコホモロジー　*321*
4.5　特異コホモロジー，ド・ラームコホモロジーとの比較　*337*
　　　演習問題　*344*

付録 ―――――――――――――――――― *347*
A.1　位相空間論からの準備　*347*
A.2　特異コホモロジー　*356*
A.3　ド・ラームコホモロジー　*364*

あとがき ―――――――――――――――― *375*

参考文献 ―――――――――――――――― *376*

記号索引 ―――――――――――――――― *377*

用語索引 ―――――――――――――――― *381*

第1章

環と加群

本章では，環および環上の加群の定義から始め，環上の加群に対する図式と完全列，直和と直積，帰納極限と射影極限，テンソル積，射影的加群，単射的加群，平坦加群といったホモロジー代数を始めるために重要な諸概念の定義およびその性質を述べる．これらの概念のうちのいくつかは，次章において圏あるいはアーベル圏の場合に抽象化された形で再び述べられることになる．しかしながら，実際の数学研究の場面では，環上の加群あるいはそれを複雑化させたようなもの（例えば第4章で扱う加群の層など）に対して抽象論を適用することが多いので，環上の加群の場合に上に挙げた諸概念をより具体的な形で知っておくことも重要である．また次章以降におけるいくつかの命題の証明において，環上の加群の場合の結果を用いることがある．つまり本章の結果が次章における抽象的な議論において役に立つ場面もあるということも指摘しておきたい．

1.1 環と加群の定義

本節では本書において用いる環と加群に関する基礎事項についてまとめる．まず可換群の定義をする．

▷**定義 1.1** 加法 $M \times M \longrightarrow M;\ (a,b) \mapsto a+b$ が与えられた集合 M が**可換群 (commutative group)** であるとは次を満たすこと：
(1) 任意の $a,b,c \in M$ に対して $(a+b)+c = a+(b+c)$．
（**結合法則 (associative law)**）
(2) M の元 0 で任意の $a \in M$ に対して $a+0 = 0+a = a$ を満たすものが存在する．（この 0 を M の**単位元 (unit element)** という．）
(3) 各 $a \in M$ に対して，$a' \in M$ で $a+a' = a'+a = 0$ を満たすものが存在する．（この a' を a の**逆元 (inverse element)** といい，以下 $-a$ と書く．）
(4) 任意の $a,b \in M$ に対して $a+b = b+a$．（**交換法則 (commutative law)**）

以下では可換群の元 a, b に対して $a + (-b)$ を $a - b$ と略記する.

性質 (1), (4) より, 可換群の元の有限族 $(a_\lambda)_{\lambda \in \Lambda}$ の和は和をとる順によらない. 以下ではそれを $\sum_{\lambda \in \Lambda} a_\lambda$ と書く. $\Lambda = \{1, \ldots, n\}$ のときは $a_1 + \cdots + a_n$ とも書く. また, 可換群の元の族 $(a_\lambda)_{\lambda \in \Lambda}$ で有限個を除いた $\lambda \in \Lambda$ に対して $a_\lambda = 0$ となるものが与えられたとき, その和 $\sum_{\lambda \in \Lambda} a_\lambda$ を $\sum_{\lambda \in \Lambda} a_\lambda := \sum_{\lambda \in \{\lambda \in \Lambda \,|\, a_\lambda \neq 0\}} a_\lambda$ と定める.

注 1.2 (2) における単位元 0 は一意的である. 実際, $0, 0'$ が共に単位元であるとすると 0 および $0'$ に対する (2) の性質より $0 = 0 + 0' = 0'$ となる. また, (3) において, 各 $a \in M$ に対してその逆元は一意的である. 実際, a', a'' が共に a の逆元であるとすると (1), (2), (3) より $a' = a' + 0 = a' + (a + a'') = (a' + a) + a'' = 0 + a'' = a''$ となる.

次に環の定義をする.

▷ **定義 1.3** 加法 $R \times R \longrightarrow R;\ (a, b) \mapsto a + b$ と乗法 $R \times R \longrightarrow R;\ (a, b) \mapsto ab$ が与えられた集合 R が **環 (ring)** であるとは, 次を満たすこと.
(1) R は加法について可換群である.（加法の単位元を 0 と書き, **零元 (zero element)** という. 加法に関する a の逆元を $-a$ と書く.）
(2) 任意の $a, b, c \in R$ に対して $(ab)c = a(bc)$.（乗法の**結合法則**）
(3) 任意の $a, b, c \in R$ に対して $a(b + c) = ab + ac, (a + b)c = ac + bc$.（**分配法則 (distributive law)**）
(4) R の元 1 で任意の $a \in R$ に対して $a1 = 1a = a$ を満たすものが存在する.（この 1 を R の**単位元**という.）
さらに次を満たすとき, R を**可換環 (commutative ring)** という.
(5) 任意の $a, b \in R$ に対して $ab = ba$.（乗法の**交換法則**）

性質 (2) より, 環の 3 つの元 a, b, c の積は (a, b, c の順序は変えずに) a と b の積を先にとって計算しても b と c の積を先にとって計算しても同じである. よって以下ではそれを abc と書くことが多い. 4 つ以上の元の積についても, 性質 (2) を繰り返し使うことにより同様のことが言える.

注 1.4 (1)〜(3) だけを満たすものを環とよぶ流儀もある．このときは (1)〜(4) を満たすものを**単位元をもつ環** (unital ring, ring with unity) という．

注 1.5 (1) 注 1.2 と同様にして環 R の零元 0 および単位元 1 が一意的であることが言える．
(2) 環 R の元 a に対し $a0 = 0a = 0, -a = (-1)a = a(-1)$ となることが言える：実際，$0 = (a0) + (-(a0)) = a(0+0) + (-(a0)) = (a0 + a0) + (-(a0)) = a0 + (a0 + (-(a0))) = a0 + 0 = a0$ であり，$0a = 0$ も同様に証明できる．また $a + (-1)a = 1a + (-1)a = (1 + (-1))a = 0a = 0$ で，同様に $(-1)a + a = 0$ なので注 1.2 における加法に関する逆元の一意性より $(-1)a = -a$. $a(-1) = -a$ も同様に示される．

【例 1.6】 (1) 一つの元からなる集合 $\{0\}$ に加法，乗法を $0+0 = 0, 00 = 0$ により定めたものは可換環となる．これを**零環** (zero ring) といい，0 と書く．
(2) 整数全体の集合 $\mathbb{Z}$, 有理数全体の集合 $\mathbb{Q}$, 実数全体の集合 $\mathbb{R}$, 複素数全体の集合 $\mathbb{C}$ に通常の加法および乗法を与えたものは可換環である．一方，0 以上の整数全体の集合 $\mathbb{N}$ に通常の加法および乗法を与えたものは環ではない．（例えば $1 \in \mathbb{N}$ の加法に関する逆元は $\mathbb{N}$ 内には存在しない．）
(3) 環 R に対して $M(n, R)$ を R の元を成分とする n 次正方行列全体の集合とすると，$M(n, R)$ は通常の行列の加法，乗法に関して環となる．R が可換環であっても，$R \neq 0$ かつ $n \geq 2$ ならば $M(n, R)$ は可換環でない．

▷**定義 1.7** R を環とするとき，その**反対環** (opposite ring) R^{op} を次のように定義する：まず，集合としては $R^{\mathrm{op}} := R$ とし，加法は R の加法と同じものとするが，$a, b \in R^{\mathrm{op}} = R$ に対して，R における ba を R^{op} における a と b の積 ab と定める．R が可換環の場合は R と R^{op} は同じ環である．

▷**定義 1.8** R を環とする．
(1) $a \in R$ が**単元** (unit) あるいは**可逆元** (invertible element) であるとは，ある $a' \in R$ に対して $aa' = a'a = 1$ が成り立つこと．（注 1.2 と同様にしてこのような a の一意性も言える．）この a' を a の乗法に関する**逆元**といい，a^{-1} と書く．
(2) 零環でない可換環 R が**体** (field) であるとは，0 以外の R の元が単元で

あること[1].
(3) 零環でない可換環 R が**整域 (integral domain)** であるとは，条件「$a, b \in R, ab = 0 \Rightarrow a = 0$ または $b = 0$」が成り立つこと．

体 R の元 a, b に対し，$ab = 0, a \neq 0$ ならば $b = a^{-1}ab = 0$ であり，同様に $ab = 0, b \neq 0$ ならば $a = 0$ であることが言える．したがって体は整域である．

【例 1.9】 $\mathbb{Z}$ は整域であるが体ではない（例えば $2 \in \mathbb{Z}$ の乗法に関する逆元は $\mathbb{Z}$ 内には存在しない）．$\mathbb{Q}, \mathbb{R}, \mathbb{C}$ は体である．

▷**定義 1.10** 環 R の部分集合 I が (1) $0 \in I$, (2) $x, y \in I \implies x + y \in I$, (3) $a \in R, x \in I \implies ax \in I (xa \in I)$ を満たすとき，I を R の**左（右）イデアル (left (right) ideal)** という．左かつ右イデアルであるとき**両側イデアル (two-sided ideal)** という．R が可換環のときは左右の区別はないので単に**イデアル (ideal)** という．

▷**定義 1.11** R を環とする．
(1) R の左（右）イデアルの族 $\{I_\lambda\}_{\lambda \in \Lambda}$ に対して，これらを全て含む最小の左（右）イデアル

$$\left\{ \sum_{\lambda \in \Lambda} x_\lambda \;\middle|\; x_\lambda \in I_\lambda, \text{有限個を除く } \lambda \in \Lambda \text{ に対して } x_\lambda = 0 \right\}$$

を $I_\lambda (\lambda \in \Lambda)$ の**和 (sum)** といい $\sum_{\lambda \in \Lambda} I_\lambda$ と書く．$\Lambda = \{1, \ldots, n\}$ のときは $I_1 + \cdots + I_n$ とも書く．
(2) $x \in R$ のとき，x を含む最小の左（右）イデアル $\{ax \mid a \in R\}$ ($\{xa \mid a \in R\}$) を x の生成する R の左（右）イデアルといい，Rx (xR) と書く．よって $x_\lambda \in R (\lambda \in \Lambda)$ のときこれらを含む最小の左（右）イデアル

$$\left\{ \sum_{\lambda \in \Lambda} a_\lambda x_\lambda \;\middle|\; a_\lambda \in R, \text{有限個を除く } \lambda \in \Lambda \text{ に対して } a_\lambda = 0 \right\}$$

---

[1] 体の定義において乗法の交換法則（定義 1.3 の (5)）を仮定しない流儀もある．このときは，乗法の交換法則を仮定した体のことを**可換体 (commutative field)** という．

$$\left(\left\{\sum_{\lambda \in \Lambda} x_\lambda a_\lambda \,\middle|\, a_\lambda \in R, 有限個を除く \lambda \in \Lambda に対して a_\lambda = 0\right\}\right)$$

は $\sum_{\lambda \in \Lambda} Rx_\lambda$ ($\sum_{\lambda \in \Lambda} x_\lambda R$) と書かれる．$\Lambda = \{1, \ldots, n\}$ のときは $Rx_1 + \cdots + Rx_n$ ($x_1 R + \cdots + x_n R$) とも書かれる．これを $x_\lambda (\lambda \in \Lambda)$ の生成する R の左（右）イデアルという．R が可換環のときは x の生成する R のイデアルあるいは $x_\lambda (\lambda \in \Lambda)$ の生成する R のイデアルという．

(3) R の左（右）イデアル I, J に対して，$xy\,(x \in I, y \in J)$ の形の元有限個の和で書ける R の元全体のなす集合は左（右）イデアルとなる．これを IJ と書き，I と J の積という．$I = J$ のときは IJ のことを I^2 と書く．また $n \in \mathbb{N}$ に対して I^n を $I^0 := R, I^n := I^{n-1}I\,(n \geq 1)$ により帰納的に定義する．

(4) 一つの元で生成される可換環 R のイデアルを**単項イデアル** (principal ideal) という．

▷**定義 1.12** 任意のイデアルが単項イデアルである整域を**単項イデアル整域** (principal ideal domain) という．

【例 1.13】 $\mathbb{Z}$ は単項イデアル整域である．実際，I を $\mathbb{Z}$ のイデアルとするとき，$I = \{0\}$ ならば $I = 0\mathbb{Z}$．$I \supsetneq \{0\}$ のときは I は 0 でない元を含むが，必要ならば (-1) 倍することにより I が正整数を含むことがわかる．したがって I に属する最小の正整数 n が存在する．このとき $I \supseteq n\mathbb{Z}$．また，m を I の任意の元として $m = nq + r\,(q, r \in \mathbb{Z}, 0 \leq r < n)$ と割り算すると $r = m - nq \in I$．すると n の定義（最小性）より $r = 0$ でなければならない．したがって $m = nq \in n\mathbb{Z}$ となるので $I = n\mathbb{Z}$ が言える．

また，K を体とするとき K 上の 1 変数多項式環 $K[x]$ は単項イデアル整域である．実際，I を $K[x]$ のイデアルとするとき，$I = \{0\}$ ならば $I = 0\,K[x]$．$I \supsetneq \{0\}$ のときは $f(x)$ を $I \setminus \{0\}$ に属する次数最小の元（の一つ）とすると $f(x)K[x] \subseteq I$．また，$g(x)$ を I の任意の元として $g(x) = f(x)q(x) + r(x)\,(q(x), r(x) \in K[x], (r(x) の次数) < (f(x) の次数))$ と割り算すると $r(x) = g(x) - f(x)q(x) \in I$．すると $f(x)$ の定義（次数の最小性）より $r(x) = 0$ でなければならない．したがって $g(x) = f(x)q(x) \in f(x)K[x]$ となるので $I = f(x)K[x]$ が言える．

以下，可換群 M，その部分集合 J と $a \in M$ に対して M の部分集合 $a+J$ を $a+J := \{a+x \mid x \in J\}$ と定める．R を環，I をその両側イデアルとするとき，$a+I$ の形に書ける R の部分集合全体の集合を R/I と書く．定義より R/I の元は $a+I$ という形に書けるが，$I \neq \{0\}$ のときこの表示は一意的ではない：実際，$a+I = a'+I$ であることは $a-a' \in I$ であることと同値である．R/I に加法を $(a+I)+(b+I) := (a+b)+I$，乗法を $(a+I)(b+I) := ab+I$ と定めたいが，次の補題によりこれらが well-defined であることがわかる．

▶**補題 1.14** 上の加法および乗法の定義は $a+I, b+I$ の表示に依存せずに定まっている．

[証明]　$a+I = a'+I, b+I = b'+I$ とすると $a = a'+x, b = b'+y$ となる $x, y \in I$ が存在する．すると
$$(a+b)+I = (a'+x+b'+y)+I = (a'+b') + ((x+y)+I)$$
$$= (a'+b') + I,$$
$$ab+I = (a'+x)(b'+y)+I = a'b' + ((a'y+xb'+xy)+I) = a'b'+I$$
となるので題意が言える． □

そして，この加法，乗法により R/I が環となることが確かめられる．（零元は $0+I = I$，単位元は $1+I$．）これを R の I による**剰余環** (residue ring) という．R が可換環のときは R/I は可換環になる．

環の間の準同型写像を次のように定義する．

▷**定義 1.15** R, R' を環とする．写像 $f: R \longrightarrow R'$ が $f(a+b) = f(a) + f(b), f(ab) = f(a)f(b), f(1) = 1$ $(a,b \in R)$ を満たすとき，f を環の**準同型写像** (homomorphism) という．環の準同型写像 $f: R \longrightarrow R'$ が全単射であるとき，これを**同型写像** (isomorphism) という．また，環 R, R' の間の同型写像が存在するとき R, R' は**同型** (isomorphic) であるといい $R \cong R'$ と書く．

次に環上の加群の定義をする．

▷**定義 1.16** R を環とする．可換群 M（算法を加法 + で表わす）に R の元による左乗法 $R \times M \longrightarrow M; (a, x) \mapsto ax$ が与えられたものが**左 R 加群** (left R-module) であるとは次を満たすこと．

(1) 任意の $a \in R, x, y \in M$ に対して $a(x+y) = ax + ay$．
(2) 任意の $a, b \in R, x \in M$ に対して $(a+b)x = ax + bx$．
(3) 任意の $a, b \in R, x \in M$ に対して $(ab)x = a(bx)$．
(4) 任意の $x \in M$ に対して $1x = x$．

また，可換群 M（算法を加法 + で表わす）に R の元による右乗法 $M \times R \longrightarrow M; (x, a) \mapsto xa$ が与えられたものが**右 R 加群** (right R-module) であるとは次を満たすこと．

(1) 任意の $a \in R, x, y \in M$ に対して $(x+y)a = xa + ya$．
(2) 任意の $a, b \in R, x \in M$ に対して $x(a+b) = xa + xb$．
(3) 任意の $a, b \in R, x \in M$ に対して $x(ab) = (xa)b$．
(4) 任意の $x \in M$ に対して $x1 = x$．

さらに，R, S を環とするとき，可換群 M（算法を加法 + で表わす）に R の元による左乗法 $R \times M \longrightarrow M; (a, x) \mapsto ax$ および S の元による右乗法 $M \times S \longrightarrow M; (x, b) \mapsto xb$ が与えられたものが **(R, S) 両側加群** ((R, S)-bimodule) であるとは次を満たすこと．

(1) R の元による左乗法に関して M は左 R 加群となる．
(2) S の元による右乗法に関して M は右 S 加群となる．
(3) 任意の $x \in M, a \in R, b \in S$ に対して $(ax)b = a(xb)$ が成り立つ．

M を左 R 加群とし，$f : R \times M \longrightarrow M$ を R の元による左乗法とするとき R^{op} の元による右乗法 $g : M \times R^{\mathrm{op}} \longrightarrow M$ を $g(x, a) := f(a, x)$ と定めると，この g により M は右 R^{op} 加群になる．そしてこの対応により左 R 加群と右 R^{op} 加群の概念は同値となる．特に，R が可換環の場合は左 R 加群と右 R 加群の概念が同値となるので，これを単に **R 加群** (R-module) という．また，R が可換環の場合，左 R 加群 M に対して上の同値を通じた右 R 加群の構造を合わせて考えたものは (R, R) 両側加群となっている．以下では主に左 R 加群を考察の対象とするが，上の同値により右 R 加群の場合にも対応する概念が定義され，対応する命題が成り立つことに注意する．

【例 1.17】 (1) 1つの元 0 からなる集合 $\{0\}$ に加法，R の元による左乗法および右乗法をを $0+0=0, a0=0, 0a=0\,(a\in R)$ により定めたものは (R,R) 両側加群になる．これを**零加群 (zero module)** といい，以降では 0 で表わす．

(2) R 自身を加法により可換群とみて，R の元による左乗法および右乗法を R の乗法により自然に定めたものは (R,R) 両側加群になる．

より一般に，環の準同型写像 $f: R \longrightarrow S$ が与えられたとき，S を加法により可換群とみて，S の元に対する R の元による左乗法および右乗法を $ax=f(a)x, xa=xf(a)\,(a\in R, x\in S$，ただし右辺の乗法は S に与えられた乗法とする$)$ により定めたものは (R,R) 両側加群になる．ここに述べた S の元に対する R の元による左乗法（右乗法）と，S の乗法により定めた S の元による右乗法（左乗法）を考えることにより，S を (R,S) 両側加群（(S,R) 両側加群）とみることもできる．

(3) 可換群 M に対して，$\mathbb{Z}$ の元 n による左乗法を $n\geq 0$ の時は帰納的に $0x:=0, nx:=(n-1)x+x\,(n\geq 1)$ と定め，また $n<0$ のときは $nx:=-(-n)x$ と定めると，これにより M に $\mathbb{Z}$ 加群の構造が入る．この構成により可換群の概念と $\mathbb{Z}$ 加群の概念は同値である．

R を環，M を左 R 加群とする．空でない M の部分集合 N が M の**部分加群 (submodule)** であるとは，M の加法 $M\times M \longrightarrow R$ および R の元による M への左乗法 $R\times M \longrightarrow M$ をそれぞれ $N\times N, R\times N$ に制限したときに N の加法および R の元による N への左乗法を引き起こすことである．このとき，この加法および R の元による左乗法により N が左 R 加群となることが確かめられる．例えば M 自身や零加群 0 は M の部分加群である．また，R 自身を自然に左 R 加群とみるとき，R の部分加群とは R の左イデアルに他ならない．

R を環，M を左 R 加群とするとき，M の部分加群の族 $\{N_\lambda\}_{\lambda\in\Lambda}$ に対してこれらを全て含む最小の部分加群

$$\left\{\sum_{\lambda\in\Lambda} x_\lambda \;\middle|\; x_\lambda\in N_\lambda, 有限個を除く \lambda\in\Lambda に対して x_\lambda=0\right\}$$

を $N_\lambda\,(\lambda\in\Lambda)$ の**和**といい $\sum_{\lambda\in\Lambda} N_\lambda$ と書く．$\Lambda=\{1,\ldots,n\}$ のときは N_1+

$\cdots + N_n$ とも書く．また，$x \in M$ のとき，x を含む最小の部分加群 $\{ax \mid a \in R\}$ を x の生成する M の部分加群といい，Rx と書く．よって $x_\lambda \in M$ ($\lambda \in \Lambda$) に対し，これらを含む最小の部分加群

$$\left\{ \sum_{\lambda \in \Lambda} a_\lambda x_\lambda \,\middle|\, a_\lambda \in R, \text{有限個を除く } \lambda \in \Lambda \text{ に対して } a_\lambda = 0 \right\}$$

は $\sum_{\lambda \in \Lambda} Rx_\lambda$ と書かれる．$\Lambda = \{1, \ldots, n\}$ のときは $Rx_1 + \cdots + Rx_n$ とも書かれる．これを x_λ ($\lambda \in \Lambda$) の生成する M の部分加群という．M 自身がある有限個の元により生成されるとき，M は**有限生成 (finitely generated)** であるという．

N を M の部分加群とするとき，$x + N$ の形に書ける M の部分集合全体の集合を M/N と書く．M/N に加法を $(x+N) + (y+N) := (x+y) + N$, R の元による左乗法を $a(x+I) := ax + I$ と定めたいが，次の補題によりこれらが well-defined であることがわかる．

▶**補題 1.18** 上の加法および R の元による左乗法の定義は $x+N, y+N$ の表示に依存せず定まっている．

[証明] $x+N = x'+N, y+N = y'+N$ とすると $x = x'+z, y = y'+w$ となる $z, w \in N$ が存在する．すると

$$(x+y) + N = (x' + z + y' + w) + N$$
$$= (x' + y') + ((z+w) + N) = (x' + y') + N,$$
$$ax + N = a(x' + z) + N = ax' + (az + N) = ax' + N$$

となるので題意が言える． □

そして，この加法と R の元による左乗法により M/N が左 R 加群となることが確かめられる．これを M の N による**剰余加群 (residue module)** という．また，$x \in M$ に対して $x+N \in M/N$ のことを x の M/N における**剰余類 (residue class)** という．

環上の加群の間の準同型写像を次のように定義する．

▷**定義 1.19** R を環,M, M' を左 R 加群とする.写像 $f : M \longrightarrow M'$ が $f(x+y) = f(x) + f(y), f(ax) = af(x)\, (x, y \in M, a \in R)$ を満たすとき,f を左 R 加群の**準同型写像**という.左 R 加群の準同型写像 $f : M \longrightarrow M'$ が全単射であるとき,これを**同型写像**という.また,左 R 加群 M, M' の間の同型写像が存在するとき M, M' は**同型**であるといい $M \cong M'$ と書く.

【**例 1.20**】 (1) 準同型写像 $M \longrightarrow M; x \mapsto x$ のことを**恒等写像** (identity morphism) といい,id_M または id で表わす.これは同型写像である.
(2) 全ての元 $x \in M$ を 0 に移す準同型写像 $M \longrightarrow N$ を**零写像** (zero morphism) といい,0 で表わす.零加群からの準同型写像 $0 \longrightarrow M$,零加群への準同型写像 $M \longrightarrow 0$ はそれぞれ零写像しかないので,以下では $0 \longrightarrow M, M \longrightarrow 0$ と書いたときには零加群からのあるいは零加群への零写像を表わすことにする.
(3) N を左 R 加群 M の部分加群とするとき,準同型写像 $i : N \longrightarrow M; x \mapsto x$ のことを**標準的包含** (canonical inclusion) という.これは単射である.
(4) N を左 R 加群 M の部分加群とするとき,準同型写像 $p : M \longrightarrow M/N; x \mapsto x + N$ のことを**標準的射影** (canonical projection) という.これは全射である.

集合の写像の場合と同様に,左 R 加群の準同型写像 $f : M \longrightarrow M', g : M' \longrightarrow M''$ の合成 $g \circ f$ を $(g \circ f)(x) := g(f(x))\, (x \in M)$ と定める.
さらに準同型写像全体のなす集合を次のように定める.

▷**定義 1.21** R を環とする.左 R 加群 M, N に対して,左 R 加群の準同型写像 $M \longrightarrow N$ 全体のなす集合を $\mathrm{Hom}_R(M, N)$ と書く.$f, g \in \mathrm{Hom}_R(M, N)$ に対して $f + g \in \mathrm{Hom}_R(M, N)$ を $(f+g)(x) := f(x) + g(x)$ と定めることにより $\mathrm{Hom}_R(M, N)$ には可換群の構造が入る.(単位元は零写像である.また $f \in \mathrm{Hom}_R(M, N)$ の逆元 $-f$ は $(-f)(x) := -f(x)$ により定義される準同型写像である.)

通常の可換群の場合と同様に,$f, g \in \mathrm{Hom}_R(M, N)$ に対して $f + (-g)$ を $f - g$ と略記する.

記号を上の通りとするとき,$a \in R$ に対して $af : M \longrightarrow N$ を $(af)(x) := af(x)$ と定義してもこれは左 R 加群の準同型写像になるとは限らない.(実際,$b \in R$ に対して一般には $(af)(bx) = af(bx) = abf(x) \neq baf(x) = b(af)(x)$.)したがって一般には $\mathrm{Hom}_R(M, N)$ に左 R 加群の構造は入らない.

R, S を環として M が (R, S) 両側加群,N が左 R 加群ならば $\mathrm{Hom}_R(M, N)$ には $(af)(x) := f(xa)\, (a \in S, x \in M)$ と定義することにより左 S 加群の構造が入る.(実際,$b \in R$ に対して $(af)(bx) = f(bxa) = bf(xa) = b(af)(x)$ より $af \in \mathrm{Hom}_R(M, N)$ である.)特に,R が可換環のときは,R 加群を自然に (R, R) 両側加群と見ることができるので,$a \in R$ に対して $af : M \longrightarrow N$ を $(af)(x) := af(x)$ と定義することにより $\mathrm{Hom}_R(M, N)$ に左 R 加群の構造が入る.

以下,左 R 加群 M, N, X と $f \in \mathrm{Hom}_R(M, N)$ に対して写像

$$\mathrm{Hom}_R(X, M) \longrightarrow \mathrm{Hom}_R(X, N);\quad \varphi \mapsto f \circ \varphi$$

を $f^\sharp$ と書き,また写像

$$\mathrm{Hom}_R(N, X) \longrightarrow \mathrm{Hom}_R(M, X);\quad \varphi \mapsto \varphi \circ f$$

を $^\sharp f$ と書く.これらは可換群($= \mathbb{Z}$ 加群)の準同型写像であり,R が可換環のときは R 加群の準同型写像となる.また,$f \in \mathrm{Hom}_R(M, N), g \in \mathrm{Hom}_R(N, L)$ とするとき $g^\sharp \circ f^\sharp = (g \circ f)^\sharp, {}^\sharp f \circ {}^\sharp g = {}^\sharp(g \circ f)$ が成り立つ.

$f : M \longrightarrow M'$ を左 R 加群の準同型写像とするとき,f の**核 (kernel)** $\mathrm{Ker}\, f$,**像 (image)** $\mathrm{Im}\, f$ および**余核 (cokernel)** $\mathrm{Coker}\, f$ を $\mathrm{Ker}\, f := \{x \in M \mid f(x) = 0\} \subseteq M, \mathrm{Im}\, f := f(M) := \{f(x) \mid x \in M\} \subseteq M', \mathrm{Coker}\, f := M'/\mathrm{Im}\, f$ と定義する.このとき f が単射であることと $\mathrm{Ker}\, f = 0$ であることは同値である.また f が全射であることと $\mathrm{Im}\, f = M'$ であることは同値であり,それは $\mathrm{Coker}\, f = 0$ であることと同値である.

【例 1.22】 (1) 恒等写像 $\mathrm{id}_M : M \longrightarrow M$ に対して $\mathrm{Ker}\, \mathrm{id}_M = 0, \mathrm{Im}\, \mathrm{id}_M = M, \mathrm{Coker}\, \mathrm{id}_M = 0$.
(2) 零写像 $0 : M \longrightarrow N$ に対して $\mathrm{Ker}\, 0 = M, \mathrm{Im}\, 0 = 0, \mathrm{Coker}\, 0 = N$.
(3) N を左 R 加群 M の部分加群,$i : N \longrightarrow M$ を標準的包含とするとき $\mathrm{Ker}\, i = 0, \mathrm{Im}\, i = N, \mathrm{Coker}\, i = M/N$ である.

(4) N を左 R 加群 M の部分加群,$p: M \longrightarrow M/N; x \mapsto x+N$ を標準的射影とするとき $\operatorname{Ker} p = N, \operatorname{Im} p = M/N, \operatorname{Coker} p = 0$ である.特に,$f: M \longrightarrow M'$ を準同型写像とするとき $\operatorname{Coker} f$ への標準的射影 $M' \longrightarrow \operatorname{Coker} f$ の核は $\operatorname{Im} f$ である.

核および余核の**普遍性 (universality)** は次のように述べられる.

▶**命題 1.23** R を環,$f: M \longrightarrow M'$ を左 R 加群の準同型写像とする.また,$i: \operatorname{Ker} f \longrightarrow M$ を標準的包含,$p: M' \longrightarrow \operatorname{Coker} f$ を標準的射影とする.このとき以下が成り立つ.
(1) 任意の左 R 加群 N に対して写像

$$i^\sharp : \operatorname{Hom}_R(N, \operatorname{Ker} f) \longrightarrow \{g \in \operatorname{Hom}_R(N, M) \mid f \circ g = 0\}; h \mapsto i \circ h \quad (1.1)$$

は well-defined な全単射となる.特に,任意の左 R 加群の準同型写像 $g: N \longrightarrow M$ で $f \circ g = 0$ を満たすものに対して準同型写像 $h: N \longrightarrow \operatorname{Ker} f$ で $i \circ h = g$ を満たすものが一意的に存在する.

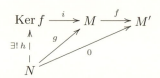

(2) 任意の左 R 加群 N に対して写像

$$^\sharp p : \operatorname{Hom}_R(\operatorname{Coker} f, N) \longrightarrow \{g \in \operatorname{Hom}_R(M', N) \mid g \circ f = 0\}; h \mapsto h \circ p \quad (1.2)$$

は well-defined な全単射となる.特に,任意の左 R 加群の準同型写像 $g: M' \longrightarrow N$ で $g \circ f = 0$ を満たすものに対して準同型写像 $h: \operatorname{Coker} f \longrightarrow N$ で $h \circ p = g$ を満たすものが一意的に存在する.

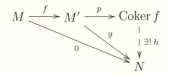

[**証明**] (1) 核の定義より $f \circ i = 0$. よって任意の $h : N \longrightarrow \operatorname{Ker} f$ に対して $f \circ (i \circ h) = (f \circ i) \circ h = 0$ となるので写像 (1.1) は well-defined. また, $g : N \longrightarrow M$ が $f \circ g = 0$ を満たすとき, 任意の $x \in N$ に対して $f(g(x)) = 0$ つまり $g(x) \in \operatorname{Ker} f$ なので, $h : N \longrightarrow \operatorname{Ker} f$ を $h(x) := g(x)$ と定めるとこれは well-defined で, また $i \circ h = g$ が成り立つ. よって写像 (1.1) は全射. そして $h, h' : N \longrightarrow \operatorname{Ker} f$ が $i \circ h = i \circ h'$ を満たすとすると任意の $x \in N$ に対して $i(h(x)) = i(h'(x))$ となるが, i が単射なので $h(x) = h'(x)$, よって $h = h'$ となる. よって写像 (1.1) は単射.

(2) 余核の定義より $p \circ f = 0$. よって任意の $h : \operatorname{Coker} f \longrightarrow N$ に対して $(h \circ p) \circ f = h \circ (p \circ f) = 0$ となるので写像 (1.2) は well-defined. また, $g : M' \longrightarrow N$ で $g \circ f = 0$ を満たすとき, $x + \operatorname{Im} f \in \operatorname{Coker} f$ に対して $h(x + \operatorname{Im} f) := g(x)$ と定義したいが, $x + \operatorname{Im} f = x' + \operatorname{im} f$ のときある $y \in M$ に対して $x = x' + f(y)$ と書け, このとき仮定より $g(x) = g(x') + g(f(y)) = g(x')$ なので, 上記の h は well-defined である. そして $h(p(x)) = h(x + \operatorname{Im} f) = g(x)$ より $h \circ p = g$ が成り立つ. よって写像 (1.2) は全射. そして $h, h' : \operatorname{Coker} f \longrightarrow N$ が $h \circ p = h' \circ p$ を満たすとすると, 任意の $x + \operatorname{Im} f \in \operatorname{Coker} f$ に対して $h(x + \operatorname{Im} f) = h(p(x)) = h'(p(x)) = h'(x + \operatorname{Im} f)$ なので $h = h'$ となる. よって写像 (1.2) は単射. □

注 1.24 命題 1.23(1) で述べた核の普遍性は核の特徴付けになっている. つまり, $f : M \longrightarrow M'$ を命題の通りとするとき, 左 R 加群 K と準同型写像 $i' : K \longrightarrow M$ の組が「任意の左 R 加群 N に対して

$$i'^{\sharp} : \operatorname{Hom}_R(N, K) \longrightarrow \{g \in \operatorname{Hom}_R(N, M) \mid f \circ g = 0\}; h \mapsto i' \circ h \qquad (1.3)$$

が well-defined な全単射となる」という性質（普遍性）を満たすとき, $i' \circ h = i$ を満たす同型写像 $h : \operatorname{Ker} f \longrightarrow K$ が一意的に存在することが言える. 実際, $f \circ i = 0$ なので $N = \operatorname{Ker} f$ として写像 (1.3) の全単射性を用いると準同型写像 $h : \operatorname{Ker} f \longrightarrow K$ で $i' \circ h = i$ を満たすものが一意的に存在することが言える. また, $N = K$ としたときの写像 (1.3) の well-definedness より $f \circ i' = f \circ i'^{\sharp}(\operatorname{id}_K) = 0$ なので, 写像 (1.1) の全射性を用いると準同型写像 $h' : K \longrightarrow \operatorname{Ker} f$ で $i \circ h' = i'$ を満たすものが一意的に存在することが言える. 合成 $h' \circ h : \operatorname{Ker} f \longrightarrow \operatorname{Ker} f$ は $i \circ (h' \circ h) = i$ を満たすが $\operatorname{id}_{\operatorname{Ker} f}$ も $i \circ \operatorname{id}_{\operatorname{Ker} f} = i$ を満たすので, $N = \operatorname{Ker} f$ としたときの写像 (1.1) の単射性より $h' \circ h = \operatorname{id}_{\operatorname{Ker} f}$ となる. 同様に, $N = K$ としたときの写像 (1.3) の単射性より $h \circ h' = \operatorname{id}_K$ も言える. したがって h は同型写像となる.

同様に，命題 1.23(2) で述べた余核の普遍性は余核の特徴付けになっている．つまり，$f: M \longrightarrow M'$ を命題の通りとするとき，左 R 加群 C と準同型写像 $p': M' \longrightarrow C$ の組が「任意の左 R 加群 N に対して写像

$$^\sharp p': \mathrm{Hom}_R(C, N) \longrightarrow \{g \in \mathrm{Hom}_R(M', N) \mid g \circ f = 0\}; h \mapsto h \circ p'$$

が well-defined な全単射となる」という性質（普遍性）を満たすとき，$h \circ p = p'$ を満たす同型写像 $h: \mathrm{Coker}\, f \longrightarrow C$ が一意的に存在することが言える．

以降，本書においては様々な概念の普遍性による特徴付けが現れるが，このように普遍性によって概念を捉えることにより，その概念のより本質的な部分が明らかになり，概念の抽象化が可能になる．例えば，この注における核の普遍性による特徴付けの証明においては，左 R 加群 $\mathrm{Ker}\, f$ の元をとってその行き先を定めることにより同型 $h: \mathrm{Ker}\, f \longrightarrow K$ を定義したのではなく，命題 1.23 で示した普遍性を用いて抽象的に定義している．このように考えることを通じて，核の概念をより抽象的な状況でも定義することができるようになるのである．（それは実際に定義 2.56 において行われる．）

最後に準同型定理を述べる．

▶**命題 1.25**（準同型定理 (fundamental theorem of homomorphisms)）
R を環，$f: M \longrightarrow N$ を左 R 加群の準同型写像とするとき，f は自然に同型写像 $\overline{f}: M/\mathrm{Ker}\, f \longrightarrow \mathrm{Im}\, f; x + \mathrm{Ker}\, f \mapsto f(x)$ を引き起こす．

[証明] まず $x + \mathrm{Ker}\, f = x' + \mathrm{Ker}\, f$ のとき $x = x' + y$ となる $y \in \mathrm{Ker}\, f$ がとれ，このとき $f(x) = f(x') + f(y) = f(x')$ となるので $\overline{f}$ は well-defined である．そして $\overline{f}(x + \mathrm{Ker}\, f) = 0$ のとき $f(x) = 0$ となるので $x \in \mathrm{Ker}\, f$，つまり $x + \mathrm{Ker}\, f = 0 + \mathrm{Ker}\, f$．よって $\mathrm{Ker}\, \overline{f} = \{0 + \mathrm{Ker}\, f\}$ なので $\overline{f}$ は単射である．また $\mathrm{Im}\, f$ の任意の元は $f(x)\, (x \in M)$ の形に書け，このとき $\overline{f}(x + \mathrm{Ker}\, f) = f(x)$ となるので $\overline{f}$ は全射である．以上より $\overline{f}$ は同型写像になる． □

1.2 図式と完全列

本節では図式，可換図式および完全列の定義をし，5 項補題，蛇の補題と呼ばれる完全列に関する命題を証明する．まず図式の定義の前に有向グラフの定義をする．

▷**定義 1.26**　有向グラフ (directed graph) とは集合 I と $I \times I$ により添字づけられた集合族 $(J(i,i'))_{i,i' \in I}$ との組のこと．I の元のことを**頂点** (vertex)，$J(i,i')$ の元のことを i から i' へ向かう**辺** (edge) という．

▷**定義 1.27**　有向グラフ $\mathcal{I} = (I, (J(i,i'))_{i,i' \in I})$ に対して有向グラフ $\mathcal{I}^{\mathrm{op}}$ を $\mathcal{I}^{\mathrm{op}} := (I, (J(i',i))_{i,i' \in I})$ により定義する．

つまり，$\mathcal{I}^{\mathrm{op}}$ は $\mathcal{I}$ の辺の向きを反対にして得られる有向グラフである．

環上の加群の図式の概念を定義する．

▷**定義 1.28**　R を環，$\mathcal{I} = (I, (J(i,i'))_{i,i' \in I})$ を有向グラフとする．$\mathcal{I}$ 上の左 R 加群の**図式** (diagram) とは次の (1), (2) の組のこと．
(1) I により添字付けられた左 R 加群の族 $(M_i)_{i \in I}$．
(2) 各 $i, i' \in I$ に対し $J(i,i')$ の元により添字付けられた M_i から $M_{i'}$ への左 R 加群の準同型写像の族を定めることにできる族

$$(f_\varphi : M_i \longrightarrow M_{i'})_{i,i' \in I, \varphi \in J(i,i')}.$$

ある有向グラフ上の左 R 加群の図式のことを単に左 R 加群の図式という．

つまり，左 R 加群の図式とは，ある有向グラフの各頂点に左 R 加群，各辺に準同型写像をおいてできるものである．

有向グラフ $\mathcal{I} = (I, (J(i,i'))_{i,i' \in I})$ 上の図式

$$((M_i)_{i \in I}, (f_\varphi : M_i \longrightarrow M_{i'})_{i,i' \in I, \varphi \in J(i,i')}) \tag{1.4}$$

が与えられたとき，各 $i, i' \in I$ に対して $\widetilde{J}(i,i') = \coprod_{n=0}^\infty \widetilde{J}(i,i')_n$ を

$$\widetilde{J}(i,i')_n := \coprod_{i=i_0, i_1, \ldots, i_n = i' \in I} (J(i_{n-1}, i_n) \times \cdots \times J(i_0, i_1))$$

により定める．$\widetilde{J}(i,i')$ は有向グラフの辺をたどって i から i' へ行く行き方全体の集合を表わす．なお，$n = 0$ のときは，$i = i'$ のとき $\widetilde{J}(i,i')_0$ は $i_0 = i = i'$ なる i_0 に対する 1 元集合（集合の空族の直積）の直和なので 1 元集合（$\{\mathrm{id}_i\}$ と書く）となり，また $i \neq i'$ のときは $\widetilde{J}(i,i')_0$ は集合の空族の直和なので空集合となる．そして $(\varphi_n, \ldots, \varphi_1) \in \widetilde{J}(i,i')_n \subseteq \widetilde{J}(i,i')$ に対して

$f_{(\varphi_n,\ldots,\varphi_1)} := f_{\varphi_n} \circ \cdots \circ f_{\varphi_1}$ とおく．（なお，$f_{\mathrm{id}_i} := \mathrm{id}_{M_i}$ と定める．）これを用いて図式の可換性を次のように定義する．

▷**定義 1.29** 記号を上の通りとする．このとき図式 (1.4) が**可換図式 (commutative diagram)** であるとは，任意の i, i' に対して $f_\varphi : M_i \longrightarrow M_{i'}$ ($\varphi \in \tilde{J}(i,i')$) が φ のとりかたによらないこと．

つまり，図式が可換であるとは，図式に現れる準同型写像を合成して得られる準同型写像が，その始点と終点のみにより，合成の経路にはよらないということである．

注 1.30 なお，上記の方法で有向グラフ
$$\mathcal{I} = (I, (J(i,i'))_{i,i' \in I}) \tag{1.5}$$
から構成される組
$$\tilde{\mathcal{I}} = (I, (\tilde{J}(i,i'))_{i,i' \in I}) \tag{1.6}$$
は再び有向グラフになり，（可換とは限らない）図式 (1.4) は自然に $\tilde{\mathcal{I}}$ 上の図式
$$((M_i)_{i \in I}, (f_\varphi : M_i \longrightarrow M_{i'})_{i,i' \in I, \varphi \in \tilde{J}(i,i')}) \tag{1.7}$$
を定める．有向グラフ $\tilde{\mathcal{I}} = (I, (\tilde{J}(i,i))_{i,i' \in I})$ には
$$((\varphi_n,\ldots,\varphi_1),(\psi_m,\ldots,\psi_1)) \mapsto (\varphi_n,\ldots,\varphi_1) \circ (\psi_m,\ldots,\psi_1)$$
$$:= (\varphi_n,\ldots,\varphi_1,\psi_m,\ldots,\psi_1)$$
による**合成則 (composition law)** $\tilde{J}(i',i'') \times \tilde{J}(i,i') \longrightarrow \tilde{J}(i,i'')$ が定まり，これは次の性質を満たす．
(i) 各 $i, i', i'', i''' \in I$ と $\varphi'' \in \tilde{J}(i'',i''')$, $\varphi' \in \tilde{J}(i',i'')$, $\varphi \in \tilde{J}(i,i')$ に対して $\varphi'' \circ (\varphi' \circ \varphi) = (\varphi'' \circ \varphi') \circ \varphi$．（**結合法則**）
(ii) 各 $i, i' \in I$ と $\varphi \in \tilde{J}(i,i')$ に対して $\varphi \circ \mathrm{id}_i = \varphi$, $\mathrm{id}_{i'} \circ \varphi = \varphi$．
また $f_{(\varphi_n,\ldots,\varphi_1)} \circ f_{(\psi_m,\ldots,\psi_1)} = f_{(\varphi_n,\ldots,\varphi_1) \circ (\psi_m,\ldots,\psi_1)}$ が成り立つ，つまり対応 $\tilde{J}(i,i') \ni \varphi \mapsto f_\varphi$ は $\tilde{\mathcal{I}}$ における合成則と左 R 加群の準同型写像の合成に関して整合的である．

一般に，集合 I, $I \times I$ により添字づけられた集合族 $(\tilde{J}(i,i'))_{i,i' \in I}$ および各 $i, i', i'' \in I$ に対する合成則
$$\circ : \tilde{J}(i',i'') \times \tilde{J}(i,i') \longrightarrow \tilde{J}(i,i''); (\varphi, \psi) \mapsto \varphi \circ \psi$$
の組で，各 $i \in I$ に対して特別な元 $\mathrm{id}_i \in \tilde{J}(i,i)$ があり，上記の条件 (i), (ii) を満た

すものを**圏 (category)** という．そして，圏 $\mathcal{I} := (I, (\widetilde{J}(i,i'))_{i,i' \in I})$ が与えられたとき，

(1) I により添字付けられた左 R 加群の族 $(M_i)_{i \in I}$，
(2) 各 $i, i' \in I$ に対し $\widetilde{J}(i,i')$ の元により添字付けられた M_i から $M_{i'}$ への左 R 加群の準同型写像の族を定めることによりできる族 $(f_\varphi : M_i \longrightarrow M_{i'})_{i,i' \in I, \varphi \in \widetilde{J}(i,i')}$

の組で，任意の $i \in I$ に対して $f_{\mathrm{id}_i} = \mathrm{id}_{M_i}$，任意の $i, i', i'' \in I, \varphi' \in \widetilde{J}(i', i''), \varphi \in \widetilde{J}(i, i')$ に対して $f_{\varphi' \circ \varphi} = f_{\varphi'} \circ f_\varphi$ を満たすものを圏 $\mathcal{I}$ 上の左 R 加群の図式，あるいは圏 $\mathcal{I}$ から左 R 加群の圏への**関手 (functor)** という[2]．

つまり，有向グラフ (1.5) から自然に圏 (1.6) が構成され，また有向グラフ (1.5) 上の左 R 加群の図式は自然に圏 (1.6) 上の左 R 加群の図式を引き起こすことになる．

注 1.31 圏 $\mathcal{I} := (I, (\widetilde{J}(i,i'))_{i,i' \in I})$ に対して，定義 1.27 に従って有向グラフ $\mathcal{I}^{\mathrm{op}}$ を $\mathcal{I}^{\mathrm{op}} := (I, (\widetilde{J}(i',i))_{i,i' \in I})$ と定めると，各 $i, i', i'' \in I$ に対する合成則を

$$\widetilde{J}(i'', i') \times \widetilde{J}(i', i) \longrightarrow \widetilde{J}(i'', i); (\varphi, \psi) \mapsto \psi \circ \varphi$$

(ただし $\circ$ は圏 $\mathcal{I}$ における合成則) と定めることにより，自然に $\mathcal{I}^{\mathrm{op}}$ も圏となる．

有向グラフはしばしば図示によって表わされる：例えば

$$I = \{i_1, i_2, i_3, i_4\},$$

$$J(i_m, i_n) := \begin{cases} \{j_{mn}\} & ((m,n) = (1,2), (1,3), (2,4), (3,4) \text{ のとき}) \\ \emptyset & (\text{その他のとき}) \end{cases}$$

により定義される有向グラフ $(I, (J(i,i'))_{i,i' \in I})$ は

$$\begin{array}{ccc} i_1 & \xrightarrow{j_{12}} & i_2 \\ {\scriptstyle j_{13}}\downarrow & & \downarrow{\scriptstyle j_{24}} \\ i_3 & \xrightarrow{j_{34}} & i_4 \end{array}$$

---

[2] 圏，関手の概念は次章で再び定義される．また，圏 $\mathcal{I}$ は合成則を忘れることにより自然に有向グラフとみなせるが，「圏 $\mathcal{I}$ 上の図式」と「有向グラフ $\mathcal{I}$ 上の図式」の概念は異なることに注意．(前者は圏における合成則と図式における準同型写像の合成との整合性を要請するが，後者では要請しない．) 以下，本書において「$\mathcal{I}$ を有向グラフまたは圏とし，$\mathcal{M}$ を $\mathcal{I}$ 上の左 R 加群の図式とする」という表現が出てくるが，これは「『$\mathcal{I}$ を有向グラフとし，$\mathcal{M}$ を有向グラフ $\mathcal{I}$ 上の左 R 加群の図式とする』または『$\mathcal{I}$ を圏とし，$\mathcal{M}$ を圏 $\mathcal{I}$ 上の左 R 加群の図式とする』」という意味である．

と図示される．この有向グラフ上の左 R 加群の図式 (1.4) は

$$\begin{array}{ccc} M_1 & \xrightarrow{f_{12}} & M_2 \\ {\scriptstyle f_{13}}\downarrow & & \downarrow{\scriptstyle f_{24}} \\ M_3 & \xrightarrow{f_{34}} & M_4 \end{array}$$

と図示される．（ただし記号が煩雑になるのを避けるため M_{i_n} のことを M_n, $f_{j_{mn}}$ のことを f_{mn} と略記した．）この図式が可換図式であるとは $f_{24} \circ f_{12} = f_{34} \circ f_{13}$ が成り立つことに他ならない．このように，以下では左 R 加群の具体的な図式を図示した形で表わすことも多い．

次に左 R 加群の完全列の定義をする．

▷ **定義 1.32** R を環とする．左 R 加群の図式 $M_1 \xrightarrow{f} M_2 \xrightarrow{g} M_3$ が**完全列 (exact sequence)** である（あるいは**完全 (exact)** である）とは $\operatorname{Ker} g = \operatorname{Im} f$ であること．これは $\operatorname{Ker} g \subseteq \operatorname{Im} f$ かつ $g \circ f = 0$ であることと同値である．また，左 R 加群の図式

$$M_1 \xrightarrow{f_1} M_2 \xrightarrow{f_2} \cdots \xrightarrow{f_{n-1}} M_n \tag{1.8}$$

が完全列であるとは，各 $1 \leq i \leq n-2$ に対して $M_i \xrightarrow{f_i} M_{i+1} \xrightarrow{f_{i+1}} M_{i+2}$ が完全列であること．長さ無限の図式

$$\begin{aligned} &\cdots \xrightarrow{f_0} M_1 \xrightarrow{f_1} M_2 \xrightarrow{f_2} \cdots \xrightarrow{f_{n-1}} M_n, \\ &M_1 \xrightarrow{f_1} M_2 \xrightarrow{f_2} \cdots \xrightarrow{f_{n-1}} M_n \xrightarrow{f_n} \cdots, \\ &\cdots \xrightarrow{f_0} M_1 \xrightarrow{f_1} M_2 \xrightarrow{f_2} \cdots \xrightarrow{f_{n-1}} M_n \xrightarrow{f_n} \cdots \end{aligned} \tag{1.9}$$

の場合にも同様に完全列の概念を定義する．また，

$$0 \longrightarrow M_1 \longrightarrow M_2 \longrightarrow M_3 \longrightarrow 0$$

の形の完全列を**短完全列 (short exact sequence)** という．これに対し（n が大きいときの）(1.8), (1.9) の形の完全列たちを**長完全列 (long exact sequence)** ということがある．

▶ **命題 1.33** (1) 左 R 加群の図式 $0 \longrightarrow M \xrightarrow{f} N$ ($M \xrightarrow{f} N \longrightarrow 0$) が完全列であることと f が単射（全射）であることとは同値．

(2) 左 R 加群の図式 $0 \longrightarrow L \xrightarrow{f} M \xrightarrow{g} N$ ($L \xrightarrow{f} M \xrightarrow{g} N \longrightarrow 0$) が完全列であることと, f が同型写像 $L \longrightarrow \operatorname{Ker} g; x \mapsto f(x)$ を引き起こすこと (g が同型写像 $\operatorname{Coker} f \longrightarrow N; x + \operatorname{Im} f \mapsto g(x)$ を引き起こすこと) とは同値.
(3) 任意の左 R 加群の準同型写像 $f : M \longrightarrow N$ に対して

$$0 \longrightarrow \operatorname{Ker} f \xrightarrow{i} M \xrightarrow{f} \operatorname{Im} f \longrightarrow 0, \quad 0 \longrightarrow \operatorname{Im} f \xrightarrow{i} N \xrightarrow{p} \operatorname{Coker} f \longrightarrow 0,$$

$$0 \longrightarrow \operatorname{Ker} f \xrightarrow{i} M \xrightarrow{f} N \xrightarrow{p} \operatorname{Coker} f \longrightarrow 0$$

は完全列である. ただしここで i は標準的包含, p は標準的射影.
(4) 左 R 加群の可換図式

$$\begin{array}{ccc} M & \xrightarrow{f} & N \\ g \downarrow & & h \downarrow \\ M' & \xrightarrow{f'} & N' \end{array}$$

に対し, これを拡張した可換図式

$$\begin{array}{ccccccccc} 0 & \longrightarrow & \operatorname{Ker} f & \xrightarrow{i} & M & \xrightarrow{f} & N & \xrightarrow{p} & \operatorname{Coker} f & \longrightarrow & 0 \\ & & \overline{g} \downarrow & & g \downarrow & & h \downarrow & & \overline{h} \downarrow & & \\ 0 & \longrightarrow & \operatorname{Ker} f' & \xrightarrow{i'} & M' & \xrightarrow{f'} & N' & \xrightarrow{p'} & \operatorname{Coker} f' & \longrightarrow & 0 \end{array}$$
(1.10)

で, 2つの行が (3) の 3つめの完全列となるようなものが自然に誘導される.

[証明] (1) 準同型写像 $0 \longrightarrow M$ の像は 0 なので図式 $0 \longrightarrow M \xrightarrow{f} N$ が完全 $\iff \operatorname{Ker} f = 0 \iff f$ は単射. 同様にしてもう一つの主張も言える.
(2) 図式 $0 \longrightarrow L \xrightarrow{f} M \xrightarrow{g} N$ に対してこれが完全 $\iff \operatorname{Im} f = \operatorname{Ker} g$ かつ f は単射 $\iff L \longrightarrow \operatorname{Ker} g; x \mapsto f(x)$ は well-defined な同型写像. また, 図式 $L \xrightarrow{f} M \xrightarrow{g} N \longrightarrow 0$ に対して, これが完全 $\iff \operatorname{Im} f = \operatorname{Ker} g$ かつ g は全射 $\iff \operatorname{Coker} f \longrightarrow N; x + \operatorname{Im} f \mapsto g(x)$ は well-defined な同型写像.
(3) 準同型定理と i の単射性より 1 つめの図式の完全性が言える. $\operatorname{Coker} f$ の定義と i の単射性より 2 つめの図式の完全性が言える. また, i が単射で $\operatorname{Im} i = \operatorname{Ker} f$, p が全射で $\operatorname{Ker} p = \operatorname{Im} f$ であることより 3 つめの図式の完全性が言える.

(4) $x \in \operatorname{Ker} f$ に対して $f'(g(x)) = h(f(x)) = h(0) = 0$ なので $g(x) \in \operatorname{Ker} f'$. したがって $\overline{g} : \operatorname{Ker} f \longrightarrow \operatorname{Ker} f'$ が $\overline{g}(x) := g(x)$ により定義され,このとき $i'(\overline{g}(x)) = g(x) = g(i(x))$ となる.また,$x + \operatorname{Im} f \in \operatorname{Coker} f = N/\operatorname{Im} f$ に対して $\overline{h}(x + \operatorname{Im} f) := h(x) + \operatorname{Im} f'$ と定義したいが,これは well-defined である:実際,$x + \operatorname{Im} f = x' + \operatorname{Im} f$ のとき $x = x' + f(y)$ と書け,このとき $h(x) + \operatorname{Im} f' = (h(x') + h(f(y))) + \operatorname{Im} f' = h(x') + (f'(g(y)) + \operatorname{Im} f') = h(x') + \operatorname{Im} f'$ となるので $\overline{h}$ の定義は $x + \operatorname{Im} f$ の表示によらずに定まっている.そして $\overline{h}(p(x)) = \overline{h}(x + \operatorname{Im} f) = h(x) + \operatorname{Im} f' = p'(h(x))$ となる.以上より題意の図式の存在と可換性が証明された. □

▶**系 1.34** 左 R 加群の図式 (1.8) が完全であるためには,$1 \leq i \leq n-2$ に対し $f_i : M_i \longrightarrow \operatorname{Ker} f_{i+1}$ が well-defined で,これにより生じる図式

$$M_1 \longrightarrow \operatorname{Ker} f_2 \longrightarrow 0,$$
$$0 \longrightarrow \operatorname{Ker} f_i \longrightarrow M_i \longrightarrow \operatorname{Ker} f_{i+1} \longrightarrow 0 \ (2 \leq i \leq n-2)$$

が完全列となることが必要充分である.

これにより長完全列を短完全列に分けて考えることができる.

[**証明**] 図式 (1.8) が完全ならば $\operatorname{Im} f_i = \operatorname{Ker} f_{i+1}$ なので $f_i : M_i \longrightarrow \operatorname{Ker} f_{i+1}$ が well-defined.また $0 \longrightarrow \operatorname{Ker} f_i \longrightarrow M_i \longrightarrow \operatorname{Im} f_i \longrightarrow 0$ が完全列なので題意の図式も完全である.逆に $f_i : M_i \longrightarrow \operatorname{Ker} f_{i+1}$ が well-defined かつ題意の図式が完全ならば $f_i : M_i \longrightarrow \operatorname{Ker} f_{i+1}$ は well-defined な全射なので $\operatorname{Im} f_i = \operatorname{Ker} f_{i+1}$ となる.よって図式 (1.8) は完全列である. □

▶**命題 1.35(5 項補題 (five lemma))** 2つの行が完全であるような次の左 R 加群の可換図式を考える.

$$\begin{array}{ccccccccc}
M_1 & \xrightarrow{f_1} & M_2 & \xrightarrow{f_2} & M_3 & \xrightarrow{f_3} & M_4 & \xrightarrow{f_4} & M_5 \\
{\scriptstyle h_1}\downarrow & & {\scriptstyle h_2}\downarrow & & {\scriptstyle h_3}\downarrow & & {\scriptstyle h_4}\downarrow & & {\scriptstyle h_5}\downarrow \\
N_1 & \xrightarrow{g_1} & N_2 & \xrightarrow{g_2} & N_3 & \xrightarrow{g_3} & N_4 & \xrightarrow{g_4} & N_5.
\end{array}$$

このとき,以下が成り立つ.

(1) h_1 が全射,h_2, h_4 が単射ならば h_3 は単射である.

(2) h_5 が単射,h_2, h_4 が全射ならば h_3 は全射である.

したがって h_1, h_2, h_4, h_5 が同型ならば h_3 も同型である.

[**証明**] (1) $x \in M_3$ が $h_3(x) = 0$ を満たすと仮定し,$x = 0$ を示せばよい.仮定より $0 = g_3(h_3(x)) = h_4(f_3(x))$.$h_4$ は単射なので $f_3(x) = 0$ となる.すると $x \in \operatorname{Ker} f_3 = \operatorname{Im} f_2$ ゆえ,ある $y \in M_2$ により $x = f_2(y)$ と書ける.すると $0 = h_3(x) = h_3(f_2(y)) = g_2(h_2(y))$,つまり $h_2(y) \in \operatorname{Ker} g_2 = \operatorname{Im} g_1$.ゆえにある $z \in N_1$ により $h_2(y) = g_1(z)$ と書ける.また h_1 は全射なのである $w \in M_1$ により $z = h_1(w)$ と書ける.すると $h_2(y) = g_1(h_1(w)) = h_2(f_1(w))$.$h_2$ は単射なので $y = f_1(w)$.したがって $x = f_2(y) = f_2(f_1(w)) = 0$.

$$
\begin{array}{ccccccc}
w & \xmapsto{f_1} & f_1(w) = y & \xmapsto{f_2} & x & \xmapsto{f_3} & f_3(x) = 0 \\
\Big\downarrow h_1 & & \Big\downarrow h_2 & & \Big\downarrow h_3 & & \Big\downarrow h_4 \\
z & \xmapsto{g_1} & h_2(y) & \xmapsto{g_2} & 0 & \xmapsto{g_3} & 0
\end{array}
$$

(2) $x \in N_3$ を任意にとり,$x = h_3(u)$ となる $u \in M_3$ の存在を示せばよい.まず h_4 の全射性よりある $y \in M_4$ により $g_3(x) = h_4(y)$ と書ける.すると $0 = g_4(g_3(x)) = g_4(h_4(y)) = h_5(f_4(y))$.$h_5$ は単射なので $f_4(y) = 0$.よって $y \in \operatorname{Ker} f_4 = \operatorname{Im} f_3$ ゆえ,ある $z \in M_3$ により $y = f_3(z)$ と書ける.このとき $g_3(x) = h_4(y) = h_4(f_3(z)) = g_3(h_3(z))$,つまり $g_3(x - h_3(z)) = 0$.よって $x - h_3(z) \in \operatorname{Ker} g_3 = \operatorname{Im} g_2$ なのである $w \in N_2$ により $x - h_3(z) = g_2(w)$ と書ける.そして h_2 は全射なので,さらにある $v \in M_2$ に対して $w = h_2(v)$ と書ける.したがって $x - h_3(z) = g_2(h_2(v)) = h_3(f_2(v))$,つまり $x = h_3(z + f_2(v))$ となる.したがって $u := z + f_2(v)$ とすれば $x = h_3(u)$.

$$
\begin{array}{ccccc}
z & \xmapsto{f_3} & y & \xmapsto{f_4} & f_4(y) = 0 \\
& & \Big\downarrow h_4 & & \Big\downarrow h_5 \\
x & \xmapsto{g_3} & g_3(x) & \xmapsto{g_4} & 0
\end{array}
\qquad
\begin{array}{ccccc}
v & \xmapsto{f_2} & f_2(v) \\
\Big\downarrow h_2 & & \Big\downarrow h_3 \\
w & \xmapsto{g_2} & x - h_3(z) & \xmapsto{g_3} & 0
\end{array}
$$

□

▶命題 1.36（蛇の補題 (snake lemma)） 2つの行が完全であるような次の左 R 加群の可換図式を考える．

$$\begin{array}{ccccccc}
M_1 & \xrightarrow{f_1} & M_2 & \xrightarrow{f_2} & M_3 & \longrightarrow & 0 \\
\downarrow h_1 & & \downarrow h_2 & & \downarrow h_3 & & \\
0 & \longrightarrow & N_1 & \xrightarrow{g_1} & N_2 & \xrightarrow{g_2} & N_3.
\end{array} \tag{1.11}$$

このとき，次の完全列が存在する．

$$\operatorname{Ker} h_1 \xrightarrow{\overline{f_1}} \operatorname{Ker} h_2 \xrightarrow{\overline{f_2}} \operatorname{Ker} h_3 \xrightarrow{\delta} \operatorname{Coker} h_1 \xrightarrow{\overline{g_1}} \operatorname{Coker} h_2 \xrightarrow{\overline{g_2}} \operatorname{Coker} h_3. \tag{1.12}$$

ただし $\overline{f_i}, \overline{g_i}\,(i=1,2)$ は命題 1.33(4) の方法で f_i, g_i から誘導される準同型写像である．また，f_1 が単射ならば $\overline{f_1}$ も単射，g_2 が全射ならば $\overline{g_2}$ も全射である．

［証明］ 命題 1.33(4) より $\overline{f_i}, \overline{g_i}\,(i=1,2)$ は $\overline{f_i}(x) := f_i(x)$, $\overline{g_i}(x + \operatorname{Im} h_i) = g_i(x) + \operatorname{Im} h_{i+1}$ により定義されていることに注意する．これより f_1 が単射ならば $\overline{f_1}$ も単射，g_2 が全射ならば $\overline{g_2}$ も全射であることが容易にわかる．

$\operatorname{Ker} h_1 \xrightarrow{\overline{f_1}} \operatorname{Ker} h_2 \xrightarrow{\overline{f_2}} \operatorname{Ker} h_3$ の完全性を示す．$\overline{f_i}$ の定義と $f_2 \circ f_1 = 0$ であることより $\overline{f_2} \circ \overline{f_1} = 0$ である．また，$x \in \operatorname{Ker} \overline{f_2}$ のとき $f_2(x) = \overline{f_2}(x) = 0$ なのである $y \in M_1$ に対して $x = f_1(y)$．このとき $x \in \operatorname{Ker} h_2$ より $0 = h_2(x) = h_2(f_1(y)) = g_1(h_1(y))$．$g_1$ は単射なので $h_1(y) = 0$，つまり $y \in \operatorname{Ker} h_1$ となる．したがって $\overline{f_1}(y)$ が定義され $\overline{f_1}(y) = f_1(y) = x$ となる．よって $\operatorname{Ker} \overline{f_2} \subseteq \operatorname{Im} \overline{f_1}$ も言え，以上より $\operatorname{Ker} h_1 \xrightarrow{\overline{f_1}} \operatorname{Ker} h_2 \xrightarrow{\overline{f_2}} \operatorname{Ker} h_3$ の完全性が言えた．

$$\begin{array}{ccccc}
y & \xmapsto{\overline{f_1}} & x & \xmapsto{\overline{f_2}} & 0 \\
\downarrow & & \downarrow & & \downarrow \\
y & \xmapsto{f_1} & x & \xmapsto{f_2} & 0 \\
\downarrow h_1 & & \downarrow h_2 & & \\
h_1(y) = 0 & \xmapsto{g_1} & 0 & &
\end{array}$$

次に $\operatorname{Coker} h_1 \xrightarrow{\overline{g_1}} \operatorname{Coker} h_2 \xrightarrow{\overline{g_2}} \operatorname{Coker} h_3$ の完全性を示す．$\overline{g_i}$ の定義と

$g_2 \circ g_1 = 0$ であることより $\overline{g}_2 \circ \overline{g}_1 = 0$ が言える. また, $x + \operatorname{Im} h_2 \in \operatorname{Ker} \overline{g}_2$ のとき $g_2(x) + \operatorname{Im} h_3 = 0 + \operatorname{Im} h_3$. よってある $y \in M_3$ に対して $g_2(x) = h_3(y)$. また f_2 は全射なのである $z \in M_2$ に対して $y = f_2(z)$. すると $g_2(x - h_2(z)) = g_2(x) - g_2(h_2(z)) = g_2(x) - h_3(f_2(z)) = g_2(x) - h_3(y) = 0$ より $x - h_2(z) \in \operatorname{Ker} g_2 = \operatorname{Im} g_1$. よってある $w \in N_1$ に対して $g_1(w) = x - h_2(z)$. したがって $\overline{g}_1(w + \operatorname{Im} h_1) = g_1(w) + \operatorname{Im} h_2 = x + (-h_2(z) + \operatorname{Im} h_2) = x + \operatorname{Im} h_2$. よって $\operatorname{Ker} \overline{g}_2 \subseteq \operatorname{Im} \overline{g}_1$ も言え, 以上より $\operatorname{Coker} h_1 \xrightarrow{\overline{g}_1} \operatorname{Coker} h_2 \xrightarrow{\overline{g}_2} \operatorname{Coker} h_3$ の完全性が言えた.

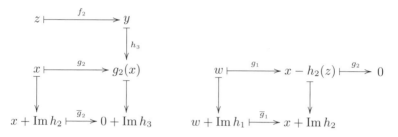

次に $\delta: \operatorname{Ker} h_3 \longrightarrow \operatorname{Coker} h_1$ を定義する. $x \in \operatorname{Ker} h_3 \subseteq M_3$ とすると, f_2 の全射性よりある $y \in M_2$ に対して $f_2(y) = x$. すると $g_2(h_2(y)) = h_3(f_2(y)) = h_3(x) = 0$ なので $h_2(y) \in \operatorname{Ker} g_2 = \operatorname{Im} g_1$. よってある $z \in N_1$ に対して $h_2(y) = g_1(z)$. (g_1 は単射なのでこのような z は一意的である.) そこで $\delta(x) := z + \operatorname{Im} h_1$ と定めたい. これが well-defined であるためにはこの定義が途中で選んだ y のとり方によらないことを示す必要がある. $y' \in M_2$ を $f_2(y') = x$ を満たす他の元とし, $z' \in N_1$ を $h_2(y') = g_1(z')$ を満たす元とする. このとき $f_2(y' - y) = x - x = 0$ ゆえ $y' - y \in \operatorname{Ker} f_2 = \operatorname{Im} f_1$ なので, ある $w \in M_1$ に対して $y' - y = f_1(w)$. すると $g_1(z' - z) = h_2(y' - y) = h_2(f_1(w)) = g_1(h_1(w))$. g_1 は単射なので $z' - z = h_1(w)$, よって $(z' - z) + \operatorname{Im} h_1 = 0 + \operatorname{Im} h_1$, すなわち $z + \operatorname{Im} h_1 = z' + \operatorname{Im} h_1$ となる. 以上より $\delta(x) = z + \operatorname{Im} h_1$ という定義は y のとり方によらないので well-defined となり, δ が定義された.

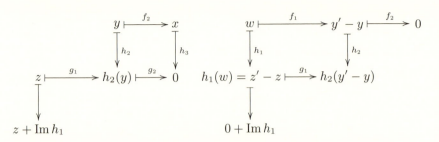

次に $\mathrm{Ker}\, h_2 \xrightarrow{\overline{f_2}} \mathrm{Ker}\, h_3 \xrightarrow{\delta} \mathrm{Coker}\, h_1$ の完全性を示す．$x \in \mathrm{Im}\,\overline{f_2}$ のとき，前段落の $y \in M_2$ を $\mathrm{Ker}\, h_2$ の元からとることができる．すると $h_2(y) = 0$ ゆえ前段落の z は 0 に等しく，よって $\delta(x) = 0 + \mathrm{Im}\, h_1$ となる．よって $\mathrm{Im}\,\overline{f_2} \subseteq \mathrm{Ker}\,\delta$ となる．また $x \in \mathrm{Ker}\,\delta$ とすると，前段落の記号で $z + \mathrm{Im}\, h_1 = 0 + \mathrm{Im}\, h_1$ すなわち $z \in \mathrm{Im}\, h_1$ となるので，ある $v \in M_1$ に対して $h_1(v) = z$．すると $h_2(y) = g_1(z) = g_1(h_1(v)) = h_2(f_1(v))$ より $y - f_1(v) \in \mathrm{Ker}\, h_2$．すると $\overline{f_2}(y - f_1(v))$ が定義され，これは $f_2(y - f_1(v)) = f_2(y) = x$ に等しい．よって $\mathrm{Ker}\,\delta \subseteq \mathrm{Im}\,\overline{f_2}$ も言えたので $\mathrm{Im}\,\overline{f_2} = \mathrm{Ker}\,\delta$ となり，$\mathrm{Ker}\, h_2 \xrightarrow{\overline{f_2}} \mathrm{Ker}\, h_3 \xrightarrow{\delta} \mathrm{Coker}\, h_1$ の完全性が言えた．

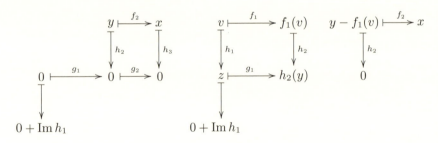

最後に $\mathrm{Ker}\, h_3 \xrightarrow{\delta} \mathrm{Coker}\, h_1 \xrightarrow{\overline{g_1}} \mathrm{Coker}\, h_2$ の完全性を示す．$\mathrm{Im}\,\delta$ の元は前々段落の記号で $z + \mathrm{Im}\, h_1$ と表され，このとき $\overline{g_1}(z + \mathrm{Im}\, h_1) = g_1(z) + \mathrm{Im}\, h_2 = h_2(y) + \mathrm{Im}\, h_2 = 0 + \mathrm{Im}\, h_2$ となる．したがって $\mathrm{Im}\,\delta \subseteq \mathrm{Ker}\,\overline{g_1}$．また $x + \mathrm{Im}\, h_1 \in \mathrm{Ker}\,\overline{g_1}$ とすると $g_1(x) + \mathrm{Im}\, h_2 = 0 + \mathrm{Im}\, h_2$ よりある $v \in M_2$ に対して $g_1(x) = h_2(v)$ で，このとき $0 = g_2(g_1(x)) = g_2(h_2(v)) = h_3(f_2(v))$ なので $f_2(v) \in \mathrm{Ker}\, h_3$ となる．δ の定義に従って $\delta(f_2(v))$ を求めると，それは $x + \mathrm{Im}\, h_1$ となる．（y に対応する元として v がとれ，そのとき z に対応する元が x となるので $\delta(f_2(v)) = x + \mathrm{Im}\, h_1$．）よって $\mathrm{Ker}\,\overline{g_1} \subseteq \mathrm{Im}\,\delta$ も言えたので $\mathrm{Im}\,\delta = \mathrm{Ker}\,\overline{g_1}$ となり，$\mathrm{Ker}\, h_3 \xrightarrow{\delta} \mathrm{Coker}\, h_1 \xrightarrow{\overline{g_1}} \mathrm{Coker}\, h_2$ の完全性が言えた．

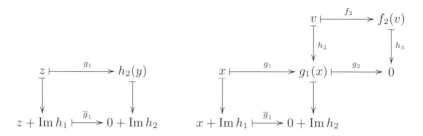

以上より題意が証明された. □

蛇の補題における構成が自然であることを表わしているのが次の系である.

▶系 1.37 4つの行が完全であるような次の左 R 加群の可換図式を考える.

$$\begin{array}{c} M_1 \xrightarrow{f_1} M_2 \xrightarrow{f_2} M_3 \longrightarrow 0 \\ \downarrow h_1 \quad \downarrow h_2 \quad \downarrow h_3 \\ 0 \longrightarrow N_1 \xrightarrow{g_1} N_2 \xrightarrow{g_2} N_3 \\ \varphi_1 \searrow \quad \varphi_2 \searrow \quad \varphi_3 \searrow \\ M'_1 \xrightarrow{f'_1} M'_2 \xrightarrow{f'_2} M'_3 \longrightarrow 0 \\ \psi_1 \searrow \quad \downarrow h'_1 \quad \downarrow h'_2 \quad \downarrow h'_3 \\ 0 \longrightarrow N'_1 \xrightarrow{g'_1} N'_2 \xrightarrow{g'_2} N'_3 \end{array} \quad (1.13)$$

このとき,次の可換図式が存在する.

$$\begin{array}{c} \operatorname{Ker} h_1 \xrightarrow{\overline{f_1}} \operatorname{Ker} h_2 \xrightarrow{\overline{f_2}} \operatorname{Ker} h_3 \xrightarrow{\delta} \operatorname{Coker} h_1 \xrightarrow{\overline{g_1}} \operatorname{Coker} h_2 \xrightarrow{\overline{g_2}} \operatorname{Coker} h_3 \\ \downarrow \overline{\varphi_1} \quad \downarrow \overline{\varphi_2} \quad \downarrow \overline{\varphi_3} \quad \downarrow \overline{\psi_1} \quad \downarrow \overline{\psi_2} \quad \downarrow \overline{\psi_3} \\ \operatorname{Ker} h'_1 \xrightarrow{\overline{f'_1}} \operatorname{Ker} h'_2 \xrightarrow{\overline{f'_2}} \operatorname{Ker} h'_3 \xrightarrow{\delta'} \operatorname{Coker} h'_1 \xrightarrow{\overline{g'_1}} \operatorname{Coker} h'_2 \xrightarrow{\overline{g'_2}} \operatorname{Coker} h'_3. \end{array}$$
(1.14)

ただし (1.14) の上の行(下の行)は (1.13) の上の2行(下の2行)から蛇の補題により構成される完全列で,また $\overline{\varphi}_i, \overline{\psi}_i (i = 1, 2, 3)$ は命題 1.33(4) の方法で φ_i, ψ_i から誘導される準同型写像である.

[証明] $\overline{\psi}_1 \circ \delta = \delta' \circ \overline{\varphi}_3$ 以外の可換性の証明は読者に任せ，この可換性のみを示す．$x \in \operatorname{Ker} h_3$ に対して $f_2(y) = x$ を満たす $y \in M_2$, $h_2(y) = g_1(z)$ を満たす $z \in N_1$ をとると $\delta(x) = z + \operatorname{Im} h_1$ となるのであった．よって $\overline{\psi}_1(\delta(x)) = \psi_1(z) + \operatorname{Im} h'_1$ である．一方，$f'_2(\varphi_2(y)) = \varphi_3(f_2(y)) = \varphi_3(x) = \overline{\varphi}_3(x)$, $g'_1(\psi_1(z)) = \psi_2(g_1(z)) = \psi_2(h_2(y)) = h'_2(\varphi_2(y))$ であることと δ' の定義から $\delta'(\overline{\varphi}_3(x)) = \psi_1(z) + \operatorname{Im} h'_1$ となる．よって $\overline{\psi}_1 \circ \delta = \delta' \circ \overline{\varphi}_3$ となる．

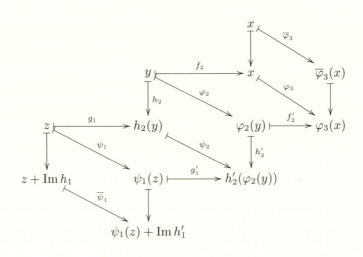

□

注 1.38 蛇の補題（命題 1.36）は可換図式 (1.11) が与えられるたびに $\delta : \operatorname{Ker} h_3 \longrightarrow \operatorname{Coker} h_1$ が定義されることを述べている．そして，可換図式 (1.13) を可換図式 (1.11) から (1.11) に ′ をつけてできる可換図式への写像とみると，系 1.37 は可換図式の写像 (1.13) があるときに可換図式

$$\begin{array}{ccc} \operatorname{Ker} h_3 & \xrightarrow{\delta} & \operatorname{Coker} h_1 \\ \overline{\varphi}_3 \downarrow & & \overline{\psi}_1 \downarrow \\ \operatorname{Ker} h'_3 & \xrightarrow{\delta'} & \operatorname{Coker} h'_1 \end{array} \qquad (1.15)$$

（記号は系 1.37 の通り）ができることを意味する．また，可換図式

$$
\begin{array}{ccccccc}
0 & \longrightarrow & M & \xrightarrow{\mathrm{id}_M} & M & \longrightarrow & 0 \\
& & {\scriptstyle 0}\downarrow & & {\scriptstyle h}\downarrow & & {\scriptstyle 0}\downarrow \\
0 & \longrightarrow & N & \xrightarrow{\mathrm{id}_N} & N & \longrightarrow & 0
\end{array}
\quad (1.16)
$$

から定まる $\delta: M = \mathrm{Ker}\, 0 \longrightarrow \mathrm{Coker}\, 0 = N$ は h と一致する.

実は蛇の補題における δ は前段落に挙げた条件を満たすものとして一意的に定まる. それを示すには, 可換図式 (1.11) が与えられたときに δ を上の条件のみから定めればよい. まず可換図式 (1.11) に対して $M_2' := f_2^{-1}(\mathrm{Ker}\, h_3)$ とおくと, 図式

$$
\begin{array}{ccccccc}
M_1 & \xrightarrow{f_1} & M_2' & \xrightarrow{f_2} & \mathrm{Ker}\, h_3 & \longrightarrow & 0 \\
{\scriptstyle h_1}\downarrow & & {\scriptstyle h_2}\downarrow & & {\scriptstyle 0}\downarrow & & \\
0 & \longrightarrow & N_1 & \xrightarrow{g_1} & N_2 & \xrightarrow{g_2} & N_3
\end{array}
\quad (1.17)
$$

から可換図式 (1.11) への写像があるので可換図式 (1.11) に対する δ は可換図式 (1.17) に対する δ と一致する. 次に $g_2 \circ h_2 : M_2' \longrightarrow N_3$ は $0 \circ f_2 = 0$ と等しいので準同型写像 $h_2' : M_2' \longrightarrow N_1$ で $g_1 \circ h_2' = h_2$ を満たすものがある. すると可換図式

$$
\begin{array}{ccccccc}
M_1 & \xrightarrow{f_1} & M_2' & \xrightarrow{f_2} & \mathrm{Ker}\, h_3 & \longrightarrow & 0 \\
{\scriptstyle h_1}\downarrow & & {\scriptstyle h_2'}\downarrow & & {\scriptstyle 0}\downarrow & & \\
0 & \longrightarrow & N_1 & \xrightarrow{\mathrm{id}_{N_1}} & N_1 & \xrightarrow{0} & 0
\end{array}
\quad (1.18)
$$

から可換図式 (1.17) への写像があるので可換図式 (1.11) に対する δ は可換図式 (1.18) に対する δ と一致する. さらに, $p : N_1 \longrightarrow \mathrm{Coker}\, h_1$ を標準的射影として $h_2'' := p \circ h_2'$ とおくと可換図式 (1.18) から可換図式

$$
\begin{array}{ccccccc}
M_1 & \xrightarrow{f_1} & M_2' & \xrightarrow{f_2} & \mathrm{Ker}\, h_3 & \longrightarrow & 0 \\
{\scriptstyle 0}\downarrow & & {\scriptstyle h_2''}\downarrow & & {\scriptstyle 0}\downarrow & & \\
0 & \longrightarrow & \mathrm{Coker}\, h_1 & \xrightarrow{\mathrm{id}_{\mathrm{Coker}\, h_1}} & \mathrm{Coker}\, h_1 & \xrightarrow{0} & 0
\end{array}
\quad (1.19)
$$

への写像がある. そして $h_2'' \circ f_1 : M_1 \longrightarrow \mathrm{Coker}\, h_1$ は $\mathrm{id}_{\mathrm{Coker}\, h_1} \circ 0 = 0$ に等しいので準同型写像 $h : \mathrm{Ker}\, h_3 \longrightarrow \mathrm{Coker}\, h_1$ で $h \circ f_2 = h_2''$ を満たすものがあり, よって可換図式 (1.19) から可換図式

$$
\begin{array}{ccccccc}
0 & \xrightarrow{0} & \mathrm{Ker}\, h_3 & \xrightarrow{\mathrm{id}_{\mathrm{Ker}\, h_3}} & \mathrm{Ker}\, h_3 & \longrightarrow & 0 \\
{\scriptstyle 0}\downarrow & & {\scriptstyle h}\downarrow & & {\scriptstyle 0}\downarrow & & \\
0 & \longrightarrow & \mathrm{Coker}\, h_1 & \xrightarrow{\mathrm{id}_{\mathrm{Coker}\, h_1}} & \mathrm{Coker}\, h_1 & \xrightarrow{0} & 0
\end{array}
\quad (1.20)
$$

への写像がある. したがって図式 (1.11) に対する δ は図式 (1.20) に対する δ, すなわち h と一致することが言える. 以上の議論により δ が前段落に挙げた条件を満た

すものとして一意的に定まることが言えた.

1.3 直和と直積

Λ を集合とし，$(M_\lambda)_{\lambda \in \Lambda}$ を Λ で添字づけられた左 R 加群の族とする．このとき集合としての $(M_\lambda)_{\lambda \in \Lambda}$ の直積

$$\prod_{\lambda \in \Lambda} M_\lambda := \{(x_\lambda)_\lambda \mid \forall \lambda \in \Lambda, x_\lambda \in M_\lambda\}$$

が定義される．これを用いて左 R 加群の族の直和，直積を次のように定義する.

▷ **定義 1.39** Λ，$(M_\lambda)_{\lambda \in \Lambda}$ を上の通りとする.
(1) $(M_\lambda)_{\lambda \in \Lambda}$ の **直和 (direct sum)** $\bigoplus_{\lambda \in \Lambda} M_\lambda$ を，集合

$$\{(x_\lambda)_\lambda \in \prod_{\lambda \in \Lambda} M_\lambda \mid \text{有限個を除く } \lambda \in \Lambda \text{ に対し } x_\lambda = 0\}$$

に，加法を $(x_\lambda)_\lambda + (y_\lambda)_\lambda := (x_\lambda + y_\lambda)_\lambda$, R の元による左乗法を $a(x_\lambda)_\lambda := (ax_\lambda)_\lambda$ により定めてできる左 R 加群とする．$\Lambda = \{1, 2, \ldots, n\}$ のときは直和 $\bigoplus_{\lambda \in \Lambda} M_\lambda$ のことを $M_1 \oplus M_2 \oplus \cdots \oplus M_n$ とも書く.

各 $\mu \in \Lambda$ に対し，$i_\mu : M_\mu \longrightarrow \bigoplus_{\lambda \in \Lambda} M_\lambda$ を

$$i_\mu(x) := (y_\lambda)_\lambda, \quad \text{ただし} \quad y_\lambda := \begin{cases} x, & (\lambda = \mu \text{ のとき}) \\ 0, & (\text{その他のとき}) \end{cases} \tag{1.21}$$

と定義し，これを（μ 成分からの）**標準的包含** という.
(2) $(M_\lambda)_{\lambda \in \Lambda}$ の **直積 (direct product)** $\prod_{\lambda \in \Lambda} M_\lambda$ を，集合としての直積 $\prod_{\lambda \in \Lambda} M_\lambda$ に加法を $(x_\lambda)_\lambda + (y_\lambda)_\lambda := (x_\lambda + y_\lambda)_\lambda$, R の元による左乗法を $a(x_\lambda)_\lambda := (ax_\lambda)_\lambda$ により定めてできる左 R 加群とする．$\Lambda = \{1, 2, \ldots, n\}$ のときは直積 $\prod_{\lambda \in \Lambda} M_\lambda$ のことを $M_1 \times M_2 \times \cdots \times M_n$ とも書く.

各 $\mu \in \Lambda$ に対し，$p_\mu : \prod_{\lambda \in \Lambda} M_\lambda \longrightarrow M_\mu$ を $p_\mu((x_\lambda)_\lambda) := x_\mu$ と定義し，これを（μ 成分への）**標準的射影** という.

集合としての直積と左 R 加群としての直積に同じ記号を用いているが加法および R の元による左乗法を忘れれば両者は一致するのであまり混乱は生じ

ないと思う. なお, Λ が空集合（したがって $(M_\lambda)_{\lambda \in \Lambda}$ が空族）のときは集合としての直積 $\prod_{\lambda \in \Lambda} M_\lambda$ は1元集合であり, それに上の定義を適用することにより左 R 加群としての直積, 直和は共に零加群となることがわかる. Λ が有限集合のときは直和 $\bigoplus_{\lambda \in \Lambda} M_\lambda$ と直積 $\prod_{\lambda \in \Lambda} M_\lambda$ は一致する. Λ が無限集合ならば自然な単射準同型写像 $\bigoplus_{\lambda \in \Lambda} M_\lambda \longrightarrow \prod_{\lambda \in \Lambda} M_\lambda$ があるが, 一般にはこれは同型ではない.

直和, 直積の**普遍性**は次のように述べられる.

▶**命題 1.40** $\Lambda, (M_\lambda)_{\lambda \in \Lambda}, \bigoplus_{\lambda \in \Lambda} M_\lambda, i_\mu \, (\mu \in \Lambda), \prod_{\lambda \in \Lambda} M_\lambda, p_\mu \, (\mu \in \Lambda)$ を上の通りとする.

(1) 任意の左 R 加群 N に対して

$$\mathrm{Hom}_R(\bigoplus_{\lambda \in \Lambda} M_\lambda, N) \longrightarrow \prod_{\lambda \in \Lambda} \mathrm{Hom}_R(M_\lambda, N); f \mapsto (f \circ i_\lambda)_\lambda \tag{1.22}$$

は全単射である. すなわち, 任意の左 R 加群 N と任意の左 R 加群の準同型写像の族 $(f_\lambda : M_\lambda \longrightarrow N)_{\lambda \in \Lambda}$ に対して, $f \circ i_\mu = f_\mu \, (\forall \mu \in \Lambda)$ を満たす準同型写像 $f : \bigoplus_{\lambda \in \Lambda} M_\lambda \longrightarrow N$ が一意的に存在する.

(2) 任意の左 R 加群 N に対して

$$\mathrm{Hom}_R(N, \prod_{\lambda \in \Lambda} M_\lambda) \longrightarrow \prod_{\lambda \in \Lambda} \mathrm{Hom}_R(N, M_\lambda); f \mapsto (p_\lambda \circ f)_\lambda \tag{1.23}$$

は全単射である. すなわち, 任意の左 R 加群 N と任意の左 R 加群の準同型写像の族 $(f_\lambda : N \longrightarrow M_\lambda)_{\lambda \in \Lambda}$ に対して, $p_\mu \circ f = f_\mu \, (\forall \mu \in \Lambda)$ を満たす準同型写像 $f : N \longrightarrow \prod_{\lambda \in \Lambda} M_\lambda$ が一意的に存在する.

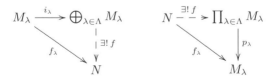

[**証明**] (1) $(f_\lambda)_{\lambda \in \Lambda}$ が与えられたとき, $f : \bigoplus_{\lambda \in \Lambda} M_\lambda \longrightarrow M$ を $f((x_\lambda)_\lambda) := \sum_{\lambda \in \Lambda} f_\lambda(x_\lambda)$ とおく.（有限個を除く全ての $\lambda \in \Lambda$ に対して $x_\lambda = 0$ なのでこれは well-defined である.）すると $x \in M_\mu$ に対して (1.21) の記号を用いると $f(i_\mu(x)) = \sum_\lambda f_\lambda(y_\lambda) = f_\mu(x_\mu) + \sum_{\lambda \neq \mu} f_\lambda(0) = f_\mu(x_\mu)$ となる. よってこの f は題意を満たす. また, 別の準同型写像 $g : \bigoplus_{\lambda \in \Lambda} M_\lambda \longrightarrow M$ が題意を

満たすとすると，任意の $(x_\lambda)_\lambda$ に対して $(x_\lambda)_\lambda = \sum_{\lambda \in \Lambda} i_\lambda(x_\lambda)$（右辺は well-defined）となることから $g((x_\lambda)_\lambda) = g(\sum_{\lambda \in \Lambda} i_\lambda(x_\lambda)) = \sum_{\lambda \in \Lambda} g(i_\lambda(x_\lambda)) = \sum_{\lambda \in \Lambda} f_\lambda(x_\lambda) = f((x_\lambda)_\lambda)$ となる．よって $g = f$ であり，題意の f は一意的である．

(2) $(f_\lambda)_{\lambda \in \Lambda}$ が与えられたとき，$f: M \longrightarrow \prod_{\lambda \in \Lambda} M_\lambda$ を $f(x) := (f_\lambda(x))_\lambda$ とおく．すると $p_\mu(f(x)) = p_\mu((f_\lambda(x))_\lambda) = f_\mu(x)$ となるので，この f は題意を満たす．また，別の準同型写像 $g: M \longrightarrow \prod_{\lambda \in \Lambda} M_\lambda$ が題意を満たすとすると，$g(x) = (y_\lambda)_\lambda$ とおいたとき $y_\lambda = p_\lambda(g(x)) = f_\lambda(x)$ となるので $g(x) = (f_\lambda(x))_\lambda = f(x)$ となる．よって $g = f$ であり，題意の f は一意的である． □

注 1.41 命題 1.40(1) の性質は直和を特徴付ける．つまり左 R 加群 S と左 R 加群の準同型写像の族 $(i'_\lambda: M_\lambda \longrightarrow S)_{\lambda \in \Lambda}$ が「任意の左 R 加群 N に対して

$$\mathrm{Hom}_R(S, N) \longrightarrow \prod_{\lambda \in \Lambda} \mathrm{Hom}_R(M_\lambda, N); f \mapsto (f \circ i'_\lambda)_\lambda \tag{1.24}$$

が全単射である」という性質（普遍性）を満たすとすれば $g \circ i_\mu = i'_\mu (\forall \mu \in \Lambda)$ を満たす同型写像 $g: \bigoplus_{\lambda \in \Lambda} M_\lambda \longrightarrow S$ が一意的に存在することが言える．実際，$N = S$ としたときの写像 (1.22) の全射性より題意の準同型写像 $g: \bigoplus_{\lambda \in \Lambda} M_\lambda \longrightarrow S$ が一意的に構成され，また $N = \bigoplus_{\lambda \in \Lambda} M_\lambda$ としたときの写像 (1.24) の全射性より $g \circ i'_\mu = i_\mu (\forall \mu \in \Lambda)$ を満たす準同型写像 $g': S \longrightarrow \bigoplus_{\lambda \in \Lambda} M_\lambda$ が構成される．このとき $g' \circ g$ は $(g' \circ g) \circ i_\mu = i_\mu (\forall \mu \in \Lambda)$ を満たすが，恒等写像 $\mathrm{id}: \bigoplus_{\lambda \in \Lambda} M_\lambda \longrightarrow \bigoplus_{\lambda \in \Lambda} M_\lambda$ も $\mathrm{id} \circ i_\mu = i_\mu (\forall \mu \in \Lambda)$ を満たすので，$N = \bigoplus_{\lambda \in \Lambda} M_\lambda$ としたときの写像 (1.22) の単射性より $g' \circ g = \mathrm{id}$ となる．同様に，$N = S$ としたときの写像 (1.24) の単射性より $g \circ g' = \mathrm{id}_S$ もわかるので，g は同型写像となる．

同様に，命題 1.40(2) の性質は直積を特徴付ける．つまり左 R 加群 P と左 R 加群の準同型写像の族左 R 加群の準同型写像の族 $(p'_\lambda: P \longrightarrow M_\lambda)_{\lambda \in \Lambda}$ が「任意の左 R 加群 N に対して

$$\mathrm{Hom}_R(N, P) \longrightarrow \prod_{\lambda \in \Lambda} \mathrm{Hom}_R(N, M_\lambda); f \mapsto (p'_\lambda \circ f)_\lambda$$

が全単射である」という性質（普遍性）を満たすとすれば $p'_\mu \circ g = p_\mu (\forall \mu \in \Lambda)$ を満たす同型写像 $g: \prod_{\lambda \in \Lambda} M_\lambda \longrightarrow P$ が一意的に存在することが言える．

普遍性を通じて考えた，より抽象的な状況での直和，直積（抽象的な状況では和，積と呼ばれる）の定義は定義 2.42, 2.43 において行われる．また，このすぐ後にあるように，直和からの準同型写像や直積への準同型写像はしばしば普遍性を用いた特徴付けにより述べられる．つまり各元の行き先を述べることなくより抽象的に述べられることに注意しよう．このことは，抽象的な状況での写像の構成において役に立つことになる．

Λ を集合, $(M_\lambda)_{\lambda\in\Lambda}, (N_\lambda)_{\lambda\in\Lambda}$ を Λ で添字づけられた左 R 加群の族とし, 各 $\lambda \in \Lambda$ に対して左 R 加群の準同型写像 $f_\lambda : M_\lambda \longrightarrow N_\lambda$ が与えられているとする. このとき, 準同型写像

$$\bigoplus_{\lambda\in\Lambda} f_\lambda : \bigoplus_{\lambda\in\Lambda} M_\lambda \longrightarrow \bigoplus_{\lambda\in\Lambda} N_\lambda, \quad \prod_{\lambda\in\Lambda} f_\lambda : \prod_{\lambda\in\Lambda} M_\lambda \longrightarrow \prod_{\lambda\in\Lambda} N_\lambda$$

を $(\bigoplus_{\lambda\in\Lambda} f_\lambda)((x_\lambda)_\lambda) := (f_\lambda(x_\lambda))_\lambda, (\prod_{\lambda\in\Lambda} f_\lambda)((x_\lambda)_\lambda) := (f_\lambda(x_\lambda))_\lambda$ により定義する. 命題 1.40 の普遍性を用いた場合, $\bigoplus_{\lambda\in\Lambda} f_\lambda$ は $N = \bigoplus_{\lambda\in\Lambda} N_\lambda$ としたときの (1.22) の右辺の元 $(i_{N,\lambda} \circ f_\lambda)_\lambda$ (ただし $i_{N,\lambda} : N_\lambda \longrightarrow \bigoplus_{\lambda\in\Lambda} N_\lambda$ は標準的包含) に対応する左辺の元として特徴付けられる. また, $\prod_{\lambda\in\Lambda} f_\lambda$ は $N = \prod_{\lambda\in\Lambda} N_\lambda$ としたときの (1.23) の右辺の元 $(f_\lambda \circ p_{M,\lambda})_\lambda$ (ただし $p_{M,\lambda} : \prod_{\lambda\in\Lambda} M_\lambda \longrightarrow M_\lambda$ は標準的射影) に対応する左辺の元として特徴付けられる.

▶**命題 1.42** Λ を集合, $(M_{i,\lambda})_{\lambda\in\Lambda}$ ($i = 1, 2, 3$) を Λ で添字づけられた左 R 加群の族とし, 各 $\lambda \in \Lambda$ に対して左 R 加群の完全列

$$M_{1,\lambda} \xrightarrow{f_\lambda} M_{2,\lambda} \xrightarrow{g_\lambda} M_{3,\lambda}$$

が与えられているとする. このとき

$$\bigoplus_{\lambda\in\Lambda} M_{1,\lambda} \xrightarrow{\bigoplus_{\lambda\in\Lambda} f_\lambda} \bigoplus_{\lambda\in\Lambda} M_{2,\lambda} \xrightarrow{\bigoplus_{\lambda\in\Lambda} g_\lambda} \bigoplus_{\lambda\in\Lambda} M_{3,\lambda}, \quad (1.25)$$

$$\prod_{\lambda\in\Lambda} M_{1,\lambda} \xrightarrow{\prod_{\lambda\in\Lambda} f_\lambda} \prod_{\lambda\in\Lambda} M_{2,\lambda} \xrightarrow{\prod_{\lambda\in\Lambda} g_\lambda} \prod_{\lambda\in\Lambda} M_{3,\lambda} \quad (1.26)$$

は完全列となる.

[証明] まず $(x_\lambda)_\lambda \in \bigoplus_{\lambda\in\Lambda} M_{1,\lambda}$ に対して $(\bigoplus_{\lambda\in\Lambda} g_\lambda)((\bigoplus_{\lambda\in\Lambda} f_\lambda)((x_\lambda)_\lambda)) = (g_\lambda(f_\lambda(x_\lambda)))_\lambda = 0$ である. また $(x_\lambda)_\lambda \in \mathrm{Ker}(\bigoplus_{\lambda\in\Lambda} g_\lambda)$ とすると $0 = (\bigoplus_{\lambda\in\Lambda} g_\lambda)((x_\lambda)_\lambda) = (g_\lambda(x_\lambda))_\lambda$ より $x_\lambda \in \mathrm{Ker}\, g_\lambda = \mathrm{Im}\, f_\lambda$. よって各 $\lambda \in \Lambda$ に対して $f_\lambda(y_\lambda) = x_\lambda$ となる $y_\lambda \in M_{1,\lambda}$ が存在するが, $x_\lambda = 0$ のときは $y_\lambda = 0$ ととれるので, 有限個の λ を除いて $y_\lambda = 0$ であるとしてよい. このとき $(y_\lambda)_\lambda \in \bigoplus_{\lambda\in\Lambda} M_{1,\lambda}$ で, また $(\bigoplus_{\lambda\in\Lambda} f_\lambda)((y_\lambda)_\lambda) = (f_\lambda(y_\lambda))_\lambda = (x_\lambda)_\lambda$ となる. 以上より図式 (1.25) の完全性が言えた. 同様にして図式 (1.26) の完全性も言える. □

短完全列における分裂の概念およびそれと直和との関係について述べる.

▶**命題 1.43** 左 R 加群の完全列 $0 \longrightarrow M_1 \xrightarrow{i_1} M \xrightarrow{p_2} M_2 \longrightarrow 0$ に対する次の 2 条件は同値である.
(1) 左 R 加群の準同型写像 $i_2 : M_2 \longrightarrow M$ で $p_2 \circ i_2 = \mathrm{id}_{M_2}$ を満たすものがある.
(2) 左 R 加群の準同型写像 $p_1 : M \longrightarrow M_1$ で $p_1 \circ i_1 = \mathrm{id}_{M_1}$ を満たすものがある.

[**証明**] (1) が成り立つとき, $p_1' : M \longrightarrow M$ を $p_1'(x) := x - i_2(p_2(x))$ とおくと, $p_2(p_1'(x)) = p_2(x) - p_2(i_2(p_2(x))) = p_2(x) - p_2(x) = 0$. よって $p_1'(x) \in \mathrm{Ker}\, p_2 = \mathrm{Im}\, i_1$ なので $p_1'(x) = i_1(y)$ となる $y \in M_1$ が存在し, i_1 は単射なのでこのような y は一意的である. そこで $p_1 : M \longrightarrow M_1$ を $p_1(x) := y$ と定める. このとき p_1 が左 R 加群の準同型写像であることが容易に確かめられる. また $x \in M_1$ に対して $p_1'(i_1(x)) = i_1(x) - i_2(p_2(i_1(x))) = i_1(x) - 0 = i_1(x)$ なので $p_1(i_1(x)) = x$ となる. よって $p_1 \circ i_1 = \mathrm{id}_{M_1}$.

(2) が成り立つとき, $x \in M_2 = \mathrm{Im}\, p_2$ に対して $p_2(y) = x$ となる $y \in M$ がある. そこで $i_2(x) := y - i_1(p_1(y))$ とおく. これが well-defined であるためにはこの定義が y のとりかたによらないことを確かめなければならないが, $y' \in M$ を $p_2(y') = x_2$ を満たす別の元とすると $p_2(y' - y) = 0$ なので $y' - y = i_1(z)$ となる $z \in M_1$ がとれ, このとき $(y' - i_1(p_1(y'))) - (y - i_1(p_1(y))) = (y' - y) - i_1(p_1(y' - y)) = i_1(z) - i_1(p_1(i_1(z))) = i_1(z) - i_1(z) = 0$ となる. よって i_2 は well-defined である. そして i_2 が左 R 加群の準同型写像であることが容易に確かめられる. また $x \in M_2$ に対して $p_2(i_2(x)) = p_2(y) - p_2(i_1(p_1(y))) = p_2(y) - 0 = x$ となるので $p_2 \circ i_2 = \mathrm{id}_{M_2}$. □

▷**定義 1.44** 左 R 加群の完全列 $0 \longrightarrow M_1 \xrightarrow{i_1} M \xrightarrow{p_2} M_2 \longrightarrow 0$ が命題 1.43 の条件を満たすとき, この完全列は**分裂 (split)** するという.

▶**命題 1.45** $0 \longrightarrow M_1 \xrightarrow{i_1} M \xrightarrow{p_2} M_2 \longrightarrow 0$ を左 R 加群の分裂する完全列とするとき, M は $M_1 \oplus M_2$ と同型である.

[証明] 命題 1.43 の (1) の条件が成り立つとして (1) の証明のように p_1', p_1 を構成したとする．すると $x \in M$ に対して $i_1(p_1(x)) = p_1'(x) = x - i_2(p_2(x))$ なので $i_1(p_1(x)) + i_2(p_2(x)) = x$ となる．また，完全列の定義より $x \in M_1$ に対して $p_2(i_1(x)) = 0$ で，さらに $x \in M_2$ に対して $p_1'(i_2(x)) = i_2(x) - i_2(p_2(i_2(x))) = i_2(x) - i_2(x) = 0$ であることから $p_1(i_2(x)) = 0$ である．

さて，$f : M_1 \oplus M_2 \longrightarrow M, g : M \longrightarrow M_1 \oplus M_2$ を $f((x,y)) := i_1(x) + i_2(y), g(x) := (p_1(x), p_2(x))$ と定めると，これらは左 R 加群の準同型写像である．そして $g(f((x,y))) = (p_1(i_1(x)) + p_1(i_2(y)), p_2(i_1(x)) + p_2(i_2(y))) = (x, y), f(g(x)) = f((p_1(x), p_2(x))) = i_1(p_1(x)) + i_2(p_2(x)) = x$ となる．以上より f, g は同型写像となるので M と $M_1 \oplus M_2$ は同型． □

自由加群の定義をする．

▷ **定義 1.46** (1) Λ を集合，M を左 R 加群とする．Λ で添字づけられた左 R 加群の族 $(M_\lambda)_{\lambda \in \Lambda}$ において，全ての $\lambda \in \Lambda$ に対して $M_\lambda = M$ であるときの直和 $\bigoplus_{\lambda \in \Lambda} M_\lambda$ を $M^{\oplus \Lambda}$，直積 $\prod_{\lambda \in \Lambda} M_\lambda$ を M^Λ と書く．$\Lambda = \{1, \ldots, n\}$ のときは $M^{\oplus n}, M^n$ と書く（ただし $M^{\oplus n} = M^n$ である）．
(2) ある集合 Λ に対する $R^{\oplus \Lambda}$ に同型な左 R 加群 M を R 上の**自由加群** (free module) という．ある同型 $R^{\oplus \Lambda} \cong M$ による $R^{\oplus \Lambda}$ の元の族 $(i_\lambda(1))_{\lambda \in \Lambda}$（ただし $i_\lambda : R \longrightarrow R^{\oplus \Lambda}$ は λ 成分への標準的包含）の像となるような M の元の族 $(x_\lambda)_{\lambda \in \Lambda}$ を自由加群 M の**基底** (basis) という．

単項イデアル整域のときは次の性質が成り立つ．

▶ **命題 1.47** R を単項イデアル整域とするとき，R 上の自由加群の任意の部分加群は自由加群である．

[証明] M を $R^{\oplus \Lambda}$ の部分加群とする．まず Λ の部分集合 $I \subseteq I'$ に対し自然な単射準同型写像

$$i_{II'}: R^{\oplus I} \longrightarrow R^{\oplus I'}; (x_i)_i \mapsto (y_{i'})_{i'},$$

ただしここで $y_{i'} := \begin{cases} x_{i'} & (i' \in I \text{ のとき}) \\ 0 & (i' \in I' \setminus I \text{ のとき}) \end{cases}$

があることに注意する．以下の証明では $i_{I\Lambda}: R^{\oplus I} \longrightarrow R^{\oplus \Lambda}$ により自然に $R^{\oplus I}$ を $R^{\oplus \Lambda}$ の部分加群とみなすことにする．

$\mathcal{S}$ を次のような組 (I, J) のなす集合とする．
(1) I は Λ の部分集合，J は M の部分集合．
(2) $J \subseteq M \cap R^{\oplus I}$ で，また準同型写像

$$f_J: R^{\oplus J} \longrightarrow M \cap R^{\oplus I}; \quad (x_j)_j \mapsto \sum_{j \in J} x_j j$$

は同型である．

また，$(I, J), (I', J') \in \mathcal{S}$ に対し $I \subseteq I', J \subseteq J'$ が成り立つとき $(I, J) \leq (I', J')$ と書く．この $\leq$ により $\mathcal{S}$ は順序集合になり，また $(\emptyset, \emptyset) \in \mathcal{S}$ なので $\mathcal{S}$ は空でない．$\mathcal{S}' := \{(I_\sigma, J_\sigma)\}_{\sigma \in \Sigma}$ を $\mathcal{S}$ の全順序部分集合とするとき，$I := \bigcup_{\sigma \in \Sigma} I_\sigma$, $J := \bigcup_{\sigma \in \Sigma} J_\sigma$ とおくと (I, J) は上の (1) の条件を明らかに満たす．また (I_σ, J_σ) に対する上の条件 (2) より $J_\sigma \subseteq M \cap R^{\oplus I_\sigma}$ で

$$f_{J_\sigma}: R^{\oplus J_\sigma} \longrightarrow M \cap R^{\oplus I_\sigma}; \quad (x_j)_j \mapsto \sum_{j \in J} x_j j$$

は同型であるが，$\sigma \in \Sigma$ に関する和集合をとることにより $J \subseteq M \cap R^{\oplus I}$ で，かつ

$$f_J: R^{\oplus J} \longrightarrow M \cap R^{\oplus I}; \quad (x_j)_j \mapsto \sum_{j \in J} x_j j$$

が同型であることが導かれる．したがって $(I, J) \in \mathcal{S}$ であり，これは $\mathcal{S}'$ の上界を与える．よって $\mathcal{S}$ は帰納的集合となるのでツォルンの補題より $\mathcal{S}$ は極大元 (I_0, J_0) をもつ．$I_0 = \Lambda$ となることが言えれば $R^{\oplus J_0} \cong M$ となるので題意が示される．

今 $I_0 \subsetneq \Lambda$ とする．$\mu \in \Lambda \setminus I_0$ をとり，$I_1 := I_0 \cup \{\mu\}$ とおく．すると完全列

$$0 \longrightarrow R^{\oplus I_0} \xrightarrow{i_{I_0 I_1}} R^{\oplus I_1} \xrightarrow{p_\mu} R \longrightarrow 0$$

がある（$p_\mu: R^{\oplus I_1} \longrightarrow R$ は μ 成分への標準的射影）．この完全列より自然に完全列

$$0 \longrightarrow M \cap R^{\oplus I_0} \xrightarrow{i_{I_0 I_1}} M \cap R^{\oplus I_1} \xrightarrow{p_\mu} p_\mu(M \cap R^{\oplus I_1}) \longrightarrow 0 \qquad (1.27)$$

が引き起こされる. $p_\mu(M \cap R^{\oplus I_1})$ は R の部分加群, つまりイデアルとなるので, R が単項イデアル整域であるという仮定より, これはある $a \in R$ を用いて Ra という形に書ける. もし $a = 0$ ならば $p_\mu(M \cap R^{\oplus I_1}) = 0$. よって図式 (1.27) の完全性より $M \cap R^{\oplus I_0} = M \cap R^{\oplus I_1}$ であり, これより $(I_1, J_0) \in \mathcal{S}$ となることがわかる. これは (I_0, J_0) の極大性に矛盾する. $a \neq 0$ のときは, 任意の Ra の元は $xa\,(x \in R)$ の形に一意的に書ける. よって, $p_\mu(b) = a$ となるような $b \in M \cap R^{\oplus I_1}$ を1つとり, $i : Ra = p_\mu(M \cap R^{\oplus I_1}) \longrightarrow M \cap R^{\oplus I_1}$ を $i(xa) = xb$ と定めると, これは well-defined である. そして $p_\mu(i(xa)) = p_\mu(xb) = xa$ より完全列 (1.27) は分裂する. したがって同型

$$g : (M \cap R^{\oplus I_0}) \oplus Ra \longrightarrow M \cap R^{\oplus I_1}; (m, xa) \mapsto i_{I_0 I_1}(m) + xb$$

を得る. ここで $J_1 := J_0 \cup \{b\}$ とおき, また同型写像 $h' : R \longrightarrow Ra$ を $h'(x) := xa$ と定める. f_{J_0}, h' が同型写像であることより

$$h := f_{J_0} \oplus h' : R^{\oplus J_1} = R^{\oplus J_0} \oplus R^{\oplus \{b\}} \longrightarrow (M \cap R^{\oplus I_0}) \oplus Ra$$

も同型写像となる. そして

$$g(h(((x_j)_{j \in J_0}, x_b))) = g((f_{J_0}((x_j)_{j \in J_0}), x_b a))$$
$$= f_{J_0}((x_j)_{j \in J_0}) + x_b b = f_{J_1}(((x_j)_{j \in J_0}, x_b))$$

となる. よって $f_{J_1} : R^{\oplus J_1} \longrightarrow M \cap R^{\oplus I_1}$ が同型写像となるので $(I_1, J_1) \in \mathcal{S}$ となることがわかり, これはやはり (I_0, J_0) の極大性に矛盾する. したがって $I_0 = \Lambda$ であることが言え, 以上より題意が示された. □

1.4 帰納極限と射影極限

まず帰納極限と射影極限の定義を一般的な形で述べる.

▷ **定義 1.48** $\mathcal{I} := (I, (J(i, i'))_{i,i' \in I})$ を有向グラフまたは圏とし,

$$((M_i)_{i \in I}, (f_\varphi : M_i \longrightarrow M_{i'})_{i,i' \in I, \varphi \in J(i,i')}) \qquad (1.28)$$

を $\mathcal{I}$ 上の左 R 加群の図式とする．$\varphi \in J(i,i')$ に対して $\mathrm{s}(\varphi) := i, \mathrm{t}(\varphi) := i'$ とおく．そして

$$X := \bigoplus_{\varphi \in \sqcup_{i,i' \in I} J(i,i')} M_{\mathrm{s}(\varphi)}, \quad Y := \bigoplus_{i \in I} M_i$$

とおき，$\iota'_\varphi : M_{\mathrm{s}(\varphi)} \longrightarrow X$, $\iota'_i : M_i \longrightarrow Y$ をそれぞれ φ 成分，i 成分からの標準的包含とする．そして $f_\mathrm{s}, f_\mathrm{t} : X \longrightarrow Y$ を

$$f_\mathrm{s}((x_\varphi)_\varphi) := \sum_\varphi \iota'_{\mathrm{s}(\varphi)}(x_\varphi), \quad f_\mathrm{t}((x_\varphi)_\varphi) := \sum_\varphi \iota'_{\mathrm{t}(\varphi)}(f_\varphi(x_\varphi))$$

とおく．（f_s は任意の φ に対して $f_\mathrm{s} \circ \iota'_\varphi = \iota'_{\mathrm{s}(\varphi)}$ を満たす唯一の準同型写像であり，また f_t は任意の φ に対して $f_\mathrm{t} \circ \iota'_\varphi = \iota'_{\mathrm{t}(\varphi)} \circ f_\varphi$ を満たす唯一の準同型写像である．）以上の準備のもとで図式 (1.28) の**帰納極限 (inductive limit)** $\varinjlim_{i \in I} M_i$ を $\varinjlim_{i \in I} M_i := \mathrm{Coker}(f_\mathrm{t} - f_\mathrm{s})$ と定義する．また，$i \in I$ に対して $\iota_i : M_i \longrightarrow \varinjlim_{i \in I} M_i$ を合成 $M_i \xrightarrow{\iota'_i} Y \xrightarrow{p} \mathrm{Coker}(f_\mathrm{t} - f_\mathrm{s}) = \varinjlim_{i \in I} M_i$ （ただし p は標準的射影）と定義し，これも**標準的包含**とよぶ．

上の記号で，任意の $i, i' \in I, x \in M_i$ と $\varphi \in J(i,i')$ に対して $\iota'_{i'}(f_\varphi(x)) = f_\mathrm{t}(\iota'_\varphi(x)) = f_\mathrm{s}(\iota'_\varphi(x)) + (f_\mathrm{t} - f_\mathrm{s})(\iota'_\varphi(x)) = \iota'_i(x) + (f_\mathrm{t} - f_\mathrm{s})(\iota'_\varphi(x))$ である．これに p を合成すると $\iota_{i'}(f_\varphi(x)) = \iota_i(x)$ となるので，標準的包含たちは $\iota_{i'} \circ f_\varphi = \iota_i$ を満たすことが言える．なお，標準的包含 ι_i はその名前にもかかわらず単射とは限らないことに注意．

▷**定義 1.49** $\mathcal{I} := (I, (J(i,i'))_{i,i' \in I})$ を有向グラフまたは圏とし，

$$((M_i)_{i \in I}, (f_\varphi : M_{i'} \longrightarrow M_i)_{i,i' \in I, \varphi \in J(i,i')}) \tag{1.29}$$

を $\mathcal{I}^\mathrm{op}$ 上の左 R 加群の図式とする．そして

$$X := \prod_{i \in I} M_i, \quad Y := \prod_{\varphi \in \sqcup_{i,i' \in I} J(i,i')} M_{\mathrm{s}(\varphi)}$$

とおき，$p'_i : X \longrightarrow M_i$, $p'_\varphi : Y \longrightarrow M_{\mathrm{s}(\varphi)}$ をそれぞれ i 成分，φ 成分への標準的射影とする．そして $f_\mathrm{s}, f_\mathrm{t} : X \longrightarrow Y$ を

$$f_{\mathrm{s}}((x_i)_i) := (x_{\mathrm{s}(\varphi)})_\varphi, \quad f_{\mathrm{t}}((x_i)_i) := (f_\varphi(x_{\mathrm{t}(\varphi)}))_\varphi$$

とおく．（f_{s} は任意の φ に対して $p'_\varphi \circ f_{\mathrm{s}} = p'_{\mathrm{s}(\varphi)}$ を満たす唯一の準同型写像であり，また f_{t} は任意の φ に対して $p'_\varphi \circ f_{\mathrm{t}} = f_\varphi \circ p'_{\mathrm{t}(\varphi)}$ を満たす唯一の準同型写像である．）以上の準備のもとで図式 (1.29) の**射影極限 (projective limit)** $\varprojlim_{i \in I} M_i$ を $\varprojlim_{i \in I} M_i := \mathrm{Ker}(f_{\mathrm{t}} - f_{\mathrm{s}})$ と定義する．また，$i \in I$ に対して $p'_i : X \longrightarrow M_i$ を標準的射影とするとき，$p_i : \varprojlim_{i \in I} M_i \longrightarrow M_i$ を合成 $\varprojlim_{i \in I} M_i = \mathrm{Ker}(f_{\mathrm{t}} - f_{\mathrm{s}}) \xrightarrow{\iota} X \xrightarrow{p'_i} M_i$（ただし ι は標準的包含）と定義し，これも**標準的射影**とよぶ．

上の記号で，$x := (x_i)_i \in \varprojlim_{i \in I} M_i$ のとき任意の $i, i' \in I$ と $\varphi \in J(i, i')$ に対して $f_{\mathrm{t}}(x) = f_{\mathrm{s}}(x)$ なので，φ 成分を比べて $f_\varphi(x_{i'}) = x_i$ を得る．つまり $f_\varphi(p_{i'}(x)) = p_i(x)$ なので標準的射影たちは $f_\varphi \circ p_{i'} = p_i$ を満たす．なお，標準的射影 p_i はその名前にもかかわらず全射とは限らないことに注意．

図式 (1.28) や (1.29) における準同型写像 f_φ のことを**推移写像 (transition map)** ということもある．

帰納極限および射影極限の**普遍性**は次のように述べられる．

▶**命題 1.50**
(1) 記号を定義 1.48 の通りとする．このとき，任意の左 R 加群 N に対して，$g \mapsto (g \circ \iota_i)_i$ により定義される写像

$$\mathrm{Hom}_R(\varinjlim_{i \in I} M_i, N) \longrightarrow \left\{ (g_i)_i \in \prod_{i \in I} \mathrm{Hom}_R(M_i, N) \;\middle|\; \begin{array}{l} \forall i, i' \in I, \forall \varphi \in J(i, i'), \\ g_{i'} \circ f_\varphi = g_i \end{array} \right\} \quad (1.30)$$

は well-defined な全単射である．特に，任意の左 R 加群 N と任意の準同型写像の族 $(g_i : M_i \longrightarrow N)_{i \in I}$ で任意の $i, i' \in I, \varphi \in J(i, i')$ に対して $g_{i'} \circ f_\varphi = g_i$ を満たすものに対して，準同型写像 $g : \varinjlim_{i \in I} M_i \longrightarrow N$ で $g \circ \iota_i = g_i$ $(\forall i \in I)$ を満たすものが一意的に存在する．

(2) 記号を定義 1.49 の通りとする．このとき，任意の左 R 加群 N に対して，$g \mapsto (p_i \circ g)_i$ により定義される写像

$$\mathrm{Hom}_R(N, \varprojlim_{i \in I} M_i) \longrightarrow \left\{ (g_i)_i \in \prod_{i \in I} \mathrm{Hom}_R(N, M_i) \left| \begin{array}{l} \forall i, i' \in I, \forall \varphi \in J(i, i'), \\ f_\varphi \circ g_{i'} = g_i \end{array} \right. \right\} \tag{1.31}$$

は well-defined な全単射である．特に，任意の左 R 加群 N と任意の準同型写像の族 $(g_i : N \longrightarrow M_i)_{i \in I}$ で任意の $i, i' \in I, \varphi \in J(i, i')$ に対して $f_\varphi \circ g_{i'} = g_i$ を満たすものに対して，準同型写像 $g : N \longrightarrow \varprojlim_{i \in I} M_i$ で $p_i \circ g = g_i\,(\forall i \in I)$ を満たすものが一意的に存在する．

[証明]　(1) 記号を定義 1.48 の通りとする．余核，直和の普遍性および等式 $f_{\mathrm{s}} \circ \iota'_\varphi = \iota'_{\mathrm{s}(\varphi)}, f_{\mathrm{t}} \circ \iota'_\varphi = \iota'_{\mathrm{t}(\varphi)} \circ f_\varphi$ より

$$\mathrm{Hom}_R(\varinjlim_{i \in I} M_i, N) \longrightarrow \{g \in \mathrm{Hom}_R(Y, N) \mid g \circ f_{\mathrm{s}} = g \circ f_{\mathrm{t}}\}$$
$$\longrightarrow \left\{ (g_i)_i \in \prod_{i \in I} \mathrm{Hom}_R(M_i, N) \left| \forall \varphi \in \sqcup_{i, i' \in I} J(i, i'), g_{\mathrm{s}(\varphi)} = g_{\mathrm{t}(\varphi)} \circ f_\varphi \right. \right\}$$

は全単射となる．ただしここで写像は $g \mapsto g \circ p, g \mapsto (g \circ \iota'_i)_i$ により定義されるものである．（X に対する直和の普遍性より $g \circ f_{\mathrm{s}} = g \circ f_{\mathrm{t}} \iff \forall \varphi, g \circ f_{\mathrm{s}} \circ \iota'_\varphi = g \circ f_{\mathrm{t}} \circ \iota'_\varphi \iff \forall \varphi, g \circ \iota'_{\mathrm{s}(\varphi)} = (g \circ \iota'_{\mathrm{t}(\varphi)}) \circ f_\varphi$ であることに注意.）これで題意が言えた．

(2) 記号を定義 1.49 の通りとする．核，直積の普遍性および等式 $p'_\varphi \circ f_{\mathrm{s}} = p'_{\mathrm{s}(\varphi)}, p'_\varphi \circ f_{\mathrm{t}} = f_\varphi \circ p'_{\mathrm{t}(\varphi)}$ より

$$\mathrm{Hom}_R(N, \varprojlim_{i \in I} M_i) \longrightarrow \{g \in \mathrm{Hom}_R(N, X) \mid f_{\mathrm{s}} \circ g = f_{\mathrm{t}} \circ g\}$$
$$\longrightarrow \left\{ (g_i)_i \in \prod_{i \in I} \mathrm{Hom}_R(M_i, N) \left| \forall \varphi \in \sqcup_{i, i' \in I} J(i, i'), g_{\mathrm{s}(\varphi)} = f_\varphi \circ g_{\mathrm{t}(\varphi)} \right. \right\}$$

は全単射となる．ただしここで写像は $g \mapsto \iota \circ g, g \mapsto (p'_i \circ g)_i$ により定義されるものである．（Y に対する直積の普遍性より $f_{\mathrm{s}} \circ g = f_{\mathrm{t}} \circ g \iff \forall \varphi, p'_\varphi \circ$

$f_s \circ g = p'_\varphi \circ f_t \circ g \iff \forall \varphi, p'_{s(\varphi)} \circ g = f_\varphi \circ (p'_{t(\varphi)} \circ g)$ であることに注意.）これで題意が言えた. □

注 1.51 命題 1.50(1) の性質は帰納極限を特徴付ける．つまり，左 R 加群 S および準同型写像の族 $(\iota'_i : M_i \longrightarrow S)_{i \in I}$ が「任意の左 R 加群 N に対して，$g \mapsto (g \circ \iota'_i)_i$ により定義される写像

$$\mathrm{Hom}_R(S, N) \longrightarrow \left\{ (g_i)_i \in \prod_{i \in I} \mathrm{Hom}_R(M_i, N) \,\middle|\, \begin{array}{l} \forall i, i' \in I, \forall \varphi \in J(i, i'), \\ g_{i'} \circ f_\varphi = g_i \end{array} \right\} \quad (1.32)$$

が well-defined な全単射である」という性質（普遍性）を満たすとき，任意の $i \in I$ に対して $h \circ \iota_i = \iota'_i$ となるような同型写像 $g : \varinjlim_{i \in I} M_i \longrightarrow S$ が一意的に存在することが言える．証明は注 1.24 や注 1.41 と同様の形式的なものなので省略する．同様に命題 1.50(2) の性質は射影極限を特徴づける．

普遍性を通じて考えた，より抽象的な状況での帰納極限，射影極限の定義は定義 2.31, 2.32 において行われる．また，帰納極限からの準同型写像や射影極限への準同型写像は通常，普遍性を用いた特徴付けにより述べられる．（各元の行き先を述べることによっても定義できるが，帰納極限，射影極限の定義が複雑なので，well-defined であることを定義するたびに簡明に述べるのは容易ではない．）つまり，帰納極限，射影極限のような複雑な概念について述べる際には，左 R 加群という具体的な状況であったとしても，普遍性による抽象的な特徴付けが役に立つのである．

注 1.52 $\mathcal{I} = (I, (J(i, i'))_{i, i' \in I})$ を有向グラフとし，$\widetilde{\mathcal{I}} = (I, (\widetilde{J}(i, i'))_{i, i' \in I})$ を $\mathcal{I}$ が引き起こす圏（注 1.30 において考察した圏 (1.6)）とする．このとき $\mathcal{I}$ 上の左 R 加群の図式 (1.28) は自然に $\widetilde{\mathcal{I}}$ 上の左 R 加群の図式

$$((M_i)_{i \in I}, (f_\varphi : M_i \longrightarrow M_{i'})_{i, i' \in I, \varphi \in \widetilde{J}(i, i')}) \quad (1.33)$$

を引き起こすのであった．このとき $\varphi \in \sqcup_{i, i' \in I} \widetilde{J}(i, i')$ に対する f_φ は適当な $\varphi \in \sqcup_{i, i' \in I} J(i, i')$ に対する f_φ たちの合成で書けるので，任意の左 R 加群 N に対して

$$\left\{ (g_i)_i \in \prod_{i \in I} \mathrm{Hom}_R(M_i, N) \,\middle|\, \begin{array}{l} \forall i, i' \in I, \forall \varphi \in J(i, i'), \\ g_{i'} \circ f_\varphi = g_i \end{array} \right\}$$

$$= \left\{ (g_i)_i \in \prod_{i \in I} \mathrm{Hom}_R(M_i, N) \,\middle|\, \begin{array}{l} \forall i, i' \in I, \forall \varphi \in \widetilde{J}(i, i'), \\ g_{i'} \circ f_\varphi = g_i \end{array} \right\}$$

である．したがって帰納極限の普遍性より図式 (1.28) の帰納極限と図式 (1.33) の帰納極限は自然に同型となる．同様に，図式 (1.29) は自然に $\widetilde{\mathcal{I}}^{\mathrm{op}}$ 上の図式

$$((M_i)_{i \in I}, (f_\varphi : M_{i'} \longrightarrow M_i)_{i, i' \in I, \varphi \in \widetilde{J}(i, i')}) \quad (1.34)$$

を引き起こすが，図式 (1.29) の射影極限は図式 (1.34) の射影極限と同型であることがわかる．以上より，帰納極限，射影極限を考えるときには本質的には圏上の図式に対する帰納極限，射影極限を考えれば充分であることがわかる．

注 1.53 N を左 R 加群とし，$\mathcal{I} = (I, (J(i,i'))_{i,i' \in I})$ を有向グラフまたは圏とする．$\mathcal{I}$ 上の左 R 加群の図式 $((M_i)_{i \in I}, (f_\varphi : M_i \longrightarrow M_{i'})_{i,i' \in I, \varphi \in J(i,i')})$ に対して

$$((\mathrm{Hom}_R(M_i, N))_{i \in I}, (\sharp f_\varphi)_{i,i' \in I, \varphi \in J(i,i')})$$

は $\mathcal{I}^{\mathrm{op}}$ 上の $\mathbb{Z}$ 加群の図式であり，(1.30) の右辺は $\varprojlim_{i \in I} \mathrm{Hom}_R(M_i, N)$ に他ならない．また，$\mathcal{I}^{\mathrm{op}}$ 上の左 R 加群の図式 $((M_i)_{i \in I}, (f_\varphi : M_{i'} \longrightarrow M_i)_{i,i' \in I, \varphi \in J(i,i')})$ に対して

$$((\mathrm{Hom}_R(N, M_i))_{i \in I}, (f_\varphi^\sharp)_{i,i' \in I, \varphi \in J(i,i')})$$

も $\mathcal{I}^{\mathrm{op}}$ 上の $\mathbb{Z}$ 加群の図式となり，(1.31) の右辺は $\varprojlim_{i \in I} \mathrm{Hom}_R(N, M_i)$ に他ならない．したがって命題 1.50 より自然な $\mathbb{Z}$ 加群の同型

$$\mathrm{Hom}_R(\varinjlim_{i \in I} M_i, N) \cong \varprojlim_{i \in I} \mathrm{Hom}_R(M_i, N),$$

$$\mathrm{Hom}_R(N, \varprojlim_{i \in I} M_i) \cong \varprojlim_{i \in I} \mathrm{Hom}_R(N, M_i)$$

があることが言える．R が可換環のときはこれらは R 加群の同型となる．

【例 1.54】 (1) 有向グラフ $\mathcal{I} = (I, (J(i,i'))_{i,i' \in I})$ において全ての i, i' に対して $J(i,i')$ が空集合である場合を考える．このとき $\mathcal{I}$ 上の左 R 加群の図式とは I で添字付けられた左 R 加群の族 $(M_i)_{i \in I}$ に他ならない．このときは定義 1.48，1.49 より $(M_i)_{i \in I}$ の帰納極限は直和 $\bigoplus_{i \in I} M_i$ と一致し，また射影極限は直積 $\prod_{i \in I} M_i$ と一致する．したがって直和，直積はそれぞれ帰納極限，射影極限の特別な場合となっている．

(2) $I = \{1,2\}, J(1,2) = \{1,2\}, J(i,i') = \emptyset ((i,i') \neq (1,2))$ という有向グラフ $\mathcal{I} = (I, (J(i,i'))_{i,i' \in I})$ を考える．このときは $\mathcal{I}$ 上の左 R 加群の図式とは 2 つの左 R 加群 M_1, M_2 と 2 つの準同型写像 $f_1, f_2 : M_1 \longrightarrow M_2$ からなる図式である．すると定義 1.48 よりこの図式の帰納極限は $\mathrm{Coker}\,(f_1 - f_2)$ となることがわかる．また，$\mathcal{I}^{\mathrm{op}}$ 上の左 R 加群の図式とは 2 つの左 R 加群 M_1, M_2 と 2 つの準同型写像 $f_1, f_2 : M_2 \longrightarrow M_1$ からなる図式であるが，この図式の射影極限は $\mathrm{Ker}\,(f_1 - f_2)$ となることがわかる．したがって，余核，核もそれぞれ帰納極限，射影極限の特別な場合となっている．

【例 1.55】 空でない順序集合 $(I, \leq)$ に対して $J(i, i')$ $(i, i' \in I)$ を $i \leq i'$ のとき $J(i, i') := \{*_{i,i'}\}$（1 元集合），$i \leq i'$ でないとき $J(i, i') := \emptyset$ とし，合成則を $J(i', i'') \times J(i, i') \longrightarrow J(i, i''); (*_{i',i''}, *_{i,i'}) \mapsto *_{i,i''}$ $(i \leq i' \leq i'')$ と定めれば，$\mathcal{I} := (I, (J(i, i'))_{i,i' \in I})$ は圏となる．これを $(I, \leq)$ に対応する圏という．そして $\mathcal{I}$ 上（$\mathcal{I}^{\mathrm{op}}$ 上）の左 R 加群の図式のことを $(I, \leq)$ 上（$((I, \leq)^{\mathrm{op}}$ 上）の左 R 加群の図式という．$\leq$ が文脈から明らかな場合は I 上（I^{op} 上）の左 R 加群の図式ともいう．I 上（I^{op} 上）の左 R 加群の図式とは具体的には各 i ごとに左 R 加群 M_i，$i \leq i'$ なる $i, i' \in I$ ごとに左 R 加群の準同型写像 $f_{ii'} : M_i \longrightarrow M_{i'}$ ($f_{ii'} : M_{i'} \longrightarrow M_i$) が与えられたもので，$f_{ii} = \mathrm{id}_{M_i}$ であり，かつ $i \leq i' \leq i''$ なる I の元 i, i', i'' に対して $f_{i'i''} \circ f_{ii'} = f_{ii''}$ ($f_{ii'} \circ f_{i'i''} = f_{ii''}$) を満たすもののことである．

この例の特別な場合として $(\mathbb{N}, \leq)^{\mathrm{op}}$ 上の $\mathbb{Z}$ 加群の図式の例を一つ挙げる．p を素数とするとき，$n \in \mathbb{N}$ に対して $M_n := \mathbb{Z}/p^n\mathbb{Z}$，$n, m \in \mathbb{N}, n \leq m$ に対して $f_{nm} : M_m \longrightarrow M_n$ を標準的射影と定めることで $(\mathbb{N}, \leq)^{\mathrm{op}}$ 上の $\mathbb{Z}$ 加群の図式

$$((\mathbb{Z}/p^n\mathbb{Z})_{n \in \mathbb{N}}, (f_{nm} : \mathbb{Z}/p^m\mathbb{Z} \longrightarrow \mathbb{Z}/p^n\mathbb{Z})_{n,m \in \mathbb{N}, n \leq m}) \tag{1.35}$$

ができる．この図式の射影極限 $\varprojlim_{n \in \mathbb{N}} \mathbb{Z}/p^n\mathbb{Z}$ を $\mathbb{Z}_p$ と書く．$(a_n)_n, (b_n)_n \in \mathbb{Z}_p$ の積を $(a_n)_n (b_n)_n = (a_n b_n)_n$ と定めることにより $\mathbb{Z}_p$ は可換環となる．（全ての a_n が 0 である元が零元，全ての a_n が 1 である元が単位元となる．）これを **p 進整数環 (ring of p-adic integers)** という．p 進整数環は整数論における重要な対象の 1 つである．

ここでは $\mathbb{Z}_p$ が整域であり，また $\mathbb{Z}_p$ において $p \neq 0$ であることを示そう．（ただしここで p とは乗法の単位元 1 を p 回足してできる元のことである．）まず，$a := (a_n)_n, b := (b_n)_n \in \mathbb{Z}_p$ $(a_n, b_n \in \mathbb{Z}/p^n\mathbb{Z})$ を $\mathbb{Z}_p$ の 0 でない元とすると，ある $n \geq 1$ に対して $a_n, b_n \neq 0$ である．このとき $a', b' \in \mathbb{Z}$ を $a_{2n-1} = a' + p^{2n-1}\mathbb{Z}, b_{2n-1} = b' + p^{2n-1}\mathbb{Z}$ となるようにとると $a' + p^n\mathbb{Z} = f_{n,2n-1}(a_{2n-1}) = a_n \neq 0$ より a' は p で高々 $(n-1)$ 回しか割り切れない．b' についても同様である．したがって $a'b' \notin p^{2n-1}\mathbb{Z}$ なので $a_{2n-1}b_{2n-1} \neq 0$，したがって $ab = (a_nb_n)_n \neq 0$ となるので $\mathbb{Z}_p$ は整域である．また，第 2 成分への標準的射影 $\mathbb{Z}_p \longrightarrow \mathbb{Z}/p^2\mathbb{Z}$ による p の像 $p + p^2\mathbb{Z}$ は 0 でないので $\mathbb{Z}_p$ において $p \neq 0$ である．

注 1.53, 例 1.54 により Hom と完全列についての次の命題が導かれる．これは Hom の最も重要な性質の 1 つである．

▶**命題 1.56** R を環とする．
(1) $0 \longrightarrow M_1 \xrightarrow{f} M_2 \xrightarrow{g} M_3$ を左 R 加群の完全列，N を左 R 加群とするとき，$\mathbb{Z}$ 加群の図式

$$0 \longrightarrow \mathrm{Hom}_R(N, M_1) \xrightarrow{f^\sharp} \mathrm{Hom}_R(N, M_2) \xrightarrow{g^\sharp} \mathrm{Hom}_R(N, M_3)$$

は完全列である．
(2) $M_1 \xrightarrow{f} M_2 \xrightarrow{g} M_3 \longrightarrow 0$ を左 R 加群の完全列，N を左 R 加群とするとき，$\mathbb{Z}$ 加群の図式

$$0 \longrightarrow \mathrm{Hom}_R(M_3, N) \xrightarrow{^\sharp g} \mathrm{Hom}_R(M_2, N) \xrightarrow{^\sharp f} \mathrm{Hom}_R(M_1, N)$$

は完全列である．
(3) $0 \longrightarrow M_1 \xrightarrow{f} M_2 \xrightarrow{g} M_3 \longrightarrow 0$ を分裂する左 R 加群の完全列，N を左 R 加群とするとき，$\mathbb{Z}$ 加群の図式

$$0 \longrightarrow \mathrm{Hom}_R(N, M_1) \xrightarrow{f^\sharp} \mathrm{Hom}_R(N, M_2) \xrightarrow{g^\sharp} \mathrm{Hom}_R(N, M_3) \longrightarrow 0, \quad (1.36)$$

$$0 \longrightarrow \mathrm{Hom}_R(M_3, N) \xrightarrow{^\sharp g} \mathrm{Hom}_R(M_2, N) \xrightarrow{^\sharp f} \mathrm{Hom}_R(M_1, N) \longrightarrow 0 \quad (1.37)$$

は完全列である．

[**証明**]　(1) 注 1.53, 例 1.54 より自然な同型 $\mathrm{Hom}_R(N, M_1) = \mathrm{Hom}_R(N, \mathrm{Ker}\, g) \cong \mathrm{Ker}\, g^\sharp$ がある．これより題意が従う．
(2) 注 1.53, 例 1.54 より自然な同型 $\mathrm{Hom}_R(M_3, N) = \mathrm{Hom}_R(\mathrm{Coker}\, f, N) \cong \mathrm{Ker}\,^\sharp f$ がある．これより題意が従う．
(3) まず 1 つめの図式の完全性を示す．$s: M_3 \longrightarrow N_2$ を $g \circ s = \mathrm{id}_{M_3}$ を満たす準同型写像とすれば，$g^\sharp \circ s^\sharp = \mathrm{id}^\sharp_{M_3} = \mathrm{id}_{\mathrm{Hom}_R(N, M_3)}$ なので，任意の $\varphi \in \mathrm{Hom}_R(N, M_3)$ に対して $\varphi = g^\sharp(s^\sharp(\varphi)) \in \mathrm{Im}\, g^\sharp$ となる．よって $g^\sharp$ は全射となる．他の部分の完全性は (1) より従う．同様に，$t \circ f = \mathrm{id}_{M_1}$ を満たす準同型写像 $t: M_1 \longrightarrow M_2$ を用いれば $^\sharp f$ の全射性が言え，これと (2) より 2 つめの図式の完全性が言える．　□

注 1.57 一般には左 R 加群の図式 $0 \longrightarrow M_1 \longrightarrow M_2 \longrightarrow M_3 \longrightarrow 0$ が完全であっても，図式 (1.36), (1.37)は完全であるとは限らない．実際，n を 2 以上の整数として $\mathbb{Z}$ 加群の完全列

$$0 \longrightarrow \mathbb{Z} \xrightarrow{n} \mathbb{Z} \longrightarrow \mathbb{Z}/n\mathbb{Z} \longrightarrow 0$$

(ただし n 倍写像を n と書いた) を考える．まず $N = \mathbb{Z}/n\mathbb{Z}$ としたときの図式 (1.36)は

$$0 \longrightarrow \mathrm{Hom}_\mathbb{Z}(\mathbb{Z}/n\mathbb{Z}, \mathbb{Z}) \longrightarrow \mathrm{Hom}_\mathbb{Z}(\mathbb{Z}/n\mathbb{Z}, \mathbb{Z}) \xrightarrow{\alpha} \mathrm{Hom}_\mathbb{Z}(\mathbb{Z}/n\mathbb{Z}, \mathbb{Z}/n\mathbb{Z}) \longrightarrow 0$$

となるが，$\mathrm{Hom}_\mathbb{Z}(\mathbb{Z}/n\mathbb{Z}, \mathbb{Z}) = 0$, $\mathrm{Hom}_\mathbb{Z}(\mathbb{Z}/n\mathbb{Z}, \mathbb{Z}/n\mathbb{Z}) \cong \mathbb{Z}/n\mathbb{Z}; \varphi \mapsto \varphi(1 + n\mathbb{Z})$ なので α は $0 \longrightarrow \mathbb{Z}/n\mathbb{Z}$ と同一視され，これは全射ではない．また $N = \mathbb{Z}$ としたときの図式 (1.37)は

$$0 \longrightarrow \mathrm{Hom}_\mathbb{Z}(\mathbb{Z}/n\mathbb{Z}, \mathbb{Z}) \longrightarrow \mathrm{Hom}_\mathbb{Z}(\mathbb{Z}, \mathbb{Z}) \xrightarrow{\sharp n} \mathrm{Hom}_\mathbb{Z}(\mathbb{Z}, \mathbb{Z}) \longrightarrow 0$$

となるが，同型 $\mathrm{Hom}_\mathbb{Z}(\mathbb{Z}, \mathbb{Z}) \cong \mathbb{Z}; \varphi \mapsto \varphi(1)$ を通じてみると，$\sharp n$ は n 倍写像 $\mathbb{Z} \longrightarrow \mathbb{Z}$ と同一視され，これは全射ではない．

$\mathcal{I} := (I, (J(i, i'))_{i,i' \in I})$ を有向グラフまたは圏とし，

$$\mathcal{M}_k := ((M_{k,i})_{i \in I}, (f_{k,\varphi} : M_{k,i} \longrightarrow M_{k,i'})_{i,i' \in I, \varphi \in J(i,i')}) \quad (k = 1, 2)$$

を 2 つの $\mathcal{I}$ 上の左 R 加群の図式とする．このとき図式 $\mathcal{M}_1$ から図式 $\mathcal{M}_2$ への準同型写像とは，I で添字付けられた準同型写像の族 $(g_i : M_{1,i} \longrightarrow M_{2,i})_{i \in I}$ で，任意の $i, i' \in I, \varphi \in J(i, i')$ に対して $g_{i'} \circ f_{1,\varphi} = f_{2,\varphi} \circ g_i$ を満たすもののこととする．これが与えられたとき，$\iota_{k,i} : M_{k,i} \longrightarrow \varinjlim_{i \in I} M_{k,i}$ ($k = 1, 2$) を標準的包含とすると，合成たち $\iota_{2,i} \circ g_i$ ($i \in I$) は任意の $i, i' \in I, \varphi \in J(i, i')$ に対して $(\iota_{2,i'} \circ g_{i'}) \circ f_{1,\varphi} = \iota_{2,i'} \circ f_{2,\varphi} \circ g_i = \iota_{2,i} \circ g_i$ を満たす．したがって帰納極限の普遍性により，準同型写像 $\varinjlim_{i \in I} g_i : \varinjlim_{i \in I} M_{1,i} \longrightarrow \varinjlim_{i \in I} M_{2,i}$ で，任意の $i \in I$ に対して $(\varinjlim_{i \in I} g_i) \circ \iota_{1,i} = \iota_{2,i} \circ g_i$ を満たすものが一意的に存在する．よって $\mathcal{I}$ 上の図式の準同型写像は自然に帰納極限の間の準同型写像を引き起こす．同様に，

$$\mathcal{M}_k := ((M_{k,i})_{i \in I}, (f_{k,\varphi} : M_{k,i'} \longrightarrow M_{k,i})_{i,i' \in I, \varphi \in J(i,i')}) \quad (k = 1, 2)$$

を 2 つの $\mathcal{I}^{\mathrm{op}}$ 上の左 R 加群の図式として $(g_i : M_{1,i} \longrightarrow M_{2,i})_{i \in I}$ を $\mathcal{M}_1$ から $\mathcal{M}_2$ への準同型写像とするとき，$p_{k,i} : \varprojlim_{i \in I} M_{k,i} \longrightarrow M_{k,j}$ ($k = 1, 2$) を標準的射影とすると，合成たち $g_i \circ p_{1,i}$ ($i \in I$) は任意の $i, i' \in I, \varphi \in J(i, i')$ に対

して $f_{2,\varphi} \circ (g_{i'} \circ p_{1,i'}) = g_i \circ f_{1,\varphi} \circ p_{1,i'} = g_i \circ p_{1,i}$ を満たす．したがって射影極限の普遍性により，準同型写像 $\varprojlim_{i \in I} g_i : \varprojlim_{i \in I} M_1 \longrightarrow \varprojlim_{i \in I} M_{2,i}$ で，任意の $i \in I$ に対して $p_{2,i} \circ (\varprojlim_{i \in I} g_i) = g_i \circ p_{1,i}$ を満たすものが一意的に存在する．よって $\mathcal{I}^{\mathrm{op}}$ 上の図式の準同型写像は自然に射影極限の間の準同型写像を引き起こす．

さらに，図式の図式の概念が考えられ，それが与えられたときに帰納極限の帰納極限を考えることができる．適切な状況下で帰納極限の帰納極限が帰納極限で書けることを示そう．$\mathcal{I}_1 := (I_1, (J(i_1, i'_1))_{i_1, i'_1 \in I_1})$, $\mathcal{I}_2 := (I_2, (J(i_2, i'_2))_{i_2, i'_2 \in I_2})$ を圏とする[3]．このとき圏 $\mathcal{I}_1 \times \mathcal{I}_2$ を

$$\mathcal{I}_1 \times \mathcal{I}_2 := (I_1 \times I_2, (J((i_1, i_2), (i'_1, i'_2)))_{(i_1, i_2), (i'_1, i'_2) \in I_1 \times I_2}),$$
$$\text{ただし } J((i_1, i_2), (i'_1, i'_2)) := J(i_1, i'_1) \times J(i_2, i'_2)$$

と定める．なお，$\mathcal{I}_1 \times \mathcal{I}_2$ における合成則は $(\varphi'_1, \varphi'_2) \circ (\varphi_1, \varphi_2) := (\varphi'_1 \circ \varphi_1, \varphi'_2 \circ \varphi_2)$ と定める．

$$\mathcal{M} := ((M_{i_1, i_2})_{i_1 \in I_1, i_2 \in I_2}, (f_{\varphi_1, \varphi_2} : M_{i_1, i_2} \longrightarrow M_{i'_1, i'_2})_{i_k, i'_k \in I_k, \varphi_k \in J(i_k, i'_k) \, (k=1,2)}) \tag{1.38}$$

を $\mathcal{I}_1 \times \mathcal{I}_2$ 上の図式とする．このとき，各 $i_2 \in I_2$ に対して

$$\mathcal{M}_{i_2} := ((M_{i_1, i_2})_{i_1 \in I_1}, (f_{\varphi_1, \mathrm{id}_{i_2}} : M_{i_1, i_2} \longrightarrow M_{i'_1, i_2})_{i_1, i'_1 \in I_1, \varphi_1 \in J(i_1, i'_1)})$$

とおくと，これは $\mathcal{I}_1$ 上の左 R 加群の図式となる．そして任意の $i_k, i'_k \in I_k$, $\varphi_k \in J(i_k, i'_k) \, (k = 1, 2)$ に対して

$$f_{\varphi_1, \mathrm{id}_{i'_2}} \circ f_{\mathrm{id}_{i_1}, \varphi_2} = f_{\varphi_1, \varphi_2} = f_{\mathrm{id}_{i'_1}, \varphi_2} \circ f_{\varphi_1, \mathrm{id}_{i_2}}$$

となることから，任意の $i_2, i'_2 \in I_2, \varphi_2 \in J(i_2, i'_2)$ に対して $(f_{\mathrm{id}_{i_1}, \varphi_2} : M_{i_1, i_2} \longrightarrow M_{i_1, i'_2})_{i_1 \in I_1}$ は $\mathcal{I}_1$ 上の図式の準同型写像 $\mathcal{M}_{i_2} \longrightarrow \mathcal{M}_{i'_2}$ を定め，そしてこれらにより $(\mathcal{M}_{i_2})_{i_2 \in I_2}$ は $\mathcal{I}_1$ 上の左 R 加群の図式の $\mathcal{I}_2$ 上の図式をなす．また，$\mathcal{I}_1$ と $\mathcal{I}_2$ の対称性より，任意の $i_1 \in I_1$ に対して

$$\mathcal{M}_{i_1} := ((M_{i_1, i_2})_{i_2 \in I_2}, (f_{\mathrm{id}_{i_1}, \varphi_2} : M_{i_1, i_2} \longrightarrow M_{i_1, i'_2})_{i_2, i'_2 \in I_2, \varphi_2 \in J(i_2, i'_2)})$$

---

[3] 有向グラフとしてもよいが，記述がやや複雑になるので圏の場合のみを考える．なお，注 1.52 により，一般性は損なわれていない．

1.4 帰納極限と射影極限　45

とおくと，これは $\mathcal{I}_2$ 上の左 R 加群の図式となり，$(\mathcal{M}_{i_1})_{i_1 \in I_1}$ は $\mathcal{I}_2$ 上の左 R 加群の図式の $\mathcal{I}_1$ 上の図式をなす．

前段落の状況で，$\mathcal{M}_{i_2}$ $(i_2 \in I_2)$ の帰納極限たち $\varinjlim_{i_1 \in I_1} M_{i_1, i_2}$ $(i_2 \in I_2)$ は $\mathcal{I}_2$ 上の図式を定め，したがってその帰納極限 $\varinjlim_{i_2 \in I_2} (\varinjlim_{i_1 \in I_1} M_{i_1, i_2})$ が定義される．$\mathcal{M}_{i_1}$ $(i_1 \in I_1)$ に対して同様の議論をすることにより $\varinjlim_{i_1 \in I_1} (\varinjlim_{i_2 \in I_2} M_{i_1, i_2})$ も定義される．一方，$\mathcal{I}_1 \times \mathcal{I}_2$ 上の左 R 加群の図式 $\mathcal{M}$ の帰納極限 $\varinjlim_{(i_1, i_2) \in I_1 \times I_2} M_{i_1, i_2}$ が定義される．このとき次の命題が成り立つ．

▶**命題 1.58** 記号を上の通りとするとき，自然な同型写像

$$\varinjlim_{i_2 \in I_2} (\varinjlim_{i_1 \in I_1} M_{i_1, i_2}) \longrightarrow \varinjlim_{(i_1, i_2) \in I_1 \times I_2} M_{i_1, i_2}$$

がある．（したがって，対称性より同型

$$\varinjlim_{i_2 \in I_2} (\varinjlim_{i_1 \in I_1} M_{i_1, i_2}) \cong \varinjlim_{(i_1, i_2) \in I_1 \times I_2} M_{i_1, i_2} \cong \varinjlim_{i_1 \in I_1} (\varinjlim_{i_2 \in I_2} M_{i_1, i_2})$$

があることがわかる．）

[証明]　任意の左 R 加群 N に対して

$\mathrm{Hom}_R(\varinjlim_{i_2 \in I_2} (\varinjlim_{i_1 \in I_1} M_{i_1, i_2}), N)$

$= \left\{ (g_{i_2})_{i_2} \in \prod_{i_2 \in I_2} \mathrm{Hom}_R(\varinjlim_{i_1 \in I_1} M_{i_1, i_2}, N) \ \middle| \ \begin{array}{l} \forall i_2, i_2' \in I_2, \varphi_2 \in J(i_2, i_2'), \\ g_{i_2'} \circ \varinjlim_{i_1 \in I_1} f_{\mathrm{id}_{i_1}, \varphi_2} = g_{i_2} \end{array} \right\}$

$= \left\{ (g_{i_1, i_2})_{i_1, i_2} \in \prod_{(i_1, i_2) \in I_1 \times I_2} \mathrm{Hom}_R(M_{i_1, i_2}, N) \ \middle| \ \begin{array}{l} \forall i_1, i_1' \in I_1, i_2 \in I_2, \\ \varphi_1 \in J(i_1, i_1'), \\ g_{i_1', i_2} \circ f_{\varphi_1, \mathrm{id}_{i_2}} = g_{i_1, i_2}, \\ \forall i_1 \in I_1, i_2, i_2' \in I_2, \\ \varphi_2 \in J(i_2, i_2'), \\ g_{i_1, i_2'} \circ f_{\mathrm{id}_{i_1}, \varphi_2} = g_{i_1, i_2} \end{array} \right\}$

$$= \left\{ (g_{i_1,i_2})_{i_1,i_2} \in \prod_{(i_1,i_2)\in I_1 \times I_2} \mathrm{Hom}_R(M_{i_1,i_2}, N) \middle| \begin{array}{l} \forall (i_1,i_2), (i_1',i_2') \in I_1 \times I_2, \\ (\varphi_1,\varphi_2) \in J((i_1,i_2),(i_1',i_2')), \\ g_{i_1',i_2'} \circ f_{\varphi_1,\varphi_2} = g_{i_1,i_2} \end{array} \right\}$$

となるので $\varinjlim_{i_2 \in I_2}(\varinjlim_{i_1 \in I_1} M_{i_1,i_2})$ と $\varinjlim_{(i_1,i_2)\in I_1 \times I_2} M_{i_1,i_2}$ とは同型である. 同様の方法で $\varinjlim_{i_1 \in I_1}(\varinjlim_{i_2 \in I_2} M_{i_1,i_2})$ と $\varinjlim_{(i_1,i_2)\in I_1 \times I_2} M_{i_1,i_2}$ が同型であることも確かめられる. □

射影極限の方でも同様のことが言える. $\mathcal{I}_1, \mathcal{I}_2$ を圏とし,

$$\mathcal{M} := ((M_{i_1,i_2})_{i_1 \in I_1, i_2 \in I_2}, (f_{\varphi_1,\varphi_2} : M_{i_1',i_2'} \longrightarrow M_{i_1,i_2})_{i_k,i_k' \in I_k, \varphi_k \in J(i_k,i_k')} (k=1,2))$$

を $(\mathcal{I}_1 \times \mathcal{I}_2)^{\mathrm{op}}$ 上の図式とする. このとき各 $i_2 \in I_2$ に対して

$$\mathcal{M}_{i_2} := ((M_{i_1,i_2})_{i_1 \in I_1}, (f_{\varphi_1, \mathrm{id}_{i_2}} : M_{i_1',i_2} \longrightarrow M_{i_1,i_2})_{i_1,i_1' \in I_1, \varphi_1 \in J(i_1,i_1')})$$

は $\mathcal{I}_1^{\mathrm{op}}$ 上の左 R 加群の図式であり, $(\mathcal{M}_{i_2})_{i_2 \in I_2}$ は $\mathcal{I}_1^{\mathrm{op}}$ 上の左 R 加群の図式の $\mathcal{I}_2^{\mathrm{op}}$ 上の図式をなす. また, 各 $i_1 \in I_1$ に対して

$$\mathcal{M}_{i_1} := ((M_{i_1,i_2})_{i_2 \in I_2}, (f_{\mathrm{id}_{i_1}, \varphi_2} : M_{i_1,i_2'} \longrightarrow M_{i_1,i_2})_{i_2,i_2' \in I_2, \varphi_2 \in J(i_2,i_2')})$$

は $\mathcal{I}_2^{\mathrm{op}}$ 上の左 R 加群の図式であり, $(\mathcal{M}_{i_1})_{i_1 \in I_1}$ は $\mathcal{I}_2^{\mathrm{op}}$ 上の左 R 加群の図式の $\mathcal{I}_1^{\mathrm{op}}$ 上の図式をなす. そしてこれらにより射影極限

$$\varprojlim_{(i_1,i_2)\in I_1 \times I_2} M_{i_1,i_2}, \qquad \varprojlim_{i_2 \in I_2}(\varprojlim_{i_1 \in I_1} M_{i_1,i_2}), \qquad \varprojlim_{i_1 \in I_1}(\varprojlim_{i_2 \in I_2} M_{i_1,i_2})$$

が定義される. このとき次が成り立つ.

▶**命題 1.59** 記号を上の通りとするとき, 自然な同型写像

$$\varprojlim_{i_2 \in I_2}(\varprojlim_{i_1 \in I_1} M_{i_1,i_2}) \longleftarrow \varprojlim_{(i_1,i_2)\in I_1 \times I_2} M_{i_1,i_2}$$

がある. (したがって, 対称性より同型

$$\varprojlim_{i_2 \in I_2}(\varprojlim_{i_1 \in I_1} M_{i_1,i_2}) \cong \varprojlim_{(i_1,i_2)\in I_1 \times I_2} M_{i_1,i_2} \cong \varprojlim_{i_1 \in I_1}(\varprojlim_{i_2 \in I_2} M_{i_1,i_2})$$

があることがわかる.)

証明は帰納極限のときと同様なので読者に任せる．命題 1.58, 1.59 の系として次が言える．

▶**系 1.60** (1) $\mathcal{I} := (I, (J(i, i'))_{i,i' \in I})$ を有向グラフまたは圏とし，

$$\mathcal{M}_k := ((M_{k,i})_{i \in I}, (f_\varphi : M_{k,i} \longrightarrow M_{k,i'})_{i,i' \in I, \varphi \in J(i,i')}) \quad (k = 1, 2, 3)$$

を3つの $\mathcal{I}$ 上の左 R 加群の図式とする．そして，図式の間の準同型写像 $(g_i : M_{1,i} \longrightarrow M_{2,i})_{i \in I}, (h_i : M_{2,i} \longrightarrow M_{3,i})_{i \in I}$ が与えられ，また各 $i \in I$ に対して図式

$$M_{1,i} \xrightarrow{g_i} M_{2,i} \xrightarrow{h_i} M_{3,i} \longrightarrow 0$$

が完全であるとする．このとき，図式

$$\varinjlim_{i \in I} M_{1,i} \xrightarrow{\varinjlim_{i \in I} g_i} \varinjlim_{i \in I} M_{2,i} \xrightarrow{\varinjlim_{i \in I} h_i} \varinjlim_{i \in I} M_{3,i} \longrightarrow 0 \tag{1.39}$$

は完全列である．

(2) $\mathcal{I} := (I, (J(i, i'))_{i,i' \in I})$ を有向グラフまたは圏とし，

$$\mathcal{M}_k := ((M_{k,i})_{i \in I}, (f_\varphi : M_{k,i'} \longrightarrow M_{k,i})_{i,i' \in I, \varphi \in J(i,i')}) \quad (k = 1, 2, 3)$$

を3つの $\mathcal{I}^{\mathrm{op}}$ 上の左 R 加群の図式とする．そして，図式の間の準同型写像 $(g_i : M_{1,i} \longrightarrow M_{2,i})_{i \in I}, (h_i : M_{2,i} \longrightarrow M_{3,i})_{i \in I}$ が与えられ，また各 $i \in I$ に対して図式

$$0 \longrightarrow M_{1,i} \xrightarrow{g_i} M_{2,i} \xrightarrow{h_i} M_{3,i}$$

が完全であるとする．このとき，図式

$$0 \longrightarrow \varprojlim_{i \in I} M_{1,i} \xrightarrow{\varprojlim_{i \in I} g_i} \varprojlim_{i \in I} M_{2,i} \xrightarrow{\varprojlim_{i \in I} h_i} \varprojlim_{i \in I} M_{3,i} \tag{1.40}$$

は完全列である．

[**証明**] 注 1.52 より $\mathcal{I}$ が圏のときを考えれば充分である．
(1) 仮定より $M_{3,i} = \operatorname{Coker} g_i$ である．余核は帰納極限の特別な場合なので命

題 1.58 より $\varinjlim_{i \in I} M_{3,i} = \varinjlim_{i \in I} (\operatorname{Coker} g_i) = \operatorname{Coker} (\varinjlim g_i : \varinjlim_{i \in I} M_{1,i} \longrightarrow \varinjlim_{i \in I} M_{2,i})$. したがって題意の図式は完全である.

(2) 仮定より $M_{1,i} = \operatorname{Ker} h_i$ である. 核は射影極限の特別な場合なので命題 1.59 より $\varprojlim_{i \in I} M_{1,i} = \varprojlim_{i \in I} (\operatorname{Ker} h_i) = \operatorname{Ker} (\varprojlim h_i : \varprojlim_{i \in I} M_{2,i} \longrightarrow \varprojlim_{i \in I} M_{3,i})$. したがって題意の図式は完全である. □

注 1.61 図式 (1.39) における $\varinjlim_{i \in I} g_i$ は単射であるとは限らず, また図式 (1.40) における $\varprojlim_{i \in I} h_i$ は全射であるとは限らない. 例えば, 横の 2 行が完全列である図式

$$
\begin{array}{ccccccccc}
0 & \longrightarrow & 0 & \longrightarrow & \mathbb{Z} & \xrightarrow{\mathrm{id}} & \mathbb{Z} & \longrightarrow & 0 \\
& & \downarrow f & & \downarrow g & & \downarrow h & & \\
0 & \longrightarrow & \mathbb{Z} & \xrightarrow{\mathrm{id}} & \mathbb{Z} & \longrightarrow & 0 & \longrightarrow & 0
\end{array}
$$

(ただし f, h は零写像で $g = \mathrm{id}$) を考える. 蛇の補題を用いると, 完全列

$$\operatorname{Coker} f \longrightarrow \operatorname{Coker} g \longrightarrow \operatorname{Coker} h \longrightarrow 0, \quad 0 \longrightarrow \operatorname{Ker} f \longrightarrow \operatorname{Ker} g \longrightarrow \operatorname{Ker} h$$

を得るが, 実際に余核, 核を計算するとこれらはそれぞれ

$$\mathbb{Z} \longrightarrow 0 \longrightarrow 0 \longrightarrow 0, \quad 0 \longrightarrow 0 \longrightarrow 0 \longrightarrow \mathbb{Z}$$

という形である. したがって完全列 $\operatorname{Coker} f \longrightarrow \operatorname{Coker} g \longrightarrow \operatorname{Coker} h \longrightarrow 0$ の最初の写像は単射ではなく, また完全列 $0 \longrightarrow \operatorname{Ker} f \longrightarrow \operatorname{Ker} g \longrightarrow \operatorname{Ker} h$ の最後の写像は全射ではない.

次に, 図式に適切な条件を課した上での帰納極限について考察する.

▷ **定義 1.62** 圏 $\mathcal{I} = (I, (J(i, i'))_{i,i' \in I})$ が**フィルタード (filtered)** であるとは, 次の 3 条件を満たすこと.
(1) $I \neq \emptyset$.
(2) 任意の $i, i' \in I$ に対してある $i'' \in I$ で $J(i, i'') \neq \emptyset, J(i', i'') \neq \emptyset$ を満たすものが存在する.
(3) 任意の $i, i' \in I$ と任意の $\varphi, \psi \in J(i, i')$ に対してある $i'' \in I$ とある $\mu \in J(i', i'')$ で $\mu \circ \varphi = \mu \circ \psi$ を満たすものが存在する.

【例 1.63】 空でない順序集合 $(I, \leq)$ が**有向集合 (directed set)** であるとは,任意の $i, i' \in I$ に対してある i'' で $i \leq i'', i' \leq i''$ となるものが存在することである. 空でない全順序集合（例えば $(\mathbb{N}, \leq)$）は有向集合となる. 有向集合に対応する圏（例 1.55）はフィルタードな圏となる.

フィルタードな圏上の左 R 加群の図式の帰納極限は次のような別の表示をもつ.

▶**命題 1.64** $\mathcal{I} = (I, (J(i, i'))_{i, i' \in I})$ をフィルタードな圏, $((M_i)_{i \in I}, (f_\varphi : M_i \longrightarrow M_{i'})_{i, i' \in I, \varphi \in J(i, i')})$ を $\mathcal{I}$ 上の左 R 加群の図式とする.
(1) $\coprod_{i \in I} M_i$ （集合としての直和）における関係 $\sim$ を

$$x \in M_i, x' \in M_{i'}, x \sim x' \tag{1.41}$$
$$\overset{\text{def}}{\iff} \exists i'' \in I, \varphi \in J(i, i''), \varphi' \in J(i', i''), f_\varphi(x) = f_{\varphi'}(x')$$

と定義すると, $\sim$ は同値関係である.
(2) $\sim$ を (1) の通りとし, $x \in \coprod_{i \in I} M_i$ の $(\coprod_{i \in I} M_i)/\sim$ における同値類を $[x]$ と書く. $x \in M_i$ なる $[x]$ と $x' \in M_{i'}$ なる $[x']$ との和を,

$$\exists \varphi \in J(i, i''), \quad \exists \varphi' \in J(i', i'') \tag{1.42}$$

なる i'', φ, φ' をとって $[x] + [x'] := [f_\varphi(x) + f_{\varphi'}(x')]$ と定義し, また R の元の $(\coprod_{i \in I} M_i)/\sim$ への左乗法を $a[x] := [ax]$ ($a \in R, x \in \coprod_{i \in I} M_i$) と定義すると, これらは well-defined で, $(\coprod_{i \in I} M_i)/\sim$ は左 R 加群となる. また $\varinjlim_{i \in I} M_i \cong (\coprod_{i \in I} M_i)/\sim$ となる.

[**証明**] (1) 推移律以外は明らかなので, $x \in M_i, x' \in M_{i'}, x'' \in M_{i''}, x \sim x', x' \sim x''$ のときに $x \sim x''$ となることを示せばよい. 仮定 $x \sim x', x' \sim x''$ より, ある $j \in I, \varphi \in \text{Hom}_{\mathcal{I}}(i, j), \varphi' \in \text{Hom}_{\mathcal{I}}(i', j)$ に対して $f_\varphi(x) = f_{\varphi'}(x')$, ある $j' \in I, \psi' \in \text{Hom}_{\mathcal{I}}(i', j'), \psi'' \in \text{Hom}_{\mathcal{I}}(i'', j')$ に対して $f_{\psi'}(x') = f_{\psi''}(x'')$ となる. $\mathcal{I}$ はフィルタードなので, 定義 1.62(2) より, ある $k \in I$ に対して $J(j, k)$ の元 μ, $J(j', k)$ の元 μ' が存在する. このとき $\mu \circ \varphi', \mu' \circ \psi' \in J(i', k)$ は異なるかもしれないが, 定義 1.62(3) より, k, μ, μ' を適切にとりかえることにより両者が等しいようにできる. すると

$$f_{\mu\circ\varphi}(x) = f_\mu \circ f_\varphi(x) = f_\mu \circ f_{\varphi'}(x') = f_{\mu\circ\varphi'}(x') = f_{\mu'\circ\psi'}(x')$$
$$= f_{\mu'} \circ f_{\psi'}(x') = f_{\mu'} \circ f_{\psi''}(x'') = f_{\mu'\circ\psi''}(x'')$$

となるので $x' \sim x''$ となる．よって $\sim$ は同値関係である．

(2) $(\coprod_{i \in I} M_i)/\sim$ の和，R の元による左乗法が well-defined で，これにより $(\coprod_{i \in I} M_i)/\sim$ が左 R 加群となることの証明は読者に任せる．$\iota_{i'}(f_\varphi(x)) - \iota_i(x)$ ($x \in M_i$, $\varphi \in J(i,i')$，ただし $\iota_i : M_i \longrightarrow \bigoplus_{i \in I} M_i$ は標準的包含写像) により生成される $\bigoplus_{i \in I} M_i$ の部分加群を N とすると，帰納極限の定義より $\varinjlim_i M_i$ は $(\bigoplus_{i \in I} M_i)/N$ と一致する．これが $(\coprod_{i \in I} M_i)/\sim$ と同型であることを示せばよい．以下，$x \in M_i$ に対して $\iota_i(x) \in \bigoplus_{i \in I} M_i$ の $(\bigoplus_{i \in I} M_i)/N$ における剰余類を $\overline{x}$ と書く．まず写像

$$\coprod_{i \in I} M_i \longrightarrow \bigoplus_{i \in I} M_i; \quad M_i \ni x \mapsto \iota_i(x)$$

と標準的射影との合成

$$g : \coprod_{i \in I} M_i \longrightarrow \bigoplus_{i \in I} M_i \longrightarrow (\bigoplus_{i \in I} M_i)/N; \quad M_i \ni x \mapsto \overline{x}$$

を考える．$x \in M_i, x' \in M_{i'}, x \sim x'$ のとき (1.41) の記号の下で $g(x) = \overline{x} = \overline{f_\varphi(x)} = \overline{f_{\varphi'}(x')} = \overline{x'} = g(x')$ なので g は写像

$$\overline{g} : (\coprod_{i \in I} M_i)/\sim \longrightarrow (\bigoplus_{i \in I} M_i)/N; \quad [x] \mapsto \overline{x} \ (x \in M_i)$$

を引き起こす．$[x], [x'] \in (\coprod_{i \in I} M_i)/\sim$ ($x \in M_i, x' \in M_{i'}$), $a \in R$ に対し，(1.42) の記号の下で $\overline{g}([x] + [x']) = \overline{g}([f_\varphi(x) + f_{\varphi'}(x')]) = \overline{f_\varphi(x) + f_{\varphi'}(x')} = \overline{f_\varphi(x)} + \overline{f_{\varphi'}(x')} = \overline{x} + \overline{x'} = \overline{g}([x]) + \overline{g}([x'])$, $\overline{g}(a[x]) = \overline{g}([ax]) = \overline{ax} = a\overline{x} = a\overline{g}(x)$ なので $\overline{g}$ は左 R 加群の準同型である．一方，

$$h : \bigoplus_{i \in I} M_i \longrightarrow (\coprod_{i \in I} M_i)/\sim$$

を $h((x_i)_i) := \sum_i [x_i]$ と定義すると，$h((x_i)_i + (y_i)_i) = h((x_i + y_i)_i) = \sum_i [x_i + y_i] = \sum_i [x_i] + \sum_i [y_i] = h((x_i)_i) + h((y_i)_i)$, $h(a(x_i)_i) = h((ax_i)_i) = \sum_i [ax_i] = \sum_i (a[x_i]) = a\sum_i [x_i] = ah((x_i)_i)$ より，これは左 R 加群の準同型となる．そして $g(\iota_{i'}(f_\varphi(x)) - \iota_i(x)) = [f_\varphi(x)] - [x] = [x] - [x] = 0$ なので h は準同型写像

$$\overline{h}:(\bigoplus_{i\in I}M_i)/N \longrightarrow (\coprod_{i\in I}M_i)/\sim;\ \overline{\sum_i x_i} \mapsto \sum_i [x_i]$$

を引き起こす. そして $\overline{h}\circ\overline{g}, \overline{g}\circ\overline{h}$ がともに恒等写像であることが容易にわかる. よって $\overline{g}, \overline{h}$ は同型であり, $\varinjlim_{i\in I}M_i \cong (\coprod_{i\in I}M_i)/\sim$ となる. □

【例 1.65】 R を環, M を左 R 加群とする. M の部分加群からなる空でない集合 $\mathcal{S}$ で, 任意の $N, N' \in \mathcal{S}$ に対して $N \subseteq N'', N' \subseteq N''$ を満たす $N'' \in \mathcal{S}$ が存在するようなものを考える. このとき, $N, N' \in \mathcal{S}$ に対して $N \leq N' \iff N \subseteq N'$ により $\leq$ を定めるとこれにより $\mathcal{S}$ は空でない有向集合になるので $\mathcal{S}$ に対応する圏 (例 1.55) はフィルタードな圏となる (例 1.63). さて, $N, N' \in \mathcal{S}, N \leq N'$ のときに $i_{N,N'} : N \longrightarrow N'$ を標準的包含とすると $((N)_{N\in\mathcal{S}}, (i_{N,N'})_{N,N'\in\mathcal{S}, N\leq N'})$ は $\mathcal{S}$ 上の図式であり, よって帰納極限 $\varinjlim_{N\in\mathcal{S}} N$ がフィルタードな圏上の帰納極限として定義される.

実はこの帰納極限 $\varinjlim_{N\in\mathcal{S}} N$ は自然に $\bigcup_{N\in\mathcal{S}} N$ と同型である. (なお, 任意の $x, y \in \bigcup_{N\in\mathcal{S}} N$ に対してある $N, N' \in \mathcal{S}$ で $x \in N, y \in N'$ となるものがあり, このとき $N, N' \subseteq N''$ となる $N'' \in \mathcal{S}$ をとれば $x+y \in N'' \subseteq \bigcup_{N\in\mathcal{S}} N$ なので $\bigcup_{N\in\mathcal{S}} N$ は加法で閉じていることに注意.) 実際, $\sim$ を命題 1.64 で定義された同値関係とするとこの場合には $[x], [y] \in (\coprod_{N\in\mathcal{S}} N)/\sim$ $(x \in N, y \in N')$ に対して $[x] = [y] \iff x \sim y \iff \exists N'' \supseteq N, N', i_{N,N''}(x) = i_{N',N''}(y) \iff x = y$ なので $(\coprod_{N\in\mathcal{S}} N)/\sim \longrightarrow \bigcup_{N\in\mathcal{S}} N; [x] \mapsto x$ が well-defined であり, また同型であることが容易に確かめられる.

特に任意の $x \in M$ に対して $x \in N$ となる $N \in \mathcal{S}$ が存在する場合には $\varinjlim_{N\in\mathcal{S}} N = M$ となる. 例えば $M_0 \subseteq M$ を部分加群とするときに, $\mathcal{S}$ を M_0 を含み, かつ N/M_0 が有限生成となるような部分加群 N 全体の集合とすると任意の $x \in M$ に対して $x \in Rx + M_0, Rx + M_0 \in \mathcal{S}$ なので $\varinjlim_{N\in\mathcal{S}} N = M$ となる.

このフィルタードな帰納極限の表示を用いて, フィルタードな帰納極限と有限な射影極限との可換性を示す. $\mathcal{I}_k := (I_k, (J(i, i'))_{i,i'\in I_k})$ $(k = 1, 2)$ を有向グラフまたは圏とし,

$$\mathcal{M} := ((M_{i_1, i_2})_{i_k\in I_k\,(k=1,2)}, (f_{\varphi_1, \varphi_2} : M_{i_1, i_2'} \longrightarrow M_{i_1', i_2})_{i_k, i_k'\in I_k, \varphi_k\in J(i_k, i_k')\,(k=1,2)})$$

を $\mathcal{I}_1 \times \mathcal{I}_2^{\mathrm{op}}$ 上の図式とする．このとき，各 $i_1 \in I_1$ に対して

$$\mathcal{M}_{i_1} := ((M_{i_1,i_2})_{i_2 \in I_2}, (f_{\mathrm{id}_{i_1},\varphi_2} : M_{i_1,i_2'} \longrightarrow M_{i_1,i_2})_{i_2,i_2' \in I_2, \varphi_2 \in J(i_2,i_2')})$$

は $\mathcal{I}_2^{\mathrm{op}}$ 上の図式となる．そして図式 $\mathcal{M}_{i_1}$ の射影極限たち $\varprojlim_{i_2 \in I_2} M_{i_1,i_2}$ ($i_1 \in I_1$) は $\mathcal{I}_1$ 上の図式をなすので射影極限の帰納極限 $\varinjlim_{i_1 \in I_1} (\varprojlim_{i_2 \in I_2} M_{i_1,i_2})$ が定義される．また，各 $i_2 \in I_2$ に対して

$$\mathcal{M}_{i_2} := ((M_{i_1,i_2})_{i_1 \in I_1}, (f_{\varphi_1,\mathrm{id}_{i_2}} : M_{i_1,i_2} \longrightarrow M_{i_1',i_2})_{i_1,i_1' \in I_1, \varphi_1 \in J(i_1,i_1')})$$

は $\mathcal{I}_1$ 上の図式となる．そして $\mathcal{M}_{i_2}$ の帰納極限たち $\varinjlim_{i_1 \in I_1} M_{i_1,i_2}$ ($i_2 \in I_2$) は $\mathcal{I}_2^{\mathrm{op}}$ 上の図式をなすので帰納極限の射影極限 $\varprojlim_{i_2 \in I_2} (\varinjlim_{i_1 \in I_1} M_{i_1,i_2})$ が定義される．

▶**命題 1.66** 記号を上の通りとし，また $\mathcal{I}_1 := (I_1, (J(i,i'))_{i,i' \in I_1})$ をフィルタードな圏，$\mathcal{I}_2 := (I_2, (J(i,i'))_{i,i' \in I_2})$ を $I_2 \sqcup_{i,i' \in I_2} J(i,i')$ が有限集合であるような有向グラフまたは圏とする．また，図式 $\mathcal{M}$ は圏の合成則と整合的であるとする．このとき，自然な同型写像

$$\varinjlim_{i \in I_1} (\varprojlim_{i_2 \in I_2} M_{i_1,i_2}) \longrightarrow \varprojlim_{i_2 \in I_2} (\varinjlim_{i_1 \in I_1} M_{i_1,i_2})$$

がある．

[証明] $\mathcal{I}_2$ 上の図式に対する射影極限は有限集合 $I_2, \sqcup_{i_2,i_2' \in I_2} J(i_2,i_2')$ で添字付けられた積および核を用いて書ける．したがって，$\mathcal{I}_1$ 上の図式に対して帰納極限をとる操作と (1) $I_2, \sqcup_{i_2,i_2' \in I_2} J(i_2,i_2')$ で添字づけられた積をとる操作，および (2) 核をとる操作が可換であることを示せばよい．

まず (1) を示す．I_2 または $\sqcup_{i_2,i_2' \in I_2} J(i_2,i_2')$ を K とおく．I_1 上の図式たち

$$\mathcal{N}_k := ((N_{i_1,k})_{i_1 \in I}, (f_{\varphi,k} : N_{i_1,k} \longrightarrow N_{i_1',k})_{i_1,i_1' \in I_1, \varphi \in J(i_1,i_1')}) \ (k \in K)$$

が与えられたときに，標準的包含から定まる準同型写像

$$\prod_{k \in K} N_{i_1,k} \longrightarrow \prod_{k \in K} \varinjlim_{i_1 \in I_1} N_{i_1,k}$$

と帰納極限の普遍性により準同型写像

$$\Phi : \varinjlim_{i_1 \in I} \prod_{k \in K} N_{i_1,k} \longrightarrow \prod_{k \in K} \varinjlim_{i_1 \in I_1} N_{i_1,k}$$

が引き起こされるが，これがが同型であることを示せばよい．以下，$(x_k)_k \in \prod_{k \in K} N_{i_1,k} \subseteq \coprod_{i_1 \in I_1} \prod_{k \in K} N_{i_1,k}$ の $\varinjlim_{i_1 \in I_1} \prod_{k \in K} N_{i_1,k}$ における同値類を $[(x_k)_k]$ と書き，また $x \in N_{i_1,k} \subseteq \coprod_{i_1 \in I_1} N_{i_1,k}$ の $\varinjlim_{i_1 \in I_1} N_{i_1,k}$ における同値類を $[x]_k$ と書く．このとき Φ の具体的表示は $\Phi([(x_{i_1,k})_k]) = ([x_{i_1,k}]_k)_k$ となる．

まず Φ の単射性を示す．$\varinjlim_{i_1 \in I} \prod_{k \in K} N_{i_1,k}$ の元 $[(x_{i_1,k})_k]$ が Φ で 0 に移るとする．このとき $([x_{i_1,k}]_k)_k = 0$ である．したがって各 $k \in K$ に対してある $i_1'' \in I_1$ と $\varphi \in J(i_1, i_1'')$ で $f_{\varphi,k}(x_{i_1,k}) = 0$ を満たすものがある．K が有限集合であることと $\mathcal{I}_1$ がフィルタードであることを用いると，この i_1'', φ を $k \in K$ に依存しないようにとれる．すると $[(x_{i_1,k})_k] = [(f_{\varphi,k}(x_{i_1,k}))_k] = 0$ を得る．これで Φ の単射性が示された．

次に Φ の全射性を示す．$\prod_{k \in K} \varinjlim_{i_1 \in I_1} N_{i_1,k}$ の元は $([x_{i^k,k}]_k)_k$（各 i^k は I_1 の元，$x_{i^k,k} \in N_{i^k,k}$）という形に書ける．ここで K が有限集合であることと $\mathcal{I}_1$ がフィルタードであることを用いると，全ての $k \in K$ に対して $J(i^k, i)$ が元 φ_k をもつような $i \in I_1$ が存在することが言える．すると $x_{i^k,k}$ を $f_{\varphi_k}(x_{i^k,k}) \in N_{i,k}$ にとりかえることにより，最初から $i^k = i \, (\forall k \in K)$ であると仮定してよいことになる．このとき $\Phi([(x_{i,k})_k]) = ([x_{i,k}]_k)_k$ なので，これで Φ の全射性が言える．よって Φ は同型であり，これで (1) が示された．

次に (2) を示す．そのためには $\mathcal{N}_j = (N_{i,j})_{i \in I_1} \, (j = 1, 2)$ を $\mathcal{I}_1$ 上の図式，$(g_i : N_{i,1} \longrightarrow N_{i,2})_{i \in I_1}$ を $\mathcal{N}_1$ から $\mathcal{N}_2$ への準同型写像とするときに自然な同型写像

$$\varinjlim_{i \in I_1} (\operatorname{Ker} g_i) \longrightarrow \operatorname{Ker} (\varinjlim_{i \in I_1} g_i)$$

があることを示せばよい．標準的包含 $\operatorname{Ker} g_i \longrightarrow N_{i,1} \longrightarrow \varinjlim_{i \in I_1} N_{i,1}$ と $\varinjlim_{i \in I_1} g_i$ との合成は合成 $\operatorname{Ker} g_i \longrightarrow N_{i,1} \xrightarrow{g_i} N_{i,2} \longrightarrow \varinjlim_{i \in I_1} N_{i,2}$ と等しいので零写像である．したがって核の普遍性より準同型写像 $\operatorname{Ker} g_i \longrightarrow \operatorname{Ker} (\varinjlim_{i \in I_1} g_i)$ が引き起こされ，これと帰納極限の普遍性より準同型写像 $\Psi : \varinjlim_{i \in I_1} (\operatorname{Ker} g_i) \longrightarrow \operatorname{Ker} (\varinjlim_{i \in I_1} g_i)$ が引き起こされることが確かめられる．あとは Ψ が同型写像であることを示せばよい．以下，$x \in \operatorname{Ker} g_i \subseteq \coprod_{i \in I_1} \operatorname{Ker} g_i$ の $\varinjlim_{i \in I_1} (\operatorname{Ker} g_i)$ における同値類を $[x]$，$x \in N_{i,j} \subseteq \coprod_{i \in I_1} N_{i,j}$

の $\varinjlim_{i \in I_1} N_{i,j}$ における同値類を $[x]_j$ と書く $(j = 1, 2)$. このとき Ψ は $\Psi([x])$ $= [x]_1$ により与えられる. もし $x \in \operatorname{Ker} g_i$ が $\Psi([x]) = 0$ を満たすとすると, $[x]_1 = 0$ なのである $i' \in I_1, \varphi \in J(i, i')$ に対して $N_{i',1}$ において $f_{\varphi,1}(x) = 0$ が成り立つ. これを $\operatorname{Ker} g_{i'}$ における等式と見ると $[x] = 0$ であることが従う. よって Ψ の単射性が言えた. また, $x \in N_{i,1}$ が $(\varinjlim_{i \in I_1} g_i)([x]_1) = 0$ を満たすとすると, $[g_i(x)]_2 = 0$ である. よってある $i' \in I_1, \varphi \in J(i,i')$ に対して $f_{\varphi,2}(g_i(x)) = 0$, よって $g_{i'}(f_{\varphi,1}(x)) = 0$ となる. すると $f_{\varphi,1}(x) \in \operatorname{Ker} g_{i'}$ であり, また $\Psi([f_{\varphi,1}(x)]) = [f_{\varphi,1}(x)]_1 = [x]_1$ となる. よって Ψ の全射性も言え, これで題意が示された. □

▶**系 1.67** $\mathcal{I} := (I, (J(i,i'))_{i,i' \in I})$ をフィルタードな圏とし,

$$\mathcal{M}_k := ((M_{k,i})_{i \in I}, (f_{k,\varphi} : M_{k,i} \longrightarrow M_{k,i'})_{i,i' \in I, \varphi \in J(i,i')}) \quad (k = 1, 2, 3)$$

を 3 つの $\mathcal{I}$ 上の左 R 加群の図式とする. そして, 図式の間の準同型写像 $(g_i : M_{1,i} \longrightarrow M_{2,i})_{i \in I}, (h_i : M_{2,i} \longrightarrow M_{3,i})_{i \in I}$ が与えられ, また各 $i \in I$ に対して図式

$$M_{1,i} \xrightarrow{g_i} M_{2,i} \xrightarrow{h_i} M_{3,i}$$

が完全であるとする. このとき, 図式

$$\varinjlim_{i \in I} M_{1,i} \xrightarrow{\varinjlim_{i \in I} g_i} \varinjlim_{i \in I} M_{2,i} \xrightarrow{\varinjlim_{i \in I} h_i} \varinjlim_{i \in I} M_{3,i} \tag{1.43}$$

は完全列である.

[**証明**] 命題 1.66 より核をとる操作はフィルタードな圏上の帰納極限をとる操作と可換で, また系 1.60(1) より余核をとる操作は帰納極限をとる操作と可換である. したがって

$$\operatorname{Im}(\varinjlim_{i \in I} g_i) = \operatorname{Ker}(\varinjlim_{i \in I} M_{2,i} \longrightarrow \operatorname{Coker}(\varinjlim_{i \in I} g_i))$$

$$= \operatorname{Ker}(\varinjlim_{i \in I} M_{2,i} \longrightarrow \varinjlim_{i \in I}(\operatorname{Coker} g_i))$$

$$= \varinjlim_{i \in I} \mathrm{Ker}\,(M_{2,i} \longrightarrow \mathrm{Coker}\,g_i)$$

$$= \varinjlim_{i \in I}(\mathrm{Im}\,g_i) = \varinjlim_{i \in I}(\mathrm{Ker}\,h_i) = \mathrm{Ker}\,(\varinjlim_{i \in I} h_i)$$

となり，これより題意の完全性が言えた． □

【例 1.68】 命題 1.66 の結論は $\mathcal{I}_1$ がフィルタードな圏であっても I_2 または $\sqcup_{i,i' \in I_2} J(i,i')$ が無限集合なら一般には成り立たない．その例を挙げる．$\mathcal{I}_1$ を有向集合 $(\mathbb{N}, \leq)$ に伴う圏とし，$\mathcal{I}_2$ を有向集合 $(\mathbb{N}, \leq)^{\mathrm{op}}$ に伴う圏とする．このとき $\mathcal{I}_1 \times \mathcal{I}_2^{\mathrm{op}}$ 上の $\mathbb{Z}$ 加群の図式

$$\mathcal{M} := ((M_{n_1,n_2})_{n_1,n_2 \in \mathbb{N}},$$
$$(f_{n_1 m_1, n_2 m_2} : M_{n_1,m_2} \longrightarrow M_{m_1,n_2})_{n_k, m_k \in \mathbb{N}, n_k \leq m_k\ (k=1,2)})$$

を $M_{n_1,n_2} := \mathbb{Z}/p^{n_2}\mathbb{Z}$, $f_{n_1 m_1, n_2 m_2} : M_{n_1,m_2} \longrightarrow M_{m_1,n_2}$ を $p^{m_1-n_1}$ 倍写像と標準的射影との合成として定義する．このとき，各 $n_1 \in \mathbb{N}$ に対して

$$\mathcal{M}_{n_1} := ((M_{n_1,n_2})_{n_2 \in \mathbb{N}}, (f_{n_1 n_1, n_2 m_2} : M_{n_1,m_2} \longrightarrow M_{n_1,n_2})_{n_2,m_2 \in \mathbb{N}, n_2 \leq m_2})$$

は例 1.55 における図式 (1.35) と一致するので $\varprojlim_{n_2 \in \mathbb{N}} M_{n_1,n_2} = \mathbb{Z}_p$ であり，また $n_1 \leq m_1$ に対して

$$\varprojlim_{n_2 \in \mathbb{N}} f_{n_1 m_1, n_2 n_2} : \mathbb{Z}_p = \varprojlim_{n_2 \in \mathbb{N}} M_{n_1,n_2} \longrightarrow \varprojlim_{n_2 \in \mathbb{N}} M_{m_1,n_2} = \mathbb{Z}_p$$

は $p^{m_1-n_1}$ 倍写像である．例 1.55 で示したように $\mathbb{Z}_p$ は整域で $p \neq 0$ である．ゆえに $\varprojlim_{n_2 \in \mathbb{N}} f_{n_1 m_1, n_2 n_2}$ は単射であり，したがって命題 1.64 によるフィルタードな帰納極限の表示より $\mathbb{Z}_p = \varprojlim_{n_2 \in \mathbb{N}} M_{0,n_2} \longrightarrow \varinjlim_{n_1 \in \mathbb{N}}(\varprojlim_{n_2 \in \mathbb{N}} M_{n_1,n_2})$ が単射となることが確かめられる．特に $\varinjlim_{n_1 \in \mathbb{N}}(\varprojlim_{n_2 \in \mathbb{N}} M_{n_1,n_2}) \neq 0$．（実はこれは **$p$ 進体 (p-adic field)** $\mathbb{Q}_p$ と呼ばれる体となる．）一方，各 $n_2 \in \mathbb{N}$ に対して

$$\mathcal{M}_{n_2} := ((M_{n_1,n_2})_{n_1 \in \mathbb{N}}, (f_{n_1 m_1, n_2 n_2} : M_{n_1,m_2} \longrightarrow M_{m_1,n_2})_{n_1, m_1 \in \mathbb{N}, n_1 \leq m_1})$$

を考えたとき，任意の $a \in M_{n_1,n_2} = \mathbb{Z}/p^{n_2}\mathbb{Z}$ に対して $m_1 = n_1 + n_2$ とすると $f_{n_1 m_1, n_2 n_2}(a) = p^{n_2} a = 0$ となるので命題 1.64 によるフィルタードな帰納極限の表示より $\varinjlim_{n_1 \in \mathbb{N}} M_{n_1,n_2} = 0$．したがって $\varprojlim_{n_2 \in \mathbb{N}}(\varinjlim_{n_1 \in \mathbb{N}} M_{n_1,n_2}) = 0$ と

なるので
$$\varinjlim_{n_1 \in \mathbb{N}} (\varprojlim_{n_2 \in \mathbb{N}} M_{n_1,n_2}) \not\cong \varprojlim_{n_2 \in \mathbb{N}} (\varinjlim_{n_1 \in \mathbb{N}} M_{n_1,n_2})$$
である.

帰納極限,射影極限をとる図式を変えた場合,一般には極限は変化するが,図式の変え方が適切な場合には極限が変わらないことがある.例えば,例 1.55 における $(\mathbb{N}, \leq)^{\mathrm{op}}$ 上の図式 (1.35) の射影極限 $\varprojlim_{n \in \mathbb{N}} \mathbb{Z}/p^n\mathbb{Z}$ とそれを $(2\mathbb{N}, \leq)^{\mathrm{op}}$ ($2\mathbb{N}$ は 0 以上の偶数の集合とする) に制限して得られる図式

$$((\mathbb{Z}/p^n\mathbb{Z})_{n \in 2\mathbb{N}}, (f_{nm} : \mathbb{Z}/p^m\mathbb{Z} \longrightarrow \mathbb{Z}/p^n\mathbb{Z})_{n,m \in 2\mathbb{N}, n \leq m}) \tag{1.44}$$

の射影極限 $\varprojlim_{n \in 2\mathbb{N}} \mathbb{Z}/p^n\mathbb{Z}$ は自然に同型である:実際,

$$\varprojlim_{n \in \mathbb{N}} \mathbb{Z}/p^n\mathbb{Z} \longrightarrow \varprojlim_{n \in 2\mathbb{N}} \mathbb{Z}/p^n\mathbb{Z}; \quad (a_n)_{n \in \mathbb{N}} \mapsto (a_n)_{n \in 2\mathbb{N}},$$

$$\varprojlim_{n \in 2\mathbb{N}} \mathbb{Z}/p^n\mathbb{Z} \longrightarrow \varprojlim_{n \in \mathbb{N}} \mathbb{Z}/p^n\mathbb{Z}; \quad (a_n)_{n \in 2\mathbb{N}} \mapsto (a_{2n} + p^n\mathbb{Z})_{n \in \mathbb{N}}$$

が同型を与える.本節の最後の話題として,このように極限が変わらないための図式の変化のさせかたについての充分条件を与える.

有向グラフ $\mathcal{I} := (I, (J(i,i'))_{i,i' \in I}), \mathcal{I}' := (I', (J'(i,i'))_{i,i' \in I'})$ に対して $\mathcal{I}'$ から $\mathcal{I}$ への写像 $\mathcal{I}' \longrightarrow \mathcal{I}$ を集合の写像 $f : I' \longrightarrow I$ と集合の写像の族 $(f_{i,i'} : J'(i,i') \longrightarrow J(f(i),f(i')))_{i,i' \in I'}$ の組 $(f, (f_{i,i'})_{i,i' \in I'})$ とする.f が単射で任意の $i, i' \in I'$ に対して $f_{i,i'}$ が同型であるとき,$(f, (f_{i,i'})_{i,i' \in I'})$ を**埋め込み (embedding)** という.以下では写像 $(f, (f_{i,i'})_{i,i' \in I'})$ のことを f と略記し,また $\varphi \in J'(i,i')$ に対して $f_{i,i'}(\varphi)$ のことを $f(\varphi)$ と略記することにする.

$\mathcal{I} := (I, (J(i,i'))_{i,i' \in I})$ が圏,$\mathcal{I}' := (I', (J'(i,i'))_{i,i' \in I'})$ が有向グラフで $f : \mathcal{I}' \longrightarrow \mathcal{I}$ を有向グラフ[4]の写像とするとき,$i \in I$ に対して有向グラフ $\mathcal{I}'^i$ を次のように定義する:$\mathcal{I}'^i$ の頂点は組 (j, φ) ($j \in I', \varphi \in J(i, f(j))$) であるとし,$(j, \varphi)$ から (j', φ') へ向かう辺とは $\psi \in J'(j,j')$ で $f(\psi) \circ \varphi = \varphi'$ を満たすものとする.

---

4) 圏 $\mathcal{I}$ は合成則を忘れることにより有向グラフとみなしている.

▷**定義 1.69** (1) 有向グラフ $\mathcal{I} = (I, (J(i,i'))_{i,i' \in I})$ が**連結 (connected)** であるとは,任意の $i, i' \in I$ に対して I の元の有限列 $i = i_0, i_1, \ldots, i_n = i'$ で,各 $0 \leq k \leq n-1$ に対して $J(i_k, i_{k+1}) \sqcup J(i_{k+1}, i_k)$ が空でないようなものが存在することをいう.

(2) $\mathcal{I} := (I, (J(i,i'))_{i,i' \in I})$ を圏, $\mathcal{I}' = (I', (J'(i,i'))_{i,i' \in I'})$ を有向グラフ, $f: \mathcal{I}' \longrightarrow \mathcal{I}$ を有向グラフの写像とする.このとき f が**共終 (cofinal)** であるとは任意の $i \in I$ に対して有向グラフ $\mathcal{I}'^i$ が空でなくかつ連結であること. f が埋め込みのとき(このときは $\mathcal{I}'$ も自然に圏となる)は $\mathcal{I}'$ が $\mathcal{I}$ において共終であるともいう.

注 1.70 定義 1.69(2) において $\mathcal{I}$ がフィルタードな圏で f が埋め込みである場合は, f が共終であることは任意の $i \in I$ に対して有向グラフ $\mathcal{I}'^i$ が空でないこと,つまり任意の $i \in I$ に対してある $j \in I'$ で $J(i, f(j))$ が空でないものが存在することと同値である:実際, $\mathcal{I}'^i$ の頂点 $(j, \varphi: i \longrightarrow f(j)), (j', \varphi': i \longrightarrow f(j'))$ が与えられたとき, $\mathcal{I}$ がフィルタードであることから,ある $i' \in I$ と $\psi: f(j) \longrightarrow i', \psi': f(j') \longrightarrow i'$ が存在し,ある $\mu: i' \longrightarrow i''$ で $\mu \circ \psi \circ \varphi = \mu \circ \psi' \circ \varphi'$ を満たすものがあり,さらに $\mathcal{I}'^{i''}$ の頂点 $(j'', \nu: i \longrightarrow f(j''))$ が存在する. $\alpha: j \longrightarrow j''$, $\alpha': j' \longrightarrow j''$ をそれぞれ $f(\alpha) = \nu \circ \mu \circ \psi, f(\alpha') = \nu \circ \mu' \circ \psi'$ を満たす辺とすると $f(\alpha) \circ \varphi = f(\alpha) \circ \varphi' =: \varphi''$ であり,よって α は (j, φ) から (j'', φ'') へ向かう辺, α' は (j', φ') から (j'', φ'') へ向かう辺となる.したがって $\mathcal{I}'^i$ は自動的に連結となる.

$\mathcal{I} := (I, (J(i,i'))_{i,i' \in I})$ を圏, $\mathcal{I}' = (I', (J'(i,i'))_{i,i' \in I'})$ を有向グラフ, $f: \mathcal{I}' \longrightarrow \mathcal{I}$ を有向グラフの写像とする. $\mathcal{I}$ 上の左 R 加群の図式

$$\mathcal{M} := ((M_i)_{i \in I}, (g_\varphi: M_i \longrightarrow M_{i'})_{i,i' \in I, \varphi \in J(i,i')})$$

は $\mathcal{I}'$ 上の左 R 加群の図式

$$\mathcal{M}' := ((M_{f(i)})_{i \in I'}, (g_{f(\varphi)}: M_{f(i)} \longrightarrow M_{f(i')})_{i,i' \in I', \varphi \in J'(i,i')})$$

を引き起こす.このとき次が成り立つ.

▶**命題 1.71** 記号を上の通りとし,さらに f が共終であると仮定する.このとき,図式 $\mathcal{M}$ の帰納極限 $\varinjlim_{i \in I} M_i$ と図式 $\mathcal{M}'$ の帰納極限 $\varinjlim_{i \in I'} M_{f(i)}$ は

同型である.

[証明] $\varinjlim_{i \in I} M_i$ が図式 $\mathcal{M}'$ の帰納極限に対する普遍性の条件を満たすことを確かめる. そのために左 R 加群 N と準同型写像の族 $(h_j : M_{f(j)} \longrightarrow N)_{j \in I'}$ で $h_{j'} \circ g_{f(\varphi)} = h_j \ (\forall \varphi \in J'(j, j'), j, j' \in I')$ を満たすものが与えられたとする. このとき, $i \in I$ に対して $\mathcal{I}'^i$ の頂点 $(j, \alpha : i \longrightarrow f(j))$ を任意にとり, $\widetilde{h}_i : M_i \longrightarrow N$ を $\widetilde{h}_i = h_j \circ g_\alpha$ と定める. 他の頂点 $(j', \alpha' : i \longrightarrow f(j'))$ と $(j, \alpha : i \longrightarrow f(j))$ から $(j', \alpha' : i \longrightarrow f(j'))$ へ向かう辺 $\beta : j \longrightarrow j'$ があるとき, $h_{j'} \circ g_{\alpha'} = h_{j'} \circ g_{f(\beta)} \circ g_\alpha = h_j \circ g_\alpha$ が成り立つので, $\mathcal{I}'^i$ が連結であることから $\widetilde{h}_i$ は $\mathcal{I}'^i$ の頂点のとりかたによらずに定まる. また, $i = f(j)$ のときは $(j, \mathrm{id} : i = f(j) \longrightarrow f(j))$ が $\mathcal{I}'^i$ の頂点となるので $\widetilde{h}_i = h_j \circ g_{\mathrm{id}} = h_j$ となる. さらに $\varphi \in J(i, i')$ に対して, $\mathcal{I}'^{i'}$ の頂点 $(j, \alpha : i' \longrightarrow f(j))$ をとると $(j, \alpha \circ \varphi : i \longrightarrow i' \longrightarrow f(j))$ が $\mathcal{I}'^i$ の頂点となるので $\widetilde{h}_{i'} \circ g_\varphi = h_j \circ g_\alpha \circ g_\varphi = h_j \circ g_{\alpha \circ \varphi} = \widetilde{h}_i$ となる. 以上と図式 $\mathcal{M}$ の帰納極限 $\varinjlim_{i \in I} M_i$ の普遍性より, 準同型写像 $h : \varinjlim_{i \in I} M_i \longrightarrow N$ で $h \circ \iota_i = \widetilde{h}_i \ (i \in I)$ を満たすものが一意的に存在する (ただし $\iota_i : M_i \longrightarrow \varinjlim_{i \in I} M_i$ は標準的包含). この h は $h \circ \iota_{f(j)} = h_j \ (j \in I')$ を満たす. もし別の準同型写像 $h' : \varinjlim_{i \in I} M_i \longrightarrow N$ も $h' \circ \iota_{f(j)} = h_j \ (j \in I')$ を満たすとすると, 任意の $i \in I$ に対して $\mathcal{I}'^i$ の頂点 $(j, \alpha : i \longrightarrow f(j))$ をとると $h' \circ \iota_i = h' \circ \iota_{f(j)} \circ g_\alpha = h_j \circ g_\alpha = \widetilde{h}_i$ となるので $\varinjlim_{i \in I} M_i$ の普遍性より $h = h'$ となる. 以上により求める普遍性が示されたので題意が証明された. □

注 1.72 $\varinjlim_{i \in I'} M_{f(i)}$ が図式 $\mathcal{M}$ の帰納極限に対する普遍性の条件を満たすことを確かめることにより命題 1.71 を証明することもできる. 詳細は読者に任せる.

また, 射影極限についても同様の結果が成り立つ: $\mathcal{I} := (I, (J(i, i'))_{i, i' \in I})$ を圏, $\mathcal{I}' = (I', (J'(i, i'))_{i, i' \in I'})$ を有向グラフ, $f : \mathcal{I}' \longrightarrow \mathcal{I}$ を有向グラフの写像とする. $\mathcal{I}^{\mathrm{op}}$ 上の左 R 加群の図式

$$\mathcal{M} := ((M_i)_{i \in I}, (g_\varphi : M_{i'} \longrightarrow M_i)_{i, i' \in I, \varphi \in J(i, i')})$$

は $\mathcal{I}'^{\mathrm{op}}$ 上の左 R 加群の図式

$$\mathcal{M}' := ((M_{f(i)})_{i \in I'}, (g_{f(\varphi)} : M_{f(i')} \longrightarrow M_{f(i)})_{i,i' \in I', \varphi \in J'(i,i')})$$

を引き起こすが，このとき次が成り立つ．

▶**命題 1.73** 記号を上の通りとし，さらに f が共終であると仮定する．このとき，図式 $\mathcal{M}$ の射影極限 $\varprojlim_{i \in I} M_i$ と図式 $\mathcal{M}'$ の射影極限 $\varprojlim_{i \in I'} M_{f(i)}$ は同型である．

証明は命題 1.71 と同様なので省略する．

1.5 テンソル積

本節ではテンソル積の定義と基本性質について述べる．

▷**定義 1.74** R を環，M を右 R 加群，N を左 R 加群とする．まず $\mathbb{Z}$ 加群 $F(M,N)$ を $F(M,N) := \mathbb{Z}^{\oplus (M \times N)}$ と定め，$m \in M, n \in N$ に対して (m,n) 成分からの標準的包含 $\mathbb{Z} \longrightarrow \mathbb{Z}^{\oplus (M \times N)}$ による 1 の像を $[m,n]$ と書くことにする．そして，$G(M,N) \subseteq F(M,N)$ を

$$[m_1 + m_2, n] - [m_1, n] - [m_2, n] \quad (m_1, m_2 \in M, n \in N),$$
$$[m, n_1 + n_2] - [m, n_1] - [m, n_2] \quad (m \in M, n_1, n_2 \in N),$$
$$[ma, n] - [m, an] \quad (m \in M, n \in N, a \in R)$$

の形の元たちで生成される部分加群とする．このとき剰余加群 $F(M,N)/G(M,N)$ を M と N の R 上の**テンソル積 (tensor product)** といい，$M \otimes_R N$ と書く．また，$[m,n]$ の $M \otimes_R N$ における剰余類を $m \otimes n$ と書く．

定義より $(m_1 + m_2) \otimes n = m_1 \otimes n + m_2 \otimes n$, $m \otimes (n_1 + n_2) = m \otimes n_1 + m \otimes n_2$, $ma \otimes n = m \otimes an \, (m, m_1, m_2 \in M, n, n_1, n_2 \in N, a \in R)$ が成り立つ．特に $0 \otimes n = 0 \otimes n + 0 \otimes n, m \otimes 0 = m \otimes 0 + m \otimes 0$ が成り立つので $0 \otimes n = m \otimes 0 = 0$ となる．また，$F(M,N)$ の任意の元は $\sum_i (\pm [m'_i, n_i])$ の形（和は有限和）に書け，また $\pm (m'_i \otimes n_i) = (\pm m'_i) \otimes n_i$ なので，$M \otimes_R N$ の任意の元は $\sum_i m_i \otimes n_i$ の形（和は有限和）に書ける．ただしこの表示は一意的ではない．

注 1.75 記号を上の通りとするとき，M は左 R^{op} 加群，N は右 R^{op} 加群である．そして上の定義より $\mathbb{Z}$ 加群の同型 $M \otimes_R N \longrightarrow N \otimes_{R^{\mathrm{op}}} M$ で $m \otimes n\,(m \in M, n \in N)$ を $n \otimes m$ に移すものが構成できる．この意味でテンソル積の左右の加群は対称的であるので，以下ではしばしば左側においた右 R 加群に対する種々の操作のみを扱うが，上記の同型を通じて右側においた左 R 加群に対する同様の操作を扱えることになる．

次にテンソル積の普遍性を述べるために R バランス写像の概念を定義する．

▷ **定義 1.76** R を環，M を右 R 加群，N を左 R 加群，L を $\mathbb{Z}$ 加群とするとき $f: M \times N \longrightarrow L$ が **R バランス写像 (R-balanced map)** であるとは $f(m_1+m_2, n) = f(m_1, n) + f(m_2, n), f(m, n_1+n_2) = f(m, n_1) + f(m, n_2)$, $f(ma, n) = f(m, an)\,(m, m_1, m_2 \in M, n, n_1, n_2 \in N, a \in R)$ を満たすこと．

$\Phi: M \times N \longrightarrow M \otimes_R N$ を $\Phi(m, n) := m \otimes n$ とおくと Φ は R バランス写像となる．以上の準備の下でテンソル積の**普遍性**は次のように述べられる．

▶ **命題 1.77** R を環，M を右 R 加群，N を左 R 加群とする．このとき，任意の $\mathbb{Z}$ 加群 L と任意の R バランス写像 $f: M \times N \longrightarrow L$ に対して $\mathbb{Z}$ 加群の準同型 $g: M \otimes_R N \longrightarrow L$ で $g \circ \Phi = f$ を満たすものが一意的に存在する．

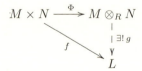

[**証明**] まず $\widetilde{g}: F(M,N) = \mathbb{Z}^{\oplus(M \times N)} \longrightarrow L$ を任意の $m \in M, n \in N$ に対して $\widetilde{g}([m,n]) = f(m,n)$ を満たす唯一の準同型写像とする．($\widetilde{g}$ の存在と一意性は直和の普遍性から従う．) すると $\widetilde{g}([m_1+m_2, n] - [m_1, n] - [m_2, n]) = f(m_1+m_2, n) - f(m_1, n) - f(m_2, n) = 0, \widetilde{g}([m, n_1+n_2] - [m, n_1] - [m, n_2]) = f(m, n_1+n_2) - f(m, n_1) - f(m, n_2) = 0, \widetilde{g}([ma, n] - [m, an]) = f(ma, n) - f(m, an) = 0$ より $\widetilde{g}(G(M,N)) = 0$ なので，標準的包含 $G(M,N) \longrightarrow F(M,N)$ の余核に対する普遍性より $\widetilde{g}$ は一意的に $F(M,N) \xrightarrow{p} F(M,N)/G(M,N) = M \otimes_R N \xrightarrow{g} L$ (p は標準的射影) と分解する．よって題意の g が一意的に存在することが言えた． □

注 1.78 命題 1.77 の性質はテンソル積を特徴づける．つまり，$\mathbb{Z}$ 加群 T と R バランス写像 $\varphi : M \times N \longrightarrow T$ が「任意の $\mathbb{Z}$ 加群 L と任意の R バランス写像 $f : M \times N \longrightarrow L$ に対して $\mathbb{Z}$ 加群の準同型 $g : T \longrightarrow L$ で $g \circ \varphi = f$ を満たすものが一意的に存在する」という性質（普遍性）を満たすとき，$h \circ \Phi = \varphi$ を満たす同型写像 $h : M \otimes_R N \longrightarrow T$ が一意的に存在することが言える．証明は注 1.24, 1.41, 1.51 と同様の形式的なものなので省略する．

テンソル積 $M \otimes_R N$ は（一般には）巨大な $\mathbb{Z}$ 加群 $F(M, N)$ のやはり（一般には）巨大な部分加群 $G(M, N)$ による商として定義されるので最終的にはそれほど巨大なものでないとしても，定義が複雑なものであると言える．したがって，具体的な対象ではあっても普遍性による抽象的な特徴付けが極めて有用であり，テンソル積からの準同型写像は通常，普遍性を用いた特徴付けにより述べられるのである．

▶**系 1.79** $f : M_1 \longrightarrow M_2$ を右 R 加群の準同型写像，$g : N_1 \longrightarrow N_2$ を左 R 加群の準同型写像とする．このとき，任意の $m \in M_1, n \in N_1$ に対して $(f \otimes g)(m \otimes n) = f(m) \otimes g(n)$ を満たすような $\mathbb{Z}$ 加群の準同型写像 $f \otimes g : M_1 \otimes_R N_1 \longrightarrow M_2 \otimes_R N_2$ が一意的に存在する．また，$f' : M_1 \longrightarrow M_2$ を別の右 R 加群の準同型写像，$g' : N_1 \longrightarrow N_2$ を別の左 R 加群の準同型写像とすると $(f + f') \otimes g = f \otimes g + f' \otimes g, f \otimes (g + g') = f \otimes g + f \otimes g'$ である．さらに $f'' : M_2 \longrightarrow M_3$ を右 R 加群の準同型写像，$g'' : N_2 \longrightarrow N_3$ を左 R 加群の準同型写像とすると $(f'' \otimes g'') \circ (f \otimes g) = (f'' \circ f) \otimes (g'' \circ g)$ が成り立つ．

[**証明**] 写像 $M_1 \times N_1 \longrightarrow M_2 \otimes_R N_2 ; (m, n) \mapsto f(m) \otimes g(n)$ は R バランス写像となるので，普遍性より題意の準同型写像 $f \otimes g$ が存在する．一意性は $M_1 \otimes_R N_1$ が $m \otimes n (m \in M_1, n \in N_1)$ の形の元により生成されることから従う．また，$(f + f') \otimes g, f \otimes g + f' \otimes g$ は共に $m \otimes n$ を $(f(m) + f'(m)) \otimes g(n) = f(m) \otimes g(n) + f'(m) \otimes g(n)$ に移すので一致する．同様に $f \otimes (g + g')$ と $f \otimes g + f \otimes g'$ も一致する．最後に $(f'' \otimes g'') \circ (f \otimes g)$ と $(f'' \circ f) \otimes (g'' \circ g)$ は共に $m \otimes n$ を $f''(f(m)) \otimes g''(g(n))$ に移すので一致する． □

▶**系 1.80** R, S を環，M を (S, R) 両側加群，N を左 R 加群とするとき，$M \otimes_R N$ への S の元による左乗法で $s(m \otimes n) = (sm) \otimes n$ を満たすものが一意的に定まり，この左乗法により $M \otimes_R N$ は左 S 加群となる．また，M を右 R 加群，N を (R, S) 両側加群とするとき，$M \otimes_R N$ への S の元による右乗法で $(m \otimes n)s = m \otimes (ns)$ を満たすものが一意的に定まり，この右乗法に

より $M \otimes_R N$ は右 S 加群となる．

R が可換環で M, N が R 加群のとき，$S = R$ として上記 2 通りの方法を考えると自然に $M \otimes_R N$ は R 加群になるが，その 2 つの R 加群の構造は一致する．

[証明] まず M が (S, R) 両側加群，N が左 R 加群のときは $s : M \longrightarrow M; m \mapsto sm$ は右 R 加群の準同型写像になる．よって系 1.79 より準同型写像 $s \otimes \mathrm{id}_N : M \otimes_R N \longrightarrow M \otimes_R N$ が定義されるので，これを s による左乗法と定めればよい．この左乗法により $M \otimes_R N$ は左 S 加群となることも系 1.79 および多少の議論により示される．M が右 R 加群，N が (R, S) 両側加群のときも同様である．

最後に R が可換環で M, N が R 加群のときは，最初の方法による $M \otimes_R N$ の R 加群としての構造は $r(m \otimes n) = (rm) \otimes n$，2 つめの方法による $M \otimes_R N$ の R 加群としての構造は $r(m \otimes n) = m \otimes (rn)$ により定まるが，$(rm) \otimes n = m \otimes (rn)$ なので両者は同じ R 加群構造を定める． □

【例 1.81】 R を環とする．I を R の右イデアルとし，右 R 加群としての剰余加群 R/I を考える．また M を左 R 加群とする．このとき $(R/I) \otimes_R M$ は M/IM（ただしここで IM は ax $(a \in I, x \in M)$ の形の元たちにより生成される M の部分 $\mathbb{Z}$ 加群）と $\mathbb{Z}$ 加群として同型である．実際，R バランス写像 $R/I \times M \longrightarrow M/IM; (a+I, x) \mapsto ax + IM$ により準同型写像 $f : (R/I) \otimes_R M \longrightarrow M/IM$ で $f((a+I) \otimes x) = ax + IM$ を満たすものが構成できる．また，$M \longrightarrow (R/I) \otimes_R M; x \mapsto 1 \otimes x$ は ax $(a \in I, x \in M)$ の形の元を $1 \otimes ax = (a+I) \otimes x = 0 \otimes x = 0$ に移すので，準同型写像 $g : M/IM \longrightarrow (R/I) \otimes_R M$ で $g(x + IM) = 1 \otimes x$ を満たすものを引き起こす．このとき $g(f((a+I) \otimes x)) = g(ax + IM) = 1 \otimes ax = (a+I) \otimes x, f(g(x+IM)) = f(1 \otimes x) = x + IM$ なので f, g は同型写像になる．なお，I が両側イデアルであるときは，この同型は左 R 加群の同型となる．

▶命題 1.82 R, S を環，L を右 R 加群，M を (R, S) 両側加群，N を左 S 加群とするとき，$f((l \otimes m) \otimes n) = l \otimes (m \otimes n)$ を満たすような同型写像 $f : (L \otimes_R M) \otimes_S N \longrightarrow L \otimes_R (M \otimes_S N)$ が一意的に存在する．特に，環の準

同型写像 $R \longrightarrow S$ が与えられ，例 1.17(2) により S を (R, S) 両側加群とみなすとき，同型 $(L \otimes_R S) \otimes_S N \cong L \otimes_R N$ が存在する．

[**証明**] $n \in N$ に対して $\Psi_n : L \times M \longrightarrow L \otimes_R (M \otimes_S N)$ を $\Psi_n(l, m) := l \otimes (m \otimes n)$ と定義すると，これは R バランス写像となるので，$\Phi_n(l \otimes m) = l \otimes (m \otimes n)$ を満たす準同型写像 $\Phi_n : L \otimes_R M \longrightarrow L \otimes_R (M \otimes_S N)$ が存在する．そして $\Phi : L \otimes_R M \times N \longrightarrow L \otimes_R (M \otimes_S N)$ を $\Phi(x, n) := \Phi_n(x)$ と定義する．$x = \sum_i l_i \otimes m_i$ と書くとき，任意の $s \in S$ に対して $\Phi(xs, n) = \Phi(\sum_i l_i \otimes m_i s, n) = \Phi_n(\sum_i l_i \otimes m_i s) = \sum_i \Phi_n(l_i \otimes m_i s) = \sum_i l_i \otimes (m_i s \otimes n) = \sum_i l_i \otimes (m_i \otimes sn) = \sum_i \Phi_{sn}(l_i \otimes m_i) = \Phi_{sn}(\sum_i l_i \otimes m_i) = \Phi_{sn}(x) = \Phi(x, sn)$ なので Φ は S バランス写像となる．したがって $f(x \otimes n) = \Phi_n(x)$ となる準同型写像 $f : (L \otimes_R M) \otimes_S N \longrightarrow L \otimes_R (M \otimes_S N)$ が存在し，このとき $f((l \otimes m) \otimes n) = l \otimes (m \otimes n)$ となる．同様の議論により $g(l \otimes (m \otimes n)) = (l \otimes m) \otimes n$ を満たす準同型写像 $g : L \otimes_R (M \otimes_S N) \longrightarrow (L \otimes_R M) \otimes_S N$ も構成できる．$(L \otimes_R M) \otimes_S N, L \otimes_R (M \otimes_S N)$ はそれぞれ $(l \otimes m) \otimes n, l \otimes (m \otimes n)$ の形の元で生成されるので $g \circ f = \mathrm{id}, f \circ g = \mathrm{id}$ となることが言え，よって f は同型写像となる．f の一意性は $(L \otimes_R M) \otimes_S N$ が $(l \otimes m) \otimes n$ の形の元で生成されることから従う．

後半の主張は $(L \otimes_R S) \otimes_S N \cong L \otimes_R (S \otimes_S N) \cong L \otimes_R N$ となることから言える．ただし 1 つめの同型は前半の結果，2 つめの同型は例 1.81（の $I = 0$ の場合）による． □

$\mathcal{I} = (I, (J(i, i'))_{i, i' \in I})$ を有向グラフまたは圏とし，

$$((M_i)_{i \in I}, (f_\varphi : M_i \longrightarrow M_{i'})_{i, i' \in I, \varphi \in J(i, i')})$$

を $\mathcal{I}$ 上の右 R 加群の図式，N を左 R 加群とするとき，系 1.79 より

$$((M_i \otimes_R N)_{i \in I}, (f_\varphi \otimes \mathrm{id}_N : M_i \otimes_R N \longrightarrow M_{i'} \otimes_R N)_{i, i' \in I, \varphi \in J(i, i')})$$

は $\mathcal{I}$ 上の $\mathbb{Z}$ 加群の図式となる．テンソル積と帰納極限との間には次の関係がある．

▶**命題 1.83** R を環とし，$\mathcal{I} = (I, (J(i,i'))_{i,i' \in I})$ を有向グラフまたは圏とする．$((M_i)_{i \in I}, (f_\varphi : M_i \longrightarrow M_{i'})_{i,i' \in I, \varphi \in J(i,i')})$ を $\mathcal{I}$ 上の右 R 加群の図式，N を左 R 加群とするとき自然な $\mathbb{Z}$ 加群の同型 $\varinjlim_{i \in I}(M_i \otimes_R N) \cong (\varinjlim_{i \in I} M_i) \otimes_R N$ がある．

[証明] $\iota_i : M_i \longrightarrow \varinjlim_{i \in I} M_i$ を標準的包含とする．このとき $\iota_i \otimes \mathrm{id}_N : M_i \otimes_R N \longrightarrow (\varinjlim_{i \in I} M_i) \otimes_R N$ は $(\iota_{i'} \otimes \mathrm{id}_N) \circ (f_\varphi \otimes \mathrm{id}_N) = \iota_i \otimes \mathrm{id}_N$ $(i, i' \in I, \varphi \in J(i,i'))$ を満たすので帰納極限の普遍性より

$$\Phi : \varinjlim_{i \in I}(M_i \otimes_R N) \longrightarrow (\varinjlim_{i \in I} M_i) \otimes_R N$$

で任意の $i \in I, m \in M_i, n \in N$ に対して $\Phi((\iota_i \otimes \mathrm{id}_N)(m \otimes n)) = \iota_i(m) \otimes n$ を満たすようなものを引き起こす．一方，$n \in N$ を固定したときに準同型写像 $M_i \longrightarrow M_i \otimes_R N; m \mapsto m \otimes n$ は $\varinjlim_{i \in I} M_i \longrightarrow \varinjlim_{i \in I}(M_i \otimes_R N); \iota_i(m) \mapsto (\iota_i \otimes \mathrm{id}_N)(m \otimes n)$ を引き起こし，n を動かすことによりこれは写像

$$(\varinjlim_{i \in I} M_i) \times N \longrightarrow \varinjlim_{i \in I}(M_i \otimes_R N); \quad (\iota_i(m), n) \mapsto (\iota_i \otimes \mathrm{id}_N)(m \otimes n)$$

を引き起こす．これが R バランス写像となることも確かめられ，よってこれは

$$\Psi : (\varinjlim_{i \in I} M_i) \otimes N \longrightarrow \varinjlim_{i \in I}(M_i \otimes_R N)$$

を引き起こす．そして定義より任意の $i \in I, m \in M_i, n \in N$ に対して $\Psi(\iota_i(m) \otimes n) = (\iota_i \otimes \mathrm{id}_N)(m \otimes n)$ となることがわかる．したがって $\Psi(\Phi((\iota_i \otimes \mathrm{id}_N)(m \otimes n))) = (\iota_i \otimes \mathrm{id}_N)(m \otimes n), \Phi(\Psi(\iota_i(m) \otimes n)) = \iota_i(m) \otimes n$ である．そして $\varinjlim_{i \in I}(M_i \otimes_R N), (\varinjlim_{i \in I} M_i) \otimes_R N$ の定義より前者は $(\iota_i \otimes \mathrm{id}_N)(m \otimes n)$ の形の元，後者は $\iota_i(m) \otimes n$ の形の元で生成されることがわかる．したがって $\Psi \circ \Phi = \mathrm{id}, \Phi \circ \Psi = \mathrm{id}$ となるので Φ, Ψ は同型写像となる．以上で題意が示された． □

▶**系 1.84** (1) $M_1 \xrightarrow{f} M_2 \xrightarrow{g} M_3 \longrightarrow 0$ を右 R 加群の完全列，N を左 R 加群とすると図式 $M_1 \otimes_R N \xrightarrow{f \otimes \mathrm{id}_N} M_2 \otimes_R N \xrightarrow{g \otimes \mathrm{id}_N} M_3 \otimes_R N \longrightarrow 0$ は完全列である．

(2) $0 \longrightarrow M_1 \xrightarrow{f} M_2 \xrightarrow{g} M_3 \longrightarrow 0$ を右 R 加群の分裂する完全列，N を左

R 加群とすると図式

$$0 \longrightarrow M_1 \otimes_R N \xrightarrow{f \otimes \mathrm{id}_N} M_2 \otimes_R N \xrightarrow{g \otimes \mathrm{id}_N} M_3 \otimes_R N \longrightarrow 0 \qquad (1.45)$$

は完全列である.

[**証明**] (1) 前命題より自然な同型 $M_3 \otimes_R N \cong (\mathrm{Coker}\, f) \otimes_R N \cong \mathrm{Coker}\,(f \otimes \mathrm{id}_N)$ がある. これより題意が言える.
(2) $t : M_2 \longrightarrow M_1$ を $t \circ f = \mathrm{id}_{M_1}$ を満たす準同型写像とすると, $(t \otimes \mathrm{id}_N) \circ (f \otimes \mathrm{id}_N) = \mathrm{id}_{M_1 \otimes_R N}$ となり, これより $f \otimes \mathrm{id}_N$ が単射であることがわかる. このことと (1) より題意が言える. □

注 1.85 一般には右 R 加群の図式 $0 \longrightarrow M_1 \longrightarrow M_2 \longrightarrow M_3 \longrightarrow 0$ が完全であっても, 図式 (1.45) は完全であるとは限らない. 実際, n を 2 以上の整数として $\mathbb{Z}$ 加群の完全列

$$0 \longrightarrow \mathbb{Z} \xrightarrow{n} \mathbb{Z} \longrightarrow \mathbb{Z}/n\mathbb{Z} \longrightarrow 0$$

(ただし n 倍写像を n と書いた) を考えると, $N = \mathbb{Z}/n\mathbb{Z}$ としたときの図式 (1.45) は

$$0 \longrightarrow \mathbb{Z} \otimes_{\mathbb{Z}} \mathbb{Z}/n\mathbb{Z} \xrightarrow{n \otimes \mathrm{id}} \mathbb{Z} \otimes_{\mathbb{Z}} \mathbb{Z}/n\mathbb{Z} \longrightarrow \mathbb{Z}/n\mathbb{Z} \otimes_{\mathbb{Z}} \mathbb{Z}/n\mathbb{Z} \longrightarrow 0$$

となるが, 同型 $\mathbb{Z} \otimes_{\mathbb{Z}} \mathbb{Z}/n\mathbb{Z} \longrightarrow \mathbb{Z}/n\mathbb{Z}; x \otimes (y + n\mathbb{Z}) \mapsto xy + n\mathbb{Z}$ を通じてみると $n \otimes \mathrm{id} : \mathbb{Z} \otimes_{\mathbb{Z}} \mathbb{Z}/n\mathbb{Z} \longrightarrow \mathbb{Z} \otimes_{\mathbb{Z}} \mathbb{Z}/n\mathbb{Z}$ は $\mathbb{Z}/n\mathbb{Z} \longrightarrow \mathbb{Z}/n\mathbb{Z}; x + n\mathbb{Z} \mapsto nx + n\mathbb{Z} = 0 + n\mathbb{Z}$ と同一視され, これは単射ではない.

1.6 射影的加群と単射的加群

まず射影的加群の定義と基本的性質を述べる.

▷ **定義 1.86** R を環とする. 左 R 加群 P が **射影的加群** (projective module) であるとは, 任意の左 R 加群の全射準同型写像 $f : M \longrightarrow N$ と任意の左 R 加群の準同型写像 $g : P \longrightarrow N$ に対し, 左 R 加群の準同型写像 $h : P \longrightarrow M$ で $f \circ h = g$ を満たすものが存在すること.

▶**命題 1.87** 左 R 加群の完全列 $0 \longrightarrow L \xrightarrow{f} M \xrightarrow{g} N \longrightarrow 0$ において N が射影的加群ならばこれは分裂する．

[証明] 射影的加群の定義より左 R 加群の準同型写像 $s: N \longrightarrow M$ で $g \circ s = \mathrm{id}_N$ を満たすものが存在するので問題の完全列は分裂する． □

▶**命題 1.88** Λ を集合，$(P_\lambda)_{\lambda \in \Lambda}$ を左 R 加群の族とするとき，全ての $\lambda \in \Lambda$ に対して P_λ が射影的加群であることと $\bigoplus_{\lambda \in \Lambda} P_\lambda$ が射影的加群であることとは同値である．

[証明] 標準的包含 $P_\lambda \longrightarrow \bigoplus_{\lambda \in \Lambda} P_\lambda$ を i_λ とおく．まず全ての $\lambda \in \Lambda$ に対して P_λ が射影的加群であると仮定する．このとき，任意の左 R 加群の全射準同型写像 $f: M \longrightarrow N$ と任意の左 R 加群の準同型写像 $g: \bigoplus_{\lambda \in \Lambda} P_\lambda \longrightarrow N$ に対し，準同型写像 $h_\lambda: P_\lambda \longrightarrow M$ で $f \circ h_\lambda = g \circ i_\lambda$ を満たすものが存在する．すると，直和の普遍性より準同型写像 $h: \bigoplus_{\lambda \in \Lambda} P_\lambda \longrightarrow M$ で $h \circ i_\lambda = h_\lambda \, (\lambda \in \Lambda)$ となるものが存在し，このとき $(f \circ h) \circ i_\lambda = f \circ h_\lambda = g \circ i_\lambda$ となる．よって直和の普遍性（における一意性）により $f \circ h = g$ となり，これで $\bigoplus_{\lambda \in \Lambda} P_\lambda$ が射影的加群であることが言えた．

逆に $\bigoplus_{\lambda \in \Lambda} P_\lambda$ が射影的加群であると仮定し，$\mu \in \Lambda$ を固定して左 R 加群の全射準同型写像 $f: M \longrightarrow N$ と左 R 加群の準同型写像 $g: P_\mu \longrightarrow N$ が与えられたとする．このとき直和の普遍性より $\tilde{g}: \bigoplus_{\lambda \in \Lambda} P_\lambda \longrightarrow N$ で $\tilde{g} \circ i_\mu = g, \tilde{g} \circ i_\lambda = 0 \, (\lambda \in \Lambda \setminus \{\mu\})$ を満たすものが存在する．$\bigoplus_{\lambda \in \Lambda} P_\lambda$ が射影的加群であることより準同型写像 $\tilde{h}: \bigoplus_{\lambda \in \Lambda} P_\lambda \longrightarrow M$ で $f \circ \tilde{h} = \tilde{g}$ を満たすものがある．このとき $f \circ (\tilde{h} \circ i_\mu) = \tilde{g} \circ i_\mu = g$ となるので $h := \tilde{h} \circ i_\mu$ とすれば $f \circ h = g$ となる．したがって P_μ は射影的加群となる．以上で題意が証明された． □

▶**命題 1.89** 環 R 上の自由加群は射影的加群である.

[証明] まず R が射影的加群であることを示す. 左 R 加群の全射準同型写像 $f: M \longrightarrow N$ と左 R 加群の準同型写像 $g: R \longrightarrow N$ が与えられたとき, $x \in M$ で $f(x) = g(1)$ を満たすものが存在する. そこで $h: R \longrightarrow M$ を $h(a) := ax$ と定義すると, これは準同型写像で, $f(h(a)) = f(ax) = af(x) = ag(1) = g(a)$ より $f \circ h = g$ となる. よって R は射影的加群である.

R 上の自由加群は R の直和なので, 前段落の結果と命題 1.88 より射影的加群となる. □

▶**命題 1.90** R を環とするとき, 左 R 加群 P に対する次の 3 条件は同値である.
(1) P は射影的加群である.
(2) ある左 R 加群 Q で $P \oplus Q$ が自由加群となるようなものが存在する.
(3) 任意の左 R 加群の完全列 $0 \longrightarrow M_1 \xrightarrow{f} M_2 \xrightarrow{g} M_3 \longrightarrow 0$ に対して図式

$$0 \longrightarrow \mathrm{Hom}_R(P, M_1) \xrightarrow{f^\sharp} \mathrm{Hom}_R(P, M_2) \xrightarrow{g^\sharp} \mathrm{Hom}_R(P, M_3) \longrightarrow 0 \quad (1.46)$$

は完全列である.

[証明] まず (1) と (2) の同値性を示す. P が射影的加群のとき, $f: R^{\oplus P} \longrightarrow P; (a_x)_x \mapsto \sum_{x \in P} a_x x$ は全射準同型写像である. $Q := \mathrm{Ker}\, f$ とすると完全列 $0 \longrightarrow Q \longrightarrow R^{\oplus P} \xrightarrow{f} P \longrightarrow 0$ を得るが命題 1.87 よりこれは分裂する. したがって命題 1.45 より $P \oplus Q \cong R^{\oplus P}$ となり, (2) が成り立つ. 一方, P が (2) の条件を満たすときは命題 1.88, 1.89 より P は射影的加群になる.

次に (1) と (3) の同値性を示す. 図式 (1.46) において $g^\sharp$ の全射性以外は命題 1.56(1) よりいつも成立するので, (3) の条件は任意の全射準同型写像 $g: M_2 \longrightarrow M_3$ と任意の準同型写像 $\varphi: P \longrightarrow M_3$ に対してある準同型写像 $\psi: P \longrightarrow M_2$ で $g \circ \psi = \varphi$ を満たすものが存在することと同値であるが, これは P が射影的加群であることに他ならない. □

▶**系 1.91** R が単項イデアル整域であるとき, R 加群 P が射影的加群であることと自由加群であることは同値である.

[証明] 命題 1.89 より P が自由加群ならば射影的加群である．また P が射影的加群ならば，ある R 加群 Q に対して $P \oplus Q$ が自由加群となるので P は自由加群の部分加群と同型であるが，このとき命題 1.47 より P は自由加群である． □

▶命題 1.92 R を環とする．任意の左 R 加群 M に対してある自由加群から M への全射準同型写像が存在する．特に，ある射影的加群から M への全射準同型写像が存在する．

[証明] $R^{\oplus M}$ は自由加群であり，また $f: R^{\oplus M} \longrightarrow M; (a_x)_x \mapsto \sum_{x \in M} a_x x$ は全射準同型写像である． □

次に単射的加群の定義と基本的性質を述べる．

▷定義 1.93 R を環とする．左 R 加群 I が**単射的加群** (injective module) であるとは，任意の左 R 加群の単射準同型写像 $f: M \longrightarrow N$ と任意の左 R 加群の準同型写像 $g: M \longrightarrow I$ に対し，左 R 加群の準同型写像 $h: N \longrightarrow I$ で $h \circ f = g$ を満たすものが存在すること．

$$\begin{array}{ccc} M & \xrightarrow{f} & N \\ {\scriptstyle g}\downarrow & \swarrow{\scriptstyle \exists h} & \\ I & & \end{array}$$

▶命題 1.94 左 R 加群の完全列 $0 \longrightarrow L \xrightarrow{f} M \xrightarrow{g} N \longrightarrow 0$ において L が単射的加群ならばこれは分裂する．

[証明] 単射的加群の定義より左 R 加群の準同型写像 $t: M \longrightarrow L$ で $t \circ f = \mathrm{id}_L$ を満たすものが存在するので問題の完全列は分裂する． □

▶命題 1.95 R を環とするとき，左 R 加群 I に対する次の 2 条件は同値である．
(1) I は単射的加群である．
(2) 任意の左 R 加群の完全列 $0 \longrightarrow M_1 \xrightarrow{f} M_2 \xrightarrow{g} M_3 \longrightarrow 0$ に対して図式

$$0 \longrightarrow \mathrm{Hom}_R(M_3, I) \xrightarrow{^{\sharp}g} \mathrm{Hom}_R(M_2, I) \xrightarrow{^{\sharp}f} \mathrm{Hom}_R(M_1, I) \longrightarrow 0 \quad (1.47)$$

は完全列である.

[証明] 図式 (1.47) において $^{\sharp}f$ の全射性以外は命題 1.56(2) よりいつも成立するので, (2) の条件は任意の単射準同型写像 $f : M_1 \longrightarrow M_2$ と任意の準同型写像 $\varphi : M_1 \longrightarrow I$ に対してある準同型写像 $\psi : M_2 \longrightarrow I$ で $\psi \circ f = \varphi$ を満たすものが存在することと同値であるが, これは I が単射的加群であることに他ならない. □

次に可除加群の概念を導入し, 単射的加群との関係を述べる.

▷**定義 1.96** R を環とする.
(1) $a \in R$ が R の**非零因子** (non zero-divisor) であるとは, 任意の $b \in R \setminus \{0\}$ に対して $ab \neq 0, ba \neq 0$ であること.
(2) 左 R 加群 M が**可除加群** (divisible module) であるとは, 任意の $x \in M$ と任意の R の非零因子 a に対して $ay = x$ を満たす $y \in M$ が存在すること.

▶**命題 1.97** 環 R 上の単射的加群は可除加群である.

[証明] I を R 上の単射的加群とする. $x \in I$ をとり $a \in R$ を非零因子とする. このとき $f : R \longrightarrow R; b \mapsto ba$ は左 R 加群の単射準同型写像である. $g : R \longrightarrow I$ を $g(b) = bx$ なる準同型写像とすると I が単射的であることより, ある準同型写像 $h : R \longrightarrow I$ で $h \circ f = g$ となるものが存在する. すると $x = g(1) = h(f(1)) = h(a) = ah(1)$ となる. 以上より I が可除加群であることが言えた. □

R が単項イデアル整域のときは, 上の命題の逆も言える.

▶**命題 1.98** R が単項イデアル整域のとき, R 上の可除加群は単射的加群である.

[証明] I を R 上の可除加群とし,R 加群の単射準同型写像 $f : M \longrightarrow N$ および準同型写像 $g : M \longrightarrow I$ が与えられたとする.以下,f を通じて M を N の部分加群とみなす.$\mathcal{S}$ を M を含む N の部分加群 N' と準同型写像 $h' : N' \longrightarrow I$ で $h'|_M = g$ を満たすものの組 (N', h') 全体のなす集合とする.このとき $(M, g) \in \mathcal{S}$ なので $\mathcal{S}$ は空でない.また,$(N', h'), (N'', h'') \in \mathcal{S}$ に対して $N' \subseteq N''$ かつ $h''|_{N'} = h'$ となるときに $(N', h') \leq (N'', h'')$ と書くことにすると,$\leq$ は $\mathcal{S}$ 上の順序を定める.$\mathcal{S}' = \{(N'_\lambda, h'_\lambda)\}_{\lambda \in \Lambda}$ を $\mathcal{S}$ の全順序部分集合とするとき,$N' := \bigcup_{\lambda \in \Lambda} N'_\lambda$ とし,$h' : N' \longrightarrow I$ を $x \in N'_\lambda$ のとき $h(x) := h_\lambda(x)$ とすることにより定義すれば,h' は well-defined で $(N', h') \in \mathcal{S}$ となり,またこれは $\mathcal{S}'$ の上界を与える.したがって $\mathcal{S}$ は帰納的集合となるのでツォルンの補題より $\mathcal{S}$ には極大元 (N_0, h_0) が存在する.$N_0 = N$ であることが言えれば題意が示される.そこで $N_0 \subsetneq N$ であると仮定し,$N \setminus N_0$ の元 x をとって $N_1 := N_0 + Rx$ とおく.すると $J := \{a \in R \,|\, ax \in N_0\}$ は R のイデアルなので,ある $b \in R$ に対して $J = Rb$ と書ける.すると I が可除加群であるという仮定より $by = h_0(bx)$ を満たす元 $y \in I$ が存在する.($b = 0$ のときは $y = 0$ とすればよい.)また,この b を用いて $\alpha : R \longrightarrow N_0 \oplus R$ を $\alpha(a) := (-abx, ab)$,$\beta : N_0 \oplus R \longrightarrow N_1$ を $\beta((n, a)) := n + ax$ と定めると図式

$$R \xrightarrow{\alpha} N_0 \oplus R \xrightarrow{\beta} N_1 \longrightarrow 0 \tag{1.48}$$

が完全列となることが確かめられる.(β の全射性は明らか.また $\beta(\alpha(a)) = \beta((-abx, ab)) = -abx + abx = 0$ より $\beta \circ \alpha = 0$ であり,さらに $\beta((n, a)) = 0$ のとき $N_0 \ni -n = ax$ より $a \in Rb$ で,$a = a'b$ とおくと $(n, a) = (-a'bx, a'b) = \alpha(a')$ となるので $\operatorname{Ker} \beta \subseteq \operatorname{Im} \alpha$.)以上の準備の下で,準同型写像 $\widetilde{h}_1 : N_0 \oplus R \longrightarrow I$ を $\widetilde{h}((n, a)) := h_0(n) + ay$ $(n \in N_0, a \in R)$ と定める.すると任意の $a \in R$ に対して $\widetilde{h}_1(\alpha(a)) = \widetilde{h}_1((-abx, ab)) = -h_0(abx) + aby = -ah_0(bx) + ah_0(bx) = 0$ となるので $\widetilde{h}_1 \circ \alpha = 0$.したがって図式 (1.48) の完全性より $\widetilde{h}_1$ は $N_0 \oplus R \xrightarrow{\beta} N_1 \xrightarrow{h_1} I$ と一意的に分解する.これにより $h_1 : N_1 \longrightarrow I$ を定義すると,$n \in N_0$ に対して $h_1(n) = h_1(\beta((n, 0))) = \widetilde{h}_1((n, 0)) = h_0(n)$ となるので $h_1|_{N_0} = h_0$.よって $(N_1, h_1) \in \mathcal{S}$ であり,これは (N_0, h_0) の極大性に矛盾する.したがって $N_0 = N$ であり,これで題意が示された. □

1.6 射影的加群と単射的加群

▶**命題 1.99**　R を環とする．任意の左 R 加群 M に対して M からある単射的加群への単射準同型写像が存在する．

命題 1.99 の証明のためにいくつか補題を示す．

▶**補題 1.100**　$\mathbb{Z}$ 加群 $\mathbb{Q}/\mathbb{Z}$ は単射的加群である．

[証明]　$\mathbb{Z}$ は単項イデアル整域で，また $\mathbb{Z}$ 加群 $\mathbb{Q}/\mathbb{Z}$ は可除加群なので命題 1.98 よりこれは単射的加群となる． □

▶**補題 1.101**　右 R 加群 P が射影的加群であるとき，左 R 加群 $\mathrm{Hom}_\mathbb{Z}(P, \mathbb{Q}/\mathbb{Z})$ は単射的加群である．

[証明]　$f : M \longrightarrow N$ を左 R 加群の単射準同型写像とし，また $g : M \longrightarrow \mathrm{Hom}_\mathbb{Z}(P, \mathbb{Q}/\mathbb{Z})$ を左 R 加群の準同型写像とする．f を $\mathbb{Z}$ 加群の単射準同型とみなすと，$\mathbb{Z}$ 加群 $\mathbb{Q}/\mathbb{Z}$ が単射的加群であることから $^\sharp f : \mathrm{Hom}_\mathbb{Z}(N, \mathbb{Q}/\mathbb{Z}) \longrightarrow \mathrm{Hom}_\mathbb{Z}(M, \mathbb{Q}/\mathbb{Z})$ が全射であることがわかる．またこれは右 R 加群の準同型写像となる．右 R 加群の準同型写像 $g' : P \longrightarrow \mathrm{Hom}_\mathbb{Z}(M, \mathbb{Q}/\mathbb{Z})$ を $g'(x)(m) := g(m)(x)$ $(x \in P, m \in M)$ と定める．すると P が射影的加群であることから，ある右 R 加群の準同型写像 $h' : P \longrightarrow \mathrm{Hom}_\mathbb{Z}(N, \mathbb{Q}/\mathbb{Z})$ で $^\sharp f \circ h' = g'$ となるものが存在する．ここで $h : N \longrightarrow \mathrm{Hom}_\mathbb{Z}(P, \mathbb{Q}/\mathbb{Z})$ を $h(n)(x) := h'(x)(n)$ $(n \in N, x \in P)$ と定めると，これは左 R 加群の準同型写像となり，また $h(f(m))(x) = h'(x)(f(m)) = (^\sharp f \circ h')(x)(m) = g'(x)(m) = g(m)(x)$ より $h \circ f = g$ となる．以上より $\mathrm{Hom}_\mathbb{Z}(P, \mathbb{Q}/\mathbb{Z})$ が単射的加群であることが示された． □

▶**補題 1.102**　左 R 加群 M に対して $\Phi : M \longrightarrow \mathrm{Hom}_\mathbb{Z}(\mathrm{Hom}_\mathbb{Z}(M, \mathbb{Q}/\mathbb{Z}), \mathbb{Q}/\mathbb{Z})$ を $\Phi(m)(\varphi) := \varphi(m)$ により定めると，これは左 R 加群の単射準同型写像である．

[証明]　$a \in R, \varphi \in \mathrm{Hom}_\mathbb{Z}(M, \mathbb{Q}/\mathbb{Z})$ に対して $(a\Phi(m))(\varphi) = \Phi(m)(\varphi a) = (\varphi a)(m) = \varphi(am) = \Phi(am)(\varphi)$ より $a\Phi(m) = \Phi(am)$．よって Φ は左 R 加群の準同型写像である．また，0 でない任意の元 $m \in M$ に対して $\mathbb{Z}$ 加群の準同型 $f : \mathbb{Z} \longrightarrow M; a \mapsto am$ の核 $\mathrm{Ker}\, f$ は $b\mathbb{Z}$ $(b \in \mathbb{N})$ の形に書けるが，$f(1) = m \neq 0$ より $1 \notin \mathrm{Ker}\, f = b\mathbb{Z}$ なので $b = 0$ または $b \geq 2$ である．さて，

$g : \mathrm{Im}\, f \longrightarrow \mathbb{Q}/\mathbb{Z}$ を合成

$$\mathrm{Im}\, f \xrightarrow{\cong} \mathbb{Z}/\mathrm{Ker}\, f \xrightarrow{=} \mathbb{Z}/b\mathbb{Z} \xrightarrow{i} \mathbb{Q}/\mathbb{Z}$$

(ただし i は $b = 0$ のときは $i(n + b\mathbb{Z}) := \frac{n}{2} + \mathbb{Z}$, $b \geq 2$ のときは $i(n + b\mathbb{Z}) := \frac{n}{b} + \mathbb{Z}$) とする.そして $h : M \longrightarrow \mathbb{Q}/\mathbb{Z}$ を $h|_{\mathrm{Im}\, f} = g$ となる $\mathbb{Z}$ 加群の準同型写像とする.($\mathbb{Q}/\mathbb{Z}$ は単射的加群なのでこのような h は存在する.)すると $h(m) = g(m) = i(1 + b\mathbb{Z}) \neq 0$ なので $\Phi(m)(h) = h(m) \neq 0$. したがって $\Phi(m) \neq 0$ であり,よって Φ は単射となる. □

[命題 1.99 の証明] M を左 R 加群とすると $\mathrm{Hom}_{\mathbb{Z}}(M, \mathbb{Q}/\mathbb{Z})$ は右 R 加群であり,したがって命題 1.92(の右 R 加群における類似)よりある射影的な右 R 加群 P からの全射準同型写像 $f : P \longrightarrow \mathrm{Hom}_{\mathbb{Z}}(M, \mathbb{Q}/\mathbb{Z})$ が存在する.すると $^{\sharp}f : \mathrm{Hom}_{\mathbb{Z}}(\mathrm{Hom}_{\mathbb{Z}}(M, \mathbb{Q}/\mathbb{Z}), \mathbb{Q}/\mathbb{Z}) \longrightarrow \mathrm{Hom}_{\mathbb{Z}}(P, \mathbb{Q}/\mathbb{Z})$ は左 R 加群の単射準同型写像である.よって補題 1.102 の Φ と $^{\sharp}f$ との合成 $M \longrightarrow \mathrm{Hom}_{\mathbb{Z}}(P, \mathbb{Q}/\mathbb{Z})$ は左 R 加群の単射準同型写像であり,また補題 1.101 より $\mathrm{Hom}_{\mathbb{Z}}(P, \mathbb{Q}/\mathbb{Z})$ は単射的加群である.以上で題意が証明された. □

1.7 平坦加群

平坦加群の定義をする.

▷ **定義 1.103** 左 R 加群 N が**平坦加群 (flat module)** であるとは,任意の右 R 加群の単射準同型写像 $f : M \longrightarrow M'$ に対して $f \otimes \mathrm{id}_N : M \otimes_R N \longrightarrow M' \otimes_R N$ が単射であること.

系 1.84(1) より,左 R 加群 N が平坦加群であることと,任意の右 R 加群の短完全列 $0 \longrightarrow M_1 \xrightarrow{f} M_2 \xrightarrow{g} M_3 \longrightarrow 0$ に対して図式 $0 \longrightarrow M_1 \otimes_R N \xrightarrow{f \otimes \mathrm{id}_N} M_2 \otimes_R N \xrightarrow{g \otimes \mathrm{id}_N} M_3 \otimes_R N \longrightarrow 0$ が完全列となることとは同値である.さらに,系 1.34 より任意の右 R 加群の完全列は短完全列を用いて表すことができるので,左 R 加群 N が平坦加群であることは,任意の右 R 加群の完全列 $M_1 \xrightarrow{f} M_2 \xrightarrow{g} M_3$ に対して図式 $M_1 \otimes_R N \xrightarrow{f \otimes \mathrm{id}_N} M_2 \otimes_R N \xrightarrow{g \otimes \mathrm{id}_N} M_3 \otimes_R N$ が完全列となることとも同値となる.

▶**命題 1.104** Λ を集合, $(P_\lambda)_{\lambda \in \Lambda}$ を左 R 加群の族とするとき, 全ての $\lambda \in \Lambda$ に対して P_λ が平坦加群であることと $\bigoplus_{\lambda \in \Lambda} P_\lambda$ が平坦加群であることとは同値である.

[証明]　$P_\lambda\,(\lambda \in \Lambda)$ が平坦加群のとき, 任意の右 R 加群の単射準同型写像 $f : M \longrightarrow M'$ に対して $f \otimes \mathrm{id}_{P_\lambda} : M \otimes_R P_\lambda \longrightarrow M' \otimes_R P_\lambda$ は単射である. よって $\bigoplus_{\lambda \in \Lambda}(f \otimes \mathrm{id}_{P_\lambda}) : \bigoplus_{\lambda \in \Lambda}(M \otimes_R P_\lambda) \longrightarrow \bigoplus_{\lambda \in \Lambda}(M' \otimes_R P_\lambda)$ は単射であるが, 命題 1.83 より $\bigoplus_{\lambda \in \Lambda}(M \otimes_R P_\lambda) = M \otimes_R (\bigoplus_\lambda P_\lambda)$, $\bigoplus_{\lambda \in \Lambda}(M \otimes_R P_\lambda) = M \otimes_R (\bigoplus_\lambda P_\lambda)$ で, この同一視を通じて $\bigoplus_{\lambda \in \Lambda}(f \otimes \mathrm{id}_{P_\lambda}) = f \otimes \mathrm{id}_{\bigoplus_{\lambda \in \Lambda} P_\lambda}$ となるので $f \otimes \mathrm{id}_{\bigoplus_{\lambda \in \Lambda} P_\lambda}$ は単射となる. よって $\bigoplus_{\lambda \in \Lambda} P_\lambda$ は平坦加群である.

逆に $\bigoplus_{\lambda \in \Lambda} P_\lambda$ が平坦加群のとき任意の右 R 加群の単射準同型写像 $f : M \longrightarrow M'$ に対して $f \otimes \mathrm{id}_{\bigoplus_{\lambda \in \Lambda} P_\lambda} = \bigoplus_{\lambda \in \Lambda}(f \otimes \mathrm{id}_{P_\lambda})$ が単射となるので, 各 $\lambda \in \Lambda$ に対して $f \otimes \mathrm{id}_{P_\lambda}$ も単射になる. よって $P_\lambda\,(\lambda \in \Lambda)$ は平坦加群となる. □

▶**系 1.105**　左 R 加群 N が射影的加群ならば平坦加群である.

[証明]　まず任意の右 R 加群 M に対して $M \otimes_R R = M$ である (例 1.81 の右 R 加群に対する類似の特別な場合). したがって任意の右 R 加群の単射準同型写像 $f : M \longrightarrow M'$ に対して $f \otimes \mathrm{id}_R : M \otimes_R R \longrightarrow M' \otimes_R R$ は f 自身と同一視できるので単射であり, よって R は平坦加群となる. すると命題 1.104 より自由加群は平坦加群となる. そして N が射影的加群のとき, 命題 1.90 よりある左 R 加群 N' で $N \oplus N'$ が自由加群となるものがあるので, 再び命題 1.104 を用いることにより N が平坦加群であることが言える. □

▶**系 1.106**　R を環とする. 任意の左 R 加群 M に対してある平坦加群から M への全射準同型写像が存在する.

[証明]　系 1.105 と命題 1.92 より従う. □

次に無捻加群の概念を導入し, 平坦加群との関係を述べる.

▷ **定義 1.107**　R を環とする．左 R 加群 M の元 x が **捻 れ 元** (torsion element) であるとは，ある R の非零因子 a に対して $ax = 0$ となること．左 R 加群 M が **無捻加群** (torsion-free module) であるとは，M が 0 以外の捻れ元をもたないこと．

▶ **命題 1.108**　環 R 上の平坦加群は無捻加群である．

[証明]　M を平坦加群とし，$a \in R$ を非零因子とする．このとき $f : R \longrightarrow R; x \mapsto ax$ は右 R 加群の単射準同型写像なので $f \otimes \mathrm{id}_M : R \otimes_R M \longrightarrow R \otimes_R M$ は単射である．そして，例 1.81 より $R \otimes_R M = M$ であり，この同一視を通じて $f \otimes_R \mathrm{id}$ は M 上の a 倍写像 $M \longrightarrow M; x \mapsto ax$ と同一視される．よって任意の非零因子 a に対して M 上の a 倍写像が単射なので M は無捻加群である．　□

R が単項イデアル整域のときは上の命題の逆も言える．

▶ **命題 1.109**　R が単項イデアル整域のとき，R 上の無捻加群は平坦加群である．

[証明]　N を R 上の無捻加群とし，また $f : M \longrightarrow M'$ を R 加群の単射とする．f を通じて M を M' の部分加群とみなす．$\mathcal{S}$ を M を含み，かつ M''/M が有限生成となるような M' の部分加群 M'' 全体のなす集合とし，$f_{M''} : M \longrightarrow M''$ を標準的包含とする．すると例 1.65 より $\mathcal{S}$ は有向集合であり，また $\varinjlim_{M'' \in \mathcal{S}} M'' = M'$ となる．よって $M' \otimes_R N = (\varinjlim_{M'' \in \mathcal{S}} M'') \otimes_R N = \varinjlim_{M'' \in \mathcal{S}} (M'' \otimes_R N)$ であり，この同一視を通じてみると

$$f \otimes \mathrm{id}_N : M \otimes_R N \longrightarrow M' \otimes_R N = \varinjlim_{M'' \in \mathcal{S}} (M'' \otimes_R N)$$

は $x \mapsto [x]$ と書ける．ただし $[\ ]$ は命題 1.64 における記号である．したがって，任意の $x \in \mathrm{Ker}(f \otimes \mathrm{id}_N)$ に対して $[x] = 0$ であり，命題 1.64 よりこれはある $M'' \in \mathcal{S}$ に対して $(f_{M''} \otimes \mathrm{id}_N)(x) = 0$ となることを意味する．よって，任意の $M'' \in \mathcal{S}$ に対して $f_{M''} \otimes \mathrm{id}_N$ が単射であることを示すことができれば $x = 0$ が言え，よって N は平坦加群となる．したがって命題を示すには，M'/M が有限生成であるような単射準同型写像 $f : M \longrightarrow M'$ に対して

$f \otimes \mathrm{id}_N$ の単射性を示せばよい．このとき $M' = M + Rx_1 + \cdots + Rx_n$ と書けるが，$M'_i := M + Rx_1 + \cdots + Rx_i$ $(0 \leq i \leq n)$ として $f_i : M'_{i-1} \longrightarrow M'_i$ を標準的包含とするとき $f \otimes \mathrm{id}_N$ の単射性は各 $f_i \otimes \mathrm{id}_N$ の単射性に帰着される．各 M'_i/M'_{i-1} は $x_i + M'_{i-1}$ により生成されるので結局 M'/M が 1 つの元で生成される場合に帰着できる．したがって $M' = M + Rx$ であると仮定してよい．すると $I := \{a \in R \mid ax \in M\}$ は R のイデアルなので，ある $b \in R$ を用いて $I = Rb$ と書ける．この b を用いて $\alpha : R \longrightarrow M \oplus R$ を $\alpha(a) := (-abx, ab)$, $\beta : M \oplus R \longrightarrow M'$ を $\beta((y, a)) := y + ax$ とおくと図式

$$R \xrightarrow{\alpha} M \oplus R \xrightarrow{\beta} M' \longrightarrow 0$$

は (1.48) と同じものであり，よって完全列となる．この列と N との R 上のテンソル積をとることにより完全列

$$N \xrightarrow{\alpha'} (M \otimes_R N) \oplus N \xrightarrow{\beta'} M' \otimes_R N \longrightarrow 0$$

(ただし $\alpha'(n) = ((-bx) \otimes n, bn), \beta'((y, n)) := (f \otimes \mathrm{id}_N)(y) + x \otimes n$) を得る．以上の準備の下で任意の $y \in \mathrm{Ker}(f \otimes \mathrm{id}_N)$ をとると $\beta'((y, 0)) = 0$ となるので，ある $n \in N$ に対して $(y, 0) = \alpha'(n) = ((-bx) \otimes n, bn)$ となる．$b = 0$ ならばこれより $y = 0$ となる．また $b \neq 0$ ならば $bn = 0$ で，N が無捻加群であることより $n = 0$ となる．したがってやはり $y = (-bx) \otimes n = 0$ となる．よって $f \otimes \mathrm{id}_N$ の単射性が言えたので題意が示された． □

注 1.110 R が単項イデアル整域のとき，R 上の有限生成加群は

$$R^{\oplus r} \oplus \bigoplus_{i=1}^{s} R/x_i R \quad (x_i \in R, \neq 0)$$

の形に書けることが知られている（単項イデアル整域上の有限生成加群の基本定理）．この事実を認めれば，次のような命題 1.109 の別証明ができる：N を R 上の無捻加群とすると，これは有限生成部分加群の有向集合上の帰納極限 $\varinjlim_i N_i$ として書ける（例 1.65）．R 加群の単射準同型写像 $f : M \longrightarrow M'$ に対して $f \otimes \mathrm{id} : M \otimes_R N \longrightarrow M' \otimes_R N$ が単射であることを示すには各 i に対して $f \otimes \mathrm{id} : M \otimes_R N_i \longrightarrow M' \otimes_R N_i$ が単射であることを示せばよい（系 1.67）．N_i は N の部分加群ゆえ無捻加群であり，また有限生成である．したがって単項イデアル整域上の有限生成加群の基本定理より N_i は $R^{\oplus r}$ という形をしていなければならず，このときは $f \otimes \mathrm{id}$ は明らかに単射である．

演習問題

1-1. 次に挙げる整域が単項イデアル整域であるかどうかを判定せよ．
(1) 体 K 上の 2 変数多項式環 $K[x,y]$.
(2) $\mathbb{Z}[\sqrt{-1}] := \{a+b\sqrt{-1} \mid a,b \in \mathbb{Z}\}$.
(3) $\mathbb{Z}[\sqrt{-5}] := \{a+b\sqrt{-5} \mid a,b \in \mathbb{Z}\}$.

1-2. $\mathbb{Z}$ 加群 $\mathbb{Q}/\mathbb{Z}$ が有限生成でないことを示せ．

1-3. P を素数全体の集合とし，$p \in P$ に対して $M_p := \{a \in \mathbb{Q}/\mathbb{Z} \mid \exists n \geq 1, p^n a = 0\}$ とおく．このとき $\mathbb{Z}$ 加群として $\mathbb{Q}/\mathbb{Z}$ と $\bigoplus_{p \in P} M_p$ が同型であることを示せ．

1-4. Λ を集合とする．Λ を添字集合とする $\mathbb{Z}$ 加群 $\mathbb{Z}$ の直積 $\mathbb{Z}^\Lambda$ が自由加群になるためには Λ が有限集合であることが必要十分であることを示せ．
(ヒント：$\mathbb{Z}^\mathbb{N}$ の部分加群 $M := \{(n_i)_i \in \mathbb{Z}^\mathbb{N} \mid \forall k, \exists m, \forall i \geq m, 2^k | n_i\}$ に着目.)

1-5. 全ての左イデアルが加群として有限生成であるような環を左ネーター環という．R を左ネーター環とするとき，全ての有限生成左 R 加群 M の部分加群は有限生成であることを示せ．

1-6. R を環とする．左 R 加群 M がある $n \in \mathbb{N}$ に対し全射準同型写像 $f: R^{\oplus n} \longrightarrow M$ で $\mathrm{Ker}\, f$ が有限生成左 R 加群となるものをもつとき，M は有限表示であるという．M を有限表示左 R 加群とするとき，任意の $m \in \mathbb{N}$ と任意の全射準同型写像 $g: R^{\oplus m} \longrightarrow M$ に対し，$\mathrm{Ker}\, g$ が有限生成であることを示せ．

1-7. 整域 R と R 加群 M で，次を満たす例をそれぞれあげよ．
(1) M は射影的加群であるが自由加群ではない．
(2) M は可除加群であるが単射的加群ではない．
(3) M は無捻加群であるが平坦加群ではない．
(4) M は有限生成であるが有限表示ではない．

1-8. R を環とする．以下の問に答えよ．
(1) N を有限生成左 R 加群, M_λ ($\lambda \in \Lambda$) を左 R 加群とするとき，自然な同型 $\mathrm{Hom}_R(N, \bigoplus_{\lambda \in \Lambda} M_\lambda) \cong \bigoplus_{\lambda \in \Lambda} \mathrm{Hom}_R(N, M_\lambda)$ があることを示せ．
(2) N を有限表示左 R 加群とする．また $\mathcal{I} = (I, (J(i,i'))_{i,i' \in I})$ を有向グラフとし，$(M_i)_{i \in I}$ を $\mathcal{I}$ 上の左 R 加群の図式とする．このとき自然な同型 $\mathrm{Hom}_R(N, \varinjlim_{i \in I} M_i) \cong \varinjlim_{i \in I} \mathrm{Hom}_R(N, M_i)$ があることを示せ．

1-9. R を環，M (N) を右 R 加群 (左 R 加群)，M' (N') を M (N) の部分加群とし，$\iota_M: M' \longrightarrow M, \iota_N: N' \longrightarrow N$ を標準的包含とする．このとき $\mathbb{Z}$ 加群の同型

$$M/M' \otimes_R N/N' \cong (M \otimes_R N)/(\mathrm{Im}\,(\iota_M \otimes \mathrm{id}_N) + \mathrm{Im}\,(\mathrm{id}_M \otimes \iota_N))$$

があることを証明せよ．

1-10. R を環，M を平坦左 R 加群，I を右イデアルとするとき，自然な同型 $I \otimes_R M \cong IM$ が存在することを示せ．

1-11. R を環，$k \in \mathbb{N}$, M を平坦左 R 加群とし，次の左 R 加群の完全列があるとする．

$$0 \longrightarrow N \xrightarrow{f} R^{\oplus k} \xrightarrow{g} M \longrightarrow 0.$$

(1) I を右イデアルとするとき，f は同型 $IN \xrightarrow{\cong} \operatorname{Ker} g \cap I^{\oplus k}$ を引き起こすことを示せ．

(2) $n \in N$ とする．左 R 加群の準同型写像 $h : R^{\oplus k} \longrightarrow N$ で $h(f(n)) = n$ を満たすものが存在することを示せ．
(ヒント：$f(n) = (a_1, \ldots, a_k)$ とするとき，$I := a_1 R + \cdots + a_k R$ に対して (1) を適用すると $n \in IN$ となる．)

(3) $n_1, \ldots, n_l \in N$ とする．左 R 加群の準同型写像 $h : R^{\oplus k} \longrightarrow N$ で $h(f(n_i)) = n_i \, (1 \leq i \leq l)$ を満たすものが存在することを示せ．
(ヒント：帰納法により $h_1(f(n_1)) = n_1, h_2(f(n_i - h_1(f(n_i)))) = n_i - h_1(f(n_i))$ $(2 \leq i \leq l)$ を満たす $h_1, h_2 : R^{\oplus k} \longrightarrow N$ がある．)

1-12. R を環，M を有限表示左 R 加群で，かつ平坦加群であるとする．このとき M が射影的加群となることを示せ．

第2章

圏

　数学を記述する際の基本的枠組みは何であろうか．数学諸分野においてはまず研究対象となるものが規定され，そして，複数の研究対象を関連付けるための射が規定される．例えば環上の加群の理論においては，加群が研究対象であり，複数の加群を関連付けるのは加群の準同型写像である．あるいは多様体論において C^∞ 級多様体を研究対象とするときは，複数の C^∞ 級多様体を関連付けるのは C^∞ 級写像である．このように，「対象」とそれを関連づける「射」を考えるというのが数学を記述する際の基本的枠組みである．圏論とはこの対象と射の概念，あるいはさらにいくつかの性質を抽象的に与えたときに一般に成り立つ事項について論理的に導出しようという理論である．

2.1 圏の定義

　数学は集合論の言葉を用いて記述されるが，集合論も数学の一分野なので，集合論自体も圏論における考察の対象である．しかしながら，集合全体の集合を考えると矛盾に陥ってしまうことが**ラッセルの逆理** (Russell's paradox) として知られているので，厳密に言えば，圏論を考察するときの数学的枠組みについては集合論との関係に注意する必要がある．ラッセルの逆理のような矛盾を避ける方法は2つある：1つは集合全体の集まりは集合よりも上位の概念の**類** (class) というものであると考えるというものである．これを行うためには集合のみならず類を含めて扱う集合論の議論が必要である．もう1つの方法は，我々の考察の対象とする集合の範囲をある大きな集合（宇宙）$\mathfrak{U}$ に属するもの（あるいはそれに同型なもの）に限っておくというもので，この場合は $\mathfrak{U}$ に属する集合全体は集合なので，集合のみを扱う議論で充分であることが多い．しかしながら宇宙 $\mathfrak{U}$ の存在は通常の集合論の公理では保証されないので，集合論の公理にさらに公理を1つ追加する必要がある．本書では後者の立場をとることにする．宇宙の定義を述べる．

2.1 圏の定義

▷**定義 2.1** 空でない集合 $\mathfrak{U}$ が**宇宙 (universe)** であるとは次の 4 条件を満たすこと.
(1) $x \in y, y \in \mathfrak{U}$ ならば $x \in \mathfrak{U}$.
(2) $x, y \in \mathfrak{U}$ ならば $\{x, y\} \in \mathfrak{U}$.
(3) $x \in \mathfrak{U}$ ならば $\mathcal{P}(x) := \{y \mid y \subseteq x\} \in \mathfrak{U}$.
(4) $I \in \mathfrak{U}, x_i \in \mathfrak{U}\, (i \in I)$ ならば $\bigcup_{i \in I} x_i := \{y \mid $ ある $i \in I$ に対して $y \in x_i\} \in \mathfrak{U}$.

集合論の一般論より, 宇宙 $\mathfrak{U}$ は以下の性質を満たすことが言える. (証明は本書の目的から外れてしまうので省略する. 以下の性質が成り立つことを宇宙の定義に含めてしまっても本書を読む際に問題は生じない.)

(5) $\emptyset \in \mathfrak{U}$.
(6) $x \in \mathfrak{U}$ ならば $\{x\} \in \mathfrak{U}$.
(7) $x \in \mathfrak{U}$ ならば $\bigcup_{y \in x} y \in \mathfrak{U}$.
(8) $x, y \in \mathfrak{U}$ ならば $x \times y \in \mathfrak{U}$.
(9) $x \in \mathfrak{U}, y \subseteq x$ ならば $y \in \mathfrak{U}$.
(10) $I \in \mathfrak{U}, x_i \in \mathfrak{U}\, (i \in I)$ ならば $\coprod_{i \in I} x_i, \prod_{i \in I} x_i \in \mathfrak{U}$.

以降, 本書においては, 我々は選択公理を付け加えたツェルメロ-フレンケルの集合論の公理にさらに次の公理をつけくわえて考える.

▷**公理 2.2** $\mathbb{N} \in \mathfrak{U}$ を満たす宇宙 $\mathfrak{U}$ が存在する.

また, 本書では $\mathbb{N} \in \mathfrak{U}$ を満たす宇宙 $\mathfrak{U}$ を 1 つとり, 固定する. そして, 集合 (群, 加群, 位相空間, ……) A が $\mathfrak{U}$ に属する集合 (群, 加群, 位相空間, ……) と同型なとき, **小さな (small)** 集合 (群, 加群, 位相空間, ……) であるという. 仮定 $\mathbb{N} \in \mathfrak{U}$ と定義 2.1 より $\mathbb{Z}$, $\mathbb{Q}$, $\mathbb{R}$, $\mathbb{C}$ のような我々になじみ深い対象は全て $\mathfrak{U}$ に属していることがわかる. 一方, $\mathfrak{U}$ 自身は小さな集合ではないことがいえる.

圏の定義をする[1].

---

[1] 圏の定義は注 1.30 で簡単に述べているが, 改めて行う. また, 注 1.30 とは異なり, ここでは集合論的問題に配慮した定義を行い, また記号も一般的に使われるものを採用する.

▷**定義 2.3** **圏 (category)** $\mathcal{C}$ とは次の (1)〜(3) の組のこと.
(1)（小さな集合とは限らない）ある集合 $\mathrm{Ob}\mathcal{C}$. $\mathrm{Ob}\mathcal{C}$ の元のことを $\mathcal{C}$ の**対象 (object)** という.
(2) 各 $A, B \in \mathrm{Ob}\mathcal{C}$ に対して定まる小さな集合 $\mathrm{Hom}_{\mathcal{C}}(A, B)$. $\mathrm{Hom}_{\mathcal{C}}(A, B)$ の元のことを A から B への**射 (morphism)** という.
(3) 各 $A, B, C \in \mathrm{Ob}\mathcal{C}$ に対して定まる集合の写像

$$\mathrm{Hom}_{\mathcal{C}}(B, C) \times \mathrm{Hom}_{\mathcal{C}}(A, B) \longrightarrow \mathrm{Hom}_{\mathcal{C}}(A, C); \quad (f, g) \mapsto f \circ g$$

で, 次の (i), (ii) を満たすもの. これを**合成則**という.
(i) 各 $A, B, C, D \in \mathrm{Ob}\mathcal{C}$ と $f \in \mathrm{Hom}_{\mathcal{C}}(C, D), g \in \mathrm{Hom}_{\mathcal{C}}(B, C), h \in \mathrm{Hom}_{\mathcal{C}}(A, B)$ に対して $f \circ (g \circ h) = (f \circ g) \circ h$. (**結合法則**)
(ii) 各 $A \in \mathrm{Ob}\mathcal{C}$ に対して A 上の**恒等射 (identity morphism)** とよばれる射 $\mathrm{id}_A \in \mathrm{Hom}_{\mathcal{C}}(A, A)$ が存在し, 任意の $A, B \in \mathrm{Ob}\mathcal{C}$ と $f \in \mathrm{Hom}_{\mathcal{C}}(A, B)$ に対して $f \circ \mathrm{id}_A = f, \mathrm{id}_B \circ f = f$.

さらに $\mathrm{Ob}\mathcal{C}$ が小さな集合であるとき, $\mathcal{C}$ を**小さな圏 (small category)** という.

注 2.4 圏の定義において, 定義 2.3(2) における $\mathrm{Hom}_{\mathcal{C}}(A, B)$ が小さいとは限らない集合でもよいとする流儀もある. そのときは, 定義 2.3 で定義される圏を**局所的に小さな圏 (locally small category)** という.

恒等射 id_A は各 A に対して一意的であることに注意. 以下では, f が A から B への射であることを $f: A \longrightarrow B$ あるいは $A \xrightarrow{f} B$ と書くことも多い.
圏の反対圏, 圏の積の概念が以下のように定義される.

▷**定義 2.5** 圏 $\mathcal{C}$ の**反対圏 (opposite category)** $\mathcal{C}^{\mathrm{op}}$ を $\mathrm{Ob}\mathcal{C}^{\mathrm{op}} = \mathrm{Ob}\mathcal{C}$, $\mathrm{Hom}_{\mathcal{C}^{\mathrm{op}}}(A, B) := \mathrm{Hom}_{\mathcal{C}}(B, A)$ とおき, また合成則

$$\mathrm{Hom}_{\mathcal{C}^{\mathrm{op}}}(B, C) \times \mathrm{Hom}_{\mathcal{C}^{\mathrm{op}}}(A, B) \longrightarrow \mathrm{Hom}_{\mathcal{C}^{\mathrm{op}}}(A, C)$$

を

$$\mathrm{Hom}_{\mathcal{C}}(C,B) \times \mathrm{Hom}_{\mathcal{C}}(B,A) \longrightarrow \mathrm{Hom}_{\mathcal{C}}(C,A); \quad (f,g) \mapsto g \circ f$$

と定めることにより定義する.

▷**定義 2.6** 小さな集合 I により添字付けられた圏の族 $(\mathcal{C}_i)_{i \in I}$ の**積 (product)** $\prod_{i \in I} \mathcal{C}_i$ を

$$\mathrm{Ob}\prod_{i \in I}\mathcal{C}_i := \prod_{i \in I}\mathrm{Ob}\,\mathcal{C}_i, \quad \mathrm{Hom}_{\prod_{i \in I}\mathcal{C}_i}((A_i)_i,(B_i)_i) := \prod_{i \in I}\mathrm{Hom}_{\mathcal{C}_i}(A_i,B_i)$$

とし,また合成則

$$\mathrm{Hom}_{\prod_{i \in I}\mathcal{C}_i}((B_i)_i,(C_i)_i) \times \mathrm{Hom}_{\prod_{i \in I}\mathcal{C}_i}((A_i)_i,(B_i)_i)$$
$$\longrightarrow \mathrm{Hom}_{\prod_{i \in I}\mathcal{C}_i}((A_i)_i,(C_i)_i)$$

を

$$\prod_{i \in I}\mathrm{Hom}_{\mathcal{C}_i}(B_i,C_i) \times \prod_{i \in I}\mathrm{Hom}_{\mathcal{C}_i}(A_i,B_i) \longrightarrow \prod_{i \in I}\mathrm{Hom}_{\mathcal{C}_i}(A_i,C_i);$$
$$((f_i)_i,(g_i)_i) \mapsto (f_i \circ g_i)_i$$

と定めることにより定義する. $I = \{1, 2, \ldots, n\}$ のときは $\prod_{i \in I}\mathcal{C}_i$ のことを $\mathcal{C}_1 \times \mathcal{C}_2 \times \cdots \times \mathcal{C}_n$ とも書く.

圏の部分圏の概念を次のように定義する.

▷**定義 2.7** 圏 $\mathcal{D}$ が圏 $\mathcal{C}$ の**部分圏 (subcategory)** であるとは,$\mathrm{Ob}\,\mathcal{D}$ が $\mathrm{Ob}\,\mathcal{C}$ の部分集合,各 $A, B \in \mathrm{Ob}\,\mathcal{D}$ に対して $\mathrm{Hom}_{\mathcal{D}}(A,B)$ が $\mathrm{Hom}_{\mathcal{C}}(A,B)$ の部分集合であり,各 $A \in \mathrm{Ob}\,\mathcal{D}$ に対して $\mathrm{Hom}_{\mathcal{D}}(A,A)$ が $\mathcal{C}$ における恒等射 id_A を含み,また圏 $\mathcal{C}$ における合成則の制限により圏 $\mathcal{D}$ における合成則が定まっていること.

以下,環上の加群の場合と同様に,圏 $\mathcal{C}, A, B, X \in \mathrm{Ob}\,\mathcal{C}$ と $f \in \mathrm{Hom}_{\mathcal{C}}(A,B)$ に対して集合の写像

$$\mathrm{Hom}_{\mathcal{C}}(X,A) \longrightarrow \mathrm{Hom}_{\mathcal{C}}(X,B); \quad \varphi \mapsto f \circ \varphi$$

を $f^\sharp$ と書き，また集合の写像

$$\mathrm{Hom}_{\mathcal{C}}(B, X) \longrightarrow \mathrm{Hom}_{\mathcal{C}}(A, X); \quad \varphi \mapsto \varphi \circ f$$

を $^\sharp f$ と書く．このとき $C \in \mathrm{Ob}\,\mathcal{C}, g \in \mathrm{Hom}_{\mathcal{C}}(B, C)$ に対して $(g \circ f)^\sharp = g^\sharp \circ f^\sharp$, $^\sharp(g \circ f) = {}^\sharp f \circ {}^\sharp g$ が成り立つ．

 圏 $\mathcal{C}$ における射 $f: A \longrightarrow B$ は抽象的に与えられた集合 $\mathrm{Hom}_{\mathcal{C}}(A, B)$ の元であるという以上の意味はないので f は集合の写像というわけではない，つまり A の元 a に対して B の元 $f(a)$ が定まっているというわけではない．したがって射 f に対する単射，全射の概念を集合の写像のときのように元をとって定義することはできない．しかしながら，次のようにして圏における射に対して単射，全射，同型の概念を定義することができる．

▷ **定義 2.8** $\mathcal{C}$ を圏，$A, B \in \mathrm{Ob}\,\mathcal{C}, f: A \longrightarrow B$ とする．
(1) f が**単射 (monomorphism)** であるとは，任意の $X \in \mathrm{Ob}\,\mathcal{C}$ に対して写像 $f^\sharp : \mathrm{Hom}_{\mathcal{C}}(X, A) \longrightarrow \mathrm{Hom}_{\mathcal{C}}(X, B)$ が集合の写像として単射であること．つまり，任意の $X \in \mathrm{Ob}\,\mathcal{C}$ と任意の 2 つの射 $g, h: X \longrightarrow A$ に対して「$f \circ g = f \circ h \implies g = h$」が成立すること．
(2) f が**全射 (epimorphism)** であるとは，任意の $X \in \mathrm{Ob}\,\mathcal{C}$ に対して集合の写像 $^\sharp f : \mathrm{Hom}_{\mathcal{C}}(B, X) \longrightarrow \mathrm{Hom}_{\mathcal{C}}(A, X)$ が集合の写像として単射であること．つまり，任意の $X \in \mathrm{Ob}\,\mathcal{C}$ と任意の 2 つの射 $g, h: B \longrightarrow X$ に対して「$g \circ f = h \circ f \implies g = h$」が成立すること．
(3) f が**同型 (isomorphism)** であるとはある $g: B \longrightarrow A$ で $g \circ f = \mathrm{id}_A, f \circ g = \mathrm{id}_B$ を満たすものが存在すること．この g のことを f の**逆射 (inverse morphism)** といい，f^{-1} と書く．

 また，$A, B \in \mathrm{Ob}\,\mathcal{C}$ が**同型 (isomorphic)** であるとはある同型な射 $f: A \longrightarrow B$ が存在すること．このとき $A \cong B$ とも書く．

 同型である射に対して，その逆射は一意に定まることに注意．

注 2.9 圏 $\mathcal{C}$ における射 f が単射（全射，同型）であることと f が圏 $\mathcal{C}^{\mathrm{op}}$ の射として全射（単射，同型）であることとは同値である．

▶**命題 2.10** $\mathcal{C}$ を圏, $f: A \longrightarrow B, g: B \longrightarrow C$ を $\mathcal{C}$ における射とする.
(1) f, g が共に単射（全射）ならば $g \circ f$ も単射（全射）である.
(2) $g \circ f$ が単射ならば, f は単射である.
(3) $g \circ f$ が全射ならば, g は全射である.

[証明] (1) $f^\sharp, g^\sharp$ が単射ならば $(g \circ f)^\sharp = g^\sharp \circ f^\sharp$ も単射であり, また $^\sharp f, ^\sharp g$ が単射ならば $^\sharp(g \circ f) = {^\sharp f} \circ {^\sharp g}$ も単射であることから従う.
(2) 仮定より $(g \circ f)^\sharp = g^\sharp \circ f^\sharp$ が単射なので $f^\sharp$ も単射になる.
(3) 仮定より $^\sharp(g \circ f) = {^\sharp f} \circ {^\sharp g}$ が単射なので $^\sharp g$ も単射になる. □

▶**命題 2.11** 圏 $\mathcal{C}$ における射 $f: A \longrightarrow B$ が同型ならば単射かつ全射である.

[証明] $g: B \longrightarrow A$ を f の逆射とすると $f^\sharp$ の逆写像が $g^\sharp$ により与えられるので, これらは集合の同型を引き起こす. 特に f は単射となる. 同様の議論により f が全射であることも言える. □

圏 $\mathcal{C}$ の対象 A とは, 圏 $\mathcal{C}$ においては単に抽象的に与えられた 1 つの「もの」であり, A の集合としての構造（集合としての部分集合, 商集合など）は圏 $\mathcal{C}$ の構造とは何の関係もないので, A の部分集合の概念は $\mathcal{C}$ においては意味をなさない. 圏の対象に対して, その圏の構造を反映しているような部分対象, 商対象の概念は次のように定義される.

▷**定義 2.12** $\mathcal{C}$ を圏とする.
(1) $A \in \mathrm{Ob}\mathcal{C}$ の**部分対象 (subobject)** とは $B \in \mathrm{Ob}\mathcal{C}$ と単射 $f: B \longrightarrow A$ との組 (B, f) のこと. A の部分対象 (B, f) と (C, g) が**同値 (equivalent)** であるとは, ある同型 $\varphi: B \longrightarrow C$ で $g \circ \varphi = f$ が成り立つものが存在すること. このとき $(B, f) \simeq (C, g)$ と書く. 誤解の恐れがないときは $B \simeq C$ あるいは $f \simeq g$ とも書く.
(2) $A \in \mathrm{Ob}\mathcal{C}$ の**商対象 (quotient object)** とは $B \in \mathrm{Ob}\mathcal{C}$ と全射 $f: A \longrightarrow B$ との組 (B, f) のこと. A の商対象 (B, f) と (C, g) が同値であるとは, ある同型 $\varphi: B \longrightarrow C$ で $\varphi \circ f = g$ が成り立つものが存在すること. このときもやはり $(B, f) \simeq (C, g)$ と書く. 誤解の恐れがないときは $B \simeq C$ あるいは $f \simeq g$

とも書く．

　$\mathcal{C}$ が小さな圏のとき，部分対象，商対象の集合は小さな集合となるので，その同値類の集合も小さな集合となる．$\mathcal{C}$ が小さな圏でない場合は部分対象，商対象の集合やその同値類の集合は小さな集合となるとは限らない．

　以下，圏の例をいくつか挙げる．

【例 2.13】 $\mathfrak{U}$ 集合の圏 **Set** を，Ob **Set** を $\mathfrak{U}$ に属する集合全体の集合，$\mathrm{Hom}_{\mathbf{Set}}(A,B)$ を A から B への写像全体の集合とし，また合成則 $\mathrm{Hom}_{\mathbf{Set}}(B,C) \times \mathrm{Hom}_{\mathbf{Set}}(A,B) \longrightarrow \mathrm{Hom}_{\mathbf{Set}}(A,C)$ を写像の合成 $(f,g) \mapsto f \circ g$ と定義することにより定める．（集合の恒等写像 $\mathrm{id}_A : A \longrightarrow A$ が恒等射となる．）

　Set における射 $f : A \longrightarrow B$ が定義 2.8 の意味で単射ならば，$X = \{*\}$ を一元集合とするとき $f^{\sharp} : \mathrm{Hom}_{\mathbf{Set}}(X,A) \longrightarrow \mathrm{Hom}_{\mathbf{Set}}(X,B)$ は通常の意味で単射であるが，一方，$\mathrm{Hom}_{\mathbf{Set}}(X,Y) \longrightarrow Y; g \mapsto g(*)$ $(Y = A$ または $B)$ は集合の写像として同型であり，これらを通じて $f^{\sharp}$ は f と同一視される．したがって f は集合の写像として通常の意味で単射である．逆に集合の写像 $f : A \longrightarrow B$ が通常の意味で単射ならば，集合 X と集合の写像 $g, h : X \longrightarrow A$ で $f \circ g = f \circ h$ を満たすものが与えられたとき，任意の $x \in X$ に対して $f(g(x)) = f(h(x))$ より $g(x) = h(x)$ となる．よって $g = h$ が言えるので f は圏 **Set** における射として単射となる．以上より圏 **Set** の射が定義 2.8 の意味で単射であることと，集合の写像として通常の意味で単射であることは同値であることがわかる．

　また，**Set** における射 $f : A \longrightarrow B$ が定義 2.8 の意味で全射であるとする．もし f が集合の写像として通常の意味で全射でないとすると，ある $x \in B \setminus f(A)$ がとれる．このとき $X = (B \setminus \{x\}) \sqcup \{x_1, x_2\}$ として $g : B \longrightarrow X, h : B \longrightarrow X$ を

$$g(b) := \begin{cases} b, & (b \neq x \text{ のとき}), \\ x_1, & (b = x \text{ のとき}), \end{cases} \qquad h(b) := \begin{cases} b, & (b \neq x \text{ のとき}), \\ x_2, & (b = x \text{ のとき}), \end{cases}$$

と定めると $f(A) \subseteq B \setminus \{x\}$ より $f(A)$ 上で g, h は一致するので $g \circ f = h \circ f$，よって f に対する仮定より $g = h$ となるが，一方定義から $g \neq h$ なので矛盾．

よって f は集合の写像として通常の意味で全射となる．逆に集合の写像 $f : A \longrightarrow B$ が通常の意味で全射ならば，集合 X と集合の写像 $g, h : B \longrightarrow X$ で $g \circ f = h \circ f$ を満たすものが与えられたとき，任意の $x \in B$ に対して $y \in A$ で $f(y) = x$ となるものがとれ，このとき $g(x) = g(f(y)) = h(f(y)) = h(x)$ となるので $g(x) = h(x)$ となる．よって $g = h$ が言えるので f は圏 **Set** における射として全射となることがわかる．以上より圏 **Set** の射が定義 2.8 の意味で全射であることと，集合の写像として通常の意味で全射であることは同値である．

また，圏 **Set** の射 $f : A \longrightarrow B$ が定義 2.8 の意味で同型であるとして，$g : B \longrightarrow A$ を逆射とすると，$g \circ f = \mathrm{id}_A, f \circ g = \mathrm{id}_B$ であることから f が（集合の写像として通常の意味で）全単射であることが言える．逆に f が全単射ならば，任意の $b \in B$ に対して $f(a) = b$ となる $a \in A$ が一意的に存在するので $g(b) := a$ とおくことにより $g : B \longrightarrow A$ が定まり，これが f の逆射を与えるので f は定義 2.8 の意味で同型となる．したがって圏 **Set** の射が定義 2.8 の意味で同型であることと，集合の写像として通常の意味で全単射であることは同値である．特に圏 **Set** の射に対して，それが同型であることと単射かつ全射であることは同値である．

【例 2.14】 この例においては群論の基礎知識を仮定する．$\mathfrak{U}$ 群の圏 **Gp** を，Ob **Gp** を $\mathfrak{U}$ に属する群全体の集合，$\mathrm{Hom}_{\mathbf{Gp}}(A, B)$ を A から B への群の準同型写像全体の集合とし，また合成則

$$\mathrm{Hom}_{\mathbf{Gp}}(B, C) \times \mathrm{Hom}_{\mathbf{Gp}}(A, B) \longrightarrow \mathrm{Hom}_{\mathbf{Gp}}(A, C)$$

を準同型写像の合成 $(f, g) \mapsto f \circ g$ と定義することにより定める．（集合としての恒等写像 $\mathrm{id}_A : A \longrightarrow A$ は群の準同型写像であり，これが恒等射となる．）

Gp における射 $f : A \longrightarrow B$ が定義 2.8 の意味で単射ならば，$g : \mathrm{Ker}\, f \longrightarrow A$ を標準的包含，$h : \mathrm{Ker}\, f \longrightarrow A$ を $h(x) = 1 \, (\forall x \in \mathrm{Ker}\, f)$ なる準同型写像とするとき任意の $x \in \mathrm{Ker}\, f$ に対して $f(g(x)) = f(x) = 1, f(h(x)) = f(1) = 1$ より $f \circ g = f \circ h$ なので，f に対する仮定より $g = h$ となる．したがって任意の $x \in \mathrm{Ker}\, f$ に対して $x = 1$，つまり $\mathrm{Ker}\, f = \{1\}$ となるので f は集合の写像として通常の意味で単射となる．逆に群の準同型写像 $f : A \longrightarrow B$ が集合の写像として通常の意味で単射ならば，f が圏 **Gp** における射として単射と

なることが例 2.13 のときと同様の議論でわかる．以上より圏 **Gp** の射が定義 2.8 の意味で単射であることと，集合の写像として通常の意味で単射であることは同値である．

次に **Gp** における射 $f: A \longrightarrow B$ が定義 2.8 の意味で全射であると仮定し，f が集合の写像として通常の意味で全射であることを示す[2]．まず最初に $f(A)$ の B における指数が 2 以下であることを示す．もしそうでないとすると B における相異なる 3 つの右剰余類 $f(A), f(A)b_1, f(A)b_2$ がとれる．X を B から B への集合としての全単射全体のなす群とし，$\sigma \in X$ を

$$\sigma(b) := \begin{cases} ab_2 & (b \in f(A)b_1, b = ab_1 \text{ のとき}) \\ ab_1 & (b \in f(A)b_2, b = ab_2 \text{ のとき}) \\ b & (\text{その他のとき}) \end{cases}$$

と定める．そして $g, h: B \longrightarrow X$ を $g(b)(x) := bx \, (b \in B, x \in B)$, $h(b) := \sigma^{-1} \circ g(b) \circ \sigma$ と定める．このとき $c \in f(A)$ に対して $g(c)(x) = cx$,

$$h(c)(x) = \begin{cases} \sigma^{-1}(g(c)(ab_2)) = \sigma^{-1}(cab_2) = cab_1 = cx \\ \qquad\qquad\qquad\qquad (x \in f(A)b_1, x = ab_1 \text{ のとき}) \\ \sigma^{-1}(g(c)(ab_1)) = \sigma^{-1}(cab_1) = cab_2 = cx \\ \qquad\qquad\qquad\qquad (x \in f(A)b_2, x = ab_2 \text{ のとき}) \\ \sigma^{-1}(g(c)x) = \sigma^{-1}(cx) = cx \quad (\text{その他のとき}) \end{cases}$$

より $g(c) = h(c)$ なので $g \circ f = h \circ f$. よって f に対する仮定より $g = h$ となる．一方，$g(b_1)(1) = b_1$, $h(b_1)(1) = \sigma^{-1}(g(b_1)(1)) = \sigma^{-1}(b_1) = b_2$ より $g \neq h$ となるので矛盾．以上より $f(A)$ の B における指数が 2 以下であることが言えた．すると $f(A)$ は B の正規部分群となる．このときはさらに標準的射影 $g_1: B \longrightarrow B/f(A)$ および $h_1(b) = 1 (\forall b \in B)$ なる準同型写像 $h_1: B \longrightarrow B/f(A)$ を考える．このとき任意の $a \in A$ に対して $g_1(f(a)) = f(a)f(A) = 1, h_1(f(a)) = 1$ より $g_1 \circ f = h_1 \circ f$ なので，f に対する仮定より $g_1 = h_1$ となる．したがって任意の $b \in B$ に対して $B/f(A)$ において $bf(A) = 1$, つまり $B = f(A)$ となることがわかる．以上より f は集合の写像

---

[2] 以下の議論の前半においては $f(A)$ は B の正規部分群であるとは言えないので剰余群 $B/f(A)$ が考えられるとは限らず，そのことにより議論がやや複雑になっている．

として通常の意味で全射となることが言える．逆に群の準同型写像 $f: A \longrightarrow B$ が集合の写像として通常の意味で全射ならば，f が圏 **Gp** における射として全射となることが例 2.13 のときと同様の議論でわかる．よって圏 **Gp** の射が定義 2.8 の意味で全射であることと，集合の写像として通常の意味で全射であることが同値であることが言えた．

また，例 2.13 のときと同様の議論により圏 **Gp** の射 $f: A \longrightarrow B$ が定義 2.8 の意味で同型であることと f が集合の写像として全単射であることが同値であることがわかる．よって圏 **Gp** の射に対しても，それが同型であることと単射かつ全射であることは同値である．

【例 2.15】 $\mathfrak{U}$ アーベル群の圏 **Ab** を，Ob **Ab** を $\mathfrak{U}$ に属するアーベル群全体の集合，$\mathrm{Hom}_{\mathbf{Ab}}(A,B)$ を A から B への群の準同型写像全体の集合とし，また合成則 $\mathrm{Hom}_{\mathbf{Ab}}(B,C) \times \mathrm{Hom}_{\mathbf{Ab}}(A,B) \longrightarrow \mathrm{Hom}_{\mathbf{Ab}}(A,C)$ を準同型写像の合成 $(f,g) \mapsto f \circ g$ と定義することにより定める．アーベル群は群であり，また **Ab** と **Gp** における射の概念は一致しているので **Ab** は **Gp** の部分圏である．なお，**Ab** は次の例で挙げる圏の特別な場合とみなせるので，**Ab** における単射，全射，同型についての考察はここでは省略する．

【例 2.16】 R を $\mathfrak{U}$ に属する環とする．$\mathfrak{U}$ 左 R 加群の圏 $R\text{-}\mathbf{Mod}$ を，Ob $R\text{-}\mathbf{Mod}$ を $\mathfrak{U}$ に属する左 R 加群全体の集合，$\mathrm{Hom}_{R\text{-}\mathbf{Mod}}(A,B)$ を A から B への左 R 加群としての準同型写像全体の集合とし，また合成則

$$\mathrm{Hom}_{R\text{-}\mathbf{Mod}}(B,C) \times \mathrm{Hom}_{R\text{-}\mathbf{Mod}}(A,B) \longrightarrow \mathrm{Hom}_{R\text{-}\mathbf{Mod}}(A,C)$$

を準同型写像の合成 $(f,g) \mapsto f \circ g$ と定義することにより定める．$\mathfrak{U}$ 右 R 加群の圏 $\mathbf{Mod}\text{-}R$ も同様に定義する．定義 1.16 の後に述べたことより $R\text{-}\mathbf{Mod}$ と $\mathbf{Mod}\text{-}R^{\mathrm{op}}$ は自然に同一視され，よって R が可換環ならば $R\text{-}\mathbf{Mod}$ と $\mathbf{Mod}\text{-}R$ は自然に同一視される．また例 1.17(3) より **Ab** は $\mathbb{Z}\text{-}\mathbf{Mod}$ と自然に同一視される．

圏 $R\text{-}\mathbf{Mod}$ における射が定義 2.8 の意味で単射（全射）であることと，集合の写像として通常の意味で単射（全射）であることとが同値であることが言える．証明は例 2.14 と同様であるが，$R\text{-}\mathbf{Mod}$ においては部分加群による剰余加群が常に考えられるので，議論はより簡単である．（詳細は読者に任せ

る．）また，例 2.13 のときと同様の議論により圏 R-**Mod** の射 $f: A \longrightarrow B$ が定義 2.8 の意味で同型であることと f が集合の写像として全単射であることが同値であることがわかる．よって圏 R-**Mod** においても同型であることと単射かつ全射であることは同値である．

【例 2.17】 $\mathfrak{U}$ 位相空間（定義 A.1）の圏 **Top** を，Ob **Top** を $\mathfrak{U}$ に属する位相空間全体の集合，$\mathrm{Hom}_{\mathbf{Top}}(A,B)$ を A から B への連続写像（定義 A.1）全体の集合とし，また合成則 $\mathrm{Hom}_{\mathbf{Top}}(B,C) \times \mathrm{Hom}_{\mathbf{Top}}(A,B) \longrightarrow \mathrm{Hom}_{\mathbf{Top}}(A,C)$ を連続写像の合成 $(f, g) \mapsto f \circ g$ と定義することにより定める．

　圏 **Top** における射 f が定義 2.8 の意味で単射（全射）であることと，f が集合の写像として通常の意味で単射（全射）であることとが同値であることが言える．証明は例 2.13 と同様である．（ただしその証明中の $X = (B \setminus \{x\}) \sqcup \{x_1, x_2\}$ はその開集合を $B \setminus \{x\}$ に含まれる B の開集合または $((x$ を含む B の開集合$) \setminus \{x\}) \sqcup \{x_1, x_2\}$ の形の集合と定めることにより **Top** の対象と考える．）一方，定義より圏 **Top** の射 $f: A \longrightarrow B$ が定義 2.8 の意味で同型であることは，f が位相空間の同相写像（定義 A.1）であることに他ならない．これらのことから，圏 **Top** において f が同型であることと f が単射かつ全射であることは同値ではないことが言える．例えば，X を 2 個以上の元をもつ集合とし，$\mathcal{O}_1$ を X 上の離散位相（例 A.3），$\mathcal{O}_2$ を X 上の密着位相（例 A.3）とするとき各 $x \in X$ を x 自身に移すことにより定義される位相空間の写像 $f: (X, \mathcal{O}_1) \longrightarrow (X, \mathcal{O}_2)$ は連続なので **Top** における射であり，またこれは集合の写像としては恒等写像なので **Top** において単射かつ全射である．一方，これは連続な逆写像をもたないので **Top** において同型ではない．特に命題 2.11 の逆が一般には成り立たないことが言えた．

2.2　関手と自然変換

　我々が今考えている圏論自身も数学の一分野なので，圏論自体も圏論における考察の対象である．圏を対象と考えた場合，射にあたるのは次に定義する関手である[3]．

---

[3] 関手の定義は注 1.30 で特別な場合に簡単に述べているが，改めて行う．

▷**定義 2.18** 圏 $\mathcal{C}, \mathcal{D}$ に対し，$\mathcal{C}$ から $\mathcal{D}$ への**関手** F とは集合の写像 $F : \mathrm{Ob}\,\mathcal{C} \longrightarrow \mathrm{Ob}\,\mathcal{D}$ と写像の族

$$(F_{A,B} : \mathrm{Hom}_\mathcal{C}(A, B) \longrightarrow \mathrm{Hom}_\mathcal{D}(F(A), F(B)))_{A, B \in \mathrm{Ob}\,\mathcal{C}}$$

の組で，次の 2 条件を満たすもののこと．
(1) 任意の $A \in \mathrm{Ob}\,\mathcal{C}$ に対して $F_{A,A}(\mathrm{id}_A) = \mathrm{id}_{F(A)}$．
(2) 任意の $A, B, C \in \mathrm{Ob}\,\mathcal{C}$ と $f \in \mathrm{Hom}_\mathcal{C}(B, C), g \in \mathrm{Hom}_\mathcal{C}(A, B)$ に対して $F(f \circ g) = F(f) \circ F(g)$．

関手のことを**共変関手** (covariant functor) ともいう．また，$\mathcal{C}$ が小さな圏のときは $\mathcal{C}$ から $\mathcal{D}$ への関手のことを $\mathcal{D}$ における $\mathcal{C}$ 上の**図式**ということもある（注 1.30 参照）．$\mathcal{C}^{\mathrm{op}}$ から $\mathcal{D}$ への共変関手のことを $\mathcal{C}$ から $\mathcal{D}$ への**反変関手** (contravariant functor) という．

圏 $\mathcal{C}$ に対し，$F := \mathrm{id}_{\mathrm{Ob}\,\mathcal{C}} : \mathrm{Ob}\,\mathcal{C} \longrightarrow \mathrm{Ob}\,\mathcal{C}, F_{A,B} := \mathrm{id}_{\mathrm{Hom}_\mathcal{C}(A,B)} : \mathrm{Hom}_\mathcal{C}(A, B) \longrightarrow \mathrm{Hom}_\mathcal{C}(A, B)$ $(A, B \in \mathrm{Ob}\,\mathcal{C})$ により定まる $\mathcal{C}$ から $\mathcal{C}$ 自身への関手 F を**恒等関手** (identity functor) といい，以下では $\mathrm{id}_\mathcal{C}$ と書く．

以下では，F が $\mathcal{C}$ から $\mathcal{D}$ への関手であることを $F : \mathcal{C} \longrightarrow \mathcal{D}$ あるいは $\mathcal{C} \xrightarrow{F} \mathcal{D}$ と書くことも多い．$\mathcal{C}, \mathcal{D}, \mathcal{E}$ を圏，$F : \mathcal{C} \longrightarrow \mathcal{D}, G : \mathcal{D} \longrightarrow \mathcal{E}$ を関手とするときに，その合成 $G \circ F : \mathcal{C} \longrightarrow \mathcal{E}$ を $G \circ F(A) := G(F(A)), (G \circ F)_{A,B} := G_{F(A),F(B)} \circ F_{A,B}$ $(A, B \in \mathrm{Ob}\,\mathcal{C})$ により定める．
$\mathfrak{U}$ に属する圏全体は集合をなす．また，$\mathfrak{U}$ に属する圏 $\mathcal{C}, \mathcal{D}$ に対して $\mathcal{C}$ から $\mathcal{D}$ への関手全体の集合は小さな集合である．従って，$\mathfrak{U}$ に属する圏の圏 **Cat** を $\mathrm{Ob}\,\mathbf{Cat}$ を $\mathfrak{U}$ に属する圏全体の集合，$\mathrm{Hom}_{\mathbf{Cat}}(\mathcal{C}, \mathcal{D})$ を $\mathcal{C}$ から $\mathcal{D}$ への関手全体の集合とすることにより定義できる．
さらに関手を圏論における考察の対象とすることもできる．関手を対象と考えた場合，射にあたるのは次に定義する自然変換である．

▷**定義 2.19** 圏 $\mathcal{C}, \mathcal{D}$ と関手 $F, G : \mathcal{C} \longrightarrow \mathcal{D}$ に対して τ が F から G への**自然変換** (natural transformation) であるとは射の族 $(\tau_A : F(A) \longrightarrow G(A))_{A \in \mathrm{Ob}\,\mathcal{C}}$ であって，任意の $A, B \in \mathrm{Ob}\,\mathcal{C}$ と任意の $f : A \longrightarrow B$ に対して $G(f) \circ \tau_A = \tau_B \circ F(f)$ が成り立つこと．また，自然変換 τ が**自然同値** (natural equivalence) であるとは，任意の $A \in \mathrm{Ob}\,\mathcal{C}$ に対して τ_A が同型である

こと．2つの関手 $F, G : \mathcal{C} \longrightarrow \mathcal{D}$ が**自然同値 (naturally equivalent)** であるとは，ある F から G への自然同値が存在すること．

関手 $F : \mathcal{C} \longrightarrow \mathcal{D}$ に対し，$\tau_A := \mathrm{id}_{F(A)} : F(A) \longrightarrow F(A) \, (A \in \mathrm{Ob}\,\mathcal{C})$ により定まる F から F 自身への自然変換 τ（これは自然同値となる）を**恒等自然変換 (identity natural transformation)** といい，以下では id_F と書く．

以下では，τ が F から G への自然変換であることを $\tau : F \longrightarrow G$ あるいは $F \xrightarrow{\tau} G$ と書くことも多い．$\mathcal{C}, \mathcal{D}$ を圏，$F, G, H : \mathcal{C} \longrightarrow \mathcal{D}$ を関手，$\tau : F \longrightarrow G, \sigma : G \longrightarrow H$ を自然変換とするときに自然変換の合成 $\sigma \circ \tau : F \longrightarrow H$ を $(\sigma \circ \tau)_A := \sigma_A \circ \tau_A \, (A \in \mathrm{Ob}\,\mathcal{C})$ により定める．

小さな圏 $\mathcal{C}$ と圏 $\mathcal{D}$ に対して $\mathcal{C}$ から $\mathcal{D}$ への関手全体は集合をなし，また，関手 $F, G : \mathcal{C} \longrightarrow \mathcal{D}$ に対して F から G への自然変換全体の集合は小さな集合である．したがって，小さな圏 $\mathcal{C}$ と圏 $\mathcal{D}$ に対して $\mathcal{C}$ から $\mathcal{D}$ への**関手の圏 (category of functors)** $\mathrm{Hom}(\mathcal{C}, \mathcal{D})$ が $\mathrm{Ob}\,\mathrm{Hom}(\mathcal{C}, \mathcal{D})$ を $\mathcal{C}$ から $\mathcal{D}$ への関手全体の集合，$\mathrm{Hom}_{\mathrm{Hom}(\mathcal{C}, \mathcal{D})}(F, G)$ を F から G への自然変換全体の集合とすることにより定義される．

▷**定義 2.20** $\mathcal{C}, \mathcal{D}$ を圏，F を $\mathcal{C}$ から $\mathcal{D}$ への関手とする．
(1) F が**忠実 (faithful)** であるとは，任意の $A, B \in \mathrm{Ob}\,\mathcal{C}$ に対して $F_{A,B} : \mathrm{Hom}_{\mathcal{C}}(A, B) \longrightarrow \mathrm{Hom}_{\mathcal{D}}(F(A), F(B))$ が単射であること．
(2) F が**充満 (full)** であるとは，任意の $A, B \in \mathrm{Ob}\,\mathcal{C}$ に対して $F_{A,B} : \mathrm{Hom}_{\mathcal{C}}(A, B) \longrightarrow \mathrm{Hom}_{\mathcal{D}}(F(A), F(B))$ が全射であること．
(3) F が**本質的全射 (essentially surjective)** であるとは，任意の $B \in \mathrm{Ob}\,\mathcal{D}$ に対して $F(A)$ が B と同型になるような $A \in \mathrm{Ob}\,\mathcal{C}$ が存在すること．

忠実充満関手のことを**埋め込み**とよぶこともある．

包含関手，充満部分圏の定義をする．

▷**定義 2.21** 圏 $\mathcal{C}$ とその部分圏 $\mathcal{D}$ に対し，自然な包含 $\mathrm{Ob}\,\mathcal{D} \longrightarrow \mathrm{Ob}\,\mathcal{C}$, $(\mathrm{Hom}_{\mathcal{D}}(A, B) \longrightarrow \mathrm{Hom}_{\mathcal{C}}(A, B))_{A, B \in \mathrm{Ob}\,\mathcal{D}}$ により定義される関手 $\mathcal{D} \longrightarrow \mathcal{C}$ を**包含関手 (inclusion functor)** という．これは忠実な関手である．

2.2 関手と自然変換

▷ **定義 2.22** $\mathcal{C}$ を圏, $\mathcal{D}$ をその部分圏とする. $\mathcal{D}$ が $\mathcal{C}$ の**充満部分圏** (full subcategory) であるとは任意の $A, B \in \mathcal{C}$ に対して自然な包含 $\mathrm{Hom}_{\mathcal{D}}(A, B) \longrightarrow \mathrm{Hom}_{\mathcal{C}}(A, B)$ が同型であること, つまり, 包含関手 $\mathcal{D} \longrightarrow \mathcal{C}$ が充満（したがって忠実充満）であること.

圏同値の概念を定義する.

▷ **定義 2.23** $\mathcal{C}, \mathcal{D}$ を圏, F を $\mathcal{C}$ から $\mathcal{D}$ への関手とする. F が**圏同値** (categorical equivalence) であるとは, ある $\mathcal{D}$ から $\mathcal{C}$ への関手 G で, $G \circ F$ が $\mathrm{id}_{\mathcal{C}}$ と自然同値, $F \circ G$ が $\mathrm{id}_{\mathcal{D}}$ と自然同値となるようなものが存在すること. 2 つの圏 $\mathcal{C}, \mathcal{D}$ が**圏同値** (categorically equivalent) であるとは, ある $\mathcal{C}$ から $\mathcal{D}$ への圏同値が存在すること.

▶ **命題 2.24** $\mathcal{C}, \mathcal{D}$ を圏とする. 忠実充満かつ本質的全射な $\mathcal{C}$ から $\mathcal{D}$ への関手 F は圏同値である.

[**証明**] 選択公理を用いて, 各 $B \in \mathrm{Ob}\,\mathcal{D}$ に対して $F(A_B)$ が B と同型となるような $A_B \in \mathrm{Ob}\,\mathcal{C}$ と同型 $i_B : F(A_B) \longrightarrow B$ を選んでおく. さらに $A \in \mathrm{Ob}\,\mathcal{C}$ に対して $j_A : A_{F(A)} \longrightarrow A$ を $F(j_A) : F(A_{F(A)}) \longrightarrow F(A)$ が $i_{F(A)}$ と一致するような唯一の射とすると, これも同型となる.

$\mathcal{D}$ から $\mathcal{C}$ への関手 $G : \mathcal{D} \longrightarrow \mathcal{C}$ を $G(B) := A_B$, また $f : B \longrightarrow B'$ に対して $G(f) : A_B \longrightarrow A_{B'}$ を合成 $B \xrightarrow{i_B^{-1}} F(A_B) \xrightarrow{F(G(f))} F(A_{B'}) \xrightarrow{i_{B'}} B'$ が f と一致するような唯一の射と定めることにより定義する. このとき $G \circ F$ と $\mathrm{id}_{\mathcal{D}}$ との自然同値は $\{j_A\}_{A \in \mathrm{Ob}\,\mathcal{C}}$, $F \circ G$ と $\mathrm{id}_{\mathcal{D}}$ との自然同値は $\{i_B\}_{B \in \mathrm{Ob}\,\mathcal{D}}$ により与えられる. □

関手の例をいくつか挙げる.

【**例 2.25**】 例 2.15 において説明したように **Ab** は **Gp** の部分圏であり, また射の概念が一致しているので充満部分圏である. つまり包含関手 **Ab** $\longrightarrow$ **Gp** は忠実充満関手である.

【例 2.26】 群 A に対して集合としての（乗法を忘れた）A を対応させ，群準同型 $f : A \longrightarrow B$ に対して集合の写像としての $f : A \longrightarrow B$ を対応させることにより関手 **Gp** $\longrightarrow$ **Set** が定義される．このように対象の構造の一部を忘れることにより定義される関手を一般に**忘却関手** (forgetful functor) という．同様に忘却関手 **Ab** $\longrightarrow$ **Set**, R-**Mod** $\longrightarrow$ **Set**, **Mod**-R $\longrightarrow$ **Set**, R-**Mod** $\longrightarrow$ **Ab**, **Mod**-R $\longrightarrow$ **Ab**, **Top** $\longrightarrow$ **Set** が定義される．

上に挙げた忘却関手たちは忠実であり，また一般には充満でない．（なお，一般に忘却関手が忠実であるというわけではない．）また **Gp** $\longrightarrow$ **Set**, **Ab** $\longrightarrow$ **Set**, **Top** $\longrightarrow$ **Set** は本質的全射である（つまりどのような集合に対しても群，アーベル群，位相空間の構造を入れることができる）が，R-**Mod** $\longrightarrow$ **Set**, **Mod**-R $\longrightarrow$ **Set**, R-**Mod** $\longrightarrow$ **Ab**, **Mod**-R $\longrightarrow$ **Ab** は一般には本質的全射ではない．（例えば $R = \mathbb{Q}$ のとき，元を 2 個以上もつ有限集合あるいは有限アーベル群に R 加群の構造は入らない．）

【例 2.27】 k を $\mathfrak{U}$ に属する体とする．$\mathcal{C}_1$ を $\mathfrak{U}$ に属する k 上の有限次元線型空間全体のなす圏とする．（射は k 線形写像とする．）一方，$\mathcal{C}_2$ を次のように定義される圏とする．まず $\mathrm{Ob}\,\mathcal{C}_2 := \mathbb{N}$ とし，$a, b \in \mathbb{N}$ に対して

$$\mathrm{Hom}_{\mathcal{C}_2}(a, b) := M(b, a; k) := k \text{ の元を成分とする } b \times a \text{ 行列全体}$$

とする．そして合成則

$$\mathrm{Hom}_{\mathcal{C}_2}(b, c) \times \mathrm{Hom}_{\mathcal{C}_2}(a, b) \longrightarrow \mathrm{Hom}_{\mathcal{C}_2}(a, c)$$

を行列の積

$$M(c, b; k) \times M(b, a; k) \longrightarrow M(c, a; k); \quad (A, B) \mapsto AB$$

により定める．このとき，関手 $F : \mathcal{C}_2 \longrightarrow \mathcal{C}_1$（つまり $F : \mathrm{Ob}\,\mathcal{C}_2 \longrightarrow \mathrm{Ob}\,\mathcal{C}_1$ と $(F_{a,b} : \mathrm{Hom}_{\mathcal{C}_2}(a,b) \longrightarrow \mathrm{Hom}_{\mathcal{C}_1}(F(a), F(b)))_{a,b \in \mathrm{Ob}\,\mathcal{C}_2}$ の組）を $F(a) := k^{\oplus a}$ とし，また $A \in \mathrm{Hom}_{\mathcal{C}_2}(a,b) = M(b,a;k)$ に対して $F_{a,b}(A) : k^{\oplus a} \longrightarrow k^{\oplus b}$ を $F_{a,b}(A)(\boldsymbol{x}) := A\boldsymbol{x}$ とすることにより定める．このとき $F_{a,b}$ は全単射なので F は忠実充満である．また，任意の $V \in \mathcal{C}_1$ に対して $a := \dim V$ とすると $k^{\oplus a} = F(a)$ と V は $\mathcal{C}_1$ において同型なので F は本質的全射である．したがって命題 2.24 より $F : \mathcal{C}_2 \longrightarrow \mathcal{C}_1$ は圏同値である．さて，$\mathrm{Ob}\,\mathcal{C}_1$ の濃度

は $\mathfrak{U}$ 以上，したがって仮定 $\mathbb{N} \in \mathfrak{U}$ と定義 2.1 より非可算であるが，$\mathrm{Ob}\,\mathcal{C}_2$ の濃度は可算である．したがって一般に関手 $F: \mathcal{C} \longrightarrow \mathcal{D}$ が圏同値であっても $\mathrm{Ob}\,\mathcal{C} \longrightarrow \mathrm{Ob}\,\mathcal{D}$ が集合の同型であるとは限らない．

【例 2.28】 圏 $\mathcal{C}$ と $A \in \mathrm{Ob}\,\mathcal{C}$ に対して関手 $F: \mathcal{C} \longrightarrow \mathbf{Set}$ を $F(B) := \mathrm{Hom}_\mathcal{C}(A, B)$ とし，また $f: B \longrightarrow C$ に対して $F_{B,C}(f): \mathrm{Hom}_\mathcal{C}(A, B) \longrightarrow \mathrm{Hom}_\mathcal{C}(A, C)$ を

$$F_{B,C}(f) := f^\sharp : \mathrm{Hom}_\mathcal{C}(A, B) \longrightarrow \mathrm{Hom}_\mathcal{C}(A, C); \quad \varphi \mapsto f \circ \varphi$$

と定めることにより定義できる．この関手 F を以下では $\mathrm{Hom}_\mathcal{C}(A, -)$ あるいは h^A と書く．また，一般に関手 $G: \mathcal{C} \longrightarrow \mathbf{Set}$ が h^A と自然同値であるとき，関手 G は A により**表現可能 (representable)** であるという．同様に関手 $F: \mathcal{C}^\mathrm{op} \longrightarrow \mathbf{Set}$ を $F(B) := \mathrm{Hom}_\mathcal{C}(B, A)$ とし，また $\mathcal{C}^\mathrm{op}$ における射 $f: B \longrightarrow C$ （つまり $\mathcal{C}$ における射 $f: C \longrightarrow B$）に対して $F_{B,C}(f): \mathrm{Hom}_\mathcal{C}(B, A) \longrightarrow \mathrm{Hom}_\mathcal{C}(C, A)$ を

$$F_{B,C}(f) := {}^\sharp f : \mathrm{Hom}_\mathcal{C}(B, A) \longrightarrow \mathrm{Hom}_\mathcal{C}(C, A); \quad \varphi \mapsto \varphi \circ f$$

と定めることにより定義できる．この関手 F を以下では $\mathrm{Hom}_\mathcal{C}(-, A)$ あるいは h_A と書く．また，一般に関手 $G: \mathcal{C}^\mathrm{op} \longrightarrow \mathbf{Set}$ が h_A と自然同値であるときも，関手 G は A により**表現可能**であるという．

さらに圏 $\mathcal{C}$ に対して関手 $F: \mathcal{C}^\mathrm{op} \times \mathcal{C} \longrightarrow \mathbf{Set}$ を $F((A_1, A_2)) := \mathrm{Hom}_\mathcal{C}(A_1, A_2)$ とし，また $\mathcal{C}^\mathrm{op} \times \mathcal{C}$ における射 $(f, g): (A_1, A_2) \longrightarrow (B_1, B_2)$ （つまり $\mathcal{C}$ における射 $f: B_1 \longrightarrow A_1, g: A_2 \longrightarrow B_2$ の組）に対して $F_{(A_1, A_2),(B_1, B_2)}(f): \mathrm{Hom}_\mathcal{C}(A_1, A_2) \longrightarrow \mathrm{Hom}_\mathcal{C}(B_1, B_2)$ を

$$\mathrm{Hom}_\mathcal{C}(A_1, A_2) \longrightarrow \mathrm{Hom}_\mathcal{C}(B_1, B_2); \quad \varphi \mapsto g \circ \varphi \circ f$$

と定めることにより定義できる．この関手 F を以下では $\mathrm{Hom}_\mathcal{C}(-, -)$ と書く．

$\mathcal{C}$ が小さなとき，関手 $F: \mathcal{C}^\mathrm{op} \longrightarrow \mathbf{Hom}(\mathcal{C}, \mathbf{Set})$ を $F(A) := h^A$ とし，$\mathcal{C}^\mathrm{op}$ における射 $f: A \longrightarrow B$ （$\mathcal{C}$ における射 $f: B \longrightarrow A$）に対して自然変換 $F(f): h^A \longrightarrow h^B$ を，$C \in \mathrm{Ob}\,\mathcal{C}$ に対して $F(f)(C): h^A(C) \longrightarrow h^B(C)$ を

$$F(f)(C) := {}^\sharp f : \mathrm{Hom}_\mathcal{C}(A, C) \longrightarrow \mathrm{Hom}_\mathcal{C}(B, C); \quad \varphi \mapsto \varphi \circ f$$

と定めることにより定義できる．この関手 F を以下では h^- と書く．同様に関手 $F : \mathcal{C} \longrightarrow \mathbf{Hom}(\mathcal{C}^{\mathrm{op}}, \mathbf{Set})$ を $F(A) := h_A$ とし，また $f : A \longrightarrow B$ に対して自然変換 $F(f) : h_A \longrightarrow h_B$ を，$C \in \mathrm{Ob}\,\mathcal{C}^{\mathrm{op}}$ に対して $F(f)(C) : h_A(C) \longrightarrow h_B(C)$ を

$$F(f)(C) := f^\sharp : \mathrm{Hom}_\mathcal{C}(C, A) \longrightarrow \mathrm{Hom}_\mathcal{C}(C, B);\ \varphi \mapsto f \circ \varphi$$

と定めることにより定義できる．この関手 F を以下では h_- と書く．h_- は $\mathcal{C}$ の反対圏 $\mathcal{C}^{\mathrm{op}}$ に対する関手 h^- に他ならない．

関手 h^A に関して次の重要な結果がある．

▶**定理 2.29 (米田の補題 (Yoneda's lemma))** $\mathcal{C}$ を小さな圏，$A \in \mathrm{Ob}\,\mathcal{C}$ とし，$h^A \in \mathrm{Ob}\,\mathbf{Hom}(\mathcal{C}, \mathbf{Set})$ を例 2.28 のように定める．このとき，任意の $F \in \mathrm{Ob}\,\mathbf{Hom}(\mathcal{C}, \mathbf{Set})$ に対して

$$\mathrm{Hom}_{\mathbf{Hom}(\mathcal{C}, \mathbf{Set})}(h^A, F) \longrightarrow F(A);\quad \tau \mapsto \tau_A(\mathrm{id}_A) \tag{2.1}$$

は集合の全単射である．

[**証明**] まず (2.1) が単射であることを示す．それには τ が $\tau_A(\mathrm{id}_A)$ により一意に定まることを言えばよいが，任意の $B \in \mathrm{Ob}\,\mathcal{C}$ と任意の $f \in h^A(B) = \mathrm{Hom}_\mathcal{C}(A, B)$ に対して $\tau_B(f) = \tau_B(h^A(f)(\mathrm{id}_A)) = F(f)(\tau_A(\mathrm{id}_A))$ なのでそれはよい．

次に (2.1) が全射であることを示す．$x \in F(A)$ とするとき，$\mathrm{Hom}_{\mathbf{Hom}(\mathcal{C}, \mathbf{Set})}(h^A, F)$ の元 τ を $\tau_B(f) := F(f)(x)\,(B \in \mathrm{Ob}\,\mathcal{C}, f \in \mathrm{Hom}_\mathcal{C}(A, B))$ と定めたいが，実際，任意の $B_1, B_2 \in \mathcal{C}$ と $f : B_1 \longrightarrow B_2$，そして $\varphi \in h^A(B_1) = \mathrm{Hom}_\mathcal{C}(A, B_1)$ に対して $(\tau_{B_2} \circ h^A(f))(\varphi) = \tau_{B_2}(f \circ \varphi) = F(f \circ \varphi)(x) = F(f)(F(\varphi)(x)) = (F(f) \circ \tau_{B_1})(\varphi)$ なので τ は確かに $\mathrm{Hom}_{\mathbf{Hom}(\mathcal{C}, \mathbf{Set})}(h^A, F)$ の元を定めている．そして $\tau_A(\mathrm{id}_A) = F(\mathrm{id}_A)(x) = \mathrm{id}_{F(A)}(x) = x$ となるので (2.1) の全射性が示される．以上より題意が言えた． □

▶**系 2.30** 例 2.28 で定義した関手 $h^- : \mathcal{C}^{\mathrm{op}} \longrightarrow \mathbf{Hom}(\mathcal{C}, \mathbf{Set})$，$h_- : \mathcal{C} \longrightarrow \mathbf{Hom}(\mathcal{C}^{\mathrm{op}}, \mathbf{Set})$ は忠実充満である．（これらを**米田埋め込み (Yoneda em-**

bedding) という.)

[証明] まず h^- が忠実充満であることを示す. 定理 2.29 とその証明より, $A, A' \in \mathrm{Ob}\,\mathcal{C}$ に対して

$$\mathrm{Hom}_{\mathbf{Hom}(\mathcal{C},\mathbf{Set})}(h^A, h^{A'}) \longrightarrow h^{A'}(A) = \mathrm{Hom}_{\mathcal{C}}(A', A); \quad \tau \mapsto \tau_A(\mathrm{id}_A) \quad (2.2)$$

は同型で, 逆写像は $\varphi \in h^{A'}(A) = \mathrm{Hom}_{\mathcal{C}}(A', A)$ に対して $\tau \in \mathrm{Hom}_{\mathbf{Hom}(\mathcal{C},\mathbf{Set})}(h^A, h^{A'})$ を

$$\tau_B(f) := h^{A'}(f)(\varphi) = f \circ \varphi \quad (B \in \mathrm{Ob}\,\mathcal{C}, f \in \mathrm{Hom}_{\mathcal{C}}(A, B))$$

と定めることにより与えられる. つまり (2.2) の逆写像は

$$\mathrm{Hom}_{\mathcal{C}}(A', A) \longrightarrow \mathrm{Hom}_{\mathbf{Hom}(\mathcal{C},\mathbf{Set})}(h^A, h^{A'}); \quad \varphi \mapsto h^-(\varphi) \quad (2.3)$$

に等しい. したがって (2.3) は同型なので h^- は忠実充満である.

また h_- は $\mathcal{C}^{\mathrm{op}}$ に対する関手 h^- に他ならないので h_- も忠実充満であることが言える. □

2.3 帰納極限と射影極限

$\mathcal{C}$ を圏とする. 本節以降では, 有向グラフ $\mathcal{I}$ が与えられたときその頂点の集合を $\mathrm{Ob}\,\mathcal{I}$ と書き, また $i, i' \in \mathrm{Ob}\,\mathcal{I}$ に対して i から i' へ向かう辺の集合を $\mathrm{Hom}_{\mathcal{I}}(i, i')$ と書くことにする. 定義 1.28 と同様に, $\mathcal{C}$ における小さな有向グラフ $\mathcal{I}$ 上の**図式**の概念を, $\mathrm{Ob}\,\mathcal{I}$ により添字付けられた $\mathcal{C}$ の対象の族 $(A_i)_{i \in \mathrm{Ob}\,\mathcal{I}}$ と, 各 $i, i' \in \mathrm{Ob}\,\mathcal{I}$ に対し $\mathrm{Hom}_{\mathcal{I}}(i, i')$ の元により添字付けられた A_i から $A_{i'}$ への射の族を定めることによりできる族

$$(A_\varphi : A_i \longrightarrow A_{i'})_{i, i' \in \mathrm{Ob}\,\mathcal{I}, \varphi \in \mathrm{Hom}_{\mathcal{I}}(i, i')}$$

との組として定義する. 定義 1.29 と同様に, $\mathcal{C}$ における**可換図式**の概念も定義する. また, $\mathcal{I}$ を小さな圏とするとき, 小さな圏 $\mathcal{I}$ からの関手 $A : \mathcal{I} \longrightarrow \mathcal{C}$ のことを $\mathcal{C}$ における $\mathcal{I}$ 上の図式と呼んだ (定義 2.18). 具体的にはそれは $\mathcal{C}$ の対象の族 $(A_i)_{i \in \mathrm{Ob}\,\mathcal{I}}$ と $\mathcal{C}$ における射の族 $(A_\varphi : A_i \longrightarrow A_{i'})_{i, i' \in \mathrm{Ob}\,\mathcal{I}, \varphi \in \mathrm{Hom}_{\mathcal{I}}(i, i')}$ の組で, 以下の 2 条件を満たすものである.

(1) $A_{\mathrm{id}_i} = \mathrm{id}_{A_i}$.
(2) 任意の $i, i', i'' \in \mathrm{Ob}\,\mathcal{I}, \varphi' \in \mathrm{Hom}_{\mathcal{C}}(i', i''), \varphi \in \mathrm{Hom}_{\mathcal{C}}(i, i')$ に対して $A_{\varphi' \circ \varphi} = A_{\varphi'} \circ A_{\varphi}$.

なお，注 1.30 と同様に，$\mathcal{C}$ における小さな有向グラフ $\mathcal{I}$ 上の図式 A が与えられたときに，自然に小さな圏 $\widetilde{\mathcal{I}}$ が定義され，図式 A は自然に $\mathcal{C}$ における $\widetilde{\mathcal{I}}$ 上の図式を定めることが言える．

ある圏における図式が与えられたとき，帰納極限および射影極限の概念が普遍性を用いて次のように定義される．

▷ **定義 2.31** $\mathcal{C}$ を圏，$\mathcal{I}$ を小さな有向グラフまたは小さな圏とし，

$$A := ((A_i)_{i \in \mathrm{Ob}\,\mathcal{I}}, (A_\varphi : A_i \longrightarrow A_{i'})_{i, i' \in \mathrm{Ob}\,\mathcal{I}, \varphi \in \mathrm{Hom}_{\mathcal{I}}(i, i')}) \tag{2.4}$$

を $\mathcal{C}$ における $\mathcal{I}$ 上の図式とする．図式 A の**帰納極限**とは $\mathcal{C}$ の対象 $\widetilde{A}$ と射の族 $(\iota_i : A_i \longrightarrow \widetilde{A})_{i \in \mathrm{Ob}\,\mathcal{I}}$ の組で次の条件を満たすもののこと：任意の $X \in \mathrm{Ob}\,\mathcal{C}$ に対して，$f \mapsto (f \circ \iota_i)_i$ により定義される集合の写像

$$\mathrm{Hom}_{\mathcal{C}}(\widetilde{A}, X) \longrightarrow \left\{ (f_i)_i \in \prod_{i \in \mathrm{Ob}\,\mathcal{I}} \mathrm{Hom}_{\mathcal{C}}(A_i, X) \;\middle|\; \begin{array}{l} \forall i, i', \forall \varphi \in \mathrm{Hom}_{\mathcal{I}}(i, i'), \\ f_{i'} \circ A_\varphi = f_i \end{array} \right\} \tag{2.5}$$

は well-defined な全単射である．つまり $\iota_{i'} \circ A_\varphi = \iota_i \, (\forall i, i', \varphi \in \mathrm{Hom}_{\mathcal{I}}(i, i'))$ であり，また任意の $X \in \mathrm{Ob}\,\mathcal{C}$ と任意の射の族 $(f_i : A_i \longrightarrow X)_{i \in \mathrm{Ob}\,\mathcal{I}}$ で $f_{i'} \circ A_\varphi = f_i \, (\forall i, i', \varphi \in \mathrm{Hom}_{\mathcal{I}}(i, i'))$ を満たすものが与えられたときに，$f \circ \iota_i = f_i \, (\forall i \in \mathrm{Ob}\,\mathcal{I})$ となるような射 $f : \widetilde{A} \longrightarrow X$ が一意的に存在する．

誤解のおそれのないときには，$\widetilde{A}$ のことを帰納極限と呼ぶこともある．上記の帰納系 A の帰納極限のことを $\varinjlim A$ または $\varinjlim_{i \in \mathrm{Ob}\,\mathcal{I}} A_i$ とも書く．また，ι_i のことを**標準的包含**という．

$$\begin{array}{ccc} A_i & \xrightarrow{\iota_i} & \varinjlim A \\ {\scriptstyle A_\varphi} \downarrow {\scriptstyle \iota_{i'}} \searrow & {\scriptstyle f_i} \nearrow & \downarrow {\scriptstyle \exists! f} \\ A_{i'} & \xrightarrow[f_{i'}]{} & X \end{array}$$

▷**定義 2.32** $\mathcal{C}$ を圏, $\mathcal{I}$ を小さな有向グラフまたは小さな圏とし,

$$A := ((A_i)_{i \in \mathrm{Ob}\,\mathcal{I}}, (A_\varphi : A_{i'} \longrightarrow A_i)_{i,i' \in \mathrm{Ob}\,\mathcal{I}, \varphi \in \mathrm{Hom}_\mathcal{I}(i,i')}) \tag{2.6}$$

を $\mathcal{C}$ における $\mathcal{I}^{\mathrm{op}}$ 上の図式とする. 図式 A の**射影極限**とは $\mathcal{C}$ の対象 $\widetilde{A}$ と射の族 $(p_i : \widetilde{A} \longrightarrow A_i)_{i \in \mathrm{Ob}\,\mathcal{I}}$ の組で次の条件を満たすもののこと:任意の $X \in \mathrm{Ob}\,\mathcal{C}$ に対して $f \mapsto (p_i \circ f)_i$ により定義される集合の写像

$$\mathrm{Hom}_\mathcal{C}(X, \widetilde{A}) \longrightarrow \left\{ (f_i)_i \in \prod_{i \in \mathrm{Ob}\,\mathcal{I}} \mathrm{Hom}_\mathcal{C}(X, A_i) \;\middle|\; \begin{array}{l} \forall i, i', \forall \varphi \in \mathrm{Hom}_\mathcal{I}(i, i'), \\ A_\varphi \circ f_{i'} = f_i \end{array} \right\} \tag{2.7}$$

は well-defined な全単射である. つまり $A_\varphi \circ p_{i'} = p_i \, (\forall i, i', \varphi \in \mathrm{Hom}_\mathcal{I}(i, i'))$ であり, また任意の $X \in \mathrm{Ob}\,\mathcal{C}$ と任意の射の族 $(f_i : X \longrightarrow A_i)_{i \in \mathrm{Ob}\,\mathcal{I}}$ で $A_\varphi \circ f_{i'} = f_i \, (\forall i, i', \varphi \in \mathrm{Hom}_\mathcal{I}(i, i'))$ を満たすものに対して, $p_i \circ f = f_i \, (\forall i \in \mathrm{Ob}\,\mathcal{I})$ となるような射 $f : X \longrightarrow \widetilde{A}$ が一意的に存在する.

誤解のおそれのないときには, $\widetilde{A}$ のことを射影極限と呼ぶこともある. 上記の射影系 A の射影極限のことを $\varprojlim A$ または $\varprojlim_{i \in \mathrm{Ob}\,\mathcal{I}} A_i$ とも書く. また p_i のことを**標準的射影**という.

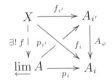

注 2.33 $\mathcal{C}$ における $\mathcal{I}^{\mathrm{op}}$ 上の図式は $\mathcal{C}^{\mathrm{op}}$ における $\mathcal{I}$ 上の図式と自然に対応し, 前者の射影極限の概念は後者の帰納極限の概念と自然に対応する.

圏における図式が与えられたとき, その帰納極限, 射影極限は普遍性により定義されているが, それを満たす対象が存在するとは限らないので左 R 加群の場合とは異なり, 帰納極限, 射影極限は常に存在するとは限らない. 圏 $\mathcal{C}$ における任意の小さな有向グラフ上の図式の帰納極限(射影極限)が存在するとき, $\mathcal{C}$ において帰納極限(射影極限)がいつも存在するという.

左 R 加群の帰納極限,射影極限に関する性質のうち,普遍性のみを用いて証明したものは,全く同じ証明により,一般の圏においても成り立つ.これが普遍性による抽象的な議論の利点である.例えば以下の命題が成り立つ.(詳しい証明は読者に任せる.)

▶**命題 2.34** $\mathcal{C}$ を圏,$\mathcal{I}$ を小さな有向グラフまたは小さな圏とする.

(1) $(\widetilde{A}, (\iota_i : A_i \longrightarrow \widetilde{A})_{i \in \mathrm{Ob}\,\mathcal{I}})$, $(\widetilde{B}, (\iota'_i : A_i \longrightarrow \widetilde{B})_{i \in \mathrm{Ob}\,\mathcal{I}})$ が共に図式 (2.4) の帰納極限ならば,任意の $i \in \mathrm{Ob}\,\mathcal{I}$ に対して $f \circ \iota_i = \iota'_i$ となるような同型 $f : \widetilde{A} \longrightarrow \widetilde{B}$ が一意的に存在する.

(2) $(\widetilde{A}, (p_i : \widetilde{A} \longrightarrow A_i)_{i \in \mathrm{Ob}\,\mathcal{I}})$, $(\widetilde{B}, (p'_i : \widetilde{B} \longrightarrow A_i)_{i \in \mathrm{Ob}\,\mathcal{I}})$ が共に図式 (2.6) の射影極限ならば,任意の $i \in \mathrm{Ob}\,\mathcal{I}$ に対して $p'_i \circ f = p_i$ となるような同型 $f : \widetilde{A} \longrightarrow \widetilde{B}$ が一意的に存在する.

▶**命題 2.35** $\mathcal{I}$ を有向グラフとし,$\widetilde{\mathcal{I}}$ を $\mathcal{I}$ が引き起こす圏(注 1.30 において考察した圏 (1.6))とする.このとき,図式 (2.4)(図式 (2.6))が自然に定める $\mathcal{C}$ における $\widetilde{\mathcal{I}}$ 上の図式($\widetilde{\mathcal{I}}^{\mathrm{op}}$ 上の図式)を A' とすると,A の帰納極限(射影極限)が存在することと A' の帰納極限(射影極限)が存在することは同値で,存在すればそれらは自然に同型になる.

▶**命題 2.36** $\mathcal{C}$ を圏,$\mathcal{I}$ を小さな有向グラフまたは小さな圏とする.

$$A := ((A_i)_{i \in \mathrm{Ob}\,\mathcal{I}}, (A_\varphi : A_i \longrightarrow A_{i'})_{i,i' \in \mathrm{Ob}\,\mathcal{I}, \varphi \in \mathrm{Hom}_\mathcal{I}(i,i')}),$$
$$B := ((B_i)_{i \in \mathrm{Ob}\,\mathcal{I}}, (B_\varphi : B_i \longrightarrow B_{i'})_{i,i' \in \mathrm{Ob}\,\mathcal{I}, \varphi \in \mathrm{Hom}_\mathcal{I}(i,i')})$$

を $\mathcal{C}$ における $\mathcal{I}$ 上の図式とし,$f : A \longrightarrow B$ を図式の射,つまり $\mathcal{C}$ における射の族 $(f_i : A_i \longrightarrow B_i)_{i \in \mathrm{Ob}\,\mathcal{I}}$ で,任意の $i, i' \in \mathrm{Ob}\,\mathcal{I}, \varphi \in \mathrm{Hom}_\mathcal{C}(i, i')$ に対して $B_\varphi \circ f_i = f_{i'} \circ A_\varphi$ を満たすものとする.($\mathcal{I}$ が小さな圏のときは f は自然変換に他ならない.)また,A, B の帰納極限 $(\widetilde{A}, \{\iota_i : A_i \longrightarrow \widetilde{A}\}_{i \in \mathrm{Ob}\,\mathcal{I}})$, $(\widetilde{B}, \{\iota'_i : B_i \longrightarrow \widetilde{B}\}_{i \in \mathrm{Ob}\,\mathcal{I}})$ が存在するとする.このとき,射 $\widetilde{f} : \widetilde{A} \longrightarrow \widetilde{B}$ で任意の $i \in \mathrm{Ob}\,\mathcal{I}$ に対して $\widetilde{f} \circ \iota_i = \iota'_i \circ f_i$ を満たすようなものが一意的に存在する.

▶**命題 2.37** $\mathcal{C}$ を圏, $\mathcal{I}$ を小さな有向グラフまたは小さな圏とする.

$$A := ((A_i)_{i \in \mathrm{Ob}\,\mathcal{I}}, (A_\varphi : A_{i'} \longrightarrow A_i)_{i,i' \in \mathrm{Ob}\,\mathcal{I}, \varphi \in \mathrm{Hom}_\mathcal{I}(i,i')}),$$
$$B := ((B_i)_{i \in \mathrm{Ob}\,\mathcal{I}}, (B_\varphi : B_{i'} \longrightarrow B_i)_{i,i' \in \mathrm{Ob}\,\mathcal{I}, \varphi \in \mathrm{Hom}_\mathcal{I}(i,i')})$$

を $\mathcal{C}$ における $\mathcal{I}^{\mathrm{op}}$ 上の図式とし, $f : A \longrightarrow B$ を図式の射, つまり $\mathcal{C}$ における射の族 $(f_i : A_i \longrightarrow B_i)_{i \in \mathrm{Ob}\,\mathcal{I}}$ で, 任意の $i, i' \in \mathrm{Ob}\,\mathcal{I}, \varphi \in \mathrm{Hom}_\mathcal{I}(i,i')$ に対して $f_i \circ B_\varphi = A_\varphi \circ f_{i'}$ を満たすものとする. また, A, B の射影極限 $(\widetilde{A}, \{p_i : \widetilde{A} \longrightarrow A_i\}_{i \in \mathrm{Ob}\,\mathcal{I}})$, $(\widetilde{B}, \{p'_i : \widetilde{B} \longrightarrow B_i\}_{i \in \mathrm{Ob}\,\mathcal{I}})$ が存在するとする. このとき, 射 $\widetilde{f} : \widetilde{A} \longrightarrow \widetilde{B}$ で任意の $i \in \mathrm{Ob}\,\mathcal{I}$ に対して $p'_i \circ \widetilde{f} = f_i \circ p_i$ を満たすようなものが一意的に存在する.

▶**命題 2.38** $\mathcal{C}$ を圏とし, $\mathcal{C}$ において帰納極限がいつも存在すると仮定する. $\mathcal{I}_k$ $(k=1,2)$ を小さな圏とし, $A : \mathcal{I}_1 \times \mathcal{I}_2 \longrightarrow \mathcal{C}$ を $\mathcal{C}$ における $\mathcal{I}_1 \times \mathcal{I}_2$ 上の図式とする. (特に, A は組

$$A := ((A_{i_1,i_2})_{i_k \in \mathrm{Ob}\,\mathcal{I}_k\,(k=1,2)},$$
$$(A_{(\varphi_1,\varphi_2)} : A_{i_1,i_2} \longrightarrow A_{i'_1,i'_2})_{i_k,i'_k \in \mathrm{Ob}\,\mathcal{I}_k, \varphi_k \in \mathrm{Hom}_{\mathcal{I}_k}(i_k,i'_k)\,(k=1,2)})$$

で表わされる.) このとき帰納極限 $\varinjlim_{(i_1,i_2) \in \mathrm{Ob}\,(\mathcal{I}_1 \times \mathcal{I}_2)} A_{i_1,i_2}$ が定義される.

一方, 各 $i_2 \in \mathrm{Ob}\,\mathcal{I}_2$ に対して $\mathcal{C}$ における $\mathcal{I}_1$ 上の図式 $A_{i_2} : \mathcal{I}_1 \longrightarrow \mathcal{C}$ を

$$A_{i_2} := ((A_{i_1,i_2})_{i_1 \in \mathrm{Ob}\,\mathcal{I}_1}, (A_{(\varphi_1,\mathrm{id}_{i_2})} : A_{i_1,i_2} \longrightarrow A_{i'_1,i_2})_{i_1,i'_1 \in \mathrm{Ob}\,\mathcal{I}_1, \varphi_1 \in \mathrm{Hom}_{\mathcal{I}_1}(i_1,i'_1)})$$

と定めると, A_{i_2} の帰納極限たち $\varinjlim_{i_1 \in \mathrm{Ob}\,\mathcal{I}_1} A_{i_1,i_2}$ $(i_2 \in \mathrm{Ob}\,\mathcal{I}_2)$ は命題 2.36 により $\mathcal{C}$ における $\mathcal{I}_2$ 上の図式を定めるので, その帰納極限

$$\varinjlim_{i_2 \in \mathrm{Ob}\,\mathcal{I}_2} \left(\varinjlim_{i_1 \in \mathrm{Ob}\,\mathcal{I}_1} A_{i_1,i_2} \right)$$

が定義される.

さらに, 各 $i_1 \in \mathrm{Ob}\,\mathcal{I}_1$ に対して $\mathcal{C}$ における $\mathcal{I}_2$ 上の図式 $A_{i_1} : \mathcal{I}_2 \longrightarrow \mathcal{C}$ を

$$A_{i_1} := ((A_{i_1,i_2})_{i_2 \in \mathrm{Ob}\,\mathcal{I}_2}, (A_{(\mathrm{id}_{i_1},\varphi_2)} : A_{i_1,i_2} \longrightarrow A_{i_1,i'_2})_{i_2,i'_2 \in \mathrm{Ob}\,\mathcal{I}_2, \varphi_2 \in \mathrm{Hom}_{\mathcal{I}_1}(i_2,i'_2)})$$

と定めると, A_{i_1} の帰納極限たち $\varinjlim_{i_2 \in \mathrm{Ob}\,\mathcal{I}_2} A_{i_1,i_2}$ $(i_1 \in \mathrm{Ob}\,\mathcal{I}_1)$ は命題 2.36 により $\mathcal{C}$ における $\mathcal{I}_1$ 上の図式を定めるので, その帰納極限

$$\varinjlim_{i_1\in \mathrm{Ob}\,\mathcal{I}_1}\left(\varinjlim_{i_2\in \mathrm{Ob}\,\mathcal{I}_2} A_{i_1,i_2}\right)$$

が定義される．

以上の準備の下で，自然な同型

$$\varinjlim_{i_2\in \mathrm{Ob}\,\mathcal{I}_2}\left(\varinjlim_{i_1\in \mathrm{Ob}\,\mathcal{I}_1} A_{i_1,i_2}\right) \longrightarrow \varinjlim_{(i_1,i_2)\in \mathrm{Ob}\,(\mathcal{I}_1\times\mathcal{I}_2)} A_{i_1,i_2} \longleftarrow \varinjlim_{i_1\in \mathrm{Ob}\,\mathcal{I}_1}\left(\varinjlim_{i_2\in \mathrm{Ob}\,\mathcal{I}_2} A_{i_1,i_2}\right)$$

がある．

▶**命題 2.39** $\mathcal{C}$ を圏とし，$\mathcal{C}$ において射影極限がいつも存在すると仮定する．$\mathcal{I}_k\,(k=1,2)$ を小さな圏とし，$A:(\mathcal{I}_1\times\mathcal{I}_2)^{\mathrm{op}} \longrightarrow \mathcal{C}$ を $\mathcal{C}$ における $(\mathcal{I}_1\times\mathcal{I}_2)^{\mathrm{op}}$ 上の図式とする．(特に，A は組

$$A := ((A_{i_1,i_2})_{i_k\in\mathrm{Ob}\,\mathcal{I}_k\,(k=1,2)},$$
$$(A_{(\varphi_1,\varphi_2)}:A_{i'_1,i'_2}\longrightarrow A_{i_1,i_2})_{i_k,i'_k\in\mathrm{Ob}\,\mathcal{I}_k,\varphi_k\in\mathrm{Hom}_{\mathcal{I}_k}(i_k,i'_k)\,(k=1,2)})$$

で表わされる.）このとき射影極限 $\varprojlim_{(i_1,i_2)\in\mathrm{Ob}\,(\mathcal{I}_1\times\mathcal{I}_2)} A_{i_1,i_2}$ が定義される．

一方，各 $i_2\in\mathrm{Ob}\,\mathcal{I}_2$ に対して $\mathcal{C}$ における $\mathcal{I}_1^{\mathrm{op}}$ 上の図式 $A_{i_2}:\mathcal{I}_1^{\mathrm{op}}\longrightarrow\mathcal{C}$ を

$$A_{i_2} := ((A_{i_1,i_2})_{i_1\in\mathrm{Ob}\,\mathcal{I}_1},(A_{(\varphi_1,\mathrm{id}_{i_2})}:A_{i'_1,i_2}\longrightarrow A_{i_1,i_2})_{i_1,i'_1\in\mathrm{Ob}\,\mathcal{I}_1,\varphi_1\in\mathrm{Hom}_{\mathcal{I}_1}(i_1,i'_1)})$$

と定めると，A_{i_2} の射影極限たち $\varprojlim_{i_1\in\mathrm{Ob}\,\mathcal{I}_1} A_{i_1,i_2}\,(i_2\in\mathrm{Ob}\,\mathcal{I}_2)$ は命題 2.37 により $\mathcal{C}$ における $\mathcal{I}_2^{\mathrm{op}}$ 上の図式を定めるので，その射影極限 $\varprojlim_{i_2\in\mathrm{Ob}\,\mathcal{I}_2}(\varprojlim_{i_1\in\mathrm{Ob}\,\mathcal{I}_1} A_{i_1,i_2})$ が定義される．

さらに，各 $i_1\in\mathrm{Ob}\,\mathcal{I}_1$ に対して $\mathcal{C}$ における $\mathcal{I}_2^{\mathrm{op}}$ 上の図式 $A_{i_1}:\mathcal{I}_2^{\mathrm{op}}\longrightarrow\mathcal{C}$ を

$$A_{i_1} := ((A_{i_1,i_2})_{i_2\in\mathrm{Ob}\,\mathcal{I}_2},(A_{(\mathrm{id}_{i_1},\varphi_2)}:A_{i_1,i'_2}\longrightarrow A_{i_1,i_2})_{i_2,i'_2\in\mathrm{Ob}\,\mathcal{I}_2,\varphi_2\in\mathrm{Hom}_{\mathcal{I}_2}(i_2,i'_2)})$$

と定めると，A_{i_1} の射影極限たち $\varprojlim_{i_2\in\mathrm{Ob}\,\mathcal{I}_2} A_{i_1,i_2}\,(i_1\in\mathrm{Ob}\,\mathcal{I}_1)$ は命題 2.37 により $\mathcal{C}$ における $\mathcal{I}_1^{\mathrm{op}}$ 上の図式を定めるので，その射影極限 $\varprojlim_{i_1\in\mathrm{Ob}\,\mathcal{I}_1}(\varprojlim_{i_2\in\mathrm{Ob}\,\mathcal{I}_2} A_{i_1,i_2})$ が定義される．

以上の準備の下で，自然な同型

$$\varprojlim_{i_2\in\mathrm{Ob}\,\mathcal{I}_2}\left(\varprojlim_{i_1\in\mathrm{Ob}\,\mathcal{I}_1} A_{i_1,i_2}\right) \longleftarrow \varprojlim_{(i_1,i_2)\in\mathrm{Ob}\,(\mathcal{I}_1\times\mathcal{I}_2)} A_{i_1,i_2} \longrightarrow \varprojlim_{i_1\in\mathrm{Ob}\,\mathcal{I}_1}\left(\varprojlim_{i_2\in\mathrm{Ob}\,\mathcal{I}_2} A_{i_1,i_2}\right)$$

がある．

▶**命題 2.40** $\mathcal{C}$ を圏とする.$\mathcal{I}$ を小さな圏,$\mathcal{I}'$ を小さな有向グラフとし $f:\mathcal{I}' \longrightarrow \mathcal{I}$ を共終(定義 1.69)な有向グラフの写像とする.

$$A := ((A_i)_{i \in \mathrm{Ob}\,\mathcal{I}}, (A_\varphi : A_i \longrightarrow A_{i'})_{i,i' \in \mathrm{Ob}\,\mathcal{I}, \varphi \in \mathrm{Hom}_\mathcal{I}(i,i')})$$

を $\mathcal{C}$ における $\mathcal{I}$ 上の図式とし,

$$A' := ((A_{f(i)})_{i \in \mathrm{Ob}\,\mathcal{I}'}, (A_{f(\varphi)} : A_{f(i)} \longrightarrow A_{f(i')})_{i,i' \in \mathrm{Ob}\,\mathcal{I}', \varphi \in \mathrm{Hom}_{\mathcal{I}'}(i,i')})$$

を A, f が自然に引き起こす $\mathcal{C}$ における $\mathcal{I}'$ 上の図式とする.このとき,図式 A の帰納極限 $\varinjlim_{i \in \mathrm{Ob}\,\mathcal{I}} A_i$ が存在することと図式 A' の帰納極限 $\varinjlim_{i \in \mathrm{Ob}\,\mathcal{I}'} A_{f(i)}$ が存在することは同値で,存在すれば両者は同型となる.

▶**命題 2.41** $\mathcal{C}$ を圏とする.$\mathcal{I}$ を小さな圏,$\mathcal{I}'$ を小さな有向グラフとし $f:\mathcal{I}' \longrightarrow \mathcal{I}$ を共終な有向グラフの写像とする.

$$A := ((A_i)_{i \in \mathrm{Ob}\,\mathcal{I}}, (A_\varphi : A_{i'} \longrightarrow A_i)_{i,i' \in \mathrm{Ob}\,\mathcal{I}, \varphi \in \mathrm{Hom}_\mathcal{I}(i,i')})$$

を $\mathcal{C}$ における $\mathcal{I}^{\mathrm{op}}$ 上の図式とし,

$$A' := ((A_{f(i)})_{i \in \mathrm{Ob}\,\mathcal{I}'}, (A_{f(\varphi)} : A_{f(i')} \longrightarrow A_{f(i)})_{i,i' \in \mathrm{Ob}\,\mathcal{I}', \varphi \in \mathrm{Hom}_{\mathcal{I}'}(i,i')})$$

を A, f が自然に引き起こす $\mathcal{C}$ における $\mathcal{I}'^{\mathrm{op}}$ 上の図式とする.このとき,図式 A の射影極限 $\varprojlim_{i \in \mathrm{Ob}\,\mathcal{I}} A_i$ が存在することと図式 A' の射影極限 $\varprojlim_{i \in \mathrm{Ob}\,\mathcal{I}'} A_{f(i)}$ が存在することは同値で,存在すれば両者は同型となる.

帰納極限,射影極限の特別な場合として,圏における和,積,ファイバー和,ファイバー積,差余核,差核,始対象,終対象の概念が次のように定義される.

▷**定義 2.42** $\mathcal{C}$ を圏とする.小さな集合で添字付けられた $\mathcal{C}$ の対象の族 $A := (A_\lambda)_{\lambda \in \Lambda}$ の**和**とは,$\mathcal{C}$ の対象 $\widetilde{A}$ と射の族 $(i_\lambda : A_\lambda \longrightarrow \widetilde{A})_\lambda$ の組で,任意の $X \in \mathrm{Ob}\,\mathcal{C}$ に対して集合の写像

$$\mathrm{Hom}_\mathcal{C}(\widetilde{A}, X) \longrightarrow \prod_{\lambda \in \Lambda} \mathrm{Hom}_\mathcal{C}(A_\lambda, X); \quad f \mapsto (f \circ i_\lambda)_\lambda$$

が全単射となるようなもののこと.つまり,任意の $X \in \mathrm{Ob}\,\mathcal{C}$ と任意の射

の族 $(f_\lambda : A_\lambda \longrightarrow X)_{\lambda \in \Lambda}$ に対して，$f \circ i_\lambda = f_\lambda (\forall \lambda \in \Lambda)$ となるような $f : \widetilde{A} \longrightarrow X$ が一意的に存在すること．

誤解の恐れがないときには，単に $\widetilde{A}$ のことを和と呼ぶこともある．$(A_\lambda)_{\lambda \in \Lambda}$ の和のことを $\coprod_{\lambda \in \Lambda} A_\lambda$ と書く．$\Lambda = \{1, 2, \ldots, n\}$ のときには $A_1 \sqcup A_2 \sqcup \cdots \sqcup A_n$ とも書き，また任意の $\lambda \in \Lambda$ に対して $A_\lambda = A$ であるときには $\coprod_\Lambda A$ とも書く．また i_λ を**標準的包含**という．

小さな有向グラフ $\mathcal{I}$ を $\mathrm{Ob}\mathcal{I} := \Lambda, \mathrm{Hom}_\mathcal{I}(\lambda, \lambda') := \emptyset (\forall \lambda, \lambda' \in \Lambda)$ と定義するとき，A は $\mathcal{I}$ 上の図式 $(A_\lambda)_{\lambda \in \Lambda}$ に他ならず，和とはこの図式の帰納極限に他ならない．

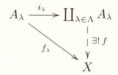

▷**定義 2.43** $\mathcal{C}$ を圏とする．小さな集合で添字付けられた $\mathcal{C}$ の対象の族 $A := (A_\lambda)_{\lambda \in \Lambda}$ の**積**とは，$\mathcal{C}$ の対象 $\widetilde{A}$ と射の族 $(p_\lambda : \widetilde{A} \longrightarrow A_\lambda)_\lambda$ の組で，任意の $X \in \mathrm{Ob}\mathcal{C}$ に対して集合の写像

$$\mathrm{Hom}_\mathcal{C}(X, \widetilde{A}) \longrightarrow \prod_{\lambda \in \Lambda} \mathrm{Hom}_\mathcal{C}(X, A_\lambda); f \mapsto (p_\lambda \circ f)_\lambda$$

が全単射となるようなもののこと．つまり，任意の $X \in \mathrm{Ob}\mathcal{C}$ と任意の射の族 $(f_\lambda : X \longrightarrow A_\lambda)_{\lambda \in \Lambda}$ に対して，$p_\lambda \circ f = f_\lambda (\forall \lambda \in \Lambda)$ となるような $f : X \longrightarrow \widetilde{A}$ が一意的に存在すること．

誤解の恐れがないときには，単に $\widetilde{A}$ のことを積と呼ぶこともある．$(A_\lambda)_{\lambda \in \Lambda}$ の積のことを $\prod_{\lambda \in \Lambda} A_\lambda$ と書く．$\Lambda = \{1, 2, \ldots, n\}$ のときには $A_1 \times A_2 \times \cdots \times A_n$ とも書き，また任意の $\lambda \in \Lambda$ に対して $A_\lambda = A$ であるときには $\prod_\Lambda A$ とも書く．また p_λ を**標準的射影**という．

小さな有向グラフ $\mathcal{I}$ を $\mathrm{Ob}\mathcal{I} := \Lambda, \mathrm{Hom}_\mathcal{I}(\lambda, \lambda') := \emptyset (\forall \lambda, \lambda' \in \Lambda)$ と定義するとき，A は $\mathcal{I}^{\mathrm{op}}$ 上の図式 $(A_\lambda)_{\lambda \in \Lambda}$ に他ならず，積とはこの図式の射影極限に他ならない．

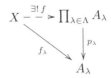

▷**定義 2.44** $\mathcal{C}$ を圏とする．小さな集合で添字付けられた $\mathcal{C}$ における射の族 $A := (f_\lambda : B \longrightarrow A_\lambda)_{\lambda \in \Lambda}$ の**ファイバー和 (fiber sum)** とは，$\mathcal{C}$ の対象 $\widetilde{A}$ と射の族 $(i_\lambda : A_\lambda \longrightarrow \widetilde{A})_{\lambda \in \Lambda}$ の組で任意の $X \in \mathrm{Ob}\,\mathcal{C}$ に対して，$g \mapsto (g \circ i_\lambda)_\lambda$ により定義される集合の写像

$$\mathrm{Hom}_\mathcal{C}(\widetilde{A}, X) \longrightarrow \left\{ (g_\lambda)_\lambda \in \prod_{\lambda \in \Lambda} \mathrm{Hom}_\mathcal{C}(A_\lambda, X) \;\middle|\; g_\lambda \circ f_\lambda \text{ が } \lambda \text{ によらない} \right\}$$

が well-defined な全単射となるようなもののこと．つまり，$i_\lambda \circ f_\lambda : B \longrightarrow \widetilde{A}$ が λ によらず，また，任意の $X \in \mathrm{Ob}\,\mathcal{C}$ と任意の射の族 $(g_\lambda : A_\lambda \longrightarrow X)_{\lambda \in \Lambda}$ で $g_\lambda \circ f_\lambda$ が λ によらないようなものに対して，$g \circ i_\lambda = g_\lambda \; (\forall \lambda \in \Lambda)$ となるような $g : \widetilde{A} \longrightarrow X$ が一意的に存在するようなもののこと．

誤解の恐れがないときには，単に $\widetilde{A}$ のことをファイバー和と呼ぶこともある．$(B \longrightarrow A_\lambda)_{\lambda \in \Lambda}$ のファイバー和のことを $\coprod_{B, \lambda \in \Lambda} A_\lambda$ と書く．$\Lambda = \{1, 2, \ldots, n\}$ のときは $A_1 \sqcup_B A_2 \sqcup_B \cdots \sqcup_B A_n$ とも書く．また i_λ を**標準的包含**という．

小さな有向グラフ $\mathcal{I}$ を $\mathrm{Ob}\,\mathcal{I} := \Lambda \sqcup \{*\}$, $\mathrm{Hom}_\mathcal{I}(\lambda, \lambda') = \emptyset$ ($\lambda, \lambda' \in \mathrm{Ob}\,\mathcal{I}, \lambda \neq *$ または $\lambda' = *$), $\mathrm{Hom}_\mathcal{I}(*, \lambda) = \{f'_\lambda\}$ ($\lambda \in \Lambda$) と定義するとき，A は $\lambda \mapsto A_\lambda, * \mapsto B, f'_\lambda \mapsto f_\lambda$ により定義される $\mathcal{I}$ 上の図式と同一視され，ファイバー和とはこの図式の帰納極限 $(\widetilde{A}, (i_\lambda : A_\lambda \longrightarrow A)_{\lambda \in \Lambda})$ に他ならない．

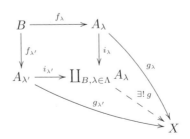

▷**定義 2.45** $\mathcal{C}$ を圏とする．小さな集合で添字付けられた $\mathcal{C}$ における射の族 $A := (f_\lambda : A_\lambda \longrightarrow B)_{\lambda \in \Lambda}$ の**ファイバー積 (fiber product)** とは，$\mathcal{C}$ の対象 $\widetilde{A}$ と射の族 $(p_\lambda : \widetilde{A} \longrightarrow A_\lambda)_{\lambda \in \Lambda}$ の組で任意の $X \in \mathrm{Ob}\,\mathcal{C}$ に対して $g \mapsto (p_\lambda \circ g)_\lambda$ により定義される集合の写像

$$\mathrm{Hom}_\mathcal{C}(X, \widetilde{A}) \longrightarrow \left\{ (g_\lambda)_\lambda \in \prod_{\lambda \in \Lambda} \mathrm{Hom}_\mathcal{C}(X, A_\lambda) \,\middle|\, f_\lambda \circ g_\lambda\,が\,\lambda\,によらない \right\}$$

が well-defined な全単射となるようなもののこと．つまり，$f_\lambda \circ p_\lambda : \widetilde{A} \longrightarrow B$ が λ によらず，また，任意の $X \in \mathrm{Ob}\,\mathcal{C}$ と任意の射の族 $(g_\lambda : X \longrightarrow A_\lambda)_{\lambda \in \Lambda}$ で $f_\lambda \circ g_\lambda$ が λ によらないようなものに対して，$p_\lambda \circ g = g_\lambda\,(\forall \lambda \in \Lambda)$ となるような $g : X \longrightarrow \widetilde{A}$ が一意的に存在するようなもののこと．

誤解の恐れがないときには，単に $\widetilde{A}$ のことをファイバー積と呼ぶこともある．$(A_\lambda \longrightarrow B)_{\lambda \in \Lambda}$ のファイバー積のことを $\prod_{B, \lambda \in \Lambda} A_\lambda$ と書く．$\Lambda = \{1, 2, \ldots, n\}$ のときは $A_1 \times_B A_2 \times_B \cdots \times_B A_n$ とも書く．また p_λ を**標準的射影**という．

小さな有向グラフ $\mathcal{I}$ を $\mathrm{Ob}\,\mathcal{I} := \Lambda \sqcup \{*\}, \mathrm{Hom}_\mathcal{I}(\lambda, \lambda') = \emptyset\,(\lambda, \lambda' \in \mathrm{Ob}\,\mathcal{I}, \lambda \neq *\,または\,\lambda' = *), \mathrm{Hom}_\mathcal{I}(*, \lambda) = \{f'_\lambda\}\,(\lambda \in \Lambda)$ と定義するとき，A は $\lambda \mapsto A_\lambda, * \mapsto B, f'_\lambda \mapsto f_\lambda$ により定義される $\mathcal{I}^\mathrm{op}$ 上の図式と同一視され，ファイバー積とはこの図式の射影極限 $(\widetilde{A}, (p_\lambda : \widetilde{A} \longrightarrow A_\lambda)_{\lambda \in \Lambda})$ に他ならない．

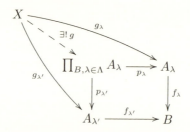

▷**定義 2.46** 圏 $\mathcal{C}$ における 2 つの射 $f_i : A \longrightarrow B\,(i = 1, 2)$ に対して $\mathcal{C}$ における射 $g : B \longrightarrow C$ が f_1, f_2 の**差余核 (difference cokernel, coequalizer)** であるとは任意の $X \in \mathrm{Ob}\,\mathcal{C}$ に対して集合の写像

$$\mathrm{Hom}_\mathcal{C}(C, X) \longrightarrow \{\varphi \in \mathrm{Hom}_\mathcal{C}(B, X) \mid \varphi \circ f_1 = \varphi \circ f_2\}; \quad \psi \mapsto \psi \circ g$$

が well-defined な全単射となるようなもののこと．つまり，$g \circ f_1 = g \circ f_2$ であり，また，任意の $X \in \mathrm{Ob}\,\mathcal{C}$ と任意の射 $\varphi : B \longrightarrow X$ で $\varphi \circ f_1 = \varphi \circ f_2$ を満たすものに対して $\psi \circ g = \varphi$ となるような $\psi : C \longrightarrow X$ が一意的に存在するようなもののこと．

小さな有向グラフ $\mathcal{I}$ を $\mathrm{Ob}\,\mathcal{I} := \{1,2\}, \mathrm{Hom}_{\mathcal{I}}(1,2) = \{f'_1, f'_2\}, \mathrm{Hom}_{\mathcal{I}}(i_1,i_2) = \emptyset\,((i_1,i_2) \neq (1,2))$ とするとき，$\mathcal{I}$ 上の図式 D を $D(1) := A, D(2) := B, D(f'_i) := f_i\,(i=1,2)$ と定義すれば f_1, f_2 の差余核は図式 D の帰納極限 $(\widetilde{D}, (A \longrightarrow \widetilde{D}, B \longrightarrow \widetilde{D}))$ から定まる射 $B \longrightarrow \widetilde{D}$ に他ならない．

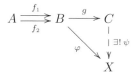

▷ **定義 2.47** 圏 $\mathcal{C}$ における 2 つの射 $f_i : A \longrightarrow B\,(i=1,2)$ に対して $\mathcal{C}$ における射 $g : C \longrightarrow A$ が f_1, f_2 の **差核 (difference kernel, equalizer)** であるとは任意の $X \in \mathrm{Ob}\,\mathcal{C}$ に対して集合の写像

$$\mathrm{Hom}_{\mathcal{C}}(X,C) \longrightarrow \{\varphi \in \mathrm{Hom}_{\mathcal{C}}(X,A) \mid f_1 \circ \varphi = f_2 \circ \varphi\};\ \ \psi \mapsto g \circ \psi$$

が well-defined な全単射となるようなもののこと．つまり，$f_1 \circ g = f_2 \circ g$ であり，また，任意の $X \in \mathrm{Ob}\,\mathcal{C}$ と任意の射 $\varphi : X \longrightarrow A$ で $f_1 \circ \varphi = f_2 \circ \varphi$ を満たすものに対して $g \circ \psi = \varphi$ となるような $\psi : X \longrightarrow C$ が一意的に存在するようなもののこと．

小さな有向グラフ $\mathcal{I}$ を $\mathrm{Ob}\,\mathcal{I} := \{1,2\}, \mathrm{Hom}_{\mathcal{I}}(2,1) = \{f'_1, f'_2\}, \mathrm{Hom}_{\mathcal{I}}(i_1,i_2) = \emptyset\,((i_1,i_2) \neq (2,1))$ とするとき，$\mathcal{I}^{\mathrm{op}}$ 上の図式 D を $D(1) := A, D(2) := B, D(f'_i) := f_i\,(i=1,2)$ と定義すれば f_1, f_2 の差核は図式 D の射影極限 $(\widetilde{D}, (\widetilde{D} \longrightarrow A, \widetilde{D} \longrightarrow B))$ から定まる射 $\widetilde{D} \longrightarrow A$ に他ならない．

▷**定義 2.48** $\mathcal{C}$ を圏とする．$I \in \mathrm{Ob}\,\mathcal{C}$ が**始対象 (initial object)** であるとは，任意の $A \in \mathrm{Ob}\,\mathcal{C}$ に対して $\mathrm{Hom}_{\mathcal{C}}(I, A)$ が一つの元からなること．

小さな有向グラフ $\mathcal{I}$ を $\mathrm{Ob}\,\mathcal{I} = \emptyset$ と定義するとき，これは一意的に存在する $\mathcal{I}$ 上の図式の帰納極限に他ならない．

▷**定義 2.49** $\mathcal{C}$ を圏とする．$I \in \mathrm{Ob}\,\mathcal{C}$ が**終対象 (final object)** であるとは，任意の $A \in \mathrm{Ob}\,\mathcal{C}$ に対して $\mathrm{Hom}_{\mathcal{C}}(A, I)$ が一つの元からなること．

小さな有向グラフ $\mathcal{I}$ を $\mathrm{Ob}\,\mathcal{I} = \emptyset$ と定義するとき，これは一意的に存在する $\mathcal{I}^{\mathrm{op}}$ 上の図式の射影極限に他ならない．

注 2.50 (1) 上の定義でみたように和，積，ファイバー和，ファイバー積，差余核，差核，始対象，終対象の概念は帰納極限，射影極限の特別な場合である．したがって，常に存在するとは限らないが，存在するときは標準的な同型を除いて一意的である．
(2) 圏 $\mathcal{C}$ における和，積，ファイバー和，ファイバー積，差余核，差核，始対象，終対象はそれぞれ反対圏 $\mathcal{C}^{\mathrm{op}}$ における積，和，ファイバー積，ファイバー和，差核，差余核，終対象，始対象になる．

差核と差余核について後で使う命題を一つ示しておく．

▶**命題 2.51** 圏 $\mathcal{C}$ における 2 つの射 $f_i : A \longrightarrow B\,(i = 1, 2)$ の差核 $g : C \longrightarrow A$ が存在するとき，それは単射である．（したがって (C, g) は A の部分対象となる．）また，圏 $\mathcal{C}$ における 2 つの射 $f_i : A \longrightarrow B\,(i = 1, 2)$ の差余核 $h : B \longrightarrow D$ が存在するとき，それは全射である．（したがって (D, h) は A の商対象となる．）

[**証明**] 差核の定義より $g^{\sharp} : \mathrm{Hom}_{\mathcal{C}}(X, C) \longrightarrow \mathrm{Hom}_{\mathcal{C}}(X, A)$ は集合の単射なので，g は単射．同様にして h の全射性も言える． □

注 2.52 命題 2.34 および注 2.50 による差核（差余核）の一意性は，差核（差余核）が部分対象（商対象）の同値類として一意に定まることを示している．

和と差余核（積と差核）がいつも存在する圏においてはこれらを用いて一般の帰納極限（射影極限）を表わすことができる．

▶**命題 2.53** $\mathcal{I}$ を小さな有向グラフまたは小さな圏，$\mathcal{C}$ を和と差余核がいつも存在する圏とする．また，$\varphi \in \mathrm{Hom}_{\mathcal{I}}(i, i')$ に対して $\mathrm{s}(\varphi) := i, \mathrm{t}(\varphi) := i'$ とおく．$\mathcal{I}$ 上の図式

$$A := ((A_i)_{i \in \mathrm{Ob}\,\mathcal{I}}, (A_\varphi : A_i \longrightarrow A_{i'})_{i,i' \in \mathrm{Ob}\,\mathcal{I}, \varphi \in \mathrm{Hom}_{\mathcal{I}}(i,i')})$$

に対して，$(A_{\mathrm{s}(\varphi)})_{\varphi \in \sqcup_{i,i' \in \mathrm{Ob}\,\mathcal{I}} \mathrm{Hom}_{\mathcal{I}}(i,i')}$ の和を $(X, (\iota_\varphi : A_{\mathrm{s}(\varphi)} \longrightarrow X)_\varphi)$，$(A_i)_{i \in \mathrm{Ob}\,\mathcal{I}}$ の和を $(Y, (\iota_i : A_i \longrightarrow Y)_i)$ とおく．また，$f_\mathrm{s} : X \longrightarrow Y$ を任意の $\varphi \in \sqcup_{i,i' \in \mathrm{Ob}\,\mathcal{I}} \mathrm{Hom}_{\mathcal{I}}(i,i')$ に対して $f_\mathrm{s} \circ \iota_\varphi = \iota_{\mathrm{s}(\varphi)}$ を満たす唯一の射，$f_\mathrm{t} : X \longrightarrow Y$ を任意の $\varphi \in \sqcup_{i,i' \in \mathrm{Ob}\,\mathcal{I}} \mathrm{Hom}_{\mathcal{I}}(i,i')$ に対して $f_\mathrm{t} \circ \iota_\varphi = \iota_{\mathrm{t}(\varphi)} \circ A_\varphi$ を満たす唯一の射とする．そしてそして $f_\mathrm{s}, f_\mathrm{t}$ の差余核を $p : Y \longrightarrow C$ とする．このとき A の帰納極限は $(C, \{A_i \xrightarrow{\iota_i} Y \xrightarrow{p} C\}_i)$ である．

[証明] 証明は命題 1.50 と同様なので読者に任せる． □

▶**命題 2.54** $\mathcal{I}$ を小さな有向グラフまたは小さな圏，$\mathcal{C}$ を積と差核がいつも存在する圏とする．また，$\varphi \in \mathrm{Hom}_{\mathcal{I}}(i, i')$ に対して $\mathrm{s}(\varphi) := i, \mathrm{t}(\varphi) := i'$ とおく．$\mathcal{I}^{\mathrm{op}}$ 上の図式

$$A := ((A_i)_{i \in \mathrm{Ob}\,\mathcal{I}}, (A_\varphi : A_{i'} \longrightarrow A_i)_{i,i' \in \mathrm{Ob}\,\mathcal{I}, \varphi \in \mathrm{Hom}_{\mathcal{I}}(i,i')})$$

に対して，$(A_i)_{i \in \mathrm{Ob}\,\mathcal{I}}$ の積を $(X, (p_i : X \longrightarrow A_i)_i)$，$(A_{\mathrm{s}(\varphi)})_{\varphi \in \sqcup_{i,i' \in \mathrm{Ob}\,\mathcal{I}} \mathrm{Hom}_{\mathcal{I}}(i,i')}$ の積を $(Y, (p_\varphi : Y \longrightarrow A_{\mathrm{s}(\varphi)})_\varphi)$ とおく．また，$f_\mathrm{s} : X \longrightarrow Y$ を任意の $\varphi \in \sqcup_{i,i' \in \mathrm{Ob}\,\mathcal{I}} \mathrm{Hom}_{\mathcal{I}}(i,i')$ に対して $p_\varphi \circ f_\mathrm{s} = p_{\mathrm{s}(\varphi)}$ を満たす唯一の射，$f_\mathrm{t} : X \longrightarrow Y$ を任意の $\varphi \in \sqcup_{i,i' \in \mathrm{Ob}\,\mathcal{I}} \mathrm{Hom}_{\mathcal{I}}(i,i')$ に対して $p_\varphi \circ f_\mathrm{t} = A_\varphi \circ p_{\mathrm{t}(\varphi)}$ を満たす唯一の射とする．そして $f_\mathrm{s}, f_\mathrm{t}$ の差核を $i : C \longrightarrow X$ とする．このとき A の射影極限は $(C, \{C \xrightarrow{i} X \xrightarrow{p_i} A_i\}_i)$ である．

[証明] 証明は命題 1.50 と同様である．あるいは注 2.33 により命題 2.53 に帰着できる． □

圏における零対象の概念を次のように定義する．

▷**定義 2.55** $\mathcal{C}$ を圏とする．$\mathcal{C}$ において始対象かつ終対象であるような対象があるとき，それを**零対象 (zero object)** といい O と書く．零対象 O が存在するとき，任意の $A, B \in \mathrm{Ob}\,\mathcal{C}$ に対してただ一つある射たち $A \longrightarrow O$, $O \longrightarrow B$ を合成して得られる $\mathrm{Hom}_\mathcal{C}(A, B)$ の元を**零射 (zero morphism)** といい，0 で表わす．

圏が零対象をもつとき，射の核，余核の概念が次のように定義される．

▷**定義 2.56** $\mathcal{C}$ を零対象をもつ圏とする．$\mathcal{C}$ における射 $f : A \longrightarrow B$ に対して f と零射 $0 : A \longrightarrow B$ との差核，差余核を f の**核**，**余核**といい，それぞれ $\ker f : \mathrm{Ker}\, f \longrightarrow A$, $\mathrm{coker}\, f : B \longrightarrow \mathrm{Coker}\, f$ と書く．誤解の恐れがないときには，単に $\mathrm{Ker}\, f, \mathrm{Coker}\, f$ のことを核，余核と呼ぶこともある．

注 2.57 零対象，核，余核も存在すれば標準的な同型を除いて一意である．また圏 $\mathcal{C}$ における零対象，核，余核はそれぞれ反対圏 $\mathcal{C}^{\mathrm{op}}$ における零対象，余核，核になる．

零対象に関連して後で用いる命題を示しておく．

▶**命題 2.58** $\mathcal{C}$ を零対象 O をもつ圏とする．
(1) 零射 $0 : X \longrightarrow Y$ が単射ならば $X = O$, 全射ならば $Y = O$.
(2) 零射 $0 : X \longrightarrow Y$ の核は X, 余核は Y.
(3) 単射 $f : X \longrightarrow Y$ の核は O. 全射 $f : X \longrightarrow Y$ の余核は O.
(4) $X_i \in \mathcal{C}\ (i = 1, 2)$ の和 $(\coprod_{i=1}^{2} X_i, (\iota_i : X_i \longrightarrow \coprod_{i=1}^{2} X_i)_{i=1,2})$ が存在するとき，$(\iota_i : X_i \longrightarrow \coprod_{i=1}^{2} X_i)_{i=1,2}$ のファイバー積は O.

[証明] (1): まず前半の主張を示す．合成 $O \longrightarrow X \longrightarrow O$ は id_O なので合成 $0 : X \longrightarrow O \longrightarrow X$ が id_X と等しいことを言えばよいが，単射 $0 : X \longrightarrow Y$ との合成が共に 0 となるので，両者は等しい．後半の主張は $\mathcal{C}^{\mathrm{op}}$ に対する前半の主張より従う．
(2): 任意の $Z \in \mathrm{Ob}\,\mathcal{C}$ に対して $\mathrm{id}_X^\sharp : \mathrm{Hom}_\mathcal{C}(Z, X) \longrightarrow \{\varphi \in \mathrm{Hom}_\mathcal{C}(Z, X) \mid 0 \circ \varphi = 0 \circ \varphi\}$ は同型．よって $X = \mathrm{Ker}\, 0$. $Y = \mathrm{Coker}\, 0$ であることも同様に示せ

る.

(3): まず前半の主張を示す. $Z \in \mathrm{Ob}\,\mathcal{C}, \varphi \in \mathrm{Hom}_\mathcal{C}(Z, X)$ が $f \circ \varphi = 0 \circ \varphi$ を満たすとき $f \circ \varphi = f \circ 0$ なので $\varphi = 0$. つまり $\{\varphi \in \mathrm{Hom}_\mathcal{C}(Z, X) \,|\, f \circ \varphi = 0 \circ \varphi\} = \{0\}$ となるので $0^\sharp : \mathrm{Hom}_\mathcal{C}(Z, O) \longrightarrow \{\varphi \in \mathrm{Hom}_\mathcal{C}(Z, X) \,|\, f \circ \varphi = 0 \circ \varphi\}$ は同型. よって $O = \mathrm{Ker}\,f$. 後半の主張も同様に示される.

(4): 任意の対象 $X \in \mathrm{Ob}\,\mathcal{C}$ をとり, $(p_i)_{i=1,2}$ を $\prod_{i=1}^2 \mathrm{Hom}_\mathcal{C}(X, X_i)$ の元で $\iota_1 \circ p_1 = \iota_2 \circ p_2$ を満たすものとする. $k = 1, 2$ に対して $q_k : \coprod_{i=1}^2 X_i \longrightarrow X_k$ を $q_k \circ \iota_k = \mathrm{id}_{X_k}, q_k \circ \iota_{k'} = 0\,(k' \neq k)$ を満たす唯一の射とすると

$$p_1 = q_1 \circ \iota_1 \circ p_1 = q_1 \circ \iota_2 \circ p_2 = 0, \quad p_2 = q_2 \circ \iota_2 \circ p_2 = q_2 \circ \iota_1 \circ p_1 = 0$$

が成り立つ. 以上より, 任意の $X \in \mathrm{Ob}\,\mathcal{C}$ に対して

$$\{(p_i)_i \in \prod_{i=1}^2 \mathrm{Hom}_\mathcal{C}(X, X_i) \,|\, \iota_1 \circ p_1 = \iota_2 \circ p_2\} = \{(0, 0)\} \cong \mathrm{Hom}_\mathcal{C}(X, O)$$

が成り立つので求めるファイバー積は O となる. □

ファイバー積に関して後で使う命題を示しておく.

▶**命題 2.59** $\mathcal{C}$ を圏とし, $\mathcal{C}$ において任意の射の 2 つ組 $(f_i : A_i \longrightarrow A)_{i=1}^2$ のファイバー積が存在すると仮定する.

(1) $g : A \longrightarrow B$ を単射とするとき, $(f_i : A_i \longrightarrow A)_{i=1}^2$ のファイバー積 $A_1 \times_A A_2$ と $(g \circ f_i : A_i \longrightarrow B)_{i=1}^2$ のファイバー積 $A_1 \times_B A_2$ は自然に同型である.

(2) 射 $f : A \longrightarrow B$ が単射であることと $(f : A \longrightarrow B, f : A \longrightarrow B)$ のファイバー積 $(A \times_B A, p_1 : A \times_B A \longrightarrow A, p_2 : A \times_B A \longrightarrow A)$ における p_1, p_2 のいずれかが同型であることは同値である.

(3) $f_1 : A_1 \longrightarrow A, f_2 : A_2 \longrightarrow A, f_3 : A_3 \longrightarrow A_2$ に対して $(f_1 : A_1 \longrightarrow A, f_2 \circ f_3 : A_3 \longrightarrow A)$ のファイバー積 $A_1 \times_A A_3$ は $(f_i : A_i \longrightarrow A)_{i=1}^2$ のファイバー積 $A_1 \times_A A_2$ と $f_3 : A_3 \longrightarrow A_2$ との A_2 上のファイバー積 $(A_1 \times_A A_2) \times_{A_2} A_3$ と自然に同型である.

(4) $\mathcal{C}$ が零対象をもつとすると, $\mathcal{C}$ における任意の射は核をもつ. また, 任意の $f : A \longrightarrow B, g : C \longrightarrow A$ に対して $f \circ g$ の核は自然に $(\mathrm{ker}\,f :$

$\mathrm{Ker}\,f \longrightarrow A, g: C \longrightarrow A)$ のファイバー積 $\mathrm{Ker}\,f \times_A C$ と同型である.

[**証明**] (1) g が単射なので任意の $X \in \mathrm{Ob}\,\mathcal{C}$ に対して

$\mathrm{Hom}_{\mathcal{C}}(X, A_1 \times_A A_2)$
$= \{(\varphi_1, \varphi_2) \in \mathrm{Hom}_{\mathcal{C}}(X, A_1) \times \mathrm{Hom}_{\mathcal{C}}(X, A_2) \,|\, f \circ \varphi_1 = f \circ \varphi_2\}$
$= \{(\varphi_1, \varphi_2) \in \mathrm{Hom}_{\mathcal{C}}(X, A_1) \times \mathrm{Hom}_{\mathcal{C}}(X, A_2) \,|\, g \circ f \circ \varphi_1 = g \circ f \circ \varphi_2\}$

である.したがってファイバー積 $A_1 \times_A A_2$ はファイバー積 $A_1 \times_B A_2$ の定義の条件をも満たすので両者は同型である.

(2) $f: A \longrightarrow B$ が単射ならば (1) より $A \times_A A \cong A \times_B A$ である.また $A \times_A A$ が A と同型で,この同型により 2 つの標準的射影 $A \times_A A \longrightarrow A$ が共に恒等写像 $\mathrm{id}_A : A \longrightarrow A$ と同一視されることがファイバー積の定義から確かめられるので,p_1, p_2 は同型となる.

また,p_1 が同型であるとすると,任意の $X \in \mathrm{Ob}\,\mathcal{C}$ に対して $(\varphi_i)_{i=1}^{2} \mapsto \varphi_1$ により定義される写像

$$\mathrm{Hom}_{\mathcal{C}}(X, A \times_B A) = \{(\varphi_i)_{i=1}^{2} \in \prod_{i=1}^{2} \mathrm{Hom}_{\mathcal{C}}(X, A) \,|\, f \circ \varphi_1 = f \circ \varphi_2\} \quad (2.8)$$
$$\longrightarrow \mathrm{Hom}_{\mathcal{C}}(X, A)$$

は同型である.すると $f \circ \varphi_1 = f \circ \varphi_2$ を満たす射 $\varphi_1, \varphi_2 : X \longrightarrow A$ に対して $(\varphi_1, \varphi_2), (\varphi_1, \varphi_1)$ の写像 (2.8) による像は共に φ_1 なので $(\varphi_1, \varphi_2) = (\varphi_1, \varphi_1)$,つまり $\varphi_1 = \varphi_2$ となる.よって f は単射となる.p_2 が同型である場合も,同様の議論により f の単射性が示される.

(3) $p : A_1 \times_A A_2 \longrightarrow A_2$ を標準的射影とする.すると任意の $X \in \mathrm{Ob}\,\mathcal{C}$ に対して

$\mathrm{Hom}_{\mathcal{C}}(X, (A_1 \times_A A_2) \times_{A_2} A_3)$
$= \{(\varphi_{12}, \varphi_3) \in \mathrm{Hom}_{\mathcal{C}}(X, A_1 \times_A A_2) \times \mathrm{Hom}_{\mathcal{C}}(X, A_3) \,|\, p \circ \varphi_{12} = f_3 \circ \varphi_3\}$
$= \{(\varphi_i)_{i=1}^{3} \in \prod_{i=1}^{3} \mathrm{Hom}_{\mathcal{C}}(X, A_i) \,|\, f_1 \circ \varphi_1 = f_2 \circ \varphi_2,\ \varphi_2 = f_3 \circ \varphi_3\}$
$= \{(\varphi_1, \varphi_3) \in \mathrm{Hom}_{\mathcal{C}}(X, A_1) \times \mathrm{Hom}_{\mathcal{C}}(X, A_3) \,|\, f_1 \circ \varphi_1 = f_2 \circ f_3 \circ \varphi_3\}$

である.したがってファイバー積 $(A_1 \times_A A_2) \times_{A_2} A_3$ はファイバー積 $A_1 \times_A A_3$

の定義の条件をも満たすので両者は同型である.

(4) まず f が核をもつとして後半を示す. 任意の $X \in \mathrm{Ob}\mathcal{C}$ に対して

$$\mathrm{Hom}_\mathcal{C}(X, \mathrm{Ker}\, f \times_A C)$$
$$= \{(\varphi, \psi) \in \mathrm{Hom}_\mathcal{C}(X, \mathrm{Ker}\, f) \times \mathrm{Hom}_\mathcal{C}(X, C) \,|\, (\ker f) \circ \varphi = g \circ \psi\}$$
$$= \{(\varphi', \psi) \in \mathrm{Hom}_\mathcal{C}(X, A) \times \mathrm{Hom}_\mathcal{C}(X, C) \,|\, f \circ \varphi' = 0, \varphi' = g \circ \psi\}$$
$$= \{\psi \in \mathrm{Hom}_\mathcal{C}(X, C) \,|\, f \circ g \circ \psi = 0\}$$

なので $\mathrm{Ker}\, f \times_A C$ は $f \circ g$ の核となる. id_A は O を核とするので, $f = \mathrm{id}_A$ として上の議論を用いると任意の $g : C \longrightarrow A$ が核をもつことが言える. □

様々な圏における帰納極限, 射影極限あるいは関連した諸概念を考える.

【例 2.60】 $\mathfrak{U}$ 集合の圏 **Set** における小さな集合 Λ で添字付けられた族 $(A_\lambda)_{\lambda \in \Lambda}$ の和は集合としての直和 $\coprod_{\lambda \in \Lambda} A_\lambda$ である. また積は集合としての直積 $\prod_{\lambda \in \Lambda} A_\lambda = \{(a_\lambda)_\lambda \,|\, a_\lambda \in A_\lambda\}$ である. また, 集合 A, B と集合の写像 $f, g : A \longrightarrow B$ に対して f, g の **Set** における差余核は, B において

$$b_1 \approx b_2 \overset{\mathrm{def}}{\iff} \exists a \in A, f(a) = b_1, g(a) = b_2$$

により定義される関係 $\approx$ により生成される同値関係 $\sim$ による B の商集合 $B/\sim$ と商写像 $B \longrightarrow B/\sim$ との組である. また f, g の **Set** における差核は集合 $\{a \in A \,|\, f(a) = g(a)\}$ と自然な包含写像 $\{a \in A \,|\, f(a) = g(a)\} \longrightarrow A$ の組である. したがって, 命題 2.53, 2.54 より **Set** においては帰納極限, 射影極限がいつも存在する. **Set** の始対象は $\emptyset$, 終対象は 1 元集合である. よって **Set** は零対象をもたない.

【例 2.61】 $f : A \longrightarrow B$ を **Set** における射, $\{e\}$ を **Set** の終対象 (1 元集合) とし, $i : A \longrightarrow \{e\}$ を A から $\{e\}$ への唯一の射とする. そして $(C, B \xrightarrow{g} C, \{e\} \xrightarrow{h} C)$ を $(A \xrightarrow{f} B, A \xrightarrow{i} \{e\})$ の (**Set** における) ファイバー和とする. このとき f が全射であることと h が同型であることが同値であることを示す. 実際, 例 2.60 より $C = (B \sqcup \{e\})/\sim$ (ただし $\sim$ は $B \sqcup \{e\}$ において

$$x \approx y \iff^{\text{def}} \exists a \in A, f(a) = x, i(a) = y$$

により定義される関係 ≈ により生成される同値関係 ∼) となっている．今，f が全射であるとすると任意の $x \in B$ に対して $f(y) = x$ なる $y \in A$ がとれ，このとき $x = f(y), e = i(y)$ より $x \sim e$ となる．よって C は e の属する類のみからなり，h は同型となる．

逆に h が同型であるとする．≈ の定義より $x \approx y$ ならば $x \in f(A), y = e$ である．したがって $x \sim y, x \neq y$ ならば $x, y \in f(A) \sqcup \{e\}$ である．今，h が同型であるという仮定より，任意の $x \in B$ に対して C において x の属する類は e の属する類に等しい．つまり $x \sim e$ となる．よって $x \in f(A)$ となるので f は全射となる．

また，h は常に単射であり，また $C = g(B) \cup h(\{e\})$ なので h が同型であることは $g(B) \subseteq h(\{e\})$ であることと同値である．よって f が全射であることと $g(B) \subseteq h(\{e\})$ であることが同値となる．

注 2.62 $\mathcal{C}$ を圏，$\mathcal{I}$ を小さな有向グラフまたは小さな圏とし，$X \in \mathrm{Ob}\,\mathcal{C}$ とする．$\mathcal{C}$ における $\mathcal{I}$ 上の図式 (2.4) に対して

$$((\mathrm{Hom}_{\mathcal{C}}(A_i, X))_{i \in \mathrm{Ob}\,\mathcal{I}}, (^{\sharp}A_{\varphi})_{i, i' \in \mathrm{Ob}\,\mathcal{I}, \varphi \in \mathrm{Hom}_{\mathcal{I}}(i, i')})$$

は **Set** における $\mathcal{I}^{\mathrm{op}}$ 上の図式であり，(2.5) の右辺は $\varprojlim_{i \in \mathrm{Ob}\,\mathcal{I}} \mathrm{Hom}_{\mathcal{C}}(A_i, X)$ に他ならない．また，$\mathcal{C}$ における $\mathcal{I}^{\mathrm{op}}$ 上の図式 (2.6) に対して

$$((\mathrm{Hom}_{\mathcal{C}}(X, A_i))_{i \in \mathrm{Ob}\,\mathcal{I}}, (A^{\sharp}_{\varphi})_{i, i' \in \mathrm{Ob}\,\mathcal{I}, \varphi \in \mathrm{Hom}_{\mathcal{C}}(i, i')})$$

も **Set** における $\mathcal{I}^{\mathrm{op}}$ 上の図式であり，(2.7) の右辺は $\varprojlim_{i \in \mathrm{Ob}\,\mathcal{I}} \mathrm{Hom}_{\mathcal{C}}(X, A_i)$ に他ならない．したがって図式 (2.4) の帰納極限が存在するとき自然な集合の全単射

$$\mathrm{Hom}_{\mathcal{C}}(\varinjlim_{i \in \mathrm{Ob}\,\mathcal{I}} A_i, X) \longrightarrow \varprojlim_{i \in \mathrm{Ob}\,\mathcal{I}} \mathrm{Hom}_{\mathcal{C}}(A_i, X) \qquad (2.9)$$

があり，また図式 (2.6) の射影極限が存在するとき自然な集合の全単射

$$\mathrm{Hom}_{\mathcal{C}}(X, \varprojlim_{i \in \mathrm{Ob}\,\mathcal{I}} A_i) \longrightarrow \varprojlim_{i \in \mathrm{Ob}\,\mathcal{I}} \mathrm{Hom}_{\mathcal{C}}(X, A_i) \qquad (2.10)$$

があることが言える．

【例 2.63】 この例においては群論の基礎知識を仮定する．群の圏 **Gp** における小さな集合 Λ で添字付けられた族 $(A_\lambda)_{\lambda \in \Lambda}$ の和は A_λ たち $(\lambda \in \Lambda)$ の**自**

由積 (free product) $*_{\lambda \in \Lambda} A_\lambda$ である．（なお，自由積とは次のように定義される群である：まず W を $\coprod_{\lambda \in \Lambda} A_\lambda$ の有限列の集合とし，W における積を有限列をつなげる操作として定義する．そして $\sim$ を W において次の2つの操作を有限回繰り返したものを同値とみるような同値関係とする．

(1) 有限列のどこかにある A_λ の単位元を抜く操作，あるいはその逆の操作．
(2) 有限列のどこかにある同じ A_λ に属する元 a, b からなる長さ2の部分列 $a \cdot b$ を長さ1の部分列 ab に置き換える操作，あるいはその逆の操作．

このとき W の $\sim$ による商集合 $W/\sim$ は群となるが，これが自由群 $*_{\lambda \in \Lambda} A_\lambda$ である．)

また，**Gp** における小さな集合 Λ で添字付けられた族 $(A_\lambda)_{\lambda \in \Lambda}$ の積は集合としての積 $\prod_{\lambda \in \Lambda} A_\lambda = \{(a_\lambda)_\lambda \mid a_\lambda \in A_\lambda\}$ に群構造を $(a_\lambda)_\lambda \cdot (b_\lambda)_\lambda = (a_\lambda b_\lambda)_\lambda$ により入れてできる群である．また，群 A, B と群準同型 $f, g : A \longrightarrow B$ に対して f, g の **Gp** における差余核は，B において $\{f(a)g(a)^{-1} \mid a \in A\}$ を含む最小の B の正規部分群 N による剰余群 B/N と標準的射影 $B \longrightarrow B/N$ の組である．また f, g の **Gp** における差核は A の部分群 $\{a \in A \mid f(a) = g(a)\}$ と自然な包含写像 $\{a \in A \mid f(a) = g(a)\} \longrightarrow A$ の組である．したがって，命題 2.53, 2.54 より **Gp** においても帰納極限，射影極限がいつも存在する．**Gp** の始対象，終対象は共に単位群であり，これが零対象となる．

【例 2.64】 R を $\mathfrak{U}$ に属する環とし，$\mathcal{C}$ を **Ab**, R-**Mod**, **Mod**-R のいずれかとする．（実際は **Ab** は $\mathbb{Z}$-**Mod** と，**Mod**-R は R^{op}-**Mod** と同一視できるので以下では $\mathcal{C} = R$-**Mod** とする．）このとき $\mathcal{C}$ における小さな集合 Λ で添字付けられた族 $(A_\lambda)_{\lambda \in \Lambda}$ の和，積はそれぞれ第1章における左 R 加群の族の直和，直積に他ならない．また，$\mathcal{C}$ における射 $f, g : A \longrightarrow B$ に対して f, g の $\mathcal{C}$ における差余核は第1章で定義した余核 $\mathrm{Coker}(f - g)$ と標準的射影 $B \longrightarrow \mathrm{Coker}(f - g)$ の組であり，また f, g の $\mathcal{C}$ における差核は第1章で定義した核 $\mathrm{Ker}(f - g)$ と標準的包含 $\mathrm{Ker}(f - g) \longrightarrow A$ の組である．したがって，命題 2.53, 2.54 より $\mathcal{C}$ において帰納極限，射影極限がいつも存在するが，それは第1章で定義したものと一致している．$\mathcal{C}$ の始対象，終対象は共に零加群 0 であり，これが零対象となる．零射は第1章で定義した零写像 0 である．このこ

とから $\mathcal{C}$ における核,余核が第1章で定義した核,余核と一致していることがわかる.

また,例 2.61 における事実は R-Mod においても成り立つ:つまり,$f: A \longrightarrow B$ を R-Mod における射,$i: A \longrightarrow 0$ を A から零加群 0 への唯一の射とする.そして $(C, B \xrightarrow{g} C, 0 \xrightarrow{h} C)$ を $(A \xrightarrow{f} B, A \xrightarrow{i} 0)$ の (R-Mod における) ファイバー和とするとき,f が全射であることと h が同型であること,さらに $g(B) \subseteq h(0)$ であることが同値である.これはファイバー和が $(\mathrm{Coker}\, f, \mathrm{coker}\, f, 0)$ となることから容易に従う.

【例 2.65】 $\mathfrak{U}$ 位相空間の圏 **Top** における小さな集合 Λ で添字付けられた族 $(A_\lambda)_{\lambda \in \Lambda}$ の和は **Set** における和 $\coprod_{\lambda \in \Lambda} A_\lambda$ に,包含写像 $A_\lambda \longrightarrow \coprod_{\lambda \in \Lambda} A_\lambda\, (\lambda \in \Lambda)$ が全て連続になるような最強の位相を入れた位相空間である.また積は **Set** における積 $\prod_{\lambda \in \Lambda} A_\lambda$ に,射影 $\prod_{\lambda \in \Lambda} A_\lambda \longrightarrow A_\lambda\, (\lambda \in \Lambda)$ が全て連続になるような最弱の位相を入れた位相空間である.**Top** における射 $f, g: A \longrightarrow B$ に対して f, g の差余核は,**Set** における差余核 $(B/\sim, B \longrightarrow B/\sim)$ に,写像 $B \longrightarrow B/\sim$ が連続になるような最強の位相を $B/\sim$ に入れたものである.また f, g の差核は **Set** における差核 $(\{a \in A\,|\,f(a) = g(a)\}, \{a \in A\,|\,f(a) = g(a)\} \longrightarrow A)$ に写像 $\{a \in A\,|\,f(a) = g(a)\} \longrightarrow A$ が連続になるような最弱の位相を入れたものである.(位相の強弱については定義 A.1 を参照のこと.) したがって,命題 2.53, 2.54 より **Top** においても帰納極限,射影極限がいつも存在する.**Top** の始対象は $\emptyset$,終対象は 1 元集合なので,**Top** は零対象をもたない.

例 2.60, 2.63, 2.64, 2.65 より,忘却関手 **Gp** $\longrightarrow$ **Set**, R-**Mod** $\longrightarrow$ **Set**, **Top** $\longrightarrow$ **Set** と積,差核をとる操作は可換なので,以上の忘却関手と射影極限をとる操作は可換である.**Top** $\longrightarrow$ **Set** の場合は和,差余核をとる操作とも可換なので,帰納極限をとる操作とも可換である.また,忘却関手 R-**Mod** $\longrightarrow$ **Set** と差余核をとる操作とは可換である(詳しい証明は読者にまかせる).しかし,忘却関手 **Gp** $\longrightarrow$ **Set** と差余核をとる操作および忘却関手 **Gp** $\longrightarrow$ **Set**, R-**Mod** $\longrightarrow$ **Set** と和をとる操作とは可換でない.したがってこれらと帰納極限をとる操作は一般には可換ではないこともわかる.また,包含関手 **Ab** $\longrightarrow$ **Gp** と積,差核をとる操作は可換なのでこの関手と射影極限をとる操

作は可換である．この関手と差余核をとる操作も可換であるが，和をとる操作は可換でないので，帰納極限をとる操作とは一般には可換ではないことがわかる．

【例 2.66】 積の存在しない圏の例を挙げる．2以上の自然数 n を1つ固定し，$\mathbf{Set}$ の充満部分圏 $\mathcal{C}$ を $\mathrm{Ob}\,\mathcal{C} := \{X \in \mathrm{Ob}\,\mathbf{Set} \mid 元の個数が n\}$ により定義する．このとき，$X, Y \in \mathrm{Ob}\,\mathcal{C}$ の積が存在すると仮定してそれを Z とすると，$\mathrm{Hom}_{\mathcal{C}}(X, Z)$ は $\mathrm{Hom}_{\mathcal{C}}(X, X) \times \mathrm{Hom}_{\mathcal{C}}(X, Y)$ に同型．しかし前者の元の個数は n^n，後者の元の個数は n^{2n} なので矛盾．したがって $\mathcal{C}$ において積は存在しない．

あるいは，有限群の圏 $\mathcal{C}$ においては，$\mathcal{C}$ における有限個の対象からなる族の積は存在するが，無限個の対象からなる族の積は一般には存在しない．

【例 2.67】 $\mathcal{C}$ を圏，$\mathcal{I}$ を小さな有向グラフまたは小さな圏とし，また $A \in \mathrm{Ob}\,\mathcal{C}$ とする．このとき，$\mathcal{C}$ における $\mathcal{I}$ 上の図式

$$((A_i)_{i \in \mathrm{Ob}\,\mathcal{I}}, (A_\varphi : A_i \longrightarrow A_{i'})_{i, i' \in \mathrm{Ob}\,\mathcal{I}, \varphi \in \mathrm{Hom}_{\mathcal{I}}(i, i')}) \tag{2.11}$$

で全ての $i \in \mathrm{Ob}\,\mathcal{I}$ に対して $A_i = A$，全ての $\varphi \in \mathrm{Hom}_{\mathcal{I}}(i, i')$ に対して $A_\varphi = \mathrm{id}_A$ となっているものを A の定める**定数図式 (constant diagram)** と呼ぶことにする．一般には定数図式であっても帰納極限（射影極限）が存在するかどうかはわからず，また存在したとしてもどのような対象であるかは明らかではないが，$\mathcal{I}$ が空でなくかつ連結（定義 1.69）であるときには A の定める定数図式の帰納極限，射影極限は共に A 自身となる．実際，$(f_i)_i$ を

$$\left\{ (f_i)_i \in \prod_{i \in \mathrm{Ob}\,\mathcal{I}} \mathrm{Hom}_{\mathcal{C}}(A_i, X) \,\middle|\, \begin{array}{l} \forall i, i' \in \mathrm{Ob}\,\mathcal{I}, \forall \varphi \in \mathrm{Hom}_{\mathcal{I}}(i, i'), \\ f_{i'} \circ A_\varphi = f_i \end{array} \right\} \tag{2.12}$$

の元とするとき，任意に i, i' をとると，$i = i_0, i_1, \ldots, i_n = i' \in \mathrm{Ob}\,\mathcal{I}$ で，各 $0 \leq k \leq n-1$ に対して $\varphi_k \in \mathrm{Hom}_{\mathcal{I}}(i_k, i_{k+1}) \sqcup \mathrm{Hom}_{\mathcal{I}}(i_{k+1}, i_k)$ が存在するようなものがとれる．このとき各 k ($0 \leq k \leq n-1$) に対して $f_{i_{k+1}} \circ A_{\varphi_k} = f_{i_k}$ または $f_{i_k} \circ A_{\varphi_k} = f_{i_{k+1}}$ となるが，$A_{\varphi_k} = \mathrm{id}_A$ なのでいずれの場合も $f_{i_k} = f_{i_{k+1}}$ となる．よって $f_i = f_{i'}$ となる．これより集合 (2.12) は $\mathrm{Hom}_{\mathcal{C}}(A, X)$ と自然に同型となることがわかるので帰納極限は A となる．射影極限の場合も同様

の議論で示される.

【例 2.68】 フィルタードな圏の概念を定義 1.62 で定めた. $\mathcal{I}$ をフィルタードな小さな圏とし,

$$A := ((A_i)_{i \in \mathrm{Ob}\,\mathcal{I}}, (A_\varphi : A_i \longrightarrow A_{i'})_{i,i' \in \mathrm{Ob}\,\mathcal{I}, \varphi \in \mathrm{Hom}_{\mathcal{I}}(i,i')})$$

を **Set** における $\mathcal{I}$ 上の図式とする. このとき, 命題 1.64 と同様に, $\coprod_{i \in \mathrm{Ob}\,\mathcal{I}} A_i$ における関係 $\sim$ を

$$a \in A_i, a' \in A_{i'}, a \sim a' \overset{\mathrm{def}}{\iff} \begin{matrix} \exists j \in \mathrm{Ob}\,\mathcal{I}, \varphi \in \mathrm{Hom}_{\mathcal{I}}(i,j), \varphi' \in \mathrm{Hom}_{\mathcal{I}}(i',j), \\ A_\varphi(a) = A_{\varphi'}(a') \end{matrix}$$
(2.13)

と定義すると, $\sim$ は同値関係となる. 実は命題 1.64 と同様に **Set** における図式 A の帰納極限も $(\coprod_{i \in \mathrm{Ob}\,\mathcal{I}} A_i)/\sim$ と書けることを示す. 例 2.60 における和と差余核の表示および命題 2.53 より, 帰納的極限 $\varinjlim_{i \in \mathrm{Ob}\,\mathcal{I}} A_i$ は $\coprod_{i \in \mathrm{Ob}\,\mathcal{I}} A_i$ の

$$a \in A_i, a' \in A_{i'}, a \approx a' \overset{\mathrm{def}}{\iff} \exists \varphi \in \mathrm{Hom}_{\mathcal{I}}(i,i'), A_\varphi(a) = a'$$

により定義される関係 $\approx$ の生成する同値関係 $\sim'$ による商集合となる. したがって $\sim$ と $\sim'$ が等しいことを示せばよい. まず明らかに $a \approx a'$ のとき $a \sim a'$ なので $a \sim' a'$ のとき $a \sim a'$ である. また $a \sim a'$ のとき, (2.13) の記号の下で $a \approx A_\varphi(a), a' \approx A_{\varphi'}(a') = A_\varphi(a)$ なので $a \sim' a$ となる. したがって $\sim$ と $\sim'$ は一致したので図式 A の帰納極限は $(\coprod_{i \in \mathrm{Ob}\,\mathcal{I}} A_i)/\sim$ と一致する. このことと命題 1.64 より忘却関手 R-**Mod** $\longrightarrow$ **Set** とフィルタードな圏上の帰納極限をとる操作とは可換であることがわかる.

【例 2.69】 例 2.68 で **Set** におけるフィルタードな圏上の帰納極限の表示を説明した. これを用いると, 圏 **Set** において命題 1.66 の類似が成り立つ. それを説明する. $\mathcal{I}_k\,(k=1,2)$ を小さな有向グラフまたは小さな圏とし,

$$((M_{i_1,i_2})_{i_k \in \mathrm{Ob}\,\mathcal{I}_k\,(k=1,2)},$$
$$(f_{\varphi_1,\varphi_2} : M_{i_1,i_2'} \longrightarrow M_{i_1',i_2})_{i_k, i_k' \in I_k, \varphi_k \in \mathrm{Hom}_{\mathcal{I}_k}(i_k, i_k')\,(k=1,2)})$$

を **Set** における $\mathcal{I}_1 \times \mathcal{I}_2^{\mathrm{op}}$ 上の図式とすると，命題 1.66 の前の説明と同じ議論により射影極限の帰納極限 $\varinjlim_{i_1 \in \mathrm{Ob}\,\mathcal{I}_1}(\varprojlim_{i_2 \in \mathrm{Ob}\,\mathcal{I}_2} M_{i_1,i_2})$ および帰納極限の射影極限 $\varprojlim_{i_2 \in \mathrm{Ob}\,\mathcal{I}_2}(\varinjlim_{i_1 \in \mathrm{Ob}\,\mathcal{I}_1} M_{i_1,i_2})$ が定義される．さらに $\mathcal{I}_1$ がフィルタードな圏，$\mathcal{I}_2$ が $\mathrm{Ob}\,\mathcal{I}_2, \sqcup_{i,i' \in \mathrm{Ob}\,\mathcal{I}_2} \mathrm{Hom}_{\mathcal{I}_2}(i,i')$ が有限集合であるような有向グラフまたは圏とするとき，自然な同型写像

$$\varinjlim_{i_1 \in \mathrm{Ob}\,\mathcal{I}_1}(\varprojlim_{i_2 \in \mathrm{Ob}\,\mathcal{I}_2} M_{i_1,i_2}) \longrightarrow \varprojlim_{i_2 \in \mathrm{Ob}\,\mathcal{I}_2}(\varinjlim_{i_1 \in \mathrm{Ob}\,\mathcal{I}_1} M_{i_1,i_2})$$

があることが言える．証明は命題 1.66 と同様で，フィルタードな小さな圏上の帰納極限が積をとる操作および差核をとる操作と可換であることを示せばよい．詳しくは読者に任せる．

【例 2.70】 系 1.67 の帰結として次が成り立つ：$\mathcal{I}$ をフィルタードな小さな圏，

$$((M_{k,i})_{i \in \mathrm{Ob}\,\mathcal{I}}, (f_{k,\varphi}: M_{k,i} \longrightarrow M_{k,i'})_{i,i' \in I, \varphi \in \mathrm{Hom}_{\mathcal{I}}(i,i')}) \quad (k = 1, 2) \quad (2.14)$$

を R-**Mod** における $\mathcal{I}$ 上の図式とし，図式の間の射 $(g_i: M_{1,i} \longrightarrow M_{2,i})_{i \in \mathrm{Ob}\,\mathcal{I}}$ が与えられ，任意の $i \in \mathrm{Ob}\,\mathcal{I}$ に対して g_i が単射であるとき，

$$\varinjlim_{i \in \mathrm{Ob}\,\mathcal{I}} g_i : \varinjlim_{i \in \mathrm{Ob}\,\mathcal{I}} M_{1,i} \longrightarrow \varinjlim_{i \in \mathrm{Ob}\,\mathcal{I}} M_{2,i}$$

もまた単射となる．この例では，同じことが **Set** における $\mathcal{I}$ 上の図式に対しても成り立つことを示す．

以下，(2.14) を **Set** における $\mathcal{I}$ 上の図式とし，任意の $i \in \mathrm{Ob}\,\mathcal{I}$ に対して g_i が単射であると仮定する．以下，$x \in \coprod_{i \in \mathrm{Ob}\,\mathcal{I}} M_{k,i}$ $(k = 1, 2)$ の $\coprod_{i \in \mathrm{Ob}\,\mathcal{I}} M_{k,i} / \sim\, = \varinjlim_{i \in \mathrm{Ob}\,\mathcal{I}} M_{k,i}$ ($\sim$ は例 2.68 の通り) における類を $[x]$ と書く．今，$[x], [x'] \in \varinjlim_{i \in \mathrm{Ob}\,\mathcal{I}} M_{1,i}$ $(x \in M_{1,i}, x' \in M_{1,i'})$ が $\varinjlim_{i \in \mathrm{Ob}\,\mathcal{I}} g_i$ によって同じ元に移るとすると $\varinjlim_{i \in \mathrm{Ob}\,\mathcal{I}} M_{2,i}$ において $[g_i(x)] = [g_{i'}(x')]$ なので，ある $i'' \in \mathrm{Ob}\,\mathcal{I}, \varphi \in \mathrm{Hom}_{\mathcal{I}}(i, i''), \varphi' \in \mathrm{Hom}_{\mathcal{I}}(i', i'')$ に対して $g_{i''} \circ f_{1,\varphi}(x) = f_{2,\varphi} \circ g_i(x) = f_{2,\varphi'} \circ g_{i'}(x') = g_{i''} \circ f_{1,\varphi'}(x')$ となる．よって $g_{i''}$ の単射性から $f_{1,\varphi}(x) = f_{1,\varphi'}(x')$ となるので $[x] = [x']$ が言える．よって $\varinjlim_{i \in \mathrm{Ob}\,\mathcal{I}} g_i$ は単射となる．

2.4 アーベル圏

環上の加群の圏のもつ性質のいくつかを抽出することによりアーベル圏の概

念を次のように定義する．

▷ **定義 2.71** 圏 $\mathcal{A}$ が**アーベル圏 (Abelian category)** であるとは，以下を満たすこと．
(1) $\mathcal{A}$ は零対象 O をもつ．
(2) 任意の $A_1, A_2 \in \mathrm{Ob}\,\mathcal{A}$ に対して積 $A_1 \times A_2$ および和 $A_1 \sqcup A_2$ が存在する．
(3) $\mathcal{A}$ における任意の射の核および余核が存在する．
(4) $\mathcal{A}$ における任意の単射はある射の核であり，また任意の全射はある射の余核である．

注 2.72 アーベル圏 $\mathcal{A}$ の反対圏 $\mathcal{A}^{\mathrm{op}}$ もアーベル圏である．

アーベル圏の定義において課せられた条件は多くはないが，それらから非常に豊かな理論を展開することができる．その基本的な部分を紹介することが本章の目的の一つである．

▶ **補題 2.73** $\mathcal{A}$ をアーベル圏とする．$\mathcal{A}$ における単射 $f : A \longrightarrow B$ に対し，$f \simeq \ker(\mathrm{coker}\, f)$ である．また $\mathcal{A}$ における全射 $f : A \longrightarrow B$ に対し，$f \simeq \mathrm{coker}(\ker f)$ である．

[**証明**] まず前半の主張を示す．合成 $A \xrightarrow{f} B \xrightarrow{\mathrm{coker}\, f} \mathrm{Coker}\, f$ は零射である．したがって，核の定義より $\varphi : A \longrightarrow \mathrm{Ker}(\mathrm{coker}\, f)$ で $\ker(\mathrm{coker}\, f) \circ \varphi = f$ となるものが一意的に存在する．次に，f は単射なので，アーベル圏の定義より $f = \ker g$ となる $g : B \longrightarrow C$ が存在する．すると合成 $A \xrightarrow{f} B \xrightarrow{g} C$ は零射なので $\psi : \mathrm{Coker}\, f \longrightarrow C$ で $\psi \circ \mathrm{coker}\, f = g$ となるものが一意的に存在する．すると $g \circ \ker(\mathrm{coker}\, f) = \psi \circ \mathrm{coker}\, f \circ \ker(\mathrm{coker}\, f) = 0$ なので，$\varphi' : \mathrm{Ker}(\mathrm{coker}\, f) \longrightarrow \mathrm{Ker}\, g = A$ で $f \circ \varphi' = \ker g \circ \varphi' = \ker(\mathrm{coker}\, f)$ となるものが一意的に存在する．このとき $f \circ \varphi' \circ \varphi = \ker(\mathrm{coker}\, f) \circ \varphi = f$ となるが f は単射なのでこれより $\varphi' \circ \varphi = \mathrm{id}_A$ を得る．また $\ker(\mathrm{coker}\, f) \circ \varphi \circ \varphi' = f \circ \varphi' = \ker(\mathrm{coker}\, f)$ となるが，$\ker(\mathrm{coker}\, f)$ も単射（命題 2.51）なのでこれより $\varphi \circ \varphi' = \mathrm{id}_{\mathrm{Ker}(\mathrm{coker}\, f)}$ を得る．以上より φ は同型で $\ker(\mathrm{coker}\, f) \circ \varphi = f$ を満たすことが言えたので $f \simeq \ker(\mathrm{coker}\, f)$．

後半は $\mathcal{A}^{\mathrm{op}}$ に対する前半の主張から従う.

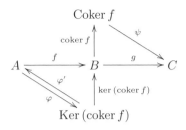

□

▶**命題 2.74** アーベル圏 $\mathcal{A}$ における射 $f : A \longrightarrow B$ が単射かつ全射ならば同型である.

[証明] $\operatorname{coker} f \circ f = 0 = 0 \circ f$ で,また f は全射なので $\operatorname{coker} f = 0$ となる.すると補題 2.73 より $f \simeq \ker(\operatorname{coker} f) = \ker 0 \simeq \operatorname{id}_B$ (最後の同値は命題 2.58(2) による) となるので f は同型である. □

▶**命題 2.75** アーベル圏 $\mathcal{A}$ における任意の 2 つの射 $f_1, f_2 : A \longrightarrow B$ の差核,差余核が存在する.

[証明] まず差核の存在を示す.$(A \times B, p_1 : A \times B \longrightarrow A, p_2 : A \times B \longrightarrow B)$ を A と B の積とする.すると射 $\widetilde{f_i} : A \longrightarrow A \times B$ $(i = 1, 2)$ で $p_1 \circ \widetilde{f_i} = \operatorname{id}_A, p_2 \circ \widetilde{f_i} = f_i$ を満たすものが一意的に存在する.id_A が単射なことから,$\widetilde{f_i}$ も単射であることに注意しておく.

さて,$C := \operatorname{Ker}((\operatorname{coker} \widetilde{f_2}) \circ \widetilde{f_1} : A \longrightarrow \operatorname{Coker} \widetilde{f_2}), g_1 := \ker((\operatorname{coker} \widetilde{f_2}) \circ \widetilde{f_1})$ とおく.このとき $(\operatorname{coker} \widetilde{f_2}) \circ (\widetilde{f_1} \circ g_1) = 0$ で,また $\widetilde{f_2}$ が単射であることから $\widetilde{f_2} \simeq \ker(\operatorname{coker} \widetilde{f_2})$.したがって $g_2 : C \longrightarrow A$ で $\widetilde{f_2} \circ g_2 = \widetilde{f_1} \circ g_1$ を満たすものが一意的に存在する.このとき実は $g_1 = p_1 \circ \widetilde{f_1} \circ g_1 = p_1 \circ \widetilde{f_2} \circ g_2 = g_2$ である.そこで $g := g_1 = g_2$ とおく.このとき $f_1 \circ g = p_2 \circ \widetilde{f_1} \circ g_1 = p_2 \circ \widetilde{f_2} \circ g_2 = f_2 \circ g$ である.また,$\mathcal{A}$ における射 $h : X \longrightarrow A$ が $f_1 \circ h = f_2 \circ h$ を満たすとき $p_1 \circ \widetilde{f_1} \circ h = h = p_1 \circ \widetilde{f_2} \circ h$ および $p_2 \circ \widetilde{f_1} \circ h = f_1 \circ h = f_2 \circ h = p_2 \circ \widetilde{f_2} \circ h$ より $\widetilde{f_1} \circ h = \widetilde{f_2} \circ h$.したがって $(\operatorname{coker} \widetilde{f_2}) \circ \widetilde{f_1} \circ h = (\operatorname{coker} \widetilde{f_2}) \circ \widetilde{f_2} \circ h = 0$ なので,$g = g_1 = \ker((\operatorname{coker} \widetilde{f_2}) \circ \widetilde{f_1})$ の定義よりある $h' : X \longrightarrow C$ で $g \circ h' = h$

となるものが一意的に存在する．以上より $g: C \longrightarrow A$ が差核となることが言える．

また，$\mathcal{A}^{\mathrm{op}}$ における差核の存在から $\mathcal{A}$ における差余核の存在が言える．

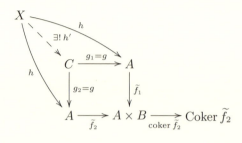

▶系 2.76　$\mathcal{A}$ をアーベル圏，$\mathcal{I}$ を $\sqcup_{i, i' \in \mathrm{Ob}\,\mathcal{I}} \mathrm{Hom}_{\mathcal{I}}(i, i')$ が有限集合であるような小さな圏とする．このとき $\mathcal{I}$ で添字付けられた $\mathcal{A}$ の帰納極限，射影極限が存在する．（特に有限個の射の族に対するファイバー和，ファイバー積が存在する．）

▷定義 2.77　零対象をもち，任意の射の核，余核が存在する圏 $\mathcal{A}$ の射 $f: A \longrightarrow B$ に対し，$(\mathrm{Im}\,f, \mathrm{im}\,f) := (\mathrm{Ker}\,(\mathrm{coker}\,f), \ker\,(\mathrm{coker}\,f))$ を f の**像**という．このとき $\mathrm{im}\,f$ は単射で，また $\mathrm{coker}\,f \circ f = 0$ より $\mathrm{im}\,f \circ q = f$ を満たす射 $q: A \longrightarrow \mathrm{Im}\,f$ が一意的に存在する．

次の 2 つの補題においては，$f: A \longrightarrow B$ をアーベル圏 $\mathcal{A}$ における射とし，$A \xrightarrow{q} \mathrm{Im}\,f \xrightarrow{\mathrm{im}\,f} B$ を上の定義の通りとする．

▶補題 2.78　$f: A \longrightarrow B$ が合成 $A \xrightarrow{q'} C \xrightarrow{i'} B$ として書け，さらに i' が単射であるとする．このとき，射 $\varphi: \mathrm{Im}\,f \longrightarrow C$ で $\varphi \circ q = q', i' \circ \varphi = \mathrm{im}\,f$ を満たすものが一意的に存在する．

[証明] まず $\mathrm{coker}\,(\mathrm{im}\,f) = \mathrm{coker}\,(\ker\,(\mathrm{coker}\,f)) \simeq \mathrm{coker}\,f$ であり，また $(\mathrm{coker}\,i') \circ f = (\mathrm{coker}\,i') \circ i' \circ q' = 0$ なので $g: \mathrm{Coker}\,(\mathrm{im}\,f) \longrightarrow \mathrm{Coker}\,i'$ で $g \circ (\mathrm{coker}\,(\mathrm{im}\,f)) = \mathrm{coker}\,i'$ を満たすものが一意的に存在する．また，$i' = $

ker (coker i') であり，また (coker i') ∘ (im f) = g ∘ (coker (im f)) ∘ (im f) = 0 なので $\varphi:$ Im $f \longrightarrow C$ で $i' \circ \varphi =$ im f を満たすものが一意的に存在する．このとき $i' \circ \varphi \circ q = $ (im f) $\circ q = f = i' \circ q'$ で i' は単射なので $\varphi \circ q = q'$ も成り立つ．

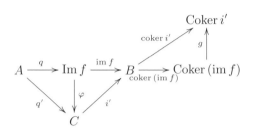

▶ **補題 2.79**　射 $q: A \longrightarrow$ Im f は全射である．

[**証明**]　$\mathcal{A}$ の対象 C と 2 つの射 $\alpha, \beta:$ Im $f \longrightarrow C$ で $\alpha \circ q = \beta \circ q$ を満たすものをとる．$\gamma: D \longrightarrow$ Im f を α, β の差核とすると，$\delta: A \longrightarrow D$ で $\gamma \circ \delta = q$ を満たすものが一意的に存在する．このとき合成 $A \xrightarrow{\delta} D \xrightarrow{(\text{im } f) \circ \gamma} B$ は f と一致し，また (im f)∘γ は単射の合成なので単射である．よって補題 2.78 よりある $\epsilon:$ Im $f \longrightarrow D$ で (im f) ∘ $\gamma \circ \epsilon =$ im f を満たすものが存在する．im f は単射なので，これより $\gamma \circ \epsilon = \text{id}_{\text{Im } f}$ を得る．すると $\alpha = \alpha \circ \gamma \epsilon = \beta \circ \gamma \epsilon = \beta$．よって q は全射．

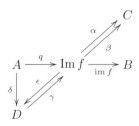

▷ **定義 2.80**　零対象をもち，任意の射の核，余核が存在する圏 $\mathcal{A}$ の射 $f: A \longrightarrow B$ に対し，(Coim f, coim f) := (Coker (ker f), coker (ker f)) を f の**余像 (coimage)** という．このとき coim f は全射で，また $f \circ$ ker $f = 0$ より $i \circ$

$\mathrm{coim} f = f$ を満たす射 $i: \mathrm{Coim}\, f \longrightarrow B$ が一意的に存在する．

次の 2 つの補題においては，$f: A \longrightarrow B$ をアーベル圏 $\mathcal{A}$ における射とし，$A \xrightarrow{\mathrm{coim}\, f} \mathrm{Coim}\, f \xrightarrow{i} B$ を上の定義の通りとする．

▶**補題 2.81** $f: A \longrightarrow B$ が合成 $A \xrightarrow{q'} C \xrightarrow{i'} B$ として書け，さらに q' が全射であるとする．このとき，射 $\varphi: C \longrightarrow \mathrm{Coim}\, f$ で $\varphi \circ q' = \mathrm{coim}\, f, i \circ \varphi = i'$ を満たすものが一意的に存在する．

▶**補題 2.82** 射 $i: \mathrm{Coim}\, f \longrightarrow B$ は単射である．

この 2 つの補題は $\mathcal{A}^{\mathrm{op}}$ に対する補題 2.78, 2.79 より従う．

アーベル圏 $\mathcal{A}$ における射 $f: A \longrightarrow B$ に対して $q: A \longrightarrow \mathrm{Im}\, f, i: \mathrm{Coim}\, f \longrightarrow B$ を定義 2.77, 2.80 の通りとする．このとき $\mathrm{im}\, f \circ q \circ \mathrm{ker}\, f = f \circ \mathrm{ker}\, f = 0$ で，また $\mathrm{im}\, f$ は単射なので $q \circ \mathrm{ker}\, f = 0$. よって $\varphi \circ \mathrm{coim}\, f = q$ となる射 $\varphi: \mathrm{Coim}\, f \longrightarrow \mathrm{Im}\, f$ が一意的に存在する．また，このとき $\mathrm{im}\, f \circ \varphi \circ \mathrm{coim}\, f = \mathrm{im}\, f \circ q = f = i \circ \mathrm{coim}\, f$ で，また $\mathrm{coim}\, f$ は全射なので $\mathrm{im}\, f \circ \varphi = i$ となる．

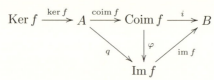

補題 2.78, 2.79, 2.81, 2.82 の結果を用いると次が言える．

▶**定理 2.83** アーベル圏 $\mathcal{A}$ における任意の射 $f: A \longrightarrow B$ に対して $\varphi: \mathrm{Coim}\, f \longrightarrow \mathrm{Im}\, f$ は同型．したがって f は全射 $\mathrm{coim}\, f: A \longrightarrow \mathrm{Coim}\, f \cong \mathrm{Im}\, f$ と単射 $\mathrm{im}\, f: \mathrm{Coim}\, f \cong \mathrm{Im}\, f \longrightarrow B$ の合成として書ける．また f を全射 $q: A \longrightarrow C$ と単射 $i: C \longrightarrow B$ の合成として書き表わす方法は同型を除いて一意的である．

[**証明**] $\varphi \circ \mathrm{coim}\, f = q$ と q の全射性から φ の全射性が言え，$\mathrm{im}\, f \circ \varphi = i$ と i の単射性から φ の単射性が言える．よって命題 2.74 より φ は同型．後半の主張は補題 2.78, 2.81 から従う． □

▶**系 2.84** アーベル圏 $\mathcal{A}$ における射 $f : A \longrightarrow B$ に対し,$\ker f = 0$ ならば f は単射,$\operatorname{coker} f = 0$ ならば f は全射.

[証明] 前半の主張を示す.$\ker f = 0$ のとき $\operatorname{Coim} f = \operatorname{Coker}(\ker f) \cong A$ (命題 2.58(2)).したがって f の分解 $A \longrightarrow \operatorname{Coim} f \longrightarrow B$ において最初の射が同型,次の射が単射なので f は単射.

$\mathcal{A}^{\mathrm{op}}$ に対する前半の主張より後半の主張も言える. □

注 2.85 アーベル圏を,定義 2.71 の (1)-(3) と次の (4)' を満たす圏 $\mathcal{A}$ として定義することもある.

(4)' $\mathcal{A}$ における任意の射 $f : A \longrightarrow B$ に対して定理 2.83 の上に書いた方法で定義される射 $\varphi : \operatorname{Coim} f \longrightarrow \operatorname{Im} f$ は同型.

この定義が定義 2.71 における定義と同値であることを示す.そのためには (1)-(3), (4)' を仮定して (4) を示せばよい.$f : A \longrightarrow B$ を (1)-(3), (4)' を満たす圏 $\mathcal{A}$ における単射とすると f は単射なので $\ker f = 0$.したがって $A \cong \operatorname{Coker} 0 = \operatorname{Coker}(\ker f) = \operatorname{Coim} f \cong \operatorname{Im} f = \operatorname{Ker}(\operatorname{coker} f)$ となるので $f \simeq \ker(\operatorname{coker} f)$ となる.同様に f が全射のとき $f \simeq \operatorname{coker}(\ker f)$ となることも言える.

アーベル圏における完全性の概念を次のように定義する.

▷**定義 2.86** アーベル圏における図式 $A \xrightarrow{f} B \xrightarrow{g} C$ が**完全列**である(あるいは**完全**である)とは B の部分対象として $\operatorname{Ker} g \simeq \operatorname{Im} f$ であること.(なお,この部分対象の余核をとることにより,これは B の商対象として $\operatorname{Coim} g \simeq \operatorname{Coker} f$ であることと同値である.)

また,アーベル圏における図式

$$A_1 \xrightarrow{f_1} A_2 \xrightarrow{f_2} \cdots \xrightarrow{f_{n-1}} A_n \tag{2.15}$$

が完全であるとは,各 $1 \leq i \leq n-2$ に対して $A_i \xrightarrow{f_i} A_{i+1} \xrightarrow{f_{i+1}} A_{i+2}$ が前段落の意味で完全であること.長さ無限の図式

$$\begin{aligned} \cdots \xrightarrow{f_0} A_1 \xrightarrow{f_1} A_2 \xrightarrow{f_2} \cdots \xrightarrow{f_{n-1}} A_n, \\ A_1 \xrightarrow{f_1} A_2 \xrightarrow{f_2} \cdots \xrightarrow{f_{n-1}} A_n \xrightarrow{f_n} \cdots, \end{aligned} \tag{2.16}$$

$$\cdots \xrightarrow{f_0} A_1 \xrightarrow{f_1} A_2 \xrightarrow{f_2} \cdots \xrightarrow{f_{n-1}} A_n \xrightarrow{f_n} \cdots$$

の場合にも同様に完全列の概念を定義する．また，左 R 加群の場合と同様に

$$O \longrightarrow A_1 \longrightarrow A_2 \longrightarrow A_3 \longrightarrow O$$

の形の完全列を**短完全列**といい，これに対し（n が大きいときの）(2.15)，(2.16)の形の完全列たちを**長完全列**という．

次の命題は命題 1.33 のアーベル圏における類似である．

▶**命題 2.87** (1) アーベル圏における図式 $O \longrightarrow A \xrightarrow{f} B\,(A \xrightarrow{f} B \longrightarrow O)$ が完全であることと f が単射（全射）であることとは同値．
(2) アーベル圏における図式 $O \longrightarrow A \xrightarrow{f} B \xrightarrow{g} C\,(A \xrightarrow{f} B \xrightarrow{g} C \longrightarrow O)$ が完全であることと $f \simeq \ker g$ であること（$g \simeq \mathrm{coker}\, f$ であること）とは同値．
(3) アーベル圏における射 $f : A \longrightarrow B$ に対して

$$O \longrightarrow \mathrm{Ker}\, f \xrightarrow{\ker f} A \xrightarrow{\mathrm{coim}\, f} \mathrm{Coim}\, f \longrightarrow O,$$

$$O \longrightarrow \mathrm{Im}\, f \xrightarrow{\mathrm{im}\, f} B \xrightarrow{\mathrm{coker}\, f} \mathrm{Coker}\, f \longrightarrow O,$$

$$O \longrightarrow \mathrm{Ker}\, f \xrightarrow{\ker f} A \xrightarrow{f} B \xrightarrow{\mathrm{coker}\, f} \mathrm{Coker}\, f \longrightarrow O$$

は完全列である．
(4) アーベル圏における可換図式

$$\begin{array}{ccc} A & \xrightarrow{f} & B \\ g\downarrow & & h\downarrow \\ A' & \xrightarrow{f'} & B' \end{array}$$

に対し，これを拡張した可換図式

$$O \longrightarrow \operatorname{Ker} f \xrightarrow{\ker f} A \xrightarrow{f} B \xrightarrow{\operatorname{coker} f} \operatorname{Coker} f \longrightarrow O$$
$$\overline{g}\downarrow \qquad g\downarrow \qquad h\downarrow \qquad \overline{h}\downarrow$$
$$O \longrightarrow \operatorname{Ker} f' \xrightarrow{\ker f'} A' \xrightarrow{f'} B' \xrightarrow{\operatorname{coker} f'} \operatorname{Coker} f' \longrightarrow O$$
(2.17)

が自然に誘導される.

[証明] (1) 命題 2.58(1), (2) より零射 $0: O \longrightarrow A$ の像は O なので図式 $O \longrightarrow A \xrightarrow{f} B$ が完全 $\iff \operatorname{Ker} f = O \iff f$ は単射. (最後の同値は命題 2.58(1), 系 2.84 による.) 同様にしてもう 1 つの主張も言える.
(2) 完全性の定義および (1) より図式 $O \longrightarrow A \xrightarrow{f} B \xrightarrow{g} C$ の完全性は f が単射かつ $\operatorname{im} f \simeq \ker g$ であることと同値で, f の単射性より $\operatorname{im} f \simeq f$ なのでこれは $f \simeq \ker g$ であることと同値. 同様にしてもう 1 つの主張も言える.
(3) は (1), (2) と $\ker f \simeq \ker(\operatorname{coim} f), \operatorname{coker} f \simeq \operatorname{coker}(\operatorname{im} f)$ より従う.
(4) $f' \circ g \circ \ker f = h \circ f \circ \ker f = 0$ より $g \circ \ker f = \ker f' \circ \overline{g}$ を満たす射 $\overline{g} : \operatorname{Ker} f \longrightarrow \operatorname{Ker} f'$ が構成され, また $\operatorname{coker} f' \circ h \circ f = \operatorname{coker} f' \circ f' \circ g = 0$ より $\operatorname{coker} f' \circ h = \overline{h} \circ \operatorname{coker} f$ を満たす射 $\overline{h} : \operatorname{Coker} f \longrightarrow \operatorname{Coker} f'$ が構成される. □

▶**命題 2.88** アーベル圏における図式 $A \xrightarrow{f} B \xrightarrow{g} C$ が完全であることと $g \circ f = 0$ かつ $\operatorname{coker} f \circ \ker g = 0$ であることは同値.

[証明] f を $A \xrightarrow{q} \operatorname{Im} f \xrightarrow{\operatorname{im} f} B$ と分解しておく. すると $\operatorname{Ker} g \simeq \operatorname{Im} f$ のとき $g \circ \operatorname{im} f \simeq g \circ \ker g = 0$ より $g \circ f = g \circ \operatorname{im} f \circ q = 0 \circ q = 0$ で, また $\operatorname{coker} f \circ \ker g \simeq \operatorname{coker} f \circ \operatorname{im} f = 0$.

逆に $g \circ f = 0$ かつ $\operatorname{coker} f \circ \ker g = 0$ だとする. このとき $0 = g \circ f = (g \circ \operatorname{im} f) \circ q$ と q の全射性より $g \circ \operatorname{im} f = 0$, よって $\varphi : \operatorname{Im} f \longrightarrow \operatorname{Ker} g$ で $\ker g \circ \varphi = \operatorname{im} f$ となるものが一意的に存在する. また $\operatorname{coker} f \circ \ker g = 0$ より $\psi : \operatorname{Ker} g \longrightarrow \operatorname{Im} f$ で $\operatorname{im} f \circ \psi = \ker g$ となるものが一意的に存在する. このとき $\psi \circ \varphi$ は $\operatorname{im} f \circ (\psi \circ \varphi) = \operatorname{im} f = \operatorname{im} f \circ \operatorname{id}_{\operatorname{Im} f}$ を満たすが, $\operatorname{im} f$ は単射なので $\psi \circ \varphi = \operatorname{id}_{\operatorname{Im} f}$ となる. 同様に $\varphi \circ \psi = \operatorname{id}_{\operatorname{Ker} g}$ も言えるので $\operatorname{Ker} g \simeq \operatorname{Im} f$. □

アーベル圏の例，あるいはそうでない例を挙げる．

【例 2.89】 集合の圏 **Set**, 位相空間の圏 **Top** はそれぞれ例 2.60, 2.65 より零対象をもたないので，アーベル圏ではない．

【例 2.90】 群の圏 **Gp** において，$G \in \mathrm{Ob}\,\mathbf{Gp}$ と G の正規部分群でない部分群 H をとったとき，標準的包含 $i : H \longrightarrow G$ は単射であるが，これは群の準同型写像の核にはならない（核は必ず正規部分群なので）．したがって **Gp** はアーベル圏ではない．

【例 2.91】 左 R 加群の圏 R-**Mod** は零対象をもち，和，積はいつも存在する．また射の核，余核もいつも存在する．$f : M \longrightarrow N$ が単射ならば f は標準的射影 $N \longrightarrow N/f(M)$ の核であり，全射ならば準同型定理より f は標準的包含 $\mathrm{Ker}\,f \longrightarrow M$ の余核である．したがって R-**Mod** はアーベル圏である．したがってアーベル群の圏 **Ab**, 右 R 加群の圏 **Mod**-R もアーベル圏である．

2.5 加法圏

まず本節で良く用いる記号を 1 つ用意する．圏 $\mathcal{C}$ の対象 $A_1, \ldots, A_n$, $B_1, \ldots, B_m$ に対して $A_1, \ldots, A_n$ の和 $(\coprod_{a=1}^n A_a, (i_a : A_a \longrightarrow A)_a)$ および $B_1, \ldots, B_m$ の積 $(\prod_{b=1}^m B_b, (p_b : B \longrightarrow B_b)_b)$ が存在するとき，和と積の定義より

$$\mathrm{Hom}_{\mathcal{C}}(\coprod_{a=1}^n A_a, \prod_{b=1}^m B_b) \longrightarrow \prod_{1 \leq a \leq n, 1 \leq b \leq m} \mathrm{Hom}_{\mathcal{C}}(A_a, B_b); \quad f \mapsto (p_b \circ f \circ i_a)_{a,b} \tag{2.18}$$

は同型である．したがって，各 (a,b) $(1 \leq a \leq n, 1 \leq b \leq m)$ に対して射 $f_{ba} : A_a \longrightarrow B_b$（添字の順番に注意）が与えられたとき，上式右辺の元 $(f_{ba})_{a,b}$ に対応する $f \in \mathrm{Hom}_{\mathcal{C}}(\coprod_{a=1}^n A_a, \prod_{b=1}^m B_b)$ が一意的に定まる．この f のこと

を
$$\begin{pmatrix} f_{11} & f_{12} & \cdots & f_{1n} \\ f_{21} & f_{22} & \cdots & f_{2n} \\ \vdots & \vdots & \ddots & \vdots \\ f_{m1} & f_{m2} & \cdots & f_{mn} \end{pmatrix}$$
あるいは $\left(f_{ba}\right)_{b,a}$ と書くことにする．（形式的に

$m \times n$ 行列となっていることに注意．）

左 R 加群 M, N の間の準同型写像のなす集合 $\mathrm{Hom}_R(M, N)$ には自然に可換群の構造が入っていた．この事実を抽出して考えたものが次に定義する加法圏の概念である．

▷ **定義 2.92** 圏 $\mathcal{A}$ が**加法圏 (additive category)** であるとは，以下の条件を満たすこと．

(1) $\mathcal{A}$ は零対象 O をもつ．
(2) 任意の $A_1, A_2 \in \mathrm{Ob}\,\mathcal{A}$ に対して和 $A_1 \sqcup A_2$ が存在する．
(3) 任意の $A, B \in \mathrm{Ob}\,\mathcal{A}$ に対して $\mathrm{Hom}_{\mathcal{A}}(A, B)$ に加法

$$+ : \mathrm{Hom}_{\mathcal{A}}(A, B) \times \mathrm{Hom}_{\mathcal{A}}(A, B) \longrightarrow \mathrm{Hom}_{\mathcal{A}}(A, B)$$

が入り，これにより $\mathrm{Hom}_{\mathcal{A}}(A, B)$ は可換群になる．また，任意の $A, B, C \in \mathrm{Ob}\,\mathcal{A}$ と任意の $f_1, f_2 \in \mathrm{Hom}_{\mathcal{A}}(A, B), g \in \mathrm{Hom}_{\mathcal{A}}(C, A), h \in \mathrm{Hom}_{\mathcal{A}}(B, C)$ に対して

$$(f_1 + f_2) \circ g = f_1 \circ g + f_2 \circ g, \quad h \circ (f_1 + f_2) = h \circ f_1 + h \circ f_2$$

が成り立つ．

注 2.93 上の定義における可換群 $\mathrm{Hom}_{\mathcal{C}}(A, B)$ の単位元 $0'$ は零射 $0 = 0_{A,B}$ と一致する．実際，定義 2.92(2) より $(0_{A,B} + 0_{A,B}) \circ 0_{A,A} = 0_{A,B} \circ 0_{A,A} + 0_{A,B} \circ 0_{A,A} = 0_{A,B} + 0_{A,B}$ であるが，一方 $(0_{A,B} + 0_{A,B}) \circ 0_{A,A}$ は合成 $A \xrightarrow{0} O \xrightarrow{0} A \xrightarrow{0_{A,B}+0_{A,B}} B$ と書けることからこれは $0_{A,B}$ と等しい．よって $0_{A,B} + 0_{A,B} = 0_{A,B}$ となり，この両辺に $0_{A,B}$ の逆元を足すことにより $0_{A,B} = 0'$ を得る．

注 2.94 $\mathcal{A}$ を加法圏，$f : A \longrightarrow B$ を $\mathcal{A}$ における射とするとき，任意の $X \in \mathrm{Ob}\,\mathcal{A}$ に対して写像

$$f^{\sharp}: \mathrm{Hom}_{\mathcal{A}}(X, A) \longrightarrow \mathrm{Hom}_{\mathcal{A}}(X, B), \quad {}^{\sharp}f: \mathrm{Hom}_{\mathcal{A}}(B, X) \longrightarrow \mathrm{Hom}_{\mathcal{A}}(A, X)$$

は加群の準同型となる.したがって,「$g \in \mathrm{Hom}_{\mathcal{A}}(X, A)$ に対して $f \circ g = 0 \Longrightarrow g = 0$」が成立すれば $f^{\sharp}$ が単射となるので f は単射.また「$g \in \mathrm{Hom}_{\mathcal{A}}(B, X)$ に対して $g \circ f = 0 \Longrightarrow g = 0$」が成立すれば ${}^{\sharp}f$ が単射となるので f は全射となる.

以下の 2 つの命題においては加法圏 $\mathcal{A}$ の対象 A_1, A_2 の和を $(A_1 \sqcup A_2, (i_a : A_a \longrightarrow A_1 \sqcup A_2)_{a=1,2})$ とする.また,$\bigl(\mathrm{id}_{A_1}\ 0\bigr) : A_1 \sqcup A_2 \longrightarrow A_1, \bigl(0\ \mathrm{id}_{A_2}\bigr) : A_1 \sqcup A_2 \longrightarrow A_2$ のことをそれぞれ p_1, p_2 と書く.

▶**命題 2.95** $\mathcal{A}$ を加法圏,$A_1, A_2 \in \mathrm{Ob}\,\mathcal{A}$ とする.

(1) $p_a \circ i_a = \mathrm{id}_{A_a}\ (a = 1, 2), \quad p_1 \circ i_2 = 0,\ p_2 \circ i_1 = 0.$

(2) $i_1 \circ p_1 + i_2 \circ p_2 = \mathrm{id}_{A_1 \sqcup A_2}.$

(3) $\ker p_1 \simeq i_2,\ \ker p_2 \simeq i_1.$

(4) $\mathrm{coker}\,i_1 \simeq p_2,\ \mathrm{coker}\,i_2 \simeq p_1.$

(5) $(A_1 \sqcup A_2, (p_a : A_1 \sqcup A_2 \longrightarrow A_a)_{a=1,2})$ は A_1 と A_2 の積となる.

[**証明**] まず $i_a, p_a\ (a = 1, 2)$ の定義より直ちに $p_a \circ i_a = \mathrm{id}_{A_a}\ (a = 1, 2)$,$p_1 \circ i_2 = 0, p_2 \circ i_1 = 0$ となり (1) が言える.次に $(i_1 \circ p_1 + i_2 \circ p_2) \circ i_1 = i_1 \circ p_1 \circ i_1 + i_2 \circ p_2 \circ i_1 = i_1 + 0 = i_1$ で,同様に $(i_1 \circ p_1 + i_2 \circ p_2) \circ i_2 = i_2$ である.一方,$\mathrm{id}_{A_1 \sqcup A_2}$ もまた $\mathrm{id}_{A_1 \sqcup A_2} \circ i_1 = i_1, \mathrm{id}_{A_1 \sqcup A_2} \circ i_2 = i_2$ を満たすので,和の定義より $i_1 \circ p_1 + i_2 \circ p_2 = \mathrm{id}_{A_1 \sqcup A_2}$ となる.つまり (2) が言える.また,$X \in \mathrm{Ob}\,\mathcal{A}$ として $f : X \longrightarrow A_1 \sqcup A_2$ を $p_1 \circ f = 0$ となる射とすると,$f = (i_1 \circ p_1 + i_2 \circ p_2) \circ f = i_1 \circ p_1 \circ f + i_2 \circ p_2 \circ f = i_2 \circ (p_2 \circ f)$ となり,つまり $f = i_2 \circ g$ となる射 g がある.また $p_2 \circ i_2 = \mathrm{id}_{A_2}$ より i_2 は単射なので,このような g は一意的である.これと $p_1 \circ i_2 = 0$ であることより $\ker p_1 \simeq i_2$ が言える.同様に $\ker p_2 \simeq i_1$ も言える.これで (3) が言えた.さらに,$X \in \mathrm{Ob}\,\mathcal{A}$ として $f : A_1 \sqcup A_2 \longrightarrow X$ を $f \circ i_1 = 0$ となる射とすると,$f = f \circ (i_1 \circ p_1 + i_2 \circ p_2) = f \circ i_1 \circ p_1 + f \circ i_2 \circ p_2 = (f \circ i_2) \circ p_2$ となり,つまり $f = g \circ p_2$ となる射 g がある.また $p_2 \circ i_2 = \mathrm{id}_{A_2}$ より p_2 は全射なのでこのような g は一意的である.これと $p_2 \circ i_1 = 0$ であることより $\mathrm{coker}\,i_1 \simeq p_2$ が言える.同様に $\mathrm{coker}\,i_2 \simeq p_2$ も言える.これで (4) が言えた.

最後に (5) を示す.$X \in \mathrm{Ob}\,\mathcal{A}$ とし,射 $f_a : X \longrightarrow A_a\ (a = 1, 2)$ を任意に

とる.このとき $g := i_1 \circ f_1 + i_2 \circ f_2$ とおくと $p_1 \circ g = p_1 \circ i_1 \circ f_1 + p_1 \circ i_2 \circ f_2 = f_1$, $p_2 \circ g = p_2 \circ i_1 \circ f_1 + p_2 \circ i_2 \circ f_2 = f_2$ となる.他に $p_a \circ h = f_a \, (a = 1, 2)$ を満たす射 h があったとすると $p_a \circ (g - h) = 0 \, (a = 1, 2)$ となる.すると $\ker p_1 \simeq i_2$ より $i_2 \circ \varphi = g - h$ となる $\varphi : X \longrightarrow A_2$ が存在する.このとき $\varphi = p_2 \circ i_2 \circ \varphi = p_2 \circ (g - h) = 0$ となるので $g - h = 0$ となる.つまり $g = h$ となる.以上より $(A_1 \sqcup A_2, (p_a : A_1 \sqcup A_2 \longrightarrow A_a)_{a=1,2})$ が A_1 と A_2 の積となることが言えた. □

命題 2.95 で示した性質は次の意味で $A_1 \sqcup A_2$ を特徴付ける.

▶**命題 2.96** $\mathcal{A}$ を加法圏,$A_1, A_2, B \in \mathrm{Ob}\,\mathcal{A}$ とする.また $i'_a : A_a \longrightarrow B$, $p'_a : B \longrightarrow A_a \, (a = 1, 2)$ を射で次の (1), (2), (3) のいずれかを満たすものとする.
(1) $p'_a \circ i'_a = \mathrm{id}_{A_a} \, (a = 1, 2)$ かつ $i'_1 \circ p'_1 + i'_2 \circ p'_2 = \mathrm{id}_{A_1 \sqcup A_2}$.
(2) $p'_a \circ i'_a = \mathrm{id}_{A_a} \, (a = 1, 2)$ かつ $\ker p'_1 \simeq i'_2$.
(3) $p'_a \circ i'_a = \mathrm{id}_{A_a} \, (a = 1, 2)$ かつ $\mathrm{coker}\, i'_1 \simeq p'_2$.
このとき $f := \begin{pmatrix} i'_1 & i'_2 \end{pmatrix} : A_1 \sqcup A_2 \longrightarrow B$ は $f \circ i_a = i'_a, p'_a \circ f = p_a \, (a = 1, 2)$ を満たす唯一の同型となる.

[**証明**] まず (1), (2), (3) の条件が実は同値であることを示す.(1) を仮定すると $p'_1 = p'_1 \circ (i'_1 \circ p'_1 + i'_2 \circ p'_2) = p'_1 \circ i'_1 \circ p'_1 + p'_1 \circ i'_2 \circ p'_2 = p'_1 + p'_1 \circ i'_2 \circ p'_2$ より $(p'_1 \circ i'_2) \circ p'_2 = 0$ である.そして $p'_2 \circ i'_2 = \mathrm{id}_{A_2}$ より p'_2 は全射なので $p'_1 \circ i'_2 = 0$ が言える.同様に $p'_2 \circ i'_1 = 0$ も言える.これら 2 つの等式および (1) の条件を用いると,命題 2.95(3), (4) の証明と同じ議論により $\ker p'_1 \simeq i'_2, \ker p'_2 \simeq i'_1$, $\mathrm{coker}\, i'_1 \simeq p'_2, \mathrm{coker}\, i'_2 \simeq p'_1$ が示されるので (2), (3) が言える.(2) を仮定するとき,$h := i'_1 \circ p'_1 + i'_2 \circ p'_2 - \mathrm{id}_B$ とおくと $p'_1 \circ h = p'_1 \circ i'_1 \circ p'_1 + p'_1 \circ i'_2 \circ p'_2 - p'_1 = p'_1 + 0 - p'_1 = 0$ なので,仮定 $\ker p'_1 \simeq i'_2$ より $h = i'_2 \circ \varphi$ となる射 φ があるが,このとき $p'_2 \circ h = p'_2 \circ i'_1 \circ p'_1 + p'_2 \circ i'_2 \circ p'_2 - p'_2 = 0 + p'_2 - p'_2 = 0$ より $\varphi = p'_2 \circ i'_2 \circ \varphi = p'_2 \circ h = 0$,よって $h = 0$ を得る.したがって (1) が言える.また (3) を仮定するとき,h を上のようにおくと $h \circ i'_1 = i'_1 \circ p'_1 \circ i'_1 + i'_2 \circ p'_2 \circ i'_1 - i'_1 = i'_1 + 0 - i'_1 = 0$ なので,仮定 $\mathrm{coker}\, i'_1 \simeq p'_2$ より $h = \varphi \circ p'_2$ となる射 φ があるが,このとき $h \circ i'_2 = i'_1 \circ p'_1 \circ i'_2 + i'_2 \circ p'_2 \circ i'_2 - i'_2 = 0 + i'_2 - i'_2 = 0$

より $\varphi = \varphi \circ p_2' \circ i_2' = h \circ i_2' = 0$. よって $h = 0$ を得るので (1) が言える.

次に (1), (2), (3) を仮定して題意の同型 $f = \begin{pmatrix} i_1' & i_2' \end{pmatrix}$ の一意的な存在を示す. 定義より f は $f \circ i_a = i_a' (a = 1, 2)$ を満たす唯一の射である. また, 命題 2.95(5) より射 $g : B \longrightarrow A_1 \sqcup A_2$ で $p_a \circ g = p_a' (a = 1, 2)$ を満たすものが一意的に存在する. g が f の逆写像であることを示せばよい.

まず合成 $g \circ f : A_1 \sqcup A_2 \longrightarrow A_1 \sqcup A_2$ を考える. $a \in \{1, 2\}, b \in \{1, 2\}$ に対して $p_b \circ g \circ f \circ i_a = p_b' \circ i_a'$ は条件 (2), (3) より $a = b$ のとき id_{A_a}, $a \neq b$ のとき 0 である. これより $g \circ f \circ i_a = i_a (a = 1, 2)$ であることがわかり, さらにこれより $g \circ f = \mathrm{id}_{A_1 \sqcup A_2}$ となることがわかる. 次に合成 $f \circ g : B \longrightarrow B$ を考えると条件 (1) より $f \circ g = f \circ (i_1 \circ p_1 + i_2 \circ p_2) \circ g = i_1' \circ p_1' + i_2' \circ p_2' = \mathrm{id}_{A_1 \sqcup A_2}$ となる. 以上より題意が証明された. □

注 2.97 $\mathcal{A}$ を加法圏, $(A_\lambda)_{\lambda \in \Lambda}$ を小さな集合で添字付けられた $\mathcal{A}$ の対象の族とする. Λ' を Λ の部分集合とし, 和 $(\coprod_{\lambda \in \Lambda} A_\lambda, (i_\lambda : A_\lambda \longrightarrow \coprod_{\lambda \in \Lambda} A_\lambda)_{\lambda \in \Lambda})$ および和 $(\coprod_{\lambda \in \Lambda'} A_\lambda, i_\lambda' : A_\lambda \longrightarrow \coprod_{\lambda \in \Lambda'} A_\lambda)_{\lambda \in \Lambda'})$ が存在すると仮定する. $i : \coprod_{\lambda \in \Lambda'} A_\lambda \longrightarrow \coprod_{\lambda \in \Lambda} A_\lambda$ を $i \circ i_\lambda' = i_\lambda (\forall \lambda \in \Lambda')$ を満たす唯一の射とする. これは Λ' 成分からの標準的包含と呼ぶべきものであるが, これは実際に単射となる. それは標準的射影 $p : \coprod_{\lambda \in \Lambda} A_\lambda \longrightarrow \coprod_{\lambda \in \Lambda'} A_\lambda$ が合成

$$\coprod_{\lambda \in \Lambda} A_\lambda = (\coprod_{\lambda \in \Lambda'} A_\lambda) \sqcup (\coprod_{\lambda \in \Lambda \setminus \Lambda'} A_\lambda) = (\prod_{\lambda \in \Lambda'} A_\lambda) \times (\prod_{\lambda \in \Lambda \setminus \Lambda'} A_\lambda) \longrightarrow \coprod_{\lambda \in \Lambda'} A_\lambda$$

(最後の射は積における標準的射影) により定義され, $p \circ i = \mathrm{id}$ となるからである.

注 2.98 定義 2.92 においては $A_1, A_2 \in \mathrm{Ob}\,\mathcal{A}$ に対してその和 $A_1 \sqcup A_2$ の存在しか仮定しなかったが, 命題 2.95 により積の存在が証明できた. したがって, 定義 2.92 における条件 (2) は次の (2)' に置き換えてもよいことがわかる.

(2)' 任意の $A_1, A_2 \in \mathrm{Ob}\,\mathcal{A}$ に対して和 $A_1 \sqcup A_2$ および積 $A_1 \times A_2$ が存在する.

この定義を採用すると, 加法圏 $\mathcal{A}$ の反対圏 $\mathcal{A}^{\mathrm{op}}$ が加法圏になることが容易にわかる. また, (2) は次の条件 (2)'' に置き換えてもよい.

(2)'' 任意の $A_1, A_2 \in \mathrm{Ob}\,\mathcal{A}$ に対して積 $A_1 \times A_2$ が存在する.

実際, A_1, A_2 の積を $(A_1 \times A_2, (p_a' : A_1 \times A_2 \longrightarrow A_a)_{a=1,2})$, $\begin{pmatrix} \mathrm{id}_{A_1} \\ 0 \end{pmatrix} : A_1 \longrightarrow$

$A_1 \times A_2$, $\begin{pmatrix} 0 \\ \mathrm{id}_{A_2} \end{pmatrix} : A_2 \longrightarrow A_1 \times A_2$ のことをそれぞれ i'_1, i'_2 と書いたとき，命題 2.95 と同様の手法により

- $p'_a \circ i'_a = \mathrm{id}_{A_a}$ $(a = 1, 2)$, $p'_1 \circ i'_2 = 0$, $p'_2 \circ i'_1 = 0$,
- $i'_1 \circ p'_1 + i'_2 \circ p'_2 = \mathrm{id}_{A_1 \sqcup A_2}$,
- $\ker p'_1 \simeq i'_2$, $\ker p'_2 \simeq i'_1$,
- $\mathrm{coker}\, i'_1 \simeq p'_2$, $\mathrm{coker}\, i'_2 \simeq p'_1$,
- $(A_1 \times A_2, (i'_a : A_a \longrightarrow A_1 \times A_2)_a)$ が A_1 と A_2 の和になること

が確かめられる．(詳細は読者に任せる．) 特に (2)′ が言える．

また，積に関する上記の性質と命題 2.96 より $I := \begin{pmatrix} \mathrm{id}_{A_1} & 0 \\ 0 & \mathrm{id}_{A_2} \end{pmatrix} : A_1 \sqcup A_2 \longrightarrow A_1 \times A_2$ が同型を与えることがわかる．

以下，加法圏 $\mathcal{A}$ の対象 A_1, A_2 に対して I を通じて $A_1 \sqcup A_2$ と $A_1 \times A_2$ を同一視し，それを $A_1 \oplus A_2$ と書く．そして組 $(A_1 \oplus A_2, (i_a : A_a \longrightarrow A_1 \oplus A_2)_{a=1,2}, (p_a : A_1 \oplus A_2 \longrightarrow A_a)_{a=1,2})$ を A_1, A_2 の**複積 (biproduct)** とよぶ．

行列状に書かれた射の合成の計算は次の補題によりなされる．(より大きなサイズの行列の場合も計算できるが，それは読者に任せる．)

▶**補題 2.99** $\mathcal{A}$ を加法圏とする．

(1) $A, A'_1, A'_2, A'' \in \mathrm{Ob}\,\mathcal{A}$ とし，$X := \begin{pmatrix} x_1 \\ x_2 \end{pmatrix} : A \longrightarrow A'_1 \oplus A'_2$, $Y := (y_1\ y_2) : A'_1 \oplus A'_2 \longrightarrow A''$ とおく．このとき $Y \circ X = y_1 \circ x_1 + y_2 \circ x_2$ となる．

(2) $A_i, A'_i, A''_i \in \mathrm{Ob}\,\mathcal{A}$ $(i=1,2)$ とし，$X := \begin{pmatrix} x_{11} & x_{12} \\ x_{21} & x_{22} \end{pmatrix} : A_1 \oplus A_2 \longrightarrow A'_1 \oplus A'_2$, $Y := \begin{pmatrix} y_{11} & y_{12} \\ y_{21} & y_{22} \end{pmatrix} : A'_1 \oplus A'_2 \longrightarrow A''_1 \oplus A''_2$ とおく．このとき合成 $Y \circ X$ は $\begin{pmatrix} y_{11} \circ x_{11} + y_{12} \circ x_{21} & y_{11} \circ x_{12} + y_{12} \circ x_{22} \\ y_{21} \circ x_{11} + y_{22} \circ x_{21} & y_{21} \circ x_{12} + y_{22} \circ x_{22} \end{pmatrix}$ で与えられる．

つまり合成 $Y \circ X$ は「行列の積」により与えられる．

[**証明**]　(2) は容易に (1) に帰着されるので，(1) を示せばよい．$i'_a : A'_a \longrightarrow A'_1 \oplus A'_2, p'_a : A'_1 \oplus A'_2 \longrightarrow A'_a$ を A'_1 と A'_2 の和，積の定義から定まる射とする．すると $Y \circ X = Y \circ i'_1 \circ p'_1 \circ X + Y \circ i'_2 \circ p'_2 \circ X = y_1 \circ x_1 + y_2 \circ x_2$．□

$A \in \mathrm{Ob}\,\mathcal{A}$ に対して
$$\delta_A := \begin{pmatrix} \mathrm{id}_A \\ \mathrm{id}_A \end{pmatrix} : A \longrightarrow A \oplus A, \quad \sigma_A := \begin{pmatrix} \mathrm{id}_A & \mathrm{id}_A \end{pmatrix} : A \oplus A \longrightarrow A$$

と定める．すると補題 2.99 の系として $\mathcal{A}$ の射 f, g の和は δ_A あるいは σ_A を用いて書けることがわかる．

▶ **系 2.100**　加法圏 $\mathcal{A}$ における射 $f, g : A \longrightarrow B$ に対して，その和 $f + g$ は合成 $A \xrightarrow{\delta_A} A \oplus A \xrightarrow{(f\ g)} B$ と一致する．また合成 $A \xrightarrow{\binom{f}{g}} B \oplus B \xrightarrow{\sigma_B} B$ とも一致する．

本節の主目標は次の定理の証明である．

▶ **定理 2.101**　$\mathcal{A}$ をアーベル圏とするとき，任意の $A, B \in \mathrm{Ob}\,\mathcal{A}$ に対して $\mathrm{Hom}_\mathcal{A}(A, B)$ に自然な加群の構造が入り，その構造により $\mathcal{A}$ は加法圏となる．

証明の方針は，まずアーベル圏 $\mathcal{A}$ においても $A_1, A_2 \in \mathrm{Ob}\,\mathcal{A}$ に対して $I := \begin{pmatrix} \mathrm{id}_{A_1} & 0 \\ 0 & \mathrm{id}_{A_2} \end{pmatrix} : A_1 \sqcup A_2 \longrightarrow A_1 \times A_2$ が同型であることを示し，そして系 2.100 の結果を逆に用いて写像の和を定義し，それにより $\mathcal{A}$ が加法圏になることを示すというものである．以下，$A_1, A_2 \in \mathrm{Ob}\,\mathcal{A}$ に対してその和を $(A_1 \sqcup A_2, (i_a : A_a \longrightarrow A_1 \sqcup A_2)_a)$，積を $(A_1 \times A_2, (p_a : A_1 \times A_2 \longrightarrow A_a)_a)$ と書く．また，$i'_1 := \begin{pmatrix} \mathrm{id}_{A_1} \\ 0 \end{pmatrix} : A_1 \longrightarrow A_1 \times A_2, i'_2 := \begin{pmatrix} 0 \\ \mathrm{id}_{A_2} \end{pmatrix} : A_2 \longrightarrow A_1 \times A_2$,

$p'_1 := \begin{pmatrix} \mathrm{id}_{A_1} & 0 \end{pmatrix} : A_1 \sqcup A_2 \longrightarrow A_1, p'_2 := \begin{pmatrix} 0 & \mathrm{id}_{A_2} \end{pmatrix} : A_1 \sqcup A_2 \longrightarrow A_2$ とおく. このとき $i'_a = I \circ i_a, p'_a = p_a \circ I, p'_a \circ i_a = p_a \circ i'_a = \mathrm{id}_{A_a}\ (a = 1, 2), p'_1 \circ i_2 = p_1 \circ i'_2 = 0, p'_2 \circ i_1 = p_2 \circ i'_1 = 0$ である.

▶**補題 2.102** アーベル圏 $\mathcal{A}$ の対象 A_1, A_2 に対して $\ker p'_1 \simeq i_2, \ker p'_2 \simeq i_1$, $\mathrm{coker}\, i'_1 \simeq p_2, \mathrm{coker}\, i'_2 \simeq p_1$ である.

[**証明**] $\ker p'_1 \simeq i_2$ を示す. まず,$p'_2 \circ i_2 = \mathrm{id}_{A_2}$ より i_2 は単射なので補題 2.73 より $i_2 \simeq \ker(\mathrm{coker}\, i_2)$ である. また,$p'_1 \circ i_2 = 0$ である. そして $f = \begin{pmatrix} f_1 & f_2 \end{pmatrix} : A_1 \sqcup A_2 \longrightarrow X$ を $f \circ i_2 = 0$ となる任意の射とすると $f_2 = 0$ なので $f = \begin{pmatrix} f_1 & 0 \end{pmatrix}$ は $A_1 \sqcup A_2 \xrightarrow{p'_1} A_1 \xrightarrow{f_1} X$ と分解し,またこの分解における f_1 は (p'_1 の全射性より) 一意的である. よって $\mathrm{coker}\, i_2 = p'_1$ となるので $i_2 \simeq \ker(\mathrm{coker}\, i_2) = \ker p'_1$. 同様の議論により $\ker p'_2 \simeq i_1$ が言える. また $\mathcal{A}^{\mathrm{op}}$ に対しての前半2つの式から後半2つの式が言える. □

▶**命題 2.103** アーベル圏 $\mathcal{A}$ の対象 A_1, A_2 に対して $I := \begin{pmatrix} \mathrm{id} & 0 \\ 0 & \mathrm{id} \end{pmatrix} : A_1 \sqcup A_2 \longrightarrow A_1 \times A_2$ は同型.

[**証明**] $p'_1 \circ \ker I = p_1 \circ I \circ \ker I = 0$ と補題 2.102 の1つめの式よりある $g_1 : \mathrm{Ker}\, I \longrightarrow A_2$ で $\ker I = i_2 \circ g_1$ を満たすものがある. 同様に,補題 2.102 の2つめの式を用いることにより $g_2 : \mathrm{Ker}\, I \longrightarrow A_1$ で $\ker I = i_1 \circ g_2$ を満たすものの存在も言える. すると $\ker I = i_1 \circ g_2 = i_1 \circ p'_1 \circ i_1 \circ g_2 = i_1 \circ p'_1 \circ \ker I = i_1 \circ p'_1 \circ i_2 \circ g_1 = i_1 \circ 0 \circ g_1 = 0$ となる. したがって系 2.84 より I は単射. 補題 2.102 後半の主張を用いると,同様の議論により I の全射性も言える. □

以下,アーベル圏 $\mathcal{A}$ の対象 A_1, A_2 に対しても I を通じて $A_1 \sqcup A_2$ と $A_1 \times A_2$ を同一視し,それを $A_1 \oplus A_2$ と書く.(このとき i_a と i'_a, p_a と p'_a ($a = 1, 2$) が同一視されるので,以降では i_a, p_a と書く.) そして,加法圏の場合と同様に組 $(A_1 \oplus A_2, (i_a : A_a \longrightarrow A_1 \oplus A_2)_{a=1,2}, (p_a : A_1 \oplus A_2 \longrightarrow A_a)_{a=1,2})$ を A_1, A_2 の**複積**とよぶ. そして $\mathcal{A}$ の対象 A に対して $\delta_A : A \longrightarrow A \oplus A, \sigma_A :$

$A \oplus A \longrightarrow A$ を加法圏の場合と同様に定義し，$\mathcal{A}$ における射 $f, g : A \longrightarrow B$ に対して $f +_L g$ を合成 $A \xrightarrow{\delta_A} A \oplus A \xrightarrow{(f\ g)} B$, $f +_R g$ を合成 $A \xrightarrow{\binom{f}{g}} B \oplus B \xrightarrow{\sigma_B} B$ と定める．

▶ **補題 2.104** 記号を上の通りとするとき $0 +_L f = f = f +_L 0, 0 +_R f = f = f +_R 0$．

[証明] $0 +_L f = \begin{pmatrix} 0 & f \end{pmatrix} \circ \delta_A = f \circ p_2 \circ \delta_A = f$．他の等式も同様に示せる． □

▶ **補題 2.105** $\mathcal{A}$ における射 $f, g : A \longrightarrow B$ と $h : B \longrightarrow C, h' : C \longrightarrow A$ に対して $(h \circ f) +_L (h \circ g) = h \circ (f +_L g), (f \circ h') +_R (g \circ h') = (f +_R g) \circ h'$．

[証明] $h \circ (f +_L g) = h \circ (f\ g) \circ \delta_A = (h \circ f\ h \circ g) \circ \delta_A = (h \circ f) +_L (h \circ g)$. もう一つの等式も同様に示せる． □

▶ **命題 2.106** 実は $+_R = +_L$ で，これは結合的かつ可換．以下 $+ := +_R = +_L$ と書く．

[証明] $a, b, c, d : A \longrightarrow B$ に対して $\sigma_B \circ \begin{pmatrix} a & b \\ c & d \end{pmatrix} \circ \delta_A = (\begin{pmatrix} a & b \end{pmatrix} +_R \begin{pmatrix} c & d \end{pmatrix}) \circ \delta_A = (\begin{pmatrix} a & b \end{pmatrix} \circ \delta_A) +_R (\begin{pmatrix} c & d \end{pmatrix} \circ \delta_A) = (a +_L b) +_R (c +_L d)$．一方，$\sigma_B \circ \begin{pmatrix} a & b \\ c & d \end{pmatrix} \circ \delta_A = \sigma_B \circ \left(\begin{pmatrix} a \\ c \end{pmatrix} +_L \begin{pmatrix} b \\ d \end{pmatrix} \right) = \left(\sigma_B \circ \begin{pmatrix} a \\ c \end{pmatrix} \right) +_L \left(\sigma_B \circ \begin{pmatrix} b \\ d \end{pmatrix} \right) = (a +_R c) +_L (b +_R d)$. したがって $(a +_L b) +_R (c +_L d) = (a +_R c) +_L (b +_R d)$. $b = c = 0$ とおくことにより $a +_R d = a +_L d$ を得る．よって $+_R = +_L (=: +)$. そして $b = 0$ とおくことにより $a + (c + d) = (a + c) + d$, $a = d = 0$ とおくことにより $b + c = c + b$ を得る． □

▶ **補題 2.107** $A_1, A_2 \in \mathrm{Ob}\, \mathcal{A}$ に対して $i_1 \circ p_1 + i_2 \circ p_2 = \mathrm{id}_{A_1 \oplus A_2}$．

[証明] $p_1 \circ (i_1 \circ p_1 + i_2 \circ p_2) \circ i_1 = (p_1 \circ i_1) \circ (p_1 \circ i_1) + (p_1 \circ i_2) \circ (p_2 \circ i_1) = \mathrm{id}_{A_1} \circ \mathrm{id}_{A_1} + 0 \circ 0 = \mathrm{id}_{A_1}$. 同様にして $p_1 \circ (i_1 \circ p_1 + i_2 \circ p_2) \circ i_2 = 0, p_2 \circ$

$(i_1 \circ p_1 + i_2 \circ p_2) \circ i_1 = 0, p_2 \circ (i_1 \circ p_1 + i_2 \circ p_2) \circ i_2 = \mathrm{id}_{A_2}$ が言える．よって $i_1 \circ p_1 + i_2 \circ p_2 = I$ で，これは和と積の同一視を通じると $\mathrm{id}_{A_1 \oplus A_2}$ に他ならない． □

▶**補題 2.108** アーベル圏 $\mathcal{A}$ の射に対しても補題 2.99 が成り立つ．

[証明] 補題 2.107 を用いると，補題 2.99 の証明がそのまま通用する． □

[**定理 2.101 の証明**] これまでの議論により，任意の $A, B \in \mathrm{Ob}\mathcal{A}$ に対して $\mathrm{Hom}_{\mathcal{A}}(A, B)$ に二項演算 $+$ が定まっており，$+$ に関する逆元の存在以外については満たすべき性質の証明は終わっている．$f \in \mathrm{Hom}_{\mathcal{A}}(A, B)$ をとり，

$$g := \begin{pmatrix} \mathrm{id}_A & 0 \\ f & \mathrm{id}_B \end{pmatrix} : A \oplus B \longrightarrow A \oplus B$$

を考える．$\ker g := \begin{pmatrix} a \\ b \end{pmatrix} : \mathrm{Ker}\, g \longrightarrow A \oplus B$ とおくと $\begin{pmatrix} 0 \\ 0 \end{pmatrix} = \begin{pmatrix} \mathrm{id}_A & 0 \\ f & \mathrm{id}_B \end{pmatrix} \circ \begin{pmatrix} a \\ b \end{pmatrix} = \begin{pmatrix} a \\ f \circ a + b \end{pmatrix}$ より $a = b = 0$ を得る．よって $\ker g = 0$．同様にして $\mathrm{coker}\, g = 0$ も言えるので g は同型となる．g の逆射は補題 2.108 により $\begin{pmatrix} \mathrm{id}_A & 0 \\ f' & \mathrm{id}_B \end{pmatrix}$ の形をしていることが言え，すると $f + f' = 0$ となることがわかる．したがって $+$ に関する逆元の存在が言えたので定理の証明ができた． □

アーベル圏における完全列に対する分裂の概念が左 R 加群のときと同様に定義できる．

▶**命題 2.109** アーベル圏における完全列 $O \longrightarrow A_1 \xrightarrow{i_1} A \xrightarrow{p_2} A_2 \longrightarrow O$ に対する次の 2 条件は同値である．
(1) 射 $i_2 : A_2 \longrightarrow A$ で $p_2 \circ i_2 = \mathrm{id}_{A_2}$ を満たすものがある．
(2) 射 $p_1 : A \longrightarrow A_1$ で $p_1 \circ i_1 = \mathrm{id}_{A_1}$ を満たすものがある．
また，この 2 条件が満たされるとき $\begin{pmatrix} i_1 & i_2 \end{pmatrix} : A_1 \oplus A_2 \longrightarrow A$ は同型となる．

[証明] まず条件 (1) を仮定する．このとき $p_2 \circ (\mathrm{id}_A - i_2 \circ p_2) = p_2 - p_2 \circ i_2 \circ p_2 = p_2 - p_2 = 0$ と $\ker p_2 \simeq i_1$ であることより $p_1 : A \longrightarrow A_1$ で $i_1 \circ p_1 =$

$\mathrm{id}_B - i_2 \circ p_2$ を満たすものがある.すると $i_1 \circ p_1 \circ i_1 = (\mathrm{id}_A - i_2 \circ p_2) \circ i_1 = i_1 - i_2 \circ p_2 \circ i_1 = i_1$ であり,i_1 の単射性より $p_1 \circ i_1 = \mathrm{id}_{A_1}$ を得る.つまり (2) が成り立つ.

一方,条件 (2) を仮定すると,$(\mathrm{id}_A - i_1 \circ p_1) \circ i_1 = i_1 - i_1 \circ p_1 \circ i_1 = i_1 - i_1 = 0$ と $\mathrm{coker}\, i_1 \simeq p_2$ であることより $i_2: A_2 \longrightarrow A$ で $i_2 \circ p_2 = \mathrm{id}_B - i_1 \circ p_1$ を満たすものがある.すると $p_2 \circ i_2 \circ p_2 = p_2 \circ (\mathrm{id}_A - i_1 \circ p_1) = p_2 - p_2 \circ i_1 \circ p_1 = p_2$ であり,p_2 の全射性より $p_2 \circ i_2 = \mathrm{id}_{A_2}$ を得る.つまり (1) が成り立つ.

最後に,(1),(2) を仮定すると $i_a, p_a\, (a = 1, 2)$ は命題 2.96(3) の条件を満たすので命題 2.96 より $\begin{pmatrix} i_1 & i_2 \end{pmatrix}: A_1 \oplus A_2 \longrightarrow A$ は同型となる. □

▷**定義 2.110** アーベル圏における完全列 $0 \longrightarrow A_1 \xrightarrow{i_1} A \xrightarrow{p_2} A_2 \longrightarrow 0$ が命題 2.109 の条件を満たすとき,この完全列は**分裂**するという.

アーベル圏におけるファイバー積,ファイバー和について後で用いる命題を示しておく.

▶**補題 2.111** 加法圏 $\mathcal{A}$ における図式

$$\begin{array}{ccc} A & \xrightarrow{f} & B \\ g \downarrow & & g' \downarrow \\ C & \xrightarrow{f'} & D \end{array} \qquad (2.19)$$

を考える.
(1) $(A, A \xrightarrow{f} B, A \xrightarrow{g} C)$ が $(B \xrightarrow{g'} D, C \xrightarrow{f'} D)$ のファイバー積であることと $\begin{pmatrix} f \\ g \end{pmatrix} \simeq \ker\left(\begin{pmatrix} g' & -f' \end{pmatrix}: B \oplus C \longrightarrow D\right)$ であることは同値.

(2) $(D, B \xrightarrow{g'} D, C \xrightarrow{f'} D)$ が $(A \xrightarrow{f} B, A \xrightarrow{g} C)$ のファイバー和であることと $\begin{pmatrix} g' & -f' \end{pmatrix} \simeq \mathrm{coker}\left(\begin{pmatrix} f \\ g \end{pmatrix}: A \longrightarrow B \oplus C\right)$ であることは同値.

2.5 加法圏　137

[証明]　(1) を示す．もし A が $(B \xrightarrow{g'} D, C \xrightarrow{f'} D)$ のファイバー積なら $g' \circ f = f' \circ g$ なので $\begin{pmatrix} g' & -f' \end{pmatrix} \circ \begin{pmatrix} f \\ g \end{pmatrix} = g' \circ f - f' \circ g = 0$．また $X \in \mathrm{Ob}\,\mathcal{A}$ と $\begin{pmatrix} f'' \\ g'' \end{pmatrix} : X \longrightarrow B \oplus C$ が $\begin{pmatrix} g' & -f' \end{pmatrix} \circ \begin{pmatrix} f'' \\ g'' \end{pmatrix} = 0$ を満たすとするとき，$g' \circ f'' = f' \circ g''$ なので $f \circ \varphi = f''$ かつ $g \circ \varphi = g''$ つまり $\begin{pmatrix} f \\ g \end{pmatrix} \circ \varphi = \begin{pmatrix} f'' \\ g'' \end{pmatrix}$ を満たす $\varphi : X \longrightarrow A$ が一意的に存在する．以上より $\begin{pmatrix} f \\ g \end{pmatrix} \simeq \ker \begin{pmatrix} g' & -f' \end{pmatrix}$ となる．以上の議論を逆にたどれば逆も証明できる．(2) も同様に示せる． □

▶**命題 2.112**　アーベル圏 $\mathcal{A}$ において図式 (2.19) を考える．
(1) $(A, A \xrightarrow{f} B, A \xrightarrow{g} C)$ が $(B \xrightarrow{g'} D, C \xrightarrow{f'} D)$ のファイバー積であるとき，$f : A \longrightarrow B$ が単射であることと $f' : C \longrightarrow D$ が単射であることは同値．
(2) $(A, A \xrightarrow{f} B, A \xrightarrow{g} C)$ が $(B \xrightarrow{g'} D, C \xrightarrow{f'} D)$ のファイバー積であるとき，$f' : C \longrightarrow D$ が全射ならば $f : A \longrightarrow B$ も全射．
(3) $(D, B \xrightarrow{g'} D, C \xrightarrow{f'} D)$ が $(A \xrightarrow{f} B, A \xrightarrow{g} C)$ のファイバー和であるとき，$f : A \longrightarrow B$ が全射であることと $f' : C \longrightarrow D$ が全射であることは同値．
(4) $(D, B \xrightarrow{g'} D, C \xrightarrow{f'} D)$ が $(A \xrightarrow{f} B, A \xrightarrow{g} C)$ のファイバー和であるとき，$f : A \longrightarrow B$ が単射ならば $f' : C \longrightarrow D$ も単射．

[証明]　(1) を示す．まず f が単射であると仮定する．$\alpha : X \longrightarrow C$ が $f' \circ \alpha = 0$ を満たすとき，ある $\beta : X \longrightarrow A$ で $g \circ \beta = \alpha, f \circ \beta = 0$ を満たすものがある．f の単射性より $\beta = 0$ となるので $\alpha = 0$．よって f' が単射であることが言える．逆に f' が単射であると仮定し，$\alpha : X \longrightarrow A$ が $f \circ \alpha = 0$ を満たすとき，$f' \circ g \circ \alpha = g' \circ f \circ \alpha = 0$ より $g \circ \alpha = 0$．すると $f \circ \alpha = 0, g \circ \alpha = 0$ なのでファイバー積の定義から $\alpha = 0$ となる．よって f が単射であることが言える．

　(3) は (1) を $\mathcal{A}^{\mathrm{op}}$ に適用すれば得られる．次に (4) を示す．補題 2.111(2) より図式 $A \xrightarrow{\begin{pmatrix} f \\ g \end{pmatrix}} B \oplus C \xrightarrow{\begin{pmatrix} g' & -f' \end{pmatrix}} D \longrightarrow O$ は完全で，また f の単射性より $\begin{pmatrix} f \\ g \end{pmatrix}$

は単射である．よって図式 $O \longrightarrow A \xrightarrow{\binom{f}{g}} B \oplus C \xrightarrow{(g'\ -f')} D$ は完全．すると補題 2.111(1) より A は $(B \xrightarrow{g'} D, C \xrightarrow{f'} D)$ のファイバー積となる．したがって (4) は (1) より従う．(4) を $\mathcal{A}^{\mathrm{op}}$ に適用すれば (2) が得られる． □

加法圏の例，あるいはそうでない例をいくつか挙げる．

【例 2.113】 $\mathfrak{U}$ 集合の圏 **Set**，$\mathfrak{U}$ 位相空間の圏 **Top** は零対象をもたないので，加法圏ではない．

【例 2.114】 $\mathfrak{U}$ 群の圏 **Gp** において，$\mathbb{Z}$ と $\mathbb{Z}$ の自由積 $\mathbb{Z} * \mathbb{Z}$ は非可換群であるが積 $\mathbb{Z} \times \mathbb{Z}$ は可換群なので両者は同型ではない．したがって **Gp** は加法圏ではない．

【例 2.115】 $\mathfrak{U}$ アーベル群の圏 **Ab**，$\mathfrak{U}$ 左 R 加群の圏 R-**Mod**，$\mathfrak{U}$ 右 R 加群の圏 **Mod**-R はアーベル圏なので，加法圏でもある．

【例 2.116】 加法圏であるがアーベル圏ではない例を 2 つ挙げる．

R を小さな環とし，R-**TF** を小さな無捻加群全体のなす R-**Mod** の充満部分圏とする．このとき，$0 \in \mathrm{Ob}\, R$-**TF** である．そして左 R 加群 M, N が無捻加群のとき $M \oplus N$ も無捻加群であり，これが M と N の和となる．さらに $\mathrm{Hom}_{R\text{-}\mathbf{TF}}(M, N) = \mathrm{Hom}_{R\text{-}\mathbf{Mod}}(M, N)$ は可換群の構造をもつ．したがって R-**TF** は加法圏となる．しかしながら，R が可逆でない非零因子 a をもつとき（例えば $R = \mathbb{Z}, a = 2$），$f : R \longrightarrow R$ を $f(r) := ra$ と定義すれば，これは R-**TF** における射であり，また a が非零因子であるという仮定から単射となる．しかしながら，これは R-**TF** における射 $g : R \longrightarrow M$ の核とならない．実際，$f \simeq \ker g$ であると仮定すると $0 = g \circ f(1) = g(a) = ag(1)$ となるが，a は非零因子なので $g(1) = 0$ となる．すると $g = 0$ なので $f \simeq \mathrm{id}_R$，つまり f は同型となるが，a は可逆ではないのでこれは矛盾である．したがって R-**TF** はアーベル圏ではない．

次に k を $\mathfrak{U}$ に属する体とし，圏 $\mathcal{C}$ を

$$\mathrm{Ob}\,\mathcal{C} := \{(V, W) \mid V \text{ は } \mathfrak{U} \text{ に属する } k \text{ 線型空間}, W \text{ は } V \text{ の部分空間 }\},$$
$$\mathrm{Hom}_{\mathcal{C}}((V, W), (V', W')) := \{f : V \longrightarrow V' \mid k \text{ 線型写像}, f(W) \subseteq W'\}$$

により定義する．このとき $(0,0)$ が $\mathcal{C}$ の零対象となる．また $(V,W), (V',W') \in \mathrm{Ob}\,\mathcal{C}$ に対して $(V \oplus V', W \oplus W')$ が和となり，また $\mathrm{Hom}_{\mathcal{C}}((V,W), (V',W'))$ は k 線形写像の和による自然な可換群の構造をもつ．したがって $\mathcal{C}$ は加法圏となる．$\mathcal{C}$ における射 $f : (V,W) \longrightarrow (V',W')$ が単射（全射）であるためには $f : V \longrightarrow V'$ が k 線型空間の射として単射（全射）であることが必要充分である．したがって，k 線型空間 $V \neq 0$ に対して id_V から定まる射 $f : (V, 0) \longrightarrow (V, V)$ は単射かつ全射であるが，これは同型ではない．したがって $\mathcal{C}$ はアーベル圏ではない．

2.6 アーベル圏の間の関手

本節ではアーベル圏の間の関手について考察する．

▷**定義 2.117** $\mathcal{A}, \mathcal{B}$ をアーベル圏，F を $\mathcal{A}$ から $\mathcal{B}$ への関手とする．
(1) F が **加法的 (additive)** であるとは，任意の $A, B \in \mathcal{A}$ に対して $F_{A,B} : \mathrm{Hom}_{\mathcal{A}}(A, B) \longrightarrow \mathrm{Hom}_{\mathcal{B}}(F(A), F(B))$ が可換群の準同型写像となること．
(2) F が **左完全 (left exact)**（**右完全 (right exact)**）であるとは，任意の $O \longrightarrow A \longrightarrow B \longrightarrow C$ ($A \longrightarrow B \longrightarrow C \longrightarrow O$) の形の $\mathcal{A}$ における完全列に対し，$O \longrightarrow F(A) \longrightarrow F(B) \longrightarrow F(C)$ ($F(A) \longrightarrow F(B) \longrightarrow F(C) \longrightarrow O$) が $\mathcal{B}$ における完全列となること．
(3) F が **完全** であるとは，任意の $\mathcal{A}$ における完全列 $A \longrightarrow B \longrightarrow C$ に対し，$F(A) \longrightarrow F(B) \longrightarrow F(C)$ が $\mathcal{B}$ における完全列となること．

▷**定義 2.118** $\mathcal{A}$ をアーベル圏，$\mathcal{B}$ をその部分圏でアーベル圏であるものとする．このとき $\mathcal{B}$ が $\mathcal{A}$ の **完全部分圏 (exact subcategory)** であるとは，包含関手 $\mathcal{B} \longrightarrow \mathcal{A}$ が完全であること．

▶**命題 2.119** $\mathcal{A}, \mathcal{B}$ をアーベル圏，F を $\mathcal{A}$ から $\mathcal{B}$ への関手とする．
(1) F が完全であることと，F が右完全かつ左完全であることは同値．

(2) F が加法的であることと，F が複積を保つこと（つまり $(A_1 \oplus A_2, (i_a : A_a \longrightarrow A_1 \oplus A_2)_{a=1,2}, (p_a : A_1 \oplus A_2 \longrightarrow A_a)_{a=1,2})$ を $A_1, A_2 \in \mathrm{Ob}\,\mathcal{A}$ の複積とするとき $(F(A_1 \oplus A_2), (F(i_a) : F(A_a) \longrightarrow F(A_1 \oplus A_2))_{a=1,2}, (F(p_a) : F(A_1 \oplus A_2) \longrightarrow F(A_a))_{a=1,2})$ が $F(A_1), F(A_2)$ の複積となること）は同値.
(3) F が右完全または左完全ならば加法的である.

[証明] (1) を示す. F が完全ならば，完全列 $O \xrightarrow{\mathrm{id}} O \xrightarrow{\mathrm{id}} O$ に F を施すことにより完全列 $F(O) \xrightarrow{\mathrm{id}} F(O) \xrightarrow{\mathrm{id}} F(O)$ を得るので，命題 2.58(1), (3) より $F(O) = O$ となる. これと F の完全性より F が右完全かつ左完全であることを得る. 逆に F が右完全かつ左完全であるとすると，命題 2.87(2) より $\mathcal{A}$ における任意の射 f に対して $F(\ker f) \simeq \ker F(f), F(\operatorname{coker} f) \simeq \operatorname{coker} F(f)$ である. また, 命題 2.58(3), 2.88 より射 $f : A \longrightarrow B$ が零射であることと $O \longrightarrow A \xrightarrow{\mathrm{id}_A} A \xrightarrow{f} B$ が完全であることは同値なので，$F(0) = 0$ であることもわかる. すると, $\mathcal{A}$ における任意の完全列 $A \xrightarrow{f} B \xrightarrow{g} C$ に対して命題 2.88 より $g \circ f = 0$ かつ $\operatorname{coker} f \circ \ker g = 0$, よって $F(g) \circ F(f) = F(g \circ f) = F(0) = 0, \operatorname{coker} F(f) \circ \ker F(g) = F(\operatorname{coker} f \circ \ker g) = F(0) = 0$ が成り立つ. よって命題 2.88 を再び用いることにより $F(A) \xrightarrow{F(f)} F(B) \xrightarrow{F(g)} F(C)$ が完全になることがわかる.

次に (2) を示す. F が加法的であると仮定し，$(A_1 \oplus A_2, (i_a : A_a \longrightarrow A_1 \oplus A_2)_{a=1,2}, (p_a : A_1 \oplus A_2 \longrightarrow A_a)_{a=1,2})$ を $A_1, A_2 \in \mathrm{Ob}\,\mathcal{A}$ の複積とすると命題 2.95 より $p_a \circ i_a = \mathrm{id}_{A_a}$ $(a = 1, 2)$, $i_1 \circ p_1 + i_2 \circ p_2 = \mathrm{id}_{A_1 \oplus A_2}$ である. したがって $F(p_a) \circ F(i_a) = \mathrm{id}_{F(A_a)}$ $(a = 1, 2)$, $F(i_1) \circ F(p_1) + F(i_2) \circ F(p_2) = \mathrm{id}_{F(A_1 \oplus A_2)}$ となるので命題 2.96 より $(F(A_1 \oplus A_2), (F(i_a) : F(A_a) \longrightarrow F(A_1 \oplus A_2))_{a=1,2}, (F(p_a) : F(A_1 \oplus A_2) \longrightarrow F(A_a))_{a=1,2})$ は $F(A_1), F(A_2)$ の複積となる.

逆に F が複積を保つと仮定する. $\mathcal{A}$ における射 $f, g : A \longrightarrow B$ に対してその和 $f + g$ は合成

$$A \xrightarrow{\binom{f}{g}} B \oplus B \xrightarrow{(\mathrm{id}_B\ \mathrm{id}_B)} B$$

により定義されていたことを思い出す. F が複積を保つことから，この図式を F で移すと図式

$$F(A) \xrightarrow{\binom{F(f)}{F(g)}} F(B) \oplus F(B) \xrightarrow{(\mathrm{id}_{F(B)}\ \mathrm{id}_{F(B)})} F(B)$$

を得ることになり,これは $F(f) + F(g)$ である.したがって F が加法的であることが示された.

最後に (3) を示す.そのためには F が複積を保つことを示せばよい.$(A_1 \oplus A_2, (i_a : A_a \longrightarrow A_1 \oplus A_2)_{a=1,2}, (p_a : A_1 \oplus A_2 \longrightarrow A_a)_{a=1,2})$ を A_1 と A_2 の複積とする.すると命題 2.95 より $p_a \circ i_a = \mathrm{id}_{A_a}$ $(a = 1, 2)$ であり(特に p_a $(a = 1, 2)$ は全射),また $\mathrm{Ker}\, p_1 \simeq i_2, \mathrm{Ker}\, p_2 \simeq i_1$ である.よって $O \longrightarrow A_1 \xrightarrow{i_1} A_1 \oplus A_2 \xrightarrow{p_2} A_2 \longrightarrow O$ および $O \longrightarrow A_2 \xrightarrow{i_2} A_1 \oplus A_2 \xrightarrow{p_1} A_1 \longrightarrow O$ は完全列である.すると F の左完全性または右完全性より $F(A_1) \xrightarrow{F(i_1)} F(A_1 \oplus A_2) \xrightarrow{F(p_2)} A_2$ は完全で,また $F(p_a) \circ F(i_a) = F(\mathrm{id}_{A_a}) = \mathrm{id}_{F(A_a)}$ であることから $F(i_a)$ $(a = 1, 2)$ は単射である.したがって $O \longrightarrow F(A_1) \xrightarrow{F(i_1)} F(A_1 \oplus A_2) \xrightarrow{F(p_2)} F(A_2)$ は完全列となり,同様に $O \longrightarrow F(A_2) \xrightarrow{F(i_2)} F(A_1 \oplus A_2) \xrightarrow{F(p_1)} F(A_1)$ も完全列となることがわかる.以上より $F(p_a) \circ F(i_a) = \mathrm{id}_{F(A_a)}$ $(a = 1, 2), \mathrm{Ker}\, F(p_2) \simeq F(i_1), \mathrm{Ker}\, F(p_1) \simeq F(i_2)$ が言えたので命題 2.96 より $F(A_1 \oplus A_2)$ は $F(A_1)$ と $F(A_2)$ の複積となる.よって F が複積を保つことが言えたので題意が示された. □

注 2.120 命題 2.119, 2.109, 2.95 により F を $\mathcal{A}$ から $\mathcal{B}$ への加法的関手とするとき,F は分裂する完全列を分裂する完全列に移すことがわかる.

【例 2.121】 $\mathcal{C}$ が加法圏のとき,注 2.62 における集合の同型 (2.9), (2.10) は可換群の同型となる.特に,アーベル圏 $\mathcal{A}$ における射 $f : X \longrightarrow Y$ と $A \in \mathcal{A}$ に対して自然な可換群の同型

$$\mathrm{Hom}_\mathcal{A}(A, \mathrm{Ker}\, f) = \mathrm{Ker}\, f^\sharp, \quad \mathrm{Hom}_\mathcal{A}(\mathrm{Coker}\, f, A) = \mathrm{Ker}\,{}^\sharp f$$

がある.このことから,関手

$$\mathrm{Hom}_\mathcal{A}(A, -) : \mathcal{A} \longrightarrow \mathbf{Ab}; \quad X \mapsto \mathrm{Hom}_\mathcal{A}(A, X),$$
$$\mathrm{Hom}_\mathcal{A}(-, A) : \mathcal{A}^{\mathrm{op}} \longrightarrow \mathbf{Ab}; \quad X \mapsto \mathrm{Hom}_\mathcal{A}(X, A)$$

が左完全であることが言える.これは左 R 加群に対する命題 1.56 の一般化で

ある. 左 R 加群のときに見たように, 上の関手は必ずしも完全ではない.

【例 2.122】 $N \in R\text{-Mod}$ に対し, 関手

$$- \otimes_R N : \mathbf{Mod}\text{-}R \longrightarrow \mathbf{Ab}; \quad M \mapsto M \otimes_R N$$

は系 1.84(1) より右完全である. この関手は必ずしも完全ではない. 定義 1.103 の後に述べた議論により, N が平坦加群であることとこの関手が完全であることは同値である.

左 R 加群の場合にならって, アーベル圏における射影的対象, 単射的対象の概念を次のように定義する.

▷**定義 2.123** アーベル圏 $\mathcal{A}$ の対象 A が**射影的対象 (projective object)** であるとは, 任意の $\mathcal{A}$ における全射 $f : B \longrightarrow C$ に対して $f^{\sharp} : \mathrm{Hom}_{\mathcal{A}}(A, B) \longrightarrow \mathrm{Hom}_{\mathcal{A}}(A, C)$ が集合の全射であること. また, アーベル圏 $\mathcal{A}$ の対象 A が**単射的対象 (injective object)** であるとは, 任意の $\mathcal{A}$ における単射 $f : B \longrightarrow C$ に対して ${}^{\sharp}f : \mathrm{Hom}_{\mathcal{A}}(C, A) \longrightarrow \mathrm{Hom}_{\mathcal{A}}(B, A)$ が集合の全射であること.

【例 2.124】 $\mathcal{A}$ をアーベル圏, A を $\mathcal{A}$ の射影的対象とすると関手

$$\mathrm{Hom}_{\mathcal{A}}(A, -) : \mathcal{A} \longrightarrow \mathbf{Ab}; \quad B \mapsto \mathrm{Hom}_{\mathcal{A}}(A, B)$$

は完全である. 実際, $B \xrightarrow{f} C \xrightarrow{g} D \longrightarrow O$ を $\mathcal{A}$ における完全列とすると, $O \longrightarrow \mathrm{Im}\, f \xrightarrow{\mathrm{im}\, f} C \xrightarrow{g} D \longrightarrow O$ が完全となる. したがって, 例 2.121 より $0 \longrightarrow \mathrm{Hom}_{\mathcal{A}}(A, \mathrm{Im}\, f) \longrightarrow \mathrm{Hom}_{\mathcal{A}}(A, C) \longrightarrow \mathrm{Hom}_{\mathcal{A}}(A, D)$ は完全. また $B \longrightarrow \mathrm{Im}\, f, C \longrightarrow D$ は全射なので $\mathrm{Hom}_{\mathcal{A}}(A, B) \longrightarrow \mathrm{Hom}_{\mathcal{A}}(A, \mathrm{Im}\, f)$, $\mathrm{Hom}_{\mathcal{A}}(A, C) \longrightarrow \mathrm{Hom}_{\mathcal{A}}(A, D)$ は全射. これらを合わせると $\mathrm{Hom}_{\mathcal{A}}(A, B) \longrightarrow \mathrm{Hom}_{\mathcal{A}}(A, C) \longrightarrow \mathrm{Hom}_{\mathcal{A}}(A, D) \longrightarrow 0$ の完全性が言える. したがって $\mathrm{Hom}_{\mathcal{A}}(A, -)$ は右完全. これと例 2.121 の結果より $\mathrm{Hom}_{\mathcal{A}}(A, -)$ の完全性がわかる. 同様の議論により, A を $\mathcal{A}$ の単射的対象とするとき, 関手

$$\mathrm{Hom}_{\mathcal{A}}(-, A) : \mathcal{A}^{\mathrm{op}} \longrightarrow \mathbf{Ab}; \quad B \mapsto \mathrm{Hom}_{\mathcal{A}}(B, A)$$

が完全であることもわかる.

次の2つの命題の証明は左 R 加群の場合と全く同様にできるので,読者に任せる.

▶**命題 2.125**
(1) アーベル圏における完全列 $O \longrightarrow A \longrightarrow B \longrightarrow C \longrightarrow O$ において C が射影的対象ならばこれは分裂する.
(2) アーベル圏における完全列 $O \longrightarrow A \longrightarrow B \longrightarrow C \longrightarrow O$ において A が単射的対象ならばこれは分裂する.

▶**命題 2.126**
(1) アーベル圏 $\mathcal{A}$ において和がいつも存在するとし,$(A_\lambda)_{\lambda \in \Lambda}$ を小さな集合 Λ で添字付けられた $\mathcal{A}$ の対象の族とする.このとき任意の $\lambda \in \Lambda$ に対して A_λ が射影的対象であることと $\bigoplus_{\lambda \in \Lambda} A_\lambda$ が射影的対象であることは同値.
(2) アーベル圏 $\mathcal{A}$ において積がいつも存在するとし,$(A_\lambda)_{\lambda \in \Lambda}$ を小さな集合 Λ で添字付けられた $\mathcal{A}$ の対象の族とする.このとき任意の $\lambda \in \Lambda$ に対して A_λ が単射的対象であることと $\prod_{\lambda \in \Lambda} A_\lambda$ が単射的対象であることは同値.

アーベル圏が充分射影的対象(単射的対象)をもつ,という概念を次のように定義する.

▷**定義 2.127** アーベル圏 $\mathcal{A}$ が**充分射影的対象をもつ (have enough projectives)** とは任意の $A \in \mathrm{Ob}\,\mathcal{A}$ がある射影的対象 $B \in \mathrm{Ob}\,\mathcal{A}$ からの全射 $B \longrightarrow A$ をもつこと.また,アーベル圏 $\mathcal{A}$ が**充分単射的対象をもつ (have enough injectives)** とは任意の $A \in \mathrm{Ob}\,\mathcal{A}$ がある単射的対象 $B \in \mathrm{Ob}\,\mathcal{A}$ への単射 $A \longrightarrow B$ をもつこと.

命題 1.92, 1.99 より $\mathfrak{U}$ 左 R 加群の圏 R-**Mod** は充分射影的対象をもち,また充分単射的対象をもつ.

▶**命題 2.128** $\mathcal{A}, \mathcal{B}$ をアーベル圏, $F : \mathcal{A} \longrightarrow \mathcal{B}$ を忠実な加法的関手とする. このとき $\mathcal{A}$ における図式 $A \xrightarrow{f} B \xrightarrow{g} C$ に対し, $F(A) \xrightarrow{F(f)} F(B) \xrightarrow{F(g)} F(C)$ が完全ならば $A \xrightarrow{f} B \xrightarrow{g} C$ も完全である.

[証明] まず $0 = F(g) \circ F(f) = F(g \circ f)$ である. F は忠実な加法的関手なのでこれより $g \circ f = 0$ を得る. 次に, $F(\operatorname{coker} f \circ \ker g) : F(\operatorname{Ker} g) \longrightarrow F(\operatorname{Coker} f)$ を考えると, これは

$$F(\operatorname{Ker} g) \longrightarrow \operatorname{Ker} F(g) \xrightarrow{\ker F(g)} F(B) \xrightarrow{\operatorname{coker} F(f)} \operatorname{Coker} F(f) \longrightarrow F(\operatorname{Coker} f)$$

と分解するが, $\operatorname{coker} F(f) \circ \ker F(g) = 0$ なので, これより $F(\operatorname{coker} f \circ \ker g) = 0$ となる. よって F が忠実な加法的関手であることから $\operatorname{coker} f \circ \ker g = 0$ を得る. 以上と命題 2.88 より $A \xrightarrow{f} B \xrightarrow{g} C$ は完全である. □

▶**系 2.129** $\mathcal{A}, \mathcal{B}$ をアーベル圏, $F : \mathcal{A} \longrightarrow \mathcal{B}$ を忠実充満完全関手とすれば $\mathcal{A}$ における図式の射の構成, 完全性, 可換性はそれを F で移して得られる $\mathcal{B}$ における図式の射の構成, 完全性, 可換性と同値である.

例えば, アーベル圏 $\mathcal{A}$ がある環 R 上の左加群の圏 R-**Mod** への忠実充満完全関手をもつならば, 環上の加群で示した結果をアーベル圏 $\mathcal{A}$ に移すことができて都合がよい. よって R-**Mod** への忠実充満完全関手の存在を示すことは大変有用である. この方面での究極の定理がミッチェルの埋め込み定理であり, それについて以下の数節で取り扱う.

2.7 埋め込み定理 (I)

本節ではミッチェルの埋め込み定理の弱い形を示す. それはミッチェルの定理の証明に向けた第一段階にもなっている. 以下, 2.9 節までの議論の大筋は [13] による.

まず生成対象, 余生成対象の概念を導入する.

▷**定義 2.130** $\mathcal{C}$ を圏とする. $G \in \operatorname{Ob} \mathcal{C}$ が**生成対象 (generator)** であるとは関手 $\operatorname{Hom}_{\mathcal{C}}(G, -) : \mathcal{C} \longrightarrow$ **Set** が忠実であること. $G \in \operatorname{Ob} \mathcal{C}$ が**余生成対象**

(cogenerator) であるとは関手 $\mathrm{Hom}_{\mathcal{C}}(-, G) : \mathcal{C}^{\mathrm{op}} \longrightarrow \mathbf{Set}$ が忠実であること,つまり G が $\mathcal{C}^{\mathrm{op}}$ の対象として生成対象であること.

▶**命題 2.131** 圏 $\mathcal{C}$ を加法圏とする.このとき $G \in \mathrm{Ob}\,\mathcal{C}$ が生成対象であることと,任意の零射でない射 $f : A \longrightarrow B$ に対して $f \circ g \neq 0$ であるような射 $g : G \longrightarrow A$ が存在することとは同値である.また,$G \in \mathrm{Ob}\,\mathcal{C}$ が余生成対象であることと,任意の零射でない射 $f : A \longrightarrow B$ に対して $g \circ f \neq 0$ であるような射 $g : B \longrightarrow G$ が存在することとは同値である.

[証明] 前半の主張を示す.G が生成対象であるとき,任意の $A, B \in \mathrm{Ob}\,\mathcal{C}$ に対して

$$\mathrm{Hom}_{\mathcal{C}}(A, B) \longrightarrow \mathrm{Hom}_{\mathbf{Set}}(\mathrm{Hom}_{\mathcal{C}}(G, A), \mathrm{Hom}_{\mathcal{C}}(G, B)); \quad \varphi \mapsto (g \mapsto \varphi \circ g)$$

は単射である.したがって,$f \neq 0$ であることから $f \circ g \neq 0$ であるような射 $g : G \longrightarrow A$ が存在する.逆の証明は以上の議論を逆にたどればよい.

後半の主張は $\mathcal{C}^{\mathrm{op}}$ に前半の主張を適用することにより得られる. □

▶**命題 2.132**
(1) 圏 $\mathcal{C}$ において和がいつも存在するとする.このとき $G \in \mathrm{Ob}\,\mathcal{C}$ が生成対象であることと,次の性質は同値である:任意の $A \in \mathrm{Ob}\,\mathcal{C}$ に対して,射の族 $\varphi : G \longrightarrow A (\varphi \in \mathrm{Hom}_{\mathcal{C}}(G, A))$ が引き起こす射 $\Phi : \coprod_{\mathrm{Hom}_{\mathcal{C}}(G, A)} G \longrightarrow A$ は全射である.
(2) 圏 $\mathcal{C}$ において積がいつも存在するとする.このとき $G \in \mathrm{Ob}\,\mathcal{C}$ が余生成対象であることと,次の性質は同値である:任意の $A \in \mathrm{Ob}\,\mathcal{C}$ に対して,射の族 $\varphi : A \longrightarrow G (\varphi \in \mathrm{Hom}_{\mathcal{C}}(A, G))$ が引き起こす射 $\Phi : A \longrightarrow \prod_{\mathrm{Hom}_{\mathcal{C}}(A, G)} G$ は単射である.

[証明] (1) G が $\mathcal{C}$ の生成対象であるとし,$f_1, f_2 : A \longrightarrow B$ が $f_1 \circ \Phi = f_2 \circ \Phi$ を満たすとする.このとき任意の $\varphi \in \mathrm{Hom}_A(G, A)$ に対して $f_1 \circ \varphi = f_2 \circ \varphi$.これは $f_1^\sharp, f_2^\sharp : \mathrm{Hom}_{\mathcal{C}}(G, A) \longrightarrow \mathrm{Hom}_{\mathcal{C}}(G, B)$ が等しいことを意味するので $\mathrm{Hom}_{\mathcal{C}}(G, -)$ の忠実性より $f_1 = f_2$ となる.したがって Φ は全射.逆の証明は以上の議論を逆にたどればよい.

(2) は $\mathcal{C}^{\mathrm{op}}$ に (1) を適用することにより得られる. □

【例 2.133】 任意の左 R 加群 M と任意の $x \in M$ に対して $f_x : R \longrightarrow M$ を $f_x(a) := ax$ と定めると $f_x \in \operatorname{Hom}_{R\text{-Mod}}(R, M)$ である．したがって，$\iota_{f_x} : R \longrightarrow \bigoplus_{\operatorname{Hom}_{R\text{-Mod}}(R,M)} R$ を標準的包含とするとき，$\mathcal{A} = R\text{-}\mathbf{Mod}$, $G = R$, $A = M$ としたときの命題 2.132(1) の射 $\Phi : \bigoplus_{\operatorname{Hom}_{R\text{-Mod}}(R,M)} R \longrightarrow M$ において $\Phi(\iota_{f_x}(1)) = f_x(1) = x$ となる．よって Φ は全射である．以上より R が $R\text{-}\mathbf{Mod}$ の生成対象であることが言える．

アーベル圏が生成対象または余生成対象をもつとすると，ある意味でアーベル圏の大きさが制限されることになる．例えば次の命題が成り立つ．

▶**命題 2.134** アーベル圏 $\mathcal{A}$ が生成対象または余生成対象をもつとき，任意の $A \in \operatorname{Ob} \mathcal{A}$ に対して A の部分対象の同値類の集合 $\mathcal{S}_A$, A の商対象の同値類の集合 $\mathcal{Q}_A$ は小さな集合である．

[証明] $\mathcal{A}$ における $\mathcal{S}_A, \mathcal{Q}_A$ はそれぞれ $\mathcal{A}^{\mathrm{op}}$ における $\mathcal{Q}_A, \mathcal{S}_A$ と一致し，また $\mathcal{S}_A$ と $\mathcal{Q}_A$ は $f \mapsto \operatorname{coker} f, f \mapsto \ker f$ により全単射となる．したがって $\mathcal{A}$ が生成対象 G をもつと仮定して，$\mathcal{S}_A$ が小さな集合であることを示せばよい．

今，$f_1 : A_1 \longrightarrow A$ を部分対象とすると $f_1^\sharp$ を通じて $\operatorname{Hom}_{\mathcal{A}}(G, A_1) \subseteq \operatorname{Hom}_{\mathcal{A}}(G, A)$ とみなせる．よって $f_1 : A_1 \longrightarrow G, f_2 : A_2 \longrightarrow G$ が同値でない部分対象であるときに $\operatorname{Hom}_{\mathcal{A}}(G, A)$ の部分集合として $\operatorname{Hom}_{\mathcal{A}}(G, A_1) \neq \operatorname{Hom}_{\mathcal{A}}(G, A_2)$ であることを示せばよい．A' をファイバー積 $A_1 \times_A A_2$ とすると $\operatorname{Hom}_{\mathcal{A}}(G, A)$ の部分集合として $\operatorname{Hom}_{\mathcal{A}}(G, A') = \operatorname{Hom}_{\mathcal{A}}(G, A_1) \cap \operatorname{Hom}_{\mathcal{A}}(G, A_2)$ である．そして今，A_1, A_2 が同値でないという条件より，ファイバー積の定義により誘導される単射 $A' \longrightarrow A_1, A' \longrightarrow A_2$ のいずれかは同型ではない．したがって，同型でない単射 $g : A' \longrightarrow A$ に対して $g^\sharp : \operatorname{Hom}_{\mathcal{A}}(G, A') \longrightarrow \operatorname{Hom}_{\mathcal{A}}(G, A)$ が全射でないことを示せば充分である．完全列

$$0 \longrightarrow \operatorname{Hom}_{\mathcal{A}}(G, A') \xrightarrow{g^\sharp} \operatorname{Hom}_{\mathcal{A}}(G, A) \xrightarrow{(\operatorname{coker} g)^\sharp} \operatorname{Hom}_{\mathcal{A}}(G, \operatorname{Coker} g)$$

を考える．G が生成対象であることと $\operatorname{coker} g$ が零射でないことから，ある $h \in \operatorname{Hom}_{\mathcal{A}}(G, A)$ で $(\operatorname{coker} g)^\sharp(h) \neq 0$ となるようなものが存在する．したがって $g^\sharp$ は全射ではない．以上で題意が示された． □

2.7 埋め込み定理 (I)   147

埋め込み定理の証明には射影的な生成対象の存在が重要である. それを証明するための命題を示しておく.

▶**命題 2.135** $\mathcal{A}$ を生成対象 G をもち, また積がいつも存在するアーベル圏であるとする. このとき次の 2 条件は同値.
(1) $\mathcal{A}$ は充分単射的対象をもつ.
(2) $\mathcal{A}$ は単射な余生成対象をもつ, つまり $\mathcal{A}^{\mathrm{op}}$ は射影的な生成対象をもつ.

[証明]   まず (2) から (1) を示す. C を単射な余生成対象とし, A を $\mathcal{A}$ の対象とすると, 命題 2.132(2) より自然な射 $A \longrightarrow \prod_{\mathrm{Hom}_{\mathcal{A}}(A,C)} C$ が単射となり, また $\prod_{\mathrm{Hom}_{\mathcal{A}}(A,C)} C$ は命題 2.126(2) より単射的なので (1) が言える.

次に (1) から (2) を示す. 命題 2.134 より G の商対象の同値類の集合 $\mathcal{Q}$ は小さな集合なので $P := \prod_{X \in \mathcal{Q}} X$ が定義される. そして P から単射的な対象への単射 $i : P \longrightarrow E$ をとる. このとき E が余生成対象であることを示せばよい. $f : A \longrightarrow B$ を零射でない射とする. このときある射 $g : G \longrightarrow A$ に対して $f \circ g \neq 0$ である. 特に $D := \mathrm{Coim}\,(f \circ g) = \mathrm{Im}\,(f \circ g) \neq O$. $\mathrm{coim}\,(f \circ g) : G \longrightarrow D$ は全射なので, これは $\mathcal{Q}$ の元を定める. そこで $h : D \longrightarrow P = \prod_{X \in \mathcal{Q}} X$ を h と D 成分への射影との合成が id_D, 他の成分への射影との合成が 0 となるように定義できる. すると h は単射なので合成 $D \xrightarrow{h} P \xrightarrow{i} E$ も単射. また E は単射的対象なので射 $\tilde{h} : B \longrightarrow E$ で $\tilde{h} \circ \mathrm{im}\,(f \circ g) = i \circ h$ を満たすものが存在する. さて, $i \circ h$ は $D \neq O$ からの単射ゆえ零射ではない. したがって全射 $\mathrm{coim}\,(f \circ g)$ との合成 $i \circ h \circ \mathrm{coim}\,(f \circ g)$ も零射ではない. つまり $\tilde{h} \circ f \circ g = \tilde{h} \circ \mathrm{im}\,(f \circ g) \circ \mathrm{coim}\,(f \circ g) = i \circ h \circ \mathrm{coim}\,(f \circ g)$ は零射ではないので合成 $A \xrightarrow{f} B \xrightarrow{\tilde{h}} E$ は零射ではない. 以上より E が余生成対象であることが言えた.

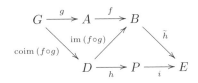

□

次の定理がミッチェルの埋め込み定理の弱い形である.

▶**定理 2.136** $\widetilde{\mathcal{A}}$ を射影的な生成対象 G をもち,また和と積がいつも存在するアーベル圏であるとし,また $\mathcal{A}$ を $\widetilde{\mathcal{A}}$ の小さな完全充満部分圏とする.このとき,ある環 R とある完全忠実充満関手 $\mathcal{A} \longrightarrow R\text{-}\mathbf{Mod}$ が存在する.

[**証明**] P' を $\widetilde{\mathcal{A}}$ の射影的生成対象とすると,任意の $A \in \mathrm{Ob}\,\mathcal{A}$ に対して自然に定義される射 $\coprod_{\mathrm{Hom}_{\widetilde{\mathcal{A}}}(P',A)} P' \longrightarrow A$ が全射である.そこで

$$P := \coprod_{A \in \mathrm{Ob}\,\mathcal{A}} \coprod_{\mathrm{Hom}_{\widetilde{\mathcal{A}}}(P',A)} P'$$

とおく.すると P も $\widetilde{\mathcal{A}}$ の射影的生成対象であり,かつ任意の $A \in \mathrm{Ob}\,\mathcal{A}$ に対して全射 $P \longrightarrow A$ が存在することもわかる.

この P を用いて $S := \mathrm{Hom}_{\widetilde{\mathcal{A}}}(P,P)$ とおくと,これは 2.5 節で定めた加法および写像の合成による乗法をもち,これらにより環となる.したがって右 S 加群の圏への完全忠実充満関手 $\mathcal{A} \longrightarrow \mathbf{Mod}\text{-}S$ が存在することを言えば充分である.(R を S の反対環とすれば $R\text{-}\mathbf{Mod}$ と $\mathbf{Mod}\text{-}S$ は圏同値である.)さて,任意の $A \in \mathrm{Ob}\,\widetilde{\mathcal{A}}$ に対して $\mathrm{Hom}_{\widetilde{\mathcal{A}}}(P,A)$ は自然に右 S 加群の構造をもち,任意の $\widetilde{\mathcal{A}}$ における射 $f : A \longrightarrow B$ は右 S 加群の準同型

$$f^{\sharp} : \mathrm{Hom}_{\widetilde{\mathcal{A}}}(P,A) \longrightarrow \mathrm{Hom}_{\widetilde{\mathcal{A}}}(P,B);\quad g \mapsto f \circ g$$

を引き起こす.したがって関手

$$F := \mathrm{Hom}_{\widetilde{\mathcal{A}}}(P,-) : \widetilde{\mathcal{A}} \longrightarrow \mathbf{Mod}\text{-}S$$

が定義される.P が射影的なので F は完全であり,また P が生成対象であることから F は忠実である.したがって,定理を示すにはこの F の定義域を $\mathcal{A}$ に制限した関手(それも F と書くことにする)が充満であることを示せばよい.そのために $A, B \in \mathrm{Ob}\,\mathcal{A}$ と $f : F(A) \longrightarrow F(B)$ をとる.いま A, B は $\mathcal{A}$ の対象なので全射 $p_A : P \longrightarrow A, p_B : P \longrightarrow B$ が存在する.図式

$$0 \longrightarrow F(\operatorname{Ker} p_A) \xrightarrow{F(\operatorname{Ker} p_A)} S \xrightarrow{F(p_A)} F(A) \longrightarrow 0$$
$$\qquad\qquad\qquad\qquad\qquad\qquad f\downarrow\qquad\qquad$$
$$\qquad\qquad\qquad\qquad S \xrightarrow{F(p_B)} F(B) \longrightarrow 0$$

を考える．ただし第 1 行，第 2 行はそれぞれ完全列 $O \longrightarrow \operatorname{Ker} p_A \xrightarrow{\ker p_A} P \xrightarrow{p_A} S \longrightarrow O, P \xrightarrow{p_B} B \longrightarrow O$ に F を施して得られる右 S 加群の完全列である（$F(P) = S$ であることに注意）．S は自由右 S 加群ゆえ射影的なので，右 S 加群の準同型写像 $g: S \longrightarrow S$ で $F(p_B) \circ g = f \circ F(p_A)$ を満たすものが存在するが，$g(1) = s \in S = \operatorname{Hom}_{\tilde{\mathcal{A}}}(P, P)$ とおくと $g(x) = sx \,(\forall x \in S)$ となる．したがって $F(s) = g$ となっている．次に横の 2 行が完全な図式

$$O \longrightarrow \operatorname{Ker} p_A \xrightarrow{\ker p_A} P \xrightarrow{p_A} A \longrightarrow O$$
$$\qquad\qquad\qquad\qquad s\downarrow\qquad\qquad$$
$$\qquad\qquad\qquad\qquad P \xrightarrow{p_B} B \longrightarrow O$$

を考える．今，$F(p_B \circ s \circ \ker p_A) = F(p_B) \circ F(s) \circ F(\ker p_A) = F(p_B) \circ g \circ F(\ker p_A) = f \circ F(p_A) \circ F(\ker p_A) = 0$ なので F の忠実性より $p_B \circ s \circ \ker p_A = 0$ である．よって $h \circ p_A = p_B \circ s$ を満たす $h: A \longrightarrow B$ が存在する．すると $F(h) \circ F(p_A) = F(p_B) \circ F(s) = F(p_B) \circ g = f \circ F(p_A)$ であり，$F(p_A)$ の全射性より $F(h) = f$ を得る．よって F が充満であることがわかる． □

ミッチェルの埋め込み定理の証明のためには，さらにグロタンディーク圏についての考察を進める必要がある．

2.8　グロタンディーク圏

$\mathcal{A}$ を和がいつも存在するアーベル圏とし，A を $\mathcal{A}$ の対象とする．A の部分対象の増大族とは小さな全順序集合で添字付けられた A の部分対象の族 $(i_\lambda: A_\lambda \longrightarrow A)_{\lambda \in \Lambda}$ で，$\lambda, \mu \in \Lambda, \lambda \leq \mu$ のとき $i_\mu \circ i_{\lambda\mu} = i_\lambda$ を満たす射 $i_{\lambda\mu}: A_\lambda \longrightarrow A_\mu$ が存在するようなものとする．（$i_{\lambda\mu}$ は存在すれば一意的であり，単射である．）A の部分対象の増大族 $(i_\lambda: A_\lambda \longrightarrow A)_{\lambda \in \Lambda}$ に対して，その合併 $\bigcup_{\lambda \in \Lambda} A_\lambda$ を $\bigcup_{\lambda \in \Lambda} A_\lambda := \operatorname{Im}(\coprod_{\lambda \in \Lambda} A_\lambda \longrightarrow A)$ と定める．また，A の部分対象 $A_i \longrightarrow A \,(i = 1, 2)$ に対して $A_1 \cap A_2 := A_1 \times_A A_2$ とおく．

▷ **定義 2.137** 和がいつも存在するアーベル圏 $\mathcal{A}$ が**グロタンディーク圏 (Grothendieck category)** であるとは $\mathcal{A}$ が生成対象をもち,また $A \in \mathrm{Ob}\,\mathcal{A}$ の部分対象の任意の増大族 $(A_\lambda \longrightarrow A)_{\lambda \in \Lambda}$ と A の任意の部分対象 $B \longrightarrow A$ に対して $B \cap (\bigcup_{\lambda \in \Lambda} A_\lambda) = \bigcup_{\lambda \in \Lambda} (B \cap A_\lambda)$ が成り立つこと.

本節では,グロタンディーク圏が充分に単射的対象をもつという定理を証明する.そのために圏の対象の拡大に関するいくつかの概念を定義する.

▷ **定義 2.138** $\mathcal{A}$ をアーベル圏とする.
(1) $A \in \mathrm{Ob}\,\mathcal{A}$ の**拡大 (extension)** とは単射 $f : A \longrightarrow B$ のこと.
(2) $A \in \mathrm{Ob}\,\mathcal{A}$ の拡大 $f : A \longrightarrow B$ が**自明 (trivial)** であるとはある $g : B \longrightarrow A$ で $g \circ f = \mathrm{id}_A$ となるものが存在すること.
(3) $A \in \mathrm{Ob}\,\mathcal{A}$ の拡大 $f : A \longrightarrow B$ が**本質的拡大 (essential extension)** であるとは任意の 0 でない単射 $B' \longrightarrow B$ に対して $A \cap B' \neq O$ であること.
(4) $A \in \mathrm{Ob}\,\mathcal{A}$ の**単射的包絡 (injective envelope)** とは単射的対象への本質的拡大のこと.

▶ **補題 2.139** $\mathcal{A}$ をアーベル圏,A を $\mathcal{A}$ の対象とする.$f : A \longrightarrow B$ を A の本質的拡大,$g : A \longrightarrow C$ を A の拡大とし,$h : B \longrightarrow C$ を $h \circ f = g$ を満たす射とすると h は単射である.

[証明] 標準的射影 $\mathrm{Ker}\,h \cap A = \mathrm{Ker}\,h \times_B A \longrightarrow \mathrm{Ker}\,h$, $\mathrm{Ker}\,h \cap A = \mathrm{Ker}\,h \times_B A \longrightarrow A$ をそれぞれ p_1, p_2 とおくとファイバー積の定義より $\ker h \circ p_1 = f \circ p_2$ であり,また $\ker h, f$ が単射なことより p_1, p_2 は単射(命題 2.112(1)).すると単射の合成 $g \circ p_2$ が $g \circ p_2 = h \circ f \circ p_2 = h \circ \ker h \circ p_1 = 0$ となるので $\mathrm{Ker}\,h \cap A = O$.すると f が本質的拡大であることより $\mathrm{Ker}\,h = O$ となるので h は単射となる.

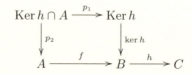

□

▶**命題 2.140** $\mathcal{A}$ をアーベル圏,A を $\mathcal{A}$ の対象とする.$f : A \longrightarrow I$ を A の単射的包絡,$g : A \longrightarrow J$ を単射的対象への A の拡大とすると単射 $h : I \longrightarrow J$ で $h \circ f = g$ を満たすものが存在する.もし g も単射的包絡であるとすると h は同型である.

[証明] J が単射的であることより $h \circ f = g$ を満たす射 $h : I \longrightarrow J$ は存在し,補題 2.139 より h は単射である.さらに I が単射的であることより $h' : J \longrightarrow I$ で $h' \circ h = \mathrm{id}_I$ となるものがある.したがって,$C := \mathrm{Coker}\, h$ とおくと,命題 2.109 より,ある射 $h'' : C \longrightarrow J$ で $\begin{pmatrix} h & h'' \end{pmatrix} : I \oplus C \longrightarrow J$ が同型となるようなものがある.この同型を通じると $g : A \longrightarrow J$ は合成 $A \xrightarrow{f} I \xrightarrow{\iota_1} I \oplus C$($\iota_1$ は標準的包含)と同一視でき,そして $C \times_{I \oplus C} A = (C \times_{I \oplus C} I) \times_I A = O \times_I A = O$ となる.(1 つめの等式は命題 2.59(3),2 つめの等式は命題 2.58(4),3 つめの等式は命題 2.112(1) より $O \times_I A \longrightarrow O$ が単射となることより従う.) もし g も単射的包絡であるとするとこれより $C = O$ を得るので $h : I \longrightarrow J$ は同型となる. □

命題 2.140 より,$A \in \mathrm{Ob}\, \mathcal{A}$ の単射的包絡が存在するとき,それは単射的対象への拡大のうち最小のものであり,また単射的包絡は同型を除いて一意的であることがわかる.

アーベル圏あるいはグロタンディーク圏における単射的対象の拡大による特徴付けを行う.

▶**命題 2.141** アーベル圏 $\mathcal{A}$ の対象 I に対して,I が単射的対象であることと I の任意の拡大が自明であることとは同値.

[証明] I が単射的で $f : I \longrightarrow A$ を I の拡大とすると,I の単射性よりある $g : A \longrightarrow I$ で $g \circ f = \mathrm{id}_I$ となるものがあるのでこの拡大は自明である.逆に I を自明な拡大しかもたない $\mathcal{A}$ の対象とし,$f : A \longrightarrow B$ を $\mathcal{A}$ における単射,$g : A \longrightarrow I$ を射とする.$(A \xrightarrow{g} I, A \xrightarrow{f} B)$ のファイバー和を $(I \sqcup_A B, f' : I \longrightarrow I \sqcup_A B, g' : B \longrightarrow I \sqcup_A B)$ とおくと命題 2.112(4) より $f' : I \longrightarrow I \sqcup_A B$ も単射となる.すると I の任意の拡大が自明であることからある $h : I \sqcup_A B \longrightarrow I$ で $h \circ f' = \mathrm{id}_I$ となるものがある.そこで $h \circ g' : B \longrightarrow I$ を考えると,$(h \circ g') \circ f = h \circ f' \circ g = g$ となる.したがって I が単射的対象

であることが言えた.

$$\begin{array}{ccc} A & \xrightarrow{f} & B \\ \downarrow{g} & & \downarrow{g'} \\ I & \underset{h}{\overset{f'}{\rightleftarrows}} & I \sqcup_A B \end{array}$$

▶**命題 2.142** グロタンディーク圏 $\mathcal{A}$ の対象 I に対して, I が単射的対象であることと任意の I の本質的拡大が同型であることとは同値.

[証明] I を単射的対象とするとき, 本質的拡大 $f: I \longrightarrow J$ に対して $g: J \longrightarrow I$ で $g \circ f = \mathrm{id}_I$ を満たすものがあり, この g は全射である. 一方, 補題 2.139 よりこの g は単射なので g は同型. したがって f も同型となる.

次に I を全ての本質的拡大が同型となるような $\mathcal{A}$ の対象であるとする. 命題 2.141 より, I の任意の拡大 $I \longrightarrow A$ が自明であることを示せばよい. A の部分対象 $\varphi: A' \longrightarrow A$ で $I \cap A' = O$ となるもの全体の同値類は命題 2.134 より小さな集合である. そこで各同値類から 1 つずつ部分対象を選んでできる集合を $\mathcal{T}$ とおく. ($\mathcal{T}$ は小さな集合である.) $\varphi_1: A_1 \longrightarrow A, \varphi_2: A_2 \longrightarrow A \in \mathcal{T}$ に対して $\varphi_2 \circ \psi = \varphi_1$ を満たす $\psi: A_1 \longrightarrow A_2$ が存在するとき $\varphi_1 \leq \varphi_2$ と定めることにより $\mathcal{T}$ は順序集合になる. $\mathcal{T}$ の全順序部分集合 $\mathcal{T}' = \{\varphi_\lambda: A_\lambda \longrightarrow A\}_{\lambda \in \Lambda}$ に対して A の部分対象 $\bigcup_{\lambda \in \Lambda} A_\lambda \longrightarrow A$ が定義され, $\mathcal{A}$ がグロタンディーク圏であることより $I \cap (\bigcup_{\lambda \in \Lambda} A_\lambda) = \bigcup_{\lambda \in \Lambda} (I \cap A_\lambda) = O$ となる. よってこれと同値な $\mathcal{T}$ の元が $\mathcal{T}'$ の上界を与える. 以上より $\mathcal{T}$ は帰納的集合になるので, ツォルンの補題より極大元 $\varphi: A_0 \longrightarrow A$ をもつ. 命題 2.59(4) より合成 $I \xrightarrow{f} A \xrightarrow{\mathrm{coker}\varphi} \mathrm{Coker}\,\varphi$ の核は $A_0 \cap I = O$ なので, $\mathrm{coker}\,\varphi \circ f$ は単射である. また, 任意の 0 でない単射 $i: A' \longrightarrow \mathrm{Coker}\,\varphi$ に対して $A'' := A \times_{\mathrm{Coker}\,\varphi} A'$ とし, $p_1: A'' \longrightarrow A, p_2: A'' \longrightarrow A'$ を標準的射影とすると命題 2.112 より p_1 は単射, p_2 は全射である. 今, $(\mathrm{coker}\,\varphi) \circ \varphi = 0 = i \circ 0: A_0 \longrightarrow \mathrm{Coker}\,\varphi$ なので, ファイバー積の性質から $\widetilde{\varphi}: A_0 \longrightarrow A''$ で $p_1 \circ \widetilde{\varphi} = \varphi, p_2 \circ \widetilde{\varphi} = 0$ を満たすものが一意的に存在する. 1 つめの式から $\widetilde{\varphi}$ は単射である. もし $\widetilde{\varphi}$ が同型であるとすると $p_2 \circ \widetilde{\varphi} = 0$ が全射となるので $A' = O$ と

なって矛盾．したがって $\tilde{\varphi}$ は同型ではない．すると A_0 の定義（極大性）から $O \neq I \times_A A'' = I \times_A (A \times_{\operatorname{Coker} \varphi} A') = I \times_{\operatorname{Coker} \varphi} A'$．以上より $\operatorname{coker} \varphi \circ f : I \longrightarrow \operatorname{Coker} \varphi$ は本質的拡大であることがわかる．I についての仮定からこれは同型となるので拡大 $I \longrightarrow A$ が自明であることが言え，題意が示される．

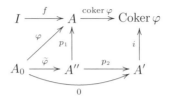

本節の主定理の証明で使う補題を 1 つ示す．

▶**補題 2.143** $\mathcal{A}$ をグロタンディーク圏とする．また $(I, \leq)$ を小さな全順序集合，$\mathcal{I}$ を $(I, \leq)$ に対応する圏（例 1.55）とし，A を $\mathcal{A}$ における $\mathcal{I}$ 上の図式とする．このとき A は

$$A := ((A_i)_{i \in I}, (A_{ii'} : A_i \longrightarrow A_{i'})_{i, i' \in I, i \leq i'})$$

（ただし $A_i \in \operatorname{Ob} \mathcal{A}, A_{ii'} \in \operatorname{Hom}_{\mathcal{A}}(A_i, A_{i'})$ で $A_{ii} = \operatorname{id}_{A_i}, A_{i'i''} \circ A_{ii'} = A_{ii''}$ を満たす）の形で与えられているが，さらに全ての射 $A_{ii'}$ が単射であると仮定する．このとき，図式 A の帰納極限を $(\varinjlim_{i \in I} A_i, (\iota_i : A_i \longrightarrow \varinjlim_{i \in I} A_i)_{i \in I})$ とすると，全ての ι_i は単射である．

[証明] $B := \coprod_{i \in I} A_i$ とおき，$\iota'_i : A_i \longrightarrow B$ を標準的包含とする．（なお，注 2.97 より ι'_i は単射であり，したがって A_i は B の部分対象である．）そして，各 $j \in I$ に対して $f_j : B \longrightarrow B$ を

$$f_j \circ \iota'_i = \begin{cases} \iota'_j \circ A_{ij}, & (i \leq j \text{ のとき}), \\ \iota'_i, & (j \leq i \text{ のとき}), \end{cases}$$

と定める．すると $\operatorname{Ker} f_j$ は B の部分対象である．また $j \leq j'$ のとき $f_{j'} \circ f_j = f_{j'}$ となることが確かめられ，これより $(\ker f_j : \operatorname{Ker} f_j \longrightarrow B)_{j \in I}$ が B の部分対象の増大族となることがわかる．したがって $f : \bigcup_{j \in I} \operatorname{Ker} f_j \longrightarrow B$

が定義される．$C := \operatorname{Coker} f$ とおき，また $\iota_i'' := \operatorname{coker} f \circ \iota_i' : A_i \longrightarrow C$ とおく．このとき $i, j \in I, i \leq j$ に対して $f_j \circ (\iota_j' \circ A_{ij} - \iota_i') = \iota_j' \circ A_{ij} - \iota_j' \circ A_{ij} = 0$. よって $\iota_j' \circ A_{ij} - \iota_i' : A_i \longrightarrow B$ は $\operatorname{Ker} f_j$ を経由するので $\bigcup_{j \in I} \operatorname{Ker} f_j$ を経由し，したがって $\operatorname{coker} f \circ (\iota_j' \circ A_{ij} - \iota_i') = 0$，つまり $\iota_j'' \circ A_{ij} = \iota_i''$ となる．ゆえに $\Phi : \varinjlim_{i \in I} A_i \longrightarrow C$ で $\iota_i'' = \Phi \circ \iota_i (\forall i \in I)$ を満たすものがある．よって ι_i の単射性を示すためには ι_i'' の単射性を示せば充分である．命題 2.59(4) より $\operatorname{Ker} \iota_i'' = \operatorname{Ker}(\operatorname{coker} f \circ \iota_i')$ は $(\bigcup_{j \in I} \operatorname{Ker} f_j) \cap A_i$ と一致するが，これは $\bigcup_{j \in I}(\operatorname{Ker} f_j \cap A_i)$ と等しい．よって $\operatorname{Ker} f_j \cap A_i = O$ を示せばよい．再び命題 2.59(4) より $\operatorname{Ker} f_j \cap A_i = \operatorname{Ker}(f_j \circ \iota_i')$ であるが，ι_i', A_{ij} の単射性より $f_j \circ \iota_i'$ は単射ゆえ $\operatorname{Ker}(f_j \circ \iota_i') = O$ となる．以上により題意が示された． □

次の定理が本節の主定理である．

▶**定理 2.144** $\mathcal{A}$ をグロタンディーク圏とすると任意の $\mathcal{A}$ の対象 A は単射的包絡をもつ．（特に $\mathcal{A}$ は充分単射的対象をもつ．）

[**証明**] G を $\mathcal{A}$ の生成対象とし，また $R = \operatorname{Hom}_{\mathcal{A}}(G, G)$ とおく．このとき $F := \operatorname{Hom}_{\mathcal{A}}(G, -)$ は自然に関手 $\mathcal{A} \longrightarrow \mathbf{Mod}\text{-}R$ を定める．例 2.121 よりこれは左完全で，また G が生成対象であることよりこれは忠実である．$F(A)$ から単射的右 R 加群への単射準同型 $f : F(A) \longrightarrow I$ を1つとり固定する．

$\widetilde{\mathcal{S}}$ を本質的拡大 $i : A \longrightarrow E$ および右 R 加群の単射準同型写像 $j : F(E) \longrightarrow I$ の組で $j \circ F(i) = f$ を満たすものの集合とする．$(i : A \longrightarrow E, j : F(E) \longrightarrow I), (i' : A \longrightarrow E', j' : F(E') \longrightarrow I) \in \widetilde{\mathcal{S}}$ に対して，同型 $\varphi : E \longrightarrow E'$ で $i' = \varphi \circ i, j' \circ F(\varphi) = j$ を満たすものが存在するときにこの2つを同値であると呼ぶことにする．そして $\widetilde{\mathcal{S}}$ の各同値類から1つずつ選んでできる $\widetilde{\mathcal{S}}$ の部分集合を $\mathcal{S}$ とする．そして，$(i : A \longrightarrow E, j : F(E) \longrightarrow I), (i' : A \longrightarrow E', j' : F(E') \longrightarrow I) \in \mathcal{S}$ に対して，射 $\varphi : E \longrightarrow E'$ で $i' = \varphi \circ i, j' \circ F(\varphi) = j$ を満たすものが存在するときに $(i, j) \leq (i', j')$ と書くことにすると，$\leq$ は $\mathcal{S}$ 上の順序を定める．（F が忠実なことおよび j, j' が単射であることから上記のような射 φ は存在しても高々1つであり，このことから反射律が言える．）

$\mathcal{S}' := \{(i_\lambda : A \longrightarrow E_\lambda, j_\lambda : F(E_\lambda) \longrightarrow I)\}_{\lambda \in \Lambda}$ を $\mathcal{S}$ の全順序部分集合

とする．このとき $\lambda, \mu \in \Lambda, \lambda \neq \mu$ に対して (i_λ, j_λ) と (i_μ, j_μ) は同値ではなく，また，必要なら λ, μ を入れ替えることにより $(i_\lambda, j_\lambda) \leq (i_\mu, j_\mu)$ であるとしてよい．このとき $\varphi : E_\lambda \longrightarrow E_\mu$ で $i_\mu = \varphi \circ i_\lambda, j_\mu \circ F(\varphi) = j_\lambda$ を満たすものがとれる．補題 2.139 および (i_λ, j_λ), (i_μ, j_μ) が同値でないことより φ は同型でない単射である．したがって $\operatorname{Coker}\varphi \neq O$. F は左完全なので，完全列

$$O \longrightarrow E_\lambda \xrightarrow{\varphi} E_\mu \xrightarrow{\operatorname{coker}\varphi} \operatorname{Coker}\varphi$$

に F を施すことにより完全列

$$0 \longrightarrow F(E_\lambda) \xrightarrow{F(\varphi)} F(E_\mu) \xrightarrow{F(\operatorname{coker}\varphi)} F(\operatorname{Coker}\varphi)$$

を得る．また F が忠実であることから $F(\operatorname{coker}\varphi) \neq 0$. よって $F(\varphi)$ も同型でない単射となる．したがって $\lambda \in \Lambda$ に対して j_λ を通じて $F(E_\lambda)$ を I の部分加群とみたとき $\lambda, \mu \in \Lambda, \lambda \neq \mu$ に対して $F(E_\lambda) \neq F(E_\mu)$ である．つまり

$$\Lambda \longrightarrow \mathcal{P}(I) := \{\ I \text{ の部分集合 }\};\ \ \lambda \mapsto F(E_\lambda)$$

は集合の単射となるので（Λ をその像と同一視することにより）Λ は小さい集合であることが言える．したがって帰納極限の射

$$\widetilde{i} = \varinjlim_{\lambda \in \Lambda} i_\lambda : A = \varinjlim_{\lambda \in \Lambda} A \longrightarrow \varinjlim_{\lambda \in \Lambda} E_\lambda =: \widetilde{E}$$

が引き起こされる．（ただし $\varinjlim_{\lambda \in \Lambda} A$ は定数図式の帰納極限で，最初の等号は例 2.67 による．）任意の $\lambda \in \Lambda$ に対して $\widetilde{i}$ は合成 $A \xrightarrow{i_\lambda} E_\lambda \longrightarrow \widetilde{E}$ と書け（2つめの射は標準的包含），合成を構成する射は命題 2.143 より単射なので $\widetilde{i}$ は単射となる．また命題 2.53 における帰納極限の表示より $\widetilde{E} = \bigcup_{\lambda \in \Lambda} E_\lambda$ なので，任意の O でない部分対象 $E' \longrightarrow \widetilde{E}$ に対して $O \neq E' = E' \cap (\bigcup_\lambda E_\lambda) = \bigcup_\lambda (E' \cap E_\lambda)$ より $E' \cap E_\lambda \neq O$ となる λ が存在し，このとき i_λ が本質的拡大であることより $E' \cap A = (E' \cap E_\lambda) \cap A \neq O$ を得る．以上より $\widetilde{i}$ が本質的拡大であることが言えた．

次に以下の主張を示す．

主張　$g : B \longrightarrow C$ を $\mathcal{A}$ における本質的拡大とすれば $F(g) : F(B) \longrightarrow F(C)$ は $\mathbf{Mod}\text{-}R$ における本質的拡大である．

実際, F の左完全性より $F(g)$ は単射である. また $M \subseteq F(C)$ を 0 でない部分加群とし, 0 でない元 $x \in M \subseteq F(C) = \mathrm{Hom}_\mathcal{A}(G, C)$ をとる. $(B \xrightarrow{g} C, G \xrightarrow{x} C)$ のファイバー積 $B \times_C G$ を考え, $p_1 : B \times_C G \longrightarrow B, p_2 : B \times_C G \longrightarrow G$ を標準的射影とする. このとき p_1 は

$$B \times_C G = (B \times_C \mathrm{Im}\, x) \times_{\mathrm{Im}\, x} G \longrightarrow B \times_C \mathrm{Im}\, x \longrightarrow B$$

(2 つの射は標準的射影) と分解され, 命題 2.112 より最初の射は全射, 2 つめの射は単射. よって $\mathrm{Im}\, p_1 \cong B \times_C \mathrm{Im}\, x$ で, また g が本質的拡大であることからこれは O ではない. よって $p_1 \neq 0$ となるので $0 \neq g \circ p_1 = x \circ p_2$. したがってある射 $h : G \longrightarrow B \times_C G$ で $x \circ p_2 \circ h \neq 0$ を満たすものがある. このとき $p_2 \circ h \in \mathrm{Hom}_\mathcal{A}(G, G) = R$ なので $x \circ p_2 \circ h \in M (\subseteq F(C) = \mathrm{Hom}_\mathcal{A}(G, C))$ であり, また $x \circ p_2 \circ h = g \circ p_1 \circ h$ よりこれは $F(g) : F(B) \longrightarrow F(C)$ の像に入る. よって $F(g) : F(B) \longrightarrow F(C)$ は **Mod**-R における本質的拡大であることが言え, 主張が示された. □

主張より $F(\widetilde{i}) : F(A) \longrightarrow F(\widetilde{E})$ は本質的拡大である. そして $\bigcup_\lambda F(E_\lambda) \subseteq F(\widetilde{E})$ であり, また j_λ たちの合併として $f : F(A) \longrightarrow I$ の延長となる単射準同型写像 $\bigcup_\lambda j_\lambda : \bigcup_\lambda F(E_\lambda) \longrightarrow I$ がある. I が単射的であることおよび $F(\widetilde{i}) : F(A) \longrightarrow F(\widetilde{E})$ が本質的拡大であることより, これをさらに単射準同型写像 $\widetilde{j} : F(\widetilde{E}) \longrightarrow I$ に延長できる. (単射性は補題 2.139 による.) 以上より組 $(\widetilde{i} : A \longrightarrow \widetilde{E}, \widetilde{j} : F(\widetilde{E}) \longrightarrow I)$ ができ, これに同値な $\mathcal{S}$ の元を考えれば, それが $\mathcal{S}'$ の上界を与える. したがって $\mathcal{S}$ は帰納的集合であり, ツォルンの補題により極大元 $(i_0 : A \longrightarrow E_0, j_0 : F(E_0) \longrightarrow I)$ をもつことが言える.

E_0 が同型でない本質的拡大 $i_1 : E_0 \longrightarrow E_1$ をもつとすると $i_1 \circ i_0 : A \longrightarrow E_1$ も本質的拡大となる. また $F(i_1) : F(E_0) \longrightarrow F(E_1)$ も本質的拡大なので, I が単射的であることを用いて j_0 をさらに単射準同型 $j_1 : F(E_1) \longrightarrow I$ に延長できる. よって組 $(i_1 : A \longrightarrow E_1, j_1 : F(E_1) \longrightarrow I)$ ができるが, これは $(i_0 : A \longrightarrow E_0, j_0 : F(E_0) \longrightarrow I)$ の極大性に反する. したがって E_0 は同型でない本質的拡大をもたないので単射的対象である. よって $i_0 : A \longrightarrow E_0$ は A の単射的包絡となる. □

2.9 埋め込み定理 (II)

　本節ではミッチェルの埋め込み定理の証明を完結させる．本節では，特に断らない限り $\mathcal{A}$ は小さなアーベル圏であるとし，$\mathbf{Hom}^a(\mathcal{A}, \mathbf{Ab})$ を $\mathcal{A}$ から小さなアーベル群のなす圏 $\mathbf{Ab}$ への加法的関手のなす圏（射は自然変換）とする．

▶**命題 2.145**　$\mathbf{Hom}^a(\mathcal{A}, \mathbf{Ab})$ は和と積がいつも存在するアーベル圏である．

[証明]　ここでは証明の概略を述べ，詳しい証明は読者に任せる．$F(A) = 0$ ($\forall A \in \mathrm{Ob}\,\mathcal{A}$) で定義される $F \in \mathbf{Hom}^a(\mathcal{A}, \mathbf{Ab})$ が零対象となる．小さな集合で添字付けられた $\mathbf{Hom}^a(\mathcal{A}, \mathbf{Ab})$ の対象の族 $(F_\lambda)_{\lambda \in \Lambda}$ の和 $\coprod_\lambda F_\lambda$，積 $\prod_\lambda F_\lambda$ はそれぞれ $(\coprod_\lambda F_\lambda)(A) := \bigoplus_\lambda F_\lambda(A)$, $(\prod_\lambda F_\lambda)(A) := \prod_\lambda F_\lambda(A)$ で定義される関手である．$\mathbf{Hom}^a(\mathcal{A}, \mathbf{Ab})$ の射 $f : F_1 \longrightarrow F_2$ の核 $\mathrm{Ker}\,f$, 余核 $\mathrm{Coker}\,f$ はそれぞれ $(\mathrm{Ker}\,f)(A) := \mathrm{Ker}\,(f(A) : F_1(A) \longrightarrow F_2(A))$, $(\mathrm{Coker}\,f)(A) := \mathrm{Coker}\,(f(A) : F_1(A) \longrightarrow F_2(A))$ で定義される関手である．$f : F_1 \longrightarrow F_2$ が単射ならば $f \simeq \ker(\mathrm{coker}\,f)$, 全射ならば $f \simeq \mathrm{coker}(\ker f)$ となることが核，余核の定義から確かめられる． □

▶**命題 2.146**　$\mathcal{A}^{\mathrm{op}} \longrightarrow \mathbf{Hom}^a(\mathcal{A}, \mathbf{Ab}); A \mapsto \mathrm{Hom}_\mathcal{A}(A, -)$ は忠実充満関手である．

[証明]　米田埋め込み $\mathcal{A}^{\mathrm{op}} \longrightarrow \mathbf{Hom}(\mathcal{A}, \mathbf{Set}); A \mapsto \mathrm{Hom}_\mathcal{A}(A, -)$ は系 2.30 より忠実充満であり，また忘却関手 $\mathbf{Ab} \longrightarrow \mathbf{Set}$ から引き起こされる関手 $\mathbf{Hom}^a(\mathcal{A}, \mathbf{Ab}) \longrightarrow \mathbf{Hom}(\mathcal{A}, \mathbf{Set})$ は忠実なので題意の関手も忠実充満関手である． □

　なお，命題 2.146 の関手は一般には完全ではない．

▶**命題 2.147**　$\coprod_{A \in \mathrm{Ob}\,\mathcal{A}} \mathrm{Hom}_\mathcal{A}(A, -) : \mathcal{A} \longrightarrow \mathbf{Ab}; X \mapsto \bigoplus_{A \in \mathrm{Ob}\,\mathcal{A}} \mathrm{Hom}_\mathcal{A}(A, X)$ は $\mathbf{Hom}^a(\mathcal{A}, \mathbf{Ab})$ の射影的な生成対象である．

[証明] 関手
$$\mathrm{Hom}_{\mathbf{Hom}^a(\mathcal{A},\mathbf{Ab})}(\coprod_{A\in\mathrm{Ob}\,\mathcal{A}}\mathrm{Hom}_{\mathcal{A}}(A,-),-):\mathbf{Hom}^a(\mathcal{A},\mathbf{Ab})\longrightarrow \mathbf{Ab};$$
$$F\mapsto \mathrm{Hom}_{\mathbf{Hom}^a(\mathcal{A},\mathbf{Ab})}(\coprod_{A\in\mathrm{Ob}\,\mathcal{A}}\mathrm{Hom}_{\mathcal{A}}(A,-),F)$$

が完全かつ忠実であることを示せばよい．まず関手 $E:\mathbf{Hom}^a(\mathcal{A},\mathbf{Ab})\longrightarrow \mathbf{Ab}$ を $E(F):=\prod_{A\in\mathrm{Ob}\,\mathcal{A}}F(A)$ と定義すると E は完全である．また，

$$E_{F_1,F_2}:\mathrm{Hom}_{\mathbf{Hom}^a(\mathcal{A},\mathbf{Ab})}(F_1,F_2)\longrightarrow \mathrm{Hom}_{\mathbf{Ab}}(E(F_1),E(F_2))$$
$$=\mathrm{Hom}_{\mathbf{Ab}}(\prod_A F_1(A),\prod_A F_2(A))$$

は自然変換の定義より明らかに単射なので E は忠実である．そして自然変換

$$E\longrightarrow \mathrm{Hom}_{\mathbf{Hom}^a(\mathcal{A},\mathbf{Ab})}(\coprod_{A\in\mathrm{Ob}\,\mathcal{A}}\mathrm{Hom}_{\mathcal{A}}(A,-),-),$$

を $E(F)=\prod_A F(A)\ni (a_A)_A$ を

$$\bigoplus_A \mathrm{Hom}_{\mathcal{A}}(A,B)\longrightarrow F(B);\quad (f_A)_A\mapsto \sum_A f_A(a_A)\ (B\in\mathrm{Ob}\,\mathcal{A})$$

により定まる $\mathrm{Hom}_{\mathbf{Hom}^a(\mathcal{A},\mathbf{Ab})}(\coprod_{A\in\mathrm{Ob}\,\mathcal{A}}\mathrm{Hom}_{\mathcal{A}}(A,-),F)$ の元に移すものとし，また自然変換

$$\mathrm{Hom}_{\mathbf{Hom}^a(\mathcal{A},\mathbf{Ab})}(\coprod_{A\in\mathrm{Ob}\,\mathcal{A}}\mathrm{Hom}_{\mathcal{A}}(A,-),-)\longrightarrow E$$

を，$\Phi_B:\bigoplus_A \mathrm{Hom}_{\mathcal{A}}(A,B)\longrightarrow F(B)\ (B\in\mathrm{Ob}\,\mathcal{A})$ から定まる

$$\mathrm{Hom}_{\mathbf{Hom}^a(\mathcal{A},\mathbf{Ab})}(\coprod_{A\in\mathrm{Ob}\,\mathcal{A}}\mathrm{Hom}_{\mathcal{A}}(A,-),F)$$

の元を $(\Phi_A(\mathrm{id}_A))_A\in\prod_A F(A)=E(F)$（ただし A 成分のみ id_A で他の成分が 0 の $\bigoplus_{A'}\mathrm{Hom}_{\mathcal{A}}(A',A)$ の元を id_A と書いた）に移すものとすると，これらが互いの逆を与えているのでこれらは自然同値となる．したがって $\mathrm{Hom}_{\mathbf{Hom}^a(\mathcal{A},\mathbf{Ab})}(\coprod_{A\in\mathrm{Ob}\,\mathcal{A}}\mathrm{Hom}_{\mathcal{A}}(A,-),-)$ は完全かつ忠実となる． □

▶**命題 2.148** $\mathbf{Hom}^a(\mathcal{A},\mathbf{Ab})$ はグロタンディーク圏である．

[証明] 命題 2.147 より $\mathbf{Hom}^{\mathrm{a}}(\mathcal{A}, \mathbf{Ab})$ は生成対象をもつ. また, $\mathbf{Hom}^{\mathrm{a}}(\mathcal{A}, \mathbf{Ab})$ の対象 F の部分対象の増大族 $(F_\lambda \longrightarrow F)_{\lambda \in \Lambda}$ と F の部分対象 $G \longrightarrow F$ および $A \in \mathrm{Ob}\,\mathcal{A}$ に対して $(G \cap (\bigcup_{\lambda \in \Lambda} F_\lambda))(A) = G(A) \cap (\bigcup_{\lambda \in \Lambda} F_\lambda(A)) = \bigcup_{\lambda \in \Lambda}(G(A) \cap F_\lambda(A)) = (\bigcup_{\lambda \in \Lambda}(G \cap F_\lambda))(A)$ が成り立つ. □

特に, 定理 2.144 より任意の $\mathbf{Hom}^{\mathrm{a}}(\mathcal{A}, \mathbf{Ab})$ の対象は単射的包絡をもつ.

▶**命題 2.149** $E \in \mathbf{Hom}^{\mathrm{a}}(\mathcal{A}, \mathbf{Ab})$ が単射的対象ならば, E は右完全である.

[証明] $A_1 \longrightarrow A_2 \longrightarrow A_3 \longrightarrow O$ を $\mathcal{A}$ における完全列とすると $\mathbf{Hom}^{\mathrm{a}}(\mathcal{A}, \mathbf{Ab})$ において $O \longrightarrow \mathrm{Hom}_{\mathcal{A}}(A_1, -) \longrightarrow \mathrm{Hom}_{\mathcal{A}}(A_2, -) \longrightarrow \mathrm{Hom}_{\mathcal{A}}(A_3, -)$ は完全列である. そして, E が単射的であるという仮定から関手

$$\mathrm{Hom}_{\mathbf{Hom}^{\mathrm{a}}(\mathcal{A}, \mathbf{Ab})}(-, E) : \mathbf{Hom}^{\mathrm{a}}(\mathcal{A}, \mathbf{Ab})^{\mathrm{op}} \longrightarrow \mathbf{Ab}$$

は完全なので

$$\mathrm{Hom}_{\mathbf{Hom}^{\mathrm{a}}(\mathcal{A}, \mathbf{Ab})}(\mathrm{Hom}_{\mathcal{A}}(A_3, -), E) \longrightarrow \mathrm{Hom}_{\mathbf{Hom}^{\mathrm{a}}(\mathcal{A}, \mathbf{Ab})}(\mathrm{Hom}_{\mathcal{A}}(A_2, -), E)$$
$$\longrightarrow \mathrm{Hom}_{\mathbf{Hom}^{\mathrm{a}}(\mathcal{A}, \mathbf{Ab})}(\mathrm{Hom}_{\mathcal{A}}(A_1, -), E) \longrightarrow 0$$

は完全になるが, これは $E(A_3) \longrightarrow E(A_2) \longrightarrow E(A_1) \longrightarrow 0$ と一致する. よって E は右完全である. □

▷**定義 2.150** $F \in \mathrm{Ob}\,\mathbf{Hom}^{\mathrm{a}}(\mathcal{A}, \mathbf{Ab})$ が**単関手 (mono functor)** であるとは, 任意の $\mathcal{A}$ における単射 $f : A \longrightarrow B$ に対して $F(f) : F(A) \longrightarrow F(B)$ が単射であること.

▶**命題 2.151** $F \in \mathrm{Ob}\,\mathbf{Hom}^{\mathrm{a}}(\mathcal{A}, \mathbf{Ab})$ が単関手, $f : F \longrightarrow E$ を $\mathbf{Hom}^{\mathrm{a}}(\mathcal{A}, \mathbf{Ab})$ における本質的拡大とすると, E も単関手である. (したがって命題 2.149 より f が単射的包絡ならば E は完全である.)

[証明] E が単関手でないとすると, ある $\mathcal{A}$ における単射 $i : A' \longrightarrow A$ に対して $E(i) : E(A') \longrightarrow E(A)$ は単射でない. $0 \neq x \in E(A')$ で $E(i)(x) = 0$ となるようなものを 1 つとる. E の部分対象 G を $G(B) := \{y \in E(B) \mid \exists \varphi : A' \longrightarrow B, E(\varphi)(x) = y\}$ ($B \in \mathrm{Ob}\,\mathcal{A}$) により定める. ($E(0)(x) = 0$, $E(\varphi +$

$\varphi')(x) = E(\varphi)(x) + E(\varphi')(x), E(-\varphi)(x) = -E(\varphi)(x)$ より $G(B)$ は $\mathbf{Ab}$ の対象である．また $\mathcal{A}$ における任意の射 $g : B \longrightarrow B'$ に対して $E(g)(G(B)) \subseteq G(B')$ なので G は E の部分対象として well-defined である．）このとき $0 \neq x \in G(A')$ なので $G \neq O$．$f : F \longrightarrow E$ は本質的拡大なので $F \cap G \neq O$ となる，つまりある $B \in \mathrm{Ob}\,\mathcal{A}$ に対して $F(B) \cap G(B) \neq 0$．$F(B) \cap G(B)$ の 0 でない元 y をとる．すると G の定義よりある $\varphi : A' \longrightarrow B$ に対して $E(\varphi)(x) = y$．ここで $(A' \xrightarrow{i} A, A' \xrightarrow{\varphi} B)$ のファイバー和を $(C, j_1 : A \longrightarrow C, j_2 : B \longrightarrow C)$ とする．i が単射なことより j_2 も単射となる．F は単関手なので $F(j_2) : F(B) \longrightarrow F(C)$ は単射であり，よって $F(j_2)(y) \neq 0$．すると $0 \neq E(j_2)(y) = E(j_2)(E(\varphi)(x)) = E(j_1)(E(i)(x)) = 0$ となり矛盾．よって E は単関手である．　□

以下，$\mathcal{M}$ を単関手全体のなす $\mathbf{Hom}^{\mathrm{a}}(\mathcal{A}, \mathbf{Ab})$ の充満部分圏とする．単関手の積，部分対象は単関手であることに注意する．

▶**命題 2.152**　任意の $F \in \mathrm{Ob}\,\mathbf{Hom}^{\mathrm{a}}(\mathcal{A}, \mathbf{Ab})$ に対して $\mathcal{M}$ の対象への全射 $f : F \longrightarrow M$ で，次の条件を満たすものが同型を除いて一意的に存在する：任意の $\mathcal{M}$ の対象への射 $g : F \longrightarrow M'$ に対して $h \circ f = g$ となる射 $h : M \longrightarrow M'$ が一意的に存在する．

[証明]　F の商対象 $\varphi : F \longrightarrow F'$ で $F' \in \mathrm{Ob}\,\mathcal{M}$ となるもの全体の同値類の集合は命題 2.134 より小さな集合である．そこで各同値類から 1 つずつ部分対象を選んでできる集合を $\mathcal{T}$ とおく．$(\prod_{\varphi:F \to F' \in \mathcal{T}} F', (p_\varphi : \prod_{\varphi:F \to F' \in \mathcal{T}} F' \longrightarrow F')_\varphi)$ を $\mathcal{T}$ の対象たちの積，$\tilde{f} : F \longrightarrow \prod_{\varphi:F \to F' \in \mathcal{T}} F'$ を $p_\varphi \circ \tilde{f} = \varphi\,(\forall \varphi \in \mathcal{T})$ を満たす唯一の射とし，$M := \mathrm{Coim}\,\tilde{f} = \mathrm{Im}\,\tilde{f}, f := \mathrm{coim}\,\tilde{f} : F \longrightarrow M$ とおく．このとき f は全射で，また M は単関手 $F' \in \mathcal{T}$ たちの積の部分対象なので単関手である．また，任意の $\mathcal{M}$ の対象への射 $g : F \longrightarrow M'$ に対して，$\mathrm{coim}\,g : F \longrightarrow \mathrm{Coim}\,g = \mathrm{Im}\,g$ は $\mathcal{M}$ の対象への全射なので，$\tilde{h} \circ \tilde{f} = \mathrm{coim}\,g$ となる射 $\tilde{h} : \prod_{\varphi:F \to F' \in \mathcal{T}} F' \longrightarrow \mathrm{Im}\,g$ が存在し，このとき $h := \mathrm{img}\,g \circ \tilde{h} \circ \mathrm{im}\,\tilde{f} : M \longrightarrow M'$ とおくと $h \circ f = \mathrm{img}\,g \circ \tilde{h} \circ \mathrm{im}\,\tilde{f} \circ \mathrm{coim}\,\tilde{f} = \mathrm{img}\,g \circ \tilde{h} \circ \tilde{f} = \mathrm{img}\,g \circ \mathrm{coim}\,g = g$ となる．また f の全射性より題意の h は一意的である．

最後に $f : F \longrightarrow M$ の一意性を証明する．$g : F \longrightarrow M'$ を f と同様の

条件を満たすもう1つの全射とすると, $h \circ f = g, h' \circ g = f$ を満たす射 $h: M \longrightarrow M', h': M' \longrightarrow M$ が存在する. このとき $(h' \circ h) \circ f = f$ となるが, $\mathrm{id}_M \circ f = f$ でもあるので, $f: F \longrightarrow M$ に要請された条件における一意性より $h' \circ h = \mathrm{id}_M$ となる. 同様に $h \circ h' = \mathrm{id}_{M'}$ も言えるので, h は同型となる. 以上で題意が証明された. □

命題 2.152 の M を $M(F)$, $f: F \longrightarrow M$ を $m_F: F \longrightarrow M(F)$ と書く. 命題 2.152 より m_F は全射であり, 同型を除いて一意的に定まっている.

▶**命題 2.153** 任意の $F \in \mathrm{Ob}\, \mathbf{Hom}^{\mathrm{a}}(\mathcal{A}, \mathbf{Ab})$ と任意の $M \in \mathrm{Ob}\, \mathcal{M}$ に対して $\mathrm{Hom}_{\mathbf{Hom}^{\mathrm{a}}(\mathcal{A}, \mathbf{Ab})}(\mathrm{Ker}\, m_F, M) = 0$.

[証明] $f: \mathrm{Ker}\, m_F \longrightarrow M$ を任意にとる. $i: M \longrightarrow E$ を M の単射的包絡とすると, $g: F \longrightarrow E$ で $g \circ \ker m_F = i \circ f$ を満たすものがある. 命題 2.151 より E は単関手なので $h: M(F) \longrightarrow E$ で $g = h \circ m_F$ となるものが存在する. よって $i \circ f = g \circ \ker m_F = h \circ m_F \circ \ker m_F = 0$. i は単射なので $f = 0$ を得る. □

さらに, $\mathcal{L}$ を左完全関手全体のなす $\mathcal{M}$ の (したがって $\mathbf{Hom}^{\mathrm{a}}(\mathcal{A}, \mathbf{Ab})$ の) 充満部分圏とする.

▶**命題 2.154** $0 \longrightarrow F_1 \xrightarrow{f} F_2 \xrightarrow{g} F_3 \longrightarrow 0$ を $\mathbf{Hom}^{\mathrm{a}}(\mathcal{A}, \mathbf{Ab})$ における完全列とする.
(1) $F_1, F_2 \in \mathrm{Ob}\, \mathcal{L}$ ならば $F_3 \in \mathrm{Ob}\, \mathcal{M}$.
(2) $F_2 \in \mathrm{Ob}\, \mathcal{L}, F_3 \in \mathrm{Ob}\, \mathcal{M}$ ならば $F_1 \in \mathrm{Ob}\, \mathcal{L}$.

[証明] (1) $\mathcal{A}$ における完全列 $O \longrightarrow A_1 \xrightarrow{\varphi} A_2 \xrightarrow{\psi} A_3$ をとり, 3 行が完全な次の可換図式を考える.

$$
\begin{CD}
0 @>>> F_1(A_1) @>{f(A_1)}>> F_2(A_1) @>{g(A_1)}>> F_3(A_1) @>>> 0 \\
@. @V{F_1(\varphi)}VV @V{F_2(\varphi)}VV @V{F_3(\varphi)}VV @. \\
0 @>>> F_1(A_2) @>{f(A_2)}>> F_2(A_2) @>{g(A_2)}>> F_3(A_2) @>>> 0. \\
@. @V{F_1(\psi)}VV @V{F_2(\psi)}VV @. @. \\
0 @>>> F_1(A_3) @>{f(A_3)}>> F_2(A_3) @. @. @.
\end{CD}
\tag{2.20}
$$

$F_1(\varphi), F_2(\varphi)$ は単射なので蛇の補題より完全列

$$
0 \longrightarrow \operatorname{Ker} F_3(\varphi) \longrightarrow \operatorname{Coker} F_1(\varphi) \xrightarrow{\alpha} \operatorname{Coker} F_2(\varphi) \tag{2.21}
$$

がある.ただし α は図式 (2.20) の左上の四角の可換性より誘導される準同型写像である.F_1, F_2 が左完全であることより $\alpha : \operatorname{Coker} F_1(\varphi) \longrightarrow \operatorname{Coker} F_2(\varphi)$ は $\operatorname{Im} F_1(\psi) \longrightarrow \operatorname{Im} F_2(\psi)$ と書け,また図式 (2.20) の左上,左下の四角の可換性より標準的包含 $\operatorname{Im} F_i(\psi) \longrightarrow F_i(A_3)$ $(i=1,2)$ を通じて単射 $F_1(A_3) \longrightarrow F_2(A_3)$ と整合的なので単射である.したがって完全列 (2.21) より $\operatorname{Ker} F_3(\varphi) = 0$ となるので F_3 は単関手となる.

(2) 図式 (2.20) を考える.今度は $F_2(\varphi), F_3(\varphi)$ が単射なので蛇の補題より $\operatorname{Ker} F_1(\varphi) = 0$ であり,また $\alpha : \operatorname{Coker} F_1(\varphi) \longrightarrow \operatorname{Coker} F_2(\varphi)$ が単射であることがわかる.次の図式を考える.

$$
\begin{CD}
\operatorname{Coker} F_1(\varphi) @>{\alpha}>> \operatorname{Coker} F_2(\varphi) \\
@V{\beta_1}VV @V{\beta_2}VV \\
F_1(A_3) @>{f(A_3)}>> F_2(A_3).
\end{CD}
\tag{2.22}
$$

ただし β_i $(i=1,2)$ は $F_i(\psi) \circ F_i(\varphi) = 0$ $(i=1,2)$ であることから誘導される.$\beta_i \circ \operatorname{coker} F_i(\varphi) = F_i(\psi)$ を満たす唯一の準同型写像で,また図式 (2.22) の可換性は図式 (2.20) の左上,左下の四角の可換性より従う.F_2 が左完全であることから,β_2 は標準的包含 $\operatorname{Coker} F_2(\varphi) = \operatorname{Im} F_2(\psi) \longrightarrow F_2(A_3)$ と同一視されるので単射である.α も単射であったので $f(A_3) \circ \beta_1 = \beta_2 \circ \alpha$ も単射であり,したがって β_1 が単射であることが従う.よって $\operatorname{Ker} F_1(\psi) = \operatorname{Ker}(\beta_1 \circ \operatorname{coker} F_1(\varphi)) = \operatorname{Ker}(\operatorname{coker} F_1(\varphi)) = \operatorname{Im} F_1(\varphi)$ となる.以上より F_1 は左完全関手となる.
□

▶**命題 2.155**　任意の $M \in \mathrm{Ob}\,\mathcal{M}$ に対して $\mathcal{L}$ の対象への単射 $f: M \longrightarrow L$ で，次の条件を満たすものが同型を除いて一意的に存在する：任意の $\mathcal{L}$ の対象への射 $g: M \longrightarrow L'$ に対して $h \circ f = g$ となる射 $h: L \longrightarrow L'$ が一意的に存在する．

[証明]　M の単射的包絡 $i: M \longrightarrow E$ をとる．$\alpha: E \longrightarrow M(\mathrm{Coker}\,i)$ を $\mathrm{coker}\,i: E \longrightarrow \mathrm{Coker}\,i$ と $m_{\mathrm{Coker}\,i}: \mathrm{Coker}\,i \longrightarrow M(\mathrm{Coker}\,i)$ の合成とし，$L := \mathrm{Ker}\,\alpha$ とおく．次の可換図式を考える．

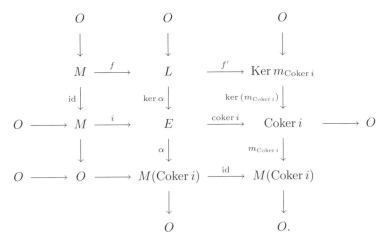

ただし f は $\alpha \circ i = 0$ であることから誘導される射，f' は $m_{\mathrm{Coker}\,i} \circ \mathrm{coker}\,i \circ \ker \alpha = 0$ であることから誘導される射であり，横の 2 行目，3 行目および縦の列は完全である．この図式は $\mathbf{Hom}^{\mathrm{a}}(\mathcal{A}, \mathbf{Ab})$ における可換図式なので，各 $A \in \mathrm{Ob}\,\mathcal{A}$ を入れることにより $\mathbf{Ab}$ における可換図式が得られ，完全性も変わらない．したがって $A \in \mathrm{Ob}\,\mathcal{A}$ を入れてから蛇の補題を用いることにより $0 \longrightarrow M(A) \xrightarrow{f(A)} L(A) \xrightarrow{f'(A)} (\mathrm{Ker}\,m_{\mathrm{Coker}\,i})(A) \longrightarrow 0$ が完全列となることがわかる．したがって $O \longrightarrow M \xrightarrow{f} L \xrightarrow{f'} \mathrm{Ker}\,m_{\mathrm{Coker}\,i} \longrightarrow O$ が $\mathbf{Hom}^{\mathrm{a}}(\mathcal{A}, \mathbf{Ab})$ における完全列となることがわかる．$E \in \mathrm{Ob}\,\mathcal{L}$, $M(\mathrm{Coker}\,i) \in \mathrm{Ob}\,\mathcal{M}$ なので，命題 2.154 より $L \in \mathrm{Ob}\,\mathcal{L}$ である．

さて，$\mathcal{L}$ の対象への射 $g: M \longrightarrow L'$ を任意に与えたとき $i': L' \longrightarrow E'$ を単射的包絡とすると $\tilde{h}: L \longrightarrow E'$ で $\tilde{h} \circ f = i' \circ g$ を満たすものがある．この可換性より $h': \mathrm{Ker}\,m_{\mathrm{Coker}\,i} \longrightarrow \mathrm{Coker}\,i'$ で $h' \circ f' = \mathrm{coker}\,i' \circ \tilde{h}$ を満たすものが構成される．一方 $L' \in \mathrm{Ob}\,\mathcal{L}, E' \in \mathrm{Ob}\,\mathcal{L}$ （命題 2.151）より $\mathrm{Coker}\,i' \in$

$\mathrm{Ob}\mathcal{M}$ なので命題 2.153 より $h' = 0$. したがって $\mathrm{coker}\, i' \circ \tilde{h} = 0$ となるので $h : L \longrightarrow L'$ で $i' \circ h = \tilde{h}$ を満たすものがあり，このとき $i' \circ h \circ f = \tilde{h} \circ f = i' \circ g$ より $h \circ f = g$ となる．よって題意の h の存在が言えたが，もしこのような h がもう 1 つあるとしてそれを h_1 とすると $(h - h_1) \circ f = 0$ より $h_2 : \mathrm{Ker}\, m_{\mathrm{Coker}\, i} \longrightarrow L'$ で $h - h_1 = h_2 \circ f'$ を満たすものがあるが，$L' \in \mathrm{Ob}\mathcal{L} \subseteq \mathrm{Ob}\mathcal{M}$ であることと命題 2.153 より $h_2 = 0$ なので $h - h_1 = 0$ となる．よって h の一意性も言えた．

最後に $f : M \longrightarrow L$ の一意性を証明する．$g : M \longrightarrow L'$ を f と同様の条件を満たすもう 1 つの単射とすると，$h \circ f = g, h' \circ g = f$ を満たす射 $h : L \longrightarrow L', h' : L' \longrightarrow L$ が存在する．このとき $(h' \circ h) \circ f = f$ となるが，$\mathrm{id}_L \circ f = f$ でもあるので，$f : M \longrightarrow L$ に要請された条件における一意性より $h' \circ h = \mathrm{id}_L$ となる．同様に $h \circ h' = \mathrm{id}_{L'}$ も言えるので，h は同型となる．以上で題意が証明された． □

命題 2.155 の L を $L(M)$，$f : M \longrightarrow L$ を $l_M : M \longrightarrow L(M)$ と書く．命題 2.155 より l_M は単射であり，同型を除いて一意的に定まっている．

注 2.156 命題 2.155 の証明の後半の議論により次が言える：$\mathbf{Hom}^{\mathrm{a}}(\mathcal{A}, \mathbf{Ab})$ における完全列 $O \longrightarrow M \longrightarrow L \longrightarrow C \longrightarrow O$ において $M \in \mathrm{Ob}\mathcal{M}, L \in \mathrm{Ob}\mathcal{L}$ であり，また任意の $M' \in \mathrm{Ob}\mathcal{M}$ に対して $\mathrm{Hom}_{\mathbf{Hom}^{\mathrm{a}}(\mathcal{A}, \mathbf{Ab})}(C, M') = 0$ であるならば $L = L(M)$ である．

以上の準備により，$\mathcal{L}$ がある意味で良い性質をもつ圏であることが証明できる．

▶**命題 2.157** $\mathcal{L}$ は和，積がいつも存在するアーベル圏であり，任意の対象は単射的包絡をもち，また生成対象をもつ．（したがって命題 2.135 より $\mathcal{L}$ は単射的な余生成対象をもつ．）

[証明] $(L_\lambda)_\lambda$ を小さな集合で添字付けられた $\mathrm{Ob}\mathcal{L}$ の対象の族とすると，$\mathbf{Hom}^{\mathrm{a}}(\mathcal{A}, \mathbf{Ab})$ における和，積 $\coprod_\lambda L_\lambda, \prod_\lambda L_\lambda$ は左完全なので $\mathrm{Ob}\mathcal{L}$ に属し，これが $\mathcal{L}$ における和，積を与える．また $\mathbf{Hom}^{\mathrm{a}}(\mathcal{A}, \mathbf{Ab})$ における零対象が $\mathcal{L}$ に属し，これが $\mathcal{L}$ における零対象となる．

2.9 埋め込み定理 (II)

$\mathcal{L}$ における射 $f : L_1 \longrightarrow L_2$ に対して，$\mathbf{Hom}^{\mathrm{a}}(\mathcal{A}, \mathbf{Ab})$ における像 $\mathrm{Im}\, f$ は $L_2 \in \mathrm{Ob}\,\mathcal{L} \subseteq \mathrm{Ob}\,\mathcal{M}$ の部分対象ゆえ $\mathrm{Ob}\,\mathcal{M}$ に属する．よって $\mathbf{Hom}^{\mathrm{a}}(\mathcal{A}, \mathbf{Ab})$ における核 $\mathrm{Ker}\, f = \mathrm{Ker}\,(L_1 \longrightarrow \mathrm{Coim}\, f = \mathrm{Im}\, f)$ は命題 2.154 より $\mathrm{Ob}\,\mathcal{L}$ に属する．そしてこれが $\mathcal{L}$ における核となる．

$\mathcal{L}$ における射 $f : L_1 \longrightarrow L_2$ に対して，$\mathrm{Coker}\, f$ を $\mathbf{Hom}^{\mathrm{a}}(\mathcal{A}, \mathbf{Ab})$ における余核とするとき，$L(M(\mathrm{Coker}\, f)) \in \mathrm{Ob}\,\mathcal{L}$ が $\mathcal{L}$ における余核となることが命題 2.152, 2.155 からわかる．(なお，f が単射のときは命題 2.154 より $\mathrm{Coker}\, f \in \mathrm{Ob}\,\mathcal{M}$ なので $L(M(\mathrm{Coker}\, f)) = L(\mathrm{Coker}\, f)$ で，これが余核となる．)

$f : L_1 \longrightarrow L_2$ を $\mathcal{L}$ における単射とすると，前々段落の核の定義より $\mathbf{Hom}^{\mathrm{a}}(\mathcal{A}, \mathbf{Ab})$ における核が O となるので，f は $\mathbf{Hom}^{\mathrm{a}}(\mathcal{A}, \mathbf{Ab})$ においても単射である．このとき $\mathbf{Hom}^{\mathrm{a}}(\mathcal{A}, \mathbf{Ab})$ における余核 $\mathrm{Coker}\, f$ を考えると命題 2.154 より $\mathrm{Coker}\, f \in \mathrm{Ob}\,\mathcal{M}$．すると $l_{\mathrm{Coker}\, f} : \mathrm{Coker}\, f \longrightarrow L(\mathrm{Coker}\, f)$ が単射であることより $L_1 = \mathrm{Ker}\,(\mathrm{coker}\, f) = \mathrm{Ker}\,(l_{\mathrm{Coker}\, f} \circ \mathrm{coker}\, f : L_2 \longrightarrow L(\mathrm{Coker}\, f))$．よって L_1 は $\mathcal{L}$ の射の核として表わされる．

$f : L_1 \longrightarrow L_2$ を $\mathcal{L}$ における全射とするとき，$\mathbf{Hom}^{\mathrm{a}}(\mathcal{A}, \mathbf{Ab})$ における余核 $\mathrm{Coker}\, f$ を考えると，任意の $M \in \mathrm{Ob}\,\mathcal{M}, g : \mathrm{Coker}\, f \longrightarrow M$ に対して $l_M \circ g \circ \mathrm{coker}\, f \circ f : L_1 \longrightarrow L(M)$ は $\mathcal{L}$ における零射なので f の $\mathcal{L}$ における全射性より $l_M \circ g \circ \mathrm{coker}\, f = 0$ であり，そして $\mathrm{coker}\, f$ の $\mathbf{Hom}^{\mathrm{a}}(\mathcal{A}, \mathbf{Ab})$ における全射性，l_M の $\mathbf{Hom}^{\mathrm{a}}(\mathcal{A}, \mathbf{Ab})$ における単射性より $g = 0$ となる．したがって $M' := \mathrm{Coim}\, f = \mathrm{Im}\, f$ ($\mathbf{Hom}^{\mathrm{a}}(\mathcal{A}, \mathbf{Ab})$ における余像 = 像) とするとき $O \longrightarrow M' \xrightarrow{\mathrm{im}\, f} L_2 \longrightarrow \mathrm{Coker}\, f \longrightarrow O$ は完全列で，M' は L_1 の部分対象ゆえ $\mathrm{Ob}\,\mathcal{M}$ に属し，L_2 は $\mathrm{Ob}\,\mathcal{L}$ に属し，また $\mathrm{Coker}\, f$ は任意の $M \in \mathrm{Ob}\,\mathcal{M}$ に対して $\mathrm{Hom}_{\mathbf{Hom}^{\mathrm{a}}(\mathcal{A}, \mathbf{Ab})}(\mathrm{Coker}\, f, M) = 0$ を満たす．よって注 2.155 より $L_2 = L(M')$ となる．ゆえに $L_0 := \mathrm{Ker}\, f$ ($\mathbf{Hom}^{\mathrm{a}}(\mathcal{A}, \mathbf{Ab})$ における核 = $\mathcal{L}$ における核) とおけば $\mathrm{ker}\, f : L_0 \longrightarrow L_1$ の $\mathcal{L}$ における余核は合成 $L_1 \xrightarrow{\mathrm{im}\, f} M' \xrightarrow{l_{M'}} L(M') = L_2$ となる．よって L_2 は $\mathcal{L}$ の射の ($\mathcal{L}$ における) 余核として表わされる．以上より $\mathcal{L}$ はアーベル圏となる．

既にみたように $\mathcal{L}$ と $\mathbf{Hom}^{\mathrm{a}}(\mathcal{A}, \mathbf{Ab})$ において核，積の概念は一致しているので単射，ファイバー積の概念も一致する．よって任意の $\mathcal{L}$ の対象 L に対して，$\mathbf{Hom}^{\mathrm{a}}(\mathcal{A}, \mathbf{Ab})$ における単射的包絡 $i : L \longrightarrow E$ を考えると命題 2.151 より $E \in \mathrm{Ob}\,\mathcal{L}$ なのでこれは $\mathcal{L}$ においても本質的拡大となる．また E は $\mathcal{L}$ においても単射的対象であることが定義より言えるので i は $\mathcal{L}$ においても単射的

包絡となる．よって $\mathcal{L}$ の任意の対象は単射的包絡をもつ．

最後に $\mathbf{Hom}^{\mathrm{a}}(\mathcal{A},\mathbf{Ab})$ の生成対象 $\coprod_{A\in\mathrm{Ob}\,\mathcal{A}}\mathrm{Hom}_{\mathcal{A}}(A,-)$ は左完全なので $\mathrm{Ob}\,\mathcal{L}$ に属し，これが $\mathcal{L}$ の生成対象となる． □

注 2.158 命題 2.157 の証明からわかるように，$\mathcal{L}$ における余核は $\mathbf{Hom}^{\mathrm{a}}(\mathcal{A},\mathbf{Ab})$ における余核とは一般には異なる．したがって包含関手 $\mathcal{L} \longrightarrow \mathbf{Hom}^{\mathrm{a}}(\mathcal{A},\mathbf{Ab})$ は忠実充満であるが，一般には完全ではない．

▶**命題 2.159** 関手 $\mathcal{A}^{\mathrm{op}} \longrightarrow \mathcal{L};\ A \mapsto \mathrm{Hom}_{\mathcal{A}}(A,-)$ は完全忠実充満関手である．

[証明] E を $\mathcal{L}$ の余生成対象とする．$\mathbf{Hom}^{\mathrm{a}}(\mathcal{A},\mathbf{Ab})$ における単射的包絡 $E \longrightarrow E'$ をとると E' もまた $\mathcal{L}$ の余生成対象であり，さらに E' は完全である（命題 2.151）．したがって E' を改めて E とおくことにより E は完全であるとしてよい．$\mathcal{L}$ は $\mathbf{Hom}^{\mathrm{a}}(\mathcal{A},\mathbf{Ab})$ の充満部分圏なので命題 2.146 より題意の関手は忠実充満関手である．また題意の関手の完全性を示すためには任意の $\mathcal{A}$ における完全列 $A_1 \longrightarrow A_2 \longrightarrow A_3$ に対して図式

$$\mathrm{Hom}_{\mathcal{A}}(A_3,-) \longrightarrow \mathrm{Hom}_{\mathcal{A}}(A_2,-) \longrightarrow \mathrm{Hom}_{\mathcal{A}}(A_1,-)$$

が $\mathcal{L}$ において完全であることを示せばよい．命題 2.128 より上の図式が $\mathbf{Hom}^{\mathrm{a}}(\mathcal{A},\mathbf{Ab})$ において完全であればよく，また E が余生成対象であることと命題 2.128 より

$$\mathrm{Hom}_{\mathbf{Hom}^{\mathrm{a}}(\mathcal{A},\mathbf{Ab})}(\mathrm{Hom}_{\mathcal{A}}(A_1,-),E) \longrightarrow \mathrm{Hom}_{\mathbf{Hom}^{\mathrm{a}}(\mathcal{A},\mathbf{Ab})}(\mathrm{Hom}_{\mathcal{A}}(A_2,-),E)$$
$$\longrightarrow \mathrm{Hom}_{\mathbf{Hom}^{\mathrm{a}}(\mathcal{A},\mathbf{Ab})}(\mathrm{Hom}_{\mathcal{A}}(A_3,-),E)$$

が完全であることを示せば充分である．この図式は $E(A_1) \longrightarrow E(A_2) \longrightarrow E(A_3)$ と一致し，E が完全であることからこの完全性が従う．よって題意が示された． □

2.9 埋め込み定理 (II)

▶**定理 2.160** (ミッチェルの埋め込み定理 (Mitchell's embedding theorem))

$\mathcal{A}$ を小さなアーベル圏とするとき，ある環 R とある完全忠実充満関手 $\mathcal{A} \longrightarrow R\text{-}\mathbf{Mod}$ が存在する．

[証明] まず命題 2.159 より定まる関手 $\mathcal{A} \longrightarrow \mathcal{L}^{\mathrm{op}}$ は完全忠実充満関手である．また $\mathcal{L}^{\mathrm{op}}$ は命題 2.157 より和と積がいつも存在するアーベル圏で，射影的な生成対象をもつ．したがって定理 2.136 よりある環 R とある完全忠実充満関手 $\mathcal{A} \longrightarrow R\text{-}\mathbf{Mod}$ が存在する． □

▶**補題 2.161** $\mathcal{A}$ を (小さいとは限らない) アーベル圏とし，$\mathcal{S} \subseteq \mathrm{Ob}\,\mathcal{A}$ を小さな部分集合とする．このとき $\mathcal{A}$ の小さな完全忠実充満部分アーベル圏 $\mathcal{B}$ で $\mathcal{S} \subseteq \mathrm{Ob}\,\mathcal{B}$ を満たすようなものが存在する．

[証明] $O \in \mathcal{S}$ であると仮定してよい．$\mathcal{S}$ を自然に $\mathcal{A}$ の充満部分圏とみなす．$\mathcal{A}$ の充満部分圏の列 $\mathcal{S}_n$ ($n \in \mathbb{N}$) を $\mathcal{S}_0 := \mathcal{S}$ とし，また $\mathcal{S}_{n+1}$ を

$$\mathrm{Ob}\,\mathcal{S}_{n+1} = \mathrm{Ob}\,\mathcal{S}_n \cup \{A \oplus B \mid A, B \in \mathrm{Ob}\,\mathcal{S}_n\}$$
$$\cup \{\mathrm{Ker}\,f \mid f \in \sqcup_{A,B \in \mathrm{Ob}\,\mathcal{S}_n} \mathrm{Hom}_\mathcal{A}(A,B)\}$$
$$\cup \{\mathrm{Coker}\,f \mid f \in \sqcup_{A,B \in \mathrm{Ob}\,\mathcal{S}_n} \mathrm{Hom}_\mathcal{A}(A,B)\}$$

を満たす $\mathcal{A}$ の充満部分圏として定義する．そして $\mathcal{B}$ を $\mathrm{Ob}\,\mathcal{B} = \bigcup_n \mathrm{Ob}\,\mathcal{S}_n$ を満たす $\mathcal{A}$ の充満部分圏として定義する．構成より $\mathcal{B}$ は小さな圏で，また $\mathrm{Ob}\,\mathcal{S} \subseteq \mathrm{Ob}\,\mathcal{B}$ を満たす．

任意の $A, B \in \mathrm{Ob}\,\mathcal{B}, f \in \mathrm{Hom}_\mathcal{A}(A,B)$ に対して $A \oplus B, \mathrm{Ker}\,f, \mathrm{Coker}\,f \in \mathrm{Ob}\,\mathcal{B}$ であり，これが $\mathcal{B}$ における和かつ積，核，余核を与える．また $f: A \longrightarrow B$ を $\mathcal{B}$ における単射とすると $\mathcal{A}$ における核 $\mathrm{Ker}\,f$ は $\mathrm{Ob}\,\mathcal{B}$ に属し，これが $\mathcal{B}$ における核となるので $\mathrm{Ker}\,f = O$．つまり f は $\mathcal{A}$ において単射なので $f \simeq \ker(\mathrm{coker}\,f)$ となるが，これは $\mathcal{B}$ における同値となる．よって $\mathcal{B}$ における単射はある射の核として書ける．同様に $\mathcal{B}$ における全射がある射の余核として書けることもわかる．以上より $\mathcal{B}$ はアーベル圏となる．そして $\mathcal{B}$ における核，余核の概念は $\mathcal{A}$ における概念と一致しているので包含関手 $\mathcal{B} \longrightarrow \mathcal{A}$ は完全忠実充満関手となる． □

ミッチェルの埋め込み定理の応用として，例えば次が成り立つ[4]．

▶**系 2.162** 任意のアーベル圏 $\mathcal{A}$ において**蛇の補題**（命題 1.36）が成り立つ．

[**証明**] $\mathcal{A}$ において図式 (1.11)（と同じ形の図式）をとる．このとき，補題 2.161 より $\mathcal{A}$ の小さな完全忠実充満部分アーベル圏 $\mathcal{B}$ で図式に現れる対象を全て含むものがとれる．そしてミッチェルの埋め込み定理よりある環 R とある完全忠実充満関手 $F : \mathcal{B} \longrightarrow R\text{-}\mathbf{Mod}$ が存在する．図式 (1.11) に F を施して得られる左 R 加群の図式に蛇の補題を適用して F の完全性および充満性を用いると，射 $\operatorname{Ker} h_3 \xrightarrow{\delta} \operatorname{Coker} h_1$ の存在と図式 (1.12) に F を施したものの完全性が言える．すると命題 2.128 より図式 (1.12) の $\mathcal{B}$ における完全性が言える．そして包含関手 $\mathcal{B} \longrightarrow \mathcal{A}$ の完全性より図式 (1.12) の $\mathcal{A}$ における完全性が従う． □

注 2.163 同様の議論より，任意のアーベル圏 $\mathcal{A}$ において系 1.37 も成り立つ．すると注 1.38 の議論が任意のアーベル圏 $\mathcal{A}$ においてもそのまま成り立つので，蛇の補題における射 δ が注 1.38 に述べられた条件により一意的に定まることがわかる．特に δ の定義は系 2.162 の証明における小さなアーベル圏 $\mathcal{B}$ や完全忠実充満関手 $F : \mathcal{B} \longrightarrow R\text{-}\mathbf{Mod}$ のとりかたによらない．

2.10　随伴関手

▷**定義 2.164** $\mathcal{C}, \mathcal{D}$ を圏とする．関手 $F : \mathcal{C} \longrightarrow \mathcal{D}, G : \mathcal{D} \longrightarrow \mathcal{C}$ に対して 2 つの関手

$$\operatorname{Hom}_{\mathcal{D}}(F(-), -) : \mathcal{C}^{\mathrm{op}} \times \mathcal{D} \longrightarrow \mathbf{Set}; \quad (A, B) \mapsto \operatorname{Hom}_{\mathcal{D}}(F(A), B),$$

$$\operatorname{Hom}_{\mathcal{C}}(-, G(-)) : \mathcal{C}^{\mathrm{op}} \times \mathcal{D} \longrightarrow \mathbf{Set}; \quad (A, B) \mapsto \operatorname{Hom}_{\mathcal{C}}(A, G(B))$$

の間の自然同値 $\eta : \operatorname{Hom}_{\mathcal{D}}(F(-), -) \longrightarrow \operatorname{Hom}_{\mathcal{C}}(-, G(-))$ が存在するとき，F を G の**左随伴関手** (left adjoint functor)，G を F の**右随伴関手** (right

---

[4] なお，この応用例は蛇の補題がアーベル圏において直接証明できないと言っているわけではない．蛇の補題のアーベル圏における直接証明は [2], [16] などを参照のこと．

adjoint functor) といい，$F \dashv G$ と書く．また自然同値 η のことを**随伴同型** (adjunction isomorphism) という．

随伴同型 η とは集合の同型の族

$$(\eta_{A,B} : \mathrm{Hom}_{\mathcal{D}}(F(A), B) \longrightarrow \mathrm{Hom}_{\mathcal{C}}(A, G(B)))_{A \in \mathrm{Ob}\,\mathcal{C}, B \in \mathrm{Ob}\,\mathcal{D}}$$

で，任意の $f : A \longrightarrow A'$ に対して $\eta_{A,B} \circ {}^{\sharp}F(f) = {}^{\sharp}f \circ \eta_{A',B}$，任意の $g : B \longrightarrow B'$ に対して $\eta_{A,B'} \circ g^{\sharp} = G(g)^{\sharp} \circ \eta_{A,B}$ を満たすもののことに他ならない．$\varphi \in \mathrm{Hom}_{\mathcal{D}}(F(A), B) \,(\mathrm{Hom}_{\mathcal{C}}(A, G(B)))$ に対して $\eta_{A,B}(\varphi)\,(\eta_{A,B}^{-1}(\varphi))$ のことを φ の**随伴** (adjoint) という．

随伴関手の一意性について次が成り立つ．

▶**命題 2.165** $\mathcal{C}, \mathcal{D}$ を圏とする．
(1) $G : \mathcal{D} \longrightarrow \mathcal{C}$ を関手とし，$F, F' : \mathcal{C} \longrightarrow \mathcal{D}$ がともに G の左随伴関手であるとすると F, F' は自然同値である．
(2) $F : \mathcal{C} \longrightarrow \mathcal{D}$ を関手とし，$G, G' : \mathcal{D} \longrightarrow \mathcal{C}$ がともに F の右随伴関手であるとすると G, G' は自然同値である．

[証明]　(1) を示す．

$$\eta : \mathrm{Hom}_{\mathcal{D}}(F(-), -) \longrightarrow \mathrm{Hom}_{\mathcal{C}}(-, G(-)),$$
$$\eta' : \mathrm{Hom}_{\mathcal{D}}(F'(-), -) \longrightarrow \mathrm{Hom}_{\mathcal{C}}(-, G(-))$$

を随伴同値とする．すると $A \in \mathrm{Ob}\,\mathcal{C}$ に対して $\mathcal{D}$ から **Set** への関手の自然同値

$$\eta_{A,-}^{-1} \circ \eta'_{A,-} : \mathrm{Hom}_{\mathcal{D}}(F'(A), -) \longrightarrow \mathrm{Hom}_{\mathcal{C}}(A, G(-)) \longrightarrow \mathrm{Hom}_{\mathcal{D}}(F(A), -)$$

が定まる．すると系 2.30 より同型 $\tau_A : F(A) \xrightarrow{\cong} F'(A)$ で ${}^{\sharp}\tau_A = \eta_{A,-}^{-1} \circ \eta'_{A,-}$ を満たすものが存在する．そして，$\mathcal{C}$ における任意の射 $f : A \longrightarrow A'$ に対して ${}^{\sharp}(F'(f) \circ \tau_A) = {}^{\sharp}\tau_A \circ F'(f) = \eta_{A,-}^{-1} \circ \eta'_{A,-} \circ F'(f) = \eta_{A,-}^{-1} \circ {}^{\sharp}f \circ \eta'_{A',-} = {}^{\sharp}F(f) \circ \eta_{A',-}^{-1} \circ \eta'_{A',-} = {}^{\sharp}F(f) \circ {}^{\sharp}\tau_{A'} = {}^{\sharp}(\tau_{A'} \circ F(f))$ が成り立つので，再び系 2.30 より $F'(f) \circ \tau_A = \tau_{A'} \circ F(f)$ が成り立つことが言える．したがって $(\tau_A)_{A \in \mathrm{Ob}\,\mathcal{C}}$ は F から F' への自然同値を定めるので，F, F' は自然同値とな

る.

(2) の証明も同様である. □

随伴関手の存在と関手の表現可能性（例 2.28）との間には次の関係がある.

▶**命題 2.166** $\mathcal{C}, \mathcal{D}$ を圏とする.
(1) 関手 $G : \mathcal{D} \longrightarrow \mathcal{C}$ が左随伴関手をもつことと任意の $A \in \mathrm{Ob}\,\mathcal{C}$ に対して関手 $\mathrm{Hom}_\mathcal{C}(A, G(-)) : \mathcal{D} \longrightarrow \mathbf{Set}$ が表現可能であることは同値である.
(2) 関手 $F : \mathcal{C} \longrightarrow \mathcal{D}$ が右随伴関手をもつことと任意の $B \in \mathrm{Ob}\,\mathcal{D}$ に対して関手 $\mathrm{Hom}_\mathcal{D}(F(-), B) : \mathcal{C}^\mathrm{op} \longrightarrow \mathbf{Set}$ が表現可能であることは同値である.

[**証明**] (1) を示す．もし G が左随伴関手 F をもつならば，任意の $A \in \mathrm{Ob}\,\mathcal{C}$ に対し関手の自然同値 $\mathrm{Hom}_\mathcal{C}(A, G(-)) \cong \mathrm{Hom}_\mathcal{D}(F(A), -)$ があるので，$\mathrm{Hom}_\mathcal{C}(A, G(-))$ は $F(A)$ により表現可能である．

逆に，任意の $A \in \mathrm{Ob}\,\mathcal{C}$ に対して $\mathrm{Hom}_\mathcal{C}(A, G(-))$ が表現可能であると仮定すると，任意の $A \in \mathrm{Ob}\,\mathcal{C}$ に対して $B_A \in \mathrm{Ob}\,\mathcal{D}$ と自然同値 $\tau_A : \mathrm{Hom}_\mathcal{C}(A, G(-)) \xrightarrow{\cong} \mathrm{Hom}_\mathcal{D}(B_A, -)$ が存在する．$\varphi : A \longrightarrow A'$ を $\mathcal{C}$ における任意の射とすると，系 2.30 より $\tau_A \circ {}^\sharp\varphi \circ \tau_{A'}^{-1} = {}^\sharp B_\varphi$ を満たす射 $B_\varphi : B_A \longrightarrow B_{A'}$ が一意的に存在する．そこで $F : \mathcal{C} \longrightarrow \mathcal{D}$ を $F(A) := B_A, F(\varphi) := B_\varphi$ と定めるとこれが関手となることが確かめられる．そして

$$(\tau_A(B) : \mathrm{Hom}_\mathcal{C}(A, G(B)) \longrightarrow \mathrm{Hom}_\mathcal{D}(F(A), B))_{A \in \mathrm{Ob}\,\mathcal{C}, B \in \mathrm{Ob}\,\mathcal{D}}$$

が自然同値となるので，F は G の左随伴関手となる.

(2) の証明も同様である. □

▶**補題 2.167** $\mathcal{C}, \mathcal{D}$ を圏，$F : \mathcal{C} \longrightarrow \mathcal{D}, G : \mathcal{D} \longrightarrow \mathcal{C}$ を関手とし，$F \dashv G$ であるとする．また，$\eta : \mathrm{Hom}_\mathcal{D}(F(-), -) \longrightarrow \mathrm{Hom}_\mathcal{C}(-, G(-))$ を随伴同型とする．
(1) 各 $A \in \mathrm{Ob}\,\mathcal{C}$ に対して $\epsilon_A := \eta_{A, F(A)}(\mathrm{id}_{F(A)}) : A \longrightarrow G \circ F(A)$，各 $B \in \mathrm{Ob}\,\mathcal{D}$ に対して $\delta_B := \eta^{-1}_{G(B), B}(\mathrm{id}_{G(B)}) : F \circ G(B) \longrightarrow B$ とおけば，$(\epsilon_A : A \longrightarrow G \circ F(A))_{A \in \mathrm{Ob}\,\mathcal{A}}$ は自然変換 $\epsilon : \mathrm{id}_\mathcal{C} \longrightarrow G \circ F$ を定め，$(\delta_B : F \circ G(B) \longrightarrow B)_{B \in \mathrm{Ob}\,\mathcal{B}}$ は自然変換 $\delta : F \circ G \longrightarrow \mathrm{id}_\mathcal{D}$ を定める．（つまり，任意の $f : A \longrightarrow A'$ に対して $G(F(f)) \circ \epsilon_A = \epsilon_{A'} \circ f$ が成り立ち，また任意の

$g : B \longrightarrow B'$ に対して $g \circ \delta_B = \delta_{B'} \circ F(G(g))$ が成り立つ.)

(2) 任意の $h : F(A) \longrightarrow B\,(A \in \mathrm{Ob}\,\mathcal{C}, B \in \mathrm{Ob}\,\mathcal{D})$ に対して $\eta_{A,B}(h) = G(h) \circ \epsilon_A : A \longrightarrow G(B)$. また任意の $h : A \longrightarrow G(B)\,(A \in \mathrm{Ob}\,\mathcal{C}, B \in \mathrm{Ob}\,\mathcal{D})$ に対して $\eta_{A,B}^{-1}(h) = \delta_B \circ F(h) : F(A) \longrightarrow B$.

[証明]　(1) は η の性質より

$$G(F(f)) \circ \epsilon_A = G(F(f))^\sharp(\eta_{A,F(A)}(\mathrm{id}_{F(A)})) = \eta_{A,F(A')}(F(f)^\sharp(\mathrm{id}_{F(A)}))$$
$$= \eta_{A,F(A')}(F(f)) = \eta_{A,F(A')}({}^\sharp F(f)(\mathrm{id}_{F(A')})) = {}^\sharp f(\eta_{A',F(A')}(\mathrm{id}_{F(A')}))$$
$$= \epsilon_{A'} \circ f,$$

$$\delta_{B'} \circ F(G(g)) = {}^\sharp F(G(g))(\eta_{G(B'),B'}^{-1}(\mathrm{id}_{G(B')})) = \eta_{G(B),B'}^{-1}({}^\sharp G(g)(\mathrm{id}_{G(B')}))$$
$$= \eta_{G(B),B'}^{-1}(G(g)) = \eta_{G(B),B'}^{-1}(G(g)^\sharp(\mathrm{id}_{G(B)})) = g^\sharp(\eta_{G(B),B}^{-1}(\mathrm{id}_{G(B)}))$$
$$= g \circ \delta_B$$

と示される. (2) もまた η の性質より

$$\eta_{A,B}(h) = \eta_{A,B}(h^\sharp(\mathrm{id}_{F(A)})) = G(h)^\sharp(\eta_{A,F(A)}(\mathrm{id}_{F(A)})) = G(h) \circ \epsilon_A,$$
$$\eta_{A,B}^{-1}(h) = \eta_{A,B}^{-1}({}^\sharp h(\mathrm{id}_{G(B)})) = {}^\sharp F(h)(\eta_{G(B),B}^{-1}(\mathrm{id}_{G(B)})) = \delta_B \circ F(h)$$

と示される.　□

▷**定義 2.168**　記号を上の通りとするとき,自然変換 $\epsilon : \mathrm{id}_\mathcal{C} \longrightarrow G \circ F$,$\delta : F \circ G \longrightarrow \mathrm{id}_\mathcal{D}$ あるいは射 $\epsilon_A : A \longrightarrow G \circ F(A)\,(A \in \mathrm{Ob}\,\mathcal{C})$,$\delta_B : F \circ G(B) \longrightarrow B\,(B \in \mathrm{Ob}\,\mathcal{D})$ のことを**随伴射** (adjunction morphism) という.

記号を上の通りとするとき,自然変換

$$\delta \circ F := (\delta_{F(A)})_{A \in \mathrm{Ob}\,\mathcal{C}} : F \circ G \circ F \longrightarrow F, \tag{2.23}$$
$$F \circ \epsilon := (F(\epsilon_A))_{A \in \mathrm{Ob}\,\mathcal{C}} : F \longrightarrow F \circ G \circ F,$$
$$G \circ \delta := (G(\delta_B))_{B \in \mathcal{D}} : G \circ F \circ G \longrightarrow G,$$
$$\epsilon \circ G := (\epsilon_{G(B)})_{B \in \mathcal{D}} : G \longrightarrow G \circ F \circ G$$

が定義できる.

▶**命題 2.169** 上の状況で $(\delta \circ F) \circ (F \circ \epsilon) = \mathrm{id}_F, (G \circ \delta) \circ (\epsilon \circ G) = \mathrm{id}_G$ が成り立つ.

[証明] 補題 2.167(2) より

$$\delta_{F(A)} \circ F(\epsilon_A) = \eta_{A,F(A)}^{-1}(\epsilon_A) = \mathrm{id}_{F(A)},$$
$$G(\delta_B) \circ \epsilon_{G(B)} = \eta_{G(B),B}(\delta_B) = \mathrm{id}_{G(B)}$$

となることから題意が言える. □

補題 2.167 から命題 2.169 までの議論より,関手 $F : \mathcal{C} \longrightarrow \mathcal{D}, G : \mathcal{D} \longrightarrow \mathcal{C}$ が $F \dashv G$ を満たすとき,自然変換 $\epsilon : \mathrm{id}_\mathcal{C} \longrightarrow G \circ F, \delta : F \circ G \longrightarrow \mathrm{id}_\mathcal{D}$ で $(\delta \circ F) \circ (F \circ \epsilon) = \mathrm{id}_F, (G \circ \delta) \circ (\epsilon \circ G) = \mathrm{id}_G$ を満たすものが構成できることがわかった. これの逆も言える.

▶**命題 2.170** $\mathcal{C}, \mathcal{D}$ を圏, $F : \mathcal{C} \longrightarrow \mathcal{D}, G : \mathcal{D} \longrightarrow \mathcal{C}$ を関手とする. また自然変換 $\epsilon : \mathrm{id}_\mathcal{C} \longrightarrow G \circ F, \delta : F \circ G \longrightarrow \mathrm{id}_\mathcal{D}$ が与えられて $(\delta \circ F) \circ (F \circ \epsilon) = \mathrm{id}_F, (G \circ \delta) \circ (\epsilon \circ G) = \mathrm{id}_G$ を満たすとする. このとき

$$\eta_{A,B} : \mathrm{Hom}_\mathcal{D}(F(A), B) \longrightarrow \mathrm{Hom}_\mathcal{C}(A, G(B))$$

を

$$\eta_{A,B}(h) := G(h) \circ \epsilon_A \quad (h : F(A) \longrightarrow B)$$

と定義すれば $\eta := (\eta_{A,B})_{A \in \mathrm{Ob}\,\mathcal{C}, B \in \mathrm{Ob}\,\mathcal{D}}$ は自然同値となり,したがって $F \dashv G$ となる.

[証明] まず $h : F(A) \longrightarrow B$ と $f : A \longrightarrow A'$ に対して $\eta_{A',B}(^\sharp F(f)(h)) = \eta_{A',B}(h \circ F(f)) = G(h \circ F(f)) \circ \epsilon_A = G(h) \circ G(F(f)) \circ \epsilon_A = G(h) \circ \epsilon_{A'} \circ f = {}^\sharp f(\eta_{A',B}(h)),\ h : A \longrightarrow G(B)$ と $g : B \longrightarrow B'$ に対して $\eta_{A,B'}(g^\sharp(h)) = \eta_{A,B'}(g \circ h) = G(g \circ h) \circ \epsilon_A = G(g) \circ G(h) \circ \epsilon_A = G(g)^\sharp(\eta_{A,B}(h))$ なので η は自然変換である. 次に

$$\zeta_{A,B} : \mathrm{Hom}_\mathcal{C}(A, G(B)) \longrightarrow \mathrm{Hom}_\mathcal{D}(F(A), B)$$

を

$$\zeta_{A,B}(h) := \delta_B \circ F(h) \quad (h : A \longrightarrow G(B))$$

と定義すれば $\zeta := (\zeta_{A,B})_{A\in \mathrm{Ob}\,\mathcal{C}, B\in \mathrm{Ob}\,\mathcal{D}}$ も自然変換となることが上と同様に証明できる．また

$$\zeta_{A,B}(\eta_{A,B}(h)) = \delta_B \circ F(G(h) \circ \epsilon_A) = \delta_B \circ F(G(h)) \circ F(\epsilon_A)$$
$$= h \circ \delta_{F(A)} \circ F(\epsilon_A) = h$$

より $\zeta \circ \eta = \mathrm{id}_{\mathrm{Hom}_{\mathcal{D}}(F(-),-)}$ が言え，また同様の議論により $\eta \circ \zeta = \mathrm{id}_{\mathrm{Hom}_{\mathcal{C}}(-,G(-))}$ も言える．よって η は自然同値となる． □

【例 2.171】 随伴関手の例を挙げる．

(1) $G : \mathbf{Gp} \longrightarrow \mathbf{Set}$ を忘却関手とし，また $F : \mathbf{Set} \longrightarrow \mathbf{Gp}$ を $\mathfrak{U}$ に属する集合 S に対して $F(S) := *_{s\in S}\mathbb{Z}$ ($*$ は例 2.63 で定義した自由積)[5] を対応させる関手とすると任意の $S \in \mathrm{Ob}\,\mathbf{Set}, M \in \mathrm{Ob}\,\mathbf{Gp}$ に対して

$$\mathrm{Hom}_{\mathbf{Gp}}(F(S), M) = \prod_{s\in S} \mathrm{Hom}_{\mathbf{Gp}}(\mathbb{Z}, M) \cong \mathrm{Hom}_{\mathbf{Set}}(S, G(M))$$

となる．(最初の等号は自由積が $\mathbf{Gp}$ における和であることから従う．また同型は $(f_s)_s \mapsto (s \mapsto f_s(1))$ により与えられる．) したがって $F \dashv G$ となる．

(2) $G : R\text{-}\mathbf{Mod} \longrightarrow \mathbf{Set}$ を忘却関手とし，また $F : \mathbf{Set} \longrightarrow R\text{-}\mathbf{Mod}$ を $\mathfrak{U}$ に属する集合 S に対して $F(S) := R^{\oplus S}$ を対応させる関手とすると任意の $S \in \mathbf{Set}, M \in \mathrm{Ob}\,\mathbf{Gp}$ に対して

$$\mathrm{Hom}_{R\text{-}\mathbf{Mod}}(F(S), M) = \prod_{s\in S} \mathrm{Hom}_{R\text{-}\mathbf{Mod}}(R, M) \cong \mathrm{Hom}_{\mathbf{Set}}(S, G(M))$$

となる．(最初の等号は直和の普遍性である．また同型は $(f_s)_s \mapsto (s \mapsto f_s(1))$ により与えられる．) したがって $F \dashv G$ となる．

(3) $G : \mathbf{Ab} \longrightarrow \mathbf{Gp}$ を忘却関手とし，また $F : \mathbf{Gp} \longrightarrow \mathbf{Ab}$ を $F(M) := M^{\mathrm{ab}} := M/[M,M]$ と定める[6]．M を群，N を可換群とすると任意の群の準同型写像 $f : M \longrightarrow N$ は M^{ab} を一意的に経由する．したがって $\mathrm{Hom}_{\mathbf{Ab}}(F(M), N) = \mathrm{Hom}_{\mathbf{Gp}}(M, G(N))$ であり，よって $F \dashv G$ となる．

---

[5] この $F(S)$ を S を自由生成系とする**自由群 (free group)** という．
[6] ここで $[M, M]$ は $xyx^{-1}y^{-1}$ $(x, y \in M)$ の形の元で生成される M の部分群を表わす．これを**交換子群 (commutator subgroup)** という．これは正規部分群となる．

(4) $G: R\text{-}\mathbf{Mod} \longrightarrow \mathbf{Ab}$ を忘却関手とする．$F: \mathbf{Ab} \longrightarrow R\text{-}\mathbf{Mod}$ を $F(M) := R \otimes_{\mathbb{Z}} M$ とすると

$$\mathrm{Hom}_{R\text{-}\mathbf{Mod}}(F(M), N) = \left\{ f: R \times M \longrightarrow N \;\middle|\; \begin{array}{l} \mathbb{Z} \text{ バランス写像} \\ f(rs, m) = rf(s, m) \end{array} \right\}$$

$$\cong \mathrm{Hom}_{\mathbf{Ab}}(M, G(N))$$

となる（最初の等号はテンソル積の普遍性より従う．また同型は $f \mapsto (m \mapsto f(1,m))$ により与えられる．）したがって $F \dashv G$ である．また $F': \mathbf{Ab} \longrightarrow R\text{-}\mathbf{Mod}$ を $F'(M) := \mathrm{Hom}_{\mathbf{Ab}}(R, M)$ とおくと

$$\mathrm{Hom}_{\mathbf{Ab}}(G(M), N) \cong \mathrm{Hom}_{R\text{-}\mathbf{Mod}}(M, F'(N)); \quad f \mapsto (m \mapsto (r \mapsto f(rm)))$$

となるので $G \dashv F'$ である．

(5) $A \in \mathrm{Ob}\,\mathbf{Ab}$ とし，$G := \mathrm{Hom}_{\mathbf{Ab}}(A, -): \mathbf{Ab} \longrightarrow \mathbf{Ab}$ とする．このとき $F(M) := M \otimes_{\mathbb{Z}} A$ とおくと

$$\mathrm{Hom}_{\mathbf{Ab}}(F(M), N) = \{f: M \times A \longrightarrow N \mid \mathbb{Z} \text{ バランス写像}\}$$

$$\cong \mathrm{Hom}_{\mathbf{Ab}}(M, G(N))$$

となる．（最初の等号はテンソル積の普遍性より従う．また同型は $f \mapsto (m \mapsto (a \mapsto f(a,m)))$ により与えられる．）したがって $F \dashv G$ である．$A = \mathbb{Z}^{\oplus n}$ ($n \in \mathbb{N}$) のときは $G(M) = M^{\oplus n}, F(M) = M^{\oplus n}$ であり，このときは

$$\mathrm{Hom}_{\mathbf{Ab}}(G(M), N) = \mathrm{Hom}_{\mathbf{Ab}}(M^{\oplus n}, N) = \mathrm{Hom}_{\mathbf{Ab}}(M, N)^{\oplus n}$$

$$= \mathrm{Hom}_{\mathbf{Ab}}(M, N^{\oplus n}) = \mathrm{Hom}_{\mathbf{Ab}}(M, F(N))$$

より $G \dashv F$ でもある．

随伴関手の存在により，関手の性質がわかることがある．

▶**命題 2.172** $\mathcal{C}, \mathcal{D}$ を圏，$F: \mathcal{C} \longrightarrow \mathcal{D}, G: \mathcal{D} \longrightarrow \mathcal{C}$ を関手とし，$F \dashv G$ であるとする．また $\mathcal{I}$ を小さな有向グラフまたは小さな圏とする．このとき $\mathcal{C}$ における $\mathcal{I}$ 上の図式 $((A_i)_{i \in \mathrm{Ob}\,\mathcal{I}}, (A_\varphi)_{i,i' \in \mathrm{Ob}\,\mathcal{I}, \varphi \in \mathrm{Hom}_{\mathcal{I}}(i,i')})$ が帰納極限

$$(\varinjlim_{i \in \mathrm{Ob}\,\mathcal{I}} A_i, (\iota_i: A_i \longrightarrow \varinjlim_{i \in \mathrm{Ob}\,\mathcal{I}} A_i)_{i \in \mathrm{Ob}\,\mathcal{I}})$$

をもてば，$\mathcal{D}$ における $\mathcal{I}$ 上の図式 $((F(A_i))_{i\in\mathrm{Ob}\,\mathcal{I}}, (F(A_\varphi))_{i,i'\in\mathrm{Ob}\,\mathcal{I},\varphi\in\mathrm{Hom}_\mathcal{I}(i,i')})$ の帰納極限が存在し，それは

$$(F(\varinjlim_{i\in\mathrm{Ob}\,\mathcal{I}} A_i), (F(\iota_i) : F(A_i) \longrightarrow F(\varinjlim_{i\in\mathrm{Ob}\,\mathcal{I}} A_i))_{i\in\mathrm{Ob}\,\mathcal{I}})$$

となる．（つまり $\varinjlim_{i\in\mathrm{Ob}\,\mathcal{I}} F(A_i)$ が存在し $\varinjlim_{i\in\mathrm{Ob}\,\mathcal{I}} F(A_i) = F(\varinjlim_{i\in\mathrm{Ob}\,\mathcal{I}} A_i)$ となる．この性質が任意の小さな有向グラフ上の図式について成り立つとき F は帰納極限を保つという．）

また，$\mathcal{D}$ における $\mathcal{I}^{\mathrm{op}}$ 上の図式 $((B_i)_{i\in\mathrm{Ob}\,\mathcal{I}}, (B_\varphi)_{i,i'\in\mathrm{Ob}\,\mathcal{I},\varphi\in\mathrm{Hom}_\mathcal{I}(i,i')})$ が射影極限

$$(\varprojlim_{i\in\mathrm{Ob}\,\mathcal{I}} B_i, (p_i : \varprojlim_{i\in\mathrm{Ob}\,\mathcal{I}} B_i \longrightarrow B_i)_{i\in\mathrm{Ob}\,\mathcal{I}})$$

をもてば，$\mathcal{C}$ における $\mathcal{I}^{\mathrm{op}}$ 上の図式

$$((G(B_i))_{i\in\mathrm{Ob}\,\mathcal{I}}, (G(B_\varphi))_{i,i'\in\mathrm{Ob}\,\mathcal{I},\varphi\in\mathrm{Hom}_\mathcal{I}(i,i')})$$

の射影極限が存在し，それは

$$(G(\varprojlim_{i\in\mathrm{Ob}\,\mathcal{I}} B_i), (G(p_i) : G(\varprojlim_{i\in\mathrm{Ob}\,\mathcal{I}} B_i) \longrightarrow B_i)_{i\in\mathrm{Ob}\,\mathcal{I}})$$

となる．（つまり $\varprojlim_{i\in\mathrm{Ob}\,\mathcal{I}} G(B_i)$ が存在し $\varprojlim_{i\in\mathrm{Ob}\,\mathcal{I}} G(B_i) = G(\varprojlim_{i\in\mathrm{Ob}\,\mathcal{I}} B_i)$ となる．この性質が任意の小さな有向グラフ上の図式について成り立つとき G は射影極限を保つという．）

［証明］ 任意の $X \in \mathrm{Ob}\,\mathcal{D}$ に対して

$$\mathrm{Hom}_\mathcal{D}(F(\varinjlim_{i\in\mathrm{Ob}\,\mathcal{I}} A_i), X)$$

$$= \mathrm{Hom}_\mathcal{C}(\varinjlim_{i\in\mathrm{Ob}\,\mathcal{I}} A_i, G(X))$$

$$= \left\{ (g_i)_i \in \prod_{i\in\mathrm{Ob}\,\mathcal{I}} \mathrm{Hom}_\mathcal{C}(A_i, G(X)) \,\middle|\, \begin{array}{l} \forall i, i', \forall \varphi \in \mathrm{Hom}_\mathcal{I}(i,i') \\ g_{i'} \circ A_\varphi = g_i \end{array} \right\}$$

$$= \left\{ (f_i)_i \in \prod_{i\in\mathrm{Ob}\,\mathcal{I}} \mathrm{Hom}_\mathcal{D}(F(A_i), X) \,\middle|\, \begin{array}{l} \forall i, i', \forall \varphi \in \mathrm{Hom}_\mathcal{I}(i,i') \\ f_{i'} \circ F(A_\varphi) = f_i \end{array} \right\}$$

となることから前半の主張が言える．後半の主張も同様に示せる． □

【例 2.173】 例 2.171(1), (2), (3) の関手 G は帰納極限を保たない．したがって G の右随伴関手は存在しない．(5) の関手 G は $A \not\cong \mathbb{Z}^{\oplus n}\,(\forall n \in \mathbb{N})$ のときは帰納極限を保たない．（証明は読者に任せる．）よってこのときは G の右随伴関手は存在しない．

注 2.174 $\mathcal{D}$ を射影極限がいつも存在する圏，$G : \mathcal{D} \longrightarrow \mathcal{C}$ を射影極限を保つ関手とするとき，G は $\mathcal{D}$ における単射 $f : B \longrightarrow B'$ を $\mathcal{C}$ における単射 $G(f) : G(B) \longrightarrow G(B')$ に移す：実際，命題 2.59(2) よりファイバー積からの標準的射影 $p_i : B \times_{B'} B \longrightarrow B\,(i = 1, 2)$ は同型であり，G が射影極限を保つことより $G(B) \times_{G(B')} G(B) = G(B \times_{B'} B) \xrightarrow{G(p_i)} G(B)$ も同型となる．すると再び命題 2.59(2) より $G(f)$ が単射であることが言える．

▶ **命題 2.175** $\mathcal{A}, \mathcal{B}$ をアーベル圏，$F : \mathcal{A} \longrightarrow \mathcal{B}, G : \mathcal{B} \longrightarrow \mathcal{A}$ を関手で $F \dashv G$ であるようなものとし，$\eta : \mathrm{Hom}_{\mathcal{B}}(F(-), -) \longrightarrow \mathrm{Hom}_{\mathcal{A}}(-, G(-))$ を随伴同型とする．このとき，F, G は加法的で，また任意の $A \in \mathrm{Ob}\,\mathcal{A}, B \in \mathrm{Ob}\,\mathcal{B}$ に対して $\eta_{A,B} : \mathrm{Hom}_{\mathcal{B}}(F(A), B) \longrightarrow \mathrm{Hom}_{\mathcal{A}}(A, G(B))$ は可換群の同型である．

［証明］ 命題 2.172 より F は帰納極限を保つので右完全であり，よって，命題 2.119(3) より加法的である．$\delta : F \circ G \longrightarrow \mathrm{id}_{\mathcal{B}}$ を η から補題 2.167 により定まる自然変換とする．このとき $h, h' : A \longrightarrow G(B)$ に対して

$$\eta_{A,B}^{-1}(h + h') = \delta_B \circ F(h + h') = \delta_B \circ (F(h) + F(h'))$$
$$= \delta_B \circ F(h) + \delta_B \circ F(h') = \eta_{A,B}^{-1}(h) + \eta_{A,B}^{-1}(h')$$

となるので，$\eta_{A,B}$ は可換群の同型となる．また，$f, f' : B \longrightarrow B'$ に対して

$$\eta_{A,B}^{-1}(G(f + f')) = \delta_{B'} \circ F(G(f + f')) = (f + f') \circ \delta_B = f \circ \delta_B + f' \circ \delta_B$$
$$= \delta_{B'} \circ F(G(f)) + \delta_{B'} \circ F(G(f'))$$
$$= \delta_{B'} \circ (F(G(f)) + F(G(f'))) = \delta_{B'} \circ F(G(f) + G(f'))$$
$$= \eta_{A,B}^{-1}(G(f) + G(f'))$$

となる．よって $G(f + f') = G(f) + G(f')$ となるので G は加法的となる． □

▶**命題 2.176** $\mathcal{A}, \mathcal{B}$ をアーベル圏, $F : \mathcal{A} \longrightarrow \mathcal{B}, G : \mathcal{B} \longrightarrow \mathcal{A}$ を関手で $F \dashv G$ であるようなものとする. F が左完全であるとすると G は $\mathcal{B}$ における単射的対象を $\mathcal{A}$ における単射的対象に移す.（この性質が成り立つとき, G は単射的対象を保つという.）また G が右完全であるとすると F は $\mathcal{A}$ における射影的対象を $\mathcal{B}$ における射影的対象に移す.（この性質が成り立つとき, F は射影的対象を保つという.）

[証明] 前半の主張を示す. $I \in \mathrm{Ob}\,\mathcal{B}$ を単射的対象, $f : X \longrightarrow Y$ を $\mathcal{A}$ における単射とする. $^{\sharp}f : \mathrm{Hom}_{\mathcal{A}}(Y, G(I)) \longrightarrow \mathrm{Hom}_{\mathcal{A}}(X, G(I))$ が全射であることを示せばよい. そのためには $^{\sharp}F(f) : \mathrm{Hom}_{\mathcal{B}}(F(Y), I) \longrightarrow \mathrm{Hom}_{\mathcal{B}}(F(X), I)$ が全射であることを示せばよいが, $F(f) : F(X) \longrightarrow F(Y)$ は F が左完全であることから単射で, また I は単射的対象なので $^{\sharp}F(f)$ は全射である. よって題意が示された. 後半の主張も同様に示される. □

与えられた関手がいつ左随伴関手をもつかについて述べたのが, 次のフレイドの随伴関手定理である.

▶**定理 2.177**（**フレイドの随伴関手定理 (Freyd's adjoint functor theorem)**）
$\mathcal{C}$ を圏, $\mathcal{D}$ を射影極限がいつも存在する圏とし, $G : \mathcal{D} \longrightarrow \mathcal{C}$ を関手とする. このとき, G が左随伴関手をもつためには, 次の2条件を満たすことが必要充分である.
(1) G は射影極限を保つ.
(2)（**解集合条件 (solution set condition)**）任意の $A \in \mathrm{Ob}\,\mathcal{C}$ に対して小さな集合 I_A で添字付けられた射の族 $(f_i : A \longrightarrow G(B_i))_{i \in I_A}$ で次を満たすものが存在する: 任意の射 $g : A \longrightarrow G(B)$ に対してある $i \in I_A$ およびある $h : B_i \longrightarrow B$ で $G(h) \circ f_i = g$ を満たすものがある.

[証明] まず G が左随伴関手 F をもつと仮定し, 随伴同型 $\eta : \mathrm{Hom}_{\mathcal{D}}(F(-), -) \longrightarrow \mathrm{Hom}_{\mathcal{C}}(-, G(-))$ をとる. このとき, 命題 2.172 より G は射影極限を保つ. また任意の $A \in \mathrm{Ob}\,\mathcal{C}$ に対して $I_A = \{1\}$ とし, また $B_1 := F(A), f_1 := \epsilon_A : A \longrightarrow G(F(A))$ (ϵ_A は補題 2.167 の通り) とする. このとき, 任意の射 $g : A \longrightarrow G(B)$ に対して, δ_B を補題 2.167 の通りとすれば $G(\delta_B) \circ G(F(g)) \circ$

$f_1 = G(\delta_B) \circ G(F(g)) \circ \epsilon_A = G(\delta_B) \circ \epsilon_{G(B)} \circ g = g$ となる(最後の等号は命題 2.169 による)ので, $h = \delta_B \circ F(g) : F(A) \longrightarrow B$ とおくと $G(h) \circ f_1 = g$ となる. 以上より G が条件 (1), (2) を満たすことが言えた.

逆に G が (1), (2) を満たすとする. $A \in \mathrm{Ob}\mathcal{C}$ をとり, $B_i (i \in I_A)$ の積を $(\widetilde{B}, (p_i : \widetilde{B} \longrightarrow B_i)_{i \in I_A})$ とおく. すると $(f_i : A \longrightarrow G(B_i))_{i \in I_A}$ より射 $\widetilde{f} : A \longrightarrow \prod_{i \in I_A} G(B_i) = G(\widetilde{B})$ で $G(p_i) \circ \widetilde{f} = f_i (i \in I_A)$ を満たすものが定まり, このとき, 任意の射 $g : A \longrightarrow G(B)$ に対してある $x : \widetilde{B} \longrightarrow B$ で $G(x) \circ \widetilde{f} = g$ を満たすものがある. ((2) を満たす $i, h : B_i \longrightarrow B$ をとり, $x = h \circ p_i$ とおけばよい.) しかしながらこの $x : \widetilde{B} \longrightarrow B$ は一意的であるとは限らない.

そこで有向グラフ $\mathcal{I}$ を

$\mathrm{Ob}\mathcal{I} = \{1, 2\}, \quad \mathrm{Hom}_\mathcal{I}(2, 1) = \{\varphi : \widetilde{B} \longrightarrow \widetilde{B} \mid G(\varphi) \circ \widetilde{f} = \widetilde{f}\}(=: S),$

$(a, b) \neq (2, 1)$ のとき $\mathrm{Hom}_\mathcal{I}(a, b) = \emptyset$

により定義し, $\mathcal{I}^{\mathrm{op}}$ 上の図式 $\mathcal{B} = ((B_i)_{i=1,2}, (B_\varphi : B_1 \longrightarrow B_2)_{\varphi \in S})$ を $B_1 = B_2 = \widetilde{B}, B_\varphi = \varphi$ により定める. そして $\mathcal{B}$ の射影極限を $(B_A, (\iota_i : B_A \longrightarrow \widetilde{B})_{i=1,2})$ とおく. このとき $\mathrm{id}_{\widetilde{B}} \in S$ より $\iota_2 = \mathrm{id}_{\widetilde{B}} \circ \iota_1 = \iota_1$ なので以下 $\iota := \iota_1 = \iota_2$ とおく. 射影極限の定義より任意の $X \in \mathrm{Ob}\mathcal{D}$ に対して

$\mathrm{Hom}_\mathcal{D}(X, B_A) = \{(\psi_i)_{i=1}^2 \in \mathrm{Hom}_\mathcal{D}(X, \widetilde{B})^2 \mid \forall \varphi \in S, \psi_2 = \varphi \circ \psi_1\}$

であり, また $\mathrm{id}_{\widetilde{B}} \in S$ であることより上の右辺の元 $(\psi_i)_{i=1}^2$ は $\psi_1 = \psi_2$ を満たすので

$\{(\psi_i)_{i=1}^2 \in \mathrm{Hom}_\mathcal{D}(X, \widetilde{B})^2 \mid \forall \varphi \in S, \psi_2 = \varphi \circ \psi_1\}$
$\longrightarrow \mathrm{Hom}_\mathcal{D}(X, \widetilde{B}); (\psi_i)_{i=1}^2 \mapsto \psi_1$

は単射である. よって $\iota : B_A \longrightarrow \widetilde{B}$ は単射であることがわかる. また, 図式 $G(\mathcal{B}) = ((G(B_i))_{i=1,2}, (G(\varphi) : G(B_1) \longrightarrow G(B_2))_{\varphi \in S})$ の射影極限は $G(B_A)$ であり, また定義より任意の $\varphi \in S$ に対して $G(\varphi) \circ \widetilde{f} = \widetilde{f}$ なので, $\widetilde{f}$ は自然に射 $f : A \longrightarrow G(B_A)$ で $G(\iota) \circ f = \widetilde{f}$ を満たすものを引き起こす. そして任意の射 $g : A \longrightarrow G(B)$ に対してある $y : B_A \longrightarrow B$ で $G(y) \circ f = g$ を満たすものがある. ($x : \widetilde{B} \longrightarrow B$ で $G(x) \circ \widetilde{f} = g$ を満たすものをとり, $y := x \circ \iota$ とおけばよい.)

前段落の $y : B_A \longrightarrow B$ が一意的にとれることを示す．そのために別の $y' : B_A \longrightarrow B$ が $G(y') \circ f = g$ を満たすとして $z : B' \longrightarrow B_A$ を y, y' の差核とする．このとき $G(z) : G(B') \longrightarrow G(B_A)$ は $G(y), G(y')$ の差核で，また $G(y) \circ f = g = G(y') \circ f$ なので $f' : A \longrightarrow G(B')$ で $G(z) \circ f' = f$ を満たすものがある．そして $w : \widetilde{B} \longrightarrow B'$ を $G(w) \circ \widetilde{f} = f'$ を満たす射とする．そして合成 $\iota \circ z \circ w : \widetilde{B} \longrightarrow \widetilde{B}$ を考える．これは $G(\iota \circ z \circ w) \circ \widetilde{f} = G(\iota) \circ G(z) \circ G(w) \circ \widetilde{f} = G(\iota) \circ G(z) \circ f' = G(\iota) \circ f = \widetilde{f}$ より S に属する射である．したがって射影極限 B_A の定義から $\iota \circ z \circ w \circ \iota = \iota$. ι は単射なので $z \circ w \circ \iota = \mathrm{id}$. すると $z \circ w \circ \iota \circ z = z$ で，z は差核ゆえ単射なので $w \circ \iota \circ z = \mathrm{id}$ も言える．したがって z は同型となるので $y = y'$ である．これで y の一意性が言えた．

前段落までの議論より，各 $A \in \mathrm{Ob}\,\mathcal{C}$ に対して $B_A \in \mathrm{Ob}\,\mathcal{D}$ および $f_A := f : A \longrightarrow G(B_A)$ が定まっている．そして任意の射 $g : A \longrightarrow G(B)$ に対して $G(y) \circ f_A = g$ を満たすような $y : B_A \longrightarrow B$ が一意的に存在する．したがって，$\mathcal{A}$ における射 $\varphi : A \longrightarrow A'$ があるとき $G(B_\varphi) \circ f_A = f_{A'} \circ \varphi$ を満たすような $B_\varphi : B_A \longrightarrow B_{A'}$ が一意的に定まる．そこで $F : \mathcal{C} \longrightarrow \mathcal{D}$ を $F(A) := B_A, F(\varphi) := B_\varphi$ により定めると，これが関手となることがわかる．そして

$$\mathrm{Hom}_\mathcal{D}(F(A), B) \longrightarrow \mathrm{Hom}_\mathcal{C}(A, G(B)); \quad y \mapsto G(y) \circ f_A$$

が同型となり，これが自然同値 $\mathrm{Hom}_\mathcal{D}(F(-), -) \longrightarrow \mathrm{Hom}_\mathcal{C}(-, G(-))$ を与えるので F は G の左随伴関手となる． □

$\mathcal{C}, \mathcal{D}$ を圏，$G : \mathcal{D} \longrightarrow \mathcal{C}$ を関手とする．射 $f : A \longrightarrow G(B)$ に対して，B の同型でない（すなわち id_B と同値でない）部分対象 $i : B' \longrightarrow B$ と射 $g : A \longrightarrow G(B')$ で $G(i) \circ g = f$ を満たすものが存在しないとき f は B を**生成する (generate)** と呼ぶことにする．

▶**系 2.178** $\mathcal{C}$ を圏，$\mathcal{D}$ を射影極限がいつも存在する圏とし，さらに $\mathcal{D}$ の任意の対象 B に対して B の部分対象の同値類全体の集合が小さな集合であるとする．そして $G : \mathcal{D} \longrightarrow \mathcal{C}$ を関手とする．このとき，次の 2 条件を満たせば G は左随伴関手をもつ．

(1) G は射影極限を保つ.
(2) 各 $A \in \mathrm{Ob}\,\mathcal{C}$ に対して,集合 $\{B\,|\,B$ を生成する $f: A \longrightarrow G(B)$ が存在する $\}$ の同型による同値類が小さな集合である.

[証明] (2) の条件より,各 $A \in \mathrm{Ob}\,\mathcal{C}$ に対して小さな集合 I_A で添字付けられた射の族 $(f_i: A \longrightarrow G(B_i))_{i \in I_A}$ で,任意の B を生成するような $f: A \longrightarrow G(B)$ がこの族のなかに(同型を除いて)現れるようなものがとれる.この族が解集合条件を満たすことを示せばよい.射 $f: A \longrightarrow G(B)$ に対して,部分対象 $\iota: B' \longrightarrow B$ で $G(\iota) \circ g_\iota = f$ を満たす射 $g_\iota: A \longrightarrow G(B')$ が存在するようなもの(注 2.174 より $G(\iota)$ は単射なので g_ι は存在すれば一意的である)の各同値類から1つずつ選んできてできる単射の族を $\mathcal{T}$ とおく.(圏 $\mathcal{D}$ に対する仮定より $\mathcal{T}$ は小さな集合である.)そして $\mathcal{T}$ で添字付けられた族 $(\iota: B' \longrightarrow B)_{\iota \in \mathcal{T}}$ のファイバー積を B_0 とする.ファイバー積の定義から自然な射 $\iota_0: B_0 \longrightarrow B$ があり,これは単射である.また g たちから自然に射 $g_0: A \longrightarrow G(B_0)$ で $G(\iota_0) \circ g_0 = f$ を満たすものが引き起こされる.B_0 の部分対象 $j: B_1 \longrightarrow B_0$ と射 $h: A \longrightarrow G(B_1)$ で $G(j) \circ h = g_0$ を満たすものが存在したとすると,$G(\iota_0 \circ j) \circ h = f$ なので $\iota_0 \circ j$ は(同型を除いて)$\mathcal{T}$ に現れる.したがってファイバー積からの標準的射影 $p: B_0 \longrightarrow B_1$ が存在し,この p が j の逆射を与えることがわかる.したがって j は同型であり,以上より g_0 が B_0 を生成することがわかる.よってこの g_0 は同型を除いて $(f_i: A \longrightarrow G(B_i))_{i \in I_A}$ に属し,そして $G(\iota_0) \circ g_0 = f$ を満たしている.したがって射の族 $(f_i: A \longrightarrow G(B_i))_{i \in I_A}$ は解集合条件を満たしている. □

▶系 2.179 (**特殊随伴関手定理 (special adjoint functor theorem)**) $\mathcal{C}$ を圏,$\mathcal{D}$ を射影極限がいつも存在する圏とし,$\mathcal{D}$ の任意の対象 B に対して B の部分対象の同値類全体の集合が小さな集合であるとする.さらに $\mathcal{D}$ は余生成対象をもつとする.このとき,射影極限を保つ関手 $G: \mathcal{D} \longrightarrow \mathcal{C}$ は左随伴関手をもつ.

[証明] $\mathcal{D}$ の余生成対象をとり,それを C とおく.射 $f: A \longrightarrow G(B)$ が B を生成すると仮定する.このとき,

$$t: \mathrm{Hom}_{\mathcal{D}}(B, C) \longrightarrow \mathrm{Hom}_{\mathcal{C}}(A, G(C)); \quad x \mapsto G(x) \circ f$$

は単射である：実際, $x, y \in \mathrm{Hom}_{\mathcal{D}}(B, C)$ が $G(x) \circ f = G(y) \circ f$ を満たすとき, $z : D \longrightarrow B$ を x, y の差核とすると $G(z)$ は $G(x), G(y)$ の差核なので $g : A \longrightarrow G(D)$ で $G(z) \circ g = f$ を満たすものがある．しかし f は B を生成するので, z は同型でなければならない．よって $x = y$ となるので t は単射となる．$s : \mathrm{Hom}_{\mathcal{C}}(A, G(C)) \longrightarrow \mathrm{Hom}_{\mathcal{D}}(B, C)$ を $s \circ t = \mathrm{id}$ を満たす写像とする．このとき s, t は自然に射 $s^* : \prod_{\mathrm{Hom}_{\mathcal{D}}(B,C)} C \longrightarrow \prod_{\mathrm{Hom}_{\mathcal{C}}(A,G(C))} C, t^* : \prod_{\mathrm{Hom}_{\mathcal{C}}(A,G(C))} C \longrightarrow \prod_{\mathrm{Hom}_{\mathcal{D}}(B,C)} C$ を定めるが, $t^* \circ s^* = \mathrm{id}_{\mathrm{Hom}_{\mathcal{D}}(B,C)}$ なので, s^* は単射となる．すると合成

$$B \xrightarrow{\Phi} \prod_{\mathrm{Hom}_{\mathcal{D}}(B,C)} C \xrightarrow{s^*} \prod_{\mathrm{Hom}_{\mathcal{C}}(A,G(C))} C$$

（1 つめの射は命題 2.132(2) の単射）は単射なので, B は $\prod_{\mathrm{Hom}_{\mathcal{C}}(A,G(C))} C$ のある部分対象と同型である．以上より G が系 2.178 の (2) の条件を満たすことが言えたので, G は左随伴関手をもつ． □

演習問題

2-1. 圏 **Set**$_*$ を, Ob **Set**$_*$ を $\mathfrak{U}$ に属する集合 X とその元 x との組 (X, x) 全体の集合とし, また $\mathrm{Hom}_{\mathbf{Set}_*}((X, x), (Y, y))$ を集合の写像 $f : X \longrightarrow Y$ で $f(x) = y$ を満たすもの全体のなす集合と定めることにより定義する．
(1) 圏 **Set**$_*$ における射 $f : (X, x) \longrightarrow (Y, y)$ が単射（全射）であるためには $f : X \longrightarrow Y$ が集合の写像として単射（全射）であることが必要充分であることを示せ．
(2) $(X, x), (Y, y) \in$ Ob **Set**$_*$ の和および積を具体的に記述せよ．

2-2. 圏 **Ring** を, Ob **Ring** を $\mathfrak{U}$ に属する（単位元をもつ）環全体の集合とし, また $\mathrm{Hom}_{\mathbf{Ring}}(R, S)$ を環の準同型写像 $f : R \longrightarrow S$ 全体のなす集合と定めることにより定義する．
(1) 圏 **Ring** における射 $f : R \longrightarrow S$ が単射であるためには f が集合の写像として単射であることが必要充分であることを示せ．また圏 **Ring** における全射 $f : R \longrightarrow S$ で, f が集合の写像として全射でないものを挙げよ．
(2) $R, S \in$ Ob **Ring** の和および積を具体的に記述せよ．

2-3. 圏 **Ab** と圏 **Ab**^{op} が圏同値でないことを示せ．

2-4. **FinAb** を有限可換群全体のなす **Ab** の充満部分圏とする．
(1) **FinAb** と **FinAb**^{op} は圏同値であることを示せ．
(2) **FinAb** はアーベル圏であるが, 充分射影的対象をもたず, また充分単射的対象ももたないことを示せ．

2-5. 任意の圏 $\mathcal{C}$ に対して, 忠実充満関手 $\iota : \mathcal{C} \longrightarrow \mathcal{C}'$ で次の (1), (2) を満たすもの

が存在することを示せ：

(1) 任意の小さな有向グラフ $\mathcal{I}$ および $\mathcal{C}$ における任意の $\mathcal{I}$ 上の図式 $(A_i)_{i\in \mathrm{Ob}\,\mathcal{I}}$ に対して，それを ι で移すことにより得られる図式 $(\iota(A_i))_{i\in \mathrm{Ob}\,\mathcal{I}}$ の帰納極限 $\varinjlim_{i\in \mathrm{Ob}\,\mathcal{I}} \iota(A_i)$ が存在する．

(2) (1) の図式 $(A_i)_{i\in \mathrm{Ob}\,\mathcal{I}}$ に対して，もし帰納極限 $\varinjlim_{i\in \mathrm{Ob}\,\mathcal{I}} A_i$ が存在するならば自然な同型 $\varinjlim_{i\in \mathrm{Ob}\,\mathcal{I}} \iota(A_i) \cong \iota(\varinjlim_{i\in \mathrm{Ob}\,\mathcal{I}} A_i)$ がある．

2-6. **FrAb** を自由加群のなす **Ab** の部分圏とするとき，**FrAb** における任意の射の核は存在するが，余核は存在するとは限らないことを示せ．

2-7. $\mathcal{A}$ を和がいつも存在し，生成対象をもつアーベル圏とする．このとき，$\mathcal{A}$ がグロタンディーク圏であることと，次の条件を満たすことは同値であることを示せ：任意の $A\in \mathrm{Ob}\,\mathcal{A}$ の部分対象の増大族 $(A_\lambda \longrightarrow A)_{\lambda\in\Lambda}$ で $\coprod_{\lambda\in\Lambda} A_\lambda \longrightarrow A$ が全射であるものに対して自然に誘導される射 $\varinjlim_{\lambda\in\Lambda} A_\lambda \longrightarrow A$ が同型となる．

2-8. k を $\mathfrak{U}$ に属する体とする．$\mathbf{Vec}_k$ を $\mathfrak{U}$ に属する k 線型空間のなす圏 (射は k 線型写像) とし，また $\mathcal{C}$ を例 2.116 で定義した圏とする．そして関手 $f_i : \mathcal{C} \longrightarrow \mathbf{Vec}_k$ $(i=1,2)$ を $f((V_1,V_2)) := V_i$ と定義する．このとき，(1) f_1 の左随伴関手，(2) f_1 の右随伴関手，(3) f_2 の左随伴関手，(4) f_2 の右随伴関手を求めよ．ただしそれが存在しないときは非存在を証明せよ．

2-9. **Cat** を $\mathfrak{U}$ に属する圏の圏とする．また圏 **Graph** を Ob **Graph** を $\mathfrak{U}$ に属する有向グラフ全体の集合とし，$A,B\in \mathrm{Ob}\,\mathbf{Graph}$ に対して $\mathrm{Hom}_{\mathbf{Graph}}(A,B)$ を A から B への写像全体と定めることにより定義する．

(1) 注 1.30 において有向グラフ $\mathcal{I}$ から圏 $\widetilde{\mathcal{I}}$ を構成したが，対応 $\mathcal{I} \mapsto \widetilde{\mathcal{I}}$ は自然に関手 $F : \mathbf{Graph} \longrightarrow \mathbf{Cat}$ を定めていることを確かめよ．また，圏を合成則を忘れることにより有向グラフとみなす対応は自然に関手 $G : \mathbf{Cat} \longrightarrow \mathbf{Graph}$ を定めていることを確かめよ．

(2) $F \dashv G$ が成り立つことを示せ．

(3) F の左随伴関手，G の右随伴関手は存在しないことを示せ．

2-10. (1) **Set** には生成対象，余生成対象が存在することを示せ．

(2) 関手 $G : \mathbf{Set} \longrightarrow \mathbf{Set}$ が射影極限を保つとき，ある $A\in \mathrm{Ob}\,\mathbf{Set}$ に対して G が $\mathrm{Hom}_{\mathbf{Set}}(A,-)$ と自然同値になることを示せ．

第3章

ホモロジー代数

　　位相空間の特異ホモロジーや特異コホモロジー，C^∞ 級多様体のド・ラームコホモロジー，群の（コ）ホモロジー，あるいは層係数コホモロジー，エタールコホモロジーなど，現代の数学においては（コ）ホモロジー理論がありとあらゆる所に現れる．その目的は位相空間，C^∞ 級多様体などの複雑な数学的対象の性質をホモロジー，コホモロジーといった代数的に取り扱える対象を通じて調べることにある．ホモロジー代数とは，上記の様々なホモロジー，コホモロジーに関連する代数的操作だけをとりだし，抽象的な形で論ずる理論である．

3.1 複体

　本節では複体とそのコホモロジーの定義と基本的性質を述べる．以下，本節ではアーベル圏 $\mathcal{A}$ を1つとり固定する．

　また，以下では次の記法を用いる：アーベル圏における単射 $i: N \longrightarrow M$ が文脈上明らかなときには，その余核 $\operatorname{Coker} i$ のことを M/N と書く．（左 R 加群の圏においてはこの M/N は剰余加群に他ならないので，この記号は第1章における記号と整合的である．）

▷**定義 3.1** $\mathcal{A}$ における図式

$$\cdots \xrightarrow{d^{n-2}} M^{n-1} \xrightarrow{d^{n-1}} M^n \xrightarrow{d^n} M^{n+1} \longrightarrow \cdots \tag{3.1}$$

が $\mathcal{A}$ における**余鎖複体** (cochain complex) であるとは，任意の $n \in \mathbb{Z}$ に対して $d^{n+1} \circ d^n = 0$ が成り立つこと．この余鎖複体を $(M^\bullet, d^\bullet)$ または $M^\bullet$ と書く．また，$\mathcal{A}$ における図式

$$\cdots \xrightarrow{d_{n+2}} M_{n+1} \xrightarrow{d_{n+1}} M_n \xrightarrow{d_n} M_{n-1} \xrightarrow{d_{n-1}} \cdots \tag{3.2}$$

が $\mathcal{A}$ における**鎖複体 (chain complex)** であるとは，任意の $n \in \mathbb{Z}$ に対して $d_{n-1} \circ d_n = 0$ が成り立つこと．この鎖複体を $(M_\bullet, d_\bullet)$ または $M_\bullet$ と書く．

余鎖複体 $M^\bullet$（鎖複体 $M_\bullet$）において M^n (M_n) のことを $M^\bullet$ の ($M_\bullet$ の) 次数 n の**項 (term)** という．

注 3.2 (1) 鎖複体 $(M_\bullet, d_\bullet)$ に対して $M^n := M_{-n}, d^n := d_{-n}$ とおけば $(M^\bullet, d^\bullet)$ は余鎖複体となる．つまり鎖複体の概念と余鎖複体の概念は添字の付けかたの違いを除けば同じものである．以下では主に余鎖複体を取り扱うことにし，余鎖複体のことを単に**複体 (complex)** と呼ぶことにする．
(2) 余鎖複体 (3.1) において $n > n_0$ のとき $M^n = O$ ($n < n_0$ のとき $M^n = O$) となるような $n_0 \in \mathbb{Z}$ が存在するとき**上に有界 (bounded above)**（**下に有界 (bounded below)**）であるといい，また上に有界かつ下に有界であるとき**有界 (bounded)** であるという．余鎖複体 (3.1) が上に有界（下に有界）で $n > n_0$ のとき ($n < n_0$ のとき) に $M^n = O$ となる場合，それを

$$\cdots \longrightarrow M^{n_0-2} \longrightarrow M^{n_0-1} \longrightarrow M^{n_0} \longrightarrow O$$
$$(O \longrightarrow M^{n_0} \longrightarrow M^{n_0+1} \longrightarrow M^{n_0+2} \longrightarrow \cdots)$$

と書くことがある．また，余鎖複体 (3.1) が有界で $n < n_0$ または $n > n_1$ のときに $M^n = 0$ となる場合，それを

$$O \longrightarrow M^{n_0} \longrightarrow M^{n_0+1} \longrightarrow \cdots \longrightarrow M^{n_1-1} \longrightarrow M^{n_1} \longrightarrow O$$

と書くことがある．鎖複体 (3.2) においては $n > n_0$ のとき $M_n = O$ ($n < n_0$ のとき $M_n = O$) となるような $n_0 \in \mathbb{Z}$ が存在するとき**上に有界**（**下に有界**）であるといい，また上に有界かつ下に有界であるとき**有界**であるという．実際の場面においては下に有界な（特に $n < 0$ のときに $M^n = O$ あるいは $M_n = O$ であるような）余鎖複体，鎖複体を考えることが多く，その場合には余鎖複体，鎖複体の概念に違いが生じる．

複体の間の射の概念を次のように定める．

▷**定義 3.3** $\mathcal{A}$ における複体 $M := (M^\bullet, d^\bullet)$ から複体 $M' := (M'^\bullet, d'^\bullet)$ への**射**とは $\mathcal{A}$ における図式としての M から M' への射のこと，つまり $\mathcal{A}$ における射の族 $(f^n : M^n \longrightarrow M'^n)_{n \in \mathbb{Z}}$ で $d'^n \circ f^n = f^{n+1} \circ d^n$ ($\forall n$) を満たすもののこと．以下これを $f^\bullet$ と書く．

定義 3.3 における複体の射の概念により，$\mathcal{A}$ における複体全体は自然に圏を

なす．これを $C(\mathcal{A})$ と書き，$\mathcal{A}$ における複体の圏という．$\mathcal{A}$ における複体の圏が定義できたので $\mathcal{A}$ における複体の（可換）図式の概念も定義できることになる．

$\mathcal{A}$ の対象 M は自然に $M^0 = M, M^n = O (n \neq 0)$ である複体 $M^\bullet$ とみなすことができ，これにより $\mathcal{A}$ を $C(\mathcal{A})$ の充満部分圏とみなせる．このようにみなすことにより，M から複体 $(N^\bullet, d^\bullet)$ への射 $M \longrightarrow (N^\bullet, d^\bullet)$ や複体 $(N^\bullet, d^\bullet)$ から M への射 $(N^\bullet, d^\bullet) \longrightarrow M$ の概念が定義される．例えば射 $f: M \longrightarrow (N^\bullet, d^\bullet)$ とは射 $f: M \longrightarrow N^0$ で $d^0 \circ f = 0$ を満たすものに他ならない．複体と $\mathcal{A}$ の対象が共に現れる（可換）図式も複体の（可換）図式の特別な場合として考えることができる．

圏 $C(\mathcal{A})$ について次が言える．

▶ **命題 3.4**　$C(\mathcal{A})$ はアーベル圏である．

[証明]　まず任意の $n \in \mathbb{Z}$ に対して $M^n = O, d^n = 0$ となる複体 $(M^\bullet, d^\bullet)$ が零対象となる．また $(M^\bullet, d^\bullet), (M'^\bullet, d'^\bullet)$ の和，積は $\left(M^\bullet \oplus M'^\bullet, \begin{pmatrix} d^\bullet & 0 \\ 0 & d'^\bullet \end{pmatrix} \right)$ により与えられる．そして $\mathcal{A}$ における複体の射 $f^\bullet : (M^\bullet, d^\bullet) \longrightarrow (M'^\bullet, d'^\bullet)$ に対して d^n は射 $\overline{d}^n : \operatorname{Ker} f^n \longrightarrow \operatorname{Ker} f^{n+1}$, d'^n は射 $\overline{d'}^n : \operatorname{Coker} f^n \longrightarrow \operatorname{Coker} f^{n+1}$ を引き起こし，$\ker f^\bullet : (\operatorname{Ker} f^\bullet, \overline{d}) \longrightarrow (M^\bullet, d^\bullet)$ が核，$\operatorname{coker} f^\bullet : (M'^\bullet, d'^\bullet) \longrightarrow (\operatorname{Coker} f^\bullet, \overline{d'})$ が余核を与えることがわかる．そして，$f^\bullet$ が単射ならば $f^\bullet \circ \ker f^\bullet = 0 = f^\bullet \circ 0$ より任意の n に対して $\ker f^n = 0$ つまり f^n が単射となり，逆に任意の n に対して f^n が単射ならば $f^\bullet$ が単射なことは容易にわかる．同様に $f^\bullet$ が全射なことと任意の n に対して f^n が全射なことも同値となる．以上の核，余核，単射，全射の記述より $f^\bullet$ が単射ならば $f^\bullet \simeq \ker(\operatorname{coker} f^\bullet)$, 全射ならば $f^\bullet \simeq \operatorname{coker}(\ker f^\bullet)$ となることがわかる．以上より $C(\mathcal{A})$ はアーベル圏となる．　□

上の命題の証明における核，余核の定義より $\mathcal{A}$ は自然に $C(\mathcal{A})$ の完全充満部分圏となることもわかる．

$C(\mathcal{A})$ がアーベル圏であることがわかったので $\mathcal{A}$ における複体の（短）完

全列の概念も定義される．具体的には複体の図式 $M_1^\bullet \xrightarrow{f^\bullet} M_2^\bullet \xrightarrow{g^\bullet} M_3^\bullet$ が完全列であるとは各 $n \in \mathbb{Z}$ に対して $M_1^n \xrightarrow{f^n} M_2^n \xrightarrow{g^n} M_3^n$ が $\mathcal{A}$ における完全列であることと同値である．もっと長い図式 $M_1^\bullet \xrightarrow{f_1^\bullet} M_2^\bullet \xrightarrow{f_2^\bullet} \cdots \xrightarrow{f_{n-1}^\bullet} M_n^\bullet$ の場合も同様である．以下，$\mathcal{A}$ における複体の短完全列の圏を SES(C($\mathcal{A}$)) と書く．一方，$\mathcal{A}$ における短完全列の圏，（左右に無限に続く）完全列の圏をそれぞれ SES($\mathcal{A}$)，ES($\mathcal{A}$) と書く．（これらは一般にはアーベル圏ではない．）

▷**定義 3.5** $\mathcal{A}$ における余鎖複体 $(M^\bullet, d^\bullet)$ に対し，$\operatorname{im} d^{n-1}$ は自然に単射 $\operatorname{Im} d^{n-1} \longrightarrow \operatorname{Ker} d^n$ を引き起こす．そこで $H^n(M^\bullet) := \operatorname{Ker} d^n / \operatorname{Im} d^{n-1}$ と定め，これを $M^\bullet$ の n 次**コホモロジー (cohomology)** という．

同様に，$\mathcal{A}$ における鎖複体 $(M_\bullet, d_\bullet)$ に対し，$\operatorname{im} d_{n+1}$ は自然に単射 $\operatorname{Im} d_{n+1} \longrightarrow \operatorname{Ker} d_n$ を引き起こす．そこで $H_n(M_\bullet) := \operatorname{Ker} d_n / \operatorname{Im} d_{n+1}$ と定め，これを $M_\bullet$ の n 次**ホモロジー (homology)** という．

注 3.2(1) の添字の変換により鎖複体 $(M_\bullet, d_\bullet)$ を余鎖複体 $(M^\bullet, d^\bullet)$ とみたとき，$H_n(M_\bullet) = H^{-n}(M^\bullet)$ となる．

【**例 3.6**】 (1) X を位相空間，M を $\mathbb{Z}$ 加群とするとき，X の M 係数特異余鎖複体（M 係数特異鎖複体）が定義され，そのコホモロジー（ホモロジー）として X の M 係数特異コホモロジー $H^n(X, M)$（X の M 係数特異ホモロジー $H_n(X, M)$）が定義される．詳しくは A.2 節を参照のこと．
(2) X を C^∞ 級多様体とするとき，X のド・ラーム複体が定義され，そのコホモロジーとして X のド・ラームコホモロジー $H_{\mathrm{dR}}^n(X)$ が定義される．詳しくは A.3 節を参照のこと．

▶**命題 3.7** $f^\bullet : (M^\bullet, d^\bullet) \longrightarrow (M'^\bullet, d'^\bullet)$ を複体の射とするとき $f^\bullet$ は自然にコホモロジーの射 $H^n(f^\bullet) : H^n(M^\bullet) \longrightarrow H^n(M'^\bullet)$ を誘導し，これにより H^n は関手 C($\mathcal{A}$) $\longrightarrow \mathcal{A}$ を定める．

[証明] $d'^n \circ f^n = f^{n+1} \circ d^n \ (\forall n)$ より f^{n-1} は $\operatorname{Im} d^{n-1} \longrightarrow \operatorname{Im} d'^{n-1}$，$f^n$ は $\operatorname{Ker} d^n \longrightarrow \operatorname{Ker} d'^n$ を引き起こし，この 2 つの射は自然な単射 $\operatorname{Im} d^{n-1} \longrightarrow \operatorname{Ker} d^n, \operatorname{Im} d'^{n-1} \longrightarrow \operatorname{Ker} d'^n$ と整合的である．（命題 2.87 による．あるいは

ミッチェルの埋め込み定理を用いて R-**Mod** において確かめてもよい.) したがってこれらにより射 $H^n(f^\bullet): H^n(M) = \operatorname{Ker} d^n / \operatorname{Im} d^{n-1} \longrightarrow \operatorname{Ker} d'^n / \operatorname{Im} d'^{n-1} = H^n(M')$ が引き起こされる.

以上の構成は自然なので H^n が関手 $\mathrm{C}(\mathcal{A}) \longrightarrow \mathcal{A}$ を定めることを確かめることができる. (詳しい証明は読者に任せる.) □

注 3.8 この注においては $\mathcal{A}$ において帰納極限がいつも存在すると仮定する. $\mathcal{I}$ を小さな有向グラフまたは小さな圏とし,

$$\mathcal{M} := ((M_i^\bullet, d_i^\bullet)_{i \in \mathrm{Ob}\,\mathcal{I}}, (f_\varphi^\bullet : M_i^\bullet \longrightarrow M_{i'}^\bullet)_{i,i' \in \mathrm{Ob}\,\mathcal{I}, \varphi \in \mathrm{Hom}_\mathcal{I}(i,i')})$$

を $\mathrm{C}(\mathcal{A})$ における $\mathcal{I}$ 上の図式とする. このとき, 各 $n \in \mathbb{Z}$ に対して $\mathcal{A}$ における $\mathcal{I}$ 上の図式

$$\mathcal{M}^n := ((M_i^n)_{i \in \mathrm{Ob}\,\mathcal{I}}, (f_\varphi^n : M_i^n \longrightarrow M_{i'}^n)_{i,i' \in \mathrm{Ob}\,\mathcal{I}, \varphi \in \mathrm{Hom}_\mathcal{I}(i,i')})$$

の帰納極限 $\varinjlim_{i \in \mathrm{Ob}\,\mathcal{I}} M_i^n$ が存在し, また $(d_i^n)_{i \in \mathrm{Ob}\,\mathcal{I}}$ は図式の射 $\mathcal{M}^n \longrightarrow \mathcal{M}^{n+1}$ を定めるので帰納極限の間の射 $\varinjlim_{i \in \mathrm{Ob}\,\mathcal{I}} d_i^n : \varinjlim_{i \in \mathrm{Ob}\,\mathcal{I}} M_i^n \longrightarrow \varinjlim_{i \in \mathrm{Ob}\,\mathcal{I}} M_i^{n+1}$ を引き起こす. そして $(\varinjlim_{i \in \mathrm{Ob}\,\mathcal{I}} M_i^\bullet, \varinjlim_{i \in \mathrm{Ob}\,\mathcal{I}} d_i^\bullet)$ は $\mathrm{C}(\mathcal{A})$ に属し, これが $\mathcal{M}$ の帰納極限となる. また, H^n が関手 $\mathrm{C}(\mathcal{A}) \longrightarrow \mathcal{A}$ を定めることから

$$((H^n(M_i^\bullet))_{i \in \mathrm{Ob}\,\mathcal{I}}, (H^n(f_\varphi^\bullet) : H^n(M_i^\bullet) \longrightarrow H^n(M_{i'}^\bullet))_{i,i' \in \mathrm{Ob}\,\mathcal{I}, \varphi \in \mathrm{Hom}_\mathcal{I}(i,i')})$$

は $\mathcal{A}$ における $\mathcal{I}$ 上の図式となり, 標準的包含 $\iota_i : M_i^\bullet \longrightarrow \varinjlim_{i \in \mathrm{Ob}\,\mathcal{I}} M_i^\bullet$ が定めるコホモロジーの射たち $H^n(\iota_i) : H^n(M_i^\bullet) \longrightarrow H^i(\varinjlim_{i \in \mathrm{Ob}\,\mathcal{I}} M_i^\bullet)$ $(i \in \mathrm{Ob}\,\mathcal{I})$ は射

$$\varinjlim_{i \in \mathrm{Ob}\,\mathcal{I}} H^n(M_i^\bullet) \longrightarrow H^i(\varinjlim_{i \in \mathrm{Ob}\,\mathcal{I}} M_i^\bullet) \tag{3.3}$$

を引き起こす.

$\mathcal{I}$ がフィルタードな圏で $\mathcal{A} = R\text{-}\mathbf{Mod}$ のときは

$$\varinjlim_{i \in \mathrm{Ob}\,\mathcal{I}} H^n(M_i^\bullet) = \varinjlim_{i \in \mathrm{Ob}\,\mathcal{I}} (\operatorname{Ker} d_i^n / \operatorname{Im} d_i^{n-1})$$
$$= (\varinjlim_{i \in \mathrm{Ob}\,\mathcal{I}} \operatorname{Ker} d_i^n) / (\varinjlim_{i \in \mathrm{Ob}\,\mathcal{I}} \operatorname{Im} d_i^{n-1})$$
$$= \operatorname{Ker}(\varinjlim_{i \in \mathrm{Ob}\,\mathcal{I}} d_i^n) / \operatorname{Im}(\varinjlim_{i \in \mathrm{Ob}\,\mathcal{I}} d_i^{n-1}) = H^n(\varinjlim_{i \in \mathrm{Ob}\,\mathcal{I}} M_i^\bullet)$$

より (3.3) は同型となる.

▶ **命題 3.9** $\mathcal{A}$ における複体の短完全列

$$O \longrightarrow (M_1^\bullet, d_1^\bullet) \xrightarrow{f^\bullet} (M_2^\bullet, d_2^\bullet) \xrightarrow{g^\bullet} (M_3^\bullet, d_3^\bullet) \longrightarrow O \tag{3.4}$$

が与えられたとき，自然に次の長完全列が導かれる．

$$\cdots \xrightarrow{\delta^{n-1}} H^n(M_1^\bullet) \xrightarrow{H^n(f^\bullet)} H^n(M_2^\bullet) \xrightarrow{H^n(g^\bullet)} H^n(M_3^\bullet) \qquad (3.5)$$
$$\xrightarrow{\delta^n} H^{n+1}(M_1^\bullet) \xrightarrow{H^{n+1}(f^\bullet)} H^{n+1}(M_2^\bullet) \xrightarrow{H^{n+1}(g^\bullet)} H^{n+1}(M_3^\bullet)$$
$$\xrightarrow{\delta^{n+1}} \cdots$$

これを短完全列 (3.4) に伴う**コホモロジー長完全列 (long exact sequence of cohomologies)** という．また $\delta^n \, (n \in \mathbb{Z})$ を**連結射 (connecting morphism)** という．

[証明] 任意の $n \in \mathbb{Z}$ に対して 2 行が完全な可換図式

$$\begin{array}{ccccccccc}
O & \longrightarrow & M_1^n & \xrightarrow{f^n} & M_2^n & \xrightarrow{g^n} & M_3^n & \longrightarrow & O \\
& & {\scriptstyle d_1^n}\downarrow & & {\scriptstyle d_2^n}\downarrow & & {\scriptstyle d_3^n}\downarrow & & \\
O & \longrightarrow & M_1^{n+1} & \xrightarrow{f^{n+1}} & M_2^{n+1} & \xrightarrow{g^{n+1}} & M_3^{n+1} & \longrightarrow & O
\end{array}$$

がある．これらにアーベル圏 $\mathcal{A}$ における蛇の補題（系 2.162）を用いて完全列

$$O \longrightarrow \operatorname{Ker} d_1^n \longrightarrow \operatorname{Ker} d_2^n \longrightarrow \operatorname{Ker} d_3^n,$$
$$\operatorname{Coker} d_1^n \longrightarrow \operatorname{Coker} d_2^n \longrightarrow \operatorname{Coker} d_3^n \longrightarrow O \quad (\forall n \in \mathbb{Z})$$

を得る．$d_i^n \circ d_i^{n-1} = 0$, $d_i^{n+1} \circ d_i^n = 0$ より $d_i^n : M_i^n \longrightarrow M_i^{n+1}$ は自然に $\overline{d}_i^n :$ $\operatorname{Coker} d_i^{n-1} \longrightarrow \operatorname{Ker} d_i^{n+1}$ を引き起こす．そして $\operatorname{Ker} \overline{d}_i^n = \operatorname{Ker} d_i^n / \operatorname{Im} d_i^{n-1} = H^n(M_i^\bullet)$, $\operatorname{Coker} \overline{d}_i^n = \operatorname{Ker} d_i^{n+1} / \operatorname{Im} d_i^n = H^{n+1}(M_i^\bullet)$ となる．（これらはミッチェルの埋め込み定理を用いて R-**Mod** において確かめてもよい．）したがって，可換図式

$$\begin{array}{ccccccccc}
\operatorname{Coker} d_1^{n-1} & \xrightarrow{\overline{f}^n} & \operatorname{Coker} d_2^{n-1} & \xrightarrow{\overline{g}^n} & \operatorname{Coker} d_3^{n-1} & \longrightarrow & O & & \\
{\scriptstyle \overline{d}_1^n}\downarrow & & {\scriptstyle \overline{d}_2^n}\downarrow & & {\scriptstyle \overline{d}_3^n}\downarrow & & & & \\
O \longrightarrow & \operatorname{Ker} d_1^{n+1} & \xrightarrow{\overline{f}^{n+1}} & \operatorname{Ker} d_2^{n+1} & \xrightarrow{\overline{g}^{n+1}} & \operatorname{Ker} d_3^{n+1} & & &
\end{array}$$
(3.6)

（ただし $\overline{f}^n, \overline{g}^n, \overline{f}^{n+1}, \overline{g}^{n+1}$ はそれぞれ $f^n, g^n, f^{n+1}, g^{n+1}$ が自然に誘導する射）に蛇の補題を用いることにより完全列

$$H^n(M_1^\bullet) \xrightarrow{H^n(f^\bullet)} H^n(M_2^\bullet) \xrightarrow{H^n(g^\bullet)} H^n(M_3^\bullet) \qquad (3.7)$$
$$\xrightarrow{\delta^n} H^{n+1}(M_1^\bullet) \xrightarrow{H^{n+1}(f^\bullet)} H^{n+1}(M_2^\bullet) \xrightarrow{H^{n+1}(g^\bullet)} H^{n+1}(M_3^\bullet)$$

を得る．これより題意が言える． □

注 3.10 記号を命題 3.9 の通りとする．$\mathcal{A} = R\text{-}\mathbf{Mod}$ のとき，連結射 $\delta^n : H^n(M_3^\bullet) \longrightarrow H^{n+1}(M_1^\bullet)$ は次のように書ける：$H^n(M_3^\bullet)$ の元は $a + \mathrm{Im}\, d_3^{n-1}$ $(a \in \mathrm{Ker}\, d_3^n)$ の形をしているが，$g^n(b) = a$ となる $b \in M_2^n$ を任意にとると $g^{n+1}(d_2^n(b)) = d_3^n(g^n(b)) = d_3^n(a) = 0$ となる．つまり $d_2^n(b) = f^{n+1}(c)$ となる $c \in M_1^{n+1}$ がある．さらに $f^{n+2}(d_1^{n+1}(c)) = d_2^{n+1}(f^{n+1}(c)) = d_2^{n+1}(d_2^n(b)) = 0$ と f^{n+2} の単射性より $c \in \mathrm{Ker}\, d_1^{n+1}$ である．すると $a + \mathrm{Im}\, d_3^{n-1}$ の δ^n による像は $c + \mathrm{Im}\, d_1^n$ となる．この記述は命題 3.9 の証明における（蛇の補題を用いた）δ^n の定義および蛇の補題（命題 1.36）における写像 δ の定義から導かれる．

▶**系 3.11** $\mathcal{A}$ における複体の可換図式

$$\begin{array}{ccccccccc}
O & \longrightarrow & (M_1^\bullet, d_1^\bullet) & \xrightarrow{f^\bullet} & (M_2^\bullet, d_2^\bullet) & \xrightarrow{g^\bullet} & (M_3^\bullet, d_3^\bullet) & \longrightarrow & O \\
& & \downarrow h_1^\bullet & & \downarrow h_2^\bullet & & \downarrow h_3^\bullet & & \\
O & \longrightarrow & (M'^\bullet_1, d'^\bullet_1) & \xrightarrow{f'^\bullet} & (M'^\bullet_2, d'^\bullet_2) & \xrightarrow{g'^\bullet} & (M'^\bullet_3, d'^\bullet_3) & \longrightarrow & O
\end{array} \qquad (3.8)$$

で各行が完全列であるようなものが与えられたとき，上の行が定めるコホモロジー長完全列 (3.5) から下の行が定めるコホモロジー長完全列

$$\cdots \xrightarrow{\delta^{n-1}} H^n(M'^\bullet_1) \xrightarrow{H^n(f'^\bullet)} H^n(M'^\bullet_2) \xrightarrow{H^n(g'^\bullet)} H^n(M'^\bullet_3) \qquad (3.9)$$
$$\xrightarrow{\delta'^n} H^{n+1}(M'^\bullet_1) \xrightarrow{H^{n+1}(f'^\bullet)} H^{n+1}(M'^\bullet_2) \xrightarrow{H^{n+1}(g'^\bullet)} H^{n+1}(M'^\bullet_3)$$
$$\xrightarrow{\delta'^{n+1}} \cdots$$

への射が自然に引き起こされる．そして短完全列からコホモロジー長完全列を対応させる操作は関手 $\mathrm{SES}(\mathrm{C}(\mathcal{A})) \longrightarrow \mathrm{ES}(\mathcal{A})$ を定める．

[**証明**] 命題 3.9 の証明において図式 (3.8) の上の行から図式 (3.6) が定まっていた．同様に図式 (3.8) の下の行から類似の図式

$$\begin{CD}
\operatorname{Coker} d'^{n-1}_1 @>{\overline{f'^n}}>> \operatorname{Coker} d'^{n-1}_2 @>{\overline{g'^n}}>> \operatorname{Coker} d'^{n-1}_3 @>>> O \\
@V{\overline{d'^n_1}}VV @V{\overline{d'^n_2}}VV @V{\overline{d'^n_3}}VV \\
O @>>> \operatorname{Ker} d'^{n+1}_1 @>{\overline{f'^{n+1}}}>> \operatorname{Ker} d'^{n+1}_2 @>{\overline{g'^{n+1}}}>> \operatorname{Ker} d'^{n+1}_3
\end{CD}$$
(3.10)

が定まる．そして図式 (3.8) の可換性より図式 (3.6) から図式 (3.10) への射が引き起こされる．したがってアーベル圏 $\mathcal{A}$ に対する系 1.37 の類似（注 2.163 参照）より図式 (3.7) から図式

$$H^n(M'^\bullet_1) \xrightarrow{H^n(f'^\bullet)} H^n(M'^\bullet_2) \xrightarrow{H^n(g'^\bullet)} H^n(M'^\bullet_3)$$
$$\xrightarrow{\delta'^n} H^{n+1}(M'^\bullet_1) \xrightarrow{H^{n+1}(f'^\bullet)} H^{n+1}(M'^\bullet_2) \xrightarrow{H^{n+1}(g'^\bullet)} H^{n+1}(M'^\bullet_3)$$

への射が引き起こされる．以上の構成は自然なので短完全列からコホモロジー長完全列を対応させる操作は関手 $\operatorname{SES}(\operatorname{C}(\mathcal{A})) \longrightarrow \operatorname{ES}(\mathcal{A})$ を定めることがわかる． □

次に複体の射の間のホモトピーを定義する．

▷ **定義 3.12** $(M^\bullet, d^\bullet), (M'^\bullet, d'^\bullet)$ を $\mathcal{A}$ における複体とし，$f^\bullet, g^\bullet : (M^\bullet, d^\bullet)$ $\longrightarrow (M'^\bullet, d'^\bullet)$ をそれらの間の 2 つの射とする．このとき $f^\bullet, g^\bullet$ の間の**ホモトピー (homotopy)** とは射の族 $(h^n : M^n \longrightarrow M'^{n-1})_{n \in \mathbb{Z}}$ で任意の $n \in \mathbb{Z}$ に対して $f^n - g^n = d'^{n-1} \circ h^n + h^{n+1} \circ d^n$ が成り立つもののこと．また，$f^\bullet, g^\bullet$ の間のホモトピーが存在するとき $f^\bullet$ と $g^\bullet$ は**ホモトピック (homotopic)** であるといい，$f^\bullet \simeq g^\bullet$ と書く．

▶ **命題 3.13** $(M^\bullet, d^\bullet), (M'^\bullet, d'^\bullet)$ を上の通りとし，$f^\bullet, g^\bullet : (M^\bullet, d^\bullet) \longrightarrow (M'^\bullet, d'^\bullet)$ をホモトピックな 2 つの射とするとき，任意の $n \in \mathbb{Z}$ に対して $H^n(f^\bullet) = H^n(g^\bullet) : H^n(M^\bullet) \longrightarrow H^n(M'^\bullet)$ である．

[**証明**] ミッチェルの埋め込み定理により，$\mathcal{A} = R\text{-}\mathbf{Mod}$ として示せばよい．$H^n(f^\bullet)$ は $H^n(f^\bullet)(x + \operatorname{Im} d^{n-1}) := f^n(x) + \operatorname{Im} d'^{n-1}$ $(x \in \operatorname{Ker} d^n)$ と定義され，$H^n(g^\bullet)$ についても同様である．$(h^n)_{n \in \mathbb{Z}}$ をホモトピーとすると，$x \in \operatorname{Ker} d^n$ に対して $H^n(f^\bullet)(x + \operatorname{Im} d^{n-1}) - H^n(g^\bullet)(x + \operatorname{Im} d^{n-1}) = (f^n(x) -$

$g^n(x)) + \operatorname{Im} d'^{n-1} = (d'^{n-1}(h^n(x)) + h^{n+1}(d^n(x))) + \operatorname{Im} d'^{n-1} = 0 + \operatorname{Im} d'^{n-1}$
となる ($d^n(x) = 0$ であることに注意). したがって題意が言えた. □

次に二重複体を定義する.

▷**定義 3.14** $\mathcal{A}$ における図式

$$\begin{array}{ccccccc}
& \downarrow d_2^{n-1,m-2} & & \downarrow d_2^{n,m-2} & & \downarrow d_2^{n+1,m-2} & \\
\xrightarrow{d_1^{n-2,m-1}} & M^{n-1,m-1} & \xrightarrow{d_1^{n-1,m-1}} & M^{n,m-1} & \xrightarrow{d_1^{n,m-1}} & M^{n+1,m-1} & \xrightarrow{d_1^{n+1,m-1}} \\
& \downarrow d_2^{n-1,m-1} & & \downarrow d_2^{n,m-1} & & \downarrow d_2^{n+1,m-1} & \\
\xrightarrow{d_1^{n-2,m}} & M^{n-1,m} & \xrightarrow{d_1^{n-1,m}} & M^{n,m} & \xrightarrow{d_1^{n,m}} & M^{n+1,m} & \xrightarrow{d_1^{n+1,m}} \\
& \downarrow d_2^{n-1,m} & & \downarrow d_2^{n,m} & & \downarrow d_2^{n+1,m} & \\
\xrightarrow{d_1^{n-2,m+1}} & M^{n-1,m+1} & \xrightarrow{d_1^{n-1,m+1}} & M^{n,m+1} & \xrightarrow{d_1^{n,m+1}} & M^{n+1,m+1} & \xrightarrow{d_1^{n+1,m+1}} \\
& \downarrow d_2^{n-1,m+1} & & \downarrow d_2^{n,m+1} & & \downarrow d_2^{n+1,m+1} & \\
\end{array}$$
(3.11)

が $\mathcal{A}$ における**二重複体 (double complex)** であるとは, $d_1^{n+1,m} \circ d_1^{n,m} = 0$, $d_2^{n,m+1} \circ d_2^{n,m} = 0$, $d_2^{n+1,m} \circ d_1^{n,m} + d_1^{n,m+1} \circ d_2^{n,m} = 0$ が全ての $n, m \in \mathbb{Z}$ に対して成り立つこと. この二重複体を $(M^{\bullet,*}, d_1^{\bullet,*}, d_2^{\bullet,*})$ または $M^{\bullet,*}$ と書く. 二重複体 $M^{\bullet,*}$ において $n > n_0$ または $m > n_0$ のときに $M^{n,m} = O$ となるような n_0 が存在するとき, これは**上に有界**であるという. また $n < n_0$ または $m < n_0$ のときに $M^{n,m} = O$ となるような n_0 が存在するとき, これは**下に有界**であるという. 上に有界かつ下に有界であるとき**有界**であるという. 二重複体の射は図式の射として定義する. また, この射の概念により $\mathcal{A}$ 上の二重複体全体は自然に圏をなすが, これを $\mathrm{C}_2(\mathcal{A})$ と書く. これもアーベル圏となる.

注 3.15 二重複体の代わりに $d_1^{n+1,m} \circ d_1^{n,m} = 0, d_2^{n,m+1} \circ d_2^{n,m} = 0, d_2^{n+1,m} \circ d_1^{n,m} = d_1^{n,m+1} \circ d_2^{n,m}$ $(n, m \in \mathbb{Z})$ を満たす図式 (3.11) を考えると, これは複体たち $(M^{\bullet,m}, d_1^{\bullet,m})$ $(m \in \mathbb{Z})$ の複体をなすので $\mathrm{C}(\mathrm{C}(\mathcal{A}))$ の対象である. 一般にはこれは二重複体ではないが, $d_2^{n,m}$ を $(-1)^n d_2^{n,m}$ に変えることにより二重複体 $(M^{\bullet,*}, d_1^{\bullet,*}, (-1)^\bullet d_2^{\bullet,*})$ ができる. この「符号の変更」による対応により圏同値

$C(C(\mathcal{A})) \longrightarrow C_2(\mathcal{A})$ を得る.

$\mathcal{A}$ における複体 $(M^\bullet, d^\bullet)$ を自然に二重複体とみなす方法は 2 つある. 1 つは $M^{n,0} = M^n, M^{n,m} = O \, (m \neq 0), d_1^{n,0} = d^n, d_1^{n,m} = 0 \, (m \neq 0), d_2^{n,m} = 0$ であるような二重複体 $(M^{\bullet,*}, d_1^{\bullet,*}, d_2^{\bullet,*})$ とみる方法で, もう 1 つは $M^{0,m} = M^m, M^{n,m} = O \, (n \neq 0), d_2^{0,m} = d^m, d_2^{n,m} = O \, (n \neq 0), d_1^{n,m} = 0$ であるような二重複体 $(M^{\bullet,*}, d_1^{\bullet,*}, d_2^{\bullet,*})$ とみる方法である. 前者のみなしかたをする場合は $M^\bullet$ と書き, 後者のみなしかたをする場合は M^* と書く. したがって, 射 $f : (M^\bullet, d_M^\bullet) \longrightarrow (N^{\bullet,*}, d_{N,1}^{\bullet,*}, d_{N,2}^{\bullet,*})$ とは複体の射 $f^\bullet : (M^\bullet, d_M^\bullet) \longrightarrow (N^{\bullet,0}, d_{N,1}^{\bullet,0})$ で $d_{N,2}^{\bullet,0} \circ f^\bullet = 0$ を満たすもののことであり, 射 $f : (M^*, d_M^*) \longrightarrow (N^{\bullet,*}, d_{N,1}^{\bullet,*}, d_{N,2}^{\bullet,*})$ とは複体の射 $f^\bullet : (M^\bullet, d_M^\bullet) \longrightarrow (N^{0,\bullet}, d_{N,2}^{0,\bullet})$ で $d_{N,1}^{0,\bullet} \circ f^\bullet = 0$ を満たすもののことである.

$\mathcal{A}$ における二重複体 $M := (M^{\bullet,*}, d_1^{\bullet,*}, d_2^{\bullet,*})$ が与えられ, 任意の $n \in \mathbb{Z}$ に対して $M^{a,b} \neq O, a+b = n$ を満たす整数の組 (a,b) が有限個であるか, または $\mathcal{A}$ において可算個の対象の和が存在すると仮定する. このとき $\text{Tot}(M)^n := \coprod_{a+b=n} M^{a,b}$ とし, また $d^n : \text{Tot}(M)^n \longrightarrow \text{Tot}(M)^{n+1}$ を $d^n \circ \iota_{a,b} = \iota_{a+1,b} \circ d_1^{a,b} + \iota_{a,b+1} \circ d_2^{a,b} \, (\forall a, b \in \mathbb{N}, a+b = n)$ (ただし $\iota_{a,b} : M^{a,b} \longrightarrow \text{Tot}(M)^{a+b}$ は標準的包含) を満たす唯一の射とすると $\text{Tot}(M) := (\text{Tot}(M)^\bullet, d^\bullet)$ は複体となる. これを二重複体 M の**全複体 (total complex)** という. $\mathcal{A}$ において可算個の対象の和が存在するとき, 全複体を与える操作は関手 $\text{Tot} : C_2(\mathcal{A}) \longrightarrow C(\mathcal{A})$ を定める.

注 3.16 $F : \mathcal{A} \longrightarrow \mathcal{B}$ をアーベル圏の間の加法的関手とするとき, $\mathcal{A}$ における複体 $(M^\bullet, d^\bullet)$ に対し $(F(M^\bullet), F(d^\bullet))$ は $\mathcal{B}$ における複体となり, $\mathcal{A}$ における複体の射 $f^\bullet : (M^\bullet, d^\bullet) \longrightarrow (M'^\bullet, d'^\bullet)$ に対し $F(f^\bullet) : (F(M^\bullet), F(d^\bullet)) \longrightarrow (F(M'^\bullet), F(d'^\bullet))$ は $\mathcal{B}$ における複体の射となる. これにより F は自然に複体の圏の間の加法的関手 $F : C(\mathcal{A}) \longrightarrow C(\mathcal{B})$ を定める. また, $\mathcal{A}$ における複体の間の 2 つの射 $f^\bullet, g^\bullet : (M^\bullet, d^\bullet) \longrightarrow (M'^\bullet, d'^\bullet)$ がホモトピックならば $F(f^\bullet), F(g^\bullet) : (F(M^\bullet), F(d^\bullet)) \longrightarrow (F(M'^\bullet), F(d'^\bullet))$ もホモトピックとなる. $((h^n)_n$ が $f^\bullet, g^\bullet$ のホモトピーを与えるとき $(F(h^n))_n$ が $F(f^\bullet), F(g^\bullet)$ のホモトピーを与える.) また, F は二重複体の圏の間の加法的関手 $F : C_2(\mathcal{A}) \longrightarrow C_2(\mathcal{B})$ も定め, $\mathcal{A}, \mathcal{B}$ において可算個の対象の和が存在し F がそれを保つならば全複体を与える関手は F と整合的である.

もし F が完全関手ならば F は自然に $\text{SES}(C(\mathcal{A})) \longrightarrow \text{SES}(C(\mathcal{B})), \text{ES}(\mathcal{A}) \longrightarrow \text{ES}(\mathcal{B})$ を定め, これらは複体の短完全列からコホモロジー長完全列を対応させる関手と整合的である.

三重以上の**多重複体 (multiple complex)** およびその全複体の概念も同様に定義できる.

3.2 射影的分解と単射的分解

本節でも $\mathcal{A}$ をアーベル圏とする.

▷**定義 3.17** $\mathcal{A}$ の対象 M の**射影的分解 (projective resolution)** とは $\mathcal{A}$ における完全列

$$\cdots \xrightarrow{d^{-n-1}} P^{-n} \xrightarrow{d^{-n}} P^{-n+1} \xrightarrow{d^{-n+1}} \cdots \xrightarrow{d^{-1}} P^0 \xrightarrow{d} M \longrightarrow O$$

で各 $P^{-n}\,(n \in \mathbb{N})$ が射影的対象であるようなもの. これを $(P^{\bullet}, d^{\bullet}) \xrightarrow{d} M \longrightarrow O$ または $P^{\bullet} \longrightarrow M \longrightarrow O$ と略記することもある. また最後の $\longrightarrow O$ を略することもある.

▶**命題 3.18** $\mathcal{A}$ が充分射影的対象をもつ (定義 2.127) とき, 任意の $M \in \mathrm{Ob}\,\mathcal{A}$ の射影的分解が存在する.

[証明] $\mathcal{A}$ は充分射影的対象をもつので, まず射影的対象 P^0 と全射 $d : P^0 \longrightarrow M$ が存在する. また, 射影的対象 P^{-1} と全射 $d'^{-1} : P^{-1} \longrightarrow \mathrm{Ker}\,d$ がとれ, さらに $n \geq 1$ に対して帰納的に射影的対象 P^{-n-1} と全射 $d'^{-n-1} : P^{-n-1} \longrightarrow \mathrm{Ker}\,d'^{-n}$ がとれる. このとき, d^{-1} を合成 $P^{-1} \xrightarrow{d'^{-1}} \mathrm{Ker}\,d \xrightarrow{\mathrm{ker}\,d} P^0$, $n \geq 2$ に対して d^{-n} を合成 $P^{-n} \xrightarrow{d'^{-n}} \mathrm{Ker}\,d'^{-n+1} \xrightarrow{\mathrm{ker}\,d'^{-n+1}} P^{-n+1}$ と定義すれば, $\mathrm{Im}\,d^{-1} = \mathrm{Ker}\,d,\,\mathrm{Im}\,d^{-n} = \mathrm{Ker}\,d'^{-n+1} = \mathrm{Ker}\,d^{-n+1}\,(n \geq 2)$ となるので題意の完全列を得る. □

▶**命題 3.19** $f : M \longrightarrow N$ を $\mathcal{A}$ における射とし,

$$\cdots \xrightarrow{d^{-n-1}} P^{-n} \xrightarrow{d^{-n}} P^{-n+1} \xrightarrow{d^{-n+1}} \cdots \xrightarrow{d^{-1}} P^0 \xrightarrow{d} M \longrightarrow O$$

を $\mathcal{A}$ における複体で各 P^{-n} が射影的対象であるようなものとする. (これは複体の射 $(P^{\bullet}, d^{\bullet}) \xrightarrow{d} M$ を引き起こす.) また, $\mathcal{A}$ における完全列

$$\cdots \xrightarrow{e^{-n-1}} Q^{-n} \xrightarrow{e^{-n}} Q^{-n+1} \xrightarrow{e^{-n+1}} \cdots \xrightarrow{e^{-1}} Q^0 \xrightarrow{e} N \longrightarrow O$$

が与えられているとする．(これは複体の射 $(Q^\bullet, e^\bullet) \xrightarrow{e} N$ を引き起こす．)
このとき，ある複体の射 $f^\bullet : P^\bullet \longrightarrow Q^\bullet$ で図式

$$\begin{array}{ccc} P^\bullet & \xrightarrow{d} & M \\ f^\bullet \downarrow & & \downarrow f \\ Q^\bullet & \xrightarrow{e} & N \end{array}$$

が可換となる（つまり $e \circ f^0 = f \circ d$ となる）ようなものが存在する．また，$g^\bullet : P^\bullet \longrightarrow Q^\bullet$ を同様の条件を満たすもう一つの射とすると $f^\bullet$ と $g^\bullet$ はホモトピックである．

[証明] まず，P^0 が射影的であることから $e \circ f^0 = f \circ d$ を満たす f^0 が存在する．そして命題 2.87(4) より次の図式を可換にする $\overline{f^0}$ が存在する．

$$\begin{array}{ccccccc} P^{-1} & \xrightarrow{\operatorname{coim} d^{-1}} & \operatorname{Ker} d & \xrightarrow{\ker d} & P^0 & \xrightarrow{d} & M \\ \overline{f^0} \downarrow & & f^0 \downarrow & & f \downarrow & & \\ Q^{-1} & \xrightarrow{\operatorname{coim} e^{-1}} & \operatorname{Ker} e & \xrightarrow{\ker e} & Q^0 & \xrightarrow{e} & N \end{array}$$

$Q^\bullet$ の完全性より $\operatorname{coim} e^{-1} : Q^{-1} \longrightarrow \operatorname{Ker} e$ は全射なので，P^{-1} が射影的なことより $f^{-1} : P^{-1} \longrightarrow Q^{-1}$ で $\operatorname{coim} e^{-1} \circ f^{-1} = \overline{f^0} \circ \operatorname{coim} d^{-1}$ となるものがあり，このとき $e^{-1} \circ f^{-1} = \ker e \circ \operatorname{coim} e^{-1} \circ f^{-1} = \ker e \circ \overline{f^0} \circ \operatorname{coim} d^{-1} = f^0 \circ \ker d \circ \operatorname{coim} d^{-1} = f^0 \circ d^{-1}$ となる（上の図式参照）．この議論を繰り返すことにより題意を満たす複体の射 $f^\bullet : P^\bullet \longrightarrow Q^\bullet$ が構成される．

後半を示す．$\varphi^{-n} := f^{-n} - g^{-n}$ とおいて，まず次の図式を考える．

$$\begin{array}{ccccccc} & & & & P^0 & & \\ & & & & \varphi^0 \downarrow & & \\ Q^{-1} & \xrightarrow{\operatorname{coim} e^{-1}} & \operatorname{Ker} e & \xrightarrow{\ker e} & Q^0 & \xrightarrow{e} & N \end{array}$$

すると $e \circ \varphi^0 = e \circ f^0 - e \circ g^0 = f \circ d - f \circ d = 0$ なので，ある射 $\overline{h^0} : P^0 \longrightarrow \operatorname{Ker} e$ で $\ker e \circ \overline{h^0} = \varphi^0$ を満たすものがある．さらに $\operatorname{coim} e^{-1}$ が全射で P^0 は射影的なのである射 $h^0 : P^0 \longrightarrow Q^{-1}$ で $\operatorname{coim} e^{-1} \circ h^0 = \overline{h^0}$ を満たすものがあり，このとき $e^{-1} \circ h^0 = \ker e \circ \operatorname{coim} e^{-1} \circ h^0 = \ker e \circ \overline{h^0} = \varphi^0$ となる．次に

$\psi^{-1} := \varphi^{-1} - h^0 \circ d^{-1}$ とおき,次の図式を考える.

$$\begin{array}{ccccccc}
& & & & P^{-1} & & \\
& & & & \downarrow \psi^{-1} & & \\
Q^{-2} & \xrightarrow{\operatorname{coim} e^{-2}} & \operatorname{Ker} e^{-1} & \xrightarrow{\ker e^{-1}} & Q^{-1} & \xrightarrow{e^{-1}} & Q^0
\end{array}$$

すると $e^{-1} \circ \psi^{-1} = e^{-1} \circ \varphi^{-1} - e^{-1} \circ h^0 \circ d^{-1} = \varphi^0 \circ d^{-1} - \varphi^0 \circ d^{-1} = 0$ なので,ある射 $\overline{h^{-1}} : P^{-1} \longrightarrow \operatorname{Ker} e^{-1}$ で $\ker e^{-1} \circ \overline{h^{-1}} = \psi^{-1}$ を満たすものがある.さらに $\operatorname{coim} e^{-2}$ が全射で P^{-1} は射影的なので,ある射 $h^{-1} : P^{-1} \longrightarrow Q^{-2}$ で $\operatorname{coim} e^{-2} \circ h^{-1} = \overline{h^{-1}}$ を満たすものがあり,このとき $e^{-2} \circ h^{-1} = \ker e^{-1} \circ \operatorname{coim} e^{-2} \circ h^{-1} = \ker e^{-1} \circ \overline{h^{-1}} = \psi^{-1}$ となる.よって $\varphi^{-1} = \psi^{-1} + h^0 \circ d^{-1} = e^{-2} \circ h^{-1} + h^0 \circ d^{-1}$.これと同様の議論を繰り返すことにより $f^\bullet, g^\bullet$ の間のホモトピー $(h^{-n} : P^{-n} \longrightarrow Q^{-n-1})_{n \in \mathbb{N}}$ が構成される.(詳しくは読者に任せる.) 以上で題意が証明された. □

▶**命題 3.20** $O \longrightarrow L \longrightarrow M \longrightarrow N \longrightarrow O$ を $\mathcal{A}$ における完全列とする.また,$(P^\bullet, d_P^\bullet) \xrightarrow{\mathrm{d}_P} L \longrightarrow O, (R^\bullet, d_R^\bullet) \xrightarrow{\mathrm{d}_R} N \longrightarrow O$ を射影的分解とする.また,$Q^{-n} := P^{-n} \oplus R^{-n}$ とおく.このとき可換図式

$$\begin{array}{ccccccccc}
O & \longrightarrow & (P^\bullet, d_P^\bullet) & \xrightarrow{f^\bullet} & (Q^\bullet, d_Q^\bullet) & \xrightarrow{g^\bullet} & (R^\bullet, d_R^\bullet) & \longrightarrow & O \\
& & \mathrm{d}_P \downarrow & & \mathrm{d}_Q \downarrow & & \mathrm{d}_R \downarrow & & \\
O & \longrightarrow & L & \xrightarrow{f} & M & \xrightarrow{g} & N & \longrightarrow & O
\end{array} \quad (3.12)$$

で以下の条件を満たすものが存在する.
(1) $\mathrm{d}_Q : (Q^\bullet, d_Q^\bullet) \longrightarrow M$ は M の射影的分解である.
(2) 1 行目は複体の完全列で,各 $n \in \mathbb{N}$ に対して $O \longrightarrow P^{-n} \xrightarrow{f^{-n}} Q^{-n} \xrightarrow{g^{-n}} R^{-n} \longrightarrow O$ は標準的包含および標準的射影による完全列である.

[**証明**] 各 n に対して $p^{-n} : Q^{-n} \longrightarrow P^{-n}$ を標準的射影とする.(このとき $p^{-n} \circ f^{-n} = \operatorname{id}_{P^{-n}}$ である.) 行,列が完全な次の図式を考える.

$$O \longrightarrow P^0 \xrightarrow{f^0} Q^0 \xrightarrow{g^0} R^0 \longrightarrow O$$
$$\downarrow{\scriptstyle d_P} \qquad\qquad \downarrow{\scriptstyle d_R}$$
$$O \longrightarrow L \xrightarrow{f} M \xrightarrow{g} N \longrightarrow O$$
$$\downarrow \qquad\qquad \downarrow$$
$$O \qquad\qquad O$$

g は全射で R^0 は射影的なので $h^0 : R^0 \longrightarrow M$ で $g \circ h^0 = \mathrm{d}_R$ を満たすものがある.そこで $\mathrm{d}_Q : Q^0 \longrightarrow M$ を $\mathrm{d}_Q := f \circ \mathrm{d}_P \circ p^0 + h^0 \circ g^0$ とおく.すると $\mathrm{d}_Q \circ f^0 = f \circ \mathrm{d}_P \circ p^0 \circ f^0 + h^0 \circ g^0 \circ f^0 = f \circ \mathrm{d}_P, g \circ \mathrm{d}_Q = g \circ f \circ \mathrm{d}_P \circ p^0 + g \circ h^0 \circ g^0 = \mathrm{d}_R \circ g^0$ となるので d_Q は上の図式と整合的である.蛇の補題より d_Q は全射である.また,蛇の補題および射影的分解 $(P^\bullet, d_P^\bullet) \xrightarrow{\mathrm{d}_P} L \longrightarrow O, (R^\bullet, d_R^\bullet) \xrightarrow{\mathrm{d}_R} N \longrightarrow O$ の完全性より行,列が完全な完全な次の図式を得る.

$$O \longrightarrow P^{-1} \xrightarrow{f^{-1}} Q^{-1} \xrightarrow{g^{-1}} R^{-1} \longrightarrow O$$
$$\downarrow{\scriptstyle \mathrm{coim}\, d_P^{-1}} \qquad\qquad \downarrow{\scriptstyle \mathrm{coim}\, d_R^{-1}}$$
$$O \longrightarrow \mathrm{Ker}\, \mathrm{d}_P \xrightarrow{\overline{f^0}} \mathrm{Ker}\, \mathrm{d}_Q \xrightarrow{\overline{g^0}} \mathrm{Ker}\, \mathrm{d}_R \longrightarrow O$$
$$\downarrow \qquad\qquad \downarrow$$
$$O \qquad\qquad O$$

$\overline{g^0}$ は全射で R^{-1} は射影的なので $h^{-1} : R^{-1} \longrightarrow \mathrm{Ker}\, \mathrm{d}_Q$ で $\overline{g^0} \circ h^{-1} = \mathrm{coim}\, d_R^{-1}$ を満たすものがある.そこで $d'^{-1}_Q : Q^{-1} \longrightarrow \mathrm{Ker}\, \mathrm{d}_Q$ を $d'^{-1}_Q := \overline{f^0} \circ \mathrm{coim}\, d_P^{-1} \circ p^{-1} + h^{-1} \circ g^{-1}$ とおく.すると d'^{-1}_Q が上の図式と整合的であることが確かめられる.蛇の補題より d'^{-1}_Q は全射なので $d_Q^{-1} := \ker \mathrm{d}_Q \circ d'^{-1}_Q$ とおくと $Q^{-1} \xrightarrow{d_Q^{-1}} Q^0 \xrightarrow{\mathrm{d}_Q} M$ の完全性がわかる.以下,この議論を繰り返すことにより題意の可換図式が構成できる. □

上の命題における図式 (3.12) の構成についてさらに次の命題が言える.

▶命題 3.21 $\mathcal{A}$ における 2 行が完全列であるような図式

$$\begin{array}{ccccccccc} O & \longrightarrow & L & \xrightarrow{f} & M & \xrightarrow{g} & N & \longrightarrow & O \\ & & \alpha \downarrow & & \beta \downarrow & & \gamma \downarrow & & \\ O & \longrightarrow & L' & \xrightarrow{f'} & M' & \xrightarrow{g'} & N' & \longrightarrow & O \end{array} \quad (3.13)$$

が与えられているとし,また $(P^\bullet, d_P^\bullet) \xrightarrow{\mathrm{d}_P} L \longrightarrow O, (R^\bullet, d_R^\bullet) \xrightarrow{\mathrm{d}_R} N \longrightarrow O$, $(P'^\bullet, d_{P'}^\bullet) \xrightarrow{\mathrm{d}_{P'}} L' \longrightarrow O, (R'^\bullet, d_{R'}^\bullet) \xrightarrow{\mathrm{d}_{R'}} N' \longrightarrow O$ を射影的分解とする.また,$Q^{-n} := P^{-n} \oplus R^{-n}, Q'^{-n} := P'^{-n} \oplus R'^{-n}$ とおく.このとき可換図式

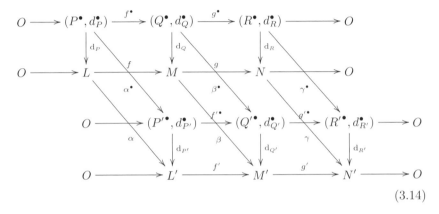

(3.14)

で上の 2 行(下の 2 行)が図式 (3.13) の上の行(下の行)から命題 3.20 の手法により構成した可換図式であるようなものが存在する.

[証明] 命題 3.19 より $\alpha^\bullet : (P^\bullet, d_P^\bullet) \longrightarrow (P'^\bullet, d_{P'}^\bullet), \gamma^\bullet : (R^\bullet, d_R^\bullet) \longrightarrow (R'^\bullet, d_{R'}^\bullet)$ で $\alpha \circ \mathrm{d}_P = \mathrm{d}_{P'} \circ \alpha^0, \gamma \circ \mathrm{d}_R = \mathrm{d}_{R'} \circ \gamma^0$ を満たすものが構成できる.よって図式 (3.14) を可換にする $\beta^\bullet : (Q^\bullet, d_Q^\bullet) \longrightarrow (Q'^\bullet, d_{Q'}^\bullet)$ を構成すればよい.各 β^{-n} が

$$\beta^{-n} = \begin{pmatrix} \alpha^{-n} & \delta^{-n} \\ & \gamma^{-n} \end{pmatrix} : Q^{-n} = P^{-n} \oplus R^{-n} \longrightarrow P'^{-n} \oplus R'^{-n} = Q'^{-n}$$

の形をしていると仮定すると $\beta^{-n} \circ f^{-n} = \begin{pmatrix} \alpha^{-n} \\ 0 \end{pmatrix} = f'^{-n} \circ \alpha^{-n}, g'^{-n} \circ \beta^{-n} = \begin{pmatrix} 0 & \gamma^{-n} \end{pmatrix} = \gamma^{-n} \circ g^{-n}$ となる.したがって,可換性

$$d_{Q'} \circ \beta^0 = \beta \circ d_Q \tag{3.15}$$

$$d_{Q'}^{-n} \circ \beta^{-n} = \beta^{-n+1} \circ d_Q^{-n} \ (n \geq 1) \tag{3.16}$$

が満たされるように δ^{-n} $(n \geq 0)$ を帰納的に定めればよい.

まず δ^0 を定める. 図式 (3.14) の上2行および下2行の可換性より $d_Q, d_{Q'}$ はそれぞれ

$$d_Q = \begin{pmatrix} f \circ d_P & e^0 \end{pmatrix} : Q^0 = P^0 \oplus R^0 \longrightarrow M,$$

$$d_{Q'} = \begin{pmatrix} f' \circ d_{P'} & e'^0 \end{pmatrix} : Q'^0 = P'^0 \oplus R'^0 \longrightarrow M'$$

の形に書け, また $g \circ e^0 = d_R, g' \circ e'^0 = d_{R'}$ が成り立つ. このとき

$$(3.15) \iff \begin{pmatrix} f' \circ d_{P'} & e'^0 \end{pmatrix} \circ \begin{pmatrix} \alpha^0 & \delta^0 \\ & \gamma^0 \end{pmatrix} = \begin{pmatrix} \beta \circ f \circ d_P & \beta \circ e^0 \end{pmatrix}$$

$$\iff \begin{pmatrix} f' \circ d_{P'} \circ \alpha^0 & f' \circ d_{P'} \circ \delta^0 + e'^0 \circ \gamma^0 \end{pmatrix} = \begin{pmatrix} \beta \circ f \circ d_P & \beta \circ e^0 \end{pmatrix}$$

で, また $f' \circ d_{P'} \circ \alpha^0 = f' \circ \alpha \circ d_P = \beta \circ f \circ d_P$ は常に成り立つ. したがって (3.15) は

$$f' \circ d_{P'} \circ \delta^0 = \beta \circ e^0 - e'^0 \circ \gamma^0 \tag{3.17}$$

と同値である. ここで $g' \circ (\beta \circ e^0 - e'^0 \circ \gamma^0) = \gamma \circ g \circ e^0 - g' \circ e'^0 \circ \gamma^0 = \gamma \circ d_R - d_{R'} \circ \gamma^0 = 0$ より, ある射 $h^0 : R^0 \longrightarrow L'$ で $\beta \circ e^0 - e'^0 \circ \gamma^0 = f' \circ h^0$ を満たすものがある. すると f' の単射性より (3.17) は $d_{P'} \circ \delta^0 = h^0$ と同値である. $d_{P'}$ は全射で R^0 は射影的なのでこの等式を満たす δ^0 をとることができ, よって δ^0 を定めることができる.

次に δ^{-n+1} まで定めることができたと仮定して δ^{-n} を構成する. 図式 (3.14) の上2行および下2行の可換性より $d_Q^{-n}, d_{Q'}^{-n}$ はそれぞれ

$$d_Q^{-n} = \begin{pmatrix} d_P^{-n} & e^{-n} \\ & d_R^{-n} \end{pmatrix} : Q^{-n} = P^{-n} \oplus R^{-n} \longrightarrow P^{-n+1} \oplus R^{-n+1} = Q^{-n+1},$$

$$d_{Q'}^{-n} = \begin{pmatrix} d_{P'}^{-n} & e'^{-n} \\ & d_{R'}^{-n} \end{pmatrix} : Q'^{-n} = P'^{-n} \oplus R'^{-n} \longrightarrow P'^{-n+1} \oplus R'^{-n+1}$$

$$= Q'^{-n+1}$$

の形に書ける．そして

$$(3.16) \iff \begin{pmatrix} d_{P'}^{-n} & e'^{-n} \\ & d_{R'}^{-n} \end{pmatrix} \circ \begin{pmatrix} \alpha^{-n} & \delta^{-n} \\ & \gamma^{-n} \end{pmatrix}$$

$$= \begin{pmatrix} \alpha^{-n+1} & \delta^{-n+1} \\ & \gamma^{-n+1} \end{pmatrix} \circ \begin{pmatrix} d_P^{-n} & e^{-n} \\ & d_R^{-n} \end{pmatrix}$$

$$\iff \begin{pmatrix} d_{P'}^{-n} \circ \alpha^{-n} & d_{P'}^{-n} \circ \delta^{-n} + e'^{-n} \circ \gamma^{-n} \\ & d_{R'}^{-n} \circ \gamma^{-n} \end{pmatrix}$$

$$= \begin{pmatrix} \alpha^{-n+1} \circ d_P^{-n} & \alpha^{-n+1} \circ e^{-n} + \delta^{-n+1} \circ d_R^{-n} \\ & \gamma^{-n+1} \circ d_R^{-n} \end{pmatrix}$$

であり，また $d_{P'}^{-n} \circ \alpha^{-n} = \alpha^{-n+1} \circ d_P^{-n}, d_{R'}^{-n} \circ \gamma^{-n} = \gamma^{-n+1} \circ d_R^{-n}$ はいつも成り立つので結局 (3.16) は

$$d_{P'}^{-n} \circ \delta^{-n} = \alpha^{-n+1} \circ e^{-n} + \delta^{-n+1} \circ d_R^{-n} - e'^{-n} \circ \gamma^{-n} \tag{3.18}$$

と同値である．(3.18) の右辺の射を φ^{-n} とおく．

$n = 1$ のとき $\mathrm{d}_Q \circ d_Q^{-1} = 0, \mathrm{d}_{Q'} \circ d_{Q'}^{-1} = 0$ より $\begin{pmatrix} f \circ \mathrm{d}_P & e^0 \end{pmatrix} \circ \begin{pmatrix} d_P^{-1} & e^{-1} \\ & d_R^{-1} \end{pmatrix}$
$= 0, \begin{pmatrix} f' \circ \mathrm{d}_{P'} & e'^0 \end{pmatrix} \circ \begin{pmatrix} d_{P'}^{-1} & e'^{-1} \\ & d_{R'}^{-1} \end{pmatrix} = 0,$ よって

$$f \circ \mathrm{d}_P \circ e^{-1} + e^0 \circ d_R^{-1} = 0, \quad f' \circ \mathrm{d}_{P'} \circ e'^{-1} + e'^0 \circ d_{R'}^{-1} = 0 \tag{3.19}$$

が成り立つ．このとき

$$f' \circ \mathrm{d}_{P'} \circ \varphi^{-1}$$
$$= f' \circ \mathrm{d}_{P'} \circ (\alpha^0 \circ e^{-1} + \delta^0 \circ d_R^{-1} - e'^{-1} \circ \gamma^{-1})$$
$$\stackrel{(3.17)}{=} f' \circ \alpha \circ \mathrm{d}_P \circ e^{-1} + \beta \circ e^0 \circ d_R^{-1} - e'^0 \circ \gamma^0 \circ d_R^{-1} - f' \circ \mathrm{d}_{P'} \circ e'^{-1} \circ \gamma^{-1}$$
$$\stackrel{(3.19)}{=} f' \circ \alpha \circ \mathrm{d}_P \circ e^{-1} - \beta \circ f \circ \mathrm{d}_P \circ e^{-1} - e'^0 \circ \gamma^0 \circ d_R^{-1} + e'^0 \circ d_{R'}^{-1} \circ \gamma^{-1}$$
$$= 0$$

となるので $\mathrm{d}_{P'} \circ \varphi^{-1} = 0$. したがって，ある射 $h^{-1} : R^{-1} \longrightarrow \operatorname{Ker} \mathrm{d}_{P'} = \operatorname{Im} d_{P'}^{-1}$ で $\varphi^{-1} = \operatorname{im} d_{P'}^{-1} \circ h^{-1}$ を満たすものがある．$\operatorname{im} d_{P'}^{-1}$ の単射性より

(3.18)は $\operatorname{coim} d_{P'}^{-1} \circ \delta^{-1} = h^{-1}$ と同値である. $\operatorname{coim} d_{P'}^{-1}$ は全射で R^{-1} は射影的なのでこの等式を満たす δ^{-1} をとることができ, よって δ^{-1} を定めることができる.

$n \geq 2$ のときは $d_Q^{-n+1} \circ d_Q^{-n} = 0, d_{Q'}^{-n+1} \circ d_{Q'}^{-n} = 0$ より

$$\begin{pmatrix} d_P^{-n+1} & e^{-n+1} \\ & d_R^{-n+1} \end{pmatrix} \circ \begin{pmatrix} d_P^{-n} & e^{-n} \\ & d_R^{-n} \end{pmatrix} = 0,$$

$$\begin{pmatrix} d_{P'}^{-n+1} & e'^{-n+1} \\ & d_{R'}^{-n+1} \end{pmatrix} \circ \begin{pmatrix} d_{P'}^{-n} & e'^{-n} \\ & d_{R'}^{-n} \end{pmatrix} = 0$$

が成り立つ. よって

$$d_P^{-n+1} \circ e^{-n} + e^{-n+1} \circ d_R^{-n} = 0, \quad d_{P'}^{-n+1} \circ e'^{-n} + e'^{-n+1} \circ d_{R'}^{-n} = 0 \quad (3.20)$$

が成り立つ. このとき帰納法の仮定および (3.20) より

$$\begin{aligned}
& d_{P'}^{-n+1} \circ \varphi^{-n} \\
={} & d_{P'}^{-n+1} \circ (\alpha^{-n+1} \circ e^{-n} + \delta^{-n+1} \circ d_R^{-n} - e'^{-n} \circ \gamma^{-n}) \\
={} & d_{P'}^{-n+1} \circ \alpha^{-n+1} \circ e^{-n} + (\alpha^{-n+2} \circ e^{-n+1} + \delta^{-n+2} \circ d_R^{-n+1} \\
& \quad - e'^{-n+1} \circ \gamma^{-n+1}) \circ d_R^{-n} - d_{P'}^{-n+1} \circ e'^{-n} \circ \gamma^{-n} \\
={} & d_{P'}^{-n+1} \circ \alpha^{-n+1} \circ e^{-n} + \alpha^{-n+2} \circ e^{-n+1} \circ d_R^{-n} - e'^{-n+1} \circ \gamma^{-n+1} \circ d_R^{-n} \\
& \quad - d_{P'}^{-n+1} \circ e'^{-n} \circ \gamma^{-n} \\
\stackrel{(3.20)}{=}{} & d_{P'}^{-n+1} \circ \alpha^{-n+1} \circ e^{-n} - \alpha^{-n+2} \circ d_P^{-n+1} \circ e^{-n} - e'^{-n+1} \circ \gamma^{-n+1} \circ d_R^{-n} \\
& \quad + e'^{-n+1} \circ d_{R'}^{-n} \circ \gamma^{-n} \\
={} & 0
\end{aligned}$$

となる. したがってある射 $h^{-n} : R^{-n} \longrightarrow \operatorname{Ker} d_{P'}^{-n+1} = \operatorname{Im} d_{P'}^{-n}$ で $\varphi^{-n} = \operatorname{im} d_{P'}^{-n} \circ h^{-n}$ を満たすものがある. $\operatorname{im} d_{P'}^{-n}$ の単射性より (3.18) は $\operatorname{coim} d_{P'}^{-n} \circ \delta^{-n} = h^{-n}$ と同値である. $\operatorname{coim} d_{P'}^{-n}$ は全射で R^{-n} は射影的なのでこの等式を満たす δ^{-n} をとることができ, よって δ^{-n} を定めることができる. 以上で $\delta^{-n}(n \geq 0)$ が定義されたので題意が証明された. □

▶**命題 3.22** $\mathcal{A}$ は充分射影的対象をもつと仮定し，$(C^\bullet, d^\bullet)$ を $\mathcal{A}$ における複体とする．このときある二重複体からの射

$$(P^{\bullet,*}, d_1^{\bullet,*}, d_2^{\bullet,*}) \longrightarrow (C^\bullet, d^\bullet) \tag{3.21}$$

で以下の条件を満たすものが存在する．
(1) 各 n に対して，$(P^{-n,\bullet}, d_2^{-n,\bullet}) \longrightarrow C^{-n}$ は射影的分解である．
(2) $Z^{-n,-m} := \operatorname{Ker} d_1^{-n,-m}, B^{-n,-m} := \operatorname{Im} d_1^{-n-1,-m}$ とする．また $H^{-n,-m} := Z^{-n,-m}/B^{-n,-m}$ とする．(つまり $H^{-n,-m}$ は複体 $(P^{\bullet,-m}, d_1^{\bullet,-m})$ の $(-n)$ 次コホモロジーである．) このとき $d_2^{-n,-m}$ たちが引き起こす射により複体 $(Z^{-n,\bullet}, d_{2,Z}^{-n,\bullet}), (B^{-n,\bullet}, d_{2,B}^{-n,\bullet}), (H^{-n,\bullet}, d_{2,H}^{-n,\bullet})$ ができ，図式 (3.21)は図式 $(Z^{-n,\bullet}, d_{2,Z}^{-n,\bullet}) \longrightarrow \operatorname{Ker} d^{-n}, (B^{-n,\bullet}, d_{2,B}^{-n,\bullet}) \longrightarrow \operatorname{Im} d^{-n-1}, (H^{-n,\bullet}, d_{2,H}^{-n,\bullet}) \longrightarrow H^{-n}(C^\bullet)$ を引き起こすが，これらが全て射影的分解となる．
(3) $C^{-n} = O$ となるような n に対しては $P^{-n,\bullet} = O$ であり，また $H^{-n}(C^\bullet) = O$ となるような n に対しては $H^{-n,\bullet} = O$ となる．
図式 (3.21)を $(C^\bullet, d^\bullet)$ の**左カルタン-アイレンバーグ分解** (left Cartan-Eilenberg resolution) という．

[証明] 各 $n \in \mathbb{Z}$ に対して射影的分解 $(B^{-n,\bullet}, d_{2,B}^{-n,\bullet}) \longrightarrow \operatorname{Im} d^{-n-1}, (H^{-n,\bullet}, d_{2,H}^{-n,\bullet}) \longrightarrow H^{-n}(C^\bullet)$ をとる．ただし $\operatorname{Im} d^{-n-1} = O, H^{-n}(C^\bullet) = O$ のときは $B^{-n,\bullet} = O, H^{-n,\bullet} = O$ とする．すると完全列 $O \longrightarrow \operatorname{Im} d^{-n-1} \xrightarrow{i^{-n}} \operatorname{Ker} d^{-n} \xrightarrow{\operatorname{coker} i^{-n}} H^{-n}(C^\bullet) \longrightarrow O$ がある（i^{-n} は d^{-n-1} が引き起こす単射）ので，$Z^{-n,\bullet} := B^{-n,\bullet} \oplus H^{-n,\bullet}$ とおくと命題 3.20 より可換図式

$$\begin{array}{ccccccccc} O & \longrightarrow & (B^{-n,\bullet}, d_{2,B}^{-n,\bullet}) & \xrightarrow{i^{-n,\bullet}} & (Z^{-n,\bullet}, d_{2,Z}^{-n,\bullet}) & \xrightarrow{p^{-n,\bullet}} & (H^{-n,\bullet}, d_{2,H}^{-n,\bullet}) & \longrightarrow & O \\ & & \downarrow & & \downarrow & & \downarrow & & \\ O & \longrightarrow & \operatorname{Im} d^{-n-1} & \xrightarrow{i^{-n}} & \operatorname{Ker} d^{-n} & \xrightarrow{\operatorname{coker} i^{-n}} & H^{-n}(C^\bullet) & \longrightarrow & O \end{array}$$

($i^{-n,\bullet}$ は標準的包含，$p^{-n,\bullet}$ は標準的射影) で，真ん中の列が射影的分解となるようなものが存在する．さらに完全列 $O \longrightarrow \operatorname{Ker} d^{-n} \xrightarrow{\ker d^{-n}} C^{-n} \xrightarrow{\operatorname{coim} d^{-n}} \operatorname{Im} d^{-n} \longrightarrow O$ があるので $Q^{-n,\bullet} := Z^{-n,\bullet} \oplus B^{-n+1,\bullet}$ とおくと命題 3.20 より図式

$$
\begin{array}{ccccccccc}
O & \longrightarrow & (Z^{-n,\bullet}, d_{2,Z}^{-n,\bullet}) & \xrightarrow{\iota^{-n,\bullet}} & (Q^{-n,\bullet}, d_{2,Q}^{-n,\bullet}) & \xrightarrow{\pi^{-n,\bullet}} & (B^{-n+1,\bullet}, d_{2,B}^{-n+1,\bullet}) & \longrightarrow & O \\
& & \downarrow & & \downarrow & & \downarrow & & \\
O & \longrightarrow & \operatorname{Ker} d^{-n} & \xrightarrow{\ker d^n} & C^{-n} & \xrightarrow{\operatorname{coim} d^{-n}} & \operatorname{Im} d^{-n} & \longrightarrow & O
\end{array}
$$

($\iota^{-n,\bullet}$ は標準的包含,$\pi^{-n,\bullet}$ は標準的射影)で,真ん中の列が射影的分解となるようなものが存在する.そこで $d_{1,Q}^{-n,-m} := \iota^{-n+1,-m} \circ \pi^{-n,-m}$ とおくと上の図式の可換性および行の完全性より二重複体 $(P^{\bullet,*}, d_1^{\bullet,*}, d_2^{\bullet,*}) := (Q^{\bullet,*}, d_{1,Q}^{\bullet,*}, (-1)^\bullet d_{2,Q}^{\bullet,*})$ ができ,また射 (3.21) が引き起こされる.(二重複体の射の符号については注 3.15 を参照.)構成よりこの射は題意の条件を満たす. □

注 3.23 命題 3.22 において,さらに次の条件 $(*)_N$ を満たす $N \in \mathbb{N}$ が存在する場合を考える:

$(*)_N$ 任意の $M \in \mathrm{Ob}\,\mathcal{A}$ に対して射影的分解 $P^\bullet \longrightarrow M$ で $P^n = O\,(\forall n < -N)$ を満たすものが存在する.

例えば R が単項イデアル整域,$\mathcal{A} = R\text{-}\mathbf{Mod}$ のときは $N = 1$ としてこの条件が満たされる(例 3.76)[1].このときは命題 3.22 の証明において任意の $n \in \mathbb{Z}$, $m < -N$ に対して $B^{-n,m} = O, H^{-n,m} = O$ となるようにできるので,左カルタン-アイレンバーグ分解 (3.21) で $P^{n,m} = O\,(n \in \mathbb{Z}, m < -N)$ を満たすものがとれることがわかる.

$\mathcal{A}^{\mathrm{op}}$ に対して以上の構成および命題を適用すれば,単射的分解の概念およびその基本的性質を得る.

▷**定義 3.24** $\mathcal{A}$ の対象 M の**単射的分解 (injective resolution)** とは $\mathcal{A}$ における完全列

$$O \longrightarrow M \xrightarrow{d} I^0 \xrightarrow{d^0} \cdots \xrightarrow{d^{n-1}} I^n \xrightarrow{d^n} I^{n+1} \xrightarrow{d^{n+1}} \cdots$$

で各 $I^n\,(n \in \mathbb{N})$ が単射的対象であるようなもの.これを $O \longrightarrow M \xrightarrow{d} (I^\bullet, d^\bullet)$ または $O \longrightarrow M \longrightarrow I^\bullet$ と略記することもある.また最初の $O \longrightarrow$ を略することもある.

---

[1] より一般に,R がクルル次元 N の正則環ならば $(*)_N$ が満たされる.

▶**命題 3.25** $\mathcal{A}$ が充分単射的対象をもつ（定義 2.127）とき，任意の $M \in \mathrm{Ob}\mathcal{A}$ の単射的分解が存在する．

▶**命題 3.26** $f : M \longrightarrow N$ を $\mathcal{A}$ における射とし，
$$O \longrightarrow N \xrightarrow{e} J^0 \xrightarrow{e^0} \cdots \xrightarrow{e^{n-1}} J^n \xrightarrow{e^n} J^{n+1} \xrightarrow{e^{n+1}} \cdots$$
を $\mathcal{A}$ における複体で各 J^{-n} が単射的対象であるようなものとする．（これは複体の射 $N \xrightarrow{e} (J^\bullet, e^\bullet)$ を引き起こす．）また，$\mathcal{A}$ における完全列
$$O \longrightarrow M \xrightarrow{d} I^0 \xrightarrow{d^0} \cdots \xrightarrow{d^{n-1}} I^n \xrightarrow{d^n} I^{n+1} \xrightarrow{d^{n+1}} \cdots$$
が与えられているとする．（これは複体の射 $M \xrightarrow{d} (I^\bullet, d^\bullet)$ を引き起こす．）このとき，ある複体の射 $f^\bullet : I^\bullet \longrightarrow J^\bullet$ で図式

$$\begin{array}{ccc} M & \xrightarrow{d} & I^\bullet \\ f \downarrow & & f^\bullet \downarrow \\ N & \xrightarrow{e} & J^\bullet \end{array}$$

が可換となる（つまり $e \circ f = f^0 \circ d$ となる）ようなものが存在する．また，$g^\bullet : I^\bullet \longrightarrow J^\bullet$ を同様の条件を満たすもう一つの射とすると $f^\bullet$ と $g^\bullet$ はホモトピックである．

▶**命題 3.27** $O \longrightarrow L \longrightarrow M \longrightarrow N \longrightarrow O$ を $\mathcal{A}$ における完全列とする．また，$L \xrightarrow{d_I} (I^\bullet, d_I^\bullet), N \xrightarrow{d_K} (K^\bullet, d_K^\bullet)$ を単射的分解とする．また，$J^n := I^n \oplus K^n$ とおく．このとき可換図式

$$\begin{array}{ccccccccc} O & \longrightarrow & L & \xrightarrow{f} & M & \xrightarrow{g} & N & \longrightarrow & O \\ & & d_I \downarrow & & d_J \downarrow & & d_K \downarrow & & \\ O & \longrightarrow & (I^\bullet, d_I^\bullet) & \xrightarrow{f^\bullet} & (J^\bullet, d_J^\bullet) & \xrightarrow{g^\bullet} & (K^\bullet, d_K^\bullet) & \longrightarrow & O \end{array}$$

で以下の条件を満たすものが存在する．
(1) $d_J : M \longrightarrow (J^\bullet, d_J^\bullet)$ は M の単射的分解である．
(2) 2 行目は複体の完全列で，各 $n \in \mathbb{N}$ に対して $O \longrightarrow I^n \xrightarrow{f^n} J^n \xrightarrow{g^n} K^n \longrightarrow O$ は標準的包含および標準的射影による完全列である．

▶**命題 3.28** $\mathcal{A}$ における 2 行が完全列であるような図式

$$O \longrightarrow L \xrightarrow{f} M \xrightarrow{g} N \longrightarrow O$$
$$\alpha \downarrow \quad \beta \downarrow \quad \gamma \downarrow \qquad (3.22)$$
$$O \longrightarrow L' \xrightarrow{f'} M' \xrightarrow{g'} N' \longrightarrow O$$

が与えられているとし,また $L \xrightarrow{d_I} (I^\bullet, d_I^\bullet)$, $N \xrightarrow{d_K} (K^\bullet, d_K^\bullet)$, $L' \xrightarrow{d_{I'}} (I'^\bullet, d_{I'}^\bullet)$, $N' \xrightarrow{d_{K'}} (K'^\bullet, d_{K'}^\bullet)$ を単射的分解とする.また,$J^n := I^n \oplus K^n$, $J'^n := I'^n \oplus K'^n$ とおく.このとき可換図式

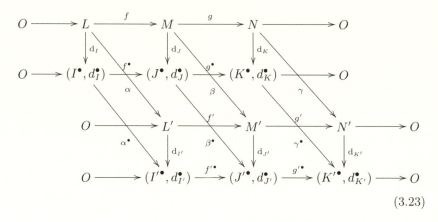
(3.23)

で上の2行(下の2行)が図式 (3.22) の上の行(下の行)から命題 3.27 の手法により構成した可換図式であるようなものが存在する.

▶**命題 3.29** $\mathcal{A}$ は充分単射的対象をもつと仮定し,$(C^\bullet, d^\bullet)$ を $\mathcal{A}$ における複体とする.このときある二重複体への射

$$(C^\bullet, d^\bullet) \longrightarrow (I^{\bullet, *}, d_1^{\bullet, *}, d_2^{\bullet, *}) \qquad (3.24)$$

で以下の条件を満たすものが存在する.

(1) 各 n に対して,$C^n \longrightarrow (I^{n, \bullet}, d_2^{n, \bullet})$ は単射的分解である.

(2) $Z^{n,m} := \operatorname{Ker} d_1^{n,m}$, $B^{n,m} := \operatorname{Im} d_1^{n-1,m}$ とする.また $H^{n,m} := Z^{n,m}/B^{n,m}$ とする.(つまり $H^{n,m}$ は複体 $(I^{\bullet,m}, d_1^{\bullet,m})$ の n 次コホモロジーである.)このとき $d_2^{n,m}$ たちが引き起こす射により複体 $(Z^{n,\bullet}, d_{2,Z}^{n,\bullet})$, $(B^{n,\bullet}, d_{2,B}^{n,\bullet})$, $(H^{n,\bullet}, d_{2,H}^{n,\bullet})$ ができ,図式 (3.24) は図式 $\operatorname{Ker} d^n \longrightarrow (Z^{n,\bullet}, d_{2,Z}^{n,\bullet})$, $\operatorname{Im} d^{n-1} \longrightarrow (B^{n,\bullet}, d_{2,B}^{n,\bullet})$, $H^n(C^\bullet) \longrightarrow (H^{n,\bullet}, d_{2,H}^{n,\bullet})$ を引き起こすが,これらが全て単射的

分解となる.
(3) $C^n = O$ となるような n に対しては $I^{n,\bullet} = O$ であり,また $H^n(C^\bullet) = O$ となるような n に対しては $H^{n,\bullet} = O$ となる.

図式 (3.24) を $(C^\bullet, d^\bullet)$ の**右カルタン-アイレンバーグ分解** (right Cartan-Eilenberg resolution) という.

注 3.30 命題 3.29 において,さらに次の条件 $(**)_N$ を満たす $N \in \mathbb{N}$ が存在する場合を考える:

$(**)_N$ 任意の $M \in \mathrm{Ob}\mathcal{A}$ に対して単射的分解 $M \longrightarrow I^\bullet$ で $I^n = O\,(\forall n > N)$ を満たすものが存在する.

例えば R が単項イデアル整域,$\mathcal{A} = R\text{-}\mathbf{Mod}$ のときは $N = 1$ としてこの条件が満たされる (例 3.89)[2]. このときは,注 3.23 と同様に,右カルタン-アイレンバーグ分解 (3.24) で $I^{n,m} = O\,(n \in \mathbb{Z}, m > N)$ を満たすものがとれることがわかる.

3.3 導来関手

まず左導来関手の定義を述べる.$\mathcal{A}$ を充分射影的対象をもつアーベル圏,$\mathcal{B}$ をアーベル圏とし,$F: \mathcal{A} \longrightarrow \mathcal{B}$ を加法的関手とする.このとき,$A \in \mathrm{Ob}\mathcal{A}$ に対して,$L_n F(A) \in \mathrm{Ob}\mathcal{A}$ を次のように定義する:A の射影的分解 $(P^\bullet, d^\bullet) \longrightarrow A$ をとり,$L_n F(A) := H^{-n}(F(P^\bullet))$ とする.

▶ **命題 3.31** (1) 上の $L_n F(A)$ の定義は射影的分解のとりかたによらない.また $\mathcal{A}$ における射 $f: A \longrightarrow A'$ に対して自然に $L_n F(f): L_n F(A) \longrightarrow L_n F(A')$ が定まり,これにより $L_n F$ は関手 $\mathcal{A} \longrightarrow \mathcal{B}$ を定める.
(2) $O \longrightarrow A_1 \xrightarrow{f} A_2 \xrightarrow{g} A_3 \longrightarrow O$ を $\mathcal{A}$ における短完全列とすると,自然に長完全列

$$\cdots \xrightarrow{\delta_{n+1}} L_n F(A_1) \xrightarrow{L_n F(f)} L_n F(A_2) \xrightarrow{L_n(g)} L_n F(A_3)$$
$$\xrightarrow{\delta_n} L_{n-1} F(A_1) \xrightarrow{L_{n-1} F(f)} L_{n-1} F(A_2) \xrightarrow{L_{n-1} F(g)} L_{n-1} F(A_3)$$
$$\xrightarrow{\delta_{n-1}} \cdots$$

---

[2] より一般に,R がクルル次元 N の正則環ならば $(**)_N$ が満たされる.

が引き起こされる.また,この対応により $(L_nF)_{n\in\mathbb{N}}$ は関手 $\mathrm{SES}(\mathcal{A}) \longrightarrow \mathrm{ES}(\mathcal{B})$ を定める.

(3) $A \in \mathrm{Ob}\,\mathcal{A}$ が射影的ならば $L_nF(A) = O\,(\forall n \geq 1)$.

(4) 自然変換 $\tau: L_0F \longrightarrow F$ があり,F が右完全ならばこれは自然同値である.

(5) F が完全ならば $L_nF(A) = O\,(\forall n \geq 1, \forall A \in \mathrm{Ob}\,\mathcal{A})$.

[証明] (1) $A \in \mathrm{Ob}\,\mathcal{A}$ の2つの射影的分解 $(P^\bullet, d^\bullet) \xrightarrow{\mathrm{d}} A, (P'^\bullet, d'^\bullet) \xrightarrow{\mathrm{d}'} A$ をとると命題 3.19 より複体の射 $\varphi: (P^\bullet, d^\bullet) \longrightarrow (P'^\bullet, d'^\bullet), \psi: (P'^\bullet, d'^\bullet) \longrightarrow (P^\bullet, d^\bullet)$ で $\mathrm{d}' \circ \varphi = \mathrm{d}, \mathrm{d} \circ \psi = \mathrm{d}'$ を満たすものがあり,そして $\psi \circ \varphi \simeq \mathrm{id}_{P^\bullet},\ \varphi \circ \psi \simeq \mathrm{id}_{P'^\bullet}$ となる.よって注 3.16 より $F(\psi) \circ F(\varphi) \simeq \mathrm{id}_{F(P^\bullet)},\ F(\varphi) \circ F(\psi) \simeq \mathrm{id}_{F(P'^\bullet)}$ となるので命題 3.13 より $H^{-n}(F(\psi)) \circ H^{-n}(F(\varphi)) = \mathrm{id}_{H^{-n}(F(P^\bullet))}, H^{-n}(F(\varphi)) \circ H^{-n}(F(\psi)) = \mathrm{id}_{H^{-n}(F(P'^\bullet))}$ となる.したがって $H^{-n}(F(P^\bullet))$ と $H^{-n}(F(P'^\bullet))$ とは同型である.また $\mathrm{d}' \circ \varphi' = \mathrm{d}$ を満たす別の複体の射 $\varphi': (P^\bullet, d^\bullet) \longrightarrow (P'^\bullet, d'^\bullet)$ があったとき命題 3.19 より φ と φ' はホモトピックなので $F(\varphi)$ と $F(\varphi')$ もそうであり,したがって $H^{-n}(F(\varphi)) = H^{-n}(F(\varphi'))$ である.よって $H^{-n}(F(P^\bullet))$ と $H^{-n}(F(P'^\bullet))$ との同型は φ のとりかたによらない標準的なものである.以上より $L_nF(A) := H^{-n}(F(P^\bullet))$ とおいたとき,これは標準的な同型により一意的に定まっていることが言えた.

次に $\mathcal{A}$ における射 $f: A \longrightarrow A'$ があったときを考える.A, A' の射影的分解 $(P^\bullet, d^\bullet) \xrightarrow{\mathrm{d}} A, (P'^\bullet, d'^\bullet) \xrightarrow{\mathrm{d}'} A'$ をとると命題 3.19 より複体の射 $\varphi: (P^\bullet, d^\bullet) \longrightarrow (P'^\bullet, d'^\bullet)$ で $\mathrm{d}' \circ \varphi = f \circ \mathrm{d}$ を満たすものがあり,このとき $H^{-n}(F(\varphi)): L_nF(A) = H^{-n}(F(P^\bullet)) \longrightarrow H^{-n}(F(P'^\bullet)) = L_nF(A')$ が定まる.前段落の議論と同様にしてこの射が φ のとりかたによらないことが言える.特に $L_nF(\mathrm{id}_A) = \mathrm{id}_{L_nF(A)}, L_nF(g \circ f) = L_nF(g) \circ L_nF(f)$ が成り立つことが言え,これにより L_nF が関手 $\mathcal{A} \longrightarrow \mathcal{B}$ を定めることがわかる.

(2) 命題 3.20 より可換図式

$$\begin{array}{ccccccccc}
O & \longrightarrow & (P^\bullet, d_P^\bullet) & \xrightarrow{f^\bullet} & (Q^\bullet, d_Q^\bullet) & \xrightarrow{g^\bullet} & (R^\bullet, d_R^\bullet) & \longrightarrow & O \\
& & \mathrm{d}_P \downarrow & & \mathrm{d}_Q \downarrow & & \mathrm{d}_R \downarrow & & \\
O & \longrightarrow & A_1 & \xrightarrow{f} & A_2 & \xrightarrow{g} & A_3 & \longrightarrow & O
\end{array} \quad (3.25)$$

で，各 $n \geq 0$ に対して

$$O \longrightarrow P^{-n} \xrightarrow{f^{-n}} Q^{-n} \xrightarrow{g^{-n}} R^{-n} \longrightarrow O$$

が分裂する完全列であり，各列が射影的分解となるようなものが存在する．すると注 2.120 より

$$O \longrightarrow (F(P^\bullet), F(d_P^\bullet)) \longrightarrow (F(Q^\bullet), F(d_Q^\bullet)) \longrightarrow (F(R^\bullet), F(d_R^\bullet)) \longrightarrow O$$

も完全列となる．したがってこの完全列に伴うコホモロジー長完全列を考えることにより題意の長完全列を得る．また，$\mathcal{A}$ における 2 行が完全列であるような図式

$$\begin{array}{ccccccccc} O & \longrightarrow & A_1 & \xrightarrow{f} & A_2 & \xrightarrow{g} & A_3 & \longrightarrow & O \\ & & \alpha_1 \downarrow & & \alpha_2 \downarrow & & \alpha_3 \downarrow & & \\ O & \longrightarrow & A_1' & \xrightarrow{f'} & A_2' & \xrightarrow{g'} & A_3' & \longrightarrow & O \end{array} \quad (3.26)$$

が与えられたとき，命題 3.21 より上の行の完全列から構成した図式 (3.25) および下の行の完全列から構成した類似の図式からなる (3.14) の形の可換図式が構成でき，すると系 3.11 より図式 (3.26) の上の行から定まるコホモロジー長完全列から下の行から定まるコホモロジー長完全列への射が構成できる．（射は $L_n F(\alpha_i)$ たちからなるものである．）これにより $(L_n F)_{n \in \mathbb{N}}$ が関手 $\mathrm{SES}(\mathcal{A}) \longrightarrow \mathrm{ES}(\mathcal{B})$ を定めることがわかる．

(3) $A \in \mathrm{Ob}\,\mathcal{A}$ が射影的ならば $A \xrightarrow{\mathrm{id}_A} A$ が A の射影的分解となるので $n \geq 1$ のとき $L_n F(A) = H^{-n}(A) = O$ となる．

(4) $A \in \mathrm{Ob}\,\mathcal{A}$ に対して A の射影的分解 $(P^\bullet, d^\bullet) \xrightarrow{\mathrm{d}} A$ をとると $F(\mathrm{d}) \circ F(d^{-1}) = F(0) = 0$ なので $F(\mathrm{d})$ は射 $\mathrm{Coker}\,F(d^{-1}) = L_0 F(A) \longrightarrow F(A)$ を引き起こし，これが自然変換 $\tau : L_0 F \longrightarrow F$ を定めることが確かめられる．また F が右完全ならば $F(P^{-1}) \xrightarrow{F(d^{-1})} F(P^0) \xrightarrow{F(\mathrm{d})} F(A) \longrightarrow O$ が完全となるので上の射 $L_0 F(A) \longrightarrow F(A)$ は同型であり，よって τ は自然同値となる．

(5) $A \in \mathrm{Ob}\,\mathcal{A}$ として A の射影的分解 $(P^\bullet, d^\bullet) \longrightarrow A$ をとると，F が完全ならば次数 0 以下の部分のみ考えた複体 $(F(P^\bullet), F(d^\bullet))$ が完全となるので $n \geq 1$ に対して $L_n F(A) = H^{-n}(F(P^\bullet)) = O$ となる． □

▷ **定義 3.32** 命題 3.31(1) の関手 $L_n F : \mathcal{A} \longrightarrow \mathcal{B}\,(n \in \mathbb{N})$ を F の**左導来関手 (left derived functor)** という.

F が右完全関手のとき,次の命題が左導来関手 $L_n F$ の特徴付けを与える.

▶ **命題 3.33** $\mathcal{A}$ を充分射影的対象をもつアーベル圏,$\mathcal{B}$ をアーベル圏とし,$F : \mathcal{A} \longrightarrow \mathcal{B}$ を右完全関手,$(L_n F)_{n \in \mathbb{N}}$ をその左導来関手とする.また,$(G_n)_{n \in \mathbb{N}}$ を $\mathcal{A}$ から $\mathcal{B}$ への加法的関手の族であり,さらに任意の $\mathcal{A}$ における短完全列 $O \longrightarrow A_1 \xrightarrow{f} A_2 \xrightarrow{g} A_3 \longrightarrow O$ に対して長完全列

$$\cdots \xrightarrow{\delta_{G,n+1}} G_n(A_1) \xrightarrow{G_n(f)} G_n(A_2) \xrightarrow{G_n(g)} G_n(A_3) \qquad (3.27)$$
$$\xrightarrow{\delta_{G,n}} G_{n-1}(A_1) \xrightarrow{G_{n-1}(f)} G_{n-1}(A_2) \xrightarrow{G_{n-1}(g)} G_{n-1}(A_3)$$
$$\xrightarrow{\delta_{G,n-1}} \cdots$$

が引き起こされ,この対応により $(G_n)_{n \in \mathbb{N}}$ が関手 $\mathrm{SES}(\mathcal{A}) \longrightarrow \mathrm{ES}(\mathcal{B})$ を定めているものとする.このとき,任意の自然変換 $\sigma : G_0 \longrightarrow F$ に対して自然変換の族 $(\sigma_n : G_n \longrightarrow L_n F)_{n \in \mathbb{N}}$ で,$\tau \circ \sigma_0 = \sigma$(ただし $\tau : L_0 F \longrightarrow F$ は命題 3.31 の自然同値)であり,さらに $(\sigma_n)_{n \in \mathbb{N}}$ が $(G_n)_{n \in \mathbb{N}}$ の定める関手 $\mathrm{SES}(\mathcal{A}) \longrightarrow \mathrm{ES}(\mathcal{B})$ から $(L_n F)_{n \in \mathbb{N}}$ の定める関手 $\mathrm{SES}(\mathcal{A}) \longrightarrow \mathrm{ES}(\mathcal{B})$ への自然変換を与えるようなものが一意的に存在する.

さらに,σ が自然同値で,また任意の $\mathcal{A}$ の射影的対象 A に対して $G_n(A) = O\,(\forall n \geq 1)$ ならば σ_n たちは自然同値である.

[**証明**] σ_n たちを帰納的に構成する.まず $\sigma_0 := \tau^{-1} \circ \sigma$ と定める.(σ が自然同値のときは σ_0 も自然同値となる.)また,σ_{n-1} まで構成されたとき,$A \in \mathrm{Ob}\,\mathcal{A}$ に対して完全列 $O \longrightarrow B \xrightarrow{i} P \longrightarrow A \longrightarrow O$ で P が射影的であるようなものをとると帰納法の仮定と関手 $(G_n)_n, (L_n F)_n$ の性質より 2 行が完全列であるような可換図式

$$\begin{array}{ccccccc}
& & G_n(A) & \xrightarrow{\delta_{G,n}} & G_{n-1}(B) & \xrightarrow{G_{n-1}(i)} & G_{n-1}(P) \\
& & & & \sigma_{n-1,B} \downarrow & & \sigma_{n-1,P} \downarrow \\
L_n F(P) = O & \longrightarrow & L_n F(A) & \xrightarrow{\delta_n} & L_{n-1} F(B) & \xrightarrow{L_{n-1} F(i)} & L_{n-1}(P)
\end{array}$$

を得る．すると，射 $\sigma_{n,A} : G_n(A) \longrightarrow L_n F(A)$ で $\delta_n \circ \sigma_{n,A} = \sigma_{n-1,B} \circ \delta_{G,n}$ を満たすものが一意的に存在する．σ_{n-1} が自然同値でかつ $G_n(P) = O$ ならば $\sigma_{n-1,B}, \sigma_{n-1,P}$ が同型かつ $\delta_{G,n}$ が単射となることから $\sigma_{n,A}$ も同型となることがわかる．

この $\sigma_{n,A}$ の定義が選んだ完全列によらないことを示す．$O \longrightarrow B' \xrightarrow{i'} P' \longrightarrow A \longrightarrow O$ を別の完全列で P' が射影的であるようなものとし，この完全列を用いて定義した射 $\sigma_{n,A}$ を $\sigma'_{n,A}$ と書く．このとき P が射影的であることから可換図式

$$\begin{array}{ccccccccc} O & \longrightarrow & B & \xrightarrow{i} & P & \longrightarrow & A & \longrightarrow & O \\ & & g \downarrow & & \downarrow & & \| & & \\ O & \longrightarrow & B' & \xrightarrow{i'} & P' & \longrightarrow & A & \longrightarrow & O \end{array} \quad (3.28)$$

が構成でき，これと帰納法の仮定および関手 $(G_n)_n, (L_n F)_n$ の性質より次の可換図式を得る．

$$\begin{array}{ccccccc} G_n(A) & \xrightarrow{\delta_{G,n}} & G_{n-1}(B) & \xrightarrow{\sigma_{n-1,B}} & L_{n-1}F(B) & \xleftarrow{\delta_n} & L_n F(A) \\ \| & & G_{n-1}(g) \downarrow & & L_{n-1}F(g) \downarrow & & \| \\ G_n(A) & \xrightarrow{\delta'_{G,n}} & G_{n-1}(B') & \xrightarrow{\sigma_{n-1,B'}} & L_{n-1}F(B') & \xleftarrow{\delta'_n} & L_n F(A) \end{array}$$

(ただし図式 (3.28) の下の行から定まる $\delta_{G,n}, \delta_n$ のことを $\delta'_{G,n}, \delta'_n$ と書いた．) すると $\delta'_n \circ \sigma_{n,A} = L_{n-1}F(g) \circ \delta_n \circ \sigma_{n,A} = L_{n-1}F(g) \circ \sigma_{n-1,B} \circ \delta_{G,n} = \sigma_{n-1,B'} \circ \delta'_{G,n} = \delta'_n \circ \sigma'_{n,A}$ となる．$L_n F(P') = O$ より δ'_n は単射なので，これより $\sigma_{n,A} = \sigma'_{n,A}$ となる．したがって $\sigma_{n,A}$ の定義は完全列のとりかたにはよらない．

また，$\mathcal{A}$ における射 $f : A \longrightarrow A'$ に対して可換図式

$$\begin{array}{ccccccccc} O & \longrightarrow & B & \xrightarrow{i} & P & \longrightarrow & A & \longrightarrow & O \\ & & g \downarrow & & \downarrow & & f \downarrow & & \\ O & \longrightarrow & B' & \xrightarrow{i'} & P' & \longrightarrow & A' & \longrightarrow & O \end{array}$$

で P, P' が射影的であるようなものが構成でき，前段落の議論と同様に可換図式

$$
\begin{CD}
G_n(A) @>{\delta_{G,n}}>> G_{n-1}(B) @>{\sigma_{n-1,B}}>> L_{n-1}F(B) @<{\delta_n}<< L_nF(A) \\
@V{G_n(f)}VV @V{G_{n-1}(g)}VV @V{L_{n-1}F(g)}VV @V{L_nF(f)}VV \\
G_n(A') @>{\delta'_{G,n}}>> G_{n-1}(B') @>{\sigma_{n-1,B'}}>> L_{n-1}F(B') @<{\delta'_n}<< L_nF(A')
\end{CD}
$$

を得るので, $\delta'_n \circ L_nF(f) \circ \sigma_{n,A} = L_{n-1}F(g) \circ \delta_n \circ \sigma_{n,A} = L_{n-1}F(g) \circ \sigma_{n-1,B} \circ \delta_{G,n} = \sigma_{n-1,B'} \circ \delta'_{G,n} \circ G_n(f) = \delta'_n \circ \sigma_{n,A'} \circ G_n(f)$ となる. δ'_n は単射なのでこれより $L_nF(f) \circ \sigma_{n,A} = \sigma_{n,A'} \circ G_n(f)$ となる. したがって $\sigma_{n,A}$ たちが自然変換 $\sigma_n : G_n \longrightarrow L_nF$ を定めることが言える. また, σ が自然同値で, さらに任意の $\mathcal{A}$ の射影的対象 A に対して $G_n(A) = O \, (\forall n \geq 1)$ が成り立つときは任意の $A \in \mathrm{Ob}\,\mathcal{A}$ に対して $\sigma_{n,A}$ たちが同型となるので σ_n たちが自然同値となることもわかる.

あとは $(\sigma_n)_{n\in\mathbb{N}}$ が $\delta_n, \delta_{G,n}$ と整合的であることを示せばよい. $O \longrightarrow A_1 \overset{f}{\longrightarrow} A_2 \overset{g}{\longrightarrow} A_3 \longrightarrow O$ を $\mathcal{A}$ における完全列とするとこれを含む可換図式

$$
\begin{CD}
O @>>> B @>>> P @>>> A_3 @>>> O \\
@. @VV{g}V @VVV @| @. \\
O @>>> A_1 @>>> A_2 @>>> A_3 @>>> O
\end{CD}
\tag{3.29}
$$

で P が射影的であるようなものが構成できる. このとき σ_n の構成より次の可換図式がある.

$$
\begin{CD}
G_n(A_3) @>{\delta_{G,n}}>> G_{n-1}(B) @>{G_{n-1}(g)}>> G_{n-1}(A_1) \\
@V{\sigma_{n,A_3}}VV @V{\sigma_{n-1,B}}VV @V{\sigma_{n-1,A_1}}VV \\
L_nF(A_3) @>{\delta_n}>> L_{n-1}F(B) @>{L_{n-1}F(g)}>> L_{n-1}F(A_1).
\end{CD}
\tag{3.30}
$$

ただしこの図式における $\delta_{G,n}, \delta_n$ は図式 (3.29) の上の行に伴うコホモロジー長完全列の連結射である. 関手 $(G_n)_n$ および $(L_nF)_n$ の性質より図式 (3.29) の下の行に伴う関手 $(G_n)_n$ についての（関手 $(L_nF)_n$ についての）コホモロジー長完全列の連結射は図式 (3.30) の上の行の射（下の行の射）の合成である. したがって図式 (3.30) の可換性より求める整合性が示される. 以上で題意が証明された. □

注 3.34 命題 3.33 において $(G_n)_n$ がある加法的関手 $G : \mathcal{A} \longrightarrow \mathcal{B}$ の左導来関手 $(L_n G)_n$ であり,また $\sigma : G_0 = L_0 G \longrightarrow F$ が合成 $L_0 G \xrightarrow{\tau'} G \xrightarrow{\sigma'} F$ (ただし τ' は G に対する命題 3.31 の τ) であるとすると,$\sigma_n : G_n = L_n G \longrightarrow L_n F$ は次のように書ける:$A \in \mathrm{Ob}\,\mathcal{A}$ に対してその射影的分解 $P^\bullet \longrightarrow A$ をとると $\mathcal{B}$ における複体の射 $\sigma'_{P^\bullet} : G(P^\bullet) \longrightarrow F(P^\bullet)$ ができるが,このとき

$$\sigma_{n,A} := H^{-n}(\sigma'_{P^\bullet}) : L_n G(A) = H^{-n}(G(P^\bullet)) \longrightarrow H^{-n}(F(P^\bullet)) = L_n F(A)$$

となる.このことは,実際にこの定義により $(\sigma_n)_n$ が well-defined で,かつ命題 3.33 に書かれた性質を満たすことを確かめることにより,命題 3.33 における一意性から示すことができる.

▷ **定義 3.35** $\mathcal{A}$ を充分射影的対象をもつアーベル圏,$\mathcal{B}$ をアーベル圏とし,$F : \mathcal{A} \longrightarrow \mathcal{B}$ を右完全関手とする.$\mathcal{A}$ の対象 A で $L_n F(A) = O$ $(n \geq 1)$ を満たすものを F **非輪状対象** (acyclic object) という.また,$\mathcal{A}$ の対象 A の F **非輪状分解** (acyclic resolution) とは $\mathcal{A}$ における完全列

$$\cdots \xrightarrow{d^{-n-1}} B^{-n} \xrightarrow{d^{-n}} B^{-n+1} \xrightarrow{d^{-n+1}} \cdots \xrightarrow{d^{-1}} B^0 \xrightarrow{d} A \longrightarrow O$$

で各 B^{-n} $(n \in \mathbb{N})$ が F 非輪状対象であるようなもののこと.射影的分解のときと同様に,これを $(B^\bullet, d^\bullet) \xrightarrow{d} A \longrightarrow O$ または $B^\bullet \longrightarrow A \longrightarrow O$ と略記することもある.また最後の $\longrightarrow O$ を略することもある.

以下の命題により,F 非輪状分解がある場合は,それを用いて左導来関手 $L_n F$ を計算できることがわかる.

▶ **命題 3.36** $\mathcal{A}, \mathcal{B}, F : \mathcal{A} \longrightarrow \mathcal{B}$ を上の通りとし,$(B^\bullet, d^\bullet) \xrightarrow{d} A \longrightarrow O$ を $A \in \mathrm{Ob}\,\mathcal{A}$ の F 非輪状分解とする.このとき $L_n F(A) \cong H^{-n}(F(B^\bullet))$ である.

[**証明**] n に関する帰納法で示す.まず $n = 0$ のときは $L_0 F(A) = F(A) = F(\mathrm{Coker}\, d^{-1}) = \mathrm{Coker}\, F(d^{-1}) = H^0(F(B^\bullet))$.次に $A' := \mathrm{Ker}\, d = \mathrm{Im}\, d^{-1} = \mathrm{Coim}\, d^{-1} = \mathrm{Coker}\, d^{-2}$ とおくと完全列

$$O \longrightarrow A' \longrightarrow B^0 \xrightarrow{d} A \longrightarrow O \tag{3.31}$$

があり、また $\cdots \xrightarrow{d^{-3}} B^{-2} \xrightarrow{d^{-2}} B^{-1} \xrightarrow{\operatorname{coker} d^{-2}} A' \longrightarrow O$ は A' の F 非輪状分解となる。これを $B'^{\bullet} \longrightarrow A'$ と書くことにする。(つまり $B'^{-n} = B^{-n-1}$.) すると (3.31) に伴う $L_n F$ の長完全列より $n = 1$ のときは $L_1 F(A) = \operatorname{Ker}(F(A') \longrightarrow F(B^0)) = \operatorname{Ker}(F(\operatorname{Coker}(B^{-2} \longrightarrow B^{-1})) \longrightarrow F(B^0)) = \operatorname{Ker}(\operatorname{Coker}(F(B^{-2}) \longrightarrow F(B^{-1})) \longrightarrow F(B^0)) = H^{-1}(F(B^{\bullet}))^{3)}$, $n \geq 2$ のときは帰納法より $L_n F(A) = L_{n-1} F(A') = H^{-n+1}(F(B'^{\bullet})) = H^{-n}(F(B^{\bullet}))$ となる。以上で題意が証明された。 □

▶ **命題 3.37** A, B, $F : A \longrightarrow B$ を上の通りとする。また任意の $A \in \operatorname{Ob} A$ に対してその F 非輪状分解 $(B_A^{\bullet}, d_A^{\bullet}) \xrightarrow{d_A} A$ が与えられ、また任意の A における射 $f : A \longrightarrow A'$ に対して $f^{\bullet} : (B_A^{\bullet}, d_A^{\bullet}) \longrightarrow (B_{A'}^{\bullet}, d_{A'}^{\bullet})$ で $d_{A'} \circ f^0 = f \circ d_A$ を満たすものが与えられていて、対応 $A \mapsto B_A^{\bullet}, f \mapsto f^{\bullet}$ が完全関手 $A \longrightarrow C(A)$ を定めていると仮定する。このとき関手の族 $(G_n : A \longrightarrow B)_{n \in \mathbb{N}}$ を $G_n(A) := H^{-n}(F(B_A^{\bullet}))$, $G_n(f) := H^{-n}(F(f^{\bullet}))$ と定めると、自然同値の族 $(\sigma_n : G_n \longrightarrow L_n F)_{n \in \mathbb{N}}$ が存在する。

[証明] まず $G_0(A) = H^0(F(B_A^{\bullet})) = \operatorname{Coker}(F(B_A^1) \longrightarrow F(B_A^0)) = F(A)$ で、また $F(f) \circ F(d_A) = F(d_{A'}) \circ F(f^0) = G_0(f) \circ F(d_A)$ となることと $F(d_A)$ の全射性より $G_0(f) = F(f)$ となる。よって自然同値 $\sigma : G_0 \longrightarrow F$ がある。また命題 3.36 より各 A に対して同型 $G_n(A) \cong L_n F(A)$ があるので任意の A の射影的対象 A に対して $G_n(A) = O (\forall n \geq 1)$ である。そして任意の A における短完全列 $O \longrightarrow A_1 \xrightarrow{f} A_2 \xrightarrow{g} A_3 \longrightarrow O$ に対して複体の完全列

$$O \longrightarrow (B_{A_1}^{\bullet}, d_{A_1}^{\bullet}) \longrightarrow (B_{A_2}^{\bullet}, d_{A_2}^{\bullet}) \longrightarrow (B_{A_3}^{\bullet}, d_{A_3}^{\bullet}) \longrightarrow O$$

がある。$\bullet = -n$ として得られる完全列 $O \longrightarrow B_{A_1}^{-n} \longrightarrow B_{A_2}^{-n} \longrightarrow B_{A_3}^{-n} \longrightarrow O$ に $(L_m F)_m$ を施すことにより完全列

$$O = L_1 F(B_{A_3}^{-n}) \longrightarrow F(B_{A_1}^{-n}) \longrightarrow F(B_{A_2}^{-n}) \longrightarrow F(B_{A_3}^{-n}) \longrightarrow O$$

を得るので、完全列

---
3) 最後の等式は例えばミッチェルの埋め込み定理により R-**Mod** に移ると比較的容易に確かめられる。

$$O \longrightarrow (F(B^\bullet_{A_1}), F(d^\bullet_{A_1})) \longrightarrow (F(B^\bullet_{A_2}), F(d^\bullet_{A_2})) \longrightarrow (F(B^\bullet_{A_3}), F(d^\bullet_{A_3})) \longrightarrow O$$

ができる．これに伴うコホモロジー長完全列を考えることにより長完全列

$$\cdots \xrightarrow{\delta_{G,n+1}} G_n(A_1) \xrightarrow{G_n(f)} G_n(A_2) \xrightarrow{G_n(g)} G_n(A_3) \qquad (3.32)$$
$$\xrightarrow{\delta_{G,n}} G_{n-1}(A_1) \xrightarrow{G_{n-1}(f)} G_{n-1}(A_2) \xrightarrow{G_{n-1}(g)} G_{n-1}(A_3)$$
$$\xrightarrow{\delta_{G,n-1}} \cdots$$

を得る．また，2 行が完全列である図式

$$\begin{array}{ccccccccc} O & \longrightarrow & A_1 & \longrightarrow & A_2 & \longrightarrow & A_3 & \longrightarrow & O \\ & & \downarrow & & \downarrow & & \downarrow & & \\ O & \longrightarrow & A'_1 & \longrightarrow & A'_2 & \longrightarrow & A'_3 & \longrightarrow & O \end{array}$$

より 2 行が完全列である複体の可換図式

$$\begin{array}{ccccccccc} O & \longrightarrow & (B^\bullet_{A_1}, d^\bullet_{A_1}) & \longrightarrow & (B^\bullet_{A_2}, d^\bullet_{A_2}) & \longrightarrow & (B^\bullet_{A_3}, d^\bullet_{A_3}) & \longrightarrow & O \\ & & \downarrow & & \downarrow & & \downarrow & & \\ O & \longrightarrow & (B^\bullet_{A'_1}, d^\bullet_{A'_1}) & \longrightarrow & (B^\bullet_{A'_2}, d^\bullet_{A'_2}) & \longrightarrow & (B^\bullet_{A'_3}, d^\bullet_{A'_3}) & \longrightarrow & O \end{array}$$

が得られ，これに F を施すと 2 行が完全列である複体の可換図式

$$\begin{array}{ccccccccc} O & \longrightarrow & (F(B^\bullet_{A_1}), F(d^\bullet_{A_1})) & \longrightarrow & (F(B^\bullet_{A_2}), F(d^\bullet_{A_2})) & \longrightarrow & (F(B^\bullet_{A_3}), F(d^\bullet_{A_3})) & \longrightarrow & O \\ & & \downarrow & & \downarrow & & \downarrow & & \\ O & \longrightarrow & (F(B^\bullet_{A'_1}), F(d^\bullet_{A'_1})) & \longrightarrow & (F(B^\bullet_{A'_2}), F(d^\bullet_{A'_2})) & \longrightarrow & (F(B^\bullet_{A'_3}), F(d^\bullet_{A'_3})) & \longrightarrow & O \end{array}$$

を得る．これに伴うコホモロジー長完全列を考えることにより長完全列 (3.32) から (3.32) において A_i ($i = 1, 2, 3$) を A'_i に変えて得られる長完全列への射が得られ，これにより $(G_n)_n$ が関手 $\mathrm{SES}(\mathcal{A}) \longrightarrow \mathrm{ES}(\mathcal{B})$ を定めることが言える．以上より $(G_n)_n$ は命題 3.33 の条件を満たすので自然同値の族 $(\sigma_n : G_n \longrightarrow L_n F)_{n \in \mathbb{N}}$ が存在する． □

次の命題は適当な条件を満たす対象が F 非輪状対象であることを示す際に有用である．

▶**命題 3.38** $\mathcal{A}, \mathcal{B}, F : \mathcal{A} \longrightarrow \mathcal{B}$ を上の通りとする.また,$\mathcal{T} \subseteq \mathrm{Ob}\,\mathcal{A}$ を次の 4 条件を満たす $\mathrm{Ob}\,\mathcal{A}$ の部分集合とする.
(1) $A \in \mathcal{T}, A \cong B$ のとき $B \in \mathcal{T}$ である.
(2) 任意の $A \in \mathrm{Ob}\,\mathcal{A}$ に対して,$\mathcal{T}$ に属する対象からの全射 $B \longrightarrow A$ が存在する.
(3) $A \oplus A' \in \mathcal{T}$ のとき $A \in \mathcal{T}$ である.
(4) $O \longrightarrow A \xrightarrow{f} A' \xrightarrow{g} A'' \longrightarrow O$ が $\mathcal{A}$ における完全列で $A', A'' \in \mathcal{T}$ ならば $A \in \mathcal{T}$ で,かつ $O \longrightarrow F(A) \xrightarrow{F(f)} F(A') \xrightarrow{F(g)} F(A'') \longrightarrow O$ は完全列である.

このとき任意の射影的対象は $\mathcal{T}$ に属し,また $\mathcal{T}$ に属する任意の対象は F 非輪状対象である.

注 3.39 命題 3.38 の条件 (2) より,任意の $\mathcal{A}$ の対象が $\mathcal{T}$ の対象による分解をもつことが言える.したがって,命題 3.38 の状況ではそれを用いて左導来関手 $L_n F$ を計算できる.

[証明] まず P を $\mathcal{A}$ の射影的対象とし,$f : A \longrightarrow P$ を $\mathcal{T}$ に属する対象 A からの全射とすると,命題 2.125 より $O \longrightarrow \mathrm{Ker}\,f \xrightarrow{\mathrm{ker}\,f} A \xrightarrow{f} P \longrightarrow O$ は分裂する完全列となる.よって $A \cong \mathrm{Ker}\,f \oplus P$ となるので $P \in \mathcal{T}$ となる.よって前半の主張が言えた.

後半の主張を示す.$A \in \mathcal{T}$ とし,$(P^\bullet, d^\bullet) \xrightarrow{\mathrm{d}} A$ を射影的分解とする.このとき

$$O \longrightarrow \mathrm{Ker}\,d \xrightarrow{\mathrm{ker}\,d} P^0 \xrightarrow{\mathrm{d}} A \longrightarrow O,$$

$$O \longrightarrow \mathrm{Ker}\,d^{-1} \xrightarrow{\mathrm{ker}\,d^{-1}} P^{-1} \xrightarrow{\mathrm{coim}\,d^{-1}} \mathrm{Ker}\,d \longrightarrow O$$

$$O \longrightarrow \mathrm{Ker}\,d^{-n} \xrightarrow{\mathrm{ker}\,d^{-n}} P^{-n} \xrightarrow{\mathrm{coim}\,d^{-n}} \mathrm{Ker}\,d^{-n+1} \longrightarrow O \ (n \geq 2)$$

は完全列となる.すると前半の主張と条件 (4) を繰り返し用いることにより $\mathrm{Ker}\,d$ および $\mathrm{Ker}\,d^{-n} \ (n \geq 1)$ は $\mathcal{T}$ に属し,また

$$O \longrightarrow F(\operatorname{Ker} d) \xrightarrow{F(\ker d)} F(P^0) \xrightarrow{F(d)} F(A) \longrightarrow O,$$
$$O \longrightarrow F(\operatorname{Ker} d^{-1}) \xrightarrow{F(\ker d^{-1})} F(P^{-1}) \xrightarrow{F(\operatorname{coim} d^{-1})} F(\operatorname{Ker} d) \longrightarrow O$$
$$O \longrightarrow F(\operatorname{Ker} d^{-n}) \xrightarrow{F(\ker d^{-n})} F(P^{-n}) \xrightarrow{F(\operatorname{coim} d^{-n})} F(\operatorname{Ker} d^{-n+1}) \longrightarrow O \ (n \geq 2)$$

が全て完全となることが言える. したがって

$$\cdots \longrightarrow F(P^{-n}) \xrightarrow{F(d^{-n})} F(P^{-n+1}) \xrightarrow{F(d^{-n+1})} \cdots \xrightarrow{F(d^{-1})} F(P^0) \xrightarrow{F(d)} F(A) \longrightarrow O$$

が完全となるので $L_n F(A) = O \, (\forall n \geq 1)$ となる. よって A は F 非輪状対象となる. □

$\mathcal{A}^{\mathrm{op}}$ に対して以上の構成および命題を適用すれば, 右導来関手の概念およびその基本的性質を得る. ここでは結果のみを述べる.

$\mathcal{A}$ を充分単射的対象をもつアーベル圏, $\mathcal{B}$ をアーベル圏とし, $F: \mathcal{A} \longrightarrow \mathcal{B}$ を加法的関手とする. このとき, $A \in \mathrm{Ob}\,\mathcal{A}$ に対して, $R^n F(A) \in \mathrm{Ob}\,\mathcal{A}$ を次のように定義する:A の単射的分解 $A \longrightarrow (I^\bullet, d^\bullet)$ をとり, $R^n F(A) := H^n(F(I^\bullet))$ とする.

▶**命題 3.40** (1) 上の $R^n F(A)$ の定義は単射的分解のとりかたによらない. また $\mathcal{A}$ における射 $f: A \longrightarrow A'$ に対して自然に $R^n F(f): R^n F(A) \longrightarrow R^n F(A')$ が定まり, これにより $R^n F$ は関手 $\mathcal{A} \longrightarrow \mathcal{B}$ を定める.
(2) $O \longrightarrow A_1 \xrightarrow{f} A_2 \xrightarrow{g} A_3 \longrightarrow O$ を $\mathcal{A}$ における短完全列とすると, 自然に長完全列

$$\cdots \xrightarrow{\delta^{n-1}} R^n F(A_1) \xrightarrow{R^n F(f)} R^n F(A_2) \xrightarrow{R^n(g)} R^n F(A_3)$$
$$\xrightarrow{\delta^n} R^{n+1} F(A_1) \xrightarrow{R^{n+1} F(f)} R^{n+1} F(A_2) \xrightarrow{R^{n+1} F(g)} R^{n+1} F(A_3)$$
$$\xrightarrow{\delta^{n+1}} \cdots$$

が引き起こされる. また, この対応により $(R^n F)_{n \in \mathbb{N}}$ は関手 $\mathrm{SES}(\mathcal{A}) \longrightarrow \mathrm{ES}(\mathcal{B})$ を定める.
(3) $A \in \mathrm{Ob}\,\mathcal{A}$ が単射的ならば $R^n F(A) = O \, (\forall n \geq 1)$.
(4) 自然変換 $\tau: F \longrightarrow R^0 F$ があり, F が左完全ならばこれは自然同値.

(5) F が完全ならば $R^n F(A) = O \, (\forall n \geq 1, \forall A \in \mathrm{Ob}\,\mathcal{A})$.

▷**定義 3.41** 命題 3.40(1) の関手 $R^n F : \mathcal{A} \longrightarrow \mathcal{B} \, (n \in \mathbb{N})$ を F の**右導来関手 (right derived functor)** という．

▶**命題 3.42** $\mathcal{A}$ を充分単射的対象をもつアーベル圏，$\mathcal{B}$ をアーベル圏とし，$F : \mathcal{A} \longrightarrow \mathcal{B}$ を左完全関手，$(R^n F)_{n \in \mathbb{N}}$ をその右導来関手とする．また，$(G^n)_{n \in \mathbb{N}}$ を $\mathcal{A}$ から $\mathcal{B}$ への加法的関手の族であり，さらに任意の $\mathcal{A}$ における短完全列 $O \longrightarrow A_1 \xrightarrow{f} A_2 \xrightarrow{g} A_3 \longrightarrow O$ を $\mathcal{A}$ に対して長完全列

$$\cdots \xrightarrow{\delta_G^{n-1}} G^n(A_1) \xrightarrow{G^n(f)} G^n(A_2) \xrightarrow{G^n(g)} G^n(A_3)$$
$$\xrightarrow{\delta_G^n} G^{n+1}(A_1) \xrightarrow{G^{n+1}(f)} G^{n+1}(A_2) \xrightarrow{G^{n+1}(g)} G^{n+1}(A_3)$$
$$\xrightarrow{\delta_G^{n+1}} \cdots$$

が引き起こされ，この対応により $(G^n)_{n \in \mathbb{N}}$ が関手 $\mathrm{SES}(\mathcal{A}) \longrightarrow \mathrm{ES}(\mathcal{B})$ を定めているものとする．このとき，任意の自然変換 $\sigma : F \longrightarrow G^0$ に対して自然変換の族 $(\sigma^n : R^n F \longrightarrow G^n)_{n \in \mathbb{N}}$ で，$\sigma^0 \circ \tau = \sigma$（ただし $\tau : F \longrightarrow R^0 F$ は命題 3.40 の自然同値）であり，さらに $(\sigma^n)_{n \in \mathbb{N}}$ が $(R^n F)_{n \in \mathbb{N}}$ の定める関手 $\mathrm{SES}(\mathcal{A}) \longrightarrow \mathrm{ES}(\mathcal{B})$ から $(G^n)_{n \in \mathbb{N}}$ の定める関手 $\mathrm{SES}(\mathcal{A}) \longrightarrow \mathrm{ES}(\mathcal{B})$ への自然変換を与えるようなものが一意的に存在する．

さらに，σ が自然同値で，また任意の $\mathcal{A}$ の単射的対象 A に対して $G^n(A) = O \, (\forall n \geq 1)$ ならば σ^n たちは自然同値である．

▷**定義 3.43** $\mathcal{A}$ を充分単射的対象をもつアーベル圏，$\mathcal{B}$ をアーベル圏とし，$F : \mathcal{A} \longrightarrow \mathcal{B}$ を左完全関手とする．$\mathcal{A}$ の対象 A で $R^n F(A) = O \, (n \geq 1)$ を満たすものを F **非輪状対象**という．また，$\mathcal{A}$ の対象 A の F **非輪状分解**とは $\mathcal{A}$ における完全列

$$O \longrightarrow A \xrightarrow{d} B^0 \xrightarrow{d^0} \cdots \xrightarrow{d^{n-1}} B^n \xrightarrow{d^n} B^{n+1} \xrightarrow{d^{n+1}} \cdots$$

で各 $B^n \, (n \in \mathbb{N})$ が F 非輪状対象であるようなもののこと．単射的分解のときと同様に，これを $O \longrightarrow A \xrightarrow{d} (B^\bullet, d^\bullet)$ または $O \longrightarrow A \longrightarrow B^\bullet$ と略記することもある．また最初の $O \longrightarrow$ を略することもある．

▶**命題 3.44** $\mathcal{A}, \mathcal{B}, F: \mathcal{A} \longrightarrow \mathcal{B}$ を上の通りとし，$O \longrightarrow A \longrightarrow (B^\bullet, d^\bullet)$ を $A \in \mathrm{Ob}\,\mathcal{A}$ の F 非輪状分解とする．このとき $R^n F(A) \cong H^n(F(B^\bullet))$ である．

▶**命題 3.45** $\mathcal{A}, \mathcal{B}, F: \mathcal{A} \longrightarrow \mathcal{B}$ を上の通りとする．また任意の $A \in \mathrm{Ob}\,\mathcal{A}$ に対してその F 非輪状分解 $A \xrightarrow{d_A} (B_A^\bullet, d_A^\bullet)$ が与えられ，また任意の $\mathcal{A}$ における射 $f: A \longrightarrow A'$ に対して $f^\bullet: (B_A^\bullet, d_A^\bullet) \longrightarrow (B_{A'}^\bullet, d_{A'}^\bullet)$ で $f^0 \circ d_A = d_{A'} \circ f$ を満たすものが与えられていて，対応 $A \mapsto B_A^\bullet, f \mapsto f^\bullet$ が完全関手 $\mathcal{A} \longrightarrow \mathrm{C}(\mathcal{A})$ を定めていると仮定する．このとき関手の族 $(G^n: \mathcal{A} \longrightarrow \mathcal{B})_{n \in \mathbb{N}}$ を $G^n(A) := H^n(F(B_A^\bullet))$, $G^n(f) := H^n(F(f^\bullet))$ と定めると，自然同値の族 $(\sigma^n: R^n F \longrightarrow G)_{n \in \mathbb{N}}$ が存在する．

▶**命題 3.46** $\mathcal{A}, \mathcal{B}, F: \mathcal{A} \longrightarrow \mathcal{B}$ を上の通りとする．また，$\mathcal{T} \subseteq \mathrm{Ob}\,\mathcal{A}$ を次の 4 条件を満たす $\mathrm{Ob}\,\mathcal{A}$ の部分集合とする．
(1) $A \in \mathcal{T}, A \cong B$ のとき $B \in \mathcal{T}$ である．
(2) 任意の $A \in \mathrm{Ob}\,\mathcal{A}$ に対して，$\mathcal{T}$ に属する対象への単射 $A \longrightarrow B$ が存在する．
(3) $A \oplus A' \in \mathcal{T}$ のとき $A \in \mathcal{T}$ である．
(4) $O \longrightarrow A \xrightarrow{f} A' \xrightarrow{g} A'' \longrightarrow O$ が $\mathcal{A}$ における完全列で $A, A' \in \mathcal{T}$ ならば $A'' \in \mathcal{T}$ で，かつ $O \longrightarrow F(A) \xrightarrow{F(f)} F(A') \xrightarrow{F(g)} F(A'') \longrightarrow O$ は完全列である．

このとき任意の単射的対象は $\mathcal{T}$ に属し，また $\mathcal{T}$ に属する任意の対象は F 非輪状対象である．

注 3.47 命題 3.46 の条件 (2) より，任意の $\mathcal{A}$ の対象が $\mathcal{T}$ の対象による分解をもつことが言える．したがって，命題 3.46 の状況ではそれを用いて右導来関手 $R^n F$ を計算できる．

3.4 スペクトル系列

まずアーベル圏におけるフィルター付けを次のように定義する．

▷ **定義 3.48** アーベル圏 $\mathcal{A}$ の対象 E の**フィルター付け (filtration)** とは $\mathcal{A}$ の対象の族 $(F^p E)_{p \in \mathbb{Z}}$ および単射の族 $(i^p : F^{p+1} E \longrightarrow F^p E)_{p \in \mathbb{Z}}, (\iota^p : F^p E \longrightarrow E)_{p \in \mathbb{Z}}$ からなる組

$$((F^p E)_{p \in \mathbb{Z}}, (i^p : F^{p+1} E \longrightarrow F^p E)_{p \in \mathbb{Z}}, (\iota^p : F^p E \longrightarrow E)_{p \in \mathbb{Z}}) \quad (3.33)$$

で $\iota^p \circ i^p = \iota^{p+1}$ を満たすもののこと. $\mathcal{A}$ の対象とそのフィルター付けとの組

$$(E, (F^p E)_{p \in \mathbb{Z}}, (i^p : F^{p+1} E \longrightarrow F^p E)_{p \in \mathbb{Z}}, (\iota^p : F^p E \longrightarrow E)_{p \in \mathbb{Z}})$$

を $\mathcal{A}$ の**フィルター付けされた対象 (filtered object)** と呼ぶ.

E のフィルター付け (3.33) が**有限 (finite)** であるとはある $p_0, p_1 \in \mathbb{Z}$ で ι^{p_0} が同型, ι^{p_1} が零写像であるようなものが存在すること. このとき $p \leq p_0$ ならば $F^p E = E$, $p \geq p_1$ ならば $F^p E = O$ となる.

E のフィルター付け (3.33) があるとき, i^p, ι^p により $F^{p+1} E$ は $F^p E$ の部分対象, $F^p E$ は E の部分対象となる. 以下では, フィルター付けやフィルター付けされた対象を表わすときは i^p, ι^p を明記せず $(F^p E)_{p \in \mathbb{Z}}$, $(E, (F^p E)_{p \in \mathbb{Z}})$ と略記する. $\mathcal{A} = R\text{-}\mathbf{Mod}$ のとき, 左 R 加群 E のフィルター付けとは E の部分加群の列

$$\cdots \subseteq F^{p+1} E \subseteq F^p E \subseteq F^{p-1} E \subseteq \cdots$$

(と同型なもの) に他ならない.

アーベル圏 $\mathcal{A}$ における複体のなす圏 $\mathbf{C}(\mathcal{A})$ もアーベル圏なので $\mathbf{C}(\mathcal{A})$ の対象のフィルター付け, フィルター付けされた対象の概念も定義される. 以下ではこれを $\mathcal{A}$ における複体のフィルター付け, $\mathcal{A}$ におけるフィルター付けされた複体と呼ぶ. $\mathcal{A} = R\text{-}\mathbf{Mod}$ のとき, 左 R 加群の複体 $(E^\bullet, d^\bullet)$ のフィルター付け $(F^p E^\bullet)_{p \in \mathbb{Z}}$ とは各 E^n に対するフィルター付け

$$\cdots \subseteq F^{p+1} E^n \subseteq F^p E^n \subseteq F^{p-1} E^n \subseteq \cdots$$

で $d^n(F^p E^n) \subseteq F^p E^{n+1}$ $(n, p \in \mathbb{Z})$ が成り立つようなもの (と同型なもの) に他ならない.

スペクトル系列の定義を述べる.

▷**定義 3.49** アーベル圏 $\mathcal{A}$ における**スペクトル系列** (spectral sequence) とは次の (1)〜(5) の組のこと.

(1) $\mathcal{A}$ の対象の族 $(E_r^{p,q})_{p,q,r\in\mathbb{Z},r\geq 1}$.
(2) $\mathcal{A}$ の有限にフィルター付けされた対象の族 $(E^n, (F^p E^n)_{p\in\mathbb{Z}})_{n\in\mathbb{Z}}$.
(3) 射の族 $d_r^{p,q}: E_r^{p,q} \longrightarrow E_r^{p+r,q-r+1}$ $(p,q,r \in \mathbb{Z}, r \geq 1)$ で次を満たすもの.
(i) $d_r^{p,q} \circ d_r^{p-r,q+r-1} = 0$.
(ii) 任意の $(p,q) \in \mathbb{Z}^2$ に対してある $r_0 \in \mathbb{Z}, \geq 1$ で $r \geq r_0$ なる任意の r に対して $d_r^{p,q} = 0, d_r^{p-r,q+r-1} = 0$ となるようなものが存在する.

条件 (i) より $\mathrm{im}\, d_r^{p-r,q+r-1}$ は自然に単射 $\mathrm{Im}\, d_r^{p-r,q+r-1} \longrightarrow \mathrm{Ker}\, d_r^{p,q}$ を引き起こす. 任意の $(p,q) \in \mathbb{Z}^2$ に対して条件 (ii) における r_0 をとれば任意の $r \geq r_0$ に対してこの単射は零写像 $O \longrightarrow E_r^{p,q}$ となることに注意.

(4) 同型 $\mathrm{Ker}\, d_r^{p,q}/\mathrm{Im}\, d_r^{p-r,q+r-1} \xrightarrow{\cong} E_{r+1}^{p,q}$. このとき (3) に書いた注意より, 任意の $(p,q) \in \mathbb{Z}$ に対して条件 (3)(ii) における r_0 をとれば $r \geq r_0$ のとき上の同型は同型 $E_r^{p,q} \cong E_{r+1}^{p,q}$ に他ならない. 以下この同型により $E_r^{p,q}$ $(r \geq r_0)$ を同一視し, それを $E_\infty^{p,q}$ と書く.
(5) 同型 $E_\infty^{p,q} \xrightarrow{\cong} F^p E^{p+q}/F^{p+1} E^{p+q}$.

以上の組により与えられるスペクトル系列を, ある $r \geq 1$ を固定して

$$E_r^{p,q} \implies E^{p+q}$$

と略記することがある. また $E_r^{p,q}$ $(p,q,r \in \mathbb{Z}, r \geq 1)$ のことをスペクトル系列の $\boldsymbol{E_r}$ **項** ($\boldsymbol{E_r}$-**term**), $E_\infty^{p,q}$ $(p,q \in \mathbb{Z})$ のことをスペクトル系列の $\boldsymbol{E_\infty}$ **項** ($\boldsymbol{E_\infty}$-**term**), E^n $(n \in \mathbb{Z})$ のことをスペクトル系列の**極限** (**limit**) という.

また, $r \geq 1$ が条件「全ての $(p,q) \in \mathbb{Z}^2$ と全ての $s \geq r$ に対して $d_s^{p,q} = 0$」を満たすとき, スペクトル系列は $\boldsymbol{E_r}$ **退化** ($\boldsymbol{E_r}$-**degenerate**) するという.

注 3.50 この注では記述を簡単にするため, $\mathcal{A} = R\text{-}\mathbf{Mod}$ と仮定する[4]. 本によっては, $\mathcal{A}$ における

- 対象の族 $(E_r^{p,q})_{p,q,r\in\mathbb{Z},r\geq 1}$,
- 射の族 $d_r^{p,q}: E_r^{p,q} \longrightarrow E_r^{p+r,q-r+1}$ $(p,q,r \in \mathbb{Z}, r \geq 1)$ で $d_r^{p,q} \circ d_r^{p-r,q+r-1} = 0$ を満たすもの,
- 同型 $\mathrm{Ker}\, d_r^{p,q}/\mathrm{Im}\, d_r^{p-r,q+r-1} \xrightarrow{\cong} E_{r+1}^{p,q}$

---
[4] $\mathbb{Z}$ 上の図式の帰納極限, 射影極限が存在するアーベル圏 $\mathcal{A}$ であれば同じ議論ができる.

の組をスペクトル系列の定義とする流儀もある．（つまり定義 3.49 における (2) の有限にフィルター付けされた対象の族 $(E^n, (F^pE^n)_{p\in\mathbb{Z}})_{n\in\mathbb{Z}}$ および (5) の同型 $E_\infty^{p,q} \xrightarrow{\cong} F^pE^{p+q}/F^{p+1}E^{p+q}$ の存在と (3) の条件 (ii) を仮定しない．）このときは定義 3.49(4) の方法で $E_\infty^{p,q}$ を定めることはできないが，$E_r^{p,q}$ のある種の極限として次のように $E_\infty^{p,q}$ を定めることができる：まず $\pi_r^{p,q} : E_r^{p,q} \longrightarrow E_r^{p,q}/\mathrm{Im}\, d_r^{p-r,q+r-1}$ を標準的射影とする．任意の $p,q \in \mathbb{Z}, r \geq 1$ に対して自然に $E_{r+1}^{p,q} \subseteq E_r^{p,q}/\mathrm{Im}\, d_r^{p-r,q+r-1}$ であることに注意すると

$$Z_r^{p,q} := (\pi_1^{p,q})^{-1}((\pi_2^{p,q})^{-1}(\cdots(\pi_{r-1}^{p,q})^{-1}(E_r^{p,q}))) \subseteq E_1^{p,q},$$
$$B_r^{p,q} := (\pi_1^{p,q})^{-1}((\pi_2^{p,q})^{-1}(\cdots(\pi_{r-1}^{p,q})^{-1}(\mathrm{Im}\, d_r^{p-r,q+r-1}))) \subseteq E_1^{p,q}$$

が定義され，$Z_r^{p,q}/B_r^{p,q} = E_r^{p,q}$ で，また

$$\cdots \subseteq B_{r-1}^{p,q} \subseteq B_r^{p,q} \subseteq B_{r+1}^{p,q} \subseteq \cdots \subseteq Z_{r+1}^{p,q} \subseteq Z_r^{p,q} \subseteq Z_{r-1}^{p,q} \subseteq \cdots$$

が成り立つことがわかる．すると射 $\varinjlim_r B_r^{p,q} \longrightarrow \varprojlim_r Z_r^{p,q}$ が定義されるのでこの余核を $E_\infty^{p,q}$ とおく．

前段落の意味でのスペクトル系列に対して，さらに（有限とは限らない）フィルター付けされた対象の族 $(E^n, (F^pE^n)_{p\in\mathbb{Z}})_{n\in\mathbb{Z}}$ が与えられているとき，スペクトル系列の収束の概念を以下のように定める．

(a) 任意の $n \in \mathbb{Z}$ に対して $\varinjlim_p F^pE^n = E^n$ が成り立ち，また任意の $p,q \in \mathbb{Z}$ に対して同型 $E_\infty^{p,q} \xrightarrow{\cong} F^pE^{p+q}/F^{p+1}E^{p+q}$ があるとき，スペクトル系列は E^n ($n \in \mathbb{Z}$) に**弱収束 (weakly convergent)** するという．

(b) 弱収束し，さらに任意の n に対して自然に定まる射 $E^n \longrightarrow \varprojlim_p E^n/F^pE^n$ が単射であるとき，スペクトル系列は E^n ($n \in \mathbb{Z}$) に**収束 (convergent)** するという．

(c) 弱収束し，さらに任意の n に対して自然に定まる射 $E^n \longrightarrow \varprojlim_p E^n/F^pE^n$ が同型であるとき，スペクトル系列は E^n ($n \in \mathbb{Z}$) に**強収束 (strongly convergent)** するという．

E^n のフィルター付けが有限とは限らないことから，この収束の定義はやや複雑なものになっている．定義 3.49 の場合（つまり E^n のフィルター付けが有限で，(3) の条件 (ii) を仮定する場合）は，(4) で説明したように $E_\infty^{p,q}$ は帰納極限，射影極限を用いることなく定義され，また，スペクトル系列は常に E^n ($n \in \mathbb{Z}$) に強収束する．

以下，本書ではスペクトル系列という用語は常に定義 3.49 の意味で用いる．この注の意味でのスペクトル系列の収束性に関連する話題については例えば [4, 第 5 章] を参照のこと．

注 3.51 記号を定義 3.49 の通りとする．この注ではいくつかの特別な場合にスペクトル系列が意味することを述べる．

(1) $n \in \mathbb{Z}$ を固定する．もし $E_\infty^{p,n-p} \neq O$ を満たす p が存在しないならば $F^pE^n/F^{p+1}E^n = O\,(\forall p)$ となる．これと E^n のフィルター付け $(F^pE^n)_{p\in\mathbb{Z}}$ が有限であ

ることから降下帰納法により $F^p E^n = O\,(\forall p)$ となることが示される. 特に $E^n = O$ となる.

もし $E_\infty^{p,n-p} \neq O$ を満たす p がただ 1 つ存在するならば, それを p_0 とおくと $F^p E^n / F^{p+1} E^n = O\,(\forall p \neq p_0),\ F^{p_0} E^n / F^{p_0+1} E^n = E_\infty^{p_0,n-p_0}$ である. すると降下帰納法により $F^p E^n = O\,(p > p_0),\ F^p E^n = E_\infty^{p_0,n-p_0}\,(p \leq p_0)$ となることが示される. 特に $E^n = E_\infty^{p_0,n-p_0}$ となる.

もし $E_\infty^{p,n-p} \neq O$ を満たす p が丁度 2 つ存在するならば, それを $p_0, p_1\,(p_0 < p_1)$ とおくと $F^p E^n / F^{p+1} E^n = O\,(\forall p \neq p_0, p_1),\ F^p E^n / F^{p+1} E^n = E_\infty^{p,n-p}\,(p = p_0, p_1)$ である. すると降下帰納法により $F^p E^n = O\,(p > p_1),\ F^p E^n = E_\infty^{p_1,n-p_1}\,(p_0 < p \leq p_1)$ となり, 完全列 $O \longrightarrow E_\infty^{p_1,n-p_1} \longrightarrow F^p E^n \longrightarrow E_\infty^{p_0,n-p_0} \longrightarrow O$ が存在し, そして $F^p E^n = F^{p_0} E^n\,(p < p_0)$ となることが示される. 特に完全列 $O \longrightarrow E_\infty^{p_1,n-p_1} \longrightarrow E^n \longrightarrow E_\infty^{p_0,n-p_0} \longrightarrow O$ が存在することがわかる.

もし $E_\infty^{p,n-p} \neq O$ を満たす p が丁度 3 つ存在するならば, それを $p_0, p_1, p_2\,(p_0 < p_1 < p_2)$ とおくと全射 $E^n \longrightarrow E_\infty^{p_0,n-p_0}$ があり, そして完全列 $O \longrightarrow E_\infty^{p_2,n-p_2} \longrightarrow \mathrm{Ker}(E^n \longrightarrow E_\infty^{p_0,n-p_0}) \longrightarrow E_\infty^{p_1,n-p_1} \longrightarrow O$ が存在することがわかる.

(2) ある p, q, r に対して $E_r^{p,q} = O$ であるとき, $\mathrm{Ker}\,d_r^{p,q} = O$ より $E_{r+1}^{p,q} \cong \mathrm{Ker}\,d_r^{p,q} / \mathrm{Im}\,d_r^{p-r,q+r-1} = O$ になる. よってこのとき $O = E_r^{p,q} = E_{r+1}^{p,q} = \cdots = E_\infty^{p,q}$ となる.

(3) 定義 3.49 のスペクトル系列において, ある $p_0 \in \mathbb{Z}$ とある $r_0 \geq 1$ に対して $E_{r_0}^{p,q} = O\,(\forall p \neq p_0, \forall q)$ となっていると仮定する. このときは (2) より $E_r^{p,q} = O\,(\forall p \neq p_0, \forall q, \forall r \geq r_0),\ E_\infty^{p,q} = O\,(\forall p \neq p_0, \forall q)$. すると任意の $r \geq r_0$ と p, q に対して $p, p+r$ のいずれかは p_0 ではないので $E_r^{p,q}, E_r^{p+r,q-r+1}$ のいずれかは O, したがって $d_r^{p,q} = 0$ となる. これよりスペクトル系列が E_{r_0} 退化し $E_{r_0}^{p_0,q} = E_\infty^{p_0,q}$ となることが言える. 以上の計算と (1) より $E^n = E_\infty^{p_0,n-p_0} = E_{r_0}^{p_0,n-p_0}$ となる.

(4) 定義 3.49 のスペクトル系列において, ある $q_0 \in \mathbb{Z}$ とある $r_0 \geq 2$ に対して $E_{r_0}^{p,q} = O\,(\forall p, \forall q \neq q_0)$ となっていると仮定すると, (2) より $E_r^{p,q} = O\,(\forall p, \forall q \neq q_0, \forall r \geq r_0),\ E_\infty^{p,q} = O\,(\forall p, \forall q \neq q_0)$. また任意の $r \geq r_0$ と p, q に対して $q, q-r+1$ のいずれかは q_0 ではないので $E_r^{p,q}, E_r^{p+r,q-r+1}$ のいずれかは O, したがって $d_r^{p,q} = 0$ となる. これよりスペクトル系列が E_{r_0} 退化し $E_{r_0}^{p,q_0} = E_\infty^{p,q_0}$ となることが言える. 以上の計算と (1) より $E^n = E_\infty^{n-q_0,q_0} = E_{r_0}^{n-q_0,q_0}$ となる.

(5) 定義 3.49 のスペクトル系列において, ある $q_0 \in \mathbb{Z}$ に対して $E_1^{p,q} = O\,(\forall p, \forall q \neq q_0)$ となっていると仮定する. このとき $(E_1^{\bullet,q_0}, d_1^{\bullet,q_0})$ は複体であり, $E_2^{p,q_0} = H^p(E_1^{\bullet,q_0})$ となる. そして $E_2^{p,q} = O\,(\forall p, \forall q \neq q_0)$ である. よって (4) よりスペクトル系列は E_2 退化し $E^n = E_\infty^{n-q_0,q_0} = E_2^{n-q_0,q_0} = H^{n-q_0}(E_1^{\bullet,q_0})$ となる.

(6) 定義 3.49 のスペクトル系列において, ある $p_0 \in \mathbb{Z}$ とある $r_0, r_1 \geq 1$ に対して $E_{r_0}^{p,q} = O\,(\forall p \neq p_0, p_0 + r_1, \forall q)$ となっていると仮定する. するとまず (2) より $E_r^{p,q} = O\,(\forall p \neq p_0, p_0 + r_1, \forall q, \forall r \geq r_0),\ E_\infty^{p,q} = O\,(\forall p \neq p_0, p_0 + r_1, \forall q)$ となることがわかる.

もし $r_0 > r_1$ であるならば任意の $r \geq r_0$ と p, q に対して $p, p+r$ のいずれかは

$\{p_0, p_0+r_1\}$ に属さないので $E_r^{p,q}, E_r^{p+r,q-r+1}$ のいずれかは O, したがって $d_r^{p,q} = 0$ となる. これよりスペクトル系列が E_{r_0} 退化し $E_\infty^{p,q} = E_{r_0}^{p,q}$ ($p = p_0, p_0 + r_1$) となることが言える. 以上の計算と (1) より完全列 $O \longrightarrow E_{r_0}^{p_0+r_1, n-p_0-r_1} \longrightarrow E^n \longrightarrow E_{r_0}^{p_0, n-p_0} \longrightarrow O$ が存在することがわかる.

もし $r_0 \leq r_1$ であるならば, $(p,r) = (p_0, r_1)$ 以外のときは $E_r^{p,q}, E_r^{p+r,q-r+1}$ のいずれかは O なので $d_r^{p,q} = 0$ となる. よってスペクトル系列が E_{r_1+1} 退化し $E_\infty^{p_0,q} = E_{r_1+1}^{p_0,q} = \text{Ker}\, d_{r_1}^{p_0,q}$, $E_\infty^{p_0+r_1,q-r_1+1} = E_{r_1+1}^{p_0+r_1,q-r_1+1} = \text{Coker}\, d_{r_1}^{p_0,q}$ となることが言える. また, (1) より完全列

$$O \longrightarrow E_\infty^{p_0+r_1, n-p_0-r_1} \longrightarrow E^n \longrightarrow E_\infty^{p_0, n-p_0} \longrightarrow O$$

が存在することがわかる. これらを合わせることにより完全列

$$\cdots \longrightarrow E_{r_1}^{p_0, n-p_0-1} \xrightarrow{d_{r_1}^{p_0, n-p_0-1}} E_{r_1}^{p_0+r_1, n-p_0-r_1} \longrightarrow E^n$$
$$\longrightarrow E_{r_1}^{p_0, n-p_0} \xrightarrow{d_{r_1}^{p_0, n-p_0}} E_{r_1}^{p_0+r_1, n-p_0-r_1+1} \longrightarrow E^{n+1}$$
$$\longrightarrow E_{r_1}^{p_0, n-p_0+1} \xrightarrow{d_{r_1}^{p_0, n-p_0+1}} \cdots$$

が存在することがわかる.

(7) 定義 3.49 のスペクトル系列において, ある $q_0 \in \mathbb{Z}$ とある $r_0, r_1 \geq 2$ に対して $E_{r_0}^{p,q} = O\,(\forall p, \forall q \neq q_0, q_0 - r_1 + 1)$ となっていると仮定する. するとまず (2) より $E_r^{p,q} = O\,(\forall p, \forall q \neq q_0, q_0 - r_1 + 1, \forall r \geq r_0)$. $E_\infty^{p,q} = O\,(\forall p, \forall q \neq q_0, q_0 - r_1 + 1)$ となることがわかる.

もし $r_0 > r_1$ であるならば任意の $r \geq r_0, p, q$ に対して $q, q-r+1$ のいずれかは $\{q_0, q_0-r_1+1\}$ に属さないので $E_r^{p,q}, E_r^{p+r,q-r+1}$ のいずれかは O, したがって $d_r^{p,q} = 0$ となる. これよりスペクトル系列が E_{r_0} 退化し $E_{r_0}^{p,q} = E_\infty^{p,q}$ ($q = q_0, q_0 - r_1 + 1$) となることが言える. 以上の計算と (1) より完全列 $O \longrightarrow E_{r_0}^{n-q_0+r_1-1, q_0-r_1+1} \longrightarrow E^n \longrightarrow E_{r_0}^{n-q_0, q_0} \longrightarrow O$ が存在することがわかる.

もし $r_0 \leq r_1$ であるならば, $(q,r) = (q_0, r_1)$ 以外のときは $E_r^{p,q}, E_r^{p+r,q-r+1}$ のいずれかは O なので $d_r^{p,q} = 0$ となる. よってスペクトル系列が E_{r_1+1} 退化し $E_\infty^{p,q_0} = E_{r_1+1}^{p,q_0} = \text{Ker}\, d_{r_1}^{p,q_0}$, $E_\infty^{p,q_0-r_1+1} = E_{r_1+1}^{p,q_0-r_1+1} = \text{Coker}\, d_{r_1}^{p,q_0}$ となることが言える. また, (1) より完全列

$$O \longrightarrow E_\infty^{n-q_0+r_1-1, q_0-r_1+1} \longrightarrow E^n \longrightarrow E_\infty^{n-q_0, q_0} \longrightarrow O$$

が存在することがわかる. これらを合わせることにより完全列

$$\cdots \longrightarrow E_{r_1}^{n-q_0-1, q_0} \xrightarrow{d_{r_1}^{n-q_0-1, q_0}} E_{r_1}^{n-q_0+r_1-1, q_0-r_1+1} \longrightarrow E^n$$
$$\longrightarrow E_{r_1}^{n-q_0, q_0} \xrightarrow{d_{r_1}^{n-q_0, q_0}} E_{r_1}^{n-q_0+r_1, q_0-r_1+1} \longrightarrow E^{n+1}$$
$$\longrightarrow E_{r_1}^{n-q_0+1, q_0} \xrightarrow{d_{r_1}^{n-q_0+1, q_0}} \cdots$$

が存在することがわかる.

(8) 定義 3.49 のスペクトル系列において $p < 0$ または $q < 0$ のときに $E_2^{p,q} = O$ であると仮定して p, q, n が小さいときの E_2 項と極限との関係を調べる. この仮定の下では, $p \leq r-1$ のとき $d_r^{p-r,q+r-1} = 0$ なので $E_{r+1}^{p,q} = \operatorname{Ker} d_r^{p,q}$ は自然に $E_r^{p,q}$ の部分対象となる. また $q \leq r-2$ のとき $d_r^{p,q} = 0$ なので $E_{r+1}^{p,q} = \operatorname{Coker} d_r^{p-r,q+r-1}$ は自然に $E_r^{p,q}$ の商対象となる. よって $p \leq r-1, q \leq r-2$ の両方が成り立てば $E_r^{p,q} = E_{r+1}^{p,q} = \cdots = E_\infty^{p,q}$ となる.

以上の観察より $E^0 = E_2^{0,0}$ である. また, $E_3^{0,1} = \operatorname{Ker} d_2^{0,1}, E_3^{2,0} = \operatorname{Coker} d_2^{0,1}$, $E_3^{1,1} = \operatorname{Ker} d_2^{1,1}$ であり, そして $E_4^{0,2}$ は $E_2^{0,2}$ の部分対象となる. そして (1) より完全列 $O \longrightarrow E_2^{1,0} \longrightarrow E^1 \longrightarrow E_3^{0,1} \longrightarrow O, O \longrightarrow E_3^{2,0} \longrightarrow \operatorname{Ker}(E^2 \longrightarrow E_4^{0,2}) \longrightarrow E_3^{1,1}$ がある. これらをあわせると完全列

$$O \longrightarrow E_2^{1,0} \longrightarrow E^1 \longrightarrow E_2^{0,1} \xrightarrow{d_2^{0,1}} E_2^{2,0} \longrightarrow \operatorname{Ker}(E^2 \longrightarrow E_2^{0,2}) \longrightarrow E_2^{1,1}$$
$$\xrightarrow{d_2^{1,1}} E_2^{3,0}$$

があることがわかる.

次にスペクトル系列の構成法を説明するために完全対の概念を定義する.

▷ **定義 3.52** アーベル圏 $\mathcal{A}$ における対象 D, E および射 $i : D \longrightarrow D, j : D \longrightarrow E, k : E \longrightarrow D$ の組 (D, E, i, j, k) が **完全対 (exact couple)** であるとは $\operatorname{Im} i = \operatorname{Ker} j, \operatorname{Im} j = \operatorname{Ker} k, \operatorname{Im} k = \operatorname{Ker} i$ を満たすこと.

完全対から新たな完全対を構成することを考える. (D, E, i, j, k) をアーベル圏 $\mathcal{A}$ における完全対とし, $D' := \operatorname{Im} i, Z' := \operatorname{Ker}(j \circ k), B' := \operatorname{Im}(j \circ k)$ とおく. このとき, $k \circ j = 0$ であることから B' が自然に Z' の部分対象となることがわかる. そこで自然な単射 $B' \longrightarrow Z'$ の余核を E' とおく.

次に射 $i' : D' \longrightarrow D', j' : D' \longrightarrow E', k' : E' \longrightarrow D'$ を構成する. ミッチェルの埋め込み定理を用いることにより, $\mathcal{A} = R\text{-}\mathbf{Mod}$ と仮定してよい. まず $i' := i|_{D'} : D' \longrightarrow D'$ と定めるとこれは well-defined である. 次に $a \in D'$ に対して $a = i(b)$ となる $b \in D$ をとって $j'(a) := j(b) + B'$ と定めたい. まず $j(b) \in \operatorname{Im} j = \operatorname{Ker} k \subseteq Z'$ である. また, $a = i(b')$ となる別の元 $b' \in D$ があるとき $b' - b \in \operatorname{Ker} i = \operatorname{Im} k$ なので $j(b') - j(b) \in \operatorname{Im}(j \circ k) = B'$, すなわち $j(b') + B' = j(b) + B'$ となる. よって j' が well-defined であることがわかる. 最後に $a + B' \in E'$ ($a \in Z' = \operatorname{Ker}(j \circ k)$) に対して $k(a) \in \operatorname{Ker} j = \operatorname{Im} i = D'$

なので $k'(a + B') := k(a)$ と定めたいが, $a + B' = a' + B'$ となる別の元 $a' \in D$ があるとき $a' - a \in B'$ なので $k(a') - k(a) \in k(B') \subseteq \mathrm{Im}\,(k \circ j) = 0$ であり, よって k' も well-defined であることがわかる.

注 3.53 $p : Z' \longrightarrow E'$ を余核としての E' の定義より定まる全射とする. このとき i' は $\mathrm{im}\circ i' = i \circ \mathrm{im}\,i$ を満たす唯一の射, j' は合成 $D \xrightarrow{\mathrm{coim}\,i} \mathrm{Coim}\,i = D' \xrightarrow{j'} E'$ が合成 $D \xrightarrow{\mathrm{coim}\,j} \mathrm{Coim}\,j = \mathrm{Ker}\,k \hookrightarrow Z' \xrightarrow{p} E'$ と一致するような唯一の射, k' は合成 $Z' \xrightarrow{p} E' \xrightarrow{k'} D' \xrightarrow{\mathrm{im}\,i} D$ が $Z' \xrightarrow{\mathrm{ker}\,(j \circ k)} E \xrightarrow{k} D$ と一致するような唯一の射である. したがって上の i', j', k' はミッチェルの埋め込み定理における完全忠実充満関手のとりかたによらない.

▶**命題 3.54** 記号を上の通りとするとき, (D', E', i', j', k') は完全対となる.

[証明] $\mathrm{Im}\,i' = \mathrm{Ker}\,j', \mathrm{Im}\,j' = \mathrm{Ker}\,k', \mathrm{Im}\,k' = \mathrm{Ker}\,i'$ となることを R-**Mod** において確かめればよい.

まず $\mathrm{Im}\,i' = \mathrm{Im}\,i^2$ の元 $i^2(a)$ に対して $j'(i^2(a)) = j(i(a)) + B' = 0 + B'$ となるので $\mathrm{Im}\,i' \subseteq \mathrm{Ker}\,j'$. また任意の $\mathrm{Ker}\,j'$ の元 $i(a)$ に対して $j(a) \in B' = \mathrm{Im}\,(j \circ k)$ よりある $b \in E$ に対して $j(a) = j(k(b))$. すると $a - k(b) \in \mathrm{Ker}\,j = \mathrm{Im}\,i$ ゆえ $i(a) = i(a - k(b)) \in \mathrm{Im}\,i^2 = \mathrm{Im}\,i'$. 以上より $\mathrm{Ker}\,j' \subseteq \mathrm{Im}\,i'$ も言えたので $\mathrm{Im}\,i' = \mathrm{Ker}\,j'$ となる.

次に任意の $\mathrm{Im}\,j'$ の元は $j(a) + B'\, (a \in D)$ の形に書け, このとき $k'(j(a) + B') = k(j(a)) = 0$ となるので $\mathrm{Im}\,j' \subseteq \mathrm{Ker}\,k'$. また任意の $\mathrm{Ker}\,k'$ の元は $a + B'\, (a \in Z' = \mathrm{Ker}\,(j \circ k), k(a) = 0)$ の形に書ける. このとき $a \in \mathrm{Ker}\,k = \mathrm{Im}\,j$ よりある $b \in D$ に対して $a = j(b)$ と書け, すると $a + B' = j(b) + B' = j'(i(b)) \in \mathrm{Im}\,j'$ となる. よって $\mathrm{Ker}\,k' \subseteq \mathrm{Im}\,j'$ も言えたので $\mathrm{Im}\,j' = \mathrm{Ker}\,k'$ となる.

最後に任意の $\mathrm{Im}\,k'$ の元は $k(a)\, (a \in Z')$ の形に書け, このとき $i'(k(a)) = i(k(a)) = 0$ となるので $\mathrm{Im}\,k' \subseteq \mathrm{Ker}\,i'$. 一方, 任意の $\mathrm{Ker}\,i'$ の元 $i(a)$ をとると $i(a) \in \mathrm{Ker}\,i = \mathrm{Im}\,k$ より $i(a) = k(b)\,(b \in E)$ と書けるが, このとき $j(k(b)) = j(i(a)) = 0$ より $b \in \mathrm{Ker}\,(j \circ k) = Z'$ となるので $i(a) = k'(b + B') \in \mathrm{Im}\,k'$. 以上より $\mathrm{Ker}\,i' \subseteq \mathrm{Im}\,k'$ も言えたので $\mathrm{Im}\,k' = \mathrm{Ker}\,i'$ となる. よって題意が証明された. □

▷ **定義 3.55** 記号を上の通りとするとき，(D', E', i', j', k') を (D, E, i, j, k) の**導来対 (derived couple)** という．（命題 3.54 より導来対は再び完全対となる．）また，1 以上の整数 r に対し，完全対 (D, E, i, j, k) から導来対を得る操作を $(r-1)$ 回繰り返してできる完全対を (D, E, i, j, k) の第 r 導来対という[5]．

上の定義では完全対 (D, E, i, j, k) の第 r 導来対を帰納的に定めたが，(D, E, i, j, k) を用いて直接定めることもできることを述べる．1 以上の整数 r を 1 つとり，$D_r := \operatorname{Im} i^{r-1}$ とおく．また Z_r を $(\operatorname{Im} i^{r-1} \xrightarrow{\operatorname{im} i^{r-1}} D, E \xrightarrow{k} D)$ のファイバー積とし，$B_r := \operatorname{Im}(\operatorname{Ker} i^{r-1} \xrightarrow{\ker i^{r-1}} D \xrightarrow{j} E)$ とおく．（なお，$\mathcal{A} = R\text{-}\mathbf{Mod}$ のときは $Z_r = k^{-1}(\operatorname{Im} i^{r-1})$, $B_r = j(\operatorname{Ker} i^{r-1})$ である．）このとき，$k \circ j \circ \ker i^{r-1} = 0$ より合成 $B_r \xrightarrow{\operatorname{im}(j \circ \ker i^{r-1})} E \xrightarrow{k} D$ は零写像となり，これを用いて B_r が自然に Z_r の部分対象となることがわかる．（詳しい証明は読者に任せる．ミッチェルの埋め込み定理を用いて確かめることもできる．）そこで自然な単射 $B_r \longrightarrow Z_r$ の余核を E_r とおく．

次に射 $i_r : D_r \longrightarrow D_r, j_r : D_r \longrightarrow E_r, k_r : E_r \longrightarrow D_r$ をミッチェルの定理を用いることにより，$\mathcal{A} = R\text{-}\mathbf{Mod}$ と仮定して構成する．まず $i_r := i|_{D_r} : D_r \longrightarrow D_r$ と定める．次に $a \in D_r$ に対して $a = i^{r-1}(b)$ となる $b \in D$ をとって $j_r(a) := j(b) + B_r$ と定めたい．$a = i^{r-1}(b')$ となる別の元 $b' \in D$ があるとき $b' - b \in \operatorname{Ker} i^{r-1}$ なので $j(b') - j(b) \in j(\operatorname{Ker} i^{r-1}) = B_r$, すなわち $j(b') + B_r = j(b) + B_r$ となるので j_r が well-defined であることがわかる．最後に $a + B_r \in E_r$ ($a \in Z_r = k^{-1}(\operatorname{Im} i^{r-1})$) に対して $k(a) \in \operatorname{Im} i^{r-1} = D_r$ なので $k_r(a + B_r) := k(a)$ と定めたいが，$a + B_r = a' + B_r$ となる別の元 $a' \in Z_r$ があるとき $a' - a \in B_r$ なので $k(a') - k(a) \in k(B_r) \subseteq \operatorname{Im}(k \circ j) = 0$ であり，よって k_r も well-defined であることがわかる[6]．以上の準備のもとで，次が言える．

▶ **命題 3.56** 記号を上の通りとするとき，$(D_r, E_r, i_r, j_r, k_r)$ は (D, E, i, j, k) の第 r 導来対と同型である．

---

[5] (D, E, i, j, k) 自身は (D, E, i, j, k) の第 1 導来対となることに注意．

[6] 注 3.53 と同様の理由により，i_r, j_r, k_r はミッチェルの定理における完全忠実充満関手のとりかたによらないこともわかる．なお，以降ではこれと同種の注記は省略する．

[証明] $r \geq 2$ とし，$(D_{r-1}, E_{r-1}, i_{r-1}, j_{r-1}, k_{r-1})$ の導来対 $(D'_{r-1}, E'_{r-1}, i'_{r-1}, j'_{r-1}, k'_{r-1})$ が $(D_r, E_r, i_r, j_r, k_r)$ と同型であることを示せばよい．ミッチェルの埋め込み定理を用いることにより $\mathcal{A} = R\text{-}\mathbf{Mod}$ として示せばよい．まず，$D_r = D'_{r-1} = \operatorname{Im} i^{r-1}, i_r = i'_{r-1} = i|_{\operatorname{Im} i^{r-1}}$ であることは定義から明らかである．

$f: Z_r \longrightarrow E_{r-1}$ を $f(a) := a + B_{r-1}$ と定め，合成 $(j_{r-1} \circ k_{r-1}) \circ f: Z_r \longrightarrow E_{r-1}$ を考える．$a \in Z_r$ より $k(a) = i^{r-1}(b)$ となる $b \in D$ があるが，このとき，j_{r-1}, k_{r-1} の定義より $(j_{r-1} \circ k_{r-1})(f(a)) = j(i(b)) = 0$ となる．したがって f は射 $f': Z_r \longrightarrow \operatorname{Ker}(j_{r-1} \circ k_{r-1})$ を引き起こす．これと標準的射影との合成

$$Z_r \xrightarrow{f'} \operatorname{Ker}(j_{r-1} \circ k_{r-1}) \longrightarrow \operatorname{Ker}(j_{r-1} \circ k_{r-1})/\operatorname{Im}(j_{r-1} \circ k_{r-1});$$

$$a \mapsto (a + B_{r-1}) + \operatorname{Im}(j_{r-1} \circ k_{r-1})$$

を g とおく．

$a + B_{r-1} \in \operatorname{Ker}(j_{r-1} \circ k_{r-1}) \subseteq E_{r-1}$ $(a \in Z_{r-1})$ を任意にとる．$a \in Z_{r-1}$ より $k(a) = i^{r-2}(b)$ となる $b \in D$ があり，また $a + B_{r-1} \in \operatorname{Ker}(j_{r-1} \circ k_{r-1})$ より $j(b) \in B_{r-1}$ となる．よって $j(b) = j(c)$ を満たす $c \in \operatorname{Ker} i^{r-2}$ があり，このとき $b - c = \operatorname{Ker} j = \operatorname{Im} i$ となるので $b - c = i(d)$ となる $d \in D$ がある．すると $k(a) = i^{r-2}(b) = i^{r-2}(b - c) = i^{r-1}(d)$ より $a \in Z_r$ となる．これより g が全射であることがわかる．

次に $a \in \operatorname{Ker} g \subseteq Z_r$ とすると，ある $b \in Z_{r-1}$ と $k(b) = i^{r-2}(c)$ となる $c \in D$ で $a + B_{r-1} = j(c) + B_{r-1}$ となるものが存在する．すると $a - j(c) = j(d)$ となる $d \in \operatorname{Ker} i^{r-2}$ が存在し，よって $a = j(c + d)$ となるが，ここで $i^{r-1}(c + d) = i(i^{r-2}(c)) = i(k(b)) = 0$ となるので $a \in j(\operatorname{Ker} i^{r-1}) = B_r$ となる．逆に $a \in B_r$ のときは $a = j(b)$ $(b \in \operatorname{Ker} i^{r-1})$ とすると $i^{r-2}(b) \in \operatorname{Ker} i = \operatorname{Im} k$ より $i^{r-2}(b) = k(c)$ となる $c \in E$ がとれ，このとき $c \in k^{-1}(\operatorname{Im} i^{r-2}) = Z_{r-1}$ である．そして $(j_{r-1} \circ k_{r-1})(c + B_{r-1}) = j_{r-1}(k(c)) = j_{r-1}(i^{r-2}(b)) = j(b) + B_{r-1} = a + B_{r-1}$ となるので $a \in \operatorname{Ker} g$ となる．以上より $\operatorname{Ker} g = B_r$ が言えたので g は同型 $E_r = Z_r/B_r \cong \operatorname{Ker}(j_{r-1} \circ k_{r-1})/\operatorname{Im}(j_{r-1} \circ k_{r-1})$ を引き起こす．この同型を通じてみたときに射 $j_r: D_r \longrightarrow E_r, k_r: E_r \longrightarrow D_r$ が $(D_{r-1}, E_{r-1}, i_{r-1}, j_{r-1}, k_{r-1})$ の導来対における対応する射と一致していることは，射の定義より容易に確かめられる．以上で題意が証明された． □

スペクトル系列の構成には二重次数付き完全対の概念が必要なので，それを定義する．

▷**定義 3.57** r_0 を 1 以上の整数とする．アーベル圏 $\mathcal{A}$ の対象の族 $(D^{p,q})_{p,q\in\mathbb{Z}}, (E^{p,q})_{p,q\in\mathbb{Z}}$ と射の族 $(i^{p,q}: D^{p,q} \longrightarrow D^{p-1,q+1})_{p,q\in\mathbb{Z}}, (j^{p,q}: D^{p,q} \longrightarrow E^{p+r_0-1,q-r_0+1})_{p,q\in\mathbb{Z}}, (k^{p,q}: E^{p,q} \longrightarrow D^{p+1,q})_{p,q\in\mathbb{Z}}$ からなる組 $((D^{p,q}), (E^{p,q}), (i^{p,q}), (j^{p,q}), (k^{p,q}))$ が次数 r_0 の**二重次数付き完全対 (bigraded exact couple)** であるとは，任意の $p,q \in \mathbb{Z}$ に対して $\operatorname{Im} i^{p,q} = \operatorname{Ker} j^{p-1,q+1}$, $\operatorname{Im} j^{p,q} = \operatorname{Ker} k^{p+r_0-1,q-r_0+1}$, $\operatorname{Im} k^{p,q} = \operatorname{Ker} i^{p+1,q}$ を満たすこと．また，二重次数付き完全対が**有界**であるとは，任意の $n \in \mathbb{Z}$ に対して p が充分大きいとき $D^{p,n-p} = O$, p が充分小さいとき $i^{p,n-p}$ が同型となること．

注 3.58 (1) $\mathcal{A} = R\text{-}\mathbf{Mod}$ のとき，$\mathcal{A}$ における二重次数付き完全対 $((D^{p,q}), (E^{p,q}), (i^{p,q}), (j^{p,q}), (k^{p,q}))$ に対し，

$$(D, E, i, j, k) := (\bigoplus_{p,q} D^{p,q}, \bigoplus_{p,q} E^{p,q}, \bigoplus_{p,q} i^{p,q}, \bigoplus_{p,q} j^{p,q}, \bigoplus_{p,q} k^{p,q}) \tag{3.34}$$

は完全対である．
(2) 次数 r_0 の二重次数付き完全対 $((D^{p,q}), (E^{p,q}), (i^{p,q}), (j^{p,q}), (k^{p,q}))$ が有界なとき，任意の $n \in \mathbb{Z}$ に対し，p が充分大きければ

$$D^{p+1,n-p} = O, \quad D^{p-r_0+1,n-p+r_0-1} = O$$

なので

$$E^{p,n-p} = \operatorname{Ker} k^{p,n-p} = \operatorname{Im} j^{p-r_0+1,n-p+r_0-1} = O$$

となる．また，p が充分小さければ $i^{p+1,n-p}, i^{p-r_0+2,n-p+r_0-2}$ が同型なので $\operatorname{Im} k^{p,n-p} = \operatorname{Ker} i^{p+1,n-p} = O$ で，また

$$\operatorname{Ker} j^{p-r_0+1,n-p+r_0-1} = \operatorname{Im} i^{p-r_0+2,n-p+r_0-2} = D^{p-r_0+1,n-p+r_0-1}$$

より

$$\operatorname{Ker} k^{p,n-p} = \operatorname{Im} j^{p-r_0+1,n-p+r_0-1} = O$$

である．よってやはり $E^{p,n-p} = O$ となる．つまり，各 $n \in \mathbb{Z}$ に対して $E^{p,n-p} \neq O$ となる p は有限個しかない．
(3) $\mathcal{A}$ における二重次数付き完全対 $((D^{p,q}), (E^{p,q}), (i^{p,q}), (j^{p,q}), (k^{p,q}))$ が与えられたとき，各 $n \in \mathbb{Z}$ に対して，$\mathcal{A}$ における $(\mathbb{Z}, \leq)$ 上の図式 $((D^{-p,n+p})_{p\in\mathbb{Z}},$

$(\iota_{p,p'})_{p \leq p' \in \mathbb{Z}}$ を $\iota_{p,p'} := i^{-p'+1,n+p'-1} \circ \cdots \circ i^{-p,n+p}$ により定義できる．二重次数付き完全対が有界である場合は充分大きな p に対して $\iota_{p,p'}$ ($p \leq p'$) は同型であり，このことから帰納極限 $E^n := \varinjlim_{p \in \mathbb{Z}} D^{-p,n+p}$ が存在し，それが充分大きな p に対する $D^{-p,n+p}$ と同型であることがわかる．（例えば命題 2.40 と例 2.67 より言える．）このとき，標準的包含 $D^{p,q} \longrightarrow E^{p+q}$ を $\iota^{p,q}$ と書くことにし，また $F^p E^n := \mathrm{Im}\,(\iota^{p,n-p} : D^{p,n-p} \longrightarrow E^n)$ と定める．このとき $(E^n, (F^p E^n)_{p \in \mathbb{Z}})_{n \in \mathbb{Z}}$ はフィルター付けされた対象となる．

次数 r_0 の二重次数付き完全対 $((D^{p,q}),(E^{p,q}),(i^{p,q}),(j^{p,q}),(k^{p,q}))$ が与えられたとき，$D'^{p,q} := \mathrm{Im}\, i^{p+1,q-1}, Z'^{p,q} := \mathrm{Ker}\,(j^{p+1,q} \circ k^{p,q}), B'^{p,q} := \mathrm{Im}\,(j^{p-r_0+1,q+r_0-1} \circ k^{p-r_0,q+r_0-1})$ とおく．$k^{p,q} \circ j^{p-r_0+1,q+r_0-1} = 0$ であることから $B'^{p,q}$ は自然に $Z'^{p,q}$ の部分対象となることがわかる．自然な単射 $B'^{p,q} \longrightarrow Z'^{p,q}$ の余核を $E'^{p,q}$ とおく．

$\mathcal{A} = R\text{-}\mathbf{Mod}$ のとき，完全対 (D,E,i,j,k) を (3.34) のように定め，(D', E', i', j', k') をその導来対とすると，定義より $D' = \bigoplus_{p,q} D'^{p,q}, E' = \bigoplus_{p,q} E'^{p,q}$ となる．また，$i'(D'^{p,q}) \subseteq D'^{p-1,q+1}, j'(D'^{p,q}) \subseteq E'^{p+r_0,q-r_0}$, $k'(E'^{p,q}) \subseteq D'^{p+1,q}$ となることが確かめられる．したがって，$i'^{p,q} := i'|_{D'^{p,q}}$, $j'^{p,q} := j'|_{D'^{p,q}}, k'^{p,q} := k'|_{E'^{p,q}}$ とおくと $i' = \bigoplus i'^{p,q}, j' = \bigoplus j'^{p,q}, k' = \bigoplus k'^{p,q}$ であり，このことから $((D'^{p,q}),(E'^{p,q}),(i'^{p,q}),(j'^{p,q}),(k'^{p,q}))$ が次数 (r_0+1) の二重次数付き完全対であることが言える．$\mathcal{A}$ が一般のアーベル圏のときは，ミッチェルの埋め込み定理を用いることにより，二重次数付き完全対 $((D'^{p,q}),(E'^{p,q}),(i'^{p,q}),(j'^{p,q}),(k'^{p,q}))$ が定義されていることが言える．

▷ **定義 3.59** 記号を上の通りとするとき，$((D'^{p,q}),(E'^{p,q}),(i'^{p,q}),(j'^{p,q}),(k'^{p,q}))$ を $((D^{p,q}),(E^{p,q}),(i^{p,q}),(j^{p,q}),(k^{p,q}))$ の **導来対** という．また，1 以上の整数 r に対し，次数 r_0 の二重次数付き完全対 $((D^{p,q}),(E^{p,q}),(i^{p,q}),(j^{p,q}),(k^{p,q}))$ から導来対を得る操作を $(r-1)$ 回繰り返してできる次数 (r_0+r-1) の二重次数付き完全対を $((D^{p,q}),(E^{p,q}),(i^{p,q}),(j^{p,q}),(k^{p,q}))$ の第 r 導来対という．

二重次数付き完全対 $((D^{p,q}),(E^{p,q}),(i^{p,q}),(j^{p,q}),(k^{p,q}))$ の場合も，その第 r 導来対を直接定めることが可能である．以下，記号を簡単にするため，$i^{p,q}$ の形の射を $(r-1)$ 個合成して得られる $D^{N+r-1,M-r+1} \longrightarrow D^{N,M}$ ($N,M \in$

$\mathbb{Z}$) の形の射を i^{r-1} と書くことにする．そして

$$D_r^{p,q} := \mathrm{Im}\,(i^{r-1}: D^{p+r-1,q-r+1} \longrightarrow D^{p,q})$$

とおく．また，$Z_r^{p,q}$ を

$$(\mathrm{Im}\,(i^{r-1}: D^{p+r,q-r+1} \longrightarrow D^{p+1,q}) \xrightarrow{\mathrm{im}\,i^{r-1}} D^{p+1,q},\ E^{p,q} \xrightarrow{k^{p,q}} D^{p+1,q})$$

のファイバー積とし，

$$B_r^{p,q} := \mathrm{Im}\,(\mathrm{Ker}\,(i^{r-1}: D^{p,q} \longrightarrow D^{p-r+1,q+r-1}) \xrightarrow{\mathrm{ker}\,i^{r-1}} D^{p,q} \xrightarrow{j^{p,q}} E^{p,q})$$

とおく．このとき $B_r^{p,q}$ が自然に $Z_r^{p,q}$ の部分対象となることがわかる．そこで自然な単射 $B_r^{p,q} \longrightarrow Z_r^{p,q}$ の余核を $E_r^{p,q}$ とおく．

$\mathcal{A} = R\text{-}\mathbf{Mod}$ のとき，(D, E, i, j, k) を (3.34) のように定め，$(D_r, E_r, i_r, j_r, k_r)$ をその第 r 導来対とすると，定義から $D_r = \bigoplus_{p,q} D_r^{p,q}, E_r = \bigoplus_{p,q} E_r^{p,q}$ であり，また $i_r(D_r^{p,q}) \subseteq D_r^{p-1,q+1}, j_r(D_r^{p,q}) \subseteq E_r^{p+r_0+r-1,q-r_0-r+1}, k_r(E_r^{p,q}) \subseteq D_r^{p+1,q}$ となることが確かめられる．したがって，$i_r^{p,q} := i_r|_{D_r^{p,q}}, j_r^{p,q} := j_r|_{D_r^{p,q}}, k_r^{p,q} := k_r|_{E_r^{p,q}}$ とおくと $i_r = \bigoplus i_r^{p,q}, j = \bigoplus j_r^{p,q}, k_r = \bigoplus k_r^{p,q}$ であり，$((D_r^{p,q}), (E_r^{p,q}), (i_r^{p,q}), (j_r^{p,q}), (k_r^{p,q}))$ が次数 $(r_0 + r - 1)$ の二重次数付き完全対であることが言える．$\mathcal{A}$ が一般のアーベル圏のときは，ミッチェルの埋め込み定理を用いることにより，二重次数付き完全対 $((D_r^{p,q}), (E_r^{p,q}), (i_r^{p,q}), (j_r^{p,q}), (k_r^{p,q}))$ が定義されていることが言える．そして次が成り立つ．

▶**命題 3.60** 記号を上の通りとするとき，$((D_r^{p,q}), (E_r^{p,q}), (i_r^{p,q}), (j_r^{p,q}), (k_r^{p,q}))$ は $((D^{p,q}), (E^{p,q}), (i^{p,q}), (j^{p,q}), (k^{p,q}))$ の第 r 導来対と同型である．

[証明] ミッチェルの埋め込み定理より $\mathcal{A} = R\text{-}\mathbf{Mod}$ としてよく，このときは p, q に関して直和をとって考えると命題 3.56 の同型が求める同型を与えることが言える． □

注 3.61 $((D^{p,q}), (E^{p,q}), (i^{p,q}), (j^{p,q}), (k^{p,q}))$ を有界な二重次数付き完全対とし，$Z_r^{p,q}, B_r^{p,q}$ を上の通りとするとき，充分大きな r に対して $\mathrm{Im}\,(i^{r-1}: D^{p+r,q-r+1} \longrightarrow D^{p+1,q}) = O$ なので $Z_r^{p,q} = \mathrm{Ker}\,k^{p,q}$ である．また，$\iota^{p,q}: D^{p,q} \longrightarrow E^{p+q}$ を注 3.58(3) の通りとするとき充分大きな r に対して $\mathrm{Ker}\,(i^{r-1}: D^{p,q} \longrightarrow$

$D^{p-r+1,q+r-1}) = \operatorname{Ker}(\iota^{p,q} : D^{p,q} \longrightarrow E^{p+q})$ なので $B_r^{p,q} = \operatorname{Im}(\operatorname{Ker}(\iota^{p,q} : D^{p,q} \longrightarrow E^{p+q}) \xrightarrow{\ker \iota^{p,q}} D^{p,q} \xrightarrow{j^{p,q}} E^{p,q})$ である.

有界な次数 1 の二重次数付き完全対が与えられた時にスペクトル系列が構成できることを示す.

▶ **定理 3.62** $((D^{p,q}), (E^{p,q}), (i^{p,q}), (j^{p,q}), (k^{p,q}))$ を次数 1 の有界な二重次数付き完全対とする.これの第 r 導来対を $((D_r^{p,q}), (E_r^{p,q}), (i_r^{p,q}), (j_r^{p,q}), (k_r^{p,q}))$ とし,$d_r^{p,q} := j_r^{p+1,q} \circ k_r^{p,q} : E_r^{p,q} \longrightarrow E_r^{p+r,q-r+1}$ と定める.また $(E^n, (F_p E^n)_{p \in \mathbb{Z}})_{n \in \mathbb{Z}}$ を注 3.58(3) のように定める.このとき $(E_r^{p,q})$, $(E^n, (F_p E^n)_{p \in \mathbb{Z}})_{n \in \mathbb{Z}}, (d_r^{p,q})$ は自然にスペクトル系列

$$E_1^{p,q} \Longrightarrow E^{p+q}$$

を定める.

[証明] まず定義 3.49(3) の条件 (i) は $d_r^{p+r,q-r+1} \circ d_r^{p,q} = j_r^{p+r+1,q-r+1} \circ k_r^{p+r,q-r+1} \circ j_r^{p+1,q} \circ k_r^{p,q} = 0$ となることから言える.また,$((D^{p,q}), (E^{p,q}), (i^{p,q}), (j^{p,q}), (k^{p,q}))$ が有界であることから任意の $(p,q) \in \mathbb{Z}$ に対して $E^{p+r,q-r+1} \neq O$ または $E^{p-r,q+r-1} \neq O$ となる r は有限個しか存在しない.そして導来対の定義より $E_s^{p+r,q-r+1}, E_s^{p-r,q+r-1}$ はそれぞれ $E_{s-1}^{p+r,q-r+1}$, $E_{s-1}^{p-r,q+r-1}$ の部分対象の商対象となる.したがって r が充分大きいとき $E_r^{p+r,q-r+1}, E_r^{p-r,q+r-1} = O$ となることが言え,このとき $d_r^{p,q} = 0$, $d_r^{p-r,q+r-1} = 0$ となる.よって定義 3.49(3) の条件 (ii) も確かめられる.(4) の同型は導来対の定義 $\operatorname{Ker}(j_r^{p+1,q} \circ k_r^{p,q})/\operatorname{Im}(j_r^{p-r+1,q+r-1} \circ k_r^{p-r,q+r-1}) = E_{r+1}^{p,q}$ の等号に他ならない.

最後に (5) の同型を示す.ミッチェルの埋め込み定理より $\mathcal{A} = R\text{-}\mathbf{Mod}$ としてよく,このときは $F^p E^n / F^{p+1} E^n = \operatorname{Im}(\iota^{p,n-p} : D^{p,n-p} \longrightarrow E^n)/\operatorname{Im}(\iota^{p+1,n-p-1} : D^{p+1,n-p-1} \longrightarrow E^n)$ と充分大きな r に対する $Z_r^{p,n-p}/B_r^{p,n-p}$ (ただし $Z_r^{p,n-p}, B_r^{p,n-p}$ は定義 3.59 の後の説明の通り) が同型であることを示せばよい.まず合成

$$f_1 : D^{p,n-p} \xrightarrow{\iota^{p,n-p}} \operatorname{Im} \iota^{p,n-p} \longrightarrow \operatorname{Im} \iota^{p,n-p}/\operatorname{Im} \iota^{p+1,n-p-1}$$

を考えると,これは全射で,また核は $\operatorname{Ker} \iota^{p,n-p} + \operatorname{Im} i^{p+1,n-p-1}$ である.し

たがって f_1 は同型

$$\overline{f}_1 : D^{p,n-p}/(\operatorname{Ker}\iota^{p,n-p} + \operatorname{Im} i^{p+1,n-p-1}) \xrightarrow{\cong} \operatorname{Im}\iota^{p,n-p}/\operatorname{Im}\iota^{p+1,n-p-1}$$

を引き起こす．次に合成

$$f_2 : D^{p,n-p} \xrightarrow{j^{p,n-p}} \operatorname{Ker} k^{p,n-p} \longrightarrow \operatorname{Ker} k^{p,n-p}/j^{p,n-p}(\operatorname{Ker}\iota^{p,n-p})$$

を考えると，これは全射で，また核はやはり $\operatorname{Ker}\iota^{p,n-p} + \operatorname{Im} i^{p+1,n-p-1}$ である．したがって f_2 は同型

$$\overline{f}_2 : D^{p,n-p}/(\operatorname{Ker}\iota^{p,n-p} + \operatorname{Im} i^{p+1,n-p-1}) \xrightarrow{\cong} \operatorname{Ker} k^{p,n-p}/j^{p,n-p}(\operatorname{Ker}\iota^{p,n-p})$$

を引き起こす．そして注 3.61 より r が充分大きいとき

$$Z_r^{p,n-p}/B_r^{p,n-p} = \operatorname{Ker} k^{p,n-p}/j^{p,n-p}(\operatorname{Ker}\iota^{p,n-p})$$

である．したがって $\overline{f}_2 \circ \overline{f}_1^{-1}$ により求める同型 $F^p E^n/F^{p+1} E^n \cong Z_r^{p,n-p}/B_r^{p,n-p}$ $(r \gg 0)$ が得られる． □

次に定理 3.62 を用いてフィルター付けされた複体からスペクトル系列が定まることを示す．

▶**定理 3.63** $\mathcal{A}$ をアーベル圏とする．$(K^\bullet, (F^p K^\bullet)_{p\in\mathbb{Z}})$ を $\mathcal{A}$ におけるフィルター付けされた複体で，各 $n \in \mathbb{Z}$ に対して $(F^p K^n)_{p\in\mathbb{Z}}$ が K^n の有限なフィルター付けとなるようなものとする．このとき自然にスペクトル系列

$$E_1^{p,q} = H^{p+q}(F^p K^\bullet/F^{p+1} K^\bullet) \implies E^{p+q} = H^{p+q}(K^\bullet)$$

が構成される．

[証明] $D^{p,q} := H^{p+q}(F^p K^\bullet), E^{p,q} := H^{p+q}(F^p K^\bullet/F^{p+1} K^\bullet)$ とおくと，複体の完全列

$$O \longrightarrow F^{p+1} K^\bullet \longrightarrow F^p K^\bullet \longrightarrow F^p K^\bullet/F^{p+1} K^\bullet \longrightarrow O$$

のコホモロジー長完全列

$$\cdots \xrightarrow{k^{p,q-1}} D^{p+1,q-1} \xrightarrow{i^{p+1,q-1}} D^{p,q} \xrightarrow{j^{p,q}} E^{p,q} \xrightarrow{k^{p,q}} D^{p+1,q} \xrightarrow{i^{p+1,q}} \cdots$$

により $(i^{p,q} : D^{p,q} \longrightarrow D^{p-1,q+1})_{p,q\in\mathbb{Z}}, (j^{p,q} : D^{p,q} \longrightarrow E^{p,q})_{p,q\in\mathbb{Z}}, (k^{p,q} : E^{p,q} \longrightarrow D^{p+1,q})_{p,q\in\mathbb{Z}}$ が定まり,上の図式の完全性より $((D^{p,q}), (E^{p,q}), (i^{p,q}), (j^{p,q}), (k^{p,q}))$ が次数1の二重次数付き完全対となることがわかる.また,フィルター付け $(F^p K^n)_{p\in\mathbb{Z}}$ に対する条件よりこの二重次数付き完全対が有界であることが言える.したがって定理3.62より題意のスペクトル系列が構成される. □

【例 3.64】 位相幾何学における完全対およびスペクトル系列の例を一つ挙げる.A.2節で説明されているように,X を位相空間,M を $\mathbb{Z}$ 加群とするとき,X の M 係数特異鎖複体 $S_\bullet(X) \otimes_\mathbb{Z} M$ が定義され,そのホモロジーとして X の M 係数特異ホモロジー $H_n(X, M) := H_n(S_\bullet(X) \otimes M)$ が定義される.Y を X の部分位相空間とするとき,包含写像 $Y \hookrightarrow X$ は鎖複体の単射 $S_\bullet(Y) \otimes_\mathbb{Z} M \longrightarrow S_\bullet(X) \otimes_\mathbb{Z} M$ を引き起こす.(単射性の証明は読者に任せる.)$M = \mathbb{Z}$ のときの単射 $S_\bullet(Y) \longrightarrow S_\bullet(X)$ の余核を $S_\bullet(X, Y)$ とおき,$S_\bullet(X,Y) \otimes_\mathbb{Z} M$ のホモロジーとして (X, Y) の M 係数**相対特異ホモロジー** (relative singular homology) $H_n(X, Y, M) := H_n(S_\bullet(X, Y) \otimes_\mathbb{Z} M)$ を定義する.このとき鎖複体の完全列

$$0 \longrightarrow S_\bullet(Y) \otimes_\mathbb{Z} M \longrightarrow S_\bullet(X) \otimes_\mathbb{Z} M \longrightarrow S_\bullet(X, Y) \otimes_\mathbb{Z} M \longrightarrow 0 \quad (3.35)$$

があり,これはホモロジーの長完全列

$$\cdots \longrightarrow H_n(Y, M) \longrightarrow H_n(X, M) \longrightarrow H_n(X, Y, M) \longrightarrow H_{n-1}(Y, M) \longrightarrow \cdots \quad (3.36)$$

を引き起こす.

今,X を位相空間とし,部分位相空間の列

$$X = X_0 \supseteq X_1 \supseteq \cdots \supseteq X_N = \emptyset \quad (3.37)$$

が与えられたとする.$m < 0$ のときは $X_m := X$,$m > N$ のときは $X_m := \emptyset$ とする.このとき,$m \in \mathbb{Z}$ に対して X_{m-1} とその部分位相空間 X_m に対する長完全列 (3.36) を考えると

$$\cdots \longrightarrow H_n(X_m, M) \longrightarrow H_n(X_{m-1}, M) \longrightarrow H_n(X_{m-1}, X_m, M) \quad (3.38)$$
$$\longrightarrow H_{n-1}(X_m, M) \longrightarrow \cdots$$

となる. そこで, $p, q \in \mathbb{Z}$ に対して

$$D^{p,q} := H_{-p-q}(X_p, M), \quad E^{p,q} := H_{-p-q}(X_p, X_{p+1}, M)$$

とおき,

$$i^{p,q} : D^{p,q} = H_{-p-q}(X_p, M) \longrightarrow H_{-p-q}(X_{p-1}, M) = D^{p-1, q+1},$$
$$j^{p,q} : D^{p,q} = H_{-p-q}(X_p, M) \longrightarrow H_{-p-q}(X_p, X_{p+1}, M) = E^{p,q},$$
$$k^{p,q} : E^{p,q} = H_{-p-q}(X_p, X_{p+1}, M) \longrightarrow H_{-p-q-1}(X_{p+1}, M) = D^{p+1, q}$$

を長完全列 (3.38) に現れている写像とすると, (3.38) の完全性より $((D^{p,q}),$ $(E^{p,q}), (i^{p,q}), (j^{p,q}), (k^{p,q}))$ は次数 1 の二重次数付き完全対となる. また, 任意の $n \in \mathbb{Z}$ に対して $p \geq N$ ならば $D^{p, n-p} = H_{-n}(\emptyset, M) = 0$, $p \leq 0$ ならば $X_p = X_{p-1} = X$ より $i^{p,q}$ が同型となるのでこの二重次数付き完全対は有界である. したがって, 定理 3.62 よりこれはスペクトル系列

$$E_1^{p,q} = H_{-p-q}(X_p, X_{p+1}, M) \implies E^{p+q} = H_{-p-q}(X, M) \quad (3.39)$$

を定める. $F^p S_\bullet(X) := S_\bullet(X_p)$ とおくと $(S_\bullet(X) \otimes_\mathbb{Z} M, (F^p S_\bullet(X) \otimes_\mathbb{Z} M)_{p \in \mathbb{Z}})$ はフィルター付けされた鎖複体を定めるが, スペクトル系列 (3.39) はこのフィルター付けされた鎖複体から定理 3.63 の方法で定まるスペクトル系列でもある.

スペクトル系列 (3.39) は長完全列 (3.36) の複雑な一般化であり, その目的は E_1 項である $H_{-p-q}(X_p, X_{p+1}, M)$ を用いて X の特異ホモロジー $H_n(X, M)$ を計算することにある. 相対特異ホモロジー $H_{-p-q}(X_p, X_{p+1}, M)$ については, X_{p+1} の適切な部分位相空間 Y_{p+1} に対して**切除定理 (excision theorem)**

$$H_{-p-q}(X_p, X_{p+1}, M) \cong H_{-p-q}(X_p \setminus Y_{p+1}, X_{p+1} \setminus Y_{p+1}, M)$$

が成り立つことが知られているので, $X_p \setminus Y_{p+1}, X_{p+1} \setminus Y_{p+1}$ がホモロジーの計算しやすい位相空間となるように部分位相空間の列 (3.37) および Y_p ($p \in \mathbb{Z}$) をとることができれば計算できる. これとスペクトル系列 (3.39) により $H_n(X, M)$ を計算しようというわけである.

次に二重複体に伴うスペクトル系列を構成する．$(K^{\bullet,*}, \delta_1^{\bullet,*}, \delta_2^{\bullet,*})$ をアーベル圏 $\mathcal{A}$ における二重複体で任意の $n \in \mathbb{Z}$ に対して $K^{a,b} \neq O, a+b=n$ を満たす整数の組 (a,b) が有限個であると仮定する．$p \in \mathbb{Z}$ に対して $K^{\bullet,*}$ の部分対象である二重複体 $F^p K^{\bullet,*}$ を

$$F^p K^{a,b} := \begin{cases} K^{a,b}, & (a \geq p \text{ のとき}), \\ O, & (a < p \text{ のとき}) \end{cases}$$

と定める．$K^\bullet := \mathrm{Tot}(K^{\bullet,*})$, $F^p K^\bullet := \mathrm{Tot}(F^p K^{\bullet,*})$ とおけば $(K^\bullet, (F^p K^\bullet)_{p \in \mathbb{Z}})$ は $\mathcal{A}$ におけるフィルター付けされた複体であり，また各 $n \in \mathbb{Z}$ に対して $(F^p K^n)_{p \in \mathbb{Z}}$ は K^n の有限なフィルター付けとなる．そして $F^p K^\bullet / F^{p+1} K^\bullet = (K^{p,\bullet-p}, \delta_2^{p,\bullet-p})$ である．（添字のずれに注意．）$H^{p+q}(K^{p,\bullet-p}) = H^q(K^{p,\bullet})$ なので，定理 3.63 を適用することにより，次の定理が得られる．

▶**定理 3.65** 記号を上の通りとするとき，自然にスペクトル系列

$$E_1^{p,q} = H^q(K^{p,\bullet}) \implies E^{p+q} = H^{p+q}(K^\bullet) \tag{3.40}$$

が構成される．

二重複体 $K^{\bullet,*}$ の第 1 変数 $\bullet$ と第 2 変数 $*$ の役割を入れ替えて同様の議論をすることにより，スペクトル系列

$$E_1^{p,q} = H^q(K^{\bullet,p}) \implies E^{p+q} = H^{p+q}(K^\bullet) \tag{3.41}$$

も構成される．

スペクトル系列 (3.40) の E_2 項を計算する．構成より $d_1^{p,q} : H^q(K^{p,\bullet}) \longrightarrow H^q(K^{p+1,\bullet})$ は $H^q(\delta_1^{p,\bullet})$ と一致することがわかるので，$E_2^{p,q} = \mathrm{Ker}\, H^q(\delta_1^{p,q}) / \mathrm{Im}\, H^q(\delta_1^{p-1,q})$ である．したがって，複体

$$\cdots \longrightarrow H^q(K^{p-1,\bullet}) \longrightarrow H^q(K^{p,\bullet}) \longrightarrow H^q(K^{p+1,\bullet}) \longrightarrow \cdots$$

を $H_{\mathrm{II}}^q(K^{\bullet,*})$ (H_{II}^q は第 2 変数について q 次コホモロジーをとることを意味する) と書き，この複体の p 次コホモロジーを $H_{\mathrm{I}}^p(H_{\mathrm{II}}^q(K^{\bullet,*}))$ (H_{I}^p は第 1 変数について p 次コホモロジーをとることを意味する) と書くことにすると $E_2^{p,q} = H_{\mathrm{I}}^p(H_{\mathrm{II}}^q(K^{\bullet,*}))$ となる．したがって，スペクトル系列 (3.40) は

$$E_2^{p,q} = H_{\mathrm{I}}^p(H_{\mathrm{II}}^q(K^{\bullet,*})) \implies E^{p+q} = H^{p+q}(K^\bullet) \tag{3.42}$$

とも書ける. 同様に, スペクトル系列 (3.41) は

$$E_2^{p,q} = H_{\mathrm{II}}^p(H_{\mathrm{I}}^q(K^{\bullet,*})) \implies E^{p+q} = H^{p+q}(K^\bullet) \tag{3.43}$$

とも書ける.

▶**系 3.66** $\mathcal{A}$ をアーベル圏とし, $A^\bullet$ を $\mathcal{A}$ における複体, $K^{\bullet,*}$ を $\mathcal{A}$ における二重複体とする. また, 任意の $n \in \mathbb{Z}$ に対して $K^{a,b} \neq O, a+b=n$ を満たす整数の組 (a,b) が有限個であると仮定する.

(1) 次の (i) または (ii) を仮定する.

(i) 射 $f: A^\bullet \longrightarrow K^{\bullet,*}$ があり, 各 $p \in \mathbb{Z}$ に対して f が引き起こす射 $A^p \longrightarrow K^{p,\bullet}$ がコホモロジーの同型 $A^p \xrightarrow{\cong} H^0(K^{p,\bullet}), O \xrightarrow{\cong} H^n(K^{p,\bullet})\,(n \in \mathbb{Z}, \neq 0)$ を引き起こす.

(ii) 射 $f: K^{\bullet,*} \longrightarrow A^\bullet$ があり, 各 $p \in \mathbb{Z}$ に対して f が引き起こす射 $K^{p,\bullet} \longrightarrow A^p$ がコホモロジーの同型 $H^0(K^{p,\bullet}) \xrightarrow{\cong} A^p, H^n(K^{p,\bullet}) \xrightarrow{\cong} O\,(n \in \mathbb{Z}, \neq 0)$ を引き起こす.

このとき自然な同型 $H^n(A^\bullet) \cong H^n(\mathrm{Tot}\,K^{\bullet,*})\,(n \in \mathbb{Z})$ がある.

(2) 次の (i) または (ii) を仮定する.

(i) 射 $f: A^* \longrightarrow K^{\bullet,*}$ があり, 各 $q \in \mathbb{Z}$ に対して f が引き起こす射 $A^q \longrightarrow K^{\bullet,q}$ がコホモロジーの同型 $A^q \xrightarrow{\cong} H^0(K^{\bullet,q}), O \xrightarrow{\cong} H^n(K^{\bullet,q})\,(n \in \mathbb{Z}, \neq 0)$ を引き起こす.

(ii) 射 $f: K^{\bullet,*} \longrightarrow A^*$ があり, 各 $q \in \mathbb{Z}$ に対して f が引き起こす射 $K^{\bullet,q} \longrightarrow A^q$ がコホモロジーの同型 $H^0(K^{\bullet,q}) \xrightarrow{\cong} A^q, H^n(K^{\bullet,q}) \xrightarrow{\cong} O\,(n \in \mathbb{Z}, \neq 0)$ を引き起こす.

このとき自然な同型 $H^n(A^\bullet) \cong H^n(\mathrm{Tot}\,K^{\bullet,*})\,(n \in \mathbb{Z})$ がある.

[**証明**] (1) $H^q(K^{p,\bullet}) = A^p\,(q=0), = O\,(q \neq 0)$ なので複体 $H_{\mathrm{II}}^q(K^{\bullet,*})$ は $q=0$ のとき $A^\bullet$ と一致し, また $q \neq 0$ のときは全ての項が O の複体となる. したがってスペクトル系列 (3.42) において $E_2^{p,0} = H^p(A^\bullet), E_2^{p,q} = O\,(q \neq 0)$ となるので注 3.51(4) より $H^n(A^\bullet) = E_2^{n,0} \cong E^n = H^n(\mathrm{Tot}\,K^{\bullet,*})$ となる.

(2) はスペクトル系列 (3.43) を用いて同様に示される. □

注 3.67 系 3.66 においてさらに $b < 0$ のとき $K^{a,b} = O$ であると仮定すると，系 3.66(1)(i) の仮定は，各 $p \in \mathbb{Z}$ に対して f が引き起こす図式

$$O \longrightarrow A^p \longrightarrow K^{p,0} \longrightarrow K^{p,1} \longrightarrow \cdots$$

が完全列であることに他ならない．また $b > 0$ のとき $K^{a,b} = O$ であると仮定すると，系 3.66(1)(ii) の仮定は，各 $p \in \mathbb{Z}$ に対して f が引き起こす図式

$$\cdots \longrightarrow K^{p,-1} \longrightarrow K^{p,0} \longrightarrow A^p \longrightarrow O$$

が完全列であることに他ならない．

同様に，系 3.66 においてさらに $a < 0$ のとき $K^{a,b} = O$ であると仮定すると，系 3.66(2)(i) の仮定は，各 $q \in \mathbb{Z}$ に対して f が引き起こす図式

$$O \longrightarrow A^q \longrightarrow K^{0,q} \longrightarrow K^{1,q} \longrightarrow \cdots$$

が完全列であることに他ならない．また $a > 0$ のとき $K^{a,b} = O$ であると仮定すると，系 3.66(2)(ii) の仮定は，各 $q \in \mathbb{Z}$ に対して f が引き起こす図式

$$\cdots \longrightarrow K^{-1,q} \longrightarrow K^{0,q} \longrightarrow A^q \longrightarrow O$$

が完全列であることに他ならない．

次に関手の合成に伴うスペクトル系列（グロタンディーク–ルレイスペクトル系列）について述べる．

▶**定理 3.68** $\mathcal{A}, \mathcal{B}, \mathcal{C}$ をアーベル圏とし，$\mathcal{A}, \mathcal{B}$ は充分単射的対象をもつと仮定する．また，$F : \mathcal{A} \longrightarrow \mathcal{B}, G : \mathcal{B} \longrightarrow \mathcal{C}$ を左完全関手とし，F は $\mathcal{A}$ の単射的対象を $\mathcal{B}$ の G 非輪状対象に移すとする．このとき，任意の $A \in \mathrm{Ob}\,\mathcal{A}$ に対してスペクトル系列

$$E_2^{p,q} = R^p G(R^q F(A)) \implies E^{p+q} = R^{p+q}(G \circ F)(A)$$

が存在する．これを**グロタンディーク–ルレイスペクトル系列 (Grothendieck-Leray spectral sequence)** という．

[**証明**] $A \longrightarrow (I^\bullet, d^\bullet)$ を A の単射的分解とすると $(F(I^\bullet), F(d^\bullet))$ は $\mathcal{B}$ における複体となる．そこで，この複体の右カルタン–アイレンバーグ分解

$$(F(I^\bullet), F(d^\bullet)) \longrightarrow (J^{\bullet,*}, d_1^{\bullet,*}, d_2^{\bullet,*}) \tag{3.44}$$

をとる．各 $p \in \mathbb{Z}$ に対して $F(I^p)$ が G 非輪状であり，また $F(I^p) \longrightarrow J^{p,\bullet}$

が単射的分解であることから $H^n(G(J^{p,\bullet})) = R^n G(F(I^p))$ は $n=0$ のとき $G \circ F(I^p)$ に等しく,$n>0$ のとき O である.したがって,(3.44)に関手 G を施してできる射

$$(G \circ F(I^\bullet), G \circ F(d^\bullet)) \longrightarrow (G(J^{\bullet,*}), G(d_1^{\bullet,*}), G(d_2^{\bullet,*}))$$

において,各 $p \in \mathbb{Z}$ に対して自然に引き起こされる図式

$$O \longrightarrow G \circ F(I^p) \longrightarrow G(J^{p,0}) \longrightarrow G(J^{p,1}) \longrightarrow \cdots$$

は完全列である.よって系 3.66,注 3.67 と導来関手の定義より

$$H^n(\operatorname{Tot} G(J^{\bullet,*})) \cong H^n(G \circ F(I^\bullet)) = R^n(G \circ F)(A) \tag{3.45}$$

となる.

次に $H_{\mathrm{II}}^p(H_{\mathrm{I}}^q(G(J^{\bullet,*})))$ を計算する.$Z^{n,m} := \operatorname{Ker} d_1^{n,m}, B^{n,m} := \operatorname{Im} d_1^{n-1,m}$ とし,$H^{n,m} := Z^{n,m}/B^{n,m}$ とおく.右カルタン–アイレンバーグ分解の定義よりこれらは全て単射的対象であり,また完全列

$$O \longrightarrow Z^{n,m} \longrightarrow J^{n,m} \longrightarrow B^{n+1,m} \longrightarrow O,$$
$$O \longrightarrow B^{n,m} \longrightarrow Z^{n,m} \longrightarrow H^{n,m} \longrightarrow O$$

がある.命題 2.125 よりこれらは分裂する.したがって注 2.120 よりこれらに G を施してできる図式

$$O \longrightarrow G(Z^{n,m}) \longrightarrow G(J^{n,m}) \longrightarrow G(B^{n+1,m}) \longrightarrow O,$$
$$O \longrightarrow G(B^{n,m}) \longrightarrow G(Z^{n,m}) \longrightarrow G(H^{n,m}) \longrightarrow O$$

も分裂する完全列となる.特に $G(d_1^{n,m}) : G(J^{n,m}) \longrightarrow G(J^{n+1,m})$ は上の図式に現れる全射と2つの単射の合成 $G(J^{n,m}) \longrightarrow G(B^{n+1,m}) \longrightarrow G(Z^{n+1,m}) \longrightarrow G(J^{n+1,m})$ として書け,したがって $\operatorname{Ker} G(d_1^{n,m}) = \operatorname{Ker}(G(J^{n,m}) \longrightarrow G(B^{n+1,m})) = G(Z^{n,m})$, $\operatorname{Im} G(d_1^{n,m}) = G(B^{n+1,m})$ となる.したがって $q \in \mathbb{Z}$ に対して $H^q(G(J^{\bullet,m})) = G(Z^{q,m})/G(B^{q,m}) = G(H^{q,m})$ となる.したがって $H_{\mathrm{II}}^p(H_{\mathrm{I}}^q(G(J^{\bullet,*}))) = H^p(G(H^{q,\bullet}))$ となる.また,$A \longrightarrow I^\bullet$ が単射的分解であり,また右カルタン–アイレンバーグ分解の定義より $H^q(F(I^\bullet)) \longrightarrow H^{q,\bullet}$ が単射的分解となっているので $H^p(G(H^{q,\bullet})) = R^p G(H^q(F(I^\bullet))) = R^p G(R^q F(A))$ となる.以上より

$$H_{\mathrm{II}}^p(H_{\mathrm{I}}^q(G(J^{\bullet,*}))) = R^pG(R^qF(A)) \tag{3.46}$$

を得る．(3.45), (3.46)とスペクトル系列(3.43)により題意のスペクトル系列を得る． □

3.5　Tor と Ext

本節では導来関手の代表例として Tor と Ext の定義およびその基本性質について述べる．

まず R を環とし，L を右 R 加群，M を左 R 加群とする．そして L, M の射影的分解 $P^\bullet \longrightarrow L \longrightarrow 0$, $Q^\bullet \longrightarrow M \longrightarrow 0$ をとる．このとき R 上のテンソル積を考えることにより自然に複体 $P^\bullet \otimes_R M, L \otimes_R Q^\bullet$，二重複体 $P^\bullet \otimes_R Q^*$ および射

$$P^\bullet \otimes_R Q^* \longrightarrow P^\bullet \otimes_R M, \quad P^\bullet \otimes_R Q^* \longrightarrow L \otimes_R Q^* \tag{3.47}$$

ができる．（二重複体を構成する射の符号については注 3.15 の方法に従う．）任意の $p \leq 0$ に対して P^p は射影的加群ゆえ平坦加群である．よって (3.47) の最初の射は各 $p \leq 0$ に対して完全列

$$\cdots \longrightarrow P^p \otimes_R Q^{-1} \longrightarrow P^p \otimes_R Q^0 \longrightarrow P^p \otimes_R M \longrightarrow 0$$

を引き起こす．同様に，任意の $q \leq 0$ に対して Q^q は射影的加群ゆえ平坦加群なので，(3.47) の二番目の射は各 $q \leq 0$ に対して完全列

$$\cdots \longrightarrow P^{-1} \otimes_R Q^q \longrightarrow P^0 \otimes_R Q^q \longrightarrow L \otimes_R Q^q \longrightarrow 0$$

を引き起こす．したがって，系 3.66 および注 3.67 より任意の $n \in \mathbb{Z}$ に対して自然な同型 $H^{-n}(P^\bullet \otimes_R M) \cong H^{-n}(\mathrm{Tot}(P^\bullet \otimes_R Q^*)) \cong H^{-n}(L \otimes_R Q^\bullet)$ がある．

▷**定義 3.69**　上の記号の下で $n \geq 0$ に対して $\mathrm{Tor}_n^R(L, M) := H^{-n}(P^\bullet \otimes_R M) \cong H^{-n}(\mathrm{Tot}(P^\bullet \otimes_R Q^*)) \cong H^{-n}(L \otimes_R Q^\bullet)$ と定める．

注 3.70 一般に右 R 加群 P と左 R 加群 Q に対して，P を左 R^{op} 加群，Q を右 R^{op} 加群とみなすことができ，自然に $P \otimes_R Q \cong Q \otimes_{R^{\mathrm{op}}} P$ であった．したがって，定義 3.69 の上の記号の下で

$$\mathrm{Tor}_n^R(L, M) = H^{-n}(\mathrm{Tot}(P^\bullet \otimes_R Q^*))$$
$$\cong H^{-n}(\mathrm{Tot}(Q^\bullet \otimes_{R^{\mathrm{op}}} P^*)) = \mathrm{Tor}_n^{R^{\mathrm{op}}}(M, L)$$

である．（同型は自然な同型 $P^p \otimes_R Q^q \cong Q^q \otimes_{R^{\mathrm{op}}} P^p$ の $(-1)^{pq}$ 倍 $(p, q \leq 0)$ により引き起こされる．）この意味で，Tor は左右の加群に対して対称的である．

定義 $\mathrm{Tor}_n^R(L, M) := H^{-n}(P^\bullet \otimes_R M)$ より，これは右完全関手

$$- \otimes_R M : \mathbf{Mod}\text{-}R \longrightarrow \mathbb{Z}\text{-}\mathbf{Mod}; \quad L \mapsto L \otimes_R M$$

の n 番目の左導来関手を L に施して得られる $\mathbb{Z}$ 加群に他ならないことがわかる．同様に，定義 $\mathrm{Tor}_n^R(L, M) := H^{-n}(L \otimes_R Q^\bullet)$ より，これは右完全関手

$$L \otimes_R - : R\text{-}\mathbf{Mod} \longrightarrow \mathbb{Z}\text{-}\mathbf{Mod}; \quad M \mapsto L \otimes_R M$$

の n 番目の左導来関手を M に施して得られる $\mathbb{Z}$ 加群に他ならないことがわかる．したがって，左導来関手の一般論より次が成り立つ．

▶ **命題 3.71** (1) $\mathrm{Tor}_n^R(L, M)$ の定義は射影的分解のとりかたによらない．また $M \mapsto \mathrm{Tor}_n^R(L, M)$，$L \mapsto \mathrm{Tor}_n^R(L, M)$ はそれぞれ関手 $\mathrm{Tor}_n^R(L, -) : R\text{-}\mathbf{Mod} \longrightarrow \mathbb{Z}\text{-}\mathbf{Mod}, \mathrm{Tor}_n^R(-, M) : \mathbf{Mod}\text{-}R \longrightarrow \mathbb{Z}\text{-}\mathbf{Mod}$ を定める．
(2) $0 \longrightarrow M_1 \xrightarrow{f} M_2 \xrightarrow{g} M_3 \longrightarrow 0$ を左 R 加群の短完全列とすると，自然に長完全列

$$\cdots \xrightarrow{\delta_{n+1}} \mathrm{Tor}_n^R(L, M_1) \longrightarrow \mathrm{Tor}_n^R(L, M_2) \longrightarrow \mathrm{Tor}_n^R(L, M_3)$$
$$\xrightarrow{\delta_n} \mathrm{Tor}_{n-1}^R(L, M_1) \longrightarrow \mathrm{Tor}_{n-1}^R(L, M_2) \longrightarrow \mathrm{Tor}_{n-1}^R(L, M_3)$$
$$\xrightarrow{\delta_{n-1}} \cdots$$

が引き起こされ，この対応により $(\mathrm{Tor}_n^R(L, -))_{n \in \mathbb{N}}$ は関手 $\mathrm{SES}(R\text{-}\mathbf{Mod}) \longrightarrow \mathrm{ES}(\mathbb{Z}\text{-}\mathbf{Mod})$ を定める．また，$0 \longrightarrow L_1 \xrightarrow{f} L_2 \xrightarrow{g} L_3 \longrightarrow 0$ を右 R 加群の短完全列とすると，自然に長完全列

$$\cdots \xrightarrow{\delta_{n+1}} \mathrm{Tor}_n^R(L_1, M) \longrightarrow \mathrm{Tor}_n^R(L_2, M) \longrightarrow \mathrm{Tor}_n^R(L_3, M)$$
$$\xrightarrow{\delta_n} \mathrm{Tor}_{n-1}^R(L_1, M) \longrightarrow \mathrm{Tor}_{n-1}^R(L_2, M) \longrightarrow \mathrm{Tor}_{n-1}^R(L_3, M)$$
$$\xrightarrow{\delta_{n-1}} \cdots$$

が引き起こされ，この対応により $(\mathrm{Tor}_n^R(-, M))_{n \in \mathbb{N}}$ は関手 $\mathrm{SES}(\mathbf{Mod}\text{-}R) \longrightarrow \mathrm{ES}(\mathbb{Z}\text{-}\mathbf{Mod})$ を定める．

(3) $\mathrm{Tor}_0^R(L, M) = L \otimes_R M$．

[証明] (1) は命題 3.31(1) より従う．また (2) は命題 3.31(2) から従い，(3) は命題 3.31(3) と，L とのテンソル積をとる関手 $L \otimes_R - : R\text{-}\mathbf{Mod} \longrightarrow \mathbb{Z}\text{-}\mathbf{Mod}$ が右完全関手であること (系 1.84(1)) から従う． □

$\mathcal{I}$ を小さな有向グラフまたは小さな圏とし，
$$((L_i)_{i \in \mathrm{Ob}\,\mathcal{I}}, (f_\varphi : L_i \longrightarrow L_{i'})_{i, i' \in \mathrm{Ob}\,\mathcal{I}, \varphi \in \mathrm{Hom}_\mathcal{I}(i, i')})$$
を $\mathcal{I}$ 上の右 R 加群の図式，M を左 R 加群とすると，$\mathrm{Tor}_n^R(-, M)$ が関手であることより

$((\mathrm{Tor}_n^R(L_i, M))_{i \in \mathrm{Ob}\,\mathcal{I}},$
$(\mathrm{Tor}_n^R(f_\varphi, M) : \mathrm{Tor}_n^R(L_i, M) \longrightarrow \mathrm{Tor}_n^R(L_{i'}, M))_{i, i' \in \mathrm{Ob}\,\mathcal{I}, \varphi \in \mathrm{Hom}_\mathcal{I}(i, i')})$

は自然に $\mathcal{I}$ 上の $\mathbb{Z}$ 加群の図式を定め，そして標準的包含 $\iota_i : L_i \longrightarrow \varinjlim_{i \in \mathrm{Ob}\,\mathcal{I}} L_i$ の誘導する写像たち

$$\mathrm{Tor}_n(\iota_i, M) : \mathrm{Tor}_n^R(L_i, M) \longrightarrow \mathrm{Tor}_n^R(\varinjlim_{i \in \mathrm{Ob}\,\mathcal{I}} L_i, M) \quad (i \in \mathrm{Ob}\,\mathcal{I})$$

は写像

$$\varinjlim_{i \in \mathrm{Ob}\,\mathcal{I}} \mathrm{Tor}_n^R(L_i, M) \longrightarrow \mathrm{Tor}_n^R(\varinjlim_{i \in \mathrm{Ob}\,\mathcal{I}} L_i, M) \tag{3.48}$$

を引き起こす．

▶**命題 3.72** 記号を上の通りとし，さらに $\mathcal{I}$ がフィルタードな圏であると仮定すると写像 (3.48)は同型写像である．

[証明] $Q^\bullet \longrightarrow M$ を M の射影的分解とすると注 3.8 より

$$\varinjlim_{i \in \mathrm{Ob}\,\mathcal{I}} \mathrm{Tor}_n^R(L_i, M) = \varinjlim_{i \in \mathrm{Ob}\,\mathcal{I}} H^{-n}(L_i \otimes_R Q^\bullet) = H^{-n}(\varinjlim_{i \in \mathrm{Ob}\,\mathcal{I}} (L_i \otimes_R Q^\bullet))$$
$$= H^{-n}((\varinjlim_{i \in \mathrm{Ob}\,\mathcal{I}} L_i) \otimes_R Q^\bullet) = \mathrm{Tor}_n^R(\varinjlim_{i \in \mathrm{Ob}\,\mathcal{I}} L_i, M).$$

$\square$

▶命題 3.73 L_i $(i \in I)$ を右 R 加群,M を左 R 加群とするとき

$$\bigoplus_{i \in I} \mathrm{Tor}_n^R(L_i, M) \cong \mathrm{Tor}_n^R(\bigoplus_{i \in I} L_i, M).$$

また,L を右 R 加群,M_i $(i \in I)$ を左 R 加群とするとき

$$\bigoplus_{i \in I} \mathrm{Tor}_n^R(L, M_i) \cong \mathrm{Tor}_n^R(L, \bigoplus_{i \in I} M_i).$$

[証明] $Q^\bullet \longrightarrow M$ を射影的分解とする.複体の同型 $\bigoplus_{i \in I}(L_i \otimes_R Q^\bullet) \cong (\bigoplus_{i \in I} L_i) \otimes_R Q^\bullet$ の $(-n)$ 次コホモロジーをとることにより前者の同型が得られる.後者の同型も同様の議論により得られる. $\square$

▶命題 3.74 左 R 加群 M に対する次の条件は同値.
(1) M は平坦加群である.
(2) 任意の右 R 加群 L と任意の $n \geq 1$ に対して $\mathrm{Tor}_n^R(L, M) = 0$.
(3) 任意の右 R 加群 L に対して $\mathrm{Tor}_1^R(L, M) = 0$.
(4) 任意の R の右イデアル I に対して $\mathrm{Tor}_1^R(R/I, M) = 0$.

[証明] まず (1) $\Longrightarrow$ (2) を示す.M が平坦加群であると仮定し,右 R 加群 L の射影的分解 $(P^\bullet, d^\bullet) \longrightarrow L$ をとると,次数 0 以下の部分のみ考えた複体 $(P^\bullet, d^\bullet)$ は完全列である.すると M の平坦性より $(P^\bullet \otimes_R M, d^\bullet \otimes \mathrm{id}_M)$ も完全列となるので,$n \geq 1$ に対し $\mathrm{Tor}_n^R(L, M) = H^{-n}(P^\bullet \otimes_R M) = \mathrm{Ker}\,(d^{-n} \otimes \mathrm{id}_M)/\mathrm{Im}\,(d^{-n+1} \otimes \mathrm{id}_M) = 0$ となる.

(2) $\Longrightarrow$ (3) $\Longrightarrow$ (4) は明らか.以下 (4) $\Longrightarrow$ (1) を示す.M を (4) の条件を満たす左 R 加群とし,また $f: L \longrightarrow L'$ を右 R 加群の単射とする.$f \otimes \mathrm{id}_M : L \otimes_R M \longrightarrow L' \otimes_R M$ が単射であることを示せばよいが,命題 1.109 の証明における議論により,L'/L が 1 つの元で生成される場合に帰着できる.し

たがって $L' = L + xR$ であると仮定してよい．すると右 R 加群の準同型 $g : R \longrightarrow L'/L; a \mapsto xa + L$ は全射であり，よって $I := \operatorname{Ker} g$ とおくとこれは R の右イデアルで，また g は同型 $\bar{g} : R/I \xrightarrow{\cong} L'/L$ を引き起こす．よって短完全列

$$0 \longrightarrow L \xrightarrow{f} L' \longrightarrow R/I \longrightarrow 0$$

ができる．これに伴う長完全列の一部

$$\operatorname{Tor}_1^R(R/I, M) \longrightarrow L \otimes_R M \xrightarrow{f \otimes \operatorname{id}_M} L' \otimes_R M$$

と仮定 $\operatorname{Tor}_1^R(R/I, M) = 0$ より $f \otimes \operatorname{id}_M$ の単射性が従う． □

▶**系 3.75** (1) M を左 R 加群とし，$\cdots \longrightarrow Q^{-1} \longrightarrow Q^0 \longrightarrow M \longrightarrow 0$ を左 R 加群の完全列で，各 Q^n ($n \leq 0$) が平坦加群であるようなものとする．（以下，このような完全列を M の**平坦分解 (flat resolution)** と呼び，$Q^\bullet \longrightarrow M \longrightarrow 0$ あるいは $Q^\bullet \longrightarrow M$ と書くことにする．）このとき，任意の右 R 加群 L に対して $\operatorname{Tor}_n^R(L, M) \cong H^{-n}(L \otimes_R Q^\bullet)$ となる．
(2) $0 \longrightarrow M_1 \longrightarrow M_2 \longrightarrow M_3 \longrightarrow 0$ を左 R 加群の完全列で M_3 が平坦加群であるようなものとするとき，任意の任意の右 R 加群 L に対して $0 \longrightarrow L \otimes_R M_1 \longrightarrow L \otimes_R M_2 \longrightarrow L \otimes_R M_3 \longrightarrow 0$ は $\mathbb{Z}$ 加群の完全列となる．
(3) $0 \longrightarrow M_1 \longrightarrow M_2 \longrightarrow M_3 \longrightarrow 0$ を左 R 加群の完全列で，M_2, M_3 (M_1, M_3) が平坦加群であるとすると M_1 (M_2) もまた平坦加群である．

[**証明**] (1) 命題 3.74 および命題 3.36 より $\operatorname{Tor}_n^R(L, M)$ は M の平坦分解を用いて計算できることが言える．
(2) 命題 3.71(2) より完全列 $\operatorname{Tor}_1^R(L, M_3) \longrightarrow L \otimes_R M_1 \longrightarrow L \otimes_R M_2 \longrightarrow L \otimes_R M_3 \longrightarrow 0$ がある．命題 3.74 より $\operatorname{Tor}_1^R(L, M_3) = 0$ なので題意が言える．
(3) M_2, M_3 が平坦加群である場合のみを示す．任意の左 R 加群 L と任意の $n \geq 1$ に対して，命題 3.71(2) より完全列 $\operatorname{Tor}_{n+1}^R(L, M_3) \longrightarrow \operatorname{Tor}_n^R(L, M_1) \longrightarrow \operatorname{Tor}_n^R(L, M_2)$ があり，また仮定および命題 3.74 より $\operatorname{Tor}_{n+1}^R(L, M_3) = \operatorname{Tor}_n^R(L, M_2) = 0$ である．したがって $\operatorname{Tor}_n^R(L, M_1) = 0$ となるので再び命題 3.74 より M_1 は平坦加群となる． □

【例 3.76】 (1) R が整域で $x \in R, \neq 0$ とするとき, $0 \longrightarrow R \xrightarrow{x} R \xrightarrow{p} R/Rx \longrightarrow 0$ (ただし x は x 倍写像, p は標準的射影) は R/Rx の射影的分解である. したがって, R 加群 M に対して $\mathrm{Tor}_0^R(R/Rx, M) = (R/Rx) \otimes_R M = M/xM$, $\mathrm{Tor}_1^R(R/Rx, M) = \mathrm{Ker}\,(x: M \longrightarrow M)$, $\mathrm{Tor}_n^R(R/Rx, M) = 0\,(n \geq 2)$ である.

(2) R が単項イデアル整域のとき, 任意の R 加群 M に対して自由加群からの全射 $f: P^0 \longrightarrow M$ をとり, $P^{-1} := \mathrm{Ker}\,f$ とおくと P^{-1} は P^0 の部分加群なので自由加群となる. したがって $0 \longrightarrow P^{-1} \longrightarrow P^0 \longrightarrow M \longrightarrow 0$ は M の射影的分解となるので $\mathrm{Tor}_n^R(L, M) = 0\,(n \geq 2)$ となることが言える.

なお, この事実は (1) と単項イデアル整域上の有限生成加群の基本定理および命題 3.73 を用いて証明することもできるが, 詳細は読者に任せる.

Tor に対するキュネススペクトル系列を示すため, 次の補題を用意する.

▶ **補題 3.77** $(L^\bullet, d_L^\bullet)$ を右 R 加群の複体, $(M^\bullet, d_M^\bullet)$ を左 R 加群の複体とし, 任意の $n \in \mathbb{Z}$ に対して $\mathrm{Im}\,d_M^n, H^n(M^\bullet)$ が平坦加群であると仮定する. このとき, 任意の $n \in \mathbb{Z}$ に対して自然な同型

$$\bigoplus_{i+j=n} H^i(L^\bullet) \otimes_R H^j(M^\bullet) \xrightarrow{\cong} H^n(\mathrm{Tot}(L^\bullet \otimes_R M^*))$$

がある.

[証明] $Z^n := \mathrm{Ker}\,d_M^n, B^n := \mathrm{Im}\,d_M^{n-1}(\subseteq M^n)$ とおく. このとき, コホモロジーの定義より任意の $j \in \mathbb{Z}$ に対して完全列 $0 \longrightarrow B^j \longrightarrow Z^j \longrightarrow H^j(M^\bullet) \longrightarrow 0$ がある. これに $H^i(L^\bullet)$ とのテンソル積をとると, 系 3.75(2) より完全列 $0 \longrightarrow H^i(L^\bullet) \otimes_R B^j \xrightarrow{\alpha_{i,j}} H^i(L^\bullet) \otimes_R Z^j \longrightarrow H^i(L^\bullet) \otimes_R H^j(M^\bullet) \longrightarrow 0$ を得る. そして直和をとることにより完全列

$$0 \longrightarrow \bigoplus_{i+j=n} H^i(L^\bullet) \otimes_R B^j \xrightarrow{\oplus_{i+j=n} \alpha_{i,j}} \bigoplus_{i+j=n} H^i(L^\bullet) \otimes_R Z^j \qquad (3.49)$$
$$\longrightarrow \bigoplus_{i+j=n} H^i(L^\bullet) \otimes_R H^j(M^\bullet) \longrightarrow 0$$

を得る. 次に $B^\bullet, Z^\bullet$ を全ての写像 $B^n \longrightarrow B^{n+1}, Z^n \longrightarrow Z^{n+1}$ が零写像である複体と見ると, 標準的包含 $Z^n \longrightarrow M^n$ および $d^n: M^n \longrightarrow B^{n+1}$ たちは

自然に複体の写像 $Z^\bullet \longrightarrow M^\bullet, d^\bullet : M^\bullet \longrightarrow B^{\bullet+1}$ を定め，また複体の完全列 $0 \longrightarrow Z^\bullet \longrightarrow M^\bullet \xrightarrow{d^\bullet} B^{\bullet+1} \longrightarrow 0$ をなすことが言える．これに $L^\bullet$ とのテンソル積をとると，再び命題 3.75(2) より二重複体の完全列 $0 \longrightarrow L^\bullet \otimes_R Z^* \longrightarrow L^\bullet \otimes_R M^* \xrightarrow{\mathrm{id}\otimes d^*} L^\bullet \otimes_R B^{\bullet+1} \longrightarrow 0$ を得る．そして全複体を考えることにより複体の完全列

$$0 \longrightarrow \mathrm{Tot}(L^\bullet \otimes_R Z^*) \longrightarrow \mathrm{Tot}(L^\bullet \otimes_R M^*) \longrightarrow \mathrm{Tot}(L^\bullet \otimes_R B^{\bullet+1}) \longrightarrow 0$$

を得る．さらにこれに伴う長完全列

$$\cdots \longrightarrow H^{n-1}(\mathrm{Tot}(L^\bullet \otimes_R B^{*+1})) \xrightarrow{\beta} H^n(\mathrm{Tot}(L^\bullet \otimes_R Z^*)) \qquad (3.50)$$
$$\longrightarrow H^n(\mathrm{Tot}(L^\bullet \otimes_R M^*)) \longrightarrow H^n(\mathrm{Tot}(L^\bullet \otimes_R B^{*+1}))$$
$$\longrightarrow H^{n+1}(\mathrm{Tot}(L^\bullet \otimes_R Z^*)) \longrightarrow \cdots$$

を得る．ここで，複体 $B^\bullet, Z^\bullet$ を構成する写像が全て零写像であることから自然に

$$H^{n-1}(\mathrm{Tot}(L^\bullet \otimes_R B^{*+1})) = \bigoplus_{i+j=n-1} H^i(L^\bullet) \otimes_R B^{j+1}$$
$$= \bigoplus_{i+j=n} H^i(L^\bullet) \otimes_R B^j,$$
$$H^n(\mathrm{Tot}(L^\bullet \otimes_R Z^*)) = \bigoplus_{i+j=n} H^i(L^\bullet) \otimes_R Z^j$$

である．よって図式 (3.50) の写像 β は

$$\bigoplus_{i+j=n} H^i(L^\bullet) \otimes_R B^j \longrightarrow \bigoplus_{i+j=n} H^i(L^\bullet) \otimes_R Z^j$$

と書けるが，実はこのようにみたとき $\beta = \bigoplus_{i+j=n} (-1)^i \alpha_{i,j}$ となる：実際これは，

$$(x + \mathrm{Im}\, d_L^{i-1}) \otimes y \in H^i(L^\bullet) \otimes_R B^j \subseteq \bigoplus_{i+j=n} H^i(L^\bullet) \otimes_R B^j \quad (x \in \mathrm{Ker}\, d_L^i)$$

の β による像が，$d_M^{j-1}(z) = y$ となる z を任意にとったときに

$$(d_L^i \otimes \mathrm{id} + (-1)^i \mathrm{id} \otimes d_M^{j-1})(x \otimes z) = (-1)^i x \otimes y \in L^i \otimes Z^j$$

の定める $H^i(L^\bullet) \otimes_R Z^j$ の元となることから従う．特に任意の n に対して β は単射となる．これらの事実および (3.49), (3.50) から横の 2 行が完全で，縦

の 2 つの写像が同型である次の可換図式が得られる：

$$
\begin{array}{ccccc}
0 \longrightarrow & \bigoplus_{i+j=n} H^i(L^\bullet) \otimes_R B^j & \xrightarrow{\oplus_{i+j=n} \alpha_{i,j}} & \bigoplus_{i+j=n} H^i(L^\bullet) \otimes_R Z^j & \\
& {\scriptstyle \oplus_{i+j=n}(-1)^i \mathrm{id}} \downarrow & & {\scriptstyle \mathrm{id}} \downarrow & \\
0 \longrightarrow & \bigoplus_{i+j=n} H^i(L^\bullet) \otimes_R B^j & \xrightarrow{\beta} & \bigoplus_{i+j=n} H^i(L^\bullet) \otimes_R Z^j & \\
& & \longrightarrow & \bigoplus_{i+j=n} H^i(L^\bullet) \otimes_R H^j(M^\bullet) & \longrightarrow 0 \\
& & \longrightarrow & H^n(\mathrm{Tot}(L^\bullet \otimes_R M^*)) & \longrightarrow 0
\end{array}
$$

この可換図式から同型 $\bigoplus_{i+j=n} H^i(L^\bullet) \otimes_R H^j(M^\bullet) \xrightarrow{\cong} H^n(\mathrm{Tot}(L^\bullet \otimes_R M^*))$ が引き起こされる． □

注 3.78 補題 3.77 の証明より次が言える：補題で構成した同型は

$$(x + \mathrm{Im}\, d_L^{i-1}) \otimes (y + \mathrm{Im}\, d_M^{j-1}) \in H^i(L^\bullet) \otimes_R H^j(M^\bullet)$$
$$\subseteq \bigoplus_{i+j=n} H^i(L^\bullet) \otimes_R H^j(M^\bullet) \quad (x \in \mathrm{Ker}\, d_L^i, y \in \mathrm{Ker}\, d_M^j)$$

を $x \otimes y \in \mathrm{Ker}\,(\mathrm{Tot}(L^\bullet \otimes M^*)^n \longrightarrow \mathrm{Tot}(L^\bullet \otimes M^*)^{n+1})$ の $H^n(\mathrm{Tot}(L^\bullet \otimes_R M^*))$ における剰余類に移す．

▶**定理 3.79 (キュネススペクトル系列 (Künneth spectral sequence))**
$L^\bullet$ を右 R 加群の複体，$M^\bullet$ を左 R 加群の複体とし，次の条件のいずれかが満たされていると仮定する．
(1) $L^\bullet, M^\bullet$ のいずれかが平坦加群からなる複体であり，また $L^\bullet, M^\bullet$ がともに上に有界である．
(2) $L^\bullet$ が平坦加群からなる複体であり，また，$\mathcal{A} = R\text{-}\mathbf{Mod}$ とするとき，ある $N \in \mathbb{N}$ に対して注 3.23 における条件 $(*)_N$ が成り立つ．
(3) $M^\bullet$ が平坦加群からなる複体であり，また，$\mathcal{A} = \mathbf{Mod}\text{-}R$ とするとき，ある $N \in \mathbb{N}$ に対して注 3.23 における条件 $(*)_N$ が成り立つ．
このときスペクトル系列

$$E_2^{p,q} = \bigoplus_{i+j=q} \mathrm{Tor}_{-p}^R(H^i(L^\bullet), H^j(M^\bullet)) \Longrightarrow H^{p+q}(\mathrm{Tot}(L^\bullet \otimes_R M^*)) \quad (3.51)$$

が構成される．

注 3.23 でも述べたように，R が単項イデアル整域のときは，(2), (3) の後半の条件は満たされていることに注意．

[**証明**] $L^\bullet$ が平坦加群からなると仮定して，(1), (2) を示す．（他の場合は $L^\bullet$ と $M^\bullet$ の役割をいれかえると同様に証明できる．）$M^\bullet$ の左カルタン-アイレンバーグ分解 $Q^{\bullet,*} \longrightarrow M^\bullet$ をとる．ただし，(2) の仮定で議論するときには $Q^{n,m} = 0 \, (n \in \mathbb{Z}, m < -N)$ となるようにとっておく．三重複体 $L^\bullet \otimes_R Q^{*,\blacktriangle}$ に対して，各 $n \in \mathbb{Z}$ を固定してできる二重複体 $L^\bullet \otimes_R Q^{*,n}$ の全複体 $\mathrm{Tot}(L^\bullet \otimes_R Q^{*,n})$ たちを並べてできる二重複体

$$\cdots \longrightarrow \mathrm{Tot}(L^\bullet \otimes_R Q^{*,n-1}) \longrightarrow \mathrm{Tot}(L^\bullet \otimes_R Q^{*,n})$$
$$\longrightarrow \mathrm{Tot}(L^\bullet \otimes_R Q^{*,n+1}) \longrightarrow \cdots$$

を $\mathrm{Tot}'(L^\bullet \otimes_R Q^{*,\blacktriangle})$，その次数 (a,b) の項 $\bigoplus_{i+j=a} L^i \otimes Q^{j,b}$ を $\mathrm{Tot}'(L^\bullet \otimes_R Q^{*,\blacktriangle})^{a,b}$ と書くことにする．（この二重複体の全複体 $\mathrm{Tot}(\mathrm{Tot}'(L^\bullet \otimes_R Q^{*,\blacktriangle}))$ は三重複体 $L^\bullet \otimes_R Q^{*,\blacktriangle}$ の全複体 $\mathrm{Tot}(L^\bullet \otimes_R Q^{*,\blacktriangle})$ と一致する．）各 $n \in \mathbb{Z}$ に対して $Q^{n,\bullet} \longrightarrow M^n \longrightarrow 0$ が完全列となり，また各 $L^m \, (m \in \mathbb{Z})$ が平坦加群なので，各 $m, n \in \mathbb{Z}$ に対して $L^m \otimes_R Q^{n,\bullet} \longrightarrow L^m \otimes_R M^n \longrightarrow 0$ は完全列である．したがって，各 $n \in \mathbb{Z}$ に対して

$$\cdots \longrightarrow \mathrm{Tot}'(L^\bullet \otimes_R Q^{*,\blacktriangle})^{n,-1} \longrightarrow \mathrm{Tot}'(L^\bullet \otimes_R Q^{*,\blacktriangle})^{n,0}$$
$$\longrightarrow \mathrm{Tot}(L^\bullet \otimes_R M^*)^n \longrightarrow 0$$

が完全列になる．また，$\mathrm{Tot}'(L^\bullet \otimes_R Q^{*,\blacktriangle})^{a,b} = \bigoplus_{i+j=a} L^i \otimes Q^{j,b}$ は (1) の仮定の下では a が充分大きいときまたは $b > 0$ のときに 0 となり，(2) の仮定の下では $b < -N$ または $b > 0$ のときに 0 となる．よって，任意の $n \in \mathbb{Z}$ に対して $\mathrm{Tot}'(L^\bullet \otimes_R Q^{*,\blacktriangle})^{a,b} \neq 0, a+b = n$ を満たす整数の組 (a,b) は有限個である．したがって，系 3.66，注 3.67 と等式 $\mathrm{Tot}(\mathrm{Tot}'(L^\bullet \otimes_R Q^{*,\blacktriangle})) = \mathrm{Tot}(L^\bullet \otimes_R Q^{*,\blacktriangle})$ より任意の $n \in \mathbb{Z}$ に対して自然な同型

$$H^n(\mathrm{Tot}(L^\bullet \otimes_R Q^{*,\blacktriangle})) \xrightarrow{\cong} H^n(\mathrm{Tot}(L^\bullet \otimes_R M^*)) \tag{3.52}$$

がある．一方，$\mathrm{Tot}(L^\bullet \otimes_R Q^{*,\blacktriangle}) = \mathrm{Tot}(\mathrm{Tot}'(L^\bullet \otimes_R Q^{*,\blacktriangle}))$ と見たとき，$H_\mathrm{I}^q(\mathrm{Tot}'(L^\bullet \otimes_R Q^{*,\blacktriangle}))$ は複体

$$\cdots \longrightarrow H^q(\mathrm{Tot}(L^\bullet \otimes_R Q^{*,p-1})) \longrightarrow H^q(\mathrm{Tot}(L^\bullet \otimes_R Q^{*,p}))$$
$$\longrightarrow H^q(\mathrm{Tot}(L^\bullet \otimes_R Q^{*,p+1})) \longrightarrow \cdots$$

となるが,$Q^{\bullet,*} \longrightarrow M^\bullet$ が左カルタン-アイレンバーグ分解であるという仮定から,補題 3.77 より $H^q(\mathrm{Tot}(L^\bullet \otimes_R Q^{*,p})) \cong \bigoplus_{i+j=q} H^i(L^\bullet) \otimes_R H^j(Q^{\bullet,p})$ となる.したがって $H^p_{\mathrm{II}}(H^q_{\mathrm{I}}(\mathrm{Tot}'(L^\bullet \otimes_R Q^{*,\blacktriangle})))$ は複体

$$\cdots \longrightarrow \bigoplus_{i+j=q} H^i(L^\bullet) \otimes_R H^j(Q^{\bullet,p-1}) \longrightarrow \bigoplus_{i+j=q} H^i(L^\bullet) \otimes_R H^j(Q^{\bullet,p})$$
$$\longrightarrow \bigoplus_{i+j=q} H^i(L^\bullet) \otimes_R H^j(Q^{\bullet,p+1}) \longrightarrow \cdots$$

の p 次コホモロジーとなるが,$H^j(Q^{\bullet,*}) \longrightarrow H^j(M^\bullet)$ が $H^j(M^\bullet)$ の射影的分解となることから,これは $\bigoplus_{i+j=q} \mathrm{Tor}^R_{-p}(H^i(L^\bullet), H^j(M^\bullet))$ に他ならないことがわかる.この計算および同型 (3.52) より,スペクトル系列 (3.43) は

$$E_2^{p,q} = \bigoplus_{i+j=q} \mathrm{Tor}^R_{-p}(H^i(L^\bullet), H^j(M^\bullet)) \Longrightarrow H^{p+q}(\mathrm{Tot}(L^\bullet \otimes_R M^*))$$

と書けることが言える.よって題意が証明された. □

注 3.80 注 3.78,定理 3.79 の証明およびスペクトル系列 (3.43) の構成より次が言える:スペクトル系列 (3.51) において $p > 0$ のとき $E_2^{p,q} = 0$ であることから写像

$$\bigoplus_{i+j=q} H^i(L^\bullet) \otimes_R H^j(M^\bullet) = E_2^{0,q} \longrightarrow E_\infty^{0,q} \hookrightarrow E^q = H^q(\mathrm{Tot}(L^\bullet \otimes_R M^*))$$

が定まるが,これは注 3.78 と同様に,

$$(x + \mathrm{Im}\, d_L^{i-1}) \otimes (y + \mathrm{Im}\, d_M^{j-1}) \in H^i(L^\bullet) \otimes_R H^j(M^\bullet)$$
$$\subseteq \bigoplus_{i+j=n} H^i(L^\bullet) \otimes_R H^j(M^\bullet) \quad (x \in \mathrm{Ker}\, d_L^i, y \in \mathrm{Ker}\, d_M^j)$$

を $x \otimes y \in \mathrm{Ker}\,(\mathrm{Tot}(L^\bullet \otimes M^*)^n \longrightarrow \mathrm{Tot}(L^\bullet \otimes M^*)^{n+1})$ の $H^n(\mathrm{Tot}(L^\bullet \otimes_R M^*))$ における剰余類に移す写像である.

▶**系 3.81** $L^\bullet$ を右 R 加群の複体,M を左 R 加群とし,任意の $n \in \mathbb{Z}$ に対して L^n が平坦加群であるとする.また,$L^\bullet$ が上に有界であるか,または $\mathcal{A} = R\text{-}\mathbf{Mod}$ とするとき,ある $N \in \mathbb{N}$ に対して注 3.23 における条件 $(*)_N$ が成

り立つと仮定する．このときスペクトル系列

$$E_2^{p,q} = \mathrm{Tor}_{-p}^R(H^q(L^\bullet), M) \implies H^{p+q}(L^\bullet \otimes_R M)$$

が構成される．

[証明] 定理 3.79 において $M^\bullet = M$ とすればよい． □

▶ 系 3.82 R, S を環とする．また L を右 R 加群，M を (R,S) 両側加群，N を左 S 加群とし，M が右 S 加群として平坦加群であると仮定する．このときスペクトル系列

$$E_2^{p,q} = \mathrm{Tor}_{-p}^S(\mathrm{Tor}_{-q}^R(L, M), N) \implies \mathrm{Tor}_{-p-q}^R(L, M \otimes_S N) \qquad (3.53)$$

が構成される．

特に，環の準同型写像 $R \longrightarrow S$ が与えられ，例 1.17(2) により S を (R,S) 両側加群とみなすとき，スペクトル系列

$$E_2^{p,q} = \mathrm{Tor}_{-p}^S(\mathrm{Tor}_{-q}^R(L, S), N) \implies \mathrm{Tor}_{-p-q}^R(L, N) \qquad (3.54)$$

がある．

なお，$P^\bullet \longrightarrow L$ を射影的分解とするとき $\mathrm{Tor}_{-q}^R(L, M) = H^q(P^\bullet \otimes_R M)$ であり，また $P^\bullet \otimes_R M$ は右 S 加群の複体の構造をもつので $\mathrm{Tor}_{-q}^R(L, M)$ は右 S 加群となり，したがってスペクトル系列 (3.53) の左辺は well-defined であることに注意．同様の理由でスペクトル系列 (3.54) の左辺も well-defined である．

[証明] $P^\bullet \longrightarrow L$ を射影的分解とする．このとき各 $n \in \mathbb{Z}$ に対して $P^n \oplus Q^n = R^{\oplus \Lambda_n}$ となる右 R 加群 Q_n と集合 Λ_n がある．このとき

$$(P^n \otimes_R M) \oplus (Q^n \otimes_R M) = (P^n \oplus Q^n) \otimes_R M = M^{\oplus \Lambda_n}$$

となるが，M が右 S 加群として平坦加群であることから上式の右辺もそうであり，よって左辺もそうである．したがって命題 1.104 より $P^n \otimes_R M$ も平坦加群となる．したがって系 3.81 よりスペクトル系列

$$E_2^{p,q} = \mathrm{Tor}_{-p}^S(H^q(P^\bullet \otimes_R M), N) \implies H^{p+q}((P^\bullet \otimes_R M) \otimes_S N)$$

がある．この式の左辺は $\mathrm{Tor}_{-p}^S(\mathrm{Tor}_{-q}^R(L,M),N)$ と一致し，また右辺は

$$H^{p+q}((P^\bullet \otimes_R M) \otimes_S N) = H^{p+q}(P^\bullet \otimes_R (M \otimes_S N))$$
$$= \mathrm{Tor}_{-p-q}^R(L, M \otimes_S N)$$

と計算されるので，これが題意のスペクトル系列となる．後半の主張は前半の主張において $M = S$ とおけばよい． □

▶**系 3.83（キュネス公式 (Künneth formula)）** R を単項イデアル整域とする．また $L^\bullet, M^\bullet$ を R 加群の複体とし，$L^\bullet, M^\bullet$ のいずれかが無捩加群からなる複体であるとする．このとき，任意の $n \in \mathbb{Z}$ に対して次の完全列が存在する．

$$0 \longrightarrow \bigoplus_{i+j=n} H^i(L^\bullet) \otimes_R H^j(M^\bullet) \xrightarrow{f} H^n(\mathrm{Tot}(L^\bullet \otimes_R M^*)) \qquad (3.55)$$
$$\longrightarrow \bigoplus_{i+j=n+1} \mathrm{Tor}_1^R(H^i(L^\bullet), H^j(M^\bullet)) \longrightarrow 0.$$

また，$L^\bullet, M^\bullet$ が共に自由加群からなる複体ならばこの完全列は分裂し，したがって同型

$$H^n(\mathrm{Tot}(L^\bullet \otimes_R M^*)) \cong (\bigoplus_{i+j=n} H^i(L^\bullet) \otimes_R H^j(M^\bullet))$$
$$\oplus (\bigoplus_{i+j=n+1} \mathrm{Tor}_1^R(H^i(L^\bullet), H^j(M^\bullet)))$$

がある．

[証明] 定理 3.79 の仮定 (2) または (3) が満たされるのでキュネススペクトル系列 (3.51) が存在し，また，例 3.76(2) より $p \neq -1, 0$ のとき $E_2^{p,q} = 0$ である．したがって注 3.51(1), (2) より題意前半の完全列を得る．

後半を示す．各 i に対して $\mathrm{Im}\, d_L^i$ は自由加群 L^{i+1} の部分加群なので命題 1.47 より自由加群（特に射影的加群）であり，したがって完全列

$$0 \longrightarrow \mathrm{Ker}\, d_L^i \xrightarrow{\mathrm{ker}\, d_L^i} L^i \xrightarrow{\mathrm{coim}\, d_L^i} \mathrm{Im}\, d_L^i \longrightarrow 0$$

は分裂する．つまり，$s_i \circ \ker d_L^i = \mathrm{id}$ となる準同型写像 $s_i : L^i \longrightarrow \ker d_L^i$ が存在する．同様に，各 j に対して $s'_j \circ \ker d_M^j = \mathrm{id}$ となる準同型写像 $s'_j : M^j \longrightarrow \ker d_M^j$ が存在する．t_i, t'_j をそれぞれ合成

$$L^i \xrightarrow{s_i} \ker d_L^i \longrightarrow H^i(L^\bullet), \quad M^j \xrightarrow{s'_j} \ker d_M^j \longrightarrow H^j(M^\bullet)$$

(ただしそれぞれの 2 つめの射は標準的射影) とし，

$$g_n := \bigoplus_{i+j=n} t_i \otimes t'_j : \mathrm{Tot}(L^\bullet \otimes_R M^*)^n = \bigoplus_{i+j=n} L^i \otimes_R M^j$$
$$\longrightarrow \bigoplus_{i+j=n} H^i(L^\bullet) \otimes_R H^j(M^\bullet)$$

とおく．このとき，$x \in L^i$ に対して $d_L^i(x) \in \mathrm{Im}\, d_L^i \subseteq \ker d_L^{i+1}$ より $s_{i+1}(d_L^i(x)) = d_L^i(x) \in \mathrm{Im}\, d_L^i$，よって $t_{i+1}(d_L^i(x)) = 0$ であり，同様に $y \in M^j$ に対して $t'_{j+1}(d_M^j(y)) = 0$ である．したがって

$$(t_{i+1} \otimes t'_j) \circ (d_L^i \otimes \mathrm{id}) = 0, \quad (t_i \otimes t'_{j+1}) \circ (\mathrm{id} \otimes d_M^j) = 0 \tag{3.56}$$

となる．$d_{\mathrm{Tot}}^{n-1} : \mathrm{Tot}(L^\bullet \otimes_R M^*)^{n-1} \longrightarrow \mathrm{Tot}(L^\bullet \otimes_R M^*)^n$ を複体 $\mathrm{Tot}(L^\bullet \otimes_R M^*)$ を構成する射とするとき，$i+j = n-1$ となる (i,j) に対する (3.56) より $g_n \circ d_{\mathrm{Tot}}^{n-1} = 0$ であることがわかる．したがって g_n は自然に

$$\bar{g}_n : H^n(\mathrm{Tot}(L^\bullet \otimes_R M^*)) \longrightarrow \bigoplus_{i+j=n} H^i(L^\bullet) \otimes_R H^j(M^\bullet)$$

を引き起こす．

$x \in \ker d_L^i \subseteq L^i$ に対して $s_i(x) = x$ より $t_i(x) = x + \mathrm{Im}\, d_L^{i-1}$ であり，同様に $y \in \ker d_M^j \subseteq M^j$ に対して $t'_j(y) = y + \mathrm{Im}\, d_M^{j-1}$ である．したがって $i + j = n$ のとき g_n は $x \otimes y \in L^i \otimes_R M^j \subseteq \mathrm{Tot}(L^\bullet \otimes_R M^*)^n$ を

$$(x + \mathrm{Im}\, d_L^{i-1}) \otimes (y + \mathrm{Im}\, d_M^{j-1}) \in H^i(L^\bullet) \otimes_R H^j(M^\bullet)$$
$$\subseteq \bigoplus_{i+j=n} H^i(L^\bullet) \otimes_R H^j(M^\bullet)$$

に移す．したがって $\bar{g}_n$ は $x \otimes y \in \ker(\mathrm{Tot}(L^\bullet \otimes M^*)^n \longrightarrow \mathrm{Tot}(L^\bullet \otimes M^*)^{n+1})$ ($x \in \ker d_L^i, y \in \ker d_M^j$) の $H^n(\mathrm{Tot}(L^\bullet \otimes_R M^*))$ における剰余類を $(x + \mathrm{Im}\, d_L^{i-1}) \otimes (y + \mathrm{Im}\, d_M^{j-1})$ に移す写像である．すると注 3.80 で述べた f の記述より $\bar{g}_n \circ f = \mathrm{id}$ であることが言える．したがってこの $\bar{g}_n$ が完全列 (3.55) の分

裂を与える. □

▶**系 3.84**(**普遍係数定理** (universal coefficient theorem)) R を単項イデアル整域とする.また $L^\bullet$ を R 加群の複体,M を R 加群とし,任意の $n \in \mathbb{Z}$ に対して L^n が無捻加群であるとする.このとき,任意の $n \in \mathbb{Z}$ に対して次の完全列が存在する.

$$0 \longrightarrow H^n(L^\bullet) \otimes_R M \longrightarrow H^n(L^\bullet \otimes_R M) \longrightarrow \operatorname{Tor}_1^R(H^{n+1}(L^\bullet), M) \longrightarrow 0.$$

また,任意の $n \in \mathbb{Z}$ に対して L^n が自由加群ならばこの完全列は分裂し,したがって同型

$$H^n(L^\bullet \otimes_R M) \cong (H^n(L^\bullet) \otimes_R M) \oplus \operatorname{Tor}_1^R(H^{n+1}(L^\bullet), M)$$

がある.

[証明] 前半は系 3.83 において $M^\bullet = M$ とおけばよい.後半は系 3.83 の証明と同様の方法で $s_n \circ \ker d_L^n = \operatorname{id}$ となる準同型写像 $s_n : L^n \longrightarrow \operatorname{Ker} d_L^n$ をとり,合成

$$g_n : L^n \otimes_R M \xrightarrow{s_n \otimes \operatorname{id}} \operatorname{Ker} d_L^n \otimes_R M \longrightarrow H^n(L^\bullet) \otimes_R M$$

(2 つめの写像は標準的射影が引き起こすもの) を考えれば系 3.83 と同様に証明できる. □

次に Ext を定義し,その基本的性質を述べる.以下,本節においては $\mathcal{A}$ はアーベル圏で,充分単射的対象をもつかまたは充分射影的対象をもつものとする.

$L, M \in \operatorname{Ob} \mathcal{A}$ とする.$\mathcal{A}$ が充分射影的対象をもつとき,L の射影的分解 $P^\bullet \longrightarrow L \longrightarrow O$ をとると複体

$$O \longrightarrow \operatorname{Hom}_\mathcal{A}(P^0, M) \longrightarrow \operatorname{Hom}_\mathcal{A}(P^{-1}, M) \longrightarrow \operatorname{Hom}_\mathcal{A}(P^{-2}, M) \longrightarrow \cdots$$

(ただし $\operatorname{Hom}_\mathcal{A}(P^{-n}, M)$ を次数 n の項とみる) ができる.これを $\operatorname{Hom}(P^\bullet, M)$ と書く.また,$\mathcal{A}$ が充分単射的対象をもつとき,M の単射的分解 $O \longrightarrow M \longrightarrow I^\bullet$ をとると複体

$$O \longrightarrow \operatorname{Hom}_{\mathcal{A}}(L, I^0) \longrightarrow \operatorname{Hom}_{\mathcal{A}}(L, I^1) \longrightarrow \operatorname{Hom}_{\mathcal{A}}(L, I^2) \longrightarrow \cdots$$

(ただし $\operatorname{Hom}_{\mathcal{A}}(L, I^n)$ を次数 n の項とみる) ができる．これを $\operatorname{Hom}(L, I^\bullet)$ と書く．そして $\mathcal{A}$ が充分射影的対象をもち，かつ充分単射的対象をもつときは L の射影的分解 $P^\bullet \longrightarrow L \longrightarrow O$, M の単射的分解 $O \longrightarrow M \longrightarrow I^\bullet$ をとって二重複体 $\operatorname{Hom}_{\mathcal{A}}(P^\bullet, I^*)$ を次数 (m, n) の項が $\operatorname{Hom}_{\mathcal{A}}(P^{-m}, I^n)$ となるように自然に定義でき，また射

$$\operatorname{Hom}_{\mathcal{A}}(P^\bullet, M) \longrightarrow \operatorname{Hom}_{\mathcal{A}}(P^\bullet, I^*), \quad \operatorname{Hom}_{\mathcal{A}}(L, I^*) \longrightarrow \operatorname{Hom}_{\mathcal{A}}(P^\bullet, I^*) \tag{3.57}$$

ができる．任意の $p \geq 0$ に対して P^{-p} は射影的対象なので (3.57) の最初の射は各 $p \geq 0$ に対して完全列

$$O \longrightarrow \operatorname{Hom}_{\mathcal{A}}(P^{-p}, M) \longrightarrow \operatorname{Hom}_{\mathcal{A}}(P^{-p}, I^0) \longrightarrow \operatorname{Hom}_{\mathcal{A}}(P^{-p}, I^1) \longrightarrow \cdots$$

を引き起こす．同様に，任意の $q \geq 0$ に対して I^q は単射的対象なので，(3.57) の二番目の射は各 $q \geq 0$ に対して完全列

$$O \longrightarrow \operatorname{Hom}_{\mathcal{A}}(L, I^q) \longrightarrow \operatorname{Hom}_{\mathcal{A}}(P^0, I^q) \longrightarrow \operatorname{Hom}_{\mathcal{A}}(P^{-1}, I^q) \longrightarrow \cdots$$

を引き起こす．したがって，系 3.66 および注 3.67 より任意の $n \in \mathbb{Z}$ に対して自然な同型

$$H^n(\operatorname{Hom}_{\mathcal{A}}(P^\bullet, M)) \cong H^n(\operatorname{Tot}(\operatorname{Hom}_{\mathcal{A}}(P^\bullet, I^*))) \cong H^n(\operatorname{Hom}_{\mathcal{A}}(L, I^\bullet)) \tag{3.58}$$

がある．

▷**定義 3.85** $\mathcal{A}$ が充分射影的対象をもつとき，上の記号の下で $n \geq 0$ に対して $\operatorname{Ext}^n_{\mathcal{A}}(L, M) := H^n(\operatorname{Hom}_{\mathcal{A}}(P^\bullet, M))$ と定める．また $\mathcal{A}$ が充分射影的対象をもつとき，上の記号の下で $n \geq 0$ に対して $\operatorname{Ext}^n_{\mathcal{A}}(L, M) := H^n(\operatorname{Hom}_{\mathcal{A}}(L, I^\bullet))$ と定める．同型 (3.58) より，$\mathcal{A}$ が充分射影的対象をもちかつ充分単射的対象をもつときこれらの定義は矛盾なく定まっており，さらに $\operatorname{Ext}^n_{\mathcal{A}}(L, M) \cong H^n(\operatorname{Tot}(\operatorname{Hom}_{\mathcal{A}}(P^\bullet, I^*)))$ となる．

$\mathcal{A} = R\text{-}\mathbf{Mod}$ または $\mathbf{Mod}\text{-}R$ のとき $\operatorname{Ext}^n_{\mathcal{A}}(L, M)$ のことを $\operatorname{Ext}^n_R(L, M)$ と

書く.

$\mathcal{A}$ が充分射影的対象をもつとき,$\operatorname{Ext}_{\mathcal{A}}^{n}(L, M)$ は左完全関手

$$\operatorname{Hom}_{\mathcal{A}}(-, M) : \mathcal{A}^{\mathrm{op}} \longrightarrow \mathbb{Z}\text{-}\mathbf{Mod}; \quad L \mapsto \operatorname{Hom}_{\mathcal{A}}(L, M)$$

の n 番目の右導来関手を L に施して得られる $\mathbb{Z}$ 加群に他ならず,また $\mathcal{A}$ が充分単射的対象をもつとき,$\operatorname{Ext}_{\mathcal{A}}^{n}(L, M)$ は左完全関手

$$\operatorname{Hom}_{\mathcal{A}}(L, -) : \mathcal{A} \longrightarrow \mathbb{Z}\text{-}\mathbf{Mod}; \quad M \mapsto \operatorname{Hom}_{\mathcal{A}}(L, M)$$

の n 番目の右導来関手を M に施して得られる $\mathbb{Z}$ 加群に他ならない.

▶**命題 3.86** 記号を上の通りとする.
(1) $\operatorname{Ext}_{\mathcal{A}}^{n}(L, M)$ の定義は L の射影的分解あるいは M の単射的分解のとりかたによらない.また $M \mapsto \operatorname{Ext}_{\mathcal{A}}^{n}(L, M)$,$L \mapsto \operatorname{Ext}_{\mathcal{A}}^{n}(L, M)$ はそれぞれ関手 $\operatorname{Ext}_{\mathcal{A}}^{n}(L, -) : \mathcal{A} \longrightarrow \mathbb{Z}\text{-}\mathbf{Mod}$,$\operatorname{Ext}_{\mathcal{A}}^{n}(-, M) : \mathcal{A}^{\mathrm{op}} \longrightarrow \mathbb{Z}\text{-}\mathbf{Mod}$ を定める.
(2) $O \longrightarrow M_1 \xrightarrow{f} M_2 \xrightarrow{g} M_3 \longrightarrow O$ を $\mathcal{A}$ における短完全列とすると,自然に長完全列

$$\cdots \xrightarrow{\delta^{n-1}} \operatorname{Ext}_{\mathcal{A}}^{n}(L, M_1) \longrightarrow \operatorname{Ext}_{\mathcal{A}}^{n}(L, M_2) \longrightarrow \operatorname{Ext}_{\mathcal{A}}^{n}(L, M_3)$$
$$\xrightarrow{\delta^{n}} \operatorname{Ext}_{\mathcal{A}}^{n+1}(L, M_1) \longrightarrow \operatorname{Ext}_{\mathcal{A}}^{n+1}(L, M_2) \longrightarrow \operatorname{Ext}_{\mathcal{A}}^{n+1}(L, M_3)$$
$$\xrightarrow{\delta^{n+1}} \cdots$$

が引き起こされ,この対応により $(\operatorname{Ext}_{\mathcal{A}}^{n}(L, -))_{n \in \mathbb{N}}$ は自然に関手 $\mathrm{SES}(\mathcal{A}) \longrightarrow \mathrm{ES}(\mathbb{Z}\text{-}\mathbf{Mod})$ を定める.また,$O \longrightarrow L_1 \xrightarrow{f} L_2 \xrightarrow{g} L_3 \longrightarrow O$ を $\mathcal{A}$ における短完全列とすると,自然に長完全列

$$\cdots \xrightarrow{\delta^{n-1}} \operatorname{Ext}_{\mathcal{A}}^{n}(L_3, M) \longrightarrow \operatorname{Ext}_{\mathcal{A}}^{n}(L_2, M) \longrightarrow \operatorname{Ext}_{\mathcal{A}}^{n}(L_1, M)$$
$$\xrightarrow{\delta^{n}} \operatorname{Ext}_{\mathcal{A}}^{n+1}(L_3, M) \longrightarrow \operatorname{Ext}_{\mathcal{A}}^{n+1}(L_2, M) \longrightarrow \operatorname{Ext}_{\mathcal{A}}^{n+1}(L_1, M)$$
$$\xrightarrow{\delta^{n+1}} \cdots$$

が引き起こされ,この対応により $(\operatorname{Ext}_{\mathcal{A}}^{n}(-, M))_{n \in \mathbb{N}}$ は自然に関手 $\mathrm{SES}(\mathcal{A})^{\mathrm{op}} \longrightarrow \mathrm{ES}(\mathbb{Z}\text{-}\mathbf{Mod})$ を定める.
(3) $\operatorname{Ext}_{\mathcal{A}}^{0}(L, M) = \operatorname{Hom}_{\mathcal{A}}(L, M)$.

[証明] $\mathcal{A}$ が充分射影的対象をもつときは，(1) の最初の主張は命題 3.31(1) より従う．また，命題 3.31(1),(2) より $L \mapsto \mathrm{Ext}_{\mathcal{A}}^n(L,M)$ は関手 $\mathrm{Ext}_{\mathcal{A}}^n(-,M)$: $\mathcal{A}^{\mathrm{op}} \longrightarrow \mathbb{Z}\text{-}\mathbf{Mod}$ を定め，(2) の後半の長完全列を引き起こす．(3) は命題 3.31(3) と，関手 $\mathrm{Hom}_{\mathcal{A}}(-,M) : R\text{-}\mathbf{Mod} \longrightarrow \mathbb{Z}\text{-}\mathbf{Mod}$ が右完全関手であることから従う．また $f : M \longrightarrow M'$ に対して自然変換 $f^\sharp : \mathrm{Hom}_{\mathcal{A}}(-,M) \longrightarrow \mathrm{Hom}_{\mathcal{A}}(-,M')$ を考えると，命題 3.33 よりこれが関手の自然変換の族 $(\sigma_n : \mathrm{Ext}_{\mathcal{A}}^n(-,M) \longrightarrow \mathrm{Ext}_{\mathcal{A}}^n(-,M'))_n$ を引き起こすことが言える．すると f に対して $\sigma_{n,L} : \mathrm{Ext}_{\mathcal{A}}^n(L,M) \longrightarrow \mathrm{Ext}_{\mathcal{A}}^n(L,M')$ を対応させることにより関手 $\mathrm{Ext}_{\mathcal{A}}^n(L,-) : \mathcal{A} \longrightarrow \mathbb{Z}\text{-}\mathbf{Mod}$ が定まる．最後に，L の射影的分解 $P^\bullet \longrightarrow L$ を 1 つとると短完全列 $O \longrightarrow M_1 \xrightarrow{f} M_2 \xrightarrow{g} M_3 \longrightarrow O$ に対して複体の短完全列

$$0 \longrightarrow \mathrm{Hom}_{\mathcal{A}}(P^\bullet, M_1) \longrightarrow \mathrm{Hom}_{\mathcal{A}}(P^\bullet, M_2) \longrightarrow \mathrm{Hom}_{\mathcal{A}}(P^\bullet, M_3) \longrightarrow 0$$

ができるので，これに伴う長完全列として (2) の前半の長完全列ができる．(これが射影的分解 $P^\bullet \longrightarrow L$ のとりかたによらないことは命題 3.19 を用いて示すことができる．詳しい議論は読者に任せる．)

$\mathcal{A}$ が充分単射的対象をもつときは，命題 3.40, 3.42, 3.26 を用いて同様に証明することができる． □

▶命題 3.87　$L_i \, (i \in I)$, M を左 R 加群とするとき
$$\prod_{i \in I} \mathrm{Ext}_R^n(L_i, M) \cong \mathrm{Ext}_R^n(\bigoplus_{i \in I} L_i, M).$$
また，L, $M_i \, (i \in I)$ を左 R 加群とするとき
$$\prod_{i \in I} \mathrm{Ext}_R^n(L, M_i) \cong \mathrm{Ext}_R^n(L, \prod_{i \in I} M_i).$$

[証明] $M \longrightarrow I^\bullet$ を単射的分解とする．複体の同型 $\prod_{i \in I} \mathrm{Hom}_R(L_i, I^\bullet) \cong \mathrm{Hom}_R(\bigoplus_{i \in I} L_i, I^\bullet)$ の n 次コホモロジーをとることにより前者の同型が得られる．後者の同型も同様の議論により得られる． □

▶命題 3.88　(1) $M \in \mathrm{Ob}\,\mathcal{A}$ に対する次の条件は同値．
(a) M は単射的対象である．

(b) 任意の $L \in \mathrm{Ob}\,\mathcal{A}$ と任意の $n \geq 1$ に対して $\mathrm{Ext}^n_{\mathcal{A}}(L, M) = 0$.
(c) 任意の $L \in \mathrm{Ob}\,\mathcal{A}$ に対して $\mathrm{Ext}^1_{\mathcal{A}}(L, M) = 0$.
$\mathcal{A} = R\text{-}\mathbf{Mod}$ のときはこれらは次の条件とも同値.
(d) 任意の R の左イデアル I に対して $\mathrm{Ext}^1_R(R/I, M) = 0$.
(2) $L \in \mathrm{Ob}\,\mathcal{A}$ に対する次の条件は同値.
(a) L は射影的対象である.
(b) 任意の $M \in \mathrm{Ob}\,\mathcal{A}$ と任意の $n \geq 1$ に対して $\mathrm{Ext}^n_{\mathcal{A}}(L, M) = 0$.
(c) 任意の $M \in \mathrm{Ob}\,\mathcal{A}$ に対して $\mathrm{Ext}^1_{\mathcal{A}}(L, M) = 0$.

[証明] (1) (a) $\Longrightarrow$ (b) $\Longrightarrow$ (c) $\Longrightarrow$ (d) の証明は命題 3.74 と同様なので省略する.

次に (c) $\Longrightarrow$ (a) を示す. $f: L \longrightarrow L'$ を $\mathcal{A}$ における単射とすると $O \longrightarrow L \xrightarrow{f} L' \xrightarrow{\mathrm{coker}\,f} \mathrm{Coker}\,f \longrightarrow O$ は短完全列なので, 対応する長完全列の一部として完全列

$$\mathrm{Hom}_{\mathcal{A}}(L', M) \xrightarrow{\sharp f} \mathrm{Hom}_{\mathcal{A}}(L, M) \longrightarrow \mathrm{Ext}^1_{\mathcal{A}}(\mathrm{Coker}\,f, M)$$

を得る. 仮定 (c) より $\mathrm{Ext}^1_{\mathcal{A}}(\mathrm{Coker}\,f, M) = O$ なので $\sharp f$ が全射であることがわかり, f は任意の単射であったので M が単射的対象であることが言える.

最後に $\mathcal{A} = R\text{-}\mathbf{Mod}$ と仮定して (d) $\Longrightarrow$ (a) を示す. $f: L \longrightarrow L'$ を左 R 加群の単射準同型写像とし, また準同型写像 $g: L \longrightarrow M$ が与えられているとする. f を通じて L を L' の部分加群とみる. $\mathcal{S}$ を L を含む L' の部分加群 L'' と準同型写像 $h'': L'' \longrightarrow M$ で $h''|_L = g$ を満たすものの組 (L'', h'') 全体のなす集合とする. このとき, 命題 1.98 の証明と同様に, $\mathcal{S}$ が自然に帰納的集合となることがわかり, よってツォルンの補題より $\mathcal{S}$ の極大元 (L_0, h_0) が存在する. $L_0 \subsetneq L'$ であると仮定し, $L' \setminus L_0$ の元 x をとって $L_1 := L_0 + Rx$ とおくと, $R \longrightarrow L_1/L_0$; $a \mapsto ax + L_0$ は全射なので, ある左イデアル I で $R/I \cong L_1/L_0$ となるものがある. よって左 R 加群の短完全列 $0 \longrightarrow L_0 \xrightarrow{i} L_1 \longrightarrow R/I \longrightarrow 0$ (i は標準的包含) があるので, 対応する長完全列の一部として完全列

$$\mathrm{Hom}_R(L_1, M) \xrightarrow{\sharp i} \mathrm{Hom}_R(L_0, M) \longrightarrow \mathrm{Ext}^1_R(R/I, M)$$

を得る. 仮定 (d) より $\mathrm{Ext}^1_R(R/I, M) = O$ なので $\sharp i$ が全射であることがわ

かる.よって $h_1 \circ i = h_0$ となる準同型写像 $h_1 : L_1 \longrightarrow M$ がある.このとき $(L_1, h_1) \in \mathcal{S}$ となり,これは (L_0, h_0) の極大性に矛盾する.したがって $L_0 = L'$ であることが言え,よって M が単射的対象であることが言える.
(2) 証明は命題 3.74 あるいは (1) と同様なので省略する. □

【例 3.89】 (1) R が整域で $x \in R, \neq 0$ とするとき,$0 \longrightarrow R \xrightarrow{x} R \xrightarrow{p} R/Rx \longrightarrow 0$(ただし x は x 倍写像,p は標準的射影)は R/Rx の射影的分解である.したがって,R 加群 M に対して $\mathrm{Ext}_R^0(R/Rx, M) = \mathrm{Hom}_R(R/Rx, M) = \{m \in M \mid xm = 0\}$,$\mathrm{Ext}_R^1(R/Rx, M) = M/xM$,$\mathrm{Ext}_R^n(R/Rx, M) = 0 \, (n \geq 2)$ であることが言える.
(2) R が単項イデアル整域のとき,任意の R 加群 L に対して例 3.76 より $0 \longrightarrow P^{-1} \longrightarrow P^0 \longrightarrow L \longrightarrow 0$ の形の射影的分解がとれるので,任意の R 加群 M に対して $\mathrm{Ext}_R^n(L, M) = 0 \, (n \geq 2)$ となることが言える.L, M が有限生成 R 加群である場合は,この事実は (1) と単項イデアル整域上の有限生成加群の基本定理および命題 3.87 を用いて証明することもできる.
(3) R が単項イデアル整域のとき,任意の R 加群 M に対して単射的加群への単射 $f : M \longrightarrow I^0$ をとり,$I^1 := \mathrm{Coker} f$ とおくと完全列

$$0 \longrightarrow M \longrightarrow I^0 \longrightarrow I^1 \longrightarrow 0 \tag{3.59}$$

を得る.したがって任意の R 加群 L に対して

$$\mathrm{Ext}_R^1(L, I^0) \longrightarrow \mathrm{Ext}^1(L, I^1) \longrightarrow \mathrm{Ext}^2(L, M)$$

が完全列となるが,I^0 は単射的対象なので $\mathrm{Ext}_R^1(L, I^0) = 0$ であり,また (2) より $\mathrm{Ext}^2(L, M) = 0$ となる.したがって $\mathrm{Ext}^1(L, I^1) = 0$ となるので I^1 は単射的加群であり,完全列 (3.59) が M の単射的分解となることが言える.

Ext に関するキュネススペクトル系列,キュネス公式,普遍係数定理は Tor のときとほぼ同様にして証明できる.ここでは結果のみを述べる.

▶補題 3.90 $(L^\bullet, d_L^\bullet)$, $(M^\bullet, d_M^\bullet)$ を左 R 加群の複体とし,次のいずれかを仮定する.
(1) 任意の $n \in \mathbb{Z}$ に対して $\mathrm{Im}\, d_L^n, H^n(L^\bullet)$ は射影的加群である.

(2) 任意の $n \in \mathbb{Z}$ に対して $\mathrm{Im}\, d_M^n, H^n(M^\bullet)$ は単射的加群である．

このとき，任意の $n \in \mathbb{Z}$ に対して自然な同型

$$H^n(\mathrm{Tot}(\mathrm{Hom}_R(L^\bullet, M^*))) \xrightarrow{\cong} \bigoplus_{j-i=n} \mathrm{Hom}_R(H^i(L^\bullet), H^j(M^\bullet))$$

がある．

▶**命題 3.91（キュネススペクトル系列）** $L^\bullet$, $M^\bullet$ を左 R 加群の複体とし，次の条件のいずれかが満たされていると仮定する．

(1) $L^\bullet$ が射影的加群からなる複体であるか $M^\bullet$ が単射的加群からなる複体であるかのいずれかが成り立ち，また $L^\bullet$ が上に有界かつ $M^\bullet$ が下に有界である．

(2) $L^\bullet$ が射影的加群からなる複体であり，また，$\mathcal{A} = R\text{-}\mathbf{Mod}$ とするとき，ある $N \in \mathbb{N}$ に対して注 3.30 における条件 $(**)_N$ が成り立つ．

(3) $M^\bullet$ が単射的加群からなる複体であり，また，$\mathcal{A} = R\text{-}\mathbf{Mod}$ とするとき，ある $N \in \mathbb{N}$ に対して注 3.23 における条件 $(*)_N$ が成り立つ．

このときスペクトル系列

$$E_2^{p,q} = \bigoplus_{j-i=q} \mathrm{Ext}_R^p(H^i(L^\bullet), H^j(M^\bullet)) \Longrightarrow H^{p+q}(\mathrm{Tot}(\mathrm{Hom}_R(L^\bullet, M^*))) \tag{3.60}$$

が構成される．

▶**系 3.92** (1) $L^\bullet$ を左 R 加群の複体，M を左 R 加群とし，任意の $n \in \mathbb{Z}$ に対して L^n が射影的加群であるとする．また，$L^\bullet$ が上に有界であるか，または $\mathcal{A} = R\text{-}\mathbf{Mod}$ とするとき，ある $N \in \mathbb{N}$ に対して注 3.30 における条件 $(**)_N$ が成り立つと仮定する．このときスペクトル系列

$$E_2^{p,q} = \mathrm{Ext}_R^p(H^{-q}(L^\bullet), M) \Longrightarrow H^{p+q}(\mathrm{Hom}_R(L^\bullet, M))$$

が構成される．

(2) L を左 R 加群，$M^\bullet$ を左 R 加群の複体とし，任意の $n \in \mathbb{Z}$ に対して M^n が単射的加群であるとする．また，$M^\bullet$ が下に有界であるか，または $\mathcal{A} = R\text{-}\mathbf{Mod}$ とするとき，ある $N \in \mathbb{N}$ に対して注 3.23 における条件 $(*)_N$ が成り

立つと仮定する．このときスペクトル系列

$$E_2^{p,q} = \mathrm{Ext}_R^p(L, H^q(M^\bullet)) \implies H^{p+q}(\mathrm{Hom}_R(L, M^\bullet))$$

が構成される．

▶**系 3.93** R, S を環とする．
(1) L を右 R 加群，M を (R, S) 両側加群，N を右 S 加群とし，M が右 S 加群として射影的加群であると仮定する．このときスペクトル系列

$$E_2^{p,q} = \mathrm{Ext}_S^p(\mathrm{Tor}_q^R(L, M), N) \implies \mathrm{Ext}_R^{p+q}(L, \mathrm{Hom}_S(M, N)) \qquad (3.61)$$

が構成される．特に，環の準同型写像 $R \longrightarrow S$ が与えられ，例 1.17(2) により S を (R, S) 両側加群とみなすとき，スペクトル系列

$$E_2^{p,q} = \mathrm{Ext}_S^p(\mathrm{Tor}_q^R(L, S), N) \implies \mathrm{Ext}_R^{p+q}(L, N) \qquad (3.62)$$

がある．
(2) L を左 S 加群，M を (R, S) 両側加群，N を左 R 加群とし，M が右 S 加群として射影的加群であると仮定する．このときスペクトル系列

$$E_2^{p,q} = \mathrm{Ext}_S^p(L, \mathrm{Ext}_R^q(M, N)) \implies \mathrm{Ext}_R^{p+q}(M \otimes_S L, N) \qquad (3.63)$$

が構成される．特に，環の準同型写像 $R \longrightarrow S$ が与えられ，例 1.17(2) により S を (R, S) 両側加群とみなすとき，スペクトル系列

$$E_2^{p,q} = \mathrm{Ext}_S^p(L, \mathrm{Ext}_R^q(S, N)) \implies \mathrm{Ext}_R^{p+q}(L, N) \qquad (3.64)$$

がある．

なお，系 3.82 の後に説明したように，スペクトル系列 (3.61) における $\mathrm{Tor}_q^R(L, M)$ は右 S 加群の構造をもつので (3.61) の左辺は well-defined である．同様に (3.62) の左辺も well-defined である．また，(2) において $N \longrightarrow I^\bullet$ を単射的分解とするとき $\mathrm{Ext}_R^q(M, N) = H^q(\mathrm{Hom}_R(M, I^\bullet))$ であり，また $\mathrm{Hom}_R(M, I^\bullet)$ は左 S 加群の複体の構造をもつので $\mathrm{Ext}_R^q(M, N)$ は左 S 加群となり，したがってスペクトル系列 (3.63) の左辺は well-defined である．同様の理由でスペクトル系列 (3.64) の左辺も well-defined である．

▶系 3.94（キュネス公式） R を単項イデアル整域とする．また $L^\bullet, M^\bullet$ を R 加群の複体とし，次のいずれかを仮定する．
(1) $L^\bullet$ は自由加群からなる複体である．
(2) $M^\bullet$ は可除加群からなる複体である．
このとき，任意の $n \in \mathbb{Z}$ に対して次の完全列が存在する．

$$0 \longrightarrow \bigoplus_{j-i=n-1} \mathrm{Ext}^1_R(H^i(L^\bullet), H^j(M^\bullet)) \longrightarrow H^n(\mathrm{Tot}(\mathrm{Hom}_R(L^\bullet, M^*)))$$
$$\longrightarrow \bigoplus_{j-i=n} \mathrm{Hom}_R(H^i(L^\bullet), H^j(M^\bullet)) \longrightarrow 0.$$

▶系 3.95（普遍係数定理） R を単項イデアル整域とする．また $L^\bullet$ を R 加群の複体，M を R 加群とし，任意の $n \in \mathbb{Z}$ に対して L^n が自由加群であるとする．このとき，任意の $n \in \mathbb{Z}$ に対して次の完全列が存在する．

$$0 \longrightarrow \mathrm{Ext}^1_R(H^{-n+1}(L^\bullet), M) \longrightarrow H^n(\mathrm{Hom}_R(L^\bullet, M))$$
$$\longrightarrow \mathrm{Hom}_R(H^{-n}(L^\bullet), M) \longrightarrow 0.$$

最後に $\mathrm{Ext}^1_\mathcal{A}$ と $\mathcal{A}$ における拡大との関係について述べる．（ここで，$\mathcal{A}$ は前に記した通り，アーベル圏で充分単射的対象をもつか，または充分射影的対象をもつものである．）

▷定義 3.96 $M, N \in \mathrm{Ob}\,\mathcal{A}$ とする．N の M による**拡大**[7]とは $\mathcal{A}$ における完全列

$$O \longrightarrow M \longrightarrow E \longrightarrow N \longrightarrow O \tag{3.65}$$

のこと．拡大 (3.65) と別の拡大

$$O \longrightarrow M \longrightarrow E' \longrightarrow N \longrightarrow O \tag{3.66}$$

が**同値**であるとは，ある射 $h: E \longrightarrow E'$ で，(3.65), (3.66) を 2 行とする図式

---

[7] 定義 2.138 における拡大とは異なる．

$$O \longrightarrow M \longrightarrow E \longrightarrow N \longrightarrow O$$
$$\parallel \quad h\downarrow \quad \parallel$$
$$O \longrightarrow M \longrightarrow E' \longrightarrow N \longrightarrow O \tag{3.67}$$

が可換となるものが存在すること.（なお，このとき5項補題[8]よりhは同型となる．これを用いて同値であることが実際に同値関係となることが確かめられる．）

以下，拡大 (3.65) の同値類を $[E]$ と書き，また N の M による拡大の同値類全体の集合を $\mathrm{E}(N, M)$ と書く．

拡大 (3.65) の同値類 $[E]$ に対し，$\Phi([E]) \in \mathrm{Ext}^1_{\mathcal{A}}(N, M)$ を次のように定める：拡大 (3.65) が引き起こす長完全列

$$\cdots \longrightarrow \mathrm{Hom}_{\mathcal{A}}(N, E) \longrightarrow \mathrm{Hom}_{\mathcal{A}}(N, N) \xrightarrow{\delta} \mathrm{Ext}^1_{\mathcal{A}}(N, M) \longrightarrow \cdots$$

をとり，$\Phi([E]) := \delta(\mathrm{id}_N) \in \mathrm{Ext}^1_{\mathcal{A}}(N, M)$ とおく．可換図式 (3.67) があるとき，可換図式

$$\begin{array}{ccc} \mathrm{Hom}_{\mathcal{A}}(N, N) & \xrightarrow{(3.65)\text{に対する }\delta} & \mathrm{Ext}^1_{\mathcal{A}}(N, M) \\ \parallel & & \parallel \\ \mathrm{Hom}_{\mathcal{A}}(N, N) & \xrightarrow{(3.66)\text{に対する }\delta} & \mathrm{Ext}^1_{\mathcal{A}}(N, M) \end{array}$$

が引き起こされるので，$\delta(\mathrm{id}_N) \in \mathrm{Ext}^1_{\mathcal{A}}(N, M)$ は拡大 (3.65), (3.66) のいずれを用いても同じ元であり，したがって $\Phi([E])$ は well-defined である．

注 3.97 拡大 (3.65) は次の長完全列も引き起こす．

$$\cdots \longrightarrow \mathrm{Hom}_{\mathcal{A}}(E, M) \longrightarrow \mathrm{Hom}_{\mathcal{A}}(M, M) \xrightarrow{\delta'} \mathrm{Ext}^1_{\mathcal{A}}(N, M) \longrightarrow \cdots.$$

したがって $\Phi'([E]) := \delta'(\mathrm{id}_N) \in \mathrm{Ext}^1_{\mathcal{A}}(N, M)$ も定義される．なお，可換図式 (3.67) があるとき，可換図式

$$\begin{array}{ccc} \mathrm{Hom}_{\mathcal{A}}(M, M) & \xrightarrow{(3.65)\text{に対する }\delta'} & \mathrm{Ext}^1_{\mathcal{A}}(N, M) \\ \parallel & & \parallel \\ \mathrm{Hom}_{\mathcal{A}}(M, M) & \xrightarrow{(3.66)\text{に対する }\delta'} & \mathrm{Ext}^1_{\mathcal{A}}(N, M) \end{array}$$

が引き起こされるので $\Phi'([E])$ も well-defined である．このとき実は $\Phi'([E]) =$

---

[8] ミッチェルの埋め込み定理より，任意のアーベル圏において成り立つことが言える．

$-\Phi([E])$ であることを示す.

まず $\mathcal{A}$ が充分射影的対象をもつ場合を考える. 可換図式

$$\begin{array}{ccccccccc} O & \longrightarrow & (P^\bullet, d_P^\bullet) & \xrightarrow{f^\bullet} & (Q^\bullet, d_Q^\bullet) & \xrightarrow{g^\bullet} & (R^\bullet, d_R^\bullet) & \longrightarrow & O \\ & & \downarrow{\scriptstyle d_P} & & \downarrow{\scriptstyle d_Q} & & \downarrow{\scriptstyle d_R} & & \\ O & \longrightarrow & M & \xrightarrow{f} & E & \xrightarrow{g} & N & \longrightarrow & O \end{array}$$

を命題 3.20 のようにとる. このとき $Q^0 = P^0 \oplus R^0$, $O \longrightarrow P^0 \xrightarrow{f^0} Q^0 \xrightarrow{g^0} R^0 \longrightarrow O$ は標準的包含および標準的射影による完全列であり, また $d_Q: Q^0 \longrightarrow E$ は $p^0: Q^0 \longrightarrow P^0$ を標準的射影, $h^0: R^0 \longrightarrow E$ を $g \circ h^0 = d_R$ となる射として $d_Q := f \circ d_P \circ p^0 + h^0 \circ g^0$ と定義されていたことに注意する.

$\Phi([E])$ の定義における $\delta: \mathrm{Hom}_\mathcal{A}(N,N) \longrightarrow \mathrm{Ext}^1_\mathcal{A}(N,M)$ は複体の短完全列

$$0 \longrightarrow \mathrm{Hom}_\mathcal{A}(R^\bullet, M) \longrightarrow \mathrm{Hom}_\mathcal{A}(R^\bullet, E) \longrightarrow \mathrm{Hom}_\mathcal{A}(R^\bullet, N) \longrightarrow 0$$

に伴う長完全列における連結射

$$\mathrm{Hom}_\mathcal{A}(N,N) = H^0(\mathrm{Hom}_\mathcal{A}(R^\bullet, N)) \longrightarrow H^1(\mathrm{Hom}_\mathcal{A}(R^\bullet, M)) = \mathrm{Ext}^1_\mathcal{A}(N,M)$$

に他ならない. $\mathrm{id}_N \in \mathrm{Hom}_\mathcal{A}(N,N)$ は $H^0(\mathrm{Hom}_\mathcal{A}(R^\bullet, N))$ においては d_R の剰余類に対応し, $g \circ h^0 = d_R$ であることおよび連結射の定義より, 連結射はこの剰余類を $f \circ \varphi = h^0 \circ d_R^{-1}$ を満たす射 $\varphi: R^{-1} \longrightarrow M$ の剰余類に移す (注 3.10 参照).

一方, $\Phi'([E])$ の定義における $\delta': \mathrm{Hom}_\mathcal{A}(M,M) \longrightarrow \mathrm{Ext}^1_\mathcal{A}(N,M)$ は複体の短完全列

$$0 \longrightarrow \mathrm{Hom}_\mathcal{A}(R^\bullet, M) \longrightarrow \mathrm{Hom}_\mathcal{A}(Q^\bullet, M) \longrightarrow \mathrm{Hom}_\mathcal{A}(P^\bullet, M) \longrightarrow 0$$

に伴う長完全列における連結射

$$\mathrm{Hom}_\mathcal{A}(M,M) = H^0(\mathrm{Hom}_\mathcal{A}(P^\bullet, M)) \longrightarrow H^1(\mathrm{Hom}_\mathcal{A}(R^\bullet, M)) = \mathrm{Ext}^1_\mathcal{A}(N,M)$$

に他ならない. $\mathrm{id}_M \in \mathrm{Hom}_\mathcal{A}(M,M)$ は $H^0(\mathrm{Hom}_\mathcal{A}(P^\bullet, M))$ においては d_P の剰余類に対応し, p^0 および連結射の定義より, 連結射はこの剰余類を $\psi \circ g^{-1} = d_P \circ p^0 \circ d_Q^{-1}$ を満たす射 $\psi: R^{-1} \longrightarrow M$ の剰余類に移す.

すると $f \circ (\varphi + \psi) \circ g^{-1} = h^0 \circ d_R^{-1} \circ g^{-1} + f \circ d_P \circ p^0 \circ d_Q^{-1} = (h^0 \circ g^0 + f \circ d_P \circ p^0) \circ d_Q^{-1} = d_Q \circ d_Q^{-1} = 0$ となるので $\varphi + \psi = 0$ である. したがって $\Phi'([E]) = -\Phi([E])$ であることが言えた.

$\mathcal{A}$ が充分単射的対象をもつ場合は, 命題 3.27 を用いると同様の証明ができる.

以上の準備の下で次の定理が言える.

▶**定理 3.98** $\Phi : \mathrm{E}(N, M) \longrightarrow \mathrm{Ext}^1_{\mathcal{A}}(N, M)$ は全単射である.

[**証明**] まず $\mathcal{A}$ が充分射影的対象をもつときを考える. 注 3.97 より, Φ' が全単射であることを示せばよい. 射影的対象からの全射 $g : P \longrightarrow N$ をとり, その核を $f : K \longrightarrow P$ とすると完全列

$$O \longrightarrow K \xrightarrow{f} P \xrightarrow{g} N \longrightarrow O$$

ができ, これに伴う長完全列の一部として完全列

$$\mathrm{Hom}_{\mathcal{A}}(P, M) \longrightarrow \mathrm{Hom}_{\mathcal{A}}(K, M) \xrightarrow{d} \mathrm{Ext}^1_{\mathcal{A}}(N, M) \longrightarrow \mathrm{Ext}^1_{\mathcal{A}}(P, M) = 0 \tag{3.68}$$

が引き起こされる. よって任意の $x \in \mathrm{Ext}^1_{\mathcal{A}}(N, M)$ に対して $d(\alpha) = x$ となる $\alpha : K \longrightarrow M$ が存在する. E を $(\alpha : K \longrightarrow M, f : K \longrightarrow P)$ のファイバー和, つまり $\mathrm{Coker}\left(\begin{pmatrix} f \\ -\alpha \end{pmatrix} : K \longrightarrow P \oplus M\right)$ とおく. すると可換図式

$$\begin{array}{ccccccccc} O & \longrightarrow & K & \xrightarrow{f} & P & \xrightarrow{g} & N & \longrightarrow & O \\ & & \alpha \downarrow & & i_1 \downarrow & & \parallel & & \\ O & \longrightarrow & M & \xrightarrow{i_2} & E & \xrightarrow{g'} & N & \longrightarrow & O \end{array} \tag{3.69}$$

ができる. ただし i_1, i_2 は標準的包含 $P \longrightarrow P \oplus M, M \longrightarrow P \oplus M$ の引き起こす射であり, また g' は $\begin{pmatrix} g & 0 \end{pmatrix} : P \oplus M \longrightarrow N$ の引き起こす射である. このとき, (3.69) の下の行も完全列となる. (例えば $R\text{-}\mathbf{Mod}$ において確かめればよい.) よって図式 (3.69) は可換図式

$$\begin{array}{ccc} \mathrm{Hom}_{\mathcal{A}}(K, M) & \xrightarrow{d} & \mathrm{Ext}^1_{\mathcal{A}}(N, M) \\ {}^{\sharp}\alpha \uparrow & & \parallel \\ \mathrm{Hom}_{\mathcal{A}}(M, M) & \xrightarrow{\delta'} & \mathrm{Ext}^1_{\mathcal{A}}(N, M) \end{array}$$

を引き起こす. したがって $x = d(\alpha) = d \circ {}^{\sharp}\alpha(\mathrm{id}_M) = \delta'(\mathrm{id}_M) = \Phi'([E])$ となる. よって Φ' が全射であることが言えた.

次に拡大

$$O \longrightarrow M \longrightarrow E \longrightarrow N \longrightarrow O, \quad O \longrightarrow M \longrightarrow E' \longrightarrow N \longrightarrow O$$

が $\Phi'([E]) = \Phi'([E'])$ を満たすとする．このとき，P が射影的対象であることを用いて可換図式

$$\begin{CD} O @>>> K @>f>> P @>g>> N @>>> O \\ @. @VV\alpha V @VVV @| @. \\ O @>>> M @>>> E @>>> N @>>> O \end{CD} \quad (3.70)$$

$$\begin{CD} O @>>> K @>f>> P @>g>> N @>>> O \\ @. @VV\alpha' V @VVV @| @. \\ O @>>> M @>>> E' @>>> N @>>> O \end{CD} \quad (3.71)$$

を構成でき，前段落と同様の議論より $d(\alpha) = \Phi'([E]), d(\alpha') = \Phi'([E'])$ となることが言えるので $d(\alpha) = d(\alpha')$ となる．したがって (3.68) よりある $\beta : P \longrightarrow M$ で $\beta \circ f = \alpha' - \alpha$ となるものがある．一方，図式 (3.70) において，E は $(\alpha : K \longrightarrow M, f : K \longrightarrow P)$ のファイバー和，つまり

$$\mathrm{Coker}\left(\begin{pmatrix} f \\ -\alpha \end{pmatrix} : K \longrightarrow P \oplus M \right)$$

と同型であることが言える：実際，ファイバー和を E_0 とおくと図式 (3.70) は行が完全な可換図式

$$\begin{CD} O @>>> M @>i_2>> E_0 @>g'>> N @>>> O \\ @. @| @VVV @| @. \\ O @>>> M @>>> E @>>> N @>>> O \end{CD}$$

(i_2, g' は (3.69) と同様) を引き起こし，5 項補題より $E_0 \cong E$ となる．同様に，図式 (3.71) において，E' は $(\alpha' : K \longleftarrow M, f : K \longrightarrow P)$ のファイバー和，つまり $\mathrm{Coker}\left(\begin{pmatrix} f \\ -\alpha' \end{pmatrix} : K \longrightarrow P \oplus M \right)$ と同型である．すると $\begin{pmatrix} \mathrm{id} & 0 \\ -\beta & \mathrm{id} \end{pmatrix} : P \oplus M \longrightarrow P \oplus M$ が射 $h : E \longrightarrow E'$ で

$$
\begin{array}{ccccccccc}
O & \longrightarrow & M & \longrightarrow & E & \longrightarrow & N & \longrightarrow & O \\
& & \| & & {\scriptstyle h}\downarrow & & \| & & \\
O & \longrightarrow & M & \longrightarrow & E' & \longrightarrow & N & \longrightarrow & O
\end{array}
$$

を可換にするものを引き起こすことがわかる．したがって $[E] = [E']$ であり，よって Φ' が単射であることも確かめられた．

$\mathcal{A}$ が充分単射的対象をもつときは単射的対象への単射 $f: M \longrightarrow I$ をとり，その余核を $g: I \longrightarrow C$ として完全列

$$O \longrightarrow M \xrightarrow{f} I \xrightarrow{g} C \longrightarrow O$$

をとり，同様の議論をすることにより Φ の全単射性を示すことができる． □

注 3.99 拡大 (3.65) の拡大類 $[E]$ に対して $\Phi([E]) = 0 \in \mathrm{Ext}^1_{\mathcal{A}}(N, M)$ となることと拡大 (3.65) が完全列として分裂することは同値である．これは Φ の定義より容易に確かめられる．

3.6 群のホモロジーとコホモロジー

本節では前節の Tor, Ext の理論の例として群のホモロジーおよびコホモロジーについて述べる．なお，本節では群論についての基本的知識を仮定する．

まず群環の概念を定義する．

▷**定義 3.100** G を群とする．$\mathbb{Z}$ 係数の G の**群環 (group ring)** とは可換群 $\mathbb{Z}[G] := \mathbb{Z}^{\oplus G}$ に積の構造を $(a_g)_g (b_g)_g := (\sum_{hk=g} a_h b_k)_g$ により入れてできる環のこと．

以下では $g \in G$ に対して g 成分が 1，他の成分が 0 である $\mathbb{Z}[G]$ の元をやはり g と書くことにする．このとき $\mathbb{Z}[G]$ の元は $\sum_{g \in G} a_g g \, (a_g \in \mathbb{Z})$ の形に一意的に書け，また $\mathbb{Z}[G]$ における積は

$$\left(\sum_{g \in G} a_g g\right)\left(\sum_{g \in G} b_g g\right) = \sum_{g \in G} \left(\sum_{hk=g} a_h b_k\right) g$$

と書き表わされる.

$\epsilon : \mathbb{Z}[G] \longrightarrow \mathbb{Z}; \sum_{g \in G} a_g g \mapsto \sum_{g \in G} a_g$ により定義される環の準同型写像 ϵ を**添加写像** (augmentation map) といい, $I = \{x \in \mathbb{Z}[G] \,|\, \epsilon(x) = 0\} = \{\sum_{g \in G} a_g g \in \mathbb{Z}[G] \,|\, \sum_{g \in G} a_g = 0\}$ を $\mathbb{Z}[G]$ の**添加イデアル** (augmentation ideal) という. 実際 I は $\mathbb{Z}[G]$ の両側イデアルであり, また I は $\mathbb{Z}$ 加群としては $g - 1 \, (g \in G)$ の形の元で生成される自由加群である.

群 G に対して左 G 加群, 右 G 加群の概念を定義する.

▷ **定義 3.101** G を群とする. 可換群 M に G の元による左乗法 $G \times M \longrightarrow M; (g, x) \mapsto gx$ (G の M への (左からの) **作用** (action) という) が与えられたものが**左 G 加群** (left G-module) であるとは次を満たすこと.
(1) 任意の $g \in G, x, y \in M$ に対して $g(x + y) = gx + gy$.
(2) 任意の $g, h \in R, x \in M$ に対して $(gh)x = g(hx)$.
(3) 任意の $x \in M$ に対して $1x = x$.
また, 可換群 M に G の元による右乗法 $M \times G \longrightarrow M; (x, g) \mapsto xg$ (G の M への (右からの) **作用**という) が与えられたものが**右 G 加群** (right G-module) であるとは次を満たすこと.
(1) 任意の $g \in G, x, y \in M$ に対して $(x + y)g = xg + yg$.
(2) 任意の $g, h \in R, x \in M$ に対して $x(gh) = (xg)h$.
(3) 任意の $x \in M$ に対して $x1 = x$.
左 G 加群 (右 G 加群) の間の準同型写像とは, 可換群の準同型で G の作用と整合的なものとして定める. こうしてできる ($\mathfrak{A}$ に属する) 左 G 加群 (右 G 加群) 全体のなす圏を G-**Mod** (**Mod**-G) と書く.

左 G 加群 M が与えられたとき, これは自然に左 $\mathbb{Z}[G]$ 加群とみなせる: 実際, $\sum_{g \in G} a_g g$ の作用を $(\sum_{g \in G} a_g g)x = \sum_{g \in G} a_g gx$ と定めればよい. 逆に, 乗法を保つ自然な単射 $G \hookrightarrow \mathbb{Z}[G]; g \mapsto g$ を通じて考えることにより左 $\mathbb{Z}[G]$ 加群は自然に左 G 加群と思える. この対応により左 G 加群の概念と左 $\mathbb{Z}[G]$ 加群の概念は同値となるので, 以下では左 G 加群と左 $\mathbb{Z}[G]$ 加群の概念を同一視する. 同様に, 右 G 加群と右 $\mathbb{Z}[G]$ 加群の概念も同一視する. 例えば, $\mathbb{Z}[G]$ 自身は環の乗法により自然に左 $\mathbb{Z}[G]$ 加群であり右 $\mathbb{Z}[G]$ 加群であるので, 自然に左 G 加群であり右 G 加群であると見ることができる.

左 G 加群（右 G 加群）M への G の作用が**自明**であるとは，任意の $g \in G$, $x \in M$ に対して $gx = x$ $(xg = x)$ が成り立つこととする．例えば，$\mathbb{Z}$ を自明な作用により左 G 加群（右 G 加群）と思ったとき，添加写像 $\epsilon : \mathbb{Z}[G] \longrightarrow \mathbb{Z}$ は自然に左 G 加群（右 G 加群）の準同型写像であり，$I = \mathrm{Ker}\,\epsilon$ である．

以下では左 G 加群を主な考察の対象とする．（右 G 加群に対しても同様の考察が可能であるがそれは省略する．）左 G 加群 M に対してその**余不変加群 (coinvariant module)** M_G, **不変加群 (invariant module)** M^G を

$$M_G := M/(\sum_{g \in G}(g-1)M) \cong \mathbb{Z} \otimes_{\mathbb{Z}[G]} M,$$

$$M^G := \{x \in M \mid \forall g \in G, gx = x\} \cong \mathrm{Hom}_{\mathbb{Z}[G]}(\mathbb{Z}, M)$$

と定める．ただし，M_G (M^G) の記述における同型は $x \mapsto 1 \otimes x$ $(x \mapsto (n \mapsto nx))$ によるものであり，また $\mathbb{Z}$ は自明な作用により右 G 加群（左 G 加群）と見る．

群 G のホモロジー，コホモロジーを次のように定義する．

▷ **定義 3.102** 左 G 加群 M に対し，$H_n(G, M) := \mathrm{Tor}_n^{\mathbb{Z}[G]}(\mathbb{Z}, M)$ を G の M 係数 n 次**ホモロジー**, $H^n(G, M) := \mathrm{Ext}_{\mathbb{Z}[G]}^n(\mathbb{Z}, M)$ を G の M 係数 n 次**コホモロジー**という．ただし，$H_n(G, M)$ $(H^n(G, M))$ の定義における $\mathbb{Z}$ は自明な作用により右 G 加群（左 G 加群）と見る．

定義より $H^0(G, M) = \mathbb{Z} \otimes_{\mathbb{Z}[G]} M = M_G$, $H_0(G, M) = \mathrm{Hom}_{\mathbb{Z}[G]}(\mathbb{Z}, M) = M^G$ となるので $(H_n(G, -))_{n \in \mathbb{N}}$ は関手 $G\text{-}\mathbf{Mod} \longrightarrow \mathbf{Ab}$; $M \mapsto M_G$ の左導来関手であり，$(H^n(G, -))_{n \in \mathbb{N}}$ は関手 $G\text{-}\mathbf{Mod} \longrightarrow \mathbf{Ab}$; $M \mapsto M^G$ の右導来関手である．

例として 1 次ホモロジー $H_1(G, M)$ を計算する．左 G 加群の完全列

$$0 \longrightarrow I \xrightarrow{i} \mathbb{Z}[G] \xrightarrow{\epsilon} \mathbb{Z} \longrightarrow 0$$

(i は添加イデアル I からの標準的包含, ϵ は添加写像）に伴う Tor の長完全列を考え，$\mathbb{Z}[G]$ が自由 $\mathbb{Z}[G]$ 加群であることに注意すると完全列

$$0 \longrightarrow H_1(G, M) \longrightarrow I \otimes_{\mathbb{Z}[G]} M \xrightarrow{i \otimes \mathrm{id}_M} \mathbb{Z}[G] \otimes_{\mathbb{Z}[G]} M = M$$

を得る．したがって
$$H_1(G, M) = \operatorname{Ker}(i \otimes \operatorname{id}_M : I \otimes_{\mathbb{Z}[G]} M \longrightarrow M)$$
である．さらに M への G の作用が自明なときを考える．このときは $(i \otimes \operatorname{id}_M)((g-1) \otimes x) = gx - x = 0 \, (\forall g \in G, x \in M)$ なので $i \otimes \operatorname{id}_M = 0$ であり，したがって
$$H_1(G, M) = I \otimes_{\mathbb{Z}[G]} M = (I \otimes_{\mathbb{Z}[G]} \mathbb{Z}) \otimes_{\mathbb{Z}} M$$
である．さらに $I \otimes_{\mathbb{Z}[G]} \mathbb{Z} \cong I \otimes_{\mathbb{Z}[G]} (\mathbb{Z}[G]/I) \cong I/I^2$（最後の同型は例 1.81）であり，また
$$G^{\mathrm{ab}} := G/[G, G] \longrightarrow I/I^2; \quad g[G, G] \mapsto g - 1,$$
$$I/I^2 \longrightarrow G^{\mathrm{ab}}; \quad g - 1 \mapsto g[G, G]$$
（ここで $[G, G]$ は G の交換子群を表わす）が同型を与えることがわかるので結局 $H_1(G, M) = G^{\mathrm{ab}} \otimes_{\mathbb{Z}} M$ となることがわかる．

以下，群のコホモロジーについて考える．定義より，これを計算するには $\mathbb{Z}[G]$ 加群としての $\mathbb{Z}$ の射影的分解をとる必要がある．

【例 3.103】 $G = \langle g \rangle$ を g を生成元とする位数 $n \geq 1$ の有限巡回群とする．このとき $N := \sum_{i=0}^{n-1} g^i, T := g - 1$ とおいて，N, T を左から作用させる写像も以下 N, T と書くことにする．このとき
$$\cdots \xrightarrow{T} \mathbb{Z}[G] \xrightarrow{N} \mathbb{Z}[G] \xrightarrow{T} \mathbb{Z}[G] \xrightarrow{\epsilon} \mathbb{Z} \longrightarrow 0$$
は $\mathbb{Z}$ の射影的分解を与える．M を左 G 加群とするとき，最後の $\mathbb{Z}$ を除いて得られる複体に $\operatorname{Hom}_{\mathbb{Z}[G]}(-, M)$ を施すことにより複体
$$0 \longrightarrow M \xrightarrow{T} M \xrightarrow{N} M \xrightarrow{T} \cdots$$
が得られ，この複体の n 次コホモロジーが $H^n(G, M)$ となる．したがって
$$H^0(G, M) = \operatorname{Ker} T = M^G,$$
$$H^{2n}(G, M) = \operatorname{Ker} T / \operatorname{Im} N = M^G / NM \quad (n \geq 1),$$
$$H^{2n+1}(G, M) = \operatorname{Ker} N / \operatorname{Im} T = \operatorname{Ker} N / (g-1)M \quad (n \geq 0)$$

を得る. M への G の作用が自明な場合は $M^G = M$, N は n 倍写像, T は零写像なので

$$H^0(G, M) = M, \quad H^{2n}(G, M) = M/nM \ (n \geq 1),$$
$$H^{2n+1}(G, M) = \mathrm{Ker}\,(n : M \longrightarrow M) \ (n \geq 0)$$

となる.

上の計算例では群の形に対応した射影的分解をとっているが,群の形によらないある意味で標準的な分解を考える. $n \geq 0$ に対して G^{n+1} を群 G の $(n+1)$ 個の直積とし,$P_n := \mathbb{Z}^{\oplus G^{n+1}}$ とおく. $(g_1, \ldots, g_{n+1})$ 成分が 1 で他の成分が 0 の P_n の元を $[g_1, \ldots, g_{n+1}]$ と書く.P_n への G の作用を $g[g_1, \ldots, g_{n+1}] := [gg_1, \cdots, gg_{n+1}]$ を満たすように自然に定めることにより P_n は左 G 加群(すなわち左 $\mathbb{Z}[G]$ 加群)になる. さらに P_n は左 $\mathbb{Z}[G]$ 加群として自由加群になる:実際,$([1, g_1, \ldots, g_n])_{g_1, \ldots, g_n \in G}$ が P_n の基底を与える.この基底を P_n の**斉次基底 (homogeneous basis)** という.さらに左 $\mathbb{Z}[G]$ 加群の準同型 $d_n : P_n \longrightarrow P_{n-1}$ を $[g_0, \ldots, g_n] \mapsto \sum_{i=0}^{n} (-1)^i [g_0, \ldots, \widehat{g_i}, \ldots, g_n]$($\widehat{g_i}$ は g_i を抜かすことを意味する)により定義し,また $\mathrm{d} : P_0 = \mathbb{Z}[G] \longrightarrow \mathbb{Z}$ を添加写像とする.これにより図式

$$\cdots \longrightarrow P_n \xrightarrow{d_n} P_{n-1} \xrightarrow{d_{n-1}} \cdots \xrightarrow{d_1} P_0 \xrightarrow{\mathrm{d}} \mathbb{Z} \longrightarrow 0 \qquad (3.72)$$

を得るが,これは複体となる.(証明は定義 A.18 の上の議論と同じなので省略する.)さらにこの複体のコホモロジーは全て 0 になる:実際,$h_{-1} : \mathbb{Z} \longrightarrow P_0$ を $1 \mapsto [1]$,$h_n : P_n \longrightarrow P_{n+1}$ を $[g_0, \ldots, g_n] \mapsto [1, g_0, \ldots, g_n]$ により定めると $(h_n)_n$ が複体 (3.72) の恒等写像と零写像の間のホモトピーを与える.したがって (3.72) は $\mathbb{Z}$ の射影的分解を与える.$P_\bullet$ を群 G の**標準複体 (standard complex)** という.

さらに $g_1, \ldots, g_n \in G$ に対して $[\![g_1, \ldots, g_n]\!] := [1, g_1, g_1 g_2, \ldots, g_1 g_2 \cdots g_n]$ と定め,また $[\![\ ]\!] := [1]$ と定める. このとき $([\![g_1, \ldots, g_n]\!])_{g_1, \ldots, g_n \in G}$ も P_n の基底を与える.($n = 0$ のときは $([\![\ ]\!])$ が基底となる.)この基底を P_n の**非斉次基底 (inhomogeneous basis)** という.非斉次基底の元たちのなす集合とその添字集合である G^n との間に自然な集合の同型

$$\{[\![g_1,\ldots,g_n]\!]\}_{g_1,\ldots,g_n \in G} \cong G^n; \quad [\![g_1,\ldots,g_n]\!] \leftrightarrow (g_1,\ldots,g_n) \qquad (3.73)$$

がある．非斉次基底の各元の d および d_n $(n \geq 1)$ による像は $\mathrm{d}[\![\ ]\!] = 1$,

$$\begin{aligned}
&d_n[\![g_1,\ldots,g_n]\!] \\
&= d_n[1, g_1, g_1g_2, \ldots, g_1g_2\cdots g_n] \\
&= \sum_{i=0}^{n}(-1)^i[1, g_1, g_1g_2, \ldots, \widehat{g_1g_2\cdots g_i}, \ldots, g_1g_2\cdots g_n] \\
&= g_1[\![g_2,\ldots,g_n]\!] + \sum_{i=1}^{n-1}(-1)^i[\![g_1,\ldots,g_ig_{i+1},\ldots,g_n]\!] + (-1)^n[\![g_1,\ldots,g_{n-1}]\!]
\end{aligned}$$

と計算される．

M を左 G 加群とする．このとき，同型 (3.73) が引き起こす自然な同型

$$\mathrm{Hom}_{\mathbb{Z}[G]}(P_n, M) \cong \mathrm{Hom}_{\mathbf{Set}}(G^n, M); \quad f \mapsto ((g_1,\ldots,g_n) \mapsto f([\![g_1,\ldots,g_n]\!]))$$

がある．そして

$$d^n := {}^\sharp d_{n+1} : \mathrm{Hom}_{\mathbf{Set}}(G^n, M) \cong \mathrm{Hom}_{\mathbb{Z}[G]}(P_n, M)$$
$$\longrightarrow \mathrm{Hom}_{\mathbb{Z}[G]}(P_{n+1}, M) \cong \mathrm{Hom}_{\mathbf{Set}}(G^{n+1}, M)$$

により複体 $(\mathrm{Hom}_{\mathbf{Set}}(G^\bullet, M), d^\bullet)$ が構成され，この複体の n 次コホモロジーが $H^n(G, M)$ である．構成より d^n は具体的には

$$\begin{aligned}
&d^n f(g_1,\ldots,g_{n+1}) \\
&= g_1 f(g_2,\ldots,g_{n+1}) + \sum_{i=1}^{n}(-1)^i f(g_1,\ldots,g_ig_{i+1},\ldots,g_{n+1}) + (-1)^{n+1}f(g_1,\ldots,g_n)
\end{aligned}$$

と書ける．特に

$$H^1(G, M) = \frac{\mathrm{Ker}\, d^1}{\mathrm{Im}\, d^0} = \frac{\{f : G \longrightarrow M \mid f(g_1g_2) = g_1f(g_2) + f(g_1)\}}{\{g \mapsto ga - a \mid a \in M\}}$$

となる．特に，M への G の作用が自明なときは

$$H^1(G, M) = \{f : G \longrightarrow M \mid f(g_1g_2) = f(g_1) + f(g_2)\} = \mathrm{Hom}_{\mathbb{Z}}(G^{\mathrm{ab}}, M)$$

となることがわかる．また

$$H^2(G, M) = \frac{\operatorname{Ker} d^2}{\operatorname{Im} d^1}$$
$$= \frac{\{f : G \times G \longrightarrow M \mid g_1 f(g_2, g_3) - f(g_1 g_2, g_3) + f(g_1, g_2 g_3) - f(g_1, g_2) = 0\}}{\{(g_1, g_2) \mapsto g_1 \varphi(g_2) - \varphi(g_1 g_2) + \varphi(g_1) \mid \varphi \in \operatorname{Hom}_{\mathbf{Set}}(G, M)\}}$$

となる. $\operatorname{Ker} d^n$ の元のことを M に値をとる G の n **余輪体 (cocycle)**, $\operatorname{Im} d^{n-1}$ の元のことを M に値をとる G の n **余境界輪体 (coboundary)** という.

群を変えたときに群のコホモロジーの間に引き起こされる写像について述べる. $f : H \longrightarrow G$ を群の準同型写像とするとき, 左 G 加群 M への H の作用を $hx := f(h)x \, (h \in H, x \in M)$ と定めることにより, M を左 H 加群とみなすことができる. $P_{H, \bullet}, P_{G, \bullet}$ を H, G の標準複体とするとき左 H 加群の複体の射 $f_\bullet : P_{H, \bullet} \longrightarrow P_{G, \bullet}$ を次数 n において $[h_0, \ldots, h_n] \mapsto [f(h_0), \ldots, f(h_n)]$ を満たすような射として定義する. すると左 G 加群 M に対して複体の射

$$f^\bullet : \operatorname{Hom}_G(P_{G, \bullet}, M) \hookrightarrow \operatorname{Hom}_H(P_{G, \bullet}, M) \xrightarrow{{}^\sharp f_\bullet} \operatorname{Hom}_H(P_{H, \bullet}, M)$$

が定義され, これが引き起こすコホモロジー間の写像として

$$f^* : H^n(G, M) \longrightarrow H^n(H, M) \tag{3.74}$$

が定義される.

H が G の部分群, $f : H \hookrightarrow G$ が標準的包含であるときの写像 (3.74) を Res と書き, これを**制限写像 (restriction map)** という. また, H を G の正規部分群とし M を左 G 加群とするとき, M^H は左 G/H 加群となるが, このとき標準的射影 $f : G \longrightarrow G/H$ と M^H に対する (3.74) の写像 $f^* : H^n(G/H, M^H) \longrightarrow H^n(G, M^H)$ と包含 $M^H \hookrightarrow M$ が引き起こす写像 $H^n(G, M^H) \longrightarrow H^n(G, M)$ との合成 $H^n(G/H, M^H) \longrightarrow H^n(G, M)$ を Inf と書き, これを**膨張写像 (inflation map)** という.

制限写像と膨張写像の間には次の関係がある.

▶**命題 3.104** H を G の正規部分群, M を左 G 加群とするとき, 次の完全列がある.

$$0 \longrightarrow H^1(G/H, M^H) \xrightarrow{\operatorname{Inf}} H^1(G, M) \xrightarrow{\operatorname{Res}} H^1(H, M). \tag{3.75}$$

これを**膨張制限系列** (inflation-restriction sequence) という.

[**証明**] この証明においては 1 余輪体 f のコホモロジーにおける剰余類を $[f]$ と書くことにする. まず図式 (3.75) における Inf の単射性を示す. $f : G/H \longrightarrow M^H$ を 1 余輪体として $\tilde{f}$ を合成 $G \longrightarrow G/H \xrightarrow{f} M^H \hookrightarrow M$ (最初の射は標準的全射, 最後の射は標準的包含) とすると $\mathrm{Inf}([f]) = [\tilde{f}]$ である. $[\tilde{f}] = 0$ であるとすると, ある $a \in M$ で $\tilde{f}(g) = ga - a\, (g \in G)$ を満たすものがある. このとき任意の $h \in H$ に対して $0 = f(hH) = \tilde{f}(h) = ha - a$ なので $a \in M^H$. すると任意の $g \in G$ に対して $f(gH) = \tilde{f}(g) = ga - a$ となることから $[f] = 0$ となることがわかる. したがって Inf は単射となる.

次に, 1 余輪体 $f : G/H \longrightarrow M^H$ に対して $\mathrm{Res} \circ \mathrm{Inf}([f])$ は合成

$$H \hookrightarrow G \longrightarrow G/H \xrightarrow{f} M^H \hookrightarrow M$$

の剰余類であるが, 上の合成は 0 なので $\mathrm{Res} \circ \mathrm{Inf}([f]) = 0$ となる.

最後に $\mathrm{Ker}\, \mathrm{Res} \subseteq \mathrm{Im}\, \mathrm{Inf}$ を示す. 1 余輪体 $f : G \longrightarrow M$ の剰余類 $[f]$ が $\mathrm{Ker}\, \mathrm{Res}$ に属するとするとある $a \in M$ で $f(h) = ha - a\, (h \in H)$ を満たすものがある. このとき $f'(g) := f(g) - (ga - a)\, (g \in G)$ とおくと $[f] = [f']$ で, また $f'(h) = 0\, (h \in H)$ を満たす. よって, 等式 $f'(g_1 g_2) = g_1 f'(g_2) + f'(g_1)$ において $g_1 \in G, g_2 \in H$ のときを考えると $f'(g_1 g_2) = f'(g_1)$ となり, したがってある写像 $f'' : G/H \longrightarrow M$ で $f''(gH) = f'(g)\, (g \in G)$ を満たすものが存在する. また $g_1 \in H, g_2 \in G$ のときを考えると $g_1 f''(g_2 H) = g_1 f'(g_2) = f'(g_1 g_2) = f'(g_2 \cdot g_2^{-1} g_1 g_2) = f''(g_2 H)$ となり, これより f'' が 1 余輪体 $G/H \longrightarrow M^H$ を定めることがわかる. そして構成より $\mathrm{Inf}([f'']) = [f'] = [f]$ となるので $[f] \in \mathrm{Im}\, \mathrm{Inf}$ となる. これで $\mathrm{Ker}\, \mathrm{Res} \subseteq \mathrm{Im}\, \mathrm{Inf}$ が示された. $\square$

制限写像の別の定義法を述べる. H を G の部分群,

$$r : G\text{-}\mathbf{Mod} \longrightarrow H\text{-}\mathbf{Mod}; M \mapsto M$$

を左 G 加群 M を標準的包含 $H \hookrightarrow G$ を通じて左 H 加群とみなす関手とし,

$$s_H : H\text{-}\mathbf{Mod} \longrightarrow \mathbf{Ab}, \quad s_G : G\text{-}\mathbf{Mod} \longrightarrow \mathbf{Ab}$$

を $s_H(M) := M^H, s_G(M) := M^G$ により定義される関手とする．（$H^n(H,-)$ は s_H の，$H^n(G,-)$ は s_G の導来関手であったことに注意．）このとき r は明らかに完全関手である．また関手

$$H\text{-}\mathbf{Mod} \longrightarrow G\text{-}\mathbf{Mod}; \quad M \mapsto \mathbb{Z}[G] \otimes_{\mathbb{Z}[H]} M$$

が r の左随伴関手となり，またこの関手は完全である（右 $\mathbb{Z}[H]$ 加群として $\mathbb{Z}[G] = \bigoplus_{gH \in G/H} g\mathbb{Z}[H] \cong \mathbb{Z}[H]^{\oplus(G/H)}$ となるため）．したがって命題 2.176 より r は単射的対象を保つ．この性質よりスペクトル系列

$$E_2^{p,q} = R^p s_{H,*} R^q r_* M \Longrightarrow R^{p+q}(s_H \circ r)_* M$$

が定義され，また r の完全性より $q > 0$ のとき $R^q r_* M = 0$ である．したがって $(R^n s_{H,*}) \circ r_* M = R^n (s_H \circ r)_* M$ となるが，左辺は $H^n(H, M)$ に他ならないので $H^n(H, M) = R^n (s_H \circ r)_* M$ となる，つまり $H^n(H,-) : G\text{-}\mathbf{Mod} \longrightarrow \mathbf{Ab}$ は $s_H \circ r$ の右導来関手となる．さて，左 G 加群 M に対して自然な包含 $M^G \hookrightarrow M^H$ があるが，これは自然変換 $s_G \longrightarrow s_H \circ r$ を定める．そしてこれが引き起こす導来関手の間の自然変換を考えることにより写像

$$H^n(G, M) \longrightarrow H^n(H, M) \tag{3.76}$$

が得られる．実はこの写像は制限写像 Res と一致する：それは命題 3.33 における一意性から従う．（詳しい証明は読者に任せる．）

さて，H の G における指数 $[G:H]$ が有限なとき，左 G 加群 M に対して写像

$$M^H \longrightarrow M^G; \quad x \mapsto \sum_{gH \in G/H} gx$$

が定義され，これは自然変換 $s_H \circ r \longrightarrow s_G$ を定める．これが引き起こす導来関手の間の自然変換により定義される写像

$$H^n(H, M) \longrightarrow H^n(G, M)$$

を Cor と書き，**余制限写像 (corestriction map)** という．このとき次の命題が成り立つ．

▶**命題 3.105**　H を G の部分群で $[G:H] = l < \infty$ とするとき合成 Cor ∘ Res は l 倍写像となる.

[証明]　Cor ∘ Res は合成
$$M^G \longrightarrow M^H \longrightarrow M^G; \quad x \mapsto x \mapsto \sum_{gH \in G/H} gx \tag{3.77}$$
が引き起こす導来関手の間の自然変換により定義される写像 $H^n(G,M) \longrightarrow H^n(G,M)$ に他ならないが, (3.77) は l 倍写像なのでそれは l 倍写像に等しい. □

▶**系 3.106**　G を位数 l の有限群, M を左 G 加群とし, また $n > 0$ とする.
(1) $H^n(G,M)$ の任意の元は l 倍すると 0 になる.
(2) M が位数 m の有限可換群で l と m が互いに素ならば $H^n(G,M) = 0$.

[証明]　$H = \{1\}$ のとき $H^n(H,M) = 0$ である. したがって, この H に対する制限写像 $H^n(G,M) \longrightarrow H^n(H,M)$ は 0 となるので Cor ∘ Res = l 倍写像は 0 となる. これで (1) が言えた. また M の位数が m ならば m 倍写像 $H^n(G,M) \longrightarrow H^n(G,M)$ は（例えば標準複体を用いた計算により）0 となる. これと (1) により (2) が言える. □

次に H を G の正規部分群とし,
$$s_H : G\text{-}\mathbf{Mod} \longrightarrow G/H\text{-}\mathbf{Mod}, \quad s_{G/H} : G/H\text{-}\mathbf{Mod} \longrightarrow \mathbf{Ab},$$
$$s_G := s_{G/H} \circ s_H : G\text{-}\mathbf{Mod} \longrightarrow \mathbf{Ab}$$
を $s_H(M) := M^H, s_{G/H}(M) := M^{G/H}, s_G(M) := M^G$ により定義される関手とする. これらの右導来関手が $(H^n(H,-))_n, (H^n(G/H,-))_n, (H^n(G,-))_n$ に他ならない. 標準的射影 $G \longrightarrow G/H$ を通じて左 G/H 加群を左 G 加群とみなす完全関手 $G/H\text{-}\mathbf{Mod} \longrightarrow G\text{-}\mathbf{Mod}$ が s_H の左随伴関手となるので s_H は単射的対象を保つ. したがってスペクトル系列
$$E_2^{p,q} = R^p s_{G/H,*} R^q s_{H,*} M \implies R^{p+q} s_{G,*} M$$
がある. これは次のスペクトル系列に他ならない.

▶命題 3.107 群 H を G の正規部分群，M を左 G 加群とするとき，次のスペクトル系列がある．

$$E_2^{p,q} = H^p(G/H, H^q(H, M)) \Longrightarrow E^{p+q} = H^{p+q}(G, M). \tag{3.78}$$

これをリンドン-ホッホシルト-セールスペクトル系列 (Lyndon-Hochschild-Serre spectral sequence) という．

注 3.108 $p < 0$ または $q < 0$ のときスペクトル系列 (3.78) の $E_r^{p,q}$ 項 $(r \geq 2)$ は 0 である．このことから単射 $E_\infty^{0,q} \longrightarrow E_2^{0,q}$，全射 $E_2^{p,0} \longrightarrow E_\infty^{p,0}$ があることが言え，よって合成 $E^q \longrightarrow E_\infty^{0,q} \longrightarrow E_2^{0,q}$, $E_2^{p,0} \longrightarrow E_\infty^{p,0} \longrightarrow E^p$ により写像

$$H^q(G, M) \longrightarrow H^0(G/H, H^q(H, M)), \quad H^p(G/H, M^H) \longrightarrow H^p(G, M) \tag{3.79}$$

が定まる．このとき，実は (3.79) の 1 つめの写像と包含 $H^0(G/H, H^q(H, M)) = (H^q(H, M))^{G/H} \hookrightarrow H^q(H, M)$ との合成は制限写像 Res に等しく，また (3.79) の 2 つめの写像は膨張写像 Inf に等しい．これの証明は容易ではないが，意欲のある読者に任せる．この事実と注 3.51(8) におけるスペクトル系列の計算より膨張制限系列 (3.75) を得るので，命題 3.104 の別証明が得られる．

演習問題

3-1. 次で与えられる $\mathbb{Z}$ 加群の複体 $(M^\bullet, d^\bullet)$ のコホモロジーを計算せよ．
(1) $M^n = \mathbb{Z}, d^n = 0 \, (n \in \mathbb{Z})$.
(2) $M^n = \begin{cases} \mathbb{Z}/2^n\mathbb{Z} & (n \geq 0), \\ 0 & (n < 0), \end{cases}$ $d^n = \begin{cases} 2^n \text{ 倍写像から定まる写像} & (n \geq 0), \\ 0 & (n < 0). \end{cases}$

3-2. $\mathcal{A}$ を充分単射的対象をもつアーベル圏とし，$\mathcal{A}$ における $(\mathbb{N}, \leq)^{\mathrm{op}}$ 上の図式のなす圏を $\mathcal{A}^\mathbb{N}$ とおく．
(1) $\mathcal{A}^\mathbb{N}$ がアーベル圏であることを示せ．
(2) $\mathcal{A}^\mathbb{N}$ の対象 $A := ((A_n)_{n \in \mathbb{N}}, (f_{n,m} : A_m \longrightarrow A_n)_{n, m \in \mathbb{N}, n \leq m})$ が $\mathcal{A}$ の単射的対象であるためには，各 A_n が単射的対象であり，かつ任意の $n \in \mathbb{N}$ に対して $f_{n,n+1} \circ s_n = \mathrm{id}_{A_n}$ を満たす射 $s_n : A_n \longrightarrow A_{n+1}$ が存在することが必要充分であることを示せ．
(3) $\mathcal{A}^\mathbb{N}$ が充分単射的対象をもつことを示せ．
(4) 以下，$\mathcal{A}$ における $(\mathbb{N}, \leq)^{\mathrm{op}}$ 上の図式がいつも射影極限をもつと仮定する．$\mathcal{A}^\mathbb{N}$ の対象 $A := ((A_n)_{n \in \mathbb{N}}, (f_{n,m} : A_m \longrightarrow A_n)_{n, m \in \mathbb{N}, n \leq m})$ に対してその射影極限 $\varprojlim_{n \in \mathbb{N}} A_n$ を対応させる操作が左完全関手 $\varprojlim_{n \in \mathbb{N}} : \mathcal{A}^\mathbb{N} \longrightarrow \mathcal{A}$ を定めることを示

(5) $\varprojlim_{n\in\mathbb{N}}$ の右導来関手を $(R^i\varprojlim_{n\in\mathbb{N}})_{i\in\mathbb{N}}$ とする. $\mathcal{A}^\mathbb{N}$ の対象 $A := ((A_n)_{n\in\mathbb{N}}, (f_{n,m}: A_m \longrightarrow A_n)_{n,m\in\mathbb{N}, n\leq m})$ が任意の $n\in\mathbb{N}$ に対して $f_{n,n+1}\circ s_n = \mathrm{id}_{A_n}$ を満たす射 $s_n: A_n \longrightarrow A_{n+1}$ をもつとき, $R^i\varprojlim_{n\in\mathbb{N}} A = O$ $(i>0)$ であることを示せ.

(6) $i\geq 2$ のとき, 任意の $A\in\mathrm{Ob}\mathcal{A}^\mathbb{N}$ に対して $R^i\varprojlim_{n\in\mathbb{N}} A = O$ であることを示せ.

(7) $R\text{-}\mathbf{Mod}^\mathbb{N}$ ($\mathcal{A} = R\text{-}\mathbf{Mod}$ のときの $\mathcal{A}^\mathbb{N}$) の対象 $A := ((A_n)_{n\in\mathbb{N}}, (f_{n,m}: A_m \longrightarrow A_n)_{n,m\in\mathbb{N}, n\leq m})$ で任意の $n\in\mathbb{N}$ に対して $f_{n,n+1}$ が全射であるようなものに対して $R^i\varprojlim_{n\in\mathbb{N}} A = 0$ $(i>0)$ であることを示せ.

3-3. $\mathcal{A}$ を充分単射的対象をもつアーベル圏とし, $\mathcal{A}$ における $(\mathbb{N},\leq)^{\mathrm{op}}$ 上の図式がいつも射影極限をもつと仮定する. また $\mathcal{A}^\mathbb{N}$ を **3-2** の通りとする. $(A^\bullet, d^\bullet)$ を $\mathcal{A}^\mathbb{N}$ における複体で, 各 $k\in\mathbb{N}$ に対して $R^i\varprojlim_{n\in\mathbb{N}} A^k = O$ $(i>0)$ を満たすものとする. このとき, 任意の $q\in\mathbb{Z}$ に対して $\mathcal{A}$ における完全列
$$O \longrightarrow R^1\varprojlim_{n\in\mathbb{N}} H^{q-1}(A^\bullet) \longrightarrow H^q(\varprojlim_{n\in\mathbb{N}} A^\bullet) \longrightarrow \varprojlim_{n\in\mathbb{N}} H^q(A^\bullet) \longrightarrow O$$
が存在することを示せ.

3-4. 可換環 R と $a\in R$ に対して, R 加群の準同形写像 $R \longrightarrow R; x \mapsto ax$ を f_a と書く. R の元の列 $(a_1,\ldots,a_n)$ に対して複体 $K^\bullet(a_1,\ldots,a_n)$ を帰納的に以下のように定める.

(a) $K^\bullet(a_1)$ は複体 $0 \longrightarrow R \xrightarrow{f_{a_1}} R \longrightarrow 0$ とする. ただし R は -1 次および 0 次の項であるとする.

(b) $K^\bullet(a_1,\ldots,a_n) := \mathrm{Tot}(K^\bullet(a_1,\ldots,a_{n-1}) \otimes_R K^*(a_n))$ とする.

以下の問に答えよ.

(1) $m\in\mathbb{Z}$ に対して $I_m = \{J\subseteq\{1,\ldots,n\} \mid |J| = -m\}$ とおき, $J = \{i_1,\ldots,i_{-m}\}$ $(i_1<\cdots<i_{-m})$ なる $J\in I_m$ と $1\leq k\leq -m$ に対して $J_k := J\setminus\{i_k\}$ とおく.

R 加群 L^m を $L^m := R^{\oplus I_m}$ とし, 第 J 成分のみ 1 で他の成分が 0 の L^m の元を e_J とおく. そして $d^m: L^m \longrightarrow L^{m+1}$ を
$$d^m(e_J) = \sum_{k=1}^{-m}(-1)^{k-1}a_{i_k}e_{J_k} \quad (J\in I_m, i_k \text{ は } J\setminus J_k \text{ の唯一の元})$$
により定まる R 加群の準同形写像とする. このとき, $(L^\bullet, d^\bullet)$ は $K^\bullet(a_1,\ldots,a_n)$ と同型な複体であることを示せ.

(2) $1\leq i\leq n$ に対して準同形写像
$$R/(a_1R+\cdots+a_{i-1}R) \longrightarrow R/(a_1R+\cdots+a_{i-1}R);$$
$$x+(a_1R+\cdots+a_{i-1}R) \mapsto a_ix+(a_1R+\cdots+a_{i-1}R)$$
が単射であると仮定する. このとき $H^0(K(a_1,\ldots,a_n)) = R/(a_1R+\cdots+a_nR)$, $H^m(K(a_1,\ldots,a_n)) = 0$ $(m\neq 0)$ が成り立つことを示せ.

3-5. $a, b \in \mathbb{N}$ に対して $\mathrm{Tor}_1^{\mathbb{Z}}(\mathbb{Z}/a\mathbb{Z}, \mathbb{Z}/b\mathbb{Z}) = \mathbb{Z}/c\mathbb{Z}$, $\mathrm{Ext}_{\mathbb{Z}}^1(\mathbb{Z}/a\mathbb{Z}, \mathbb{Z}/b\mathbb{Z}) = \mathbb{Z}/d\mathbb{Z}$ となる $c, d \in \mathbb{N}$ を求めよ.

3-6. 環 R と R のイデアル I を次の通りとするときの $\mathrm{Ext}_R^n(R/I, R/I)$ および $\mathrm{Ext}_R^n(R/I, R)$ $(n \in \mathbb{N})$ を計算せよ.
(1) $R = \mathbb{C}[x_1, \ldots, x_m]$, $I = x_1 R + \cdots + x_m R$.
(2) $R = \mathbb{C}[x]/x^3\mathbb{C}[x]$, $I = x\mathbb{C}[x]/x^3\mathbb{C}[x]$.

3-7. R を可換環, I を R のイデアルで, R/I が体であるようなものとする. このとき次は同値であることを示せ.
(1) $\mathrm{Ext}_R^1(R/I, R/I) \neq 0$.   (2) $I \neq I^2$.

3-8. $G = \langle g \rangle$ を g を生成元とする無限位数の巡回群とする.
(1) $0 \longrightarrow \mathbb{Z}[G] \xrightarrow{g-1} \mathbb{Z}[G] \xrightarrow{\epsilon} \mathbb{Z} \longrightarrow 0$ は自明な作用の左 G 加群 $\mathbb{Z}$ の射影的分解を与えることを示せ.
(2) 左 G 加群 M に対して G の M 係数 n 次コホモロジー $H^n(G, M)$ を求めよ.

第 4 章

層

　位相空間あるいは多様体を調べるときにその上の関数を考えることがよくあるが，通常は位相空間や多様体全体で定義される関数だけではなく，その様々な開部分集合上で定義される関数を考える．また，関数の定義域を制限することや，局所的に定義された関数たちを貼り合わせて大きな定義域上の関数を定義することもよく行われる．このような考えが可能になるような仕組みを抽象化したものが位相空間上の層の概念である．本章ではまず層の基礎概念について説明する．本章における説明は抽象的なものであるが，上に説明したようにそれは数学の様々な分野において（たとえそのように意識していないとしても）自然に現れているものである．また，位相空間上の層に対して，層を係数とするコホモロジーの概念が定義される．定義は前章で説明した導来関手を用いる抽象的なものであり，定義から直接計算するのは難しいが，本章の後の方で示されるように，適切な状況下ではより直観的な定義や，幾何学において定義されるコホモロジーと一致するものとなっている．

　以下，本章では $\mathbb{N}$ を含む宇宙 $\mathfrak{U}$（定義 2.1）を一つ固定する．また R は $\mathfrak{U}$ に属する環であるとし，本章に現れる位相空間（定義 A.1）やその開被覆（閉被覆）（定義 A.5）あるいは有向集合は，特に断らない限り全て小さな位相空間，小さな開被覆（閉被覆），小さな有向集合であるとする．

4.1　前層の定義と基本性質

　まず位相空間 X に対して圏 $\mathbb{O}_X$ を $\mathrm{Ob}\,\mathbb{O}_X$ を X の開集合全体のなす集合，$\mathrm{Hom}_{\mathbb{O}_X}(U,V)$ を $U \subseteq V$ のときは包含 $U \hookrightarrow V$ のみからなる 1 元集合，$U \not\subseteq V$ のときは空集合，と定めることにより定義する．これを用いて X 上の前層の概念を次のように定義する．

▷ **定義 4.1** $\mathcal{C}$ を圏とする．X 上の $\mathcal{C}$ に値をとる**前層 (presheaf)** とは関手 $P : \mathbb{O}_X^{\mathrm{op}} \longrightarrow \mathcal{C}$ のこと．つまり，X の各開集合 U に対して $\mathcal{C}$ の対象 $P(U)$ が，X の開集合の包含 $V \hookrightarrow U$ に対して $\mathcal{C}$ における射 $P(V \hookrightarrow U) : P(U) \longrightarrow P(V)$ が与えられ，$P(U \overset{\mathrm{id}}{\hookrightarrow} U) = \mathrm{id}_{P(U)}$, $P(W \hookrightarrow V) \circ P(V \hookrightarrow U) = P(W \hookrightarrow U)$ ($W \hookrightarrow V \hookrightarrow U$ は X の開集合の包含) を満たすもののこと．$P(V \hookrightarrow U)$ のことを $V \hookrightarrow U$ に対する**制限写像**と呼ぶこともある．$\mathcal{C} = \mathbf{Set}$ ($\mathcal{C} = R\text{-}\mathbf{Mod}$) のとき，$X$ 上の $\mathcal{C}$ に値をとる前層のことを X 上の集合の前層 (X 上の左 R 加群の前層) という．

X 上の $\mathcal{C}$ に値をとる前層の射 $f : P \longrightarrow Q$ は関手の自然変換とする．つまり，射 f とは X の各開集合 U に対して $\mathcal{C}$ における射 $f(U) : P(U) \longrightarrow Q(U)$ が定まっていて，X の開集合の包含 $V \hookrightarrow U$ に対して $Q(V \hookrightarrow U) \circ f(U) = f(V) \circ P(V \hookrightarrow U)$ を満たすもののこと．X 上の $\mathcal{C}$ に値をとる前層のなす圏を $\mathrm{PSh}(X, \mathcal{C})$ と書く．

以下では紙幅の節約のため，制限写像 $P(V \hookrightarrow U)$ のことを P_{VU} と書く．

注 4.2 (1) 前層 P の定義の中に $P(\emptyset)$ が $\mathcal{C}$ の終対象であることを仮定する流儀もあるが，本書ではこれを仮定しない．
(2) X は ($\mathfrak{U}$ に関する) 小さな位相空間なので，X 上の $\mathcal{C}$ に値をとる前層の間の射の集合は小さな集合であり，$\mathrm{PSh}(X, \mathcal{C})$ は圏になっている．

【例 4.3】 (1) $\mathcal{C}$ の対象 A に対し，${}^p A_X : \mathbb{O}_X^{\mathrm{op}} \longrightarrow \mathcal{C}$ を ${}^p A_X(U) := A$ ($\forall U \in \mathrm{Ob}\,\mathbb{O}_X$), ${}^p A_{X,VU} = \mathrm{id}_A$ ($\forall V \hookrightarrow U$) と定めるとこれは X 上の $\mathcal{C}$ に値をとる前層となる．これを A に伴う X 上の**定数前層 (constant presheaf)** という．
(2) 位相空間 X に対して，$C_X^0 : \mathbb{O}_X^{\mathrm{op}} \longrightarrow \mathbf{Set}$ を $C_X^0(U) := \{f : U \longrightarrow \mathbb{R} \mid 連続関数\}$, $C_{X,VU}^0(f) := f|_V$ と定めると C_X^0 は X 上の前層となる．同様に，C^∞ 級多様体 (定義 A.24) X に対して $C_X^\infty : \mathbb{O}_X^{\mathrm{op}} \longrightarrow \mathbf{Set}$ を $C_X^\infty(U) := \{f : U \longrightarrow \mathbb{R} \mid C^\infty$ 級関数$\}$ (定義 A.25), $C_{X,VU}^\infty(f) := f|_V$ と定めると C_X^∞ は X 上の前層となる．

▶ **命題 4.4** $\mathcal{I}$ を小さな有向グラフまたは小さな圏とし，$\mathcal{C}$ において $\mathcal{I}$ 上の図式の帰納極限 ($\mathcal{I}^{\mathrm{op}}$ 上の図式の射影極限) がいつも存在すると仮定する．こ

のとき，$\mathrm{PSh}(X,\mathcal{C})$ における $\mathcal{I}$ 上の図式（$\mathcal{I}^{\mathrm{op}}$ 上の図式）$(P_i)_{i\in\mathrm{Ob}\,\mathcal{I}}$ に対してその帰納極限 $\varinjlim^p_{i\in\mathrm{Ob}\,\mathcal{I}} P_i$（射影極限 $\varprojlim^p_{i\in\mathrm{Ob}\,\mathcal{I}} P_i$）が存在する．具体的には，帰納極限 $\varinjlim^p_{i\in\mathrm{Ob}\,\mathcal{I}} P_i$（射影極限 $\varprojlim^p_{i\in\mathrm{Ob}\,\mathcal{I}} P_i$）は $P(U) := \varinjlim_{i\in\mathrm{Ob}\,\mathcal{I}} P_i(U)$, $P_{VU} := \varinjlim_{i\in\mathrm{Ob}\,\mathcal{I}} P_{i,VU}$（$P(U) := \varprojlim_{i\in\mathrm{Ob}\,\mathcal{I}} P_i(U)$, $P_{VU} := \varprojlim_{i\in\mathrm{Ob}\,\mathcal{I}} P_{i,VU}$）により定義される前層 P である．

注 4.5 本書では，後で出てくる層の圏における帰納極限，射影極限と区別するために前層の圏における帰納極限，射影極限は $\varinjlim^p_{i\in\mathrm{Ob}\,\mathcal{I}} P_i, \varprojlim^p_{i\in\mathrm{Ob}\,\mathcal{I}} P_i$ と ^{p} をつけて書くことにする．

[証明] P を $P(U) := \varinjlim_{i\in\mathrm{Ob}\,\mathcal{I}} P_i(U)$, $P_{VU} := \varinjlim_{i\in\mathrm{Ob}\,\mathcal{I}} P_{i,VU}$ により定義される前層とする．このとき任意の $Q \in \mathrm{Ob}\,\mathrm{PSh}(X,\mathcal{C})$ に対して

$$\mathrm{Hom}_{\mathrm{PSh}(X,\mathcal{C})}(P,Q)$$
$$= \{(f(U): P(U) \longrightarrow Q(U))_U \mid \forall U' \hookrightarrow U \text{ に対して整合的}\}$$
$$= \left\{(f_i(U): P_i(U) \longrightarrow Q(U))_{i,U} \;\middle|\; \begin{array}{l} \forall U' \hookrightarrow U, \forall i \longrightarrow i' \\ \text{に対して整合的} \end{array}\right\}$$
$$= \{(f_i: P_i \longrightarrow Q)_i \mid \forall i \longrightarrow i' \text{ に対して整合的}\}$$

となるので，P が帰納極限 $\varinjlim^p_{i\in\mathrm{Ob}\,\mathcal{I}} P_i$ を与える．射影極限の方の証明も同様である． □

▶**命題 4.6** X を位相空間とする．
(1) $\mathcal{C}$ を始対象をもつ圏とするとき，X 上の $\mathcal{C}$ に値をとる前層の射 $f: F \longrightarrow G$ に対する次の2条件は同値．
(a) f は圏 $\mathrm{PSh}(X,\mathcal{C})$ における単射である．
(b) X の任意の開集合 U に対して $f(U): F(U) \longrightarrow G(U)$ は $\mathcal{C}$ における単射である．
(2) $\mathcal{C}$ を終対象をもつ圏とするとき，X 上の $\mathcal{C}$ に値をとる前層の射 $f: F \longrightarrow G$ に対する次の2条件は同値．
(a) f は圏 $\mathrm{PSh}(X,\mathcal{C})$ における全射である．

(b) X の任意の開集合 U に対して $f(U) : F(U) \longrightarrow G(U)$ は $\mathcal{C}$ における全射である.

[**証明**] (1) まず (b) $\Longrightarrow$ (a) を示す. 圏 $\mathrm{PSh}(X, \mathcal{C})$ における射 $g, h : H \longrightarrow F$ が $f \circ g = f \circ h$ を満たすとすると, X の任意の開集合 U に対して $f(U) \circ g(U) = f(U) \circ h(U)$ なので条件 (b) より $g(U) = h(U)$ となる. したがって $g = h$ となるので f は単射となる.

次に (a) $\Longrightarrow$ (b) を示す. $\mathcal{C}$ の始対象を e, $\mathcal{C}$ における e からの射 $e \longrightarrow A$ ($A \in \mathrm{Ob}\mathcal{C}$) を i と書く. 今, (b) の条件が成り立たないとすると, ある X の開集合 U と $\mathcal{C}$ における射 $g, h : A \longrightarrow F(U)$ で, $f(U) \circ g = f(U) \circ h$ かつ $g \neq h$ となるものが存在する. そこで $H \in \mathrm{PSh}(X, \mathcal{C})$ を

$$H(V) := \begin{cases} A, & (V \subseteq U \text{ のとき}), \\ e, & (V \not\subseteq U \text{ のとき}), \end{cases} \quad H_{V'V} := \begin{cases} \mathrm{id}_A, & (V \subseteq U \text{ のとき}), \\ i, & (V \not\subseteq U \text{ のとき}) \end{cases}$$

により定め, また, $\tilde{g}, \tilde{h} : H \longrightarrow F$ を

$$\tilde{g}(V) := \begin{cases} F_{VU} \circ g, & (V \subseteq U \text{ のとき}), \\ i, & (V \not\subseteq U \text{ のとき}), \end{cases}$$

$$\tilde{h}(V) := \begin{cases} F_{VU} \circ h, & (V \subseteq U \text{ のとき}), \\ i, & (V \not\subseteq U \text{ のとき}) \end{cases}$$

により定める. すると $f \circ \tilde{g} = f \circ \tilde{h}$ であることが確かめられ, 一方 $\tilde{g}(U) = g \neq h = \tilde{h}(U)$ より $\tilde{g} \neq \tilde{h}$ となる. 以上より f が単射でないこと, つまり (a) の否定が言える.

(2) まず (b) $\Longrightarrow$ (a) を示す. 圏 $\mathrm{PSh}(X, \mathcal{C})$ における射 $g, h : G \longrightarrow H$ が $g \circ f = h \circ f$ を満たすとすると, X の任意の開集合 U に対して $g(U) \circ f(U) = h(U) \circ f(U)$ なので条件 (b) より $g(U) = h(U)$ となる. したがって $g = h$ となるので f は全射となる.

次に (a) $\Longrightarrow$ (b) を示す. $\mathcal{C}$ の終対象を e, $\mathcal{C}$ における e への射 $A \longrightarrow e$ ($A \in \mathrm{Ob}\mathcal{C}$) を i と書く. 今, (b) の条件が成り立たないとすると, ある X の開集合 U と $\mathcal{C}$ における射 $g, h : G(U) \longrightarrow A$ で, $g \circ f(U) = h \circ f(U)$ かつ $g \neq h$ となるものが存在する. そこで $H \in \mathrm{PSh}(X, \mathcal{C})$ を

$$H(V) := \begin{cases} A, & (V \supseteq U \text{ のとき}), \\ e, & (V \not\supseteq U \text{ のとき}), \end{cases} \quad H_{V'V} := \begin{cases} \mathrm{id}_A, & (V' \supseteq U \text{ のとき}), \\ i, & (V' \not\supseteq U \text{ のとき}) \end{cases}$$

により定め，また，$\tilde{g}, \tilde{h} : G \longrightarrow H$ を

$$\tilde{g}(V) := \begin{cases} g \circ G_{UV}, & (V \supseteq U \text{ のとき}), \\ i, & (V \not\supseteq U \text{ のとき}), \end{cases}$$

$$\tilde{h}(V) := \begin{cases} h \circ G_{UV}, & (V \supseteq U \text{ のとき}), \\ i, & (V \not\supseteq U \text{ のとき}) \end{cases}$$

により定める．すると $\tilde{g} \circ f = \tilde{h} \circ f$ であることが確かめられ，一方 $\tilde{g}(U) = g \neq h = \tilde{h}(U)$ より $\tilde{g} \neq \tilde{h}$ となる．以上より f が全射でないこと，つまり (a) の否定が言える． □

▶**命題 4.7** $\mathcal{A}$ をアーベル圏とするとき，$\mathrm{PSh}(X, \mathcal{A})$ はアーベル圏である．

[証明] 命題 4.4 より零対象 O から定まる定数前層 ${}^p O_X$ が零対象となり，$P, Q \in \mathrm{Ob}\,\mathrm{PSh}(X, \mathcal{A})$ に対して $P \oplus Q \in \mathrm{Ob}\,\mathrm{PSh}(X, \mathcal{A})$ を $(P \oplus Q)(U) := P(U) \oplus Q(U), (P \oplus Q)_{VU} := P_{VU} \oplus Q_{VU}$ と定めれば，これが P, Q の和，積となる．また，命題 4.4 より，前層の射 $f : P \longrightarrow Q$ に対して $(\mathrm{Ker}^p f)(U) := \mathrm{Ker}\, f(U), (\ker^p f)(U) := \ker f(U)$ により f の核となる前層 $\mathrm{Ker}^p f$ および射 $\ker^p f : \mathrm{Ker}^p f \longrightarrow P$ が定まり，$(\mathrm{Coker}^p f)(U) := \mathrm{Coker}\, f(U)$, $(\mathrm{coker}^p f)(U) := \mathrm{coker}\, f(U)$ により f の余核となる前層 $\mathrm{Coker}^p f$ および射 $\mathrm{coker}^p f : Q \longrightarrow \mathrm{Coker}^p f$ が定まる．また，命題 4.6 より f が単射（全射）であることと，X の任意の開集合 U に対して $f(U)$ が単射（全射）であることが同値となる．以上の核，余核，単射，全射の記述より f が単射ならば $f \simeq \ker^p(\mathrm{coker}^p f)$，全射ならば $f \simeq \mathrm{coker}^p(\ker^p f)$ となることが圏 $\mathcal{A}$ における同様の性質より導かれる．以上より $\mathrm{PSh}(X, \mathcal{A})$ はアーベル圏となる． □

注 4.8 (1) 本書では，後で出てくる層の圏における核，余核，像と区別するために前層の圏における核，余核，像は $(\mathrm{Ker}^p f, \ker^p f), (\mathrm{Coker}^p f, \mathrm{coker}^p f), (\mathrm{Im}^p f, \mathrm{im}^p f)$ と p をつけて書くことにする．

(2) 命題 4.4 より $\mathrm{PSh}(X, \mathcal{A})$ における核，余核は X の各開集合 U 上での核，余核を集めてできるものなので，X の開集合 U に対して関手 $\mathrm{PSh}(X, \mathcal{A}) \longrightarrow \mathcal{A}; P \mapsto P(U)$ はアーベル圏の間の完全関手となる．

ある位相空間上の前層を用いて別の位相空間上の前層を定義する方法のうち最も基本的なものを述べる．

▷**定義 4.9** $f : X \longrightarrow Y$ を位相空間の連続写像（定義 A.1），$\mathcal{C}$ を圏とする．
(1) $P \in \mathrm{Ob}\,\mathrm{PSh}(X, \mathcal{C})$ に対し，Y の開集合 V に対して $(f_p P)(V) := P(f^{-1}(V))$ と定めると，これと $P_{f^{-1}(V') f^{-1}(V)}$ たち $(V' \hookrightarrow V)$ により $f_p P \in \mathrm{Ob}\,\mathrm{PSh}(Y, \mathcal{C})$ が定まる．これを前層 P の f による**順像 (direct image)** という．f_p は自然に関手 $\mathrm{PSh}(X, \mathcal{C}) \longrightarrow \mathrm{PSh}(Y, \mathcal{C})$ を定める．
(2) $\mathcal{C}$ を任意の（小さな）有向集合上の帰納極限が存在するような圏とする．X の開集合 U に対して $\Lambda_U := \{V \subseteq Y \text{ 開集合} \mid f(U) \subseteq V\}$ とし，Λ_U 上の順序 $\leq$ を $V_1, V_2 \in \Lambda_U$ が $V_1 \supseteq V_2$ を満たすとき $V_1 \leq V_2$ となるものとして定めると Λ_U は $\leq$ に関して有向集合となる．そして，$P \in \mathrm{Ob}\,\mathrm{PSh}(Y, \mathcal{C})$ に対して $((P(V))_{V \in \Lambda_U}, (P_{WV})_{V, W \in \Lambda_U, V \leq W})$ は $\mathcal{C}$ における Λ_U 上の図式となる．そこで $(f^p P)(U) := \varinjlim_{V \in \Lambda_U} P(V)$ と定めると，X の開集合の包含 $U' \subseteq U$ に対して $P_{V'V}$ たち $(V' \subseteq V, V \in \Lambda_U, V' \in \Lambda_{U'})$ により射 $(f^p P)(U) \longrightarrow (f^p P)(U')$ が引き起こされ，これにより $f^p P \in \mathrm{Ob}\,\mathrm{PSh}(X, \mathcal{C})$ が定まる．これを前層 P の f による**逆像 (inverse image)** という．f^p は自然に関手 $\mathrm{PSh}(Y, \mathcal{C}) \longrightarrow \mathrm{PSh}(X, \mathcal{C})$ を定める．

▶**命題 4.10** $f : X \longrightarrow Y$ を上の通り，$\mathcal{C}$ を任意の有向集合上の帰納極限が存在するような圏とするとき，$f^p \dashv f_p$，つまり f^p は f_p の左随伴関手である．

[証明] P, Q をそれぞれ Y, X 上の $\mathcal{C}$ に値をとる前層とするとき

$$
\begin{aligned}
&\mathrm{Hom}_{\mathrm{PSh}(X,\mathcal{C})}(f^p P, Q) \\
&= \{((f^p P)(U) \longrightarrow Q(U))_{U \subseteq X} \mid U' \hookrightarrow U \text{ に対する制限写像と整合的}\} \\
&= \left\{ (P(V) \longrightarrow Q(U))_{\substack{U \subseteq X \\ V \subseteq Y \\ f(U) \subseteq V}} \middle| \begin{array}{l} f(U') \subseteq V' \text{ なる } U' \hookrightarrow U, V' \hookrightarrow V \\ \text{に対する制限写像と整合的} \end{array} \right\}
\end{aligned}
$$

$$= \{(P(V) \longrightarrow Q(f^{-1}(V)))_{V \subseteq Y} \mid V' \hookrightarrow V \text{ に対する制限写像と整合的}\}$$
$$= \operatorname{Hom}_{\operatorname{PSh}(Y,\mathcal{C})}(P, f_p Q).$$

□

▶**系 4.11** $\mathcal{C}$ を上の通りとし,$f : X \longrightarrow Y, g : Y \longrightarrow Z$ を位相空間の連続写像とする.このとき $(g \circ f)_p = g_p \circ f_p, (g \circ f)^p = f^p \circ g^p$ が成り立つ.

[**証明**] 任意の $P \in \operatorname{Ob}\operatorname{PSh}(X,\mathcal{C})$ に対して,自然に $((g \circ f)_p P)(U) = P((g \circ f)^{-1}(U)) = P(f^{-1}(g^{-1}(U))) = (f_p P)(g^{-1}(U)) = (g_p(f_p P))(U) = ((g_p \circ f_p)P)(U)$ なので $(g \circ f)_p = g_p \circ f_p$ が成り立つ.また,任意の $P \in \operatorname{Ob}\operatorname{PSh}(Z,\mathcal{C})$ と $Q \in \operatorname{Ob}\operatorname{PSh}(X,\mathcal{C})$ に対して

$$\operatorname{Hom}_{\operatorname{PSh}(X,\mathcal{C})}((g \circ f)^p P, Q)$$
$$= \operatorname{Hom}_{\operatorname{PSh}(Z,\mathcal{C})}(P, (g \circ f)_p Q) = \operatorname{Hom}_{\operatorname{PSh}(Z,\mathcal{C})}(P, (g_p \circ f_p)Q)$$
$$= \operatorname{Hom}_{\operatorname{PSh}(Z,\mathcal{C})}(P, g_p(f_p Q)) = \operatorname{Hom}_{\operatorname{PSh}(Y,\mathcal{C})}(g^p P, f_p Q)$$
$$= \operatorname{Hom}_{\operatorname{PSh}(X,\mathcal{C})}(f^p(g^p P), Q) = \operatorname{Hom}_{\operatorname{PSh}(X,\mathcal{C})}((f^p \circ g^p)P, Q)$$

となるので,系 2.30 より $(g \circ f)^p = f^p \circ g^p$ が成り立つ. □

逆像を用いて前層における茎,芽の概念が定義される.

▷**定義 4.12** X を位相空間,$\mathcal{C}$ を任意の有向集合上の帰納極限が存在するような圏とする.$x \in X$ とし,包含写像 $x \hookrightarrow X$ を i_x と書く.$P \in \operatorname{Ob}\operatorname{PSh}(X, \mathcal{C})$ に対して P の x における**茎 (stalk)** P_x を $P_x := (i_x^p P)(x)$ により定める.定義 4.9(2) より,$P_x = \varinjlim_{x \in U} P(U)$(帰納極限は x を含む開集合全体がなす有向集合に関するもの)と書ける.

また,$\operatorname{PSh}(X,\mathcal{C})$ における射 $f : P \longrightarrow Q$ と $x \in X$ に対して,f が引き起こす射 $(i_x^p f)(x) = \varinjlim_{x \in U} f(U) : P_x \longrightarrow Q_x$(帰納極限は x を含む開集合全体がなす有向集合に関するもの)を f_x と書く.

さらに,$\mathcal{C} = \mathbf{Set}$ または $R\text{-}\mathbf{Mod}$ で,U を x を含む開集合,$s \in P(U)$ とするとき,帰納極限への標準的包含 $P(U) \longrightarrow P_x$ による s の像を s_x と書き,s

の x における**芽 (germ)** という．

命題 1.64 および例 2.68 における帰納極限の表示により，次が言える：$\mathcal{C} =$ **Set** または R-**Mod** で $P \in \mathrm{Ob}\,\mathrm{PSh}(X,\mathcal{C})$, $x \in X$ とするとき，P_x の任意の元はある x を含む開集合 U とある $t \in P(U)$ を用いて t_x の形に書ける．また，x を含む別の開集合 U' と $t' \in P(U')$ が与えられたとき，$t_x = t'_x$ となることと，ある x を含む開集合 $V \subseteq U \cap U'$ に対して $P_{VU}(t) = P_{VU'}(t')$ となることが同値となる．

注 4.13　$f : X \longrightarrow Y$ を位相空間の連続写像，$x \in X, y := f(x) \in Y$ とする．また $\mathcal{C}$ を任意の有向集合上の帰納極限が存在するような圏，$P \in \mathrm{Ob}\,\mathrm{PSh}(Y,\mathcal{C})$ とする．このとき $(f^p P)_x = P_y$ である：実際，$i_x : x \longrightarrow X, i_y : y \longrightarrow Y$ を包含写像，$f|_x : x \longrightarrow y$ を f の引き起こす同型とすると $f \circ i_x = i_y \circ f|_x$ であり，よって $P_y = (i_y^p P)(y) \cong (f|_x^p (i_y^p P))(x) = (i_x^p (f^p P))(x) = (f^p P)_x$ となる．

▶**命題 4.14**　$f : X \longrightarrow Y$ を位相空間の連続写像，$y \in Y$ とする．$\mathcal{I}$ を小さな有向グラフまたは小さな圏とし，$\mathcal{C}$ における $\mathcal{I}$ 上の図式の帰納極限（$\mathcal{I}^{\mathrm{op}}$ 上の図式の射影極限）がいつも存在すると仮定する．

(1) $\mathrm{PSh}(X,\mathcal{C})$ における $\mathcal{I}$ 上の図式（$\mathcal{I}^{\mathrm{op}}$ 上の図式）$(P_i)_{i \in \mathrm{Ob}\,\mathcal{I}}$ に対して

$$f_p(\varinjlim{}^p_{i \in \mathrm{Ob}\,\mathcal{I}} P_i) = \varinjlim{}^p_{i \in \mathrm{Ob}\,\mathcal{I}} f_p P_i, \quad (f_p(\varprojlim{}^p_{i \in \mathrm{Ob}\,\mathcal{I}} P_i) = \varprojlim{}^p_{i \in \mathrm{Ob}\,\mathcal{I}} f_p P_i)$$

が成り立つ．

(2) さらに $\mathcal{C}$ において任意の有向集合上の帰納極限が存在すると仮定すると，$\mathrm{PSh}(Y,\mathcal{C})$ における $\mathcal{I}$ 上の図式 $(P_i)_{i \in \mathrm{Ob}\,\mathcal{I}}$ に対して

$$f^p(\varinjlim{}^p_{i \in \mathrm{Ob}\,\mathcal{I}} P_i) = \varinjlim{}^p_{i \in \mathrm{Ob}\,\mathcal{I}} f^p P_i, \quad (\varinjlim{}^p_{i \in \mathrm{Ob}\,\mathcal{I}} P_i)_y = \varinjlim_{i \in \mathrm{Ob}\,\mathcal{I}} P_{i,y}$$

が成り立つ．さらに，$\mathcal{C} = $ **Set** または R-**Mod** とし，また $\mathrm{Ob}\,\mathcal{I}, \sqcup_{i,i' \in \mathrm{Ob}\,\mathcal{I}} \mathrm{Hom}_{\mathcal{I}}(i, i')$ が有限集合であると仮定すると，$\mathrm{PSh}(Y,\mathcal{C})$ における $\mathcal{I}^{\mathrm{op}}$ 上の図式 $(P_i)_{i \in \mathrm{Ob}\,\mathcal{I}}$ に対して

$$f^p(\varprojlim{}^p_{i \in \mathrm{Ob}\,\mathcal{I}} P_i) = \varprojlim{}^p_{i \in \mathrm{Ob}\,\mathcal{I}} f^p P_i, \quad (\varprojlim{}^p_{i \in \mathrm{Ob}\,\mathcal{I}} P_i)_y = \varprojlim_{i \in \mathrm{Ob}\,\mathcal{I}} P_{i,y}$$

が成り立つ．

[証明] (1) 順像の定義と命題 4.4 における前層の帰納極限,射影極限の記述より,Y の任意の開集合 V に対して自然に

$$f_p(\varinjlim_{i\in \mathrm{Ob}\,\mathcal{I}}^p P_i)(V) = (\varinjlim_{i\in \mathrm{Ob}\,\mathcal{I}}^p P_i)(f^{-1}(V))$$
$$= \varinjlim_{i\in \mathrm{Ob}\,\mathcal{I}} P_i(f^{-1}(V)) = \varinjlim_{i\in \mathrm{Ob}\,\mathcal{I}}(f_p P_i)(V),$$

$$f_p(\varprojlim_{i\in \mathrm{Ob}\,\mathcal{I}}^p P_i)(V) = (\varprojlim_{i\in \mathrm{Ob}\,\mathcal{I}}^p P_i)(f^{-1}(V))$$
$$= \varprojlim_{i\in \mathrm{Ob}\,\mathcal{I}} P_i(f^{-1}(V)) = \varprojlim_{i\in \mathrm{Ob}\,\mathcal{I}}(f_p P_i)(V)$$

が成り立つので題意が言える.

(2) 逆像の定義と命題 4.4 における前層の帰納極限の記述より,X の任意の開集合 U に対して自然に

$$f^p(\varinjlim_{i\in \mathrm{Ob}\,\mathcal{I}}^p P_i)(U) = \varinjlim_{V\in \Lambda_U}((\varinjlim_{i\in \mathrm{Ob}\,\mathcal{I}}^p P_i)(V))$$
$$= \varinjlim_{V\in \Lambda_U} \varinjlim_{i\in \mathrm{Ob}\,\mathcal{I}} P_i(V)$$
$$= \varinjlim_{i\in \mathrm{Ob}\,\mathcal{I}} \varinjlim_{V\in \Lambda_U} P_i(V) = \varinjlim_{i\in \mathrm{Ob}\,\mathcal{I}}(f^p P_i)(U)$$

が成り立つので前半の主張の 1 つめの等式が言える.前半の主張の 2 つめの等式は $f = i_y : y \hookrightarrow Y$ のときの 1 つめの等式の y での値を見ればよい.また,命題 4.4 における前層の射影極限の記述および命題 1.66,例 2.69 を用いると,後半の主張における仮定の下で

$$f^p(\varprojlim_{i\in \mathrm{Ob}\,\mathcal{I}}^p P_i)(U) = \varinjlim_{V\in \Lambda_U}((\varprojlim_{i\in \mathrm{Ob}\,\mathcal{I}}^p P_i)(V))$$
$$= \varinjlim_{V\in \Lambda_U} \varprojlim_{i\in \mathrm{Ob}\,\mathcal{I}} P_i(V)$$
$$= \varprojlim_{i\in \mathrm{Ob}\,\mathcal{I}} \varinjlim_{V\in \Lambda_U} P_i(V) = \varprojlim_{i\in \mathrm{Ob}\,\mathcal{I}}(f^p P_i)(U)$$

が成り立つので後半の主張の 1 つめの等式が言える.後半の主張の 2 つめの等式は $f = i_y : y \hookrightarrow Y$ のときの 1 つめの等式の y での値を見ればよい. □

▶ **系 4.15** $f : X \longrightarrow Y, y$ を上の通り,$\mathcal{A}$ をアーベル圏とするとき $f_p :$ $\mathrm{PSh}(X, \mathcal{A}) \longrightarrow \mathrm{PSh}(Y, \mathcal{A})$ は完全関手である.また $\mathcal{A} = R\text{-}\mathbf{Mod}$ のときは $f^p : \mathrm{PSh}(Y, \mathcal{A}) \longrightarrow \mathrm{PSh}(X, \mathcal{A})$ や $\mathrm{PSh}(Y, \mathcal{A}) \longrightarrow \mathcal{A}; P \mapsto P_y$ も完全関手で

ある．

[証明] 核，像は有限な有向グラフ上の射影極限，帰納極限を用いて書き表すことができるので，題意は命題 4.14 から従う． □

4.2 層の定義と基本性質

前節における前層の定義では，位相空間 X から得られる情報のうち圏 $\mathbb{O}_X$ のみを用いていた．つまり X のどの部分集合が開集合であるかということおよび開集合たちの間の包含関係のみを用いていた．さらに開集合の部分開集合による被覆に関する貼り合わせ条件を課したものが次に定義する層という概念である．

▷ **定義 4.16** $\mathcal{C}$ を積がいつも存在する圏とする．位相空間 X 上の $\mathcal{C}$ に値をとる前層 F が **層 (sheaf)** であるとは，X の任意の開集合 U と U の開被覆 $(U_i)_{i \in I}$ (定義 A.5) に対して $\prod_{i \in I} F(U_i) \xrightarrow{p_i} F(U_i) \xrightarrow{F_{U_i \cap U_j, U_i}} F(U_i \cap U_j)$ $(i, j \in I$，ただし p_i は標準的射影) の引き起こす射

$$\pi_1 : \prod_{i \in I} F(U_i) \longrightarrow \prod_{i,j \in I} F(U_i \cap U_j)$$

と $\prod_{i \in I} F(U_i) \xrightarrow{p_j} F(U_j) \xrightarrow{F_{U_i \cap U_j, U_j}} F(U_i \cap U_j)$ $(i, j \in I$，ただし p_j は標準的射影) の引き起こす射

$$\pi_2 : \prod_{i \in I} F(U_i) \longrightarrow \prod_{i,j \in I} F(U_i \cap U_j)$$

との差核が $F_{U_i, U} : F(U) \longrightarrow F(U_i)$ $(i \in I)$ の引き起こす射

$$\iota : F(U) \longrightarrow \prod_{i \in I} F(U_i)$$

になること．X 上の $\mathcal{C}$ に値をとる層のなす圏（射は自然変換とする）を $\mathrm{Sh}(X, \mathcal{C})$ と書く．

$\mathcal{C} = \mathbf{Set}$ または $R\text{-}\mathbf{Mod}$ のとき，定義の条件は ι により同型

$$F(U) \xrightarrow{\cong} \left\{ (x_i)_i \in \prod_{i \in I} F(U_i) \,\middle|\, \pi_1((x_i)_i) = \pi_2((x_i)_i) \right\},$$

つまり同型

$$F(U) \xrightarrow{\cong} \left\{ (x_i)_i \in \prod_{i \in I} F(U_i) \,\middle|\, \begin{array}{l} \forall i, \forall j \in I, \\ F_{U_i \cap U_j, U_i}(x_i) = F_{U_i \cap U_j, U_j}(x_j) \end{array} \right\}$$

が引き起こされることと同値であり，これは「任意の元の族 $x_i \in F(U_i)\,(i \in I)$ で $F_{U_i \cap U_j, U_i}(x_i) = F_{U_i \cap U_j, U_j}(x_j)\,(\forall i, \forall j \in I)$ を満たすものに対し，$x \in F(U)$ で $F_{U,U}(x) = x_i\,(\forall i \in I)$ を満たすものがただ 1 つ存在する」という条件に他ならない．また，$\mathcal{C}$ がアーベル圏のときは，$\pi := \pi_1 - \pi_2$ とおくとき定義の条件は

$$O \longrightarrow F(U) \xrightarrow{\iota} \prod_{i \in I} F(U_i) \xrightarrow{\pi} \prod_{i,j \in I} F(U_i \cap U_j) \tag{4.1}$$

が完全列であることに他ならない．

注 4.17 定義 4.16 において $\mathcal{C}$ には積がいつも存在するので，その特別な場合（空集合上の積）として $\mathcal{C}$ には終対象 e が存在する．さて，F を X 上の $\mathcal{C}$ に値をとる任意の層とするとき，定義 4.16 における層の条件を空集合 $\emptyset$ の空族による開被覆（$I = \emptyset$ であるような開被覆）に適用することにより $F(\emptyset)$ はこの場合の $\pi_1 = \mathrm{id}_e : e \longrightarrow e$ と $\pi_2 = \mathrm{id}_e : e \longrightarrow e$ との差核に等しくなることがわかる．したがって $F(\emptyset) = e$ となることが言える．

注 4.18 定義 4.16 における層の条件が成り立つとき，$\iota : F(U) \longrightarrow \prod_{i \in I} F(U_i)$ は差核なので命題 2.51 より単射となる．

【例 4.19】 (1) X が空集合でないとき，$\mathcal{C}$ の終対象でない対象 A に対し，A に伴う X 上の定数前層 ${}^p A_X$ は層ではない：それは ${}^p A_X(\emptyset) = A$ であることと注 4.17 からわかる[1]．
(2) $\mathcal{C} = \mathbf{Set}$ または $R\text{-}\mathbf{Mod}$ とする．位相空間 X と $A \in \mathrm{Ob}\,\mathcal{C}$ に対して前層 A_X を $A_X(U) := \{f : U \longrightarrow A \mid 連続関数\}$, $A_{X,VU}(f) := f|_V\,(\forall V \hookrightarrow U)$ と

---
[1] これは注 4.2 で述べた本書の流儀に依存する主張なので，他書を読む際には注意する必要がある．

定める（ただし A には離散位相（例 A.3）を入れる）と，実は A_X は X 上の層となる：定義 4.16 の条件は「開集合 U の開被覆 $(U_i)_{i \in I}$ があるとき，各 U_i 上で連続関数 f_i が与えられ，$f_i|_{U_i \cap U_j} = f_j|_{U_i \cap U_j}$ が各 $i, j \in I$ に対して成り立つとき，U 上の連続関数 f で $f|_{U_i} = f_i (\forall i \in I)$ となるものが一意的に定まる」という事実に他ならない．($x \in U_i$ のとき $f(x) := f_i(x)$ とおくことにより f を定めると，これが well-defined で，求める条件を満たす唯一のものとなる．）この層 A_X を A に伴う X 上の**定数層 (constant sheaf)** という．
(3) (2) と同様の議論により，例 4.3(2) における前層 C_X^0, C_X^∞ は層であることがわかる．
(4) X が空集合（一意的に位相空間の構造が入る）のとき，任意の $F \in \mathrm{Ob}\,\mathrm{Sh}(X, \mathcal{C})$ に対して注 4.17 より $F(\emptyset) = e$ ($:= \mathcal{C}$ の終対象）で，F は $F(\emptyset)$ のみにより定まるので $\mathrm{Sh}(X, \mathcal{C})$ はただ 1 つの対象（これも e と書くことにする），ただ 1 つの射 id_e からなる圏である．
(5) X が 1 元集合（一意的に位相空間の構造が入る）のとき，

$$\mathrm{Sh}(X, \mathcal{C}) \longrightarrow \mathcal{C}; \quad F \mapsto F(X)$$

は圏同値である：実際，$A \in \mathrm{Ob}\,\mathcal{C}$ に対して $F_A(X) = A, F_A(\emptyset) = e$ ($:= \mathcal{C}$ の終対象）と定めると F_A は X 上の層となり，

$$\mathcal{C} \longrightarrow \mathrm{Sh}(X, \mathcal{C}); \quad A \mapsto F_A$$

は関手を定める．そして，注 4.17 により，これら 2 つの関手が圏同値を引き起こすことが確かめられる．

前層が層になるための充分条件を述べる．

▶**命題 4.20** (1) $\mathcal{C}$ を積がいつも存在する圏，$f: X \longrightarrow Y$ を位相空間の連続写像，$F \in \mathrm{Ob}\,\mathrm{Sh}(X, \mathcal{C})$ とするとき，前層としての順像 $f_p F$ は層である．
(2) $\mathcal{C}$ を射影極限がいつも存在する圏，X を位相空間，$\mathcal{I}$ を小さな有向グラフまたは小さな圏，$(F_\lambda)_{\lambda \in \mathrm{Ob}\,\mathcal{I}}$ を $\mathrm{Sh}(X, \mathcal{C})$ における $\mathcal{I}^{\mathrm{op}}$ 上の図式とするとき，前層としての射影極限 $\varprojlim^p_{\lambda \in \mathrm{Ob}\,\mathcal{I}} F_\lambda$（これは命題 4.4 により存在する）は層である．

[証明] (1) Y の任意の開集合 V と V の開被覆 $(V_i)_{i\in I}$ に対し，$f_p F$ に対する定義 4.16 における ι, π_1, π_2 と類似の射

$$\iota : (f_p F)(V) \longrightarrow \prod_{i\in I}(f_p F)(V_i),$$

$$\pi_k : \prod_{i\in I}(f_p F)(V_i) \longrightarrow \prod_{i,j\in I}(f_p F)(V_i \cap V_j) \ (k=1,2)$$

は，層 F と $f^{-1}(V)$ の開被覆 $(f^{-1}(V_i))_{i\in I}$ に対する定義 4.16 の射

$$\iota : F(f^{-1}(V)) \longrightarrow \prod_{i\in I} F(f^{-1}(V_i)),$$

$$\pi_k : \prod_{i\in I} F(f^{-1}(V_i)) \longrightarrow \prod_{i,j\in I} F(f^{-1}(V_i) \cap f^{-1}(V_j)) \ (k=1,2)$$

と一致する．F が層であることから ι は π_1, π_2 の差核となるので $f_p F$ は層となる．

(2) F_λ に対する定義 4.16 における π_1, π_2 と類似の射を

$$\pi_{\lambda,1}, \pi_{\lambda,2} : \prod_{i\in I} F_\lambda(U_i) \longrightarrow \prod_{i,j\in I} F_\lambda(U_i \cap U_j)$$

とする．差核および積が射影極限の一種であることに注意すると，

$$(\varprojlim_{\lambda \in \mathrm{Ob}\,\mathcal{I}}^{p} F_\lambda)(U) = \varprojlim_{\lambda \in \mathrm{Ob}\,\mathcal{I}} (F_\lambda(U)) = \varprojlim_{\lambda \in \mathrm{Ob}\,\mathcal{I}} (\pi_{\lambda,1}, \pi_{\lambda,2} \text{の差核})$$

$$= (\varprojlim_{\lambda \in \mathrm{Ob}\,\mathcal{I}} \pi_{\lambda,1}, \varprojlim_{\lambda \in \mathrm{Ob}\,\mathcal{I}} \pi_{\lambda,2} : \varprojlim_{\lambda \in \mathrm{Ob}\,\mathcal{I}} \prod_{i \in I} F_\lambda(U_i)$$

$$\longrightarrow \varprojlim_{\lambda \in \mathrm{Ob}\,\mathcal{I}} \prod_{i,j\in I} F_\lambda(U_i \cap U_j) \text{ の差核})$$

$$= (\varprojlim_{\lambda \in \mathrm{Ob}\,\mathcal{I}} \pi_{\lambda,1}, \varprojlim_{\lambda \in \mathrm{Ob}\,\mathcal{I}} \pi_{\lambda,2} : \prod_{i\in I} \varprojlim_{\lambda \in \mathrm{Ob}\,\mathcal{I}} F_\lambda(U_i)$$

$$\longrightarrow \prod_{i,j\in I} \varprojlim_{\lambda \in \mathrm{Ob}\,\mathcal{I}} F_\lambda(U_i \cap U_j) \text{ の差核})$$

$$= (\varprojlim_{\lambda \in \mathrm{Ob}\,\mathcal{I}} \pi_{\lambda,1}, \varprojlim_{\lambda \in \mathrm{Ob}\,\mathcal{I}} \pi_{\lambda,2} : \prod_{i\in I} (\varprojlim_{\lambda \in \mathrm{Ob}\,\mathcal{I}}^{p} F_\lambda)(U_i)$$

$$\longrightarrow \prod_{i,j\in I} (\varprojlim_{\lambda \in \mathrm{Ob}\,\mathcal{I}}^{p} F_\lambda)(U_i \cap U_j) \text{ の差核})$$

となることがわかる．よって $\varprojlim_{\lambda \in \mathrm{Ob}\,\mathcal{I}}^{p} F_\lambda$ は層である． □

次に，前層が与えられたときにそれに一番近い層を構成する操作である層化について述べる．

▶ **定理 4.21** X を位相空間とし，$\mathcal{C} = \mathbf{Set}$ または $R\text{-}\mathbf{Mod}$ とする．任意の $P \in \mathrm{Ob}\,\mathrm{PSh}(X,\mathcal{C})$ に対して，$a_X P \in \mathrm{Ob}\,\mathrm{Sh}(X,\mathcal{C})$ および前層の射 $f_P : P \longrightarrow a_X P$ の組 $(a_X P, f_P)$ で次の条件を満たすものが（標準的な同型を除いて）一意的に存在する：任意の $F \in \mathrm{Ob}\,\mathrm{Sh}(X,\mathcal{C})$ と任意の前層の射 $g : P \longrightarrow F$ に対して，射 $\tilde{g} : a_X P \longrightarrow F$ で $\tilde{g} \circ f_P = g$ を満たすものが一意的に存在する．

定理の組 $(a_X P, f_P)$ を P の**層化 (sheafification)** という．以下の証明は本質的には [19] による．

［証明］ まず X が 1 元集合のときは，例 4.19(5) における圏 $\mathrm{Sh}(X,\mathcal{C})$ の記述より，$P \in \mathrm{Ob}\,\mathrm{PSh}(X,\mathcal{C})$ に対して $a_X P \in \mathrm{Ob}\,\mathrm{Sh}(X,\mathcal{C})$ および $f_P : P \longrightarrow a_X P$ を $a_X P(X) = P(X), a_X P(\emptyset) = e$ ($:= \mathcal{C}$ の終対象)，$f_P(X) = \mathrm{id}_{P(X)}$，$f_P(\emptyset)$ を e への唯一の射とすれば，この $(a_X P, f_P)$ が題意の条件を満たすことが容易に確かめられる．

次に X が一般の位相空間である場合を考える．各 $x \in X$ に対して包含 $x \hookrightarrow X$ を i_x と書き，$\alpha'_{P,x} : P \longrightarrow i_{x,p} i_x^p P$ を命題 4.10 による同型

$$\mathrm{Hom}_{\mathrm{PSh}(x,\mathcal{C})}(i_x^p P, i_x^p P) \cong \mathrm{Hom}_{\mathrm{PSh}(X,\mathcal{C})}(P, i_{x,p} i_x^p P)$$

において左辺の $\mathrm{id}_{i_x^p P}$ に対応する右辺の元とする．そして $\alpha_{P,x}$ を合成 $P \xrightarrow{\alpha'_{P,x}} i_{x,p} i_x^p P \xrightarrow{i_{x,p} f_{i_x^p P}} i_{x,p} a_x(i_x^p P)$ とし，$\alpha_P : P \longrightarrow P^{\natural} := \prod_{x \in X} i_{x,p} a_x(i_x^p P)$ を $\alpha_{P,x}$ たちの引き起こす射とする．なお，命題 4.10 による同型の構成および 1 元集合に対する a, f_P の構成より，X の開集合 U に対して

$$\alpha_P(U) : P(U) \longrightarrow P^{\natural}(U) = (\prod_{x \in X} i_{x,p} a_x(i_x^p P))(U)$$
$$= \prod_{x \in U} a_x(i_x^p P)(x) = \prod_{x \in U} P_x$$

は $s \in P(U)$ をその芽たちの組 $(s_x)_x \in \prod_{x \in U} P_x$ に移すことがわかる．また，P から $\alpha_P : P \longrightarrow P^{\natural}$ を構成する方法は関手的である：すなわち，前層の射

$f : P \longrightarrow Q$ があるときそれは自然に射 $f^\natural := \prod_{x \in X} i_{x,p} a_x i_x^p f : P^\natural \longrightarrow Q^\natural$ を引き起こし,図式

$$\begin{array}{ccc} P & \xrightarrow{\alpha_P} & P^\natural \\ f \downarrow & & f^\natural \downarrow \\ Q & \xrightarrow{\alpha_Q} & Q^\natural \end{array}$$

は可換である.

さて,各 $a_x(i_x^p P)$ は層なので,命題 4.20 より $P^\natural$ は層になる.そこで,前層としての像 $\mathrm{Im}^p \alpha_P$ を含む $P^\natural$ の部分前層のうち層であるものの共通部分(つまり,前層としての $P^\natural$ の部分対象 $j : Q \longrightarrow P^\natural$ で,$j \circ j' = \mathrm{im}^p \alpha_P$ となる射 $j' : \mathrm{Im}^p \alpha_P \longrightarrow Q$ をもち,かつ層となるものの同値類たちの $P^\natural$ 上のファイバー積)を $a_X P$ とおく.すると命題 4.20(2) より $a_X P$ は層であり,また α_P より $f_P : P \longrightarrow a_X P$ が誘導される.

この $(a_X P, f_P)$ が題意の条件を満たすことを確かめる.$F \in \mathrm{Ob}\,\mathrm{Sh}(X, \mathcal{C})$ と $g : P \longrightarrow F$ を題意の通りとするとき,$\alpha_P : P \longrightarrow P^\natural$ の構成の関手性より可換図式

$$\begin{array}{ccc} P & \xrightarrow{\alpha_P} & P^\natural \\ g \downarrow & & g^\natural \downarrow \\ F & \xrightarrow{\alpha_F} & F^\natural \end{array}$$

を得る.今,$s, t \in F(U)$,$\alpha_F(U)(s) = \alpha_F(U)(t)$ とすると,前々段落における射 $\alpha_F(U)$ の記述より,任意の $x \in U$ に対して $s_x = t_x$ である.茎の定義より,任意の $x \in U$ に対して x を含むある U の開集合 U_x で $F_{U_x U}(s) = F_{U_x U}(t)$ となるものがあることになる.すると,$(U_x)_{x \in U}$ は U の開被覆で,s, t は $\iota : F(U) \longrightarrow \prod_{x \in U} F(U_x)$ において同じ元に移るので注 4.18 より $s = t$ となることが言える.したがって α_F が前層の射として単射であることが言える.すると $(F \xrightarrow{\alpha_F} F^\natural, P^\natural \xrightarrow{g^\natural} F^\natural)$ のファイバー積 F' は $\mathrm{Im}^p \alpha_P$ を自然に部分対象としてもつ $P^\natural$ の部分対象で,また,命題 4.20 より層である.よって F' は $a_X P$ を部分対象としてもつので合成 $a_X P \hookrightarrow F' \longrightarrow F$ により $\tilde{g} : a_X P \longrightarrow F$ で $\tilde{g} \circ f_P = g$ となるものが構成される.このような射 $\tilde{g}' : a_X P \longrightarrow F$ がもう 1 つあったとすると,その差核 K は命題 4.20 より層であり,また $\tilde{g} \circ f_P = g = \tilde{g}' \circ f_P$ より $\mathrm{Im}^p \alpha_P$ を部分対象としてもつ.よって K

は $a_X P$ を部分対象としてもつので $K = a_X P$, つまり $\tilde{g} = \tilde{g}'$ となる.

最後に $(a_X P, f_P)$ の一意性を示す. 題意の条件を満たすもう1つの組 $((a_X P)', f'_P)$ があるとすると, $(a_X P, f_P)$ に対する題意の条件より $h: a_X P \longrightarrow (a_X P)'$ で $h \circ f_P = f'_P$ となるものが一意的に存在し, 同様の議論により $h': (a_X P)' \longrightarrow a_X P$ で $h' \circ f'_P = f_P$ となるものが一意的に存在する. すると $(h' \circ h) \circ f_P = f_P$ となるが, $\mathrm{id}_{a_X P} \circ f_P = f_P$ でもあるので, 題意の一意性の条件より $h' \circ h = \mathrm{id}_{a_X P}$ となる. 同様にして $h \circ h' = \mathrm{id}_{(a_X P)'}$ も言えるので h は同型となる. □

【例 4.22】 X を位相空間, $\mathcal{C} = \mathbf{Set}$ または $R\text{-}\mathbf{Mod}$, $A \in \mathrm{Ob}\mathcal{C}$ とする. A に伴う X 上の定数前層 ${}^p A_X$ から定数層 A_X への射 f を

$$f(U): {}^p A_X(U) := A \longrightarrow A_X(U) := \{\varphi: U \longrightarrow A \mid \text{連続関数}\}$$

が $a \in A$ を定数関数 $U \ni x \mapsto a \, (\forall x \in U)$ に移すと定めることにより定義する. このとき (A_X, f) は ${}^p A_X$ の層化である:実際, 層 F と射 $g: {}^p A_X \longrightarrow F$ が与えられたとき, 任意の X の開集合 U と $\varphi \in A_X(U)$ に対して $U_a := \varphi^{-1}(\{a\})$ とおくと $U = \sqcup_{a \in A} U_a$ となる. $a \neq a'$ に対して $F(U_a \cap U_{a'}) = F(\emptyset) = e \, (:= \mathcal{C}$ の終対象$)$ なので, F が層であることから $F(U) \cong \prod_{a \in A} F(U_a)$ となることがわかる. そこで $\tilde{g}(U)(\varphi) \in F(U)$ を $(g(U_a)(a))_{a \in A} \in \prod_{a \in A} F(U_a)$ に対応する元として定義する. すると $\tilde{g}(U): A_X(U) \longrightarrow F(U)$ たちにより射 $\tilde{g}: A_X \longrightarrow F$ が定まることが確かめられる. そして, 定数関数の像を考えることにより $\tilde{g} \circ f = g$ となることが言える. また, 上記の φ に対して $F_{U_a U}(\tilde{g}(U)(\varphi)) = \tilde{g}(U_a)(\varphi|_{U_a}) = g(U_a)(a)$ ($\varphi|_{U_a}$ は a に値をとる定数関数であることに注意) とならないといけないので $F_{U_a U}(\tilde{g}(U)(\varphi))$ たち $(a \in A)$ は g から一意的に定まり, よって $\tilde{g}(U)(\varphi)$ は g から一意的に定まる. したがって $\tilde{g}$ が g から一意的に定まることが言えるので (A_X, f) は ${}^p A_X$ の層化である.

▶系 4.23 $X, \mathcal{C}$ を定理 4.21 の通りとする. 前層を層化する操作は関手 $a_X: \mathrm{PSh}(X, \mathcal{C}) \longrightarrow \mathrm{Sh}(X, \mathcal{C})$ を定める.

[証明]　前層の射 $g: P \longrightarrow P'$ が与えられたとき，$f_{P'} \circ g: P \longrightarrow a_X P'$ に定理 4.21 を適用することにより，射 $a_X(g): a_X P \longrightarrow a_X P'$ で $f_{P'} \circ g = a_X(g) \circ f_P$ を満たすものが一意的に存在することがわかる．そして $P \mapsto a_X P, g \mapsto a_X(g)$ により関手 $a_X: \mathrm{PSh}(X, \mathcal{C}) \longrightarrow \mathrm{Sh}(X, \mathcal{C})$ が定まることが定理 4.21 における一意性を用いて確かめられる． □

X 上の層は前層であり，また X 上の前層の圏 $\mathrm{PSh}(X, \mathcal{C})$ と層の圏 $\mathrm{Sh}(X, \mathcal{C})$ における射の定義は同じである．したがって層を前層だと思うことによる忠実充満関手

$$i_X: \mathrm{Sh}(X, \mathcal{C}) \longrightarrow \mathrm{PSh}(X, \mathcal{C})$$

が定まる．ただし $i_X F$ ($F \in \mathrm{Ob}\,\mathrm{Sh}(X, \mathcal{C})$) のことを単に F と書くことも多い．$F \in \mathrm{Ob}\,\mathrm{Sh}(X, \mathcal{C})$ を前層とみたときの層化は F 自身なので $a_X i_X F = F$ となることに注意．

▶**系 4.24**　記号を上の通りとするとき，$a_X \dashv i_X$，つまり a_X は i_X の左随伴関手である．

[証明]　前層 P と層 F に対して定理 4.21 より

$$\mathrm{Hom}_{\mathrm{PSh}(X, \mathcal{C})}(P, i_X F) \longrightarrow \mathrm{Hom}_{\mathrm{Sh}(X, \mathcal{C})}(a_X P, F); \quad g \mapsto \tilde{g}$$

があり，逆写像は $\tilde{g} \mapsto \tilde{g} \circ f_P$ により与えられる． □

▶**系 4.25**　X を位相空間，$\mathcal{C} = \mathbf{Set}$ または $R\text{-}\mathbf{Mod}$ とする．任意の $P \in \mathrm{PSh}(X, \mathcal{C})$ と $x \in X$ に対して $f_P: P \longrightarrow a_X P$ が引き起こす茎の射 $f_{P,x}: P_x \longrightarrow (a_X P)_x$ は同型である．

[証明]　包含 $x \hookrightarrow X$ を ι_x とおく．任意の $M \in \mathrm{Ob}\,\mathcal{C}$ に対して，M_x を対応する x 上の定数層とすると

$$\mathrm{Hom}_\mathcal{C}((a_X P)_x, M) = \mathrm{Hom}_{\mathrm{PSh}(x, \mathcal{C})}(\iota_x^p(a_X P), M_x)$$

$$= \mathrm{Hom}_{\mathrm{PSh}(X, \mathcal{C})}(a_X P, \iota_{x,p} M_x) \cong \mathrm{Hom}_{\mathrm{PSh}(X, \mathcal{C})}(P, \iota_{x,p} M_x)$$

$$= \mathrm{Hom}_{\mathrm{PSh}(x, \mathcal{C})}(\iota_x^p P, M_x) = \mathrm{Hom}_\mathcal{C}(P_x, M)$$

となる.（途中の同型は定理 4.20(1) および定理 4.21 による.）題意はこれと（適当な $\mathcal{C}$ の小さな充満部分圏に対する）系 2.30 より従う. □

▶**系 4.26** X を位相空間, $\mathcal{C} = \mathbf{Set}$ または $R\text{-}\mathbf{Mod}$ とする. そして $\mathcal{I}$ を小さな有向グラフまたは小さな圏とする. $\mathrm{Sh}(X,\mathcal{C})$ における $\mathcal{I}$ 上の図式（$\mathcal{I}^{\mathrm{op}}$ 上の図式）$(F_i)_{i \in \mathrm{Ob}\,\mathcal{I}}$ に対してその帰納極限 $\varinjlim_{i \in \mathrm{Ob}\,\mathcal{I}} F_i$（射影極限 $\varprojlim_{i \in \mathrm{Ob}\,\mathcal{I}} F_i$）が存在する. 具体的には, 帰納極限 $\varinjlim_{i \in \mathrm{Ob}\,\mathcal{I}} F_i$ は, 前層としての帰納極限の層化 $a_X(\varinjlim^p_{i \in \mathrm{Ob}\,\mathcal{I}} F_i)$ と一致し, 射影極限 $\varprojlim_{i \in \mathrm{Ob}\,\mathcal{I}} F_i$ は前層としての帰納極限 $\varprojlim^p_{i \in \mathrm{Ob}\,\mathcal{I}} F_i$ そのものと一致する.

[証明] 任意の $G \in \mathrm{Sh}(X,\mathcal{C})$ に対して

$$\mathrm{Hom}_{\mathrm{Sh}(X,\mathcal{C})}(a_X(\varinjlim^p_{i \in \mathrm{Ob}\,\mathcal{I}} F_i), G)$$
$$= \mathrm{Hom}_{\mathrm{PSh}(X,\mathcal{C})}(\varinjlim^p_{i \in \mathrm{Ob}\,\mathcal{I}} F_i, G)$$
$$= \{(f_i)_i \in \prod_{i \in \mathrm{Ob}\,\mathcal{I}} \mathrm{Hom}_{\mathrm{PSh}(X,\mathcal{C})}(F_i, G) \mid \text{推移写像と整合的}\}$$
$$= \{(f_i)_i \in \prod_{i \in \mathrm{Ob}\,\mathcal{I}} \mathrm{Hom}_{\mathrm{Sh}(X,\mathcal{C})}(F_i, G) \mid \text{推移写像と整合的}\}$$

となるので, $a_X(\varinjlim^p_{i \in \mathrm{Ob}\,\mathcal{I}} F_i)$ が層としての帰納極限となる. また, 命題 4.20 より前層としての F_i たちの射影極限 $\varprojlim^p_{i \in \mathrm{Ob}\,\mathcal{I}} F_i$ は層になるので, それが層としての射影極限となることがわかる. □

▶**命題 4.27** X を位相空間, $\mathcal{C} = \mathbf{Set}$ または $R\text{-}\mathbf{Mod}$ とする.
(1) X 上の $\mathcal{C}$ に値をとる層の射 $f : F \longrightarrow G$ に対する次の条件は同値.
　(a) f は圏 $\mathrm{Sh}(X,\mathcal{C})$ における単射である.
　(b) X の任意の開集合 U に対して $f(U) : F(U) \longrightarrow G(U)$ は $\mathcal{C}$ における単射である.
　(b)′ f は圏 $\mathrm{PSh}(X,\mathcal{C})$ における単射である.
　(c) 任意の $x \in X$ に対して $f_x : F_x \longrightarrow G_x$ は $\mathcal{C}$ における単射である.
(2) X 上の $\mathcal{C}$ に値をとる層の射 $f : F \longrightarrow G$ に対する次の条件は同値.
　(a) f は圏 $\mathrm{Sh}(X,\mathcal{C})$ における全射である.
　(b) X の任意の開集合 U と任意の $s \in G(U)$ に対して U の開被覆 $(U_i)_{i \in I}$

と $t_i \in F(U_i)\,(i \in I)$ で $f(U_i)(t_i) = G_{U_i,U}(s)\,(\forall i \in I)$ を満たすものが存在する.
   (c) 任意の $x \in X$ に対して $f_x : F_x \longrightarrow G_x$ は $\mathcal{C}$ における全射である.
(3) X 上の $\mathcal{C}$ に値をとる層の射 $f : F \longrightarrow G$ に対する次の条件は同値.
   (a) f は圏 $\mathrm{Sh}(X,\mathcal{C})$ における同型である.
   (b) f は圏 $\mathrm{Sh}(X,\mathcal{C})$ において単射かつ全射である.
   (c) f は圏 $\mathrm{PSh}(X,\mathcal{C})$ における同型である.
   (d) f は圏 $\mathrm{PSh}(X,\mathcal{C})$ において単射かつ全射である.
   (e) 任意の $x \in X$ に対して $f_x : F_x \longrightarrow G_x$ は $\mathcal{C}$ における同型(すなわち単射かつ全射)である.

[証明] (1) (b) と (b)$'$ の同値性は命題 4.6 で示した. (b) $\Longrightarrow$ (a) は命題 4.6 と同様に示せる. 次に (a) $\Longrightarrow$ (b) を示す. (b) が成り立たないと仮定して, 命題 4.6 で構成した前層 H および射 $g, h : H \longrightarrow F$ を考える. H の層化を $(a_X H, f_H)$ とすると $g', h' : a_X H \longrightarrow F$ で $g' \circ f_H = g, h' \circ f_H = h$ を満たすものがある. すると $g \neq h$ より $g' \neq h'$ である. 一方, $(f \circ g') \circ f_H = f \circ g = f \circ h = (f \circ h') \circ f_H$ から $f \circ g' = f \circ h'$ となることも言える. よって f が層の射として単射でないことが言える, つまり (a) の否定が言えた.

(b) $\Longrightarrow$ (c) は系 1.67 ($\mathcal{C} = R\text{-}\mathbf{Mod}$ のとき) あるいは例 2.70 ($\mathcal{C} = \mathbf{Set}$ のとき) から従う. 最後に (c) $\Longrightarrow$ (b)$'$ を示す. 定理 4.21 の証明中の記号の下で次の可換図式ができる:

$$\begin{array}{ccc} F & \xrightarrow{f} & G \\ \alpha_F \downarrow & & \alpha_G \downarrow \\ F^\natural & \xrightarrow{f^\natural} & G^\natural. \end{array}$$

また定理 4.21 の証明中の議論から α_F は前層の単射で, また (c) から $f^\natural$ は前層の単射であることがわかる. したがって f が前層の単射であること, つまり (b)$'$ が言える.

(2) まず (a) $\Longrightarrow$ (c) を示す. e を $\mathcal{C}$ の終対象とし, e_X をそれに伴う X 上の定数層とする. このとき e_X は $e_X(U) = e\,(\forall U \subseteq X)$ となる層であり, したがって $\mathrm{Sh}(X,\mathcal{C})$ における終対象である. 以下, 層 E から e_X への, あるいは $\mathcal{C}$ の対象 E から e への唯一の射を i_E と書くことにする. 前層の圏における

$(F \xrightarrow{f} G, F \xrightarrow{i_F} e_X)$ のファイバー和を $(H, g : G \longrightarrow H, h' : e_X \longrightarrow H)$ とする.任意に $x \in X$ をとるとき,命題 4.14 より $(H_x, g_x : G_x \longrightarrow H_x, h'_x : e \longrightarrow H_x)$ は $(F_x \xrightarrow{f_x} G_x, F_x \xrightarrow{i_{F_x}} e)$ のファイバー和である.例 2.61, 2.64 より $g_x(G_x) \subseteq h'_x(e)$ となれば f_x が全射であることが言えるので,これを示せばよい.$h := h' \circ i_G : G \longrightarrow H$ とし,また $(a_X H, f_H)$ を H の層化とする.このとき $f_H \circ g, f_H \circ h : G \longrightarrow a_X H$ は層の射で $(f_H \circ g) \circ f = f_H \circ (g \circ f) = f_H \circ (h' \circ i_F) = f_H \circ (h' \circ i_G \circ f) = f_H \circ (h \circ f) = (f_H \circ h) \circ f$ となるので,(a) より $f_H \circ g = f_H \circ h$ となる.したがって $f_{H,x} \circ g_x = f_{H,x} \circ h_x$ となるが,系 4.25 より $f_{H,x}$ は同型なので $g_x = h_x = h'_x \circ i_{G_x}$ となる.よって $g_x(G_x) \subseteq h'_x(e)$ がわかり,これで (c) が言えた.

次に (c) $\Longrightarrow$ (b) を示す.$U, s \in G(U)$ を (b) の通りにとる.すると (c) より任意の $x \in U$ に対して $s_x = f_x(t^x)$ を満たす $t^x \in F_x$ がとれる.このとき x を含む U の開集合 U_x と $u^x \in F(U_x)$ で $(u^x)_x = t^x$ となるものがとれる.このとき $s_x = f_x((u^x)_x) = f(U_x)(u^x)_x$ となる.よって $s^x := G_{U_x U}(s)$ とすると $(s^x)_x = f(U_x)(u^x)_x$.したがって U_x を小さく取り直すと $s^x = f(U_x)(u^x)$ となる.$(U_x)_{x \in U}$ は U の開被覆なのでこれは (b) が成り立つことを示している.

最後に (b) $\Longrightarrow$ (a) を示す.$g, h : G \longrightarrow H$ を層の射で $g \circ f = h \circ f$ を満たすものとする.X の任意の開集合 U と $s \in G(U)$ を任意にとると,(b) より U の開被覆 $(U_i)_{i \in I}$ と $t_i \in F(U_i)$ $(i \in I)$ で $f(U_i)(t_i) = G_{U_i U}(s) =: s_i$ $(\forall i \in I)$ を満たすものが存在する.このとき任意の $i \in I$ に対して $H_{U_i U}(g(U)(s)) = g(U_i)(s_i) = g(U_i)(f(U_i)(t_i)) = h(U_i)(f(U_i)(t_i)) = h(U_i)(s_i) = H_{U_i U}(h(U)(s))$ となるので,H が層であることから $g(U)(s) = h(U)(s)$ となることがわかる.よって $g = h$ となり,よって (a) が成り立つ.

(3) (a) $\Longrightarrow$ (b) は命題 2.11 から従う.層に対して $\mathrm{Sh}(X, \mathcal{C})$ における射の定義と $\mathrm{PSh}(X, \mathcal{C})$ における射の定義は同じなので (a) と (c) は同値.そして $\mathrm{PSh}(X, \mathcal{C})$ はアーベル圏なので (c) と (d) は同値.また,茎をとることにより (c) $\Longrightarrow$ (e) が言え, (1), (2) より (b) $\Longrightarrow$ (e) が言える.したがって (e) $\Longrightarrow$ (d) を示せばよい.(d) を示すには X の任意の開集合 U に対して $f(U) : F(U) \longrightarrow G(U)$ が単射かつ全射であることを示せばよいが,単射性は (1) より言えるので,全射性を示せばよい.

$s \in G(U)$ を任意にとる.仮定 (e) と (2) より U の開被覆 $(U_i)_{i \in I}$ と $t_i \in$

$F(U_i) (i \in I)$ で $f(U_i)(t_i) = G_{U_i,U}(s) (\forall i \in I)$ を満たすものが存在する．このとき $i,j \in I$ に対して $f(U_i \cap U_j)(F_{U_i \cap U_j, U_i}(t_i)) = G_{U_i \cap U_j, U_i}(f(U_i)(t_i)) = G_{U_i \cap U_j, U_i}(G_{U_i, U}(s)) = G_{U_i \cap U_j, U_j}(G_{U_j, U}(s)) = G_{U_i \cap U_j, U_j}(f(U_j)(t_j)) = f(U_i \cap U_j)(F_{U_i \cap U_j, U_j}(t_j))$ となるが，仮定 (e) と (1) より $f(U_i \cap U_j)$ は単射なので $F_{U_i \cap U_j, U_i}(t_i) = F_{U_i \cap U_j, U_j}(t_j)$ となる．したがって $F_{U_i, U}(t) = t_i (i \in I)$ を満たす $t \in F(U)$ が存在する．このとき $G_{U_i, U}(f(U)(t)) = f(U_i)(F_{U_i, U}(t)) = f(U_i)(t_i) = s_i$ なので s と $f(U)(t)$ は共に任意の $i \in I$ に対して U_i への制限写像の像が s_i となるような $G(U)$ の元である．したがって $s = f(U)(t)$ であり，よって $f(U)$ が全射であることが言える．これで題意が示された． □

▶ **命題 4.28** X を位相空間, $x \in X$ とし, $\mathcal{C} = \mathbf{Set}$ または $R\text{-}\mathbf{Mod}$ とする．また $\mathcal{I}$ を小さな有向グラフまたは小さな圏とする．このとき $\mathrm{Sh}(Y, \mathcal{C})$ における $\mathcal{I}$ 上の図式 $(F_i)_{i \in \mathrm{Ob}\,\mathcal{I}}$ に対して

$$(\varinjlim_{i \in \mathrm{Ob}\,\mathcal{I}} F_i)_x = \varinjlim_{i \in \mathrm{Ob}\,\mathcal{I}} F_{i,x}$$

が成り立つ．さらに $\mathrm{Ob}\,\mathcal{I}, \sqcup_{i,i' \in \mathrm{Ob}\,\mathcal{I}} \mathrm{Hom}_{\mathcal{I}}(i, i')$ が有限集合であると仮定すると，$\mathrm{Sh}(Y, \mathcal{C})$ における $\mathcal{I}^{\mathrm{op}}$ 上の図式 $(F_i)_{i \in \mathrm{Ob}\,\mathcal{I}}$ に対して

$$(\varprojlim_{i \in \mathrm{Ob}\,\mathcal{I}} F_i)_x = \varprojlim_{i \in \mathrm{Ob}\,\mathcal{I}} F_{i,x}$$

が成り立つ．

[証明] 系 4.26 における層の帰納極限の記述と系 4.25, 命題 4.14 より

$$(\varinjlim_{i \in \mathrm{Ob}\,\mathcal{I}} F_i)_x = (a_X(\varinjlim_{i \in \mathrm{Ob}\,\mathcal{I}}{}^p F_i))_x = (\varinjlim_{i \in \mathrm{Ob}\,\mathcal{I}}{}^p F_i)_x = \varinjlim_{i \in \mathrm{Ob}\,\mathcal{I}} F_{i,x}$$

が成り立つ．また，系 4.26 における層の射影極限の記述と命題 4.14 より

$$(\varprojlim_{i \in \mathrm{Ob}\,\mathcal{I}} F_i)_x = (\varprojlim_{i \in \mathrm{Ob}\,\mathcal{I}}{}^p F_i)_x = \varprojlim_{i \in \mathrm{Ob}\,\mathcal{I}} F_{i,x}$$

が成り立つ． □

▶ **系 4.29** $\mathcal{C} = \mathbf{Set}$ または $R\text{-}\mathbf{Mod}$ とし, $f, g: F \longrightarrow G$ を $\mathrm{Sh}(X, \mathcal{C})$ における射とするとき, $f = g$ であることと任意の $x \in X$ に対して $f_x = g_x$ であることは同値.

[証明] 任意の $x \in X$ に対して $f_x = g_x$ であると仮定して $f = g$ であることを示せばよい. f, g の差核を $h : H \longrightarrow F$ とすると命題 4.28 より h_x は f_x, g_x の差核であるが $f_x = g_x$ なので h_x は同型. これが任意の $x \in X$ に対して成り立つので命題 4.27 より h は同型. よって $f = g$ が言える. □

▶**命題 4.30** $\mathrm{Sh}(X, R\text{-}\mathbf{Mod})$ はアーベル圏である. また, $\mathrm{Sh}(X, R\text{-}\mathbf{Mod})$ における図式 $F \xrightarrow{f} G \xrightarrow{g} H$ が完全であることと, 任意の $x \in X$ に対して $F_x \xrightarrow{f_x} G_x \xrightarrow{g_x} H_x$ が完全であることとは同値である.

[証明] 系 4.26 より零加群 0 から定まる定数前層 ${}^p 0_X$ は定数層 0_X と一致し, これが零対象となる. また, 系 4.26 より $F, G \in \mathrm{Ob}\,\mathrm{PSh}(X, R\text{-}\mathbf{Mod})$ に対して前層としての直和 $F \oplus G$ が層となり, これが和, 積となることがわかる. また, 再び系 4.26 より層の射 $f : F \longrightarrow G$ に対して前層としての核 $(\mathrm{Ker}^p f, \ker^p f)$ は層となり, これが層としての核 $(\mathrm{Ker}\,f, \ker f)$ となる. また前層としての余核 $(\mathrm{Coker}^p f, \mathrm{coker}^p f)$ の層化 $a_X(\mathrm{Coker}^p f)$ と合成 $G \xrightarrow{\mathrm{coker}^p f} \mathrm{Coker}^p f \xrightarrow{f_{\mathrm{Coker}^p f}} a_X(\mathrm{Coker}^p f)$ の組が層としての余核 $(\mathrm{Coker}\,f, \mathrm{coker}\,f)$ となる.

また, 命題 4.28 より $x \in X$ に対して $((\mathrm{Ker}\,f)_x, (\ker f)_x) = (\mathrm{Ker}\,f_x, \ker f_x), ((\mathrm{Coker}\,f)_x, (\mathrm{coker}\,f)_x) = (\mathrm{Coker}\,f_x, \mathrm{coker}\,f_x)$ が成り立つ. さらに命題 4.27 より f が単射 (全射) であることと, 任意の $x \in X$ に対して f_x が単射 (全射) であることが同値となる. すると f が単射なとき, f の引き起こす射 $F \longrightarrow \mathrm{Ker}(\mathrm{coker}\,f)$ は茎の射 $F_x \longrightarrow (\mathrm{Ker}(\mathrm{coker}\,f))_x = \mathrm{Ker}(\mathrm{coker}\,f_x)$ を引き起こすが, f_x が単射なのでこれは同型となる. したがって命題 4.27 より $F \longrightarrow \mathrm{Ker}(\mathrm{coker}\,f)$ は同型, つまり $f \simeq \ker(\mathrm{coker}\,f)$ となる. 同様にして f が全射なとき $f \simeq \mathrm{coker}(\ker f)$ であることも言える. 以上より $\mathrm{Sh}(X, R\text{-}\mathbf{Mod})$ がアーベル圏であることが言えた.

最後に, 図式 $F \xrightarrow{f} G \xrightarrow{g} H$ が完全であることは $g \circ f = 0$ かつ $\mathrm{coker}\,f \circ \ker g = 0$ であることと同値である (命題 2.88) が, 命題 4.28 および系 4.29 より, これは任意の $x \in X$ に対して $g_x \circ f_x = 0$ かつ $\mathrm{coker}\,f_x \circ \ker g_x = 0$ であることと同値で, さらにそれは任意の $x \in X$ に対して $F_x \xrightarrow{f_x} G_x \xrightarrow{g_x} H_x$ が完全であることと同値である. □

▶系 4.31 X を位相空間とし,$a_X : \mathrm{PSh}(X, R\text{-}\mathbf{Mod}) \longrightarrow \mathrm{Sh}(X, R\text{-}\mathbf{Mod})$,
$i_X : \mathrm{Sh}(X, R\text{-}\mathbf{Mod}) \longrightarrow \mathrm{PSh}(X, R\text{-}\mathbf{Mod})$ を系 4.23 とその後に定義した関手とする.このとき i_X は左完全関手,a_X は完全関手であり,また i_X は単射的対象を保つ.

[証明] $a_X \dashv i_X$ なので,命題 2.172 より i_X は左完全である.また $P_1 \longrightarrow P_2 \longrightarrow P_3$ を $\mathrm{PSh}(X, R\text{-}\mathbf{Mod})$ における完全列とするとき任意の $x \in X$ に対して $P_{1,x} \longrightarrow P_{2,x} \longrightarrow P_{3,x}$ が完全なので系 4.25 より $(a_X P_1)_x \longrightarrow (a_X P_2)_x \longrightarrow (a_X P_3)_x$ が完全となり,よって命題 4.30 より $a_X P_1 \longrightarrow a_X P_2 \longrightarrow a_X P_3$ が完全となる.よって a_X は完全である.最後の主張は命題 2.176 より従う. □

層に対する順像および逆像の概念を定義する.

▷定義 4.32 $f : X \longrightarrow Y$ を位相空間の連続写像,$\mathcal{C} = \mathbf{Set}$ または $R\text{-}\mathbf{Mod}$ とし,a_X, a_Y, i_X, i_Y を系 4.23 とその後に定義した関手とする.
(1) $F \in \mathrm{Ob}\,\mathrm{Sh}(X, \mathcal{C})$ に対し,$f_* F := a_Y f_p i_X F$ と定め,これを層 F の f による**順像**という.なお,i_X は自然な包含関手であり,また f_p は命題 4.20 より層を層に移すので $f_* F = f_p i_X F = f_p F$ である.f_* は自然に関手 $\mathrm{Sh}(X, \mathcal{C}) \longrightarrow \mathrm{Sh}(Y, \mathcal{C})$ を定める.
(2) $F \in \mathrm{Ob}\,\mathrm{Sh}(Y, \mathcal{C})$ に対し,$f^* F := a_X f^p i_Y F$ と定め,これを層 F の f による**逆像**という.f^* は自然に関手 $\mathrm{Sh}(Y, \mathcal{C}) \longrightarrow \mathrm{Sh}(X, \mathcal{C})$ を定める.

注 4.33 記号を上の通りとする.一般に F が層であっても $f^p i_Y F$ は層であるとは限らないので $f^* F$ は前層として $f^p i_Y F = f^p F$ と一致するとは限らない.ただし,$f : X \longrightarrow Y$ が開部分集合からの包含であるときは $f^p F$ は $f^p F(V) = F(V)\,(V \subseteq X)$ となる前層ゆえ,実は層となっている.よってこのときは $f^* F = f^p F$ である.

注 4.34 $f : X \longrightarrow Y$ を位相空間の連続写像,$x \in X, y := f(x) \in Y$ とする.また $\mathcal{C} = \mathbf{Set}$ または $R\text{-}\mathbf{Mod}$,$F \in \mathrm{Ob}\,\mathrm{Sh}(Y, \mathcal{C})$ とする.このとき $(f^* F)_x = F_y$ である:実際,$(f^* F)_x = (a_X f^p i_Y F)_x = (f^p i_Y F)_x = (i_Y F)_y = F_y$ (3 つめの等号は注 4.13 による)となる.

注 4.35 $X, \mathcal{C}$ を定義 4.32 の通りとする. $F \in \mathrm{Ob}\,\mathrm{Sh}(X, \mathcal{C})$ に対して定理 4.21 の証明における層 $F^\natural = \prod_{x \in X} i_{x,p} a_x i_x^p F$ は層の順像および逆像を用いて $F^\natural = \prod_{x \in X} i_{x,*} i_x^* F$ と書ける.

▶**命題 4.36** $f : X \longrightarrow Y$ を位相空間の連続写像, $\mathcal{C} = \mathbf{Set}$ または $R\text{-}\mathbf{Mod}$, $\mathcal{I}$ を小さな有向グラフまたは小さな圏とする.

(1) $\mathrm{Sh}(X, \mathcal{C})$ における $\mathcal{I}^{\mathrm{op}}$ 上の図式 $(F_i)_{i \in \mathrm{Ob}\,\mathcal{I}}$ に対して

$$f_*(\varprojlim_{i \in \mathrm{Ob}\,\mathcal{I}} F_i) = \varprojlim_{i \in \mathrm{Ob}\,\mathcal{I}} f_* F_i$$

が成り立つ.

(2) $\mathrm{Sh}(Y, \mathcal{C})$ における $\mathcal{I}$ 上の図式 $(F_i)_{i \in \mathrm{Ob}\,\mathcal{I}}$ に対して

$$f^*(\varinjlim_{i \in \mathrm{Ob}\,\mathcal{I}} F_i) = \varinjlim_{i \in \mathrm{Ob}\,\mathcal{I}} f^* F_i$$

が成り立つ. また, $\mathrm{Ob}\,\mathcal{I}, \sqcup_{i,i' \in \mathrm{Ob}\,\mathcal{I}} \mathrm{Hom}_\mathcal{I}(i, i')$ が有限集合であると仮定すると, $\mathrm{Sh}(Y, \mathcal{C})$ における $\mathcal{I}^{\mathrm{op}}$ 上の図式 $(F_i)_{i \in \mathrm{Ob}\,\mathcal{I}}$ に対して

$$f^*(\varprojlim_{i \in \mathrm{Ob}\,\mathcal{I}} F_i) = \varprojlim_{i \in \mathrm{Ob}\,\mathcal{I}} f^* F_i$$

が成り立つ.

[**証明**] (1) 前層の圏における射影極限および順像は層を層に移すので

$$f_*(\varprojlim_{i \in \mathrm{Ob}\,\mathcal{I}} F_i) = f_p(\varprojlim_{i \in \mathrm{Ob}\,\mathcal{I}}^p F_i) = \varprojlim_{i \in \mathrm{Ob}\,\mathcal{I}}^p f_p F_i = \varprojlim_{i \in \mathrm{Ob}\,\mathcal{I}} f_* F_i$$

となる.

(2) まず前半の主張を示す. 自然な射 $\varinjlim_{i \in \mathrm{Ob}\,\mathcal{I}} f^* F_i \longrightarrow f^*(\varinjlim_{i \in \mathrm{Ob}\,\mathcal{I}} F_i)$ がある. 両辺の $x \in X$ による茎は命題 4.28 より

$$(\varinjlim_{i \in \mathrm{Ob}\,\mathcal{I}} f^* F_i)_x = \varinjlim_{i \in \mathrm{Ob}\,\mathcal{I}} (f^* F_i)_x = \varinjlim_{i \in \mathrm{Ob}\,\mathcal{I}} F_{i, f(x)},$$

$$(f^*(\varinjlim_{i \in \mathrm{Ob}\,\mathcal{I}} F_i))_x = (\varinjlim_{i \in \mathrm{Ob}\,\mathcal{I}} F_i)_{f(x)} = \varinjlim_{i \in \mathrm{Ob}\,\mathcal{I}} F_{i, f(x)}$$

と計算されるのでこれは同型となる. 後半の主張も同様に示される. □

▶**命題 4.37** $f : X \longrightarrow Y, \mathcal{C}$ を上の通りとするとき $f^* \dashv f_*$, つまり f^* は f_* の左随伴関手である.

[証明] F, G をそれぞれ Y, X 上の $\mathcal{C}$ に値をとる層とするとき

$$\begin{aligned}
\mathrm{Hom}_{\mathrm{Sh}(X,\mathcal{C})}(f^*F, G) &= \mathrm{Hom}_{\mathrm{Sh}(X,\mathcal{C})}(a_X f^p i_Y F, G) \\
&= \mathrm{Hom}_{\mathrm{PSh}(X,\mathcal{C})}(f^p i_Y F, i_X G) \\
&= \mathrm{Hom}_{\mathrm{PSh}(Y,\mathcal{C})}(i_Y F, f_p i_X G) = \mathrm{Hom}_{\mathrm{Sh}(Y,\mathcal{C})}(F, f_* G).
\end{aligned}$$

□

▶**系 4.38** $\mathcal{C}$ を上の通りとし,$f: X \longrightarrow Y, g: Y \longrightarrow Z$ を位相空間の連続写像とする.このとき $(g \circ f)_* = g_* \circ f_*, (g \circ f)^* = f^* \circ g^*$ が成り立つ.

[証明] 証明は系 4.11 と同様なので読者に任せる. □

▶**系 4.39** $\mathcal{C} = R\text{-Mod}$ とし,$f: X \longrightarrow Y$ を位相空間の連続写像とするとき f_* は左完全関手,f^* は完全関手であり,f_* は単射的対象を保つ.

[証明] $f^* \dashv f_*$ なので,命題 2.172 より f_* は左完全,f^* は右完全である.また $f^* = a_X f^p i_Y$ で,a_X および f^p が完全,i_Y が左完全なので f^* も左完全である.よって f^* は完全となる.最後の主張は命題 2.176 より従う. □

最後に,次節で用いる層の零延長の概念と基本性質を述べる.

▷**定義 4.40** X を位相空間,U を X の開集合とし,$j: U \hookrightarrow X$ を包含とする.
(1) $\mathcal{C}$ を始対象 e をもつ圏とし,e からの射 $e \longrightarrow A (A \in \mathrm{Ob}\mathcal{C})$ を i と書く.このとき U 上の圏 $\mathcal{C}$ に値をとる前層 P に対して,X 上の圏 $\mathcal{C}$ に値をとる前層 $j_{!p} P$ を

$$j_{!p} P(V) := \begin{cases} P(V), & (V \subseteq U \text{ のとき}), \\ e, & (V \not\subseteq U \text{ のとき}), \end{cases}$$

$$(j_{!p} P)_{V'V} := \begin{cases} P_{V'V}, & (V \subseteq U \text{ のとき}), \\ i, & (V \not\subseteq U \text{ のとき}) \end{cases}$$

により定める.これを前層 P の X 上への**零延長** (extension by zero) とい

う.$j_{!p}$ は自然に関手 $\mathrm{PSh}(U,\mathcal{C}) \longrightarrow \mathrm{PSh}(X,\mathcal{C})$ を定める.
(2) $\mathcal{C} = \mathbf{Set}$ または $R\text{-}\mathbf{Mod}$ とする.このとき U 上の圏 $\mathcal{C}$ に値をとる層 F に対して,X 上の圏 $\mathcal{C}$ に値をとる層 $j_!F$ を $j_!F := a_X j_{!p} i_U F$ により定める.これを層 F の X 上への**零延長**という.$j_!$ は自然に関手 $\mathrm{Sh}(U,\mathcal{C}) \longrightarrow \mathrm{Sh}(X,\mathcal{C})$ を定める.

▶**命題 4.41** $j : U \hookrightarrow X$ を上の通りとする.
(1) $\mathcal{C}$ を始対象 e をもつ圏とするとき $j_{!p} \dashv j^p$,つまり $j_{!p}$ は j^p の左随伴関手である.
(2) $\mathcal{C} = \mathbf{Set}$ または $R\text{-}\mathbf{Mod}$ とするとき $j_! \dashv j^*$,つまり $j_!$ は j^* の左随伴関手である.

[**証明**] (1) $P \in \mathrm{Ob}\,\mathrm{PSh}(U,\mathcal{C}), Q \in \mathrm{Ob}\,\mathrm{PSh}(X,\mathcal{C})$ とするとき

$$\mathrm{Hom}_{\mathrm{PSh}(X,\mathcal{C})}(j_{!p}P, Q)$$
$$= \{(P(V) \longrightarrow Q(V))_{V \subseteq X} \mid V' \hookrightarrow V \text{ に対する制限写像と整合的}\}$$
$$= \{(P(V) \longrightarrow Q(V))_{V \subseteq U} \mid V' \hookrightarrow V \text{ に対する制限写像と整合的}\}$$
$$= \mathrm{Hom}_{\mathrm{PSh}(U,\mathcal{C})}(P, j^p Q)$$

となる.ただし 2 つめの等号は $P(V)$ ($V \not\subseteq U$) が $\mathcal{C}$ の始対象であることから従い,3 つめの等号は $j^p Q$ が $j^p Q(V) = Q(V)$ ($V \subseteq U$) となる前層であることから従う.よって $j_{!p} \dashv j^p$ である.
(2) $F \in \mathrm{Ob}\,\mathrm{Sh}(U,\mathcal{C}), G \in \mathrm{Ob}\,\mathrm{Sh}(X,\mathcal{C})$ とするとき

$$\mathrm{Hom}_{\mathrm{Sh}(X,\mathcal{C})}(j_! F, G) = \mathrm{Hom}_{\mathrm{Sh}(X,\mathcal{C})}(a_X j_{!p} i_U F, G)$$
$$= \mathrm{Hom}_{\mathrm{PSh}(X,\mathcal{C})}(j_{!p} i_U F, i_X G)$$
$$= \mathrm{Hom}_{\mathrm{PSh}(U,\mathcal{C})}(i_U F, j^p i_X G) = \mathrm{Hom}_{\mathrm{Sh}(U,\mathcal{C})}(F, a_U j^p i_X G)$$
$$= \mathrm{Hom}_{\mathrm{Sh}(U,\mathcal{C})}(F, j^* G)$$

となる.ただし 4 つめの等号は注 4.33 より $j^p i_X G$ が層となっていることから従う.よって $j_! \dashv j^*$ である. □

▶**系 4.42** $\mathcal{C} = R\text{-}\mathbf{Mod}$ とし，$j: U \hookrightarrow X$ を上の通りとする．このとき $j_!$ は完全関手であり，j^* は単射的対象を保つ．

[証明] $j_! \dashv j^*$ なので，命題 2.172 より $j_!$ は右完全である．一方，定義より明らかに $j_{!p}$ は完全であり，また i_U は左完全，a_X は完全なので $j_! = a_X j_{!p} i_U$ は左完全である．以上より $j_!$ は完全であることがわかる．最後の主張は命題 2.176 より従う． □

4.3 層係数コホモロジー

本節では位相空間 X 上の R 加群の層 F が与えられたときにその層係数コホモロジー $H^n(X, F)$ $(n \geq 0)$ を定義する．また，層係数コホモロジーの相対版として高次順像の概念も定義する．なお，以降では，記号を簡単にするため，位相空間 X の開集合 $V \subseteq U \subseteq X$，$\mathrm{PSh}(X, R\text{-}\mathbf{Mod})$ の対象 P と $s \in P(U)$ に対して，$P_{VU}(s)$ のことを $s|_V$ と書くことにする．

層係数コホモロジーを定義するための準備としてまず次を示す．

▶**命題 4.43** アーベル圏 $\mathrm{Sh}(X, R\text{-}\mathbf{Mod})$ は充分に単射的対象をもつ．

[証明] 2 通りの証明を与える．
(1) $\mathrm{Sh}(X, R\text{-}\mathbf{Mod})$ がグロタンディーク圏（定義 2.137）であることを確かめる．まず，X の開集合 U に対して包含 $U \hookrightarrow X$ を j_U と書き，$G := \bigoplus_{U \subseteq X \text{ 開集合}} j_{U,!} R_U$ とおく．（R_U は R に伴う U 上の定数層．）任意の $F \in \mathrm{Ob}\,\mathrm{Sh}(X, R\text{-}\mathbf{Mod})$ に対して

$$\mathrm{Hom}_{\mathrm{Sh}(X, R\text{-}\mathbf{Mod})}(j_{U,!} R_U, F) = \mathrm{Hom}_{\mathrm{Sh}(U, R\text{-}\mathbf{Mod})}(R_U, j_U^* F) = F(U)$$

であることに注意すると，任意の開集合 $U \subseteq X$ および $a \in F(U)$ に対して

$$a \in F(U) = \mathrm{Hom}_{\mathrm{Sh}(X, R\text{-}\mathbf{Mod})}(j_{U,!} R_U, F),$$
$$0 \in F(V) = \mathrm{Hom}_{\mathrm{Sh}(X, R\text{-}\mathbf{Mod})}(j_{V,!} R_V, F) \quad (\forall V \neq U)$$

に伴う射 $\varphi_a : G \longrightarrow F$ が構成され，このとき $\varphi_a(U) : G(U) \longrightarrow F(U)$ の像は a を含む．さて，$\mathrm{Sh}(X, R\text{-}\mathbf{Mod})$ における任意の 0 でない射 $f : F \longrightarrow F'$ が与えられたとき，ある X の開集合 U とある $a \in F(U)$ に対して $f(U)(a) \neq$

0 であり，よって $\mathrm{Im}(f \circ \varphi_a)(U) \neq 0$ となる．したがって $f \circ \varphi_a \neq 0$ となる．以上と命題 2.131 より G が $\mathrm{Sh}(X, R\text{-}\mathbf{Mod})$ の生成対象であることが言える．また，任意 $F \in \mathrm{Ob}\,\mathrm{Sh}(X, R\text{-}\mathbf{Mod})$ の部分対象の増大族 $(F_\lambda)_{\lambda \in \Lambda}$ と F の部分対象 $H \longrightarrow F$ に対して $H \cap (\bigcup_{\lambda \in \Lambda} F_\lambda) = \bigcup_{\lambda \in \Lambda}(H \cap F_\lambda)$ が成り立つことは命題 4.28 より両者の茎が一致することと命題 4.27 より従う．よって $\mathrm{Sh}(X, R\text{-}\mathbf{Mod})$ はグロタンディーク圏であり，定理 2.144 より $\mathrm{Sh}(X, R\text{-}\mathbf{Mod})$ は充分に単射的対象をもつ．

(2) $F \in \mathrm{Ob}\,\mathrm{Sh}(X, R\text{-}\mathbf{Mod})$ とすると定理 4.21 の証明中の議論により自然な単射 $\alpha_F : F \longrightarrow F^\natural = \prod_{x \in X} i_{x,*} i_x^* F$ がある（注 4.35 も参照）．したがって，題意を示すには $\prod_{x \in X} i_{x,*} G_x\,(G_x \in \mathrm{Ob}\,\mathrm{Sh}(x, R\text{-}\mathbf{Mod}))$ の形の層が単射的対象への単射をもつことを示せば充分である．任意の $x \in X$ に対して単射的 R 加群への単射 $\varphi_x' : G_x(x) \hookrightarrow J_x$ をとり，I_x を例 4.19(5) の圏同値により J_x と対応する x 上の層とすると，φ_x' は圏同値を通じて $\mathrm{Sh}(x, R\text{-}\mathbf{Mod})$ における単射 $\varphi_x : G_x \longrightarrow I_x\,(x \in X)$ を定める．これらの射が

$$\varphi := \prod_{x \in X} i_{x,*} \varphi_x : \prod_{x \in X} i_{x,*} G_x \longrightarrow \prod_{x \in X} i_{x,*} I_x =: I$$

を定める．$i_{x,*}$ の左完全性より $i_{x,*} \varphi_x$ は単射となるのでその積である φ も単射となる．（単射の積が単射となることは命題 2.58(1)，系 2.84 と命題 2.39 より従う．あるいは命題 4.4，系 4.26 と命題 4.27 を用いて確かめられる．）よって I が単射的であることを示せばよいが，定義より I_x は単射的で，$i_{x,*}$ および積をとる操作は単射的対象を保つので，それは正しい． □

命題 4.43 により，次のように導来関手として層係数コホモロジーおよび高次順像を定義することが可能となる．

▷ **定義 4.44** (1) X を位相空間とするとき，加法的関手 $\mathrm{Sh}(X, R\text{-}\mathbf{Mod}) \longrightarrow R\text{-}\mathbf{Mod};\,F \mapsto F(X)$ の右導来関手を $(H^n(X, -))_{n \in \mathbb{N}}$ と書き，$F \in \mathrm{Ob}\,\mathrm{Sh}(X, R\text{-}\mathbf{Mod})$ に対して $H^n(X, F)$ のことを F を係数とする X の n 次**層係数コホモロジー (sheaf cohomology)** という．

(2) $f : X \longrightarrow Y$ を位相空間の連続写像とするとき，加法的関手 $f_* : \mathrm{Sh}(X, R\text{-}\mathbf{Mod}) \longrightarrow \mathrm{Sh}(Y, R\text{-}\mathbf{Mod})$ の右導来関手を $(R^n f_*)_{n \in \mathbb{N}}$ と書き，$F \in \mathrm{Ob}\,\mathrm{Sh}(X, R\text{-}\mathbf{Mod})$ に対して $R^n f_* F$ のことを F の f による n 次の**高次順像**

(higher direct image) という.

つまり，上の記号の下で，$F \longrightarrow I^\bullet$ を $\mathrm{Sh}(X, R\text{-}\mathbf{Mod})$ における F の単射的分解とするとき $H^n(X, F) := H^n(I^\bullet(X)), R^n f_* F := H^n(f_* I^\bullet)$ である．(ただし前者右辺の $H^n(-)$ は $R\text{-}\mathbf{Mod}$ における複体のコホモロジー，後者右辺の $H^n(-)$ は $\mathrm{Sh}(Y, R\text{-}\mathbf{Mod})$ における複体のコホモロジーである．)

注 4.45 (1) 定義 4.44(1) の最初の関手は $F \mapsto (i_X F)(X)$ と書け，これは $i_X : \mathrm{Sh}(X, R\text{-}\mathbf{Mod}) \longrightarrow \mathrm{PSh}(X, R\text{-}\mathbf{Mod})$ が左完全，$\mathrm{PSh}(X, R\text{-}\mathbf{Mod}) \longrightarrow R\text{-}\mathbf{Mod}; P \mapsto P(X)$ が完全なので左完全関手である．したがって $H^0(X, F) = F(X)$ である．同様に，定義 4.44(2) において f_* は左完全関手なので $R^0 f_* F = f_* F$ である．
(2) U を X の開集合とし，$j : U \hookrightarrow X$ を包含とする．このとき，$F \in \mathrm{Ob}\,\mathrm{Sh}(X, R\text{-}\mathbf{Mod})$ に対して，F を係数とする U の n 次コホモロジーを定義する方法は 2 つある：1 つは加法的関手 $\mathrm{Sh}(X, R\text{-}\mathbf{Mod}) \longrightarrow R\text{-}\mathbf{Mod}; F \mapsto F(U)$ の右導来関手として定義する方法であり，もう 1 つは $j^* F$ を係数とする U のコホモロジーとして定義する方法である．実はこの 2 つの定義によるコホモロジーは一致する：実際，$F \longrightarrow I^\bullet$ を単射的分解とすると，前者のコホモロジーは $H^n(I^\bullet(U))$ である．また，j^* が完全で単射的対象を保つ（系 4.39, 4.42）ことから $j^* F \longrightarrow j^* I^\bullet$ は $j^* F$ の単射的分解となる．したがって後者のコホモロジーは $H^n(j^* I^\bullet(U)) = H^n(I^\bullet(U))$ であり，よってこれは前者のものと一致する．以下ではこれらのコホモロジーを $H^n(U, F)$ と書く．
(3) $f : X \longrightarrow Y$ を位相空間の連続写像，$F \in \mathrm{Ob}\,\mathrm{Sh}(X, R\text{-}\mathbf{Mod}), G \in \mathrm{Ob}\,\mathrm{Sh}(Y, R\text{-}\mathbf{Mod})$ とし，また $\mathrm{Sh}(Y, R\text{-}\mathbf{Mod})$ における射 $\varphi : f^* G \longrightarrow F$ が与えられているとき，自然に層係数コホモロジーの射 $H^n(Y, G) \longrightarrow H^n(X, F)$ が引き起こされる．実際，$O \longrightarrow F \longrightarrow I^\bullet, O \longrightarrow G \longrightarrow J^\bullet$ を単射的分解とすると，f^* が完全であることから $O \longrightarrow f^* G \longrightarrow f^* J^\bullet$ は完全列となる．このことと命題 3.26 より次の図式を可換にする複体の射 $\psi^\bullet : f^* J^\bullet \longrightarrow I^\bullet$ がホモトピックなものを除いて一意的に存在する：

$$\begin{array}{ccccc} O & \longrightarrow & f^* G & \longrightarrow & f^* J^\bullet \\ & & \varphi \downarrow & & \psi^\bullet \downarrow \\ O & \longrightarrow & F & \longrightarrow & I^\bullet \end{array}$$

すると層係数コホモロジーの射が

$$H^n(Y, G) = H^n(J^\bullet(Y)) \longrightarrow H^n(f_* f^* J^\bullet(Y))$$
$$= H^n(f^* J^\bullet(X)) \xrightarrow{H^n(\psi^\bullet)} H^n(I^\bullet(X)) = H^n(X, F)$$

(1 つめの射は随伴射によるもの) により定義される．
特に，左 R 加群 M に対して

$$M_Y(V) := \{V \longrightarrow M \mid 連続関数\}$$
$$\xrightarrow{\sharp f} \{f^{-1}(V) \longrightarrow M \mid 連続関数\} = M_X(f^{-1}(V)) = f_*M_X(V)$$

により定義される射 $M_Y \longrightarrow f_*M_X$ の随伴 $f^*M_Y \longrightarrow M_X$ があるので，層係数コホモロジーの射 $H^n(Y, M_Y) \longrightarrow H^n(X, M_X)$ が定義される．

層係数コホモロジーを集めてできる前層もまた導来関手として定義できる．

▷**定義 4.46** X を位相空間とする．左完全関手 $i_X : \mathrm{Sh}(X, R\text{-}\mathbf{Mod}) \longrightarrow \mathrm{PSh}(X, R\text{-}\mathbf{Mod})$ の右導来関手を $(\underline{H}^n(-))_{n \in \mathbb{N}}$ と書く．

▶**命題 4.47** 記号を上の通りとするとき，$\underline{H}^n(F)$ は $\underline{H}^n(F)(U) = H^n(U, F)$ となる前層である．

[証明] $F \longrightarrow I^\bullet$ を単射的分解とすると $\underline{H}^n(F)(U) = H^n(i_X I^\bullet)(U) = H^n(i_X I^\bullet(U)) = H^n(I^\bullet(U)) = H^n(U, F)$. □

高次順像は次の意味で層係数コホモロジーの相対版となっている．

▶**命題 4.48** $f : X \longrightarrow Y$ を位相空間の連続写像，$F \in \mathrm{Ob}\,\mathrm{Sh}(X, R\text{-}\mathbf{Mod})$ とするとき，$R^n f_* F = a_Y f_p \underline{H}^n(F)$ である，つまり $R^n f_* F$ は $U \mapsto H^n(f^{-1}(U), F)$ により定義される前層の層化である．

[証明] $F \longrightarrow I^\bullet$ を単射的分解とすると

$$R^n f_* F = H^n(f_* I^\bullet) = H^n(a_Y f_p i_X I^\bullet) = a_Y f_p H^n(i_X I^\bullet) = a_Y f_p \underline{H}^n(F).$$

□

導来関手とスペクトル系列の一般論より，次の**グロタンディーク–ルレイスペクトル系列**が導かれる．

▶**命題 4.49** (1) $f : X \longrightarrow Y$ を位相空間の連続写像とするとき，任意の $F \in \mathrm{Ob}\,\mathrm{Sh}(X, R\text{-}\mathbf{Mod})$ に対してスペクトル系列

$$E_2^{p,q} = H^p(Y, R^q f_* F) \implies E^{p+q} = H^{p+q}(X, F)$$

が存在する.

(2) $f : X \longrightarrow Y, g : Y \longrightarrow Z$ を位相空間の連続写像とするとき,任意の $F \in \mathrm{Ob}\,\mathrm{Sh}(X, R\text{-}\mathbf{Mod})$ に対してスペクトル系列

$$E_2^{p,q} = R^p g_* R^q f_* F \implies E^{p+q} = R^{p+q}(g \circ f)_* F$$

が存在する.

[証明] 系 4.39 より f_* は単射的対象を保つ.したがって定理 3.68 より (1), (2) のスペクトル系列を得る. □

我々は層係数コホモロジーおよび高次順像を導来関手として,つまり層の単射的分解を用いて定義したが,他の分解を用いても定義できるということを 3.3 節の結果を利用して示す.

X を位相空間とするとき,X の任意の開集合 U と任意の $n > 0$ に対して $H^n(U, J) = 0$ を満たすような $J \in \mathrm{Ob}\,\mathrm{Sh}(X, R\text{-}\mathbf{Mod})$ 全体のなす $\mathrm{Ob}\,\mathrm{Sh}(X, R\text{-}\mathbf{Mod})$ の部分集合を $\mathcal{A}(X)$ とおく[2].

▶**命題 4.50** 任意の $F \in \mathrm{Ob}\,\mathrm{Sh}(X, R\text{-}\mathbf{Mod})$ は $\mathcal{A}(X)$ に属する層による分解 $F \longrightarrow J^\bullet$(つまり $\mathrm{Sh}(X, R\text{-}\mathbf{Mod})$ における完全列

$$O \longrightarrow F \longrightarrow J^0 \longrightarrow \cdots \longrightarrow J^n \longrightarrow J^{n+1} \longrightarrow \cdots$$

で各 J^n ($n \in \mathbb{N}$) が $\mathcal{A}(X)$ に属するもの)をもち,層係数コホモロジー $H^n(X, F)$ や位相空間の連続写像 $f : X \longrightarrow Y$ に対する高次順像 $R^n f_* F$ は $\mathcal{A}(X)$ に属する層による分解を用いて計算できる,つまり $H^n(X, F) = H^n(J^\bullet(X))$, $R^n f_* F = H^n(f_* J^\bullet)$ が成り立つ.

[証明] 定義より単射的層は $\mathcal{A}(X)$ に属するので,任意の $F \in \mathrm{Ob}\,\mathrm{Sh}(X, R\text{-}\mathbf{Mod})$ は $\mathcal{A}(X)$ に属する層による分解をもつ.また,定義より $\mathcal{A}(X)$ に属する層は関手 $F \mapsto F(X)$ に関して非輪状なので層係数コホモロジーについて

---

[2] [9] では $\mathcal{A}(X)$ に属する層(より正確には後で出てくる系 4.80 の条件 (2) を満たす層)のことを軟弱層と呼んでいるが,本書では軟弱層という用語を別の意味で用いる.

の主張は命題 3.44 より直ちに従う. さらに, 命題 4.48 より任意の $J \in \mathcal{A}(X)$ と $n > 0$ に対して $R^n f_* J = O$ となるので, J は f_* 非輪状である. よって高次順像についての主張も命題 3.44 より従う. □

層が $\mathcal{A}(X)$ に属するための充分条件を挙げる.

▷**定義 4.51** X を位相空間とする. $J \in \mathrm{Ob}\,\mathrm{Sh}(X, R\text{-}\mathbf{Mod})$ が**軟弱層** (**flasque sheaf, flabby sheaf**) であるとは X の任意の開集合 U に対して $J_{UX} : J(X) \longrightarrow J(U)$ が全射であること.

▶**命題 4.52** 軟弱層は $\mathcal{A}(X)$ に属する.

[証明] $\mathcal{T}$ を軟弱層全体のなす $\mathrm{Ob}\,\mathrm{Sh}(X, R\text{-}\mathbf{Mod})$ の部分集合とする. X の任意の開集合 U に対して $\mathcal{T}$ が関手 $\mathrm{Sh}(X, R\text{-}\mathbf{Mod}) \longrightarrow R\text{-}\mathbf{Mod}; F \mapsto F(U)$ に関して命題 3.46 の条件を満たすことを示せばよい. $\mathcal{T}$ が命題 3.46 の条件 (1), (3) を満たすことは明らかである. また, 定理 4.21 の証明中の記述より, 任意の $F \in \mathrm{Ob}\,\mathrm{Sh}(X, R\text{-}\mathbf{Mod})$ は単射 $\alpha_F : F \longrightarrow F^\natural$ をもち, また $F^\natural$ が軟弱層であることがわかる. したがって $\mathcal{T}$ は命題 3.46 の条件 (2) を満たす. 最後に $\mathcal{T}$ が命題 3.46 の条件 (4) を満たすことを示す.

$$O \longrightarrow F \xrightarrow{f} F' \xrightarrow{g} F'' \longrightarrow O \qquad (4.2)$$

を $\mathrm{Sh}(X, R\text{-}\mathbf{Mod})$ における完全列で F, F' が軟弱層であるとする. U を X の開集合とすると

$$0 \longrightarrow F(U) \xrightarrow{f(U)} F'(U) \xrightarrow{g(U)} F''(U)$$

は完全である. したがって

$$0 \longrightarrow F(U) \xrightarrow{f(U)} F'(U) \xrightarrow{g(U)} F''(U) \longrightarrow 0 \qquad (4.3)$$

が完全であることを示すには $g(U)$ が全射であることを言えばよい. $s \in F''(U)$ を任意にとる. そして $\mathcal{S}$ を U の開集合 V と $t \in F'(V)$ で $g(V)(t) = s|_V$ を満たすものの組 (V, t) のなす集合とし, また $(V', t'), (V, t) \in \mathcal{S}$ が $V' \subseteq V, t|_{V'} = t'$ を満たすとき $(V', t') \leq (V, t)$ と書くことにする. このとき $\leq$ は $\mathcal{S}$

における順序を定める. $(\emptyset, 0) \in \mathcal{S}$ より $\mathcal{S}$ は空でない. また $\{(V_\lambda, t_\lambda)\}_{\lambda \in \Lambda}$ を $\mathcal{S}$ の全順序部分集合とするとき, 任意の $(V_\lambda, t_\lambda), (V_{\lambda'}, t_{\lambda'})$ に対して $(V_\lambda, t_\lambda) \leq (V_{\lambda'}, t_{\lambda'}), (V_{\lambda'}, t_{\lambda'}) \leq (V_\lambda, t_\lambda)$ のいずれかが成り立ち, 前者が成り立つとき

$$t_\lambda|_{V_\lambda \cap V_{\lambda'}} = t_\lambda = t_{\lambda'}|_{V_\lambda} = t_{\lambda'}|_{V_\lambda \cap V_{\lambda'}}$$

である. 後者が成り立つときも同じ等式が成り立つ. F' は層なので $V = \bigcup_{\lambda \in \Lambda} V_\lambda$ とおくと, $t|_{V_\lambda} = t_\lambda (\forall \lambda \in \Lambda)$ となる $t \in F'(V)$ が一意的に存在することがわかる. したがってこの (V, t) が $\{(V_\lambda, t_\lambda)\}_{\lambda \in \Lambda}$ の上界を与えるので $\mathcal{S}$ は帰納的集合である. よってツォルンの補題により $\mathcal{S}$ の極大元 (V_0, t_0) が存在する. 今 $V_0 \subsetneq U$ であると仮定すると $x \in U \setminus V_0$ がとれ, このとき g が層の全射であるという仮定から x を含む U の開集合 W と $t' \in F'(W)$ で $g(W)(t') = s|_W$ を満たすものがある. このとき

$$g(V_0 \cap W)(t'|_{V_0 \cap W}) = s|_{V_0 \cap W} = g(V_0 \cap W)(t|_{V_0 \cap W})$$

なので, ある $u \in F(V_0 \cap W)$ で

$$f(V_0 \cap W)(u) = t|_{V_0 \cap W} - t'|_{V_0 \cap W}$$

を満たすものがある. また, F が軟弱層であるという仮定より, ある $u' \in F(X)$ で $u'|_{V_0 \cap W} = u$ を満たすものがある. $v := f(W)(u'|_W) \in F'(W)$ とおくと

$$(t' + v)|_{V_0 \cap W} = t'|_{V_0 \cap W} + f(V_0 \cap W)(u'|_{V_0 \cap W}) = t'|_{V_0 \cap W} + f(V_0 \cap W)(u)$$
$$= t|_{V_0 \cap W}.$$

よってある $\tilde{t} \in F'(V_0 \cup W)$ で $\tilde{t}|_{V_0} = t, \tilde{t}|_W = t' + v$ を満たすものがある. また $g(V_0 \cup W)(\tilde{t})|_{V_0} = g(V_0)(t) = s|_{V_0}$ であり, 一方

$$g(V_0 \cup W)(\tilde{t})|_W = g(W)(t' + v) = s|_W + g(W)f(W)(u'|_W) = s|_W$$

であることから $g(V_0 \cup W)(\tilde{t})$ と $s|_{V_0 \cup W}$ は V_0 および W への制限が一致し, したがって $g(V_0 \cup W)(\tilde{t}) = s|_{V_0 \cup W}$ となる. 以上より $(V_0 \cup W, \tilde{t}) \in \mathcal{S}$ となり, これは (V_0, t_0) の極大性に矛盾する. よって $V_0 = U$ であり, したがって $g(U)$ が全射であることが言え, (4.3)が完全であることが言えた. すると F' が軟弱

層であることから合成

$$F'(X) \xrightarrow{F'_{UX}} F'(U) \xrightarrow{g(U)} F''(U)$$

は全射であり，これは合成

$$F'(X) \xrightarrow{g(X)} F''(X) \xrightarrow{F''_{UX}} F''(U)$$

に等しい．したがって F''_{UX} は全射であり，よって F'' も軟弱層となる．以上で $\mathcal{T}$ が命題 3.46 の条件 (4) を満たすことも示されたので題意が証明された． □

命題 4.50 および 4.52 より，層係数コホモロジーおよび高次順像は軟弱層による分解を用いて計算される．（命題 4.52 の証明は命題 3.46 に基づいていることおよび注 3.47 にも注意．）層を軟弱層に関手的に分解する方法を次に与える．

▷**定義 4.53** X を位相空間とする．$F \in \mathrm{Ob}\,\mathrm{Sh}(X, R\text{-}\mathbf{Mod})$ に対して $F \xrightarrow{\mathrm{d}_F} (G^\bullet(F), d_F^\bullet)$ を次のように帰納的に定義する．
(1) $\mathrm{d}_F := \alpha_F : F \longrightarrow F^\natural =: G^0(F)$. (ただし $\alpha_F, F^\natural$ は定理 4.21 の証明の通り．)
(2) $d_F^0 := \alpha_{\mathrm{Coker}\,\mathrm{d}_F} \circ \mathrm{coker}\,\mathrm{d}_F : G^n(F) \longrightarrow \mathrm{Coker}\,\mathrm{d}_F \longrightarrow (\mathrm{Coker}\,\mathrm{d}_F)^\natural =: G^1(F)$.
(3) $d_F^n := \alpha_{\mathrm{Coker}\,d_F^{n-1}} \circ \mathrm{coker}\,d_F^{n-1} : G^n(F) \longrightarrow \mathrm{Coker}\,d_F^{n-1} \longrightarrow (\mathrm{Coker}\,d_F^{n-1})^\natural =: G^{n+1}(F)$ $(n \geq 1)$.
このとき，各 $G^n(F)$ は軟弱層で，また

$$O \longrightarrow F \xrightarrow{\mathrm{d}_F} G^0(F) \xrightarrow{d_F^0} \cdots \xrightarrow{d_F^{n-1}} G^n(F) \xrightarrow{d_F^n} G^{n+1}(F) \xrightarrow{d_F^{n+1}} \cdots$$

が完全となることがわかる．これを F の**ゴドマン分解 (Godement resolution)** という．

記号を上の通りとする．$f : F \longrightarrow F'$ を $\mathrm{Sh}(X, R\text{-}\mathbf{Mod})$ における射とするとき，

$$f^0 := f^\natural : G^0(F) = F^\natural \longrightarrow F'^\natural = G^0(F')$$

とし，また f^{n-2}, f^{n-1} ($n = 1$ のときは f, f^0) が誘導する射 f'^n : Coker $d_F^{n-1} \longrightarrow$ Coker $d_{F'}^{n-1}$ を用いて

$$f^n := (f'^n)^\natural : G^n(F) = (\mathrm{Coker}\, d_F^{n-1})^\natural \longrightarrow (\mathrm{Coker}\, d_{F'}^{n-1})^\natural =: G^n(F')$$

とする．（ただし $f^\natural, (f'^n)^\natural$ における $\natural$ は定理 4.21 の証明の通りとする．）これにより，図式

$$\begin{array}{ccc} F & \xrightarrow{d_F} & (G^\bullet(F), d_F^\bullet) \\ f\downarrow & & f^\bullet\downarrow \\ F' & \xrightarrow{d_{F'}} & (G^\bullet(F'), d_{F'}^\bullet) \end{array}$$

を可換にする複体の射 $f^\bullet$ が構成される．そしてこの対応より，ゴドマン分解は完全関手

$$\mathrm{Sh}(X, R\text{-}\mathbf{Mod}) \longrightarrow \mathrm{C}(\mathrm{Sh}(X, R\text{-}\mathbf{Mod})); F \mapsto (G^\bullet(F), d_F^\bullet)$$

を定めることが言える．（完全性の証明は読者に任せる．）この関手に命題 3.45 を適用すると次が言える．

▶**命題 4.54** X を位相空間とするとき，関手

$$\mathrm{Sh}(X, R\text{-}\mathbf{Mod}) \longrightarrow R\text{-}\mathbf{Mod}; \quad F \mapsto H^n(G^\bullet(F)(X))$$

は層係数コホモロジーをとる関手 $H^n(X, -)$ と自然同値である．また，$f: X \longrightarrow Y$ を位相空間の連続写像とするとき，関手

$$\mathrm{Sh}(X, R\text{-}\mathbf{Mod}) \longrightarrow \mathrm{Sh}(Y, R\text{-}\mathbf{Mod}); \quad F \mapsto H^n(f_* G^\bullet(F))$$

は高次順像をとる関手 $R^n f_*$ と自然同値である．

次に，位相空間についての適当な条件下で層が $\mathcal{A}(X)$ に属するための別の充分条件として柔軟層について述べる．

位相空間 X と $F \in \mathrm{Ob}\,\mathrm{Sh}(X, R\text{-}\mathbf{Mod})$ および X の部分集合 Z からの包含写像 $\iota : Z \hookrightarrow X$ に対して $(\iota^* F)(Z)$ が定義されるが，以下，本節ではこれを

$F(Z)$ と略記することにする．さらに $\iota' : Z' \hookrightarrow Z$ なる部分集合 Z' があるとき合成

$$(\iota^* F)(Z) \longrightarrow \varinjlim_{Z' \subseteq U \subseteq Z} (\iota^* F)(U) = (\iota'^p \iota^* F)(Z')$$
$$\longrightarrow (\iota'^* \iota^* F)(Z') = ((\iota \circ \iota')^* F)(Z')$$

(2つめの矢印は層化の写像) により**制限写像** $F_{Z'Z} : F(Z) \longrightarrow F(Z')$ が定まり，さらに $Z'' \hookrightarrow Z'$ なる部分集合 Z'' があるときには $F_{Z''Z} = F_{Z''Z'} \circ F_{Z'Z}$ を満たす．以下では制限写像 $F_{Z'Z} : F(Z) \longrightarrow F(Z')$ による $s \in F(Z)$ の像を $s|_{Z'}$ と略記する．

▷**定義 4.55** X を位相空間とする．$F \in \mathrm{Ob\,Sh}(X, R\text{-}\mathbf{Mod})$ が**柔軟層 (soft sheaf)** であるとは任意の X の閉集合 Z に対して制限写像 $F_{ZX} : F(X) \longrightarrow F(Z)$ が全射であること．

注 4.56 X を位相空間，F を X 上の柔軟層，$\iota : Z \hookrightarrow X$ を X の閉集合 Z からの包含とするとき，$\iota^* F$ は Z 上の柔軟層となる：実際，Z の任意の閉集合 Z' に対して制限写像 $F(X) \longrightarrow F(Z')$ は全射で，これは $F(X) \longrightarrow F(Z) \longrightarrow F(Z')$ と分解するので $(\iota^* F)(Z) = F(Z) \longrightarrow F(Z') = (\iota^* F)(Z')$ は全射となる．

柔軟層の性質を調べるためにいくつか準備する．位相空間 X，$F \in \mathrm{Ob\,Sh}(X, R\text{-}\mathbf{Mod})$，$X$ の部分集合 Z からの包含写像 $\iota : Z \hookrightarrow X$ と $x \in Z$ が与えられたとき，$(\iota^* F)_x = F_x$ なので茎をとる写像により

$$F(Z) = (\iota^* F)(Z) \longrightarrow (\iota^* F)_x = F_x; \quad s \mapsto s_x$$

が定義されることに注意する．

▶**補題 4.57** $X, F, \iota : Z \hookrightarrow X, x$ を上の通りとし，$s \in F(Z)$ とする．このとき x を含むある X の開集合 U とある $t \in F(U)$ で $t|_{U \cap Z} = s|_{U \cap Z}$ となるようなものが存在する．

[証明] s の x での茎 $s_x \in F_x = \varinjlim_{x \in V} F(V)$ (V は x を含む X の開集合を走る) に対して，x を含む X の開集合 U とある $t \in F(U)$ で $t_x = s_x$ と

なるものが存在する. $\iota : U \cap Z \hookrightarrow X$ を包含とすると $t|_{U \cap Z}$ と $s|_{U \cap Z}$ は共に $F(U \cap Z) = (\iota^* F)(U \cap Z)$ の元でその茎たち $s_x, t_x \in F_x = (\iota^* F)_x = \varinjlim_{x \in V} (\iota^* F)(V \cap Z)$ (V は x を含む U の開集合を走る) は一致するので,U を小さく取り直せば $t|_{U \cap Z} = s|_{U \cap Z}$ となる. □

次にある種の閉被覆に対して層の貼り合わせ条件が成り立つことを示す. $(Z_i)_{i \in I}$ を位相空間 X の閉被覆とすると,$F \in \mathrm{Ob}\,\mathrm{Sh}(X, R\text{-}\mathbf{Mod})$ に対して (4.1) と同様の方法で図式

$$0 \longrightarrow F(X) \stackrel{\iota}{\longrightarrow} \prod_{i \in I} F(Z_i) \stackrel{\pi}{\longrightarrow} \prod_{i,j \in I} F(Z_i \cap Z_j) \tag{4.4}$$

が構成され,$\pi \circ \iota = 0$ が成り立つ. さらに次の命題が言える.

▶**命題 4.58** 記号を上の通りとし,さらに $(Z_i)_{i \in I}$ が X の局所有限な閉被覆(定義 A.5)であるとき,図式 (4.4) は完全列となる.

[**証明**] $s \in \mathrm{Ker}\,\iota$ とするとき,任意の $x \in X$ に対して $x \in Z_i$ となる Z_i をとると s の $F(X) \longrightarrow F(Z_i) \longrightarrow F_x$ による像が 0 となる. これより $s = 0$ となるので ι は単射である.

あとは $\mathrm{Ker}\,\pi \subseteq \mathrm{Im}\,\iota$ となることを示せばよい. $(s_i)_i \in \mathrm{Ker}\,\pi \subseteq \prod_{i \in I} F(Z_i)$ とし,$x \in X$ を任意にとる. このとき $x \in Z_i$ となる i を任意にとって $s_x := (s_i)_x \in F_x$ とおくと,$x \in Z_i \cap Z_j$ のとき $s_i|_{Z_i \cap Z_j} = s_j|_{Z_i \cap Z_j}$ であることから $(s_i)_x = (s_j)_x$ となるので,s_x は well-defined である.

閉被覆 $(Z_i)_{i \in I}$ は局所有限なので x を含むある X の開集合 U_x で $I_x := \{i \in I \mid U_x \cap Z_i \neq \emptyset\}$ が有限集合となるようなものが存在する. さらに $U_x \setminus (\bigcup_{x \notin Z_i} Z_i)$ を改めて U_x として I_x を定義し直すことにより任意の $i \in I_x$ に対して $x \in Z_i$ が成り立つとしてよい. $s_i \in F(Z_i)\,(i \in I_x)$ に対して補題 4.57 を用いることにより,U_x をさらに縮めてある $t^{x,i} \in F(U_x)$ で $t^{x,i}|_{U_x \cap Z_i} = s_i|_{U_x \cap Z_i}$ を満たすものが存在するとしてよい. このとき $(t^{x,i})_x = (s_i)_x = s_x\,(\forall i \in I_x)$ なので,U_x をさらに縮めることにより $t^{x,i}$ たち $(i \in I_x)$ は全て等しいとしてよい. それを t^x とおく. すると,任意の $y \in U_x = U_x \cap (\bigcup_{i \in I} Z_i) = U_x \cap (\bigcup_{i \in I_x} Z_i) = \bigcup_{i \in I_x}(U_x \cap Z_i)$ に対して $y \in U_x \cap Z_i$ となる $i \in I_x$ がとれ,このとき

$$(t^x)_y = (t^{x,i})_y = (s_i)_y = s_y$$

となる.特に $x, x' \in X$ に対して $t^x|_{U_x \cap U_{x'}}, t^{x'}|_{U_x \cap U_{x'}}$ は共に任意の $y \in U_x \cap U_{x'}$ における茎が s_y と一致する元となるのでこれらは一致し,したがってある $t \in F(X)$ で $t|_{U_x} = t^x$ $(\forall x \in X)$ を満たす元が一意的に存在する.このとき t は任意の $x \in X$ における茎が s_x と一致する元なので $t|_{Z_i}, s_i$ は共に任意の $x \in Z_i$ における茎が s_x と一致する元となり,したがって $t|_{Z_i} = s_i$ となる.よって $\iota(t) = (s_i)_i$ となり,これで $\mathrm{Ker}\,\pi \subseteq \mathrm{Im}\,\iota$ となることが言えた.   □

▶**命題 4.59** X をパラコンパクトハウスドルフ空間(定義 A.7, A.9),Z を X の閉集合とし,$F \in \mathrm{Ob}\,\mathrm{Sh}(X, R\text{-}\mathbf{Mod})$ とする.このとき制限写像が引き起こす写像

$$\varinjlim_{U \supseteq Z} F(U) \longrightarrow F(Z) \tag{4.5}$$

(ただし左辺は Z を含む X の開集合 U 全体を走る)は同型である.

[**証明**] $s \in F(U)$ の $\varinjlim_{U \supseteq Z} F(U)$ における同値類が (4.5) の核に属するとすると,任意の $x \in Z$ に対して s の $F(U) \longrightarrow F(Z) \longrightarrow F_x$ による像が 0 となる.したがって x を含む U のある開集合 U_x に対して $s|_{U_x} = 0$ となる.よって $V := \bigcup_{x \in Z} U_x \supseteq Z$ とおくと $s|_V = 0$ となるので s の $\varinjlim_{U \supseteq Z} F(U)$ における同値類は 0 となる.以上より (4.5) は単射となる.

以下,(4.5) が全射であることを示す.$s \in F(Z)$ を任意にとる.補題 4.57 より任意の $x \in Z$ に対して x を含むある開集合 U_x と $t^x \in F(U_x)$ で $t^x|_{U_x \cap Z} = s|_{U_x \cap Z}$ を満たすものがある.X の開被覆 $(U_x\,(x \in Z), X \setminus Z)$ の局所有限な細分(定義 A.5)$(U_i\,(i \in I), X \setminus Z)$ をとると,ある $t_i \in F(U_i)$ で $t_i|_{U_i \cap Z} = s|_{U_i \cap Z}$ を満たすものがあることになる.さらに命題 A.11 より X の開被覆 $(V_i)_{i \in I}$ で $\overline{V_i} \subseteq U_i$ $(i \in I,$ ここで $\overline{V_i}$ は V_i の閉包(定義 A.1(4))を表わす)を満たすものがとれる.X の閉被覆 $(\overline{V_i})_{i \in I}$ は局所有限なので x を含むある X の開集合 W_x で $I_x := \{i \in I \mid W_x \cap \overline{V_i} \neq \emptyset\}$ が有限集合となるようなものが存在し,さらに $W_x \setminus (\bigcup_{x \notin \overline{V_i}} \overline{V_i})$ を改めて W_x として I_x を定義し直すことにより任意の $i \in I_x$ に対して $x \in \overline{V_i}$ が成り立つとしてよい.さらに $(t_i)_x = s_x\,(\forall i \in I_x)$ なので,W_x をさらに縮めることにより $t_i|_{W_x}$ たち $(i \in$

I_x) は全て等しいとしてよい.そこで $W = \bigcup_{x \in Z} W_x$ とおくと,これは Z を含む開集合であり,$(W \cap \overline{V_i})_{i \in I}$ は W の局所有限な閉被覆であり,$t_i|_{W \cap \overline{V_i}} \in F(W \cap \overline{V_i})\,(i \in I)$ である.また $i, i' \in I$ に対して $t_i|_{W \cap \overline{V_i} \cap \overline{V_{i'}}}, t_{i'}|_{W \cap \overline{V_i} \cap \overline{V_{i'}}}$ を考えたとき,$W \cap \overline{V_i} \cap \overline{V_{i'}} = \bigcup_{x \in Z}(W_x \cap \overline{V_i} \cap \overline{V_{i'}})$ であり,また $W_x \cap \overline{V_i} \cap \overline{V_{i'}} \neq \emptyset$ ならば $i, i' \in I_x$ なので $t_i|_{W \cap \overline{V_i} \cap \overline{V_{i'}}}, t_{i'}|_{W \cap \overline{V_i} \cap \overline{V_{i'}}}$ の $W_x \cap \overline{V_i} \cap \overline{V_{i'}}$ への制限は等しい.したがって $t_i|_{W \cap \overline{V_i} \cap \overline{V_{i'}}} = t_{i'}|_{W \cap \overline{V_i} \cap \overline{V_{i'}}}$ である.以上と W に対する命題 4.58 より,ある $t \in F(W)$ で $t|_{W \cap \overline{V_i}} = t_i|_{W \cap \overline{V_i}}\,(i \in I)$ を満たすものが一意的に存在する.すると $t|_{V_i \cap Z} = t_i|_{V_i \cap Z} = s|_{V_i \cap Z}\,(i \in I)$ となるので $t|_Z = s$ となる.よって写像 (4.5) が全射であることが言えた. □

▶**系 4.60** パラコンパクトハウスドルフ空間 X 上の軟弱層は柔軟層である.

[**証明**] F を X 上の軟弱層とし,Z を X の閉集合とする.$s \in F(Z)$ とすると命題 4.59 より Z を含むある開集合 U とある $t \in F(U)$ に対して $t|_Z = s$ となり,また F が軟弱層であるという仮定より,ある $u \in F(X)$ に対して $u|_U = t$ となる.よって $u|_Z = s$ となるので制限写像 $F(X) \longrightarrow F(Z)$ は全射である.したがって F は柔軟層である. □

▶**命題 4.61** X をパラコンパクトハウスドルフ空間とするとき任意の $F \in \mathrm{Ob}\,\mathrm{Sh}(X, R\text{-}\mathbf{Mod})$ は柔軟層による分解 $F \longrightarrow J^\bullet$(つまり $\mathrm{Sh}(X, R\text{-}\mathbf{Mod})$ における完全列

$$O \longrightarrow F \longrightarrow J^0 \longrightarrow \cdots \longrightarrow J^n \xrightarrow{d^n} J^{n+1} \xrightarrow{d^{n+1}} \cdots$$

で各 $J^n\,(n \in \mathbb{N})$ が柔軟層であるようなもの)をもち,層係数コホモロジー $H^n(X, F)$ は柔軟層による分解を用いて計算できる,つまり $H^n(X, F) = H^n(J^\bullet(X))$ が成り立つ.(特に任意の X 上の柔軟層 J に対して $H^n(X, J) = 0\,(n > 0)$ となる.)

[**証明**] 命題の状況においては系 4.60 より軟弱層は柔軟層なので任意の $F \in \mathrm{Ob}\,\mathrm{Sh}(X, R\text{-}\mathbf{Mod})$ は柔軟層による分解をもつ(例えばゴドマン分解をとればよい).後半の主張を示すには柔軟層が関手 $F \mapsto F(X)$ に関して非輪状であることを示せばよい.そのために $\mathcal{T}$ を柔軟層全体のなす $\mathrm{Ob}\,\mathrm{Sh}(X, R\text{-}\mathbf{Mod})$ の部分集合とする.$\mathcal{T}$ が関手 $\mathrm{Sh}(X, R\text{-}\mathbf{Mod}) \longrightarrow R\text{-}\mathbf{Mod}; F \mapsto F(X)$ に

関して命題 3.46 の条件を満たすことを示せばよい. $\mathcal{T}$ が命題 3.46 の条件 (1), (3) を満たすことは明らかである. また条件 (2) は軟弱層が柔軟層であることから言える. よって $\mathcal{T}$ が命題 3.46 の条件 (4) を満たすことを示せばよい.

$$O \longrightarrow F \xrightarrow{f} F' \xrightarrow{g} F'' \longrightarrow O \tag{4.6}$$

を $\mathrm{Sh}(X, R\text{-}\mathbf{Mod})$ における完全列で F, F' が柔軟層であるとする. このとき

$$O \longrightarrow F(X) \xrightarrow{f(X)} F'(X) \xrightarrow{g(X)} F''(X)$$

は完全である. したがって

$$O \longrightarrow F(X) \xrightarrow{f(X)} F'(X) \xrightarrow{g(X)} F''(X) \longrightarrow 0 \tag{4.7}$$

が完全であることを示すには $g(X)$ が全射であることを言えばよい.

$s \in F''(X)$ を任意にとる. g の全射性より X の開被覆 $(U_i)_{i \in I}$ と $s_i \in F'(U_i)\,(i \in I)$ で $g(U_i)(s_i) = s|_{U_i}$ を満たすものが存在する. 必要ならば細分をとることにより開被覆 $(U_i)_{i \in I}$ は局所有限であると仮定してよい. 命題 A.11 より開被覆 $(V_i)_{i \in I}$ で $\overline{V_i} \subseteq U_i\,(i \in I)$ を満たすものがある. 以下, I の部分集合 J に対して $\overline{V_J} := \bigcup_{i \in J} \overline{V_i} = \overline{\bigcup_{i \in J} V_i}$ とおく. (等号は補題 A.6 による.) $\mathcal{S}$ を I の部分集合 J と $t \in F'(\overline{V_J})$ で $g(\overline{V_J})(t) = s|_{\overline{V_J}}$ を満たすものの組 (J, t) のなす集合とし, また $(J', t'), (J, t) \in \mathcal{S}$ が $J' \subseteq J, t|_{\overline{V_{J'}}} = t'$ を満たすとき $(J', t') \leq (J, t)$ と書くことにする. このとき $\leq$ は $\mathcal{S}$ における順序を定める. $(\emptyset, 0) \in \mathcal{S}$ より $\mathcal{S}$ は空でない. また $\{(J_\lambda, t_\lambda)\}_{\lambda \in \Lambda}$ を $\mathcal{S}$ の全順序部分集合とするとき, $j \in J := \bigcup_\lambda J_\lambda$ に対して $j \in J_\lambda$ となる λ をとり $t_j := t_\lambda|_{\overline{V_j}}$ とおけば, これは λ のとりかたによらず, また $g(\overline{V_j})(t_j) = s|_{\overline{V_j}}$ を満たす. そして任意の $j, j' \in J$ に対して $j, j' \in J_\lambda$ となる λ がとれ, このとき

$$t_j|_{\overline{V_j} \cap \overline{V_{j'}}} = t_\lambda|_{\overline{V_j} \cap \overline{V_{j'}}} = t_{j'}|_{\overline{V_j} \cap \overline{V_{j'}}}$$

となる. よって命題 4.58 より $t|_{\overline{V_j}} = t_j\,(j \in J)$ となる $t \in F'(\overline{V_J})$ が一意的に存在することがわかる. そして $t|_{\overline{V_{J_\lambda}}}, t_\lambda$ は共に $\overline{V_j}\,(j \in J_\lambda)$ 上で t_j と一致する元なので $t|_{\overline{V_{J_\lambda}}} = t_\lambda$ となる. したがってこの (J, t) が $\{(J_\lambda, t_\lambda)\}_{\lambda \in \Lambda}$ の上界を与えるので $\mathcal{S}$ は帰納的集合である. よってツォルンの補題により $\mathcal{S}$ の極大元 (J_0, t_0) が存在する. 今, $J_0 \subsetneq I$ であると仮定すると $i \in I \setminus J_0$ がとれる. このとき

$$g(\overline{V_{J_0}} \cap \overline{V_i})(t_0|_{\overline{V_{J_0}} \cap \overline{V_i}}) = s|_{\overline{V_{J_0}} \cap \overline{V_i}} = g(\overline{V_{J_0}} \cap \overline{V_i})(t_i|_{\overline{V_{J_0}} \cap \overline{V_i}})$$

なので, ある $u \in F(\overline{V_{J_0}} \cap \overline{V_i})$ で

$$f(\overline{V_{J_0}} \cap \overline{V_i})(u) = t_0|_{\overline{V_{J_0}} \cap \overline{V_i}} - t_i|_{\overline{V_{J_0}} \cap \overline{V_i}}$$

を満たすものがある. また, F が柔軟層であるという仮定より, ある $u' \in F(X)$ で $u'|_{\overline{V_{J_0}} \cap \overline{V_i}} = u$ を満たすものがある. $v := f(\overline{V_j})(u'|_{\overline{V_j}}) \in F'(\overline{V_j})$ とおくと

$$\begin{aligned}(t_i + v)|_{\overline{V_{J_0}} \cap \overline{V_i}} &= t_i|_{\overline{V_{J_0}} \cap \overline{V_i}} + f(\overline{V_{J_0}} \cap \overline{V_i})(u'|_{\overline{V_{J_0}} \cap \overline{V_i}}) \\ &= t_i|_{\overline{V_{J_0}} \cap \overline{V_i}} + f(\overline{V_{J_0}} \cap \overline{V_i})(u) = t_0|_{\overline{V_{J_0}} \cap \overline{V_i}}.\end{aligned}$$

よってある $\tilde{t} \in F'(\overline{V_{J_0 \cup \{i\}}})$ で $\tilde{t}|_{\overline{V_{J_0}}} = t_0, \tilde{t}|_{\overline{V_i}} = t_i + v$ を満たすものがある. また $g(\overline{V_{J_0 \cup \{i\}}})(\tilde{t})|_{\overline{V_{J_0}}} = g(\overline{V_{J_0}})(t_0) = s|_{\overline{V_{J_0}}}$ であり, 一方

$$g(\overline{V_{J_0 \cup \{i\}}})(\tilde{t})|_{\overline{V_i}} = g(\overline{V_i})(t' + v) = s|_{\overline{V_i}} + g(\overline{V_i})f(\overline{V_i})(u'|_{\overline{V_i}}) = s|_{\overline{V_i}}$$

であることから $g(\overline{V_{J_0 \cup \{i\}}})(\tilde{t})$ と $s|_{\overline{V_{J_0 \cup \{i\}}}}$ は $\overline{V_{J_0}}$ および $\overline{V_i}$ への制限が一致し, したがって命題 4.58 より $g(\overline{V_{J_0 \cup \{i\}}})(\tilde{t}) = s|_{\overline{V_{J_0 \cup \{i\}}}}$ となる. 以上より $(J_0 \cup \{i\}, \tilde{t}) \in \mathcal{S}$ となり, これは (J_0, t_0) の極大性に矛盾する. よって $J_0 = I$ であり, したがって $g(X)$ が全射であることが言え, (4.7) が完全であることが言えた.

以上の議論を X の閉集合 Z に適用すれば $F'(Z) \xrightarrow{g(Z)} F''(Z)$ も全射であることが言える. ($\iota : Z \hookrightarrow X$ を包含とするとき注 4.56 より $\iota^* F, \iota^* F'$ も柔軟層であることを用いる.) すると F' が柔軟層であることから合成

$$F'(X) \xrightarrow{F'_{ZX}} F'(Z) \xrightarrow{g(Z)} F''(Z)$$

は全射であり, これは合成

$$F'(X) \xrightarrow{g(X)} F''(X) \xrightarrow{F''_{ZX}} F''(Z)$$

に等しい. したがって F''_{ZX} は全射であり, よって F'' も柔軟層となる. 以上で $\mathcal{T}$ が命題 3.46 の条件 (4) を満たすことも示されたので題意が証明された. □

さらに位相空間 X に対する適当な仮定の下で柔軟層が $\mathcal{A}(X)$ に属することを示す.

▶**命題 4.62** X をパラコンパクトハウスドルフ空間, $F \in \mathrm{Ob}\,\mathrm{Sh}(X, R\text{-}\mathbf{Mod})$ とする. また, 任意の $x \in X$ に対して x を含む X の開集合 U で次の条件を満たすものが存在すると仮定する:任意の X の閉集合 Z で $Z \subseteq U$ となるものに対して制限写像 $F(U) \longrightarrow F(Z)$ は全射である. このとき F は柔軟層である.

[証明] Z を X の任意の閉集合とし, $s \in F(Z)$ を任意にとる. X の局所有限な開被覆 $(U_i)_{i \in I}$ で, 各 U_i が命題文中の U に対する条件を満たすようなものが存在する. さらに命題 A.11 より X の開被覆 $(V_i)_{i \in I}$ で $\overline{V_i} \subseteq U_i\,(i \in I)$ を満たすものが存在する. 以下, $J \subseteq I$ に対して $\overline{V_J} := \bigcup_{i \in J} \overline{V_i} = \overline{\bigcup_{i \in J} V_i}$ とおく. $\mathcal{S}$ を I の部分集合 J と $t \in F(\overline{V_J})$ で $t|_{Z \cap \overline{V_J}} = s|_{Z \cap \overline{V_J}}$ を満たすものの組 (J, t) のなす集合とし, また $(J', t'), (J, t) \in \mathcal{S}$ が $J' \subseteq J, t|_{\overline{V_{J'}}} = t'$ を満たすとき $(J', t') \leq (J, t)$ と書くことにする. このとき $\leq$ は $\mathcal{S}$ における順序を定め, これは空でない帰納的集合となることがわかる. (命題 4.61 の証明を参照のこと.) よってツォルンの補題により $\mathcal{S}$ の極大元 (J_0, t_0) が存在する. 今, $J_0 \subsetneq I$ であると仮定すると $i \in I \setminus J_0$ がとれる. $t_0|_{\overline{V_{J_0}} \cap \overline{V_i}}$ と $s|_{Z \cap \overline{V_i}}$ は共に $Z \cap \overline{V_{J_0}} \cap \overline{V_i}$ への制限が $s|_{Z \cap \overline{V_{J_0}} \cap \overline{V_i}}$ となるのである $u \in F(\overline{V_i} \cap (Z \cup \overline{V_{J_0}}))$ で

$$u|_{\overline{V_{J_0}} \cap \overline{V_i}} = t_0|_{\overline{V_{J_0}} \cap \overline{V_i}}, \quad u|_{Z \cap \overline{V_i}} = s|_{Z \cap \overline{V_i}}$$

を満たすものが存在する. さらに $\overline{V_i} \cap (Z \cup \overline{V_{J_0}})$ は X の閉集合で U_i に含まれるので, 命題における条件より, ある $v \in F(\overline{V_i})$ で $v|_{\overline{V_i} \cap (Z \cup \overline{V_{J_0}})} = u$ となるものが存在する. すると

$$v|_{\overline{V_{J_0}} \cap \overline{V_i}} = t_0|_{\overline{V_{J_0}} \cap \overline{V_i}}, \quad v|_{Z \cap \overline{V_i}} = s|_{Z \cap \overline{V_i}}$$

となる. 1つめの式より $w \in F(\overline{V_{J_0 \cup \{i\}}})$ で $w|_{\overline{V_{J_0}}} = t_0, w|_{\overline{V_i}} = v$ となるものが存在することが言える. また, $w|_{Z \cap \overline{V_{J_0 \cup \{i\}}}}$ の $Z \cap \overline{V_{J_0}}$ への制限は $t_0|_{Z \cap \overline{V_{J_0}}} = s|_{Z \cap \overline{V_{J_0}}}$, $Z \cap \overline{V_i}$ への制限は $v|_{Z \cap \overline{V_i}} = s|_{Z \cap \overline{V_i}}$ と一致するので $w|_{Z \cap \overline{V_{J_0 \cup \{i\}}}} = s|_{Z \cap \overline{V_{J_0 \cup \{i\}}}}$ となることがわかる. したがって $(J_0 \cup \{i\}, w) \in \mathcal{S}$ となり, これは (J_0, t_0) の極大性に矛盾する. 以上より $J_0 = I$ であり, よって $t_0 \in F(X)$ となるので F は柔軟層となる. □

▶**系 4.63** X を距離付け可能な位相空間（定義 A.13），F を X 上の柔軟層とするとき，任意の X の開集合からの包含 $\iota : U \hookrightarrow X$ に対して $\iota^* F$ は U 上の柔軟層になる．

[証明] 定理 A.14 および補題 A.10 より X は正則空間（定義 A.9）なので，任意の $x \in U$ に対して x を含む X の開集合 V_x で $\overline{V_x} \subseteq U$ を満たすものが存在する．任意の U の閉集合 Z で $Z \subseteq V_x$ となるものに対し，Z は $\overline{V_x}$ の閉集合になるので X の閉集合になる．したがって制限写像 $F(X) \longrightarrow F(Z)$ は全射で，これは $F(X) \longrightarrow (\iota^* F)(V_x) \longrightarrow (\iota^* F)(Z) = F(Z)$ と分解するので制限写像 $(\iota^* F)(V_x) \longrightarrow (\iota^* F)(Z)$ は全射となる．

今 U は X の開集合ゆえ距離付け可能であり，したがって定理 A.14 よりパラコンパクトハウスドルフ空間である．また前段落の議論より U 上の層 $\iota^* F$ は命題 4.62 における条件を満たしている．したがって $\iota^* F$ は U 上の柔軟層である． □

▶**系 4.64** X を距離付け可能な位相空間とするとき，X 上の柔軟層 F は $\mathcal{A}(X)$ に属する．したがって距離付け可能な位相空間上の層係数コホモロジーおよび高次順像は柔軟層による分解を用いて計算される．

[証明] 任意の X の開集合からの包含 $\iota : U \hookrightarrow X$ に対して系 4.63 より $\iota^* F$ は柔軟層なので命題 4.61 より $H^n(U, F) = 0 \, (n > 0)$ となる．したがって F は $\mathcal{A}(X)$ に属する． □

層が柔軟層となるための充分条件として，細層の概念を定義する．以下，位相空間 X 上の層の射 $f : F \longrightarrow G$ に対して f の**台 (support)** $\mathrm{supp} f$ を $\{x \in X \mid f_x \neq 0\}$ の閉包として定義する．

▷**定義 4.65** X を位相空間とする．$F \in \mathrm{Ob\,Sh}(X, R\text{-}\mathbf{Mod})$ が**細層 (fine sheaf)** であるとは，任意の X の開被覆 $(U_i)_{i \in I}$ に対して層の射の族 $(f_i : F \longrightarrow F)_{i \in I}$ で次の3条件を満たすものが存在すること．
(1) $\mathrm{supp} f_i \subseteq U_i \quad (i \in I)$.
(2) $(\mathrm{supp} f_i)_{i \in I}$ は局所有限．
(3) $\sum_{i \in I} f_i = \mathrm{id}_F$.

上の定義 (3) の左辺は無限和なので，それが well-defined であることを説明しておく．任意の開集合 $V \subseteq X$ に対して V の開被覆 $(V_j)_{j \in J}$ で各 V_j が有限個の $\mathrm{supp} f_i$ たちとしか交わらないようなものが存在する．すると任意の $s \in F(V)$ に対して $t_j := \sum_{i \in I} f_i(V_j)(s|_{V_j}) \in F(V_j)$ は右辺の無限和において有限個の項以外が 0 になるので well-defined であり，また層の貼り合わせ条件を用いると $t \in F(V)$ で $t|_{V_j} = t_j\ (\forall j \in J)$ を満たすものが一意的に存在することがわかる．したがって (3) の左辺の写像 $\sum_{i \in I} f_i$ が $(\sum_{i \in I} f_i)(V)(s) := t$ により定義され，これが開被覆 $(V_j)_{j \in J}$ のとりかたによらないことも言える．(詳しい議論は読者に任せる．) したがって (3) の左辺は well-defined である．

▶**命題 4.66** パラコンパクトハウスドルフ空間 X 上の細層 F は柔軟層である．

[証明] Z を X の閉集合とし，$s \in F(Z)$ を任意にとる．命題 4.59 よりある Z を含む開集合 U と $t \in F(U)$ で $t|_Z = s$ を満たすものがある．命題 A.11 より X は正規なので $Z \subseteq V \subseteq \overline{V} \subseteq U$ を満たす開集合 V が存在する．このとき $(V, X \setminus Z)$ は X の開被覆となる．F は細層なので写像 $f_1, f_2 : F \longrightarrow F$ で

$$\mathrm{supp} f_1 \subseteq V, \qquad \mathrm{supp} f_2 \subseteq X \setminus Z, \qquad f_1 + f_2 = \mathrm{id}_F$$

を満たすものが存在する．このとき $f_1(U)(t) \in F(U), 0 \in F(X \setminus \overline{V})$ の $U \setminus \overline{V}$ への制限は $\mathrm{supp} f_1 \subseteq V$ であることから共に 0 である．そして $(U, X \setminus \overline{V})$ は X の開被覆なので，ある $u \in F(X)$ で $u|_U = f_1(U)(t), u|_{X \setminus \overline{V}} = 0$ を満たすものが存在する．そして $W := U \cap (X \setminus \mathrm{supp} f_2)$ とおくと $f_2(W) = 0$ なので

$$u|_W = f_1(U)(t)|_W = f_1(W)(t|_W) + f_2(W)(t|_W) = t|_W$$

となる．$Z \subseteq W$ なのでこれより $u|_Z = t|_Z = s$ を得る．したがって F は柔軟層である． □

系 4.64 と命題 4.66 より次を得る．

▶**系 4.67** X を距離付け可能な位相空間とするとき，X 上の細層は $\mathcal{A}(X)$ に属する．

4.4 チェックコホモロジー

層係数コホモロジーの定義は導来関手によるものであり，つまり層の単射的分解を用いて定義されるものであった．この定義は理論的には洗練されているとも言えるが，層の単射的分解を具体的に書き下すことは困難なので，コホモロジーの具体的計算には向かない．本節で定義するチェックコホモロジーは，層ではなく位相空間の方を分解して定義するコホモロジーである．

以下，4.3 節と同様に，位相空間 X の開集合 $V \subseteq U \subseteq X$，$\mathrm{PSh}(X, R\text{-}\mathbf{Mod})$ の対象 P と $s \in P(U)$ に対して，$P_{VU}(s)$ のことを $s|_V$ と書くことにする．

X を位相空間とし，$\mathcal{U} := (U_i)_{i \in I}$ を X の開被覆とする．$n \in \mathbb{N}$ と $(i_0, \ldots, i_n) \in I^{n+1}$ に対して $U_{i_0 \cdots i_n} := \bigcap_{j=0}^{n} U_{i_j}$ とおく．$P \in \mathrm{Ob}\,\mathrm{PSh}(X, R\text{-}\mathbf{Mod})$ に対して

$$C^n(\mathcal{U}, P) := \prod_{(i_0, \ldots, i_n) \in I^{n+1}} P(U_{i_0 \cdots i_n})$$

とおき，そして $d^n : C^n(\mathcal{U}, P) \longrightarrow C^{n+1}(\mathcal{U}, P)$ を

$$d^n((x_{i_0 \cdots i_n})_{(i_0, \ldots, i_n)}) := (dx_{i_0 \cdots i_{n+1}})_{(i_0, \ldots, i_{n+1})},$$

$$\text{ただし}\quad dx_{i_0 \cdots i_{n+1}} := \sum_{j=0}^{n+1} (-1)^j (x_{i_0 \cdots \widehat{i_j} \cdots i_{n+1}}|_{U_{i_0 \cdots i_{n+1}}})$$

とおく．($\widehat{i_j}$ は添字 i_j を抜かすことを意味する．) このとき $(C^{\bullet}(\mathcal{U}, P), d^{\bullet})$ は複体となる：実際，

$$\begin{aligned}
& d^{n+1}(d^n((x_{i_0 \cdots i_n})_{(i_0, \ldots, i_n)})) \quad (4.8)\\
&= d^{n+1}((\sum_{j=0}^{n+1} (-1)^j (x_{i_0 \cdots \widehat{i_j} \cdots i_{n+1}}|_{U_{i_0 \cdots i_{n+1}}}))_{(i_0, \ldots, i_{n+1})})\\
&= \Big(\sum_{S_1} (-1)^{j+k} (x_{i_0 \cdots \widehat{i_j} \cdots \widehat{i_k} \cdots i_{n+2}}|_{U_{i_0 \cdots i_{n+2}}})\\
&\qquad + \sum_{S_2} (-1)^{j+k} (x_{i_0 \cdots \widehat{i_k} \cdots \widehat{i_{j+1}} \cdots i_{n+2}}|_{U_{i_0 \cdots i_{n+2}}})\Big)_{(i_0, \ldots, i_{n+2})},
\end{aligned}$$

ただし $S_1 := \{(j, k) \mid 0 \le j \le n+1, 0 \le k \le n+2, j < k\}$,

$S_2 := \{(j, k) \mid 0 \le j \le n+1, 0 \le k \le n+2, j \ge k\}$

となるが,全単射 $S_1 \longrightarrow S_2; (j, k) \mapsto (k-1, j)$ により S_1 と S_2 を同一視することにより,(4.8) の右辺の 1 つめの和の各項が 2 つめの和において対応する各項の (-1) 倍に等しいことがわかるので (4.8) の右辺は 0 となる.そこで次のような定義をする.

▷**定義 4.68** 記号を上の通りとするとき,X の開被覆 $\mathcal{U}$ に関する P の n 次**チェックコホモロジー (Čech cohomology)** $\check{H}^n(\mathcal{U}, P)$ を $\check{H}^n(\mathcal{U}, P) := H^n(C^\bullet(\mathcal{U}, P), d^\bullet)$ と定義する.

上の定義は X の開被覆 $\mathcal{U}$ のとりかたに依存する.次に $\mathcal{U}$ に関して帰納極限をとることを考える.

$\mathcal{U} := (U_i)_{i \in I}$ を X の開被覆とし,$\mathcal{V} := (V_j)_{j \in J}$ をその細分(定義 A.5)とする.そして $\tau : J \longrightarrow I$ を $V_j \subseteq U_{\tau(j)}$ $(j \in J)$ となる集合の写像とする.(τ のとりかたは一意的とは限らない.)このとき,$P \in \mathrm{Ob}\,\mathrm{PSh}(X, R\text{-}\mathbf{Mod})$ に対して $\tau^n : C^n(\mathcal{U}, P) \longrightarrow C^n(\mathcal{V}, P)$ を

$$\tau^n((x_{i_0 \cdots i_n})_{(i_0, \ldots, i_n)}) := (x_{\tau(j_0) \cdots \tau(j_n)}|_{V_{j_0 \cdots j_n}})_{(j_0, \ldots, j_n)}$$

により定義する.これは複体の準同型

$$\tau^\bullet : (C^n(\mathcal{U}, P), d^\bullet) \longrightarrow (C^n(\mathcal{V}, P), d^\bullet) \qquad (4.9)$$

を定める.これは τ のとり方に依存する.$\tau^\bullet$ はチェックコホモロジーの間の写像

$$H^n(\tau^\bullet) : \check{H}^n(\mathcal{U}, P) \longrightarrow \check{H}^n(\mathcal{V}, P) \quad (n \in \mathbb{N}) \qquad (4.10)$$

を引き起こす.ここで次が成り立つ.

▶**命題 4.69** $X, \mathcal{U}, \mathcal{V}$ を上の通りとするとき,写像 $H^n(\tau^\bullet)$ は $\tau : J \longrightarrow I$ のとり方によらない.

[証明] $\tau' : J \longrightarrow I$ を任意の $j \in J$ に対して $V_j \subseteq U_{\tau'(j)}$ となるようなもう一つの写像とする.このとき $h^n : C^n(\mathcal{U}, P) \longrightarrow C^{n-1}(\mathcal{V}, P)$ を

$$h^n((x_{i_0\cdots i_n})_{(i_0,\ldots,i_n)}))$$
$$:= (\sum_{k=0}^{n-1}(-1)^k(x_{\tau(j_0)\cdots\tau(j_k)\tau'(j_k)\cdots\tau'(j_{n-1})}|_{V_{j_0\cdots j_{n-1}}}))_{(j_0,\ldots,j_{n-1})}$$

と定める．このとき

$$(d^{n-1}\circ h^n + h^{n+1}\circ d^n)((x_{i_0\cdots i_n})_{(i_0,\ldots,i_n)}) \tag{4.11}$$
$$= d^{n-1}((\sum_{k=0}^{n-1}(-1)^k(x_{\tau(j_0)\cdots\tau(j_k)\tau'(j_k)\cdots\tau'(j_{n-1})}|_{V_{j_0\cdots j_{n-1}}}))_{(j_0,\ldots,j_{n-1})})$$
$$+ h^{n-1}((\sum_{l=0}^{n+1}(-1)^l(x_{i_0\cdots\widehat{i_l}\cdots i_{n+1}}|_{U_{i_0\cdots i_{n+1}}}))_{(i_0,\ldots,i_{n+1})})$$
$$= (\sum_{S_1}(-1)^{k+l}(x_{\tau(j_0)\cdots\widehat{\tau(j_l)}\cdots\tau(j_{k+1})\tau'(j_{k+1})\cdots\tau'(j_n)}|_{V_{j_0\cdots j_n}}))_{(j_0,\ldots,j_n)}$$
$$+ (\sum_{S_2}(-1)^{k+l}(x_{\tau(j_0)\cdots\tau(j_k)\tau'(j_k)\cdots\widehat{\tau'(j_l)}\cdots\tau'(j_n)}|_{V_{j_0\cdots j_n}}))_{(j_0,\ldots,j_n)}$$
$$+ (\sum_{S_3}(-1)^{k+l}(x_{\tau(j_0)\cdots\tau(j_k)\tau'(j_k)\cdots\widehat{\tau'(j_{l-1})}\cdots\tau'(j_n)}|_{V_{j_0\cdots j_n}}))_{(j_0,\ldots,j_n)}$$
$$+ (\sum_{S_4}(-1)^{k+l}(x_{\tau(j_0)\cdots\widehat{\tau(j_l)}\cdots\tau(j_k)\tau'(j_k)\cdots\tau'(j_n)}|_{V_{j_0\cdots j_n}}))_{(j_0,\ldots,j_n)},$$

ただし $S_1 := \{(k,l) \mid 0 \le k \le n-1, 0 \le l \le n, l \le k\}$,
$S_2 := \{(k,l) \mid 0 \le k \le n-1, 0 \le l \le n, k < l\}$
$S_3 := \{(k,l) \mid 0 \le k \le n, 0 \le l \le n+1, k < l\}$
$S_4 := \{(k,l) \mid 0 \le k \le n, 0 \le l \le n+1, l \le k\}$

となる．ここで，単射 $S_1 \longrightarrow S_4; (k,l) \mapsto (k+1,l)$, $S_2 \longrightarrow S_3; (k,l) \mapsto (k,l+1)$ を考えると，(4.11)の右辺の1つめ（2つめ）の和の各項が4つめ（3つめ）の和の対応する項の (-1) 倍に等しいことがわかる．したがって右辺の4つめ（3つめ）の和において1つめ（2つめ）の和の項に対応しない項が残り，それらの和は

$$-(\sum_{k=0}^{n}(x_{\tau(j_0)\cdots\tau(j_k)\tau'(j_{k+1})\cdots\tau'(j_n)}|V_{j_0\cdots j_n}))_{(j_0,\ldots,j_n)} \tag{4.12}$$

$$+(\sum_{k=0}^{n}(x_{\tau(j_0)\cdots\tau(j_{k-1})\tau'(j_k)\cdots\tau'(j_n)}|V_{j_0\cdots j_n}))_{(j_0,\ldots,j_n)}$$

となる.ここで,対応 $\{0,\ldots,n-1\} \longrightarrow \{1,\ldots,n\}; k \mapsto k+1$ により,(4.12) の 1 つめの和の $k = n$ 以外の項と 2 つめの和の $k = 0$ 以外の項が対応して打ち消しあうので,残る項は

$$-(x_{\tau(j_0)\cdots\tau(j_n)}|V_{j_0\cdots j_n})_{(j_0,\ldots,j_n)} + (x_{\tau'(j_0)\cdots\tau'(j_n)}|V_{j_0\cdots j_n})_{(j_0,\ldots,j_n)}$$
$$= (\tau'^n - \tau^n)((x_{i_0\cdots i_n})_{(i_0,\ldots,i_n)})$$

となる.以上で $d^{n-1} \circ h^n + h^{n+1} \circ d^n = \tau'^n - \tau^n$ が言えたので,$(h^n)_n$ は $\tau^\bullet$ と $\tau'^\bullet$ の間のホモトピーを与え,したがって $H^n(\tau^\bullet) = H^n(\tau'^\bullet)$ が成り立つことがわかる. $\square$

位相空間 X に対して $\mathrm{Cov}(X)$ を X の開被覆全体のなす集合とする.(本章では位相空間,開被覆は常に小さなものであったことに注意.)そして $\mathcal{U}, \mathcal{V} \in \mathrm{Cov}(X)$ に対して $\mathcal{V}$ が $\mathcal{U}$ の細分であるとき $\mathcal{U} \prec \mathcal{V}$ と書き,$\mathcal{U} \prec \mathcal{V}$, $\mathcal{V} \prec \mathcal{U}$ の両方が成り立つとき $\mathcal{U} \sim \mathcal{V}$ と書くことにする.このとき $\sim$ は同値関係となる.したがって $\sim$ に関する同値類の集合 $\overline{\mathrm{Cov}}(X) := \mathrm{Cov}(X)/\sim$ を考えることができる.$\mathcal{U} \in \mathrm{Cov}(X)$ の $\overline{\mathrm{Cov}}(X)$ における同値類を $[\mathcal{U}]$ と書くことにする.$[\mathcal{U}], [\mathcal{V}] \in \overline{\mathrm{Cov}}(X)$ に対して $\mathcal{U} \prec \mathcal{V}$ が成り立つとき $[\mathcal{U}] \prec [\mathcal{V}]$ と書くことにするとこれは同値類 $[\mathcal{U}], [\mathcal{V}]$ の代表元 $\mathcal{U}, \mathcal{V}$ のとりかたによらないので well-defined である.そして $\prec$ は $\overline{\mathrm{Cov}}(X)$ における順序を定める.さらに,$\mathcal{U}_j := (U_{j,i})_{i \in I_j}$ $(j = 1, 2)$ を小さな開被覆とするとき,$\mathcal{V}$ を開被覆 $(U_{1,i_1} \cap U_{2,i_2})_{(i_1,i_2) \in I_1 \times I_2}$ とすれば明らかに $\mathcal{V}$ は $\mathcal{U}_j$ $(j = 1, 2)$ 両方の細分であり,よって $[\mathcal{U}_j] \prec [\mathcal{V}]$ $(j = 1, 2)$ である.したがって $(\overline{\mathrm{Cov}}(X), \prec)$ は有向集合である.

$\mathrm{Cov}(X)$ は任意の小さな集合 I を添字集合としうるので小さな集合ではない.しかしながら $\overline{\mathrm{Cov}}(X)$ は小さな集合である:実際,X の開集合全体の集合を $\mathcal{O}$ とし,$\mathcal{P} := \{I \subseteq \mathcal{O} \mid \bigcup_{U \in I} U = X\}$ とすると $\mathcal{P}$ は小さな集合であり,$I \in \mathcal{P}$ に対して $\mathcal{U}_I$ を X の開被覆 $(U)_{U \in I}$ とすると,

$$\mathcal{P} \longrightarrow \overline{\mathrm{Cov}}(X); \quad I \mapsto [\mathcal{U}_I]$$

は全射となる．（任意の $\mathcal{U} = (U_i)_{i \in I} \in \mathrm{Cov}(X)$ に対して $J := \{U_i \mid i \in I\} \subseteq \mathcal{O}$ とすれば $J \in \mathcal{P}$ で $[\mathcal{U}] = [\mathcal{U}_J]$ である．）したがって，$\overline{\mathrm{Cov}}(X)$ は $\mathcal{P}$ をある同値関係で割った集合と同型である．したがって，小さな集合の定義より $\overline{\mathrm{Cov}}(X)$ 自身も小さな集合となる．

さて，X の開被覆 $\mathcal{U} = (U_i)_{i \in I}$, $\mathcal{V} = (V_j)_{j \in J}$ を考える．これらが $\overline{\mathrm{Cov}}(X)$ において同じ同値類に属するとき，定義 A.5(4) における射 $\tau : J \longrightarrow I$ および同様の射 $\tau' : I \longrightarrow J$ があり，それらを用いて (4.10) の写像

$$H^n(\tau^\bullet) : \check{H}^n(\mathcal{U}, P) \longrightarrow \check{H}^n(\mathcal{V}, P), \quad H^n(\tau'^\bullet) : \check{H}^n(\mathcal{V}, P) \longrightarrow \check{H}^n(\mathcal{U}, P)$$

が定まるが，命題 4.69 よりこれらは τ, τ' のとりかたによらない．また合成 $H^n(\tau'^\bullet) \circ H^n(\tau^\bullet)$ は $\tau' \circ \tau : I \longrightarrow I$ から定まる写像 $H^n(\tau'^\bullet \circ \tau^\bullet)$ に等しいが，命題 4.69 よりこれは恒等写像 $\mathrm{id}_I : I \longrightarrow I$ から定まる写像 $H^n(\mathrm{id}_I^\bullet) = \mathrm{id}_{\check{H}^n(\mathcal{U}, P)}$ と等しいので結局 $H^n(\tau'^\bullet) \circ H^n(\tau^\bullet) = \mathrm{id}_{\check{H}^n(\mathcal{U}, P)}$ であり，同様の議論により $H^n(\tau^\bullet) \circ H^n(\tau'^\bullet) = \mathrm{id}_{\check{H}^n(\mathcal{V}, P)}$ も成り立つ．以上より $\check{H}^n(\mathcal{U}, P)$ と $\check{H}^n(\mathcal{V}, P)$ は標準的に同型であり，よって $\check{H}^n(\mathcal{U}, P)$ は $\mathcal{U}$ の $\overline{\mathrm{Cov}}(X)$ における類 $[\mathcal{U}]$ にのみ依存する．また，$[\mathcal{U}] \prec [\mathcal{V}]$ のとき，定義 A.5(4) における射 $\tau : J \longrightarrow I$ を用いて定義される (4.10) の写像

$$H^n(\tau^\bullet) : \check{H}^n(\mathcal{U}, P) \longrightarrow \check{H}^n(\mathcal{V}, P)$$

は τ のとりかたによらない．これを $\rho_{\mathcal{U},\mathcal{V}}^n$ と書くことにすると

$$((\check{H}^n(\mathcal{U}, P))_{[\mathcal{U}] \in \overline{\mathrm{Cov}}(X)}, (\rho_{\mathcal{U},\mathcal{V}}^n)_{[\mathcal{U}], [\mathcal{V}] \in \overline{\mathrm{Cov}}(X), [\mathcal{U}] \prec [\mathcal{V}]}) \tag{4.13}$$

は小さな有向集合 $(\overline{\mathrm{Cov}}(X), \prec)$ 上の図式となる．

▷**定義 4.70** X を位相空間，$P \in \mathrm{Ob}\,\mathrm{PSh}(X, R\text{-}\mathbf{Mod})$ とするとき，P を係数とする X の n 次**チェックコホモロジー** $\check{H}^n(X, P)$ を図式 (4.13) の帰納極限

$$\varinjlim_{[\mathcal{U}] \in \overline{\mathrm{Cov}}(X)} \check{H}^n(\mathcal{U}, P)$$

として定義する．

注 4.71 定義 4.70 によると，チェックコホモロジー $\check{H}^n(X,P)$ は $\check{H}^n(\mathcal{U},P)$ ($[\mathcal{U}]$ $\in \overline{\mathrm{Cov}}(X)$) の帰納極限として定義されており，ある複体のコホモロジーとして定義されているわけではない．これは複体の写像 (4.9) が τ のとりかたに依存することが原因である．

しかしながら，次のように定式化すれば $\check{H}^n(X,P)$ を複体のコホモロジーとして定義できる．まず，$\mathrm{RCov}(X)$ を X 自身により添字付けられた X の開被覆 $(U_x)_{x\in X}$ で任意の $x \in X$ に対して $x \in U_x$ となるようなもののなす集合とする．これは小さな集合である．$\mathrm{RCov}(X)$ に属する X の開被覆 $\mathcal{U} = (U_x)_{x\in X}$, $\mathcal{V} = (V_x)_{x\in X}$ に対して，任意の $x \in X$ に対して $V_x \subseteq U_x$ が成り立つときに $\mathcal{U} \prec' \mathcal{V}$ と書くことにする．このとき $\prec'$ は $\mathrm{RCov}(X)$ 上の順序を定め，$(\mathrm{RCov}(X), \prec')$ は有向集合になる．また，自然な写像

$$\mathrm{RCov}(X) \longrightarrow \overline{\mathrm{Cov}}(X); \quad \mathcal{U} \mapsto [\mathcal{U}] \tag{4.14}$$

があり，$\mathcal{U} \prec' \mathcal{V}$ のとき，写像 (4.14) による像 $[\mathcal{U}], [\mathcal{V}]$ について $[\mathcal{U}] \prec [\mathcal{V}]$ が成り立つ．$\mathcal{U} \prec' \mathcal{V}$ なる $\mathcal{U}, \mathcal{V} \in \mathrm{RCov}(X)$ に対して $\sigma^n_{\mathcal{U},\mathcal{V}} : C^n(\mathcal{U},P) \longrightarrow C^n(\mathcal{V},P)$ を $\sigma^n_{\mathcal{U},\mathcal{V}}((s_{x_0\cdots x_n})_{(x_0,\ldots,x_n)}) := (s_{x_0\cdots x_n}|_{V_{x_0\cdots x_n}})_{(x_0,\ldots,x_n)}$ により定義すると，これは複体の準同型

$$\sigma^\bullet_{\mathcal{U},\mathcal{V}} : (C^n(\mathcal{U},P), d^\bullet) \longrightarrow (C^n(\mathcal{V},P), d^\bullet)$$

を引き起こす．そして

$$((C^\bullet(\mathcal{U},P))_{\mathcal{U}\in\mathrm{RCov}(X)}, (\sigma^\bullet_{\mathcal{U},\mathcal{V}})_{\mathcal{U},\mathcal{V}\in\mathrm{RCov}(X), \mathcal{U}\prec'\mathcal{V}})$$

は小さな有向集合 $(\mathrm{RCov}(X), \prec')$ 上の複体の図式となる．

$$C^\bullet(X,P) := \varinjlim_{\mathcal{U}\in\mathrm{RCov}(X)} C^\bullet(\mathcal{U},P)$$

と定めるとこれは複体であり，実はそのコホモロジー $H^n(C^\bullet(X,P))$ はチェックコホモロジー $\check{H}^n(X,P)$ と同型になる：実際，任意の $\mathcal{U} \in \mathrm{RCov}(X)$ に対して標準的包含による写像

$$H^n(C^\bullet(\mathcal{U},P)) = \check{H}^n(\mathcal{U},P) \longrightarrow \check{H}(X,P) \tag{4.15}$$

が定まる．また $\mathcal{U} \prec' \mathcal{V}$ のとき $\sigma^\bullet_{\mathcal{U},\mathcal{V}}$ の誘導する写像 $H^n(\sigma^\bullet_{\mathcal{U},\mathcal{V}}) : H^n(C^\bullet(\mathcal{U},P)) \longrightarrow H^n(C^\bullet(\mathcal{V},P))$ は定義より $[\mathcal{U}] \prec [\mathcal{V}]$ であることから定まる写像 $\rho^n_{\mathcal{U},\mathcal{V}} : \check{H}^n(\mathcal{U},P) \longrightarrow \check{H}^n(\mathcal{V},P)$ と等しく，よってこれは (4.15) の写像と整合的である．したがって (4.15) は写像

$$H^n(C^\bullet(X,P)) = H^n(\varinjlim_{\mathcal{U}\in\mathrm{RCov}(X)} C^\bullet(\mathcal{U},P)) \tag{4.16}$$

$$= \varinjlim_{\mathcal{U}\in\mathrm{RCov}(X)} H^n(C^\bullet(\mathcal{U},P)) \longrightarrow \check{H}^n(X,P)$$

を引き起こす．この写像が同型であることを示せばよい．まず，$\check{H}(X,P)$ の任意の元 a はある $H^n(\mathcal{U},P)$ ($[\mathcal{U}]$ $\in \overline{\mathrm{Cov}}(X)$) の元の標準的包含 $H^n(\mathcal{U},P) \longrightarrow$

$\check{H}^n(X, P)$ による像である.そしてこの $[\mathcal{U}] \in \overline{\mathrm{Cov}(X)}$ に対してある $\mathcal{U}' \in \mathrm{RCov}(X)$ で $[\mathcal{U}] \prec [\mathcal{U}']$ を満たすものがある.($\mathcal{U} = (U_i)_{i \in I}$ とするとき,各 $x \in X$ に対して $x \in U_{\tau(x)}$ となる $\tau(x) \in I$ を選べば $\mathcal{U}' := (U_{\tau(x)})_{x \in X}$ は $\mathrm{RCov}(X)$ に属し,また $[\mathcal{U}] \prec [\mathcal{U}']$ となる.)すると標準的包含 $H^n(\mathcal{U}, P) \longrightarrow \check{H}^n(X, P)$ は $\check{H}^n(\mathcal{U}', P) = H^n(C^\bullet(\mathcal{U}', P))$ を経由するので a は (4.16) の像に属することになり,よって (4.16) が全射であることが言える.また,$a \in H^n(C^\bullet(\mathcal{U}, P))$ ($\mathcal{U} \in \mathrm{RCov}(X)$) の $H^n(C^\bullet(X, P)) = \varinjlim_{\mathcal{U} \in \mathrm{RCov}(X)} H^n(C^\bullet(\mathcal{U}, P))$ における像が写像 (4.16) により 0 に移るとすると,ある $[\mathcal{U}] \prec [\mathcal{V}]$ となる $\mathcal{V} \in \mathrm{Cov}(X)$ で a の $\rho^n_{\mathcal{U}, \mathcal{V}}$ による像が 0 となるものが存在する.$\mathcal{V} = (V_i)_{i \in V}$ とおいて $\tau: X \longrightarrow I$ を任意の x に対して $x \in V_{\tau(x)}$ となるようにとり,$\mathcal{V}'$ を開被覆 $(U_x \cap V_{\tau(x)})_{x \in X}$ とする.このとき $\mathcal{V}'$ は $\mathcal{V}$ の細分なので a の $\rho^n_{\mathcal{U}, \mathcal{V}'}$ による像も 0 となる.一方,$\mathcal{V}' \in \mathrm{RCov}(X)$ で $\mathcal{U} \prec' \mathcal{V}'$ となるので $\rho^n_{\mathcal{U}, \mathcal{V}'} = H^n(\sigma^\bullet_{\mathcal{U}, \mathcal{V}'})$ であり,したがって a の $H^n(\sigma^\bullet_{\mathcal{U}, \mathcal{V}'})$ による像が 0 となる.これは a の

$$H^n(C^\bullet(X, P)) = \varinjlim_{\mathcal{U} \in \mathrm{RCov}(X)} H^n(C^\bullet(\mathcal{U}, P))$$

における像が 0 であることを意味する.以上より (4.16) が単射であることも言えたので (4.16) は同型である.

次にチェックコホモロジーもある導来関手であることを示す.その準備として 2 つの補題を示す.

▶ **補題 4.72** X を位相空間とするとき圏 $\mathrm{PSh}(X, R\text{-}\mathbf{Mod})$ は充分に単射的対象をもつ.

[証明] 証明は命題 4.43 の証明 (1) と同様で,$\mathrm{PSh}(X, R\text{-}\mathbf{Mod})$ がグロタンディーク圏(定義 2.137)であることを確かめればよい.X の開集合 U に対して包含 $U \hookrightarrow X$ を j_U と書き,$G := \bigoplus_{U \subseteq X \text{ 開集合}} j_{U, !p} R_U$ (R_U は R に伴う U 上の定数層)とおく.任意の $P \in \mathrm{Ob}\,\mathrm{PSh}(X, R\text{-}\mathbf{Mod})$ に対して

$$\mathrm{Hom}_{\mathrm{PSh}(X, R\text{-}\mathbf{Mod})}(j_{U, !p} R_U, P) = \mathrm{Hom}_{\mathrm{PSh}(U, R\text{-}\mathbf{Mod})}(R_U, j_U^p P) = P(U)$$

であることに注意すると,G が圏 $\mathrm{PSh}(X, R\text{-}\mathbf{Mod})$ の生成対象であることが命題 4.43 の証明 (1) と同様の方法で言え,また,任意の $P \in \mathrm{Ob}\,\mathrm{PSh}(X, R\text{-}\mathbf{Mod})$ の部分対象の増大族 $(P_\lambda)_{\lambda \in \Lambda}$ と P の部分対象 Q に対して $Q \cap (\bigcup_{\lambda \in \Lambda} P_\lambda) = \bigcup_{\lambda \in \Lambda} (Q \cap P_\lambda)$ が成り立つことは $R\text{-}\mathbf{Mod}$ における同様の主張から直ちに従う.よって $\mathrm{PSh}(X, R\text{-}\mathbf{Mod})$ はグロタンディーク圏であり,よって定理 2.144 より充分に単射的対象をもつ. □

▶**補題 4.73** X を位相空間とし，また $\mathcal{U} := (U_i)_{i \in I}$ を X の開被覆とする．このとき $\mathrm{PSh}(X, R\text{-}\mathbf{Mod})$ の単射的対象 P に対して $\check{H}^n(\mathcal{U}, P) = 0 \, (n > 0)$.

[**証明**] 次数 0 以上の部分のみを考えた複体 $C^\bullet(\mathcal{U}, P)$ が完全列であることを示せばよい．X の開集合 V に対して包含 $V \hookrightarrow X$ を j_V と書くことにすると

$$C^n(\mathcal{U}, P) = \prod_{(i_0, \ldots, i_n) \in I^{n+1}} P(U_{i_0 \cdots i_n}) \tag{4.17}$$

$$= \prod_{(i_0, \ldots, i_n) \in I^{n+1}} \mathrm{Hom}_{\mathrm{PSh}(X, R\text{-}\mathbf{Mod})}(j_{U_{i_0 \cdots i_n}, !p} R_{U_{i_0 \cdots i_n}}, P)$$

$$= \mathrm{Hom}_{\mathrm{PSh}(X, R\text{-}\mathbf{Mod})}\left(\bigoplus_{(i_0, \ldots, i_n) \in I^{n+1}} j_{U_{i_0 \cdots i_n}, !p} R_{U_{i_0 \cdots i_n}}, P \right)$$

となる．$n \geq 0$ に対し，$D^{-n} := \bigoplus_{(i_0, \ldots, i_n) \in I^{n+1}} j_{U_{i_0 \cdots i_n}, !p} R_{U_{i_0 \cdots i_n}}$ とおく．さらに，X の開集合 $V \subseteq U$ に対して $\varphi_{V,U} : j_{V, !p} R_V \longrightarrow j_{U, !p} R_U$ を

$$\varphi_{V,U}(W) = \begin{cases} \mathrm{id}_R, & (W \subseteq V), \\ 0, & (W \not\subseteq V) \end{cases}$$

と定義し，$n \geq 1$ に対して $d^{-n} : D^{-n} \longrightarrow D^{-n+1}$ を

$$j_{U_{i_0 \cdots i_n}, !p} R_{U_{i_0 \cdots i_n}} \xrightarrow{(-1)^k \varphi_{U_{i_0 \cdots i_n}, U_{i_0 \cdots \widehat{i_k} \cdots i_n}}} j_{U_{i_0 \cdots \widehat{i_k} \cdots i_n}, !p} R_{U_{i_0 \cdots \widehat{i_k} \cdots i_n}}$$

$$\hookrightarrow D^{-n+1} \, (0 \leq k \leq n)$$

（2 つめの写像は標準的包含）の和たち

$$\sum_{k=0}^{n} (-1)^k \varphi_{U_{i_0 \cdots i_n}, U_{i_0 \cdots \widehat{i_k} \cdots i_n}} : j_{U_{i_0 \cdots i_n}, !p} R_{U_{i_0 \cdots i_n}}$$

$$\longrightarrow D^{-n+1} \quad ((i_0, \ldots, i_n) \in I^{n+1})$$

の引き起こす写像とすると，$D^\bullet := (D^\bullet, d^\bullet)$ は次数 0 以下の部分のみを考えた複体となり，また (4.17) は等式 $C^\bullet(\mathcal{U}, P) = \mathrm{Hom}_{\mathrm{PSh}(X, R\text{-}\mathbf{Mod})}(D^\bullet, P)$ を引き起こす．仮定より P は単射的対象ゆえ $\mathrm{Hom}_{\mathrm{PSh}(X, R\text{-}\mathbf{Mod})}(-, P)$ は完全関手である．したがって題意を示すには $D^\bullet$ が完全列であることを示せばよく，そのためには X の任意の開集合 V に対して $D^\bullet(V)$ が完全列であることを示せばよい．$J := \{ i \in I \mid V \subseteq U_i \}$ とおくと $D^{-n}(V) := \bigoplus_{(i_0, \ldots, i_n) \in J^{n+1}} R$ であり，また $d^{-n}(V) : D^{-n}(V) \longrightarrow D^{-n+1}(V)$ は

$$d^{-n}(V)((x_{i_0\cdots i_n})_{(i_0,\ldots,i_n)}) = (\sum_{i\in J}\sum_{k=0}^{n}(-1)^k (x_{i_0\cdots i_{k-1}ii_k\cdots i_{n-1}}))_{(i_0,\ldots,i_{n-1})}$$

と書けることがわかる．$J = \emptyset$ のときはこれより直ちに $D^\bullet(V)$ が完全列であることがわかる．$J \neq \emptyset$ のときは $j \in J$ をひとつ固定し，$h^{-n}: D^{-n}(V) \longrightarrow D^{-n-1}(V)$ を $h^{-n}((x_{i_0\cdots i_n})_{(i_0,\ldots,i_n)}) := (\delta_{i_0 j} x_{i_1\cdots i_n})_{(i_0,\ldots,i_{n+1})}$ （ただし $\delta_{i_0 j}$ は $i_0 = j$ のとき 1，そうでないとき 0[3]）により定めると，$n \geq 1$ に対して

$$(d^{-n-1}(V)\circ h^{-n} + h^{-n+1}\circ d^{-n}(V))((x_{i_0\cdots i_n})_{(i_0,\ldots,i_n)})$$
$$= d^{-n-1}(V)((\delta_{i_0 j} x_{i_1\cdots i_{n+1}})_{(i_0,\ldots,i_{n+1})})$$
$$\quad + h^{-n+1}((\sum_{i\in J}\sum_{k=0}^{n}(-1)^k x_{i_0\cdots i_{k-1}ii_k\cdots i_{n-1}})_{(i_0,\ldots,i_{n-1})})$$
$$= (\sum_{i\in J}(\delta_{ij} x_{i_0\cdots i_n} + \sum_{k=1}^{n+1}(-1)^k \delta_{i_0 j} x_{i_1\cdots i_{k-1}ii_k\cdots i_n}$$
$$\quad + \sum_{k=0}^{n}(-1)^k \delta_{i_0 j} x_{i_1\cdots i_k ii_{k+1}\cdots i_n}))_{(i_0,\ldots,i_n)}$$
$$= (x_{i_0\cdots i_n})_{(i_0,\ldots,i_n)}$$

となる．したがって $(h^{-n})_{n\in\mathbb{N}}$ は $\mathrm{id}: D^\bullet \longrightarrow D^\bullet$ と次数 0 の項で $\mathrm{id} - d^{-1}(V) \circ h^0$，次数が負の項で零写像となる写像 $D^\bullet \longrightarrow D^\bullet$ との間のホモトピーを与える．したがって $n < 0$ のとき $H^n(D^\bullet)$ における恒等写像は零写像と等しいので $H^n(D^\bullet) = 0$ となる．よって $D^\bullet$ が完全列であることが言えたので題意が示された． □

▶ **命題 4.74** X を位相空間とし，$\mathcal{U} := (U_i)_{i\in I}$ を X の開被覆とする．このとき，関手の族

$$(\check{H}^n(\mathcal{U}, -): \mathrm{PSh}(X, R\text{-}\mathbf{Mod}) \longrightarrow R\text{-}\mathbf{Mod})_{n\in\mathbb{N}}$$

は関手 $\check{H}^0(\mathcal{U}, -): \mathrm{PSh}(X, R\text{-}\mathbf{Mod}) \longrightarrow R\text{-}\mathbf{Mod}$ の導来関手（と自然に自然同値）である．また，関手の族

---

[3] クロネッカーのデルタ (Kronecker's delta) という．

$$(\check{H}^n(X,-) : \mathrm{PSh}(X, R\text{-}\mathbf{Mod}) \longrightarrow R\text{-}\mathbf{Mod})_{n \in \mathbb{N}}$$

は関手 $\check{H}^0(X,-) : \mathrm{PSh}(X, R\text{-}\mathbf{Mod}) \longrightarrow R\text{-}\mathbf{Mod}$ の導来関手（と自然に自然同値）である．

[証明] $\mathrm{PSh}(X, R\text{-}\mathbf{Mod})$ における短完全列 $O \longrightarrow F \longrightarrow G \longrightarrow H \longrightarrow O$ は自然に複体の完全列

$$O \longrightarrow C^\bullet(\mathcal{U}, F) \longrightarrow C^\bullet(\mathcal{U}, G) \longrightarrow C^\bullet(\mathcal{U}, H) \longrightarrow O$$

を引き起こし，したがってこれに伴う長完全列として完全列

$$\cdots \longrightarrow \check{H}^n(\mathcal{U}, F) \longrightarrow \check{H}^n(\mathcal{U}, G) \longrightarrow \check{H}^n(\mathcal{U}, H)$$
$$\longrightarrow \check{H}^{n+1}(\mathcal{U}, F) \longrightarrow \check{H}^{n+1}(\mathcal{U}, G) \longrightarrow \check{H}^{n+1}(\mathcal{U}, H)$$
$$\longrightarrow \cdots$$

が引き起こされる．特に $\check{H}^0(\mathcal{U},-)$ は左完全関手である．また $(\check{H}^n(\mathcal{U},-))_{n \in \mathbb{N}}$ が関手 $\mathrm{SES}(\mathrm{PSh}(X, R\text{-}\mathbf{Mod})) \longrightarrow \mathrm{ES}(R\text{-}\mathbf{Mod})$ を定めることも確かめられる．さらに補題 4.73 より，$\mathrm{PSh}(X, R\text{-}\mathbf{Mod})$ の単射的対象 P に対して $\check{H}^n(\mathcal{U}, P) = 0 \, (n \geq 1)$ である．よって命題 3.42 より $(\check{H}^n(\mathcal{U},-))_{n \in \mathbb{N}}$ は関手 $\check{H}^0(\mathcal{U},-) : \mathrm{PSh}(X, R\text{-}\mathbf{Mod}) \longrightarrow R\text{-}\mathbf{Mod}$ の導来関手と自然に自然同値となる．

また，上の完全列の $[\mathcal{U}] \in \overline{\mathrm{Cov}}(X)$ に関する帰納極限として $\check{H}^0(X,-)$ が左完全関手で $(\check{H}^n(X,-))_{n \in \mathbb{N}}$ が関手 $\mathrm{SES}(\mathrm{PSh}(X, R\text{-}\mathbf{Mod})) \longrightarrow \mathrm{ES}(R\text{-}\mathbf{Mod})$ を定めることがわかる．また $\mathrm{PSh}(X, R\text{-}\mathbf{Mod})$ の単射的対象 P に対して

$$\check{H}^n(X, P) = \varinjlim_{[\mathcal{U}] \in \overline{\mathrm{Cov}}(X)} \check{H}^n(\mathcal{U}, P) = 0 \quad (n \geq 1)$$

である．よって命題 3.42 より $(\check{H}^n(X,-))_{n \in \mathbb{N}}$ は $\check{H}^0(X,-) : \mathrm{PSh}(X, R\text{-}\mathbf{Mod}) \longrightarrow R\text{-}\mathbf{Mod}$ の導来関手と自然に自然同値となる． □

命題 4.74 の帰結として次のスペクトル系列の存在が従う．

▶ **命題 4.75** X を位相空間，$\mathcal{U}$ を X の開被覆とするとき，任意の $F \in \mathrm{Ob}\,\mathrm{Sh}(X, R\text{-}\mathbf{Mod})$ に対してスペクトル系列

$$E_2^{p,q} = \check{H}^p(\mathcal{U}, \underline{H}^q(F)) \implies E^{p+q} = H^{p+q}(X, F) \tag{4.18}$$

$$E_2^{p,q} = \check{H}^p(X, \underline{H}^q(F)) \implies E^{p+q} = H^{p+q}(X, F) \tag{4.19}$$

が存在する．

[証明] $(\underline{H}^n(-))_{n \in \mathbb{N}}$ は左完全関手 $i_X : \mathrm{Sh}(X, R\text{-}\mathbf{Mod}) \longrightarrow \mathrm{PSh}(X, R\text{-}\mathbf{Mod})$ の導来関手で，また $(\check{H}^n(\mathcal{U}, -))_{n \in \mathbb{N}}$ は左完全関手 $\check{H}^0(\mathcal{U}, -) : \mathrm{PSh}(X, R\text{-}\mathbf{Mod}) \longrightarrow R\text{-}\mathbf{Mod}$ の導来関手である．また，系 4.31 より i_X は単射的対象を保ち，また $\mathcal{U} = (U_i)_{i \in I}$ とおくと，関手の合成

$$\mathrm{Sh}(X, R\text{-}\mathbf{Mod}) \xrightarrow{i_X} \mathrm{PSh}(X, R\text{-}\mathbf{Mod}) \xrightarrow{\check{H}^0(\mathcal{U}, -)} R\text{-}\mathbf{Mod}$$

は $F \in \mathrm{Ob}\,\mathrm{Sh}(X, R\text{-}\mathbf{Mod})$ を

$$\check{H}^0(\mathcal{U}, i_X F) = \mathrm{Ker}\,(\pi : \prod_{i \in I} F(U_i) \longrightarrow \prod_{i,j \in I} F(U_i \cap U_j)) = F(X)$$

に移す．したがって定理 3.68 よりスペクトル系列 (4.18) を得る．スペクトル系列 (4.19) も同様にして得られる． □

▶**命題 4.76** X, F を上の通りとするとき，任意の $n > 0$ に対して $\check{H}^0(X, \underline{H}^n(F)) = 0$．

[証明] $F \longrightarrow I^\bullet$ を $\mathrm{Sh}(X, R\text{-}\mathbf{Mod})$ における単射的分解とすると $\underline{H}^n(F) = H^n(i_X I^\bullet)$ である．層化の関手 $a_X : \mathrm{PSh}(X, R\text{-}\mathbf{Mod}) \longrightarrow \mathrm{Sh}(X, R\text{-}\mathbf{Mod})$ は完全なので $a_X \underline{H}^n(F) = a_X H^n(i_X I^\bullet) = H^n(a_X i_X I^\bullet) = H^n(I^\bullet) = O$ となる．したがって，題意を示すには $a_X P = O$ となる $\mathrm{PSh}(X, R\text{-}\mathbf{Mod})$ の対象 P に対して $\check{H}^0(X, P) = 0$ となることを示せばよい．

X の開被覆 $\mathcal{U} = (U_i)_{i \in I}$ および $(a_i)_i \in \check{H}^0(\mathcal{U}, P) \subseteq \prod_{i \in I} P(U_i)$ を任意にとる．任意の $i \in I$ と任意の $x \in U_i$ に対して $(a_i)_x \in P_x = (a_X P)_x = 0$ なので，各 $x \in U_i$ に対して x を含むある U_i の開集合 $V_{i,x}$ で $a_i|_{V_{i,x}} = 0$ となるものが存在する．$J := \{(i, x) \in I \times X \mid x \in U_i\}$ とおくと $\mathcal{V} := (V_{i,x})_{(i,x) \in J}$ は $\mathcal{U}$ の細分となる．すると，写像たち

$$\prod_{i \in I} P(U_i) \longrightarrow P(U_i) \xrightarrow{\rho_{V_{i,x} U_i}} P(V_{i,x}) \qquad ((i, x) \in J)$$

(最初の写像は標準的射影) から定まる写像 $\prod_{i \in I} P(U_i) \longrightarrow \prod_{(i,x) \in J} P(V_{i,x})$

により $(a_i)_i$ は 0 に移る. したがって, $(a_i)_i \in \check{H}^0(\mathcal{U}, P)$ の $\check{H}^0(\mathcal{V}, P)$ における像は 0 となることがわかる. ゆえに $\check{H}^0(X, P) = \varinjlim_{[\mathcal{U}] \in \overline{\mathrm{Cov}(X)}} \check{H}^0(\mathcal{U}, P) = 0$ となることが言え, 題意が証明された. □

▶系 4.77 X を位相空間とするとき, 任意の $F \in \mathrm{Ob}\,\mathrm{Sh}(X, R\text{-}\mathbf{Mod})$ に対して同型 $\check{H}^n(X, F) \cong H^n(X, F)\,(n = 0, 1)$ および単射 $\check{H}^2(X, F) \hookrightarrow H^2(X, F)$ がある.

[証明] スペクトル系列 4.19 に対して注 3.51(8) より $E_2^{0,0} \cong E^0$ である. また完全列

$$0 \longrightarrow E_2^{1,0} \longrightarrow E^1 \longrightarrow E_2^{0,1} \longrightarrow E_2^{2,0} \longrightarrow \mathrm{Ker}\,(E^2 \longrightarrow E_2^{0,2})$$

があるが, 命題 4.76 より $E_2^{0,1} = E_2^{0,2} = 0$ である. したがって同型 $E_2^{1,0} \longrightarrow E^1$ および単射 $E_2^{2,0} \hookrightarrow E^2$ がある. これより題意が言える. □

▶系 4.78 X を位相空間とし, $\mathcal{U} = (U_i)_{i \in I}$ を X の開被覆とする. また, $F \in \mathrm{Ob}\,\mathrm{Sh}(X, R\text{-}\mathbf{Mod})$ とし, 次の条件が満たされていると仮定する:任意の $m \in \mathbb{N}, (i_0, \ldots, i_m) \in I^{m+1}, n > 0$ に対して $H^n(U_{i_0 \cdots i_m}, F) = 0$. このとき, 任意の $n \in \mathbb{N}$ に対して同型 $\check{H}^n(X, F) \cong H^n(X, F)$ がある.

[証明] スペクトル系列 (4.18) の左辺 $\check{H}^p(\mathcal{U}, \underline{H}^q(F)) = H^p(C^\bullet(\mathcal{U}, \underline{H}^q(F)))$ において, $q > 0$ のとき $C^p(\mathcal{U}, \underline{H}^q(F)) = \prod_{(i_0, \ldots, i_p) \in I^{p+1}} H^q(U_{i_0 \cdots i_p}, F) = 0$ である. したがって (4.18) の左辺について $q \neq 0$ のとき $E_2^{p,q} = 0$ なので注 3.51(3) より任意の $n \in \mathbb{N}$ に対して $E_2^{n,0} \cong E^n$ となる. これより題意が従う.
□

▶系 4.79 X を位相空間とし, $\mathcal{T}$ を X の開基 (定義 A.2) で $U, U' \in \mathcal{T}$ のとき $U \cap U' \in \mathcal{T}$ となるようなものとする. また, $F \in \mathrm{Ob}\,\mathrm{Sh}(X, R\text{-}\mathbf{Mod})$ とし, 次の条件が満たされていると仮定する:任意の $U \in \mathcal{T}, n > 0$ に対して $\check{H}^n(U, j_U^* F) = 0$ (ただし $j_U : U \hookrightarrow X$ は包含). このとき, 任意の $n \in \mathbb{N}$ に対して同型 $\check{H}^n(X, F) \cong H^n(X, F)$ がある.

[証明] まず任意の $U \in \mathcal{T}, n > 0$ に対して $H^n(U, F) = 0$ であることを n に関する帰納法で示す．今，任意の $U \in \mathcal{T}, 0 < q < n$ に対して $H^q(U, F) = 0$ であると仮定し，$V \in \mathcal{T}$ を任意にとる．$\mathcal{T}_V$ を $V \cap U \,(U \in \mathcal{T})$ の形の V の開集合のなす集合とすると，$\mathcal{T}_V$ は V の開基で，また $W, W' \in \mathcal{T}_V$ のとき $W \cap W' \in \mathcal{T}_V$ となる．$\mathcal{T}_V$ に属する開集合による V の開被覆の同値類全体を $\overline{\mathrm{Cov}}(V)' (\subseteq \overline{\mathrm{Cov}}(V))$ とおき，$\mathcal{V} \in \overline{\mathrm{Cov}}(V)'$ に対するスペクトル系列 (4.18)

$$E_2^{p,q} = \check{H}^p(\mathcal{V}, \underline{H}^q(j_V^* F)) \Longrightarrow E^{p+q} = H^{p+q}(V, F)$$

を考える．仮定より $0 < q < n$ のとき $C^p(\mathcal{V}, \underline{H}^q(F)) = 0$ なので $E_2^{p,q} = 0$ である．また命題4.76より $E_2^{0,n} = 0$ である．以上とスペクトル系列から $E^n = E_2^{n,0}$，つまり

$$\check{H}^n(\mathcal{V}, j_V^* F) \cong H^n(V, F)$$

であることが言える．また，$\mathcal{T}_V$ が開基であることより $\overline{\mathrm{Cov}}(V)'$ は $\overline{\mathrm{Cov}}(V)$ において共終である（注1.70を参照）．したがって上式の左辺の $[\mathcal{V}] \in \overline{\mathrm{Cov}}(V)'$ に関する帰納極限は $\check{H}^n(V, j_V^* F) = 0$ となる．よって $H^n(V, F) = 0$ が言えたので任意の $U \in \mathcal{T}, n > 0$ に対して $H^n(U, F) = 0$ である．

すると，$\mathcal{U} \in \overline{\mathrm{Cov}}(X)'$ に対するスペクトル系列 (4.18)

$$E_2^{p,q} = \check{H}^p(\mathcal{U}, \underline{H}^q(F)) \Longrightarrow E^{p+q} = H^{p+q}(X, F)$$

において $q > 0$ のとき $C^p(\mathcal{U}, \underline{H}^q(F)) = 0$ なので $E_2^{p,q} = 0$ である．よって注 3.51(4) より $E^n = E_2^{n,0}$，つまり

$$\check{H}^n(\mathcal{U}, F) \cong H^n(X, F)$$

であることが言え，また $\overline{\mathrm{Cov}}(X)'$ が $\overline{\mathrm{Cov}}(X)$ において共終であることから上式の左辺の $[\mathcal{U}] \in \overline{\mathrm{Cov}}(X)'$ に関する帰納極限は $\check{H}^n(X, F)$ となる．以上により $\check{H}^n(X, F) \cong H^n(X, F)$ が言え，題意が示された． □

次の系は前節で定義した $\mathcal{A}(X)$ に属する層のチェックコホモロジーによる特徴付けを与える．

▶**系 4.80** X を位相空間, $F \in \mathrm{Ob}\,\mathrm{Sh}(X, R\text{-}\mathbf{Mod})$ とするとき, 次の 3 条件は同値.

(1) F は 4.3 節で定義した集合 $\mathcal{A}(X)$ に属する.
(2) X の任意の開集合からの包含 $j : U \hookrightarrow X$ と任意の U の開被覆 $\mathcal{U}$ に対して $\check{H}^n(\mathcal{U}, j^*F) = 0 \, (n > 0)$ が成り立つ.
(3) X の任意の開集合からの包含 $j : U \hookrightarrow X$ に対して $\check{H}^n(U, j^*F) = 0 \, (n > 0)$ が成り立つ.

[証明] まず (1) $\Longrightarrow$ (2) を示す. (1) の仮定より任意の $q > 0$ に対して $\underline{H}^q(F) = O$ である. したがってスペクトル系列 (4.18) より $n > 0$ に対して $\check{H}^n(\mathcal{U}, F) \cong H^n(U, F) = 0$ となる. (2) $\Longrightarrow$ (3) は $[\mathcal{U}] \in \overline{\mathrm{Cov}(U)}$ に関する帰納極限をとればよい.

最後に (3) $\Longrightarrow$ (1) を示す. U を X の任意の開集合とする. U に対する系 4.79 において $\mathcal{T}$ を U の開集合全体として用いれば $n > 0$ に対して $H^n(U, F) \cong \check{H}^n(U, j^*F) = 0$ となることが言える. □

▶**定理 4.81** X をパラコンパクトハウスドルフ空間とするとき, 任意の $F \in \mathrm{Ob}\,\mathrm{Sh}(X, R\text{-}\mathbf{Mod})$ と任意の $n \geq 0$ に対して $\check{H}^n(X, F) \cong H^n(X, F)$.

[証明] 系 4.77 より $\check{H}^0(X, -) = H^0(X, -) : \mathrm{Sh}(X, R\text{-}\mathbf{Mod}) \longrightarrow R\text{-}\mathbf{Mod}$ である. よって $(\check{H}^n(X, -))_{n \in \mathbb{N}}$ が左完全関手 $\check{H}^0(X, -) : \mathrm{Sh}(X, R\text{-}\mathbf{Mod}) \longrightarrow R\text{-}\mathbf{Mod}$ の右導来関手であることを示せばよい. $i_X : \mathrm{Sh}(X, R\text{-}\mathbf{Mod}) \longrightarrow \mathrm{PSh}(X, R\text{-}\mathbf{Mod})$ が単射的対象を保つこと (系 4.31) と補題 4.73 より $\mathrm{Sh}(X, R\text{-}\mathbf{Mod})$ の単射的対象 F に対して $\check{H}^n(X, F) = 0 \, (n > 0)$ である. したがって, $\mathrm{Sh}(X, R\text{-}\mathbf{Mod})$ における短完全列 $O \longrightarrow F \longrightarrow G \longrightarrow H \longrightarrow O$ が長完全列

$$\cdots \longrightarrow \check{H}^n(X, F) \longrightarrow \check{H}^n(X, G) \longrightarrow \check{H}^n(X, H) \qquad (4.20)$$
$$\longrightarrow \check{H}^{n+1}(X, F) \longrightarrow \check{H}^{n+1}(X, G) \longrightarrow \check{H}^{n+1}(X, H)$$
$$\longrightarrow \cdots$$

を引き起こし, これが関手 $\mathrm{SES}(\mathrm{Sh}(X, R\text{-}\mathbf{Mod})) \longrightarrow \mathrm{ES}(R\text{-}\mathbf{Mod})$ を定めることを確かめればよい. $\mathrm{PSh}(X, R\text{-}\mathbf{Mod})$ における $F \longrightarrow G$ の余核を P とすると $\mathrm{PSh}(X, R\text{-}\mathbf{Mod})$ における完全列

$$O \longrightarrow F \longrightarrow G \longrightarrow P \longrightarrow O \tag{4.21}$$

がある．また，$H = a_X P$ となるが，このとき $f_P : P \longrightarrow a_X P =: H$ は単射となる：これは横の2行が完全な $\mathrm{PSh}(X, R\text{-}\mathbf{Mod})$ における可換図式

$$\begin{array}{ccccccccc} O & \longrightarrow & F & \longrightarrow & G & \longrightarrow & P & \longrightarrow & O \\ & & \mathrm{id}\downarrow & & \mathrm{id}\downarrow & & f_P\downarrow & & \\ O & \longrightarrow & F & \longrightarrow & G & \longrightarrow & a_X P & & \end{array}$$

（下の行は上の行に $i_X a_X$ を施して得られるもの）に蛇の補題を用いることにより示される．よって，f_P の余核を Q とすると $\mathrm{PSh}(X, R\text{-}\mathbf{Mod})$ における完全列

$$O \longrightarrow P \longrightarrow H \longrightarrow Q \longrightarrow O \tag{4.22}$$

を得る．Q の定義より $Q(\emptyset) = 0$ であり，また P, H は層化すると同型なので $a_X Q = O$ となる．さて，命題4.74より(4.21)に対応する長完全列

$$\cdots \longrightarrow \check{H}^n(X, F) \longrightarrow \check{H}^n(X, G) \longrightarrow \check{H}^n(X, P) \tag{4.23}$$
$$\longrightarrow \check{H}^{n+1}(X, F) \longrightarrow \check{H}^{n+1}(X, G) \longrightarrow \check{H}^{n+1}(X, P)$$
$$\longrightarrow \cdots$$

がある．また，(4.22)に対応する長完全列

$$\cdots \longrightarrow \check{H}^n(X, P) \longrightarrow \check{H}^n(X, H) \longrightarrow \check{H}^n(X, Q)$$
$$\longrightarrow \check{H}^{n+1}(X, P) \longrightarrow \check{H}^{n+1}(X, H) \longrightarrow \check{H}^{n+1}(X, Q)$$
$$\longrightarrow \cdots$$

があるが，次に示す補題4.82より $\check{H}^n(X, Q) = 0 \, (n \geq 0)$ となる．したがって $\check{H}^n(X, P) \cong \check{H}^n(X, H) \, (n \geq 0)$ を得る．これと(4.23)より長完全列(4.20)を得る．また，構成よりこの対応が関手 $\mathrm{SES}(\mathrm{Sh}(X, R\text{-}\mathbf{Mod})) \longrightarrow \mathrm{ES}(R\text{-}\mathbf{Mod})$ を定めることもわかる．これより題意が示された． □

上の定理の証明で用いた補題を最後に証明する．

▶**補題 4.82** X をパラコンパクトハウスドルフ空間とし,$P \in \mathrm{Ob}\,\mathrm{PSh}(X, R\text{-}\mathbf{Mod})$ が $P(\emptyset) = 0, a_X P = O$ を満たすとする.このとき任意の $n \geq 0$ に対して $\check{H}^n(X, P) = 0$ である.

[**証明**] $n \geq 0$ を1つ固定する.$\mathcal{U} = (U_i)_{i \in I}$ を X の開被覆とし,任意に $a := (a_{i_0 \cdots i_n})_{(i_0, \ldots, i_n)} \in C^n(\mathcal{U}, P) = \prod_{(i_0, \ldots, i_n) \in I^{n+1}} P(U_{i_0 \cdots i_n})$ をとる.ある $\mathcal{U}$ の細分となる開被覆 $\mathcal{W} = (W_j)_{j \in J}$ と $W_j \subseteq U_{\tau(j)}$ となる写像 $\tau : J \longrightarrow I$ で,$\tau^n(a) := (a_{\tau(j_0) \cdots \tau(j_n)}|_{W_{j_0 \cdots j_n}})_{(j_0, \ldots, j_n)} = 0$ となるようなものが存在することを示せばよい.

まず X はパラコンパクトなので $\mathcal{U}$ をその適当な細分でおきかえることにより $\mathcal{U}$ は X の局所有限な開被覆であると仮定してよい.さらに命題 A.11 より開被覆 $\mathcal{V} = (V_i)_{i \in I}$ で全ての i に対して $\overline{V_i} \subseteq U_i$ を満たすようなものが存在する.$\mathcal{U}$ は局所有限な開被覆なので各 $x \in X$ に対して x を含む X の開集合 W_x で $W_x \cap U_i \neq \emptyset$ となる i が有限個しかないようなものがある.(このとき $W_x \cap \overline{V_i} \neq \emptyset$ となる i も有限個しかない.)さらに W_x を $(W_x \cap \bigcap_{x \in U_i} U_i \cap \bigcap_{x \in V_i} V_i) \setminus (\bigcup_{x \notin \overline{V_i}} \overline{V_i})$ でおきかえることにより次を満たすようにできる.

(1) $x \in U_i$ のとき $W_x \subseteq U_i$.
(2) $x \in V_i$ のとき $W_x \subseteq V_i$.
(3) $W_x \cap \overline{V_i} \neq \emptyset$ のとき $x \in \overline{V_i}$.

さらに仮定 $a_X P = O$ より $a_{i_0 \cdots i_n}$ の任意の芽は 0 なので,W_x を小さくとり直すことにより次を満たすようにできる.

(4) $x \in U_{i_0 \cdots i_n}$ のとき $a_{i_0 \cdots i_n}|_{W_x} = 0$.

このとき $\mathcal{W} := (W_x)_{x \in X}$ と定め,また $\tau : X \longrightarrow I$ を $W_x \subseteq V_{\tau(x)}$ となるように定める.(上の条件 (2) よりこれは可能である.)

このとき $\tau^n(a) = 0$ となることを示す.$(x_0, \ldots, x_n) \in X^{n+1}$ を任意にとる.$W_{x_0 \cdots x_n} = \emptyset$ のときは $P(\emptyset) = 0$ より $a_{\tau(x_0) \cdots \tau(x_n)}|_{W_{x_0 \cdots x_n}} = 0$ である.また,$W_{x_0 \cdots x_n} \neq \emptyset$ のときは任意の $0 \leq i \leq n$ に対して $\emptyset \neq W_{x_0} \cap W_{x_i} \subseteq W_{x_0} \cap V_{\tau(x_i)} \subseteq W_{x_0} \cap \overline{V_{\tau(x_i)}}$.したがって上の条件 (3) より $x_0 \in \overline{V_{\tau(x_i)}} \subseteq U_{\tau(x_i)}$.よっ

て上の条件 (1) より $W_{x_0} \subseteq U_{\tau(x_i)}$ となるので $W_{x_0} \subseteq U_{\tau(x_0)\cdots\tau(x_n)}$ となる．すると上の条件 (4) より $a_{\tau(x_0)\cdots\tau(x_n)}|_{W_{x_0}} = 0$ となるので $a_{\tau(x_0)\cdots\tau(x_n)}|_{W_{x_0\cdots x_n}} = 0$ となることが言える．したがって $\tau^n(a) = 0$ となるので，題意が証明された． □

4.5 特異コホモロジー，ド・ラームコホモロジーとの比較

本節では定数層を係数とする層係数コホモロジーと特異コホモロジーあるいはド・ラームコホモロジーが適当な状況で同型であることを示す．

まず特異コホモロジーとの比較を考える．以下，$\mathbb{Z}$ 加群 M を1つ固定する．位相空間 X と $n \geq 0$ に対して X の特異 n 単体のなす集合 $T_n(X)$，特異 n 鎖体のなす $\mathbb{Z}$ 加群 $S_n(X) := \mathbb{Z}^{\oplus T_n(X)}$，$M$ 係数特異 n 余鎖体のなす $\mathbb{Z}$ 加群 $S^n(X,M) := \mathrm{Hom}_{\mathbb{Z}}(S_n(X), M)$ が定義され（定義 A.17），$S^n(X,M)$ たちは自然に複体 $S^{\bullet}(X,M)$ をなす（定義 A.18 およびその上の議論を参照）．そして X の M 係数特異コホモロジー $H^n(X,M)$ が

$$H^n(X,M) := H^n(S^{\bullet}(X,M))$$

と定義される（定義 A.18）．

以上の構成を X の開集合 U に対して行うことにより $T_n(U)$，$S_n(U) := \mathbb{Z}^{\oplus T_n(U)}$，$S^n(U,M) = \mathrm{Hom}_{\mathbb{Z}}(S_n(U), M)$ を得る．また，$V \hookrightarrow U$ を X の開集合の間の包含とすると自然な単射 $T_n(V) \hookrightarrow T_n(U)$ が単射 $S_n(V) \hookrightarrow S_n(U)$ を引き起こし，これは準同型写像

$$S^n(U,M) \longrightarrow S^n(V,M) \tag{4.24}$$

を引き起こす．そしてこれは全射である：実際，任意の $f \in S^n(V,M) = \mathrm{Hom}_{\mathbb{Z}}(S_n(V), M)$ に対して f の延長となる $\tilde{f} : S_n(U) \longrightarrow M$ を $\tilde{f}([\varphi]) = 0$ ($\forall \varphi \in T_n(U) \setminus T_n(V)$，ただし $\varphi \in T_n(U)$ に対して φ 成分が 1 で他の成分が 0 である $S_n(U)$ の元を $[\varphi]$ と書いた）となるように定めることができ，この $\tilde{f}$ は (4.24) により f に移る．

さて，X 上の前層 $S^n_{X,M}$ を

$$S^n_{X,M}(U) := S^n(U,M), \quad S^n_{X,M}(V \hookrightarrow U) := (4.24) \text{の写像}$$

と定める．このとき，前段落で述べたことより $S_{X,M}^n(V \hookrightarrow U)$ は全射である．また，$S^n(U,M)$ たちが自然に複体 $S^\bullet(U,M)$ をなすことから $S_{X,M}^n$ たちも自然に複体 $S_{X,M}^\bullet$ をなすことがわかる．

$S_{X,M}^n$ は一般には層にならない．しかし，層の条件の一部である次の事実は成り立つ．

▶**補題 4.83** U を X の開集合，$(U_i)_{i \in I}$ を U の開被覆とし，$s_i \in S_{X,M}^n(U_i) = S^n(U_i, M)\,(i \in I)$ が $s_i|_{U_i \cap U_j} = s_j|_{U_i \cap U_j}\,(\forall i, j \in I)$ を満たすとする．このとき，$s \in S_{X,M}^n(U) = S^n(U,M)$ で $s|_{U_i} = s_i\,(\forall i \in I)$ を満たすものが存在する．

[証明] $s \in S_{X,M}^n(U) = S^n(U,M) = \mathrm{Hom}(S_n(U), M)$ を，$\varphi \in T_n(U)$ に対して $s([\varphi])$ を

$$s([\varphi]) := \begin{cases} s_i([\varphi]), & (\exists i \in I, \varphi \in T_n(U_i) \text{ のとき}) \\ 0, & (\text{その他のとき}) \end{cases}$$

と定めることにより定義すれば，これは well-defined で，この s が題意の条件を満たす． □

一方，系 A.22 において $S^\bullet(U,M)$ の部分複体 $S_0^\bullet(U,M)$ が

$S_0^n(U,M)$
$:= \{f \in \mathrm{Hom}_{\mathbb{Z}}(S_n(U), M) \mid \text{ある } U \text{ の開被覆 } \mathcal{U} \text{ に対して } f|_{S_n(\mathcal{U})} = 0\}$

と定義されている．（$S_n(\mathcal{U})$ の定義は命題 A.21 の上を参照のこと．）この定義より，(4.24)の写像が

$$S_0^n(U,M) \longrightarrow S_0^n(V,M) \tag{4.25}$$

を引き起こすことが確かめられる．

X 上の前層 $S_{0,X,M}^n$ を

$$S_{0,X,M}^n(U) := S_0^n(U,M), \quad S_{0,X,M}^n(V \hookrightarrow U) := (4.25)\text{の写像}$$

と定める．$S_{0,X,M}^n$ たちは自然に $S_{X,M}^\bullet$ の部分複体 $S_{0,X,M}^\bullet$ をなす．前層の複

体の包含写像 $S_{0,X,M}^\bullet \hookrightarrow S_{X,M}^\bullet$ の余核を $\overline{S}_{X,M}^\bullet$ とおく．このとき次が成り立つ．

▶**命題 4.84** X を距離付け可能な位相空間（定義 A.13）とするとき，任意の $n \geq 0$ に対して $\overline{S}_{X,M}^n$ は $S_{X,M}^n$ の層化であり，また $\overline{S}_{X,M}^n$ は軟弱層である．

[証明] まず，$\overline{S}_{X,M}^n$ が層であることが示されたと仮定する．すると X の任意の開集合の包含 $V \hookrightarrow U$ に対して $S_{X,M}^n(V \hookrightarrow U)$ が全射であることから $\overline{S}_{X,M}^n(V \hookrightarrow U)$ も全射となり，したがって $\overline{S}_{X,M}^n$ は軟弱層となる．また，$S_{0,X,M}^n(U) = S_0^n(U,M)$ の定義（系 A.22）より X の任意の開集合 U と任意の $a \in S_{0,X,M}^n(U) = S_0^n(U,M)$ に対してある U の開被覆 $(U_i)_{i \in I}$ で $a|_{U_i} = 0 (\forall i \in I)$ となるものが存在する．特に任意の $x \in X$ に対して $(S_{0,X,M}^n)_x = 0$ であり，したがって前層の全射 $S_{X,M}^n \longrightarrow \overline{S}_{X,M}^n$ は茎の同型 $(S_{X,M}^n)_x \xrightarrow{\cong} (\overline{S}_{X,M}^n)_x$ を引き起こす．したがって $\overline{S}_{X,M}^n$ は $S_{X,M}^n$ の層化と自然に同型となり，題意が示される．以上より，題意を示すには $\overline{S}_{X,M}^n$ が層であることを示せばよい．

以下，記号を簡単にするため，$S_{0,X,M}^n, S_{X,M}^n, \overline{S}_{X,M}^n$ をそれぞれ $S_0, S, \overline{S}$ と略記する．また，$p: S \longrightarrow \overline{S}$ を標準的射影とする．X の開集合 U と U の開被覆 $\mathcal{U} = (U_i)_{i \in I}$ を任意にとる．$\overline{S}$ が層であることを示すには，次の 2 つを示せばよい．

(1) $s \in \overline{S}(U)$ が $s|_{U_i} = 0 (i \in I)$ を満たすならば $s = 0$．
(2) $s_i \in \overline{S}(U_i) (i \in I)$ で $s_i|_{U_i \cap U_j} = s_j|_{U_i \cap U_j} (i,j \in I)$ を満たすものが与えられたとき，$s|_{U_i} = s_i (i \in I)$ を満たす $s \in \overline{S}(U)$ が存在する．

まず (1) を示す．$t \in S(U)$ を $p(U)(t) = s$ を満たす元とすると，各 $i \in I$ に対して $p(U_i)(t|_{U_i}) = s|_{U_i} = 0$ より $t|_{U_i} \in S_0(U_i)$ となる．しかし，このことと S_0 の定義から $t \in S_0(U)$ となるので $s = p(U)(t) = 0$ となる．これで (1) が言えた．

次に (2) を示す．U は X の開集合ゆえ距離付け可能であり，したがって定理 A.14 よりパラコンパクトハウスドルフ空間であることに注意する．$\mathcal{U}$ の局所有限な細分 $\mathcal{U}' = (U'_{i'})_{i' \in I'}$ をとり，$\mathcal{U}'$ に対する (2) の主張の類似が成り

立つと仮定する．$\tau : I' \longrightarrow I$ を $U'_{i'} \subseteq U_{\tau(i')}$ $(i' \in I')$ を満たす写像とし，$s'_{i'} := s_{\tau(i')}|_{U'_{i'}}$ $(i' \in I')$ とすると，$i', j' \in I'$ に対して

$$s'_{i'}|_{U'_{i'} \cap U'_{j'}} = (s_{\tau(i')}|_{U_{\tau(i')} \cap U_{\tau(j')}})|_{U'_{i'} \cap U'_{j'}} = (s_{\tau(j')}|_{U_{\tau(i')} \cap U_{\tau(j')}})|_{U'_{i'} \cap U'_{j'}}$$
$$= s'_{j'}|_{U'_{i'} \cap U'_{j'}}$$

となるので，$\mathcal{U}'$ に対する (2) の主張の類似より $s'|_{U'_{i'}} = s'_{i'}$ $(i' \in I')$ を満たす $s' \in \overline{S}(U)$ が存在する．このとき，任意の $i \in I, i' \in I'$ に対して

$$s'|_{U_i \cap U'_{i'}} = (s'|_{U'_{i'}})|_{U_i \cap U'_{i'}} = s'_{i'}|_{U_i \cap U'_{i'}}$$
$$= s_{\tau(i')}|_{U_i \cap U'_{i'}} = (s_{\tau(i')}|_{U_i \cap U_{\tau(i')}})|_{U_i \cap U'_{i'}} = s_i|_{U_i \cap U'_{i'}}$$

となるので $s'|_{U_i} = s_i$ となることが言え，よって $\mathcal{U}$ に対する (2) の主張が言える．したがって，(2) を示す際には，$\mathcal{U}$ が局所有限な開被覆であるときのみを考えればよいことになる．以下，$\mathcal{U}$ が局所有限な開被覆であると仮定して (2) を示す．

状況を (2) の仮定の通りとし，各 $i \in I$ に対して $p(U_i)(t_i) = s_i$ を満たす $t_i \in S(U_i)$ をとる．このとき，$i, j \in I$ に対して $p(U_i \cap U_j)(t_i|_{U_i \cap U_j} - t_j|_{U_i \cap U_j}) = s_i|_{U_i \cap U_j} - s_j|_{U_i \cap U_j} = 0$ なので，ある $t_{ij} \in S_0(U_i \cap U_j)$ で $t_{ij} = t_i|_{U_i \cap U_j} - t_j|_{U_i \cap U_j}$ を満たすものがある．そして，S_0 の定義より，任意の $x \in U_i \cap U_j$ に対して x を含む $U_i \cap U_j$ の開集合 $W_{ij,x}$ で $t_{ij}|_{W_{ij,x}} = 0$ を満たすものがある．

$\mathcal{U}$ の細分 $\mathcal{V} = (V_i)_{i \in I}$ で $\overline{V_i} \subseteq U_i$ $(i \in I)$ を満たすものをとる（命題 A.11）．このとき，$\mathcal{U}$ は局所有限なので，各 $x \in U$ に対して x を含む U の開集合 W_x で $W_x \cap U_i \neq \emptyset$ となる $i \in I$ が有限個となるものが存在する．そして W_x を

$$(W_x \cap (\bigcap_{x \in U_i} U_i) \cap (\bigcap_{x \in U_i \cap U_j} W_{ij,x})) \setminus (\bigcup_{x \notin \overline{V_i}} \overline{V_i})$$

でおきかえることにより，次が言える．

(a) $x \in U_i$ のとき $W_x \subseteq U_i$.
(b) $x \in U_i \cap U_j$ のとき $W_x \subseteq W_{ij,x}$.
(c) $W_x \cap \overline{V_i} \neq \emptyset$ のとき $x \in \overline{V_i}$.
(d) $W_x \cap W_y \neq \emptyset$ のとき $\exists i \in I, W_x \cup W_y \subseteq U_i$.

実際, (a), (b), (c) は定義より容易にわかる. また, $z \in W_x \cap W_y$ とするとき, $z \in \overline{V_i}$ となる $i \in I$ をとると $z \in W_x \cap \overline{V_i}$ なので (c) より $x \in \overline{V_i} \subseteq U_i$, よって (a) より $W_x \subseteq U_i$ が言え, 同様に $W_y \subseteq U_i$ も言えるので (d) が成り立つ.

さて, 各 $x \in U$ に対して (a) を用いて $W_x \subseteq U_i$ を満たす $i \in I$ をとり, $t^x := t_i|_{W_x} \in S(W_x)$ とおく. $W_x \subseteq U_j$ を満たす別の $j \in I$ に対して $t_i|_{W_x} = (t_i|_{W_{ij,x}})|_{W_x} = (t_j|_{W_{ij,x}} + t_{ij}|_{W_{ij,x}})|_{W_x} = t_j|_{W_x}$ なので, この t^x は $W_x \subseteq U_i$ を満たす $i \in I$ のとりかたによらない. また, $W_x \cap W_y \neq \emptyset$ のとき (d) より $t^x|_{W_x \cap W_y} = t_i|_{W_x \cap W_y} = t^y|_{W_x \cap W_y}$ であり, $W_x \cap W_y = \emptyset$ のときも $S(\emptyset) = 0$ より $t^x|_{W_x \cap W_y} = 0 = t^y|_{W_x \cap W_y}$ である. したがって補題 4.83 より $t|_{W_x} = t^x$ $(x \in U)$ を満たす $t \in S(U)$ が存在する. $s = p(U)(t)$ とおくと, 各 $i \in I$ と $x \in U_i$ に対して $(t|_{U_i})|_{W_x} = t_i|_{W_x}$ であることより $(s|_{U_i})|_{W_x} = s_i|_{W_x}$ なので $s|_{U_i} = s_i$ となる. 以上で (2) が示されたので題意が言えた. □

可縮な位相空間の概念 (定義 A.19) を用いて, 局所可縮な位相空間の概念を定める.

▷ **定義 4.85** 位相空間 X が **局所可縮 (locally contractible)** であるとは可縮な開集合からなる開基をもつこと.

以上の準備の下で, 層係数コホモロジーと特異コホモロジーの比較定理は次のように述べられる.

▶ **定理 4.86** X を距離付け可能で局所可縮な位相空間, M を $\mathbb{Z}$ 加群とし, M_X を M に伴う X 上の定数層とする. このとき X の M 係数特異コホモロジー $H^n(X, M)$ と M_X を係数とする X の層係数コホモロジー $H^n(X, M_X)$ は同型である.

[証明] X の開集合 U に対して

$$M \longrightarrow S^0(U, M); \quad a \mapsto ([\varphi] \mapsto a)$$

により準同形写像 $M \longrightarrow S^0(U, M) = S^0_{X,M}(U)$ が定まり, これは X 上の前

層の複体

$$O \longrightarrow {}^p M_X \longrightarrow S^0_{X,M} \longrightarrow S^1_{X,M} \longrightarrow \cdots \tag{4.26}$$

を引き起こす.そして層化を考えることにより複体

$$O \longrightarrow M_X \longrightarrow \overline{S}^0_{X,M} \longrightarrow \overline{S}^1_{X,M} \longrightarrow \cdots \tag{4.27}$$

を得る.$x \in X$ を任意にとると,x を含む可縮な開集合 U に対して命題 A.20 より (4.26) が引き起こす複体

$$0 \longrightarrow {}^p M_X(U) \longrightarrow S^0_{X,M}(U) \longrightarrow S^1_{X,M}(U) \longrightarrow \cdots$$

は完全列である.X が局所可縮であるという仮定より x を含む可縮な開集合全体の集合は x を含む開集合全体の集合において共終である.したがって上の完全列の帰納極限をとることにより茎の完全列

$$0 \longrightarrow ({}^p M_X)_x \longrightarrow (S^0_{X,M})_x \longrightarrow (S^1_{X,M})_x \longrightarrow \cdots$$

を得るが,命題 4.84 よりこれは (4.27) の x における茎をとってできる複体

$$0 \longrightarrow (M_X)_x \longrightarrow (\overline{S}^0_{X,M})_x \longrightarrow (\overline{S}^1_{X,M})_x \longrightarrow \cdots$$

に等しい.これが完全列であることから,(4.27) が層の完全列となることが言える.すると,命題 4.84 よりこれは M_X の軟弱層による分解となるので

$$H^n(X, M_X) = H^n(\overline{S}^\bullet_{X,M}(X)) = H^n(S^\bullet(X,M)/S^\bullet_0(X,M)) = H^n(X,M)$$

を得る.(最後の等式は系 A.22 による.) □

注 4.87 定理 A.16 よりパラコンパクト位相多様体(定義 A.15)は距離付け可能であり,また局所可縮であることは容易にわかる.したがって,定理 4.86 はパラコンパクト位相多様体に対して適用できる.

次にド・ラームコホモロジーとの比較を考える.X を C^∞ 級多様体(定義 A.24)とすると,X 上の C^∞ 級 n 次微分形式全体のなす $\mathbb{R}$ 加群 $\Omega^n(X)$(定義 A.26)および外微分 $d^n : \Omega^n(X) \longrightarrow \Omega^{n+1}(X)$(定義 A.30)が定義され

る．これによりド・ラーム複体 $(\Omega^\bullet(X), d^\bullet)$ が定まり，X のド・ラームコホモロジー $H^n_{\mathrm{dR}}(X)$ が $H^n_{\mathrm{dR}}(X) := H^n(\Omega^\bullet(X))$ により定義される（定義 A.31）．

以上の構成を X の開集合 U（これは開部分多様体となる）に対して行うことにより $\Omega^n(U), d^n : \Omega^n(U) \longrightarrow \Omega^{n+1}(U)$ を得る．また，$V \hookrightarrow U$ を X の開集合の間の包含とすると微分形式の制限により写像

$$\Omega^n(U) \longrightarrow \Omega^n(V) \tag{4.28}$$

が定まる．ここで X 上の前層 Ω^n_X を

$$\Omega^n_X(U) := \Omega^n(U), \quad \Omega^n_X(V \hookrightarrow U) := (4.28)\text{の写像}$$

と定めると，これは層となる．（微分形式は貼り合わせの性質を満たす．）$\Omega^n(U)$ たちが自然に複体 $\Omega^\bullet(U)$ をなすことから Ω^n_X たちも自然に複体 $\Omega^\bullet_X$ をなすことがわかる．このとき次が成り立つ．

▶**命題 4.88** 記号を上の通りとし，また X がパラコンパクトであると仮定する．このとき Ω^n_X は細層である．

[**証明**] X の開被覆 $\mathcal{U} := (U_i)_{i \in I}$ に対して $\mathcal{U}$ に属する 1 の分割 $(f_i)_{i \in I}$ をとる（定理 A.35）．このとき写像 $\Omega^n_X \longrightarrow \Omega^n_X ; \omega \mapsto f_i \omega$ を再び f_i と書くことにすると，$(f_i)_{i \in I}$ は定義 4.65 の条件を満たすので Ω^n_X は細層となる． □

層係数コホモロジーとド・ラームコホモロジーの比較定理は次のようになる．

▶**定理 4.89** X をパラコンパクト C^∞ 級多様体とするとき，X のド・ラームコホモロジー $H^n_{\mathrm{dR}}(X)$ は $\mathbb{R}$ に伴う定数層 $\mathbb{R}_X$ を係数とする X の層係数コホモロジー $H^n(X, \mathbb{R}_X)$ と同型である．

[**証明**] 層の複体

$$O \longrightarrow \mathbb{R}_X \xrightarrow{\delta} \Omega^0_X \xrightarrow{d^0} \Omega^1_X \xrightarrow{d^1} \cdots \tag{4.29}$$

を考える．（ただし δ は $c \in \mathbb{R}$ を c に値をとる定数関数に移す写像が引き起こすもの．）X の C^∞ 級座標近傍系（定義 A.23）を適当に同値なものにとり直

して考えることにより，それが各 $x \in X$ に対して $x \in U_x \subseteq U$ となる座標近傍 (U_x, φ) で φ を通じて x が 0 に，U_x が $B_{\mathrm{d}}(0,1)$ に移るようなものを含むとしてよい．（ここで $r > 0$ に対して $B_{\mathrm{d}}(0,r)$ はユークリッド空間における原点 0 を中心とする半径 r の開球を表わす．定義 A.4 および定義 A.12 を参照のこと．）$0 < r < 1$ に対して $U_{x,r} := \varphi^{-1}(B_{\mathrm{d}}(0,r))$ とおく．このときポアンカレの補題（命題 A.32）より (4.29) の引き起こす複体

$$0 \longrightarrow \mathbb{R}_X(U_{x,r}) \xrightarrow{\delta(U_{x,r})} \Omega_X^0(U_{x,r}) \xrightarrow{d^0(U_{x,r})} \Omega_X^1(U_{x,r}) \xrightarrow{d^1(U_{x,r})} \cdots$$

が完全列であることがわかる．$\{U_{x,r}\}_{0<r<1}$ は x を含む開集合全体の集合の中で共終なので，$\{U_{x,r}\}_{0<r<1}$ についての帰納極限をとることにより

$$0 \longrightarrow (\mathbb{R}_X)_x \xrightarrow{\delta_x} (\Omega_X^0)_x \xrightarrow{d_x^0} (\Omega_X^1)_x \xrightarrow{d_x^1} \cdots$$

が完全列であることが言える．したがって (4.29) は層の完全列である．すると命題 4.88 より (4.29) は $\mathbb{R}_X$ の細層（したがって命題 4.66 より柔軟層）による分解を与えることがわかる．したがって

$$H^n(X, \mathbb{R}_X) = H^n(\Omega_X^\bullet(X)) = H_{\mathrm{dR}}^n(X)$$

となる． $\square$

演習問題

4-1. (1) X を位相空間，$\mathcal{C}$ を圏とする．また，X の開集合 $V \subseteq U$ に対して包含 $V \hookrightarrow U$ を j_{VU} と書き，j_{UX} のことを j_U と書く．X 上の $\mathcal{C}$ に値をとる前層 P, Q と X の開集合 U に対して $H(U) := \mathrm{Hom}_{\mathrm{PSh}(X,U)}(j_U^p P, j_U^p Q)$ とおき，また X の開集合の包含 $V \hookrightarrow U$ に対して $H_{VU} : H(U) \longrightarrow H(V)$ を $\varphi \mapsto j_{VU}^p \varphi$ により定めると，H が X 上の **Set** に値をとる前層となることを確かめよ．以下，この前層 H を $\mathcal{H}om(P, Q)$ と書く．
(2) 以下，$\mathcal{C}$ は積がいつも存在する圏とする．F, G が位相空間 X 上の $\mathcal{C}$ に値をとる層ならば，$\mathcal{H}om(F, G)$ は X 上の **Set** に値をとる層となることを示せ．
(3) $f : X \longrightarrow Y$ を位相空間の連続写像とし，F, G をそれぞれ Y, X 上の $\mathcal{C}$ に値をとる層とする．このとき自然な Y 上の **Set** に値をとる層の同型 $\mathcal{H}om(F, f_*G) \cong f_*\mathcal{H}om(f^*F, G)$ があることを示せ．

4-2. X を位相空間，R を環とする．
(1) $P \in \mathrm{Ob}\,\mathrm{PSh}(X, \mathbf{Mod}\text{-}R)$, $Q \in \mathrm{Ob}\,\mathrm{PSh}(X, R\text{-}\mathbf{Mod})$ と X の開集合 U に対して $T(U) := P(U) \otimes_R Q(U)$ とおき，また X の開集合の包含 $V \hookrightarrow U$ に対して

$T_{VU} := P_{VU} \otimes Q_{VU}$ と定めると，T が X 上の $\mathbb{Z}$-**Mod** に値を定める前層となることを確かめよ．以下，この前層のことを $P \otimes_R^p Q$ と書く．
(2) P, Q が層であっても $P \otimes_R^p Q$ が層となるとは限らないことを示せ．
(3) $F, G \in \mathrm{Ob}\,\mathrm{Sh}(X, R\text{-}\mathbf{Mod})$ に対して $F \otimes_R^p G$ の層化のことを $F \otimes_R G$ と書き，F と G のテンソル積と呼ぶ．このテンソル積に対する命題 1.77 に似た形の普遍性を述べ，それを証明せよ．

4-3. X を位相空間とする．また，Z を X の閉集合，$U := X \setminus Z$ とし，包含 $Z \hookrightarrow X$, $U \hookrightarrow X$ をそれぞれ i, j と書く．
(1) $\mathcal{T}$ を次のように定義される圏とする：$\mathcal{T}$ の対象は $F \in \mathrm{Ob}\,\mathrm{Sh}(Z, R\text{-}\mathbf{Mod})$, $G \in \mathrm{Ob}\,\mathrm{Sh}(U, R\text{-}\mathbf{Mod})$ と射 $h : F \longrightarrow i^* j_* G$ からなる 3 つ組 (F, G, h) とし，$\mathcal{T}$ における射 $(F, G, h) \longrightarrow (F', G', h')$ は $\mathrm{Sh}(Z, R\text{-}\mathbf{Mod})$ における射 $f_1 : F \longrightarrow F'$ と $\mathrm{Sh}(U, R\text{-}\mathbf{Mod})$ における射 $f_2 : G \longrightarrow G'$ の組 (f_1, f_2) で図式

$$\begin{array}{ccc} F & \xrightarrow{h} & i^* j_* G \\ {\scriptstyle f_1}\downarrow & & \downarrow{\scriptstyle i^* j_* f_2} \\ F' & \xrightarrow{h'} & i^* j_* G' \end{array}$$

が可換となるものとする．このとき，$F \in \mathrm{Ob}\,\mathrm{Sh}(X, R\text{-}\mathbf{Mod})$ に対して $(i^*F, j^*F, i^*F \longrightarrow i^* j_* j^* F)$ (最後の射は随伴写像が引き起こすもの) を対応させる関手 $\mathrm{Sh}(X, R\text{-}\mathbf{Mod}) \longrightarrow \mathcal{T}$ が圏同値であることを示せ．
(ヒント：$(F, G, h) \in \mathrm{Ob}\,\mathcal{T}$ に対して $(i_* F \xrightarrow{i_* h} i_* i^* j_* G, j_* G \longrightarrow i_* i^* j_* G)$ (2 つめの射は随伴写像が引き起こすもの) のファイバー積を対応させる関手 $\mathcal{T} \longrightarrow \mathrm{Sh}(X, R\text{-}\mathbf{Mod})$ を考えよ．)
(2) 関手 $i^! : \mathrm{Sh}(X, R\text{-}\mathbf{Mod}) \longrightarrow \mathrm{Sh}(Z, R\text{-}\mathbf{Mod})$ を $i^! F := i^* \mathrm{Ker}(F \longrightarrow j_* j^* F)$ により定義する．(ただし，定義内の射は随伴写像．) このとき，$i^!$ は i_* の右随伴関手であることを示せ．また，$i^!$ は左完全で，単射的対象を保つことを示せ．
(前半のヒント：(1) の圏 $\mathcal{T}$ において考えよ．)
(3) $F \in \mathrm{Ob}\,\mathrm{Sh}(X, R\text{-}\mathbf{Mod})$ に対して自然な完全列

$$O \longrightarrow i_* i^! F \longrightarrow F \longrightarrow j_* j^* F$$

があり，F が単射的対象ならば最後の射は全射であることを示せ．
(4) 左完全関手 $\mathrm{Sh}(X, R\text{-}\mathbf{Mod}) \longrightarrow R\text{-}\mathbf{Mod}$; $F \mapsto \Gamma(Z, i^! F)$ の右導来関手を $(H_Z^n(X, -))_{n \in \mathbb{N}}$ と書く．このとき，$F \in \mathrm{Ob}\,\mathrm{Sh}(X, R\text{-}\mathbf{Mod})$ に対して自然にコホモロジーの長完全列

$$\cdots \longrightarrow H_Z^n(X, F) \longrightarrow H^n(X, F) \longrightarrow H^n(U, F)$$
$$\longrightarrow H_Z^{n+1}(X, F) \longrightarrow H^{n+1}(X, F) \longrightarrow H^{n+1}(U, F) \longrightarrow \cdots$$

が引き起こされることを示せ．

4-4. X を位相空間，$(X_i)_{i \in I}$ を X の開被覆とし，$i, j, k \in I$ に対して $X_{ij} := X_i \cap X_j$, $X_{ijk} := X_i \cap X_j \cap X_k$ とする．また，包含写像による X_i, X_{ij}, X_{ijk} への層の

逆像を $|_{X_i}, |_{X_{ij}}, |_{X_{ijk}}$ で表わすことにする.

F_i $(i \in I)$ を X_i 上の R 加群の層とし, $f_{ij} : F_i|_{X_{ij}} \longrightarrow F_j|_{X_{ij}}$ $(i, j \in I)$ を層の同型で $(f_{jk}|_{X_{ijk}}) \circ (f_{ij}|_{X_{ijk}}) = f_{ik}|_{X_{ijk}}$ $(i, j, k \in I)$ を満たすものとする. このとき, X 上の R 加群の層 F と同型 $g_i : F|_{X_i} \longrightarrow F_i$ の組で, $f_{ij} \circ (g_i|_{X_{ij}}) = g_j|_{X_{ij}}$ $(i, j \in I)$ を満たすものが, 同型を除いて一意的に存在することを示せ. この層 F を F_i たちを f_{ij} により貼り合わせてできる層という.
(ヒント: $\alpha_i : X_i \hookrightarrow X, \alpha_{ij} : X_{ij} \hookrightarrow X$ を包含とするとき, 適切に射 $\prod_{i \in I} \alpha_{i,*} F_i \longrightarrow \prod_{i,j \in I} \alpha_{ij,*}(F_j|_{X_{ij}})$ を構成して F をこの核として定義する.)

4-5. X を位相空間, $\mathcal{U} = (U_i)_{i \in I}$ を X の開被覆, $P \in \mathrm{Ob}\,\mathrm{Sh}(X, R\text{-}\mathbf{Mod})$ とし, 以下, 記号は 4.4 節の通りとする. $n \in \mathbb{N}$ に対して $C^n_{\mathrm{alt}}(\mathcal{U}, P)$ を次の (a), (b) を満たす $\prod_{(i_0,\ldots,i_n) \in I^{n+1}} P(U_{i_0\cdots i_n})$ の元 $(x_{i_0\cdots i_n})_{(i_0,\ldots,i_n)}$ のなす R 加群とする.
(a) $i_k = i_l$ となる $0 \leq k < l \leq n$ があるとき $x_{i_0\cdots i_n} = 0$.
(b) $0 \leq k < l \leq n$ に対し, $x_{i_0\cdots i_l\cdots i_k\cdots i_n} = -x_{i_0\cdots i_k\cdots i_l\cdots i_n}$.
また, I に全順序 $\leq$ を入れ, $i, i' \in I$ が $i \leq i', i \neq i'$ を満たすとき $i < i'$ と書く. そして $\overline{C}^n(\mathcal{U}, P) := \prod_{\substack{(i_0,\ldots,i_n) \in I^{n+1} \\ i_0 < \cdots < i_n}} P(U_{i_0\cdots i_n})$ と定める. 以下の問に答えよ.
(1) $C^n_{\mathrm{alt}}(\mathcal{U}, P)$ $(n \in \mathbb{N})$, $\overline{C}^n(\mathcal{U}, P)$ $(n \in \mathbb{N})$ は自然に複体 $C^\bullet_{\mathrm{alt}}(\mathcal{U}, P), \overline{C}^\bullet(\mathcal{U}, P)$ を成し, また $C^\bullet(\mathcal{U}, P)$ を 4.4 節で定義した複体とするときに複体の図式

$$C^\bullet_{\mathrm{alt}}(\mathcal{U}, P) \xrightarrow{f} C^\bullet(\mathcal{U}, P) \xrightarrow{g} \overline{C}^\bullet(\mathcal{U}, P)$$

で f が単射, g が全射, $g \circ f$ が同型となるものが存在することを示せ.
(2) f, g は同型

$$H^n(f) : H^n(C^\bullet_{\mathrm{alt}}(\mathcal{U}, P)) \cong H^n(C^\bullet(\mathcal{U}, P)),$$
$$H^n(g) : H^n(C^\bullet(\mathcal{U}, P)) \cong H^n(\overline{C}^\bullet(\mathcal{U}, P))$$

を引き起こすことを示せ.
(ヒント: $H^n(g)$ が同型であればよい. P が単射的対象のときに $H^n(\overline{C}^\bullet(\mathcal{U}, P)) = 0$ であることを示すことに帰着.)

4-6. 位相空間 X, その開集合 U および $x \in X$ を以下の通りとし, $j : U \longrightarrow X$ を標準的包含とするとき, $(R^n j_* \mathbb{Z}_U)_x$ $(n \in \mathbb{N})$ を求めよ.
(1) $X = \mathbb{R}^2 = \{(s, t) \mid s, t \in \mathbb{R}\}, U = \mathbb{R}^2 \setminus \{(s, t) \in X \mid st = 0\}, x = (0, 0)$.
(2) $X = \mathbb{R}^m$ $(m \geq 1), U = \mathbb{R} \setminus \{(0, \ldots, 0)\}, x = (0, \ldots, 0)$.

4-7. $G = \langle g \rangle$ を g を生成元とする無限位数の巡回群とし, また $X = \mathbb{R}^2 \setminus \{0\}$ とする. このとき, 関手 $F : G\text{-}\mathbf{Mod} \longrightarrow \mathrm{Sh}(X, \mathbb{Z}\text{-}\mathbf{Mod})$ で, 任意の左 G 加群 M に対して自然なコホモロジーの同型 $H^n(G, M) \cong H^n(X, F(M))$ (左辺は群のコホモロジー, 右辺は層係数コホモロジー) が存在するようなものを構成せよ.

付　録

A.1　位相空間論からの準備

本節では本書で用いる位相空間論に関する概念，結果を述べる．

▷ **定義 A.1**

(1) **位相空間 (topological space)** とは集合 X および X の部分集合からなるある集合 $\mathcal{O}$ で次の (a), (b) を満たすものとの組 $(X, \mathcal{O})$ のこと．
(a) $\mathcal{O}$ の任意の部分集合 $\{U_i \,|\, i \in I\}$ に対して $\bigcup_{i \in I} U_i \in \mathcal{O}$.
(b) $\mathcal{O}$ の任意の有限部分集合 $\{U_i \,|\, i \in I\}$ に対して $\bigcap_{i \in I} U_i \in \mathcal{O}$.
$\mathcal{O}$ のことを X 上の**位相 (topology)** という．$\mathcal{O}$ に属する X の部分集合のことを X の**開集合 (open subset)** という．また，$X \setminus U \, (U \in \mathcal{O})$ の形に書ける X の部分集合のことを X の**閉集合 (closed subset)** という．

(2) 集合 X 上の位相 $\mathcal{O}_1, \mathcal{O}_2$ が $\mathcal{O}_1 \subseteq \mathcal{O}_2$ を満たすとき，位相 $\mathcal{O}_2$ は位相 $\mathcal{O}_1$ より強い（位相 $\mathcal{O}_1$ は位相 $\mathcal{O}_2$ より弱い）位相であるという．

(3) $(X, \mathcal{O})$ を位相空間，Z を X の部分集合とするとき，$\mathcal{O}' := \{Z \cap U \,|\, U \in \mathcal{O}\}$ とおくと $(Z, \mathcal{O}')$ は位相空間となる．このようにして定義される位相空間を X の**部分位相空間 (topological subspace)** という．

(4) 位相空間 $(X, \mathcal{O})$ の部分集合 Z に対して Z を含む最小の閉集合のことを Z の**閉包 (closure)** といい，$\overline{Z}$ と書く．

(5) 位相空間 $(X, \mathcal{O}), (X', \mathcal{O}')$ の間の**連続写像 (continuous map)** とは集合としての写像 $f : X \longrightarrow X'$ で，任意の $U \in \mathcal{O}'$ に対して $f^{-1}(U) \in \mathcal{O}$ となるようなもののこと．

(6) 位相空間 $(X, \mathcal{O}), (X', \mathcal{O}')$ の間の連続写像 $f : X \longrightarrow X'$ が**同相写像 (homeomorphism)** であるとは連続写像 $g : X' \longrightarrow X$ で $g \circ f = \mathrm{id}_X, f \circ g = \mathrm{id}_{X'}$ を満たすものが存在すること．$(X, \mathcal{O}), (X', \mathcal{O}')$ の間の同相写像が存在す

るとき, $(X, \mathcal{O}), (X', \mathcal{O}')$ は**同相 (homeomorphic)** であるという.

上の定義 (1) において, $I = \emptyset$ のときの条件 (a), (b) より $\emptyset, X \in \mathcal{O}$ となることに注意. 上の定義にもあるように位相空間とは組 $(X, \mathcal{O})$ のことであるが通常は単に X と略記される. また, 以下では特に断らない限り位相空間 X の部分集合 Z は部分位相空間としての構造を入れて位相空間と考える.

▷**定義 A.2** $(X, \mathcal{O})$ を位相空間とする. $\mathcal{O}$ の部分集合 $\mathcal{T}$ が $(X, \mathcal{O})$ の**開基 (open basis)** であるとは, 任意の $U \in \mathcal{O}$ が $\mathcal{T}$ に属する X の部分集合たちのある和集合として書けること.

【例 A.3】 集合 X 上の**離散位相 (discrete topology)** を $\mathcal{O} = \mathcal{P}(X)$ ($:= X$ の部分集合全体の集合) となる位相 $\mathcal{O}$ と定義する. これは X 上の位相のうちで最強のものである. また, X 上の**密着位相 (indiscrete topology)** を $\mathcal{O} = \{\emptyset, X\}$ となる位相 $\mathcal{O}$ と定義する. これは X 上の位相のうちで最弱のものである.

【例 A.4】 $x := (x_1, \ldots, x_n), y := (y_1, \ldots, y_n) \in \mathbb{R}^n$ に対して

$$d(x, y) := \left(\sum_{1 \leq i \leq n} |x_i - y_i|^2 \right)^{1/2}$$

とおき, $x \in \mathbb{R}^n$ と $r > 0$ に対して

$$B_d(x, r) := \{ y \in \mathbb{R}^n \mid d(x, y) < r \}$$

とおく. $\mathcal{O}$ を $B_d(x, r)$ ($x \in \mathbb{R}^n, r > 0$) の形の集合の和集合として書ける $\mathbb{R}^n$ の部分集合全体とするとき, $(\mathbb{R}^n, \mathcal{O})$ は位相空間となる. この位相空間を n 次元**ユークリッド空間 (Euclidean space)** といい, この位相 $\mathcal{O}$ を $\mathbb{R}^n$ 上の**ユークリッド位相 (Euclidean topology)** という. $\mathbb{R}^n$ の部分集合 X に対しても, この $(\mathbb{R}^n, \mathcal{O})$ の部分位相空間としての位相を X 上のユークリッド位相という. 以下, 本章では $\mathbb{R}^n$ の部分集合 (例えば $\mathbb{R}$ の部分集合

$$[a,b] := \{x \in \mathbb{R} \mid a \leq x \leq b\}, \quad (a,b] := \{x \in \mathbb{R} \mid a < x \leq b\},$$
$$[a,b) := \{x \in \mathbb{R} \mid a \leq x < b\} \quad (a,b \in \mathbb{R})$$

など）はユークリッド位相を入れて位相空間と考える．$\mathcal{T} := \{B_{\mathrm{d}}(x,r) \mid x \in \mathbb{R}^n, r > 0\}$ とおくと位相 $\mathcal{O}$ の定義より $\mathcal{T}$ は $\mathbb{R}^n$ の開基となる．

▷ **定義 A.5** X を位相空間とする．
(1) X の部分集合の族 $(U_i)_{i \in I}$ が**有限**であるとは I が有限集合であること．
(2) X の部分集合の族 $(U_i)_{i \in I}$ が**局所有限 (locally finite)** であるとは任意の $x \in X$ に対し，x を含むある開集合 V で $\{i \in I \mid V \cap U_i \neq \emptyset\}$ が有限集合となるものが存在すること．
(3) X の開集合（閉集合）の族 $(U_i)_{i \in I}$ が X の**開被覆 (open covering)**（**閉被覆 (closed covering)**）であるとは $X = \bigcup_{i \in I} U_i$ が成り立つこと．
(4) X の開被覆または閉被覆 $\mathcal{U} := (U_i)_{i \in I}$, $\mathcal{V} := (V_j)_{j \in J}$ に対して $\mathcal{V}$ が $\mathcal{U}$ の**細分 (refinement)** であるとは集合の写像 $\tau : J \longrightarrow I$ で任意の $j \in J$ に対して $V_j \subseteq U_{\tau(j)}$ となるものが存在すること．

定義 A.5(4) における写像 τ は一意的であるとは限らないことに注意．定義より有限開被覆（有限閉被覆）は局所有限開被覆（局所有限閉被覆）である．

▶ **補題 A.6** X を位相空間，$(U_i)_{i \in I}$ を X の局所有限開被覆，$J \subseteq I$ とし，$U := \bigcup_{i \in J} U_i$ とおく．このとき $\overline{U} = \bigcup_{i \in J} \overline{U_i}$ が成り立つ．

[証明] 任意の $i \in J$ に対して $\overline{U_i} \subseteq \overline{U}$ なので $\bigcup_{i \in J} \overline{U_i} \subseteq \overline{U}$ である．一方，$x \in \overline{U}$ とすると任意の x を含む開集合 V に対して $V \cap U = \bigcup_{i \in J}(V \cap U_i)$ は空でない．したがって $J_V := \{i \in J \mid V \cap U_i \neq \emptyset\}$ は空集合ではなく，また局所有限性の仮定より，適当な V に対しては J_V は有限集合である．そこで J_V の元の個数が最小になるような V をとる．すると x を含む任意の開集合 W に対して，定義より $J_{V \cap W} \subseteq J_V$, $J_{V \cap W} \subseteq J_W$ であるが，V の定義における最小性より $J_{V \cap W} = J_V$ となることがわかる．したがって $J_V \subseteq J_W$ である．よって，$i \in J_V$ を 1 つとると任意の W に対して $W \cap U_i \neq \emptyset$ となり，これより $x \in \overline{U_i}$ となる．したがって $x \in \bigcup_{i \in J} \overline{U_i}$ となり，以上で $\overline{U} = \bigcup_{i \in J} \overline{U_i}$

が言えた. □

▷ **定義 A.7** X を位相空間とする.
(1) X が **コンパクト (compact)** であるとは,X の任意の開被覆に対して,その細分である有限開被覆が存在すること.
(2) X が **パラコンパクト (paracompact)** であるとは,X の任意の開被覆に対して,その細分である局所有限開被覆が存在すること.

定義よりコンパクトな位相空間はパラコンパクトである.

【**例 A.8**】 $\mathbb{R}^n$ の部分集合 X が **有界** であるとは,ある $r > 0$ に対して $X \subseteq B_{\mathrm{d}}(0, r)$ ($B_{\mathrm{d}}(-,-)$ は例 A.4 の通り) となることをいう.$\mathbb{R}^n$ の任意の有界閉集合 X はコンパクトであることが知られている.証明は読者に任せる.

▷ **定義 A.9** X を位相空間とする.
(1) X が T_1 **空間 (T_1-space)** であるとは,任意の $x, y \in X, x \neq y$ に対して $x \in U, y \notin U$ を満たす X の開集合 U が存在すること.
(2) X が **ハウスドルフ空間 (Hausdorff space)**(または T_2 **空間 (T_2-space)**)であるとは,任意の $x, y \in X, x \neq y$ に対して $x \in U, y \in V, U \cap V = \emptyset$ を満たす X の開集合 U, V が存在すること.
(3) X が T_3 **空間 (T_3-space)** であるとは,任意の X の閉集合 Z と $x \in X \setminus Z$ に対して $x \in U, Z \subseteq V, U \cap V = \emptyset$ を満たす X の開集合 U, V が存在すること.X が **正則空間 (regular space)** であるとは,T_1 空間かつ T_3 空間であること.
(4) X が T_4 **空間 (T_4-space)** であるとは,任意の X の閉集合 Y, Z で $Y \cap Z = \emptyset$ なるものに対して $Y \subseteq U, Z \subseteq V, U \cap V = \emptyset$ を満たす X の開集合 U, V が存在すること.X が **正規空間 (normal space)** であるとは,T_1 空間かつ T_4 空間であること.

定義よりハウスドルフ空間は T_1 空間である.また X が T_1 空間のとき任意の $x \in X$ に対して $\{x\}$ は閉集合である.(任意の $y \neq x$ に対して $x \notin U_y, y \in U_y$ を満たす開集合 U_y をとると $\{x\} = X \setminus \bigcup_{y \neq x} U_y$.) したがって正規空間は

A.1 位相空間論からの準備 351

正則空間であり，正則空間はハウスドルフ空間である．

本書の4.3節以降ではパラコンパクトハウスドルフ空間がしばしば現れるので，パラコンパクトハウスドルフ空間の性質と関連概念との関係について述べる．

▶**補題 A.10** パラコンパクトハウスドルフ空間 X は正則空間である．

[証明] Z を X の閉集合とし，$x \in X \setminus Z$ をとる．X はハウスドルフ空間なので，任意の $z \in Z$ に対して z を含む X の開集合 U_z で $x \notin \overline{U_z}$ を満たすものが存在する．すると $(U_z (z \in Z), X \setminus Z)$ は開被覆となる．X はパラコンパクトなので，この開被覆の局所有限な細分 $(U_i (i \in I), X \setminus Z)$ で，任意の $i \in I$ に対して $U_i \subseteq U_z$ となる $z \in Z$ が存在するようなものがある．このとき $x \notin \bigcup_{i \in I} \overline{U_i} = \overline{\bigcup_{i \in I} U_i}$ （等号は補題 A.6 による）である．よって，$U := X \setminus \overline{\bigcup_{i \in I} U_i}, V = \bigcup_{i \in I} U_i$ とおくと $x \in U, Z \subseteq V$ で $U \cap V = \emptyset$ となる． □

▶**命題 A.11** X をパラコンパクトハウスドルフ空間とし，$(U_i)_{i \in I}$ を X の開被覆とする．このとき，X の開被覆 $(V_i)_{i \in I}$ で $\overline{V_i} \subseteq U_i (i \in I)$ を満たすものが存在する．特に X は正規空間である．

[証明] まず前半の主張を示す．$(U_i)_{i \in I}$ は X の開被覆なのである写像 $\tau : X \longrightarrow I$ で $x \in U_{\tau(x)} (\forall x \in X)$ を満たすものがある．すると補題 A.10 より $x \in W'_x, \overline{W'_x} \subseteq U_{\tau(x)}$ となる開集合 W'_x がとれる．X の開被覆 $(W'_x)_{x \in X}$ の局所有限な細分 $(W_j)_{j \in J}$ をとる．細分の定義よりある写像 $\sigma : J \longrightarrow X$ で $W_j \subseteq W'_{\sigma(j)} (\forall j \in J)$ を満たすものがあり，このとき $W_j \subseteq U_{\tau(\sigma(j))}$ となる．そこで $V_i := \bigcup_{\tau(\sigma(j))=i} W_j$ とおく．すると $(V_i)_{i \in I}$ は X の開被覆で，また任意の $i \in I$ に対して

$$\overline{V_i} = \overline{\bigcup_{\tau(\sigma(j))=i} W_j} = \bigcup_{\tau(\sigma(j))=i} \overline{W_j} \subseteq \bigcup_{\tau(\sigma(j))=i} \overline{W'_{\sigma(j)}} \subseteq U_i$$

となる．

後半の主張を示す．まず X はハウスドルフ空間なので T_1 空間である．また X の閉集合 Y, Z で $Y \cap Z = \emptyset$ なるものに対して X の開被覆 $(X \setminus Y, X \setminus Z)$ に対して前半の結果を用いると X の開被覆 (V_1, V_2) で $\overline{V_1} \subseteq X \setminus Y, \overline{V_2} \subseteq X \setminus$

Z を満たすものが存在することがわかる．すると $Y \subseteq X \setminus \overline{V_1}, Z \subseteq X \setminus \overline{V_2}$ で $(X \setminus \overline{V_1}) \cap (X \setminus \overline{V_2}) = \emptyset$ となる．よって X は T_4 空間でもあるので正規空間である． □

▷**定義 A.12** 集合 X 上の**距離 (metric)** とは関数 $\mathrm{d} : X \times X \longrightarrow \mathbb{R}$ で次を満たすもののこと．
(1) 全ての $(x,y) \in X \times X$ に対して $\mathrm{d}(x,y) \geq 0$ で，また $\mathrm{d}(x,y) = 0$ であることと $x = y$ であることが同値．
(2) $\mathrm{d}(x,y) = \mathrm{d}(y,x)$.
(3) (三角不等式) $\mathrm{d}(x,y) + \mathrm{d}(y,z) \geq \mathrm{d}(x,z)$.
d を集合 X 上の距離とするとき，$x \in X$ と $r > 0$ に対して

$$B_\mathrm{d}(x,r) := \{y \in \mathbb{R}^n \mid \mathrm{d}(x,y) < r\}$$

とおき，これを x を中心とする半径 r の**開球 (open ball)** という．$\mathcal{O}_\mathrm{d}$ を $B_\mathrm{d}(x,r) \, (x \in X, r > 0)$ の形の集合の和集合として書ける X の部分集合全体とするとき，$(X, \mathcal{O}_\mathrm{d})$ が位相空間となることが確かめられる．(詳しい証明は読者に任せる．) この位相 $\mathcal{O}_\mathrm{d}$ を距離 d から定まる位相という．

▷**定義 A.13** 位相空間 X が**距離付け可能 (metrizable)** であるとは，X の位相がある X 上の距離 d から定まる位相 $\mathcal{O}_\mathrm{d}$ と一致すること．

例えば注 A.4 における d は $\mathbb{R}^n$ 上の距離 (**ユークリッド距離 (Euclidean metric)** という) であり，$\mathbb{R}^n$ のユークリッド位相はユークリッド距離 d から定まる位相である．したがって $\mathbb{R}^n$ およびその任意の部分集合は距離付け可能な位相空間である．

▶**定理 A.14** 距離付け可能な位相空間はパラコンパクトハウスドルフ空間である．

特に $\mathbb{R}^n$ の任意の部分集合はパラコンパクトである．以下の証明はルディン [20] による．

[証明] X を距離付け可能な位相空間とし,d を $\mathcal{O}_d$ が X の位相となるような X 上の距離とする.まず $x, y \in X, x \neq y$ のとき $r := d(x,y)/2$ とすると $B_d(x,r), B_d(y,r)$ はそれぞれ x, y を含む X の開集合で,また三角不等式より $B_d(x,r) \cap B_d(y,r) = \emptyset$ であることがわかる.したがって X はハウスドルフ空間である.

以下,X がパラコンパクトであることを示す.X の開被覆 $\mathcal{U} := (U_\alpha)_{\alpha \in I}$ を任意にとる.整列可能定理により I に整列順序 $\leq$ を入れる.(なお $\alpha, \beta \in I$ に対して $\alpha \leq \beta, \alpha \neq \beta$ が成り立つとき $\alpha < \beta$ と書く.)$V_{\alpha,n}$ ($\alpha \in I, n \in \mathbb{N}_{\geq 1}$) を n について帰納的に以下のように定義する:$V_{\alpha,n}$ は次の 3 条件を満たす $x \in X$ についての $B_d(x, 2^{-n})$ の合併とする.

(1) α は $x \in U_\alpha$ となる最小の I の元である.
(2) $j < n$ なる j と任意の $\beta \in I$ に対して $x \notin V_{\beta,j}$ である.
(3) $B_d(x, 3 \cdot 2^{-n}) \subseteq U_\alpha$ である.

このとき $\mathcal{V} := (V_{\alpha,n})_{\alpha \in I, n \in \mathbb{N}_{\geq 1}}$ が $(U_\alpha)_{\alpha \in I}$ の局所有限な細分であることを示せばよい.まず $V_{\alpha,n}$ を構成する開球の中心 x に対して (3) より $B_d(x, 2^{-n}) \subseteq U_\alpha$ なので $V_{\alpha,n} \subseteq U_\alpha$ である.したがって $\mathcal{V}$ は $\mathcal{U}$ の細分である.

また,任意の $x \in X$ に対して $\alpha \in I$ を $x \in U_\alpha$ となる最小のものとすると,充分大きな n に対して $B_d(x, 3 \cdot 2^{-n}) \subseteq U_\alpha$ であり,このとき x は上の条件 (1), (3) を満たす.もし x が条件 (2) も満たせば $x \in B_d(x, 2^{-n}) \subseteq V_{\alpha,n}$ であり,また x が条件 (2) を満たさないならば,ある $j < n$ と $\beta \in I$ に対して $x \in V_{\beta,j}$ である.したがって $x \in \bigcup_{\alpha \in I, n \in \mathbb{N}_{\geq 1}} V_{\alpha,n}$ であり,よって $\mathcal{V}$ が X の開被覆であることが言える.

最後に $\mathcal{V}$ が局所有限であることを示す.$x \in X$ に対して,$x \in V_{\alpha,n}$ となるような $V_{\alpha,n}$ を α が最小になるようにとり,また $j \in \mathbb{N}_{\geq 1}$ を $B_d(x, 2^{-j}) \subseteq V_{\alpha,n}$ を満たすようにとる.このとき次の 2 つを示せばよい.

(a) $i \geq n+j$ のとき $B_d(x, 2^{-n-j})$ はどの $V_{\beta,i}$ ($\beta \in I$) とも交わらない.
(b) $i < n+j$ のとき $B_d(x, 2^{-n-j})$ は高々一つの $V_{\beta,i}$ ($\beta \in I$) としか交わらない.

(a) を示す.$i > n$ なので $V_{\beta,i}$ を構成する開球の中心 y は条件 (2) より $V_{\alpha,n}$ には属さない.一方 $B_d(x, 2^{-j}) \subseteq V_{\alpha,n}$ なので $d(x,y) \geq 2^{-j}$ となる.すると $2^{-n-j} \leq 2^{-j-1}, 2^{-i} \leq 2^{-j-1}$ であることから $B_d(x, 2^{-n-j}) \cap B_d(y, 2^{-i}) = \emptyset$ となる.よって $B_d(x, 2^{-n-j}) \cap V_{\beta,i} = \emptyset$ である.

最後に (b) を示す. $B_{\mathrm{d}}(x,2^{-n-j})$ が $V_{\beta,i}, V_{\gamma,i}$ $(\beta,\gamma \in I, \beta < \gamma)$ と交わるとして $p \in B_{\mathrm{d}}(x,2^{-n-j}) \cap V_{\beta,i}, q \in B_{\mathrm{d}}(x,2^{-n-j}) \cap V_{\gamma,i}$ をとると

$$\mathrm{d}(p,q) \leq \mathrm{d}(x,p) + \mathrm{d}(x,q) < 2^{-n-j+1} \tag{A.1}$$

である. 一方, p は $V_{\beta,i}$ を構成するある開球 $B_{\mathrm{d}}(y,2^{-i})$, q は $V_{\gamma,i}$ を構成するある開球 $B_{\mathrm{d}}(z,2^{-i})$ に属する. すると $V_{\beta,i}$ に対する条件 (3) より $B_{\mathrm{d}}(y, 3 \cdot 2^{-i}) \subseteq U_\beta$ であり, 一方 $V_{\gamma,i}$ に対する条件 (1) より $z \notin U_\beta$ である. したがって $\mathrm{d}(y,z) \geq 3 \cdot 2^{-i}$ なので

$$\mathrm{d}(p,q) \geq \mathrm{d}(y,z) - \mathrm{d}(y,p) - \mathrm{d}(z,q) > 2^{-i} \geq 2^{-n-j+1}.$$

これは (A.1) に矛盾する. よって (b) が言えたので題意が証明された. □

▷ **定義 A.15** 位相空間 X が n 次元**位相多様体 (topological manifold)** であるとは, X がハウスドルフ空間であり, またある X の開被覆 $(U_i)_{i \in I}$ で各 U_i が $\mathbb{R}^n$ の開集合と同相であるようなものが存在すること.

次の定理は長田-スミルノフの距離付け可能定理の特別な場合である.

▶ **定理 A.16** (n 次元) パラコンパクト位相多様体は距離付け可能である.

[証明] X の開被覆 $\mathcal{U} := (U_i)_{i \in I}$ で各 U_i が $\mathbb{R}^n$ の開集合と同相であるようなものをとる. 各 i に対して同相写像を 1 つ固定することにより得られる単射連続写像 $U_i \hookrightarrow \mathbb{R}^n$ を通じて U_i を $\mathbb{R}^n$ の部分位相空間ともみなす. d は $\mathbb{R}^n$ 上のユークリッド距離とする. U_i の部分集合 V に対して $\mathrm{d}(V) := \sup_{x,y \in V} \mathrm{d}(x,y)$ とおき, また U_i の部分集合 V と $x \in U_i$ に対して $\mathrm{d}(x,V) := \inf_{y \in V} \mathrm{d}(x,y)$ とおく. $\mathcal{U}$ の適当な細分の局所有限な細分を改めて $\mathcal{U} := (U_i)_{i \in I}$ とすることにより, 最初から $\mathcal{U}$ は局所有限開被覆で, また $\mathrm{d}(U_i) \leq 1$ であると仮定してよい. さらに命題 A.11 より X の開被覆 $\mathcal{V} := (V_i)_{i \in I}$ で $\overline{V_i} \subseteq U_i$ $(i \in I)$ を満たすものが存在する. このとき $\mathrm{d}(V_i) \leq 1$ も成り立つ.

可算個の開集合からなる V_i の開基 $\mathcal{B}_i$ で, 任意の $r > 0$ に対して $\mathcal{B}_i$ の元 B で $\mathrm{d}(B) \geq r$ を満たすものが有限個しかないようなものをとる. (これが存在することの証明は読者に任せる.) このとき, 任意の $B \in \mathcal{B}_i$ に対して

$d(B) \leq d(V_i) \leq 1$ であることに注意する．また，$\mathcal{B} := \bigcup_{i \in I} \mathcal{B}_i$ とおくと，これは X の開基である．

$B \in \mathcal{B}_i$ に対して連続写像 $f_B : U_i \longrightarrow \mathbb{R}$ を $f_B(x) := d(B) d(x, U_i \setminus B)$ と定める．このとき $\overline{B} \subseteq \overline{V_i}$ の外で $f_B = 0$ なので $x \in X \setminus \overline{V_i}$ に対して $f_B(x) := 0$ と定義すれば $f_B : X \longrightarrow \mathbb{R}$ は well-defined な連続写像となる．定義より $f_B(x) \neq 0$ であることと $x \in B$ であることは同値であり，また常に $0 \leq f_B(x) \leq d(B) (\leq 1)$ である．

ここで $\widetilde{d} : X \times X \longrightarrow \mathbb{R}$ を $\widetilde{d}(x, y) := \sup_{B \in \mathcal{B}} |f_B(x) - f_B(y)|$ と定める．定義より明らかに $\widetilde{d}(x, y) \geq 0, \widetilde{d}(y, x) = \widetilde{d}(x, y)$ である．また $x \neq y$ のとき $x \in B, y \notin B$ となる $B \in \mathcal{B}$ がとれ，このとき $|f_B(x) - f_B(y)| = |f_B(x)| \neq 0$ であることから $\widetilde{d}(x, y) \neq 0$ である．さらに三角不等式 $\widetilde{d}(x, y) + \widetilde{d}(y, z) \geq \widetilde{d}(x, z)$ は関数 $|f_B(x) - f_B(y)|$ に対する同様の不等式から導かれる．したがって $\widetilde{d}$ は X 上の距離となる．

$\widetilde{d}$ から定まる位相 $\mathcal{O}_{\widetilde{d}}$ が X の元の位相 $\mathcal{O}$ と等しいことを示す．以下，距離 $\widetilde{d}$ から定まる開球を $\widetilde{B}(-, -)$ と書く．U を $(X, \mathcal{O})$ における開集合とし，$x \in U$ を任意にとると，$x \in B \subseteq U$ となる $B \in \mathcal{B}$ が存在する．このとき $x \in \widetilde{B}(x, |f_B(x)|) \subseteq U$ である：実際 $\widetilde{d}(x, y) < |f_B(x)|$ ならば $|f_B(x) - f_B(y)| < |f_B(x)|$ なので $f_B(y) \neq 0$ であり，したがって $y \in B \subseteq U$ である．以上より U が $(X, \mathcal{O}_{\widetilde{d}})$ における開集合であることが言える．

逆に，距離 $\widetilde{d}$ から定まる開球 $\widetilde{B}(x, r)$ と $y \in \widetilde{B}(x, r)$ を任意にとる．このときある $s > 0$ に対して $\widetilde{B}(y, s) \subseteq \widetilde{B}(x, r)$ である．y を含む開集合 U で $U \cap U_i \neq \emptyset$ となる i が有限個しかないようなものがとれる．すると $U \cap B \neq \emptyset, d(B) \geq s/2$ を満たす $B \in \mathcal{B}$ が有限個しかないことがわかる．それを $B_1, \ldots, B_k$ とおき，

$$V := \{z \in U \mid |f_{B_i}(z) - f_{B_i}(y)| < s/2 \ (1 \leq i \leq k)\}$$

とおく．（各 f_{B_i} は連続なので V は $(X, \mathcal{O})$ の開集合である．）このとき，実は $y \in V \subseteq \widetilde{B}(y, s) \subseteq \widetilde{B}(x, r)$ となる：実際，任意の $z \in V$ と $B \in \mathcal{B}$ に対して $B = B_1, \ldots, B_k$ のときは V の定義より $|f_{B_i}(z) - f_{B_i}(y)| < s/2$, $U \cap B = \emptyset$ のときは $z, y \notin B$ より $|f_B(z) - f_B(y)| = 0$, $d(B) < s/2$ のときは $|f_B(z) - f_B(y)| \leq d(B) < s/2$ なので $\widetilde{d}(z, y) \leq s/2 < s$ となる．以上より $\widetilde{B}(x, r)$ が $(X, \mathcal{O})$ における開集合であることが言える．よって位相 $\mathcal{O}_{\widetilde{d}}, \mathcal{O}$ が一致する

ことが言えたので X は距離付け可能であることが言えた. □

A.2 特異コホモロジー

本節では本書で用いる特異コホモロジーに関連する概念, 結果を述べる.

▷**定義 A.17** $n \in \mathbb{N}$ とする.
(1) $\Delta^n := \{x := (x_0, \ldots, x_n) \in \mathbb{R}^{n+1} \mid x_i \geq 0\,(\forall i), \sum_{i=0}^n x_i = 1\}$ を**標準 n 単体 (standard n-simplex)** という.
(2) X を位相空間とする. 連続写像 $\varphi : \Delta^n \longrightarrow X$ のことを X の**特異 n 単体 (singular n-simplex)** という. X の特異 n 単体全体の集合を $T_n(X)$ と書く.
(3) $S_n(X) := \mathbb{Z}^{\oplus T_n(X)}$ とおき, この元を X の**特異 n 鎖体 (singular n-chain)** という. また, $\mathbb{Z}$ 加群 M に対して $S_n(X) \otimes_{\mathbb{Z}} M$ の元を X の M 係数特異 n 鎖体という.
(4) $\mathbb{Z}$ 加群 M に対して $S^n(X, M) := \mathrm{Hom}_{\mathbb{Z}}(S_n(X), M)$ とおき, この元を X の M 係数**特異 n 余鎖体 (singular n-cochain)** という.

以下, 本節では第 i 成分が 1 で他の成分が 0 である Δ^n の元を e_i と書く. このとき $\Delta^n := \{\sum_i x_i e_i \mid x_i \geq 0\,(\forall i), \sum_{i=0}^n x_i = 1\}$ となる. また, $\varphi \in T_n(X)$ に対して φ 成分が 1 で他の成分が 0 である $S_n(X)$ の元を $[\varphi]$ と書く.
写像 $\partial_i : \Delta^{n-1} \longrightarrow \Delta^n\,(0 \leq i \leq n)$ を

$$\partial_i(x_0, \ldots, x_{n-1}) := (x_0, \ldots, x_i, 0, x_{i+1}, \ldots, x_n)$$

により定義し, これを用いて写像 $d_{n,i} : S_n(X) \longrightarrow S_{n-1}(X)\,(0 \leq i \leq n)$ を

$$d_{n,i}([\varphi]) = [\varphi \circ \partial_i] \qquad (\forall \varphi \in T_n(X))$$

をみたす唯一の $\mathbb{Z}$ 加群の準同型写像と定める. そして $d_n := \sum_{i=0}^n (-1)^i d_{n,i}$ とおく.

$\partial_i\,(0 \leq i \leq n)$ の定義より $0 \leq i < j \leq n$ に対して $\partial_j \circ \partial_i = \partial_i \circ \partial_{j-1}$ が成り立つ. したがって $d_{n-1,i} \circ d_{n,j} = d_{n-1,j-1} \circ d_{n,i}$ であり,

$$d_{n-1} \circ d_n = \sum_{\substack{0 \leq i \leq n-1 \\ 0 \leq j \leq n}} (-1)^{i+j} d_{n-1,i} \circ d_{n,j}$$

$$= \sum_{\substack{0 \leq i \leq n-1 \\ 0 \leq j \leq n \\ i \geq j}} (-1)^{i+j} d_{n-1,i} \circ d_{n,j} + \sum_{\substack{0 \leq i \leq n-1 \\ 0 \leq j \leq n \\ i < j}} (-1)^{i+j} d_{n-1,i} \circ d_{n,j}$$

$$= \sum_{\substack{0 \leq i \leq n-1 \\ 0 \leq j \leq n-1 \\ i \geq j}} (-1)^{i+j} d_{n-1,i} \circ d_{n,j} - \sum_{\substack{0 \leq i \leq n-1 \\ 0 \leq j \leq n \\ i < j}} (-1)^{i+(j-1)} d_{n-1,j-1} \circ d_{n,i}$$

$$= \sum_{\substack{0 \leq i \leq n-1 \\ 0 \leq j \leq n-1 \\ i \geq j}} (-1)^{i+j} d_{n-1,i} \circ d_{n,j} - \sum_{\substack{0 \leq i \leq n-1 \\ 0 \leq j \leq n-1 \\ i \geq j}} (-1)^{i+j} d_{n-1,i} \circ d_{n,j} = 0$$

が成り立つ. したがって $(S_\bullet(X), d_\bullet)$ は鎖複体をなすことがわかる.

▷**定義 A.18** X を位相空間とし, また M を $\mathbb{Z}$ 加群とする.
(1) 鎖複体 $(S_\bullet(X) \otimes_\mathbb{Z} M, d_\bullet \otimes \mathrm{id}_M)$ を X の M 係数**特異鎖複体 (singular chain complex)** という. その n 次ホモロジー $H_n(S_\bullet(X) \otimes_\mathbb{Z} M)$ を X の M 係数 n 次**特異ホモロジー (singular homology)** といい $H_n(X, M)$ と書く.
(2) 余鎖複体 $S^\bullet(X, M) := \mathrm{Hom}_\mathbb{Z}(S_\bullet(X), M)$ を X の M 係数**特異余鎖複体 (singular cochain complex)** という. その n 次コホモロジー $H_n(S^\bullet(X, M))$ を X の M 係数 n 次**特異コホモロジー (singular cohomology)** といい $H^n(X, M)$ と書く.

$f : X \longrightarrow Y$ を位相空間の連続写像とするとき, $f_n : S_n(X) \longrightarrow S_n(Y)$ を $f_n([\varphi]) = [f \circ \varphi]$ により定義すると鎖複体の写像 $f_\bullet : S_\bullet(X) \longrightarrow S_\bullet(Y)$ が定まり, これは鎖複体の写像 $f_\bullet \otimes \mathrm{id} : S_\bullet(X) \otimes_\mathbb{Z} M \longrightarrow S_\bullet(Y) \otimes_\mathbb{Z} M$ および余鎖複体の写像 $^\sharp f_\bullet : S^\bullet(Y, M) \longrightarrow S^\bullet(X, M)$ を引き起こす. これより特異ホモロジーおよび特異コホモロジーの準同型写像

$$H_n(X, M) \longrightarrow H_n(Y, M), \quad H^n(Y, M) \longrightarrow H^n(X, M)$$

が定まる.

▷**定義 A.19** 位相空間 X が**可縮 (contractible)** であるとは, ある $x \in X$ と連続写像 $H : X \times [0, 1] \longrightarrow X$ で $H(y, 0) = y, H(y, 1) = x\, (\forall y \in X)$ を満

たすものが存在すること[1]．

▶**命題 A.20** X を可縮な位相空間，M を $\mathbb{Z}$ 加群とするとき $H_0(X, M) = H^0(X, M) = M$, $H_n(X, M) = H^n(X, M) = 0 \, (n > 0)$ が成り立つ．

[証明] $x \in X$ および $H : X \times [0, 1] \longrightarrow X$ を定義 A.19 の通りとする．普遍係数定理（系 3.84, 3.95）より鎖複体

$$\cdots \xrightarrow{d_2} S_1(X) \xrightarrow{d_1} S_0(X) \xrightarrow{d} \mathbb{Z} \longrightarrow 0 \tag{A.2}$$

（ただし d は $\mathrm{d}([\varphi]) := 1 \, (\forall \varphi \in S_0(X))$ により定まる準同型写像）のホモロジーが全て 0 となることを示せば充分である．$h_{-1} : \mathbb{Z} \longrightarrow S_0(X)$ を $h_{-1}(1) = [x]$（ただし像が x となる写像 $\Delta^0 \longrightarrow X$ を x と書いた）により定まる準同型写像とし，また $n \geq 0$ に対して準同型写像 $h_n : S_n(X) \longrightarrow S_{n+1}(X)$ を次のように定める：X の特異 n 単体 $\varphi : \Delta^n \longrightarrow X$ に対して $\widetilde{\varphi}' : [0,1] \times \Delta^n \longrightarrow X$ を $\widetilde{\varphi}'(t, y) := H(\varphi(y), t)$ により定める．一方，$\pi : [0,1] \times \Delta^n \longrightarrow \Delta^{n+1}$ を $\pi(t, \sum_{i=0}^n x_i e_i) := (te_0 + (1-t) \sum_{i=1}^{n+1} c_{i+1} e_i)$ と定める．このとき π は同相写像 $[0,1) \times \Delta^n \longrightarrow \Delta^{n+1} \setminus \{e_0\}$ を引き起こし，また $\pi^{-1}(\{e_0\}) = \{1\} \times \Delta^n$ である．任意の $y \in X$ に対して $\widetilde{\varphi}'(1, y) = x$ なので，写像 $\widetilde{\varphi} : \Delta^{n+1} \longrightarrow X$ で $\widetilde{\varphi}' = \widetilde{\varphi} \circ \pi$ となるものが一意的に存在し，またこの $\widetilde{\varphi}$ は連続写像であることがわかる[2]．そこで $h_n([\varphi]) := [\widetilde{\varphi}]$ と定める．このとき

$$\mathrm{d} \circ h_{-1}(1) = \mathrm{d}([x]) = 1, \quad (d_1 \circ h_0 + h_{-1} \circ \mathrm{d})([y]) = ([y] - [x]) + [x] = [y]$$

で，また $n \geq 1$ に対して

$$(d_{n+1} \circ h_n + h_{n-1} \circ d_n)([\varphi]) = ([\varphi] - \sum_{i=0}^n (-1)^i \widetilde{[\varphi \circ \partial_i]}) + \sum_{i=0}^n (-1)^i \widetilde{[\varphi \circ \partial_i]}$$
$$= [\varphi]$$

となる．（ただし $\widetilde{\varphi \circ \partial_i}$ は φ の代わりに $\varphi \circ \partial_i$ を考えたときに $\widetilde{\varphi}$ に相当する写

---

[1] 本節においては，$a, b \in \mathbb{R}$ に対して $[a, b]$, $(a, b]$, $[a, b)$ は例 A.4 の通りとする．
[2] $\widetilde{\varphi}'$ は連続写像なので Δ^{n+1} の部分集合 U で $\pi^{-1}(U)$ が $[0,1] \times \Delta^n$ の開集合となるものが開集合であることを示せばよい．$e_0 \notin U$ のときは π が同相写像 $[0,1) \times \Delta^n \longrightarrow \Delta^{n+1} \setminus \{e_0\}$ を引き起こすことから従う．$e_0 \in U$ のときは $\pi^{-1}(U)$ は $\{1\} \times \Delta^n$ を含む開集合なのである $(1-\epsilon, 1] \times \Delta^n$ の形の集合を含むことが言える．すると $U = \pi((1-\epsilon, 1] \times \Delta^n) \cup (U \setminus \{e_0\}) = \{(x_0, \ldots, x_n) \in \Delta^n \mid x_0 > 1 - \epsilon\} \cup (U \setminus \{e_0\})$ となるので U は開集合となる．

像である.）したがって $(h_n)_n$ は複体 (A.2) 上の恒等写像と 0 との間のホモトピーを定めるので鎖複体 (A.2) のホモロジーは全て 0 となる. □

次に特異鎖複体（特異余鎖複体）のある変種により特異ホモロジー（特異コホモロジー）が計算できることを示したい．そのためにいくつかの準備をする．

ユークリッド空間の部分位相空間 X が**凸 (convex)** であるとは任意の $x, y \in X$ と $t \in [0,1]$ に対して $tx + (1-t)y \in X$ となることとする．そしてユークリッド空間の凸な部分位相空間 X, Y の間の写像 $\varphi: X \longrightarrow Y$ が**アフィン写像 (affine map)** であるとは任意の $x, y \in X$ と $t \in [0,1]$ に対して $\varphi(tx + (1-t)y) = t\varphi(x) + (1-t)\varphi(y)$ を満たすこととする．

標準 n 単体 Δ^n からユークリッド空間の凸な部分位相空間 X へのアフィン写像は e_i たち $(0 \leq i \leq n)$ の行き先により一意に定まる．$\varphi(e_i) = x_i$ $(0 \leq i \leq n)$ となるアフィン写像 $\varphi: \Delta^n \longrightarrow X$ を $[\![x_0, \ldots, x_n]\!]$ と書く．またアフィン写像 $\varphi: \Delta \longrightarrow X$ の**重心 (barycenter)** b_φ を $b_\varphi := \frac{1}{n+1} \sum_{i=0}^{n} \varphi(e_i)$ と定める．

X をユークリッド空間の凸な部分位相空間とするとき，標準 n 単体からのアフィン写像 $\Delta^n \longrightarrow X$ 全体のなす集合を $B_n(X)$ とし，また $A_n(X) := \mathbb{Z}^{\oplus B_n(X)}$ とおく．このとき $B_n(X) \subseteq T_n(X), A_n(X) \subseteq S_n(X)$ である．$d_n: S_n(X) \longrightarrow S_{n-1}(X)$ は自然に $d_n: A_n(X) \longrightarrow A_{n-1}(X)$ を定め，$(A_\bullet(X), d_\bullet)$ は $(S_\bullet(X), d_\bullet)$ の部分鎖複体となる．また，ユークリッド空間の凸な部分位相空間の間のアフィン写像 $f: X \longrightarrow Y$ が与えられたとき，$[\varphi] \mapsto [f \circ \varphi]$ により鎖複体の写像 $f_\bullet: A_\bullet(X) \longrightarrow A_\bullet(Y)$ が引き起こされる．

X を上の通りとし，$b \in X$ とする．$\varphi = [\![x_0, \ldots, x_n]\!] \in B_n(X)$ に対して b と φ との**結合 (join)** $b\varphi \in B_{n+1}(X)$ を $b\varphi := [\![b, x_0, \ldots, x_n]\!]$ と定める．また，$j_b: A_n(X) \longrightarrow A_{n+1}(X)$ を $j_b([\varphi]) := [b\varphi]$ により定まる準同型写像とする．このとき $d_{n+1} \circ j_b = \mathrm{id} - j_b \circ d_n$ となることが確かめられる．

次に

$$\mathrm{Sd}: A_n(\Delta^q) \longrightarrow A_n(\Delta^q), \quad \mathrm{R}: A_n(\Delta^q) \longrightarrow A_{n+1}(\Delta^q) \quad (n \geq 0)$$

を n に関して帰納的に次のように定義する：まず $n = 0$ のときは Sd は恒等写像，R は零写像とする．n が一般のときは

$$\mathrm{Sd}([\varphi]) := j_{b_\varphi} \circ \mathrm{Sd} \circ d_n([\varphi]), \quad \mathrm{R}([\varphi]) := j_{b_\varphi}([\varphi] - \mathrm{Sd}[\varphi] - \mathrm{R} \circ d_n([\varphi]))$$

と定める.このとき

$$d_n \circ \mathrm{Sd} = \mathrm{Sd} \circ d_n, \quad d_{n+1} \circ \mathrm{R} = \mathrm{id} - \mathrm{Sd} - \mathrm{R} \circ d_n \qquad (\mathrm{A.3})$$

が成り立つ(ただし $n = 0$ のときは $d_n = 0$ とし,右辺は 0 とみなす):実際, $n = 0$ のときは (A.3) は明らかで,また $n-1$ のときまで (A.3) が成り立つとすると

$$d_n \circ \mathrm{Sd}([\varphi])$$
$$= d_n \circ j_{b_\varphi} \circ \mathrm{Sd} \circ d_n([\varphi])$$
$$= \mathrm{Sd} \circ d_n([\varphi]) - j_{b_\varphi} \circ d_{n-1} \circ \mathrm{Sd} \circ d_n([\varphi])$$
$$= \mathrm{Sd} \circ d_n([\varphi]) - j_{b_\varphi} \circ \mathrm{Sd} \circ d_{n-1} \circ d_n([\varphi]) = \mathrm{Sd} \circ d_n([\varphi]),$$

$$d_{n+1} \circ \mathrm{R}([\varphi])$$
$$= d_{n+1} \circ j_{b_\varphi}([\varphi] - \mathrm{Sd}([\varphi]) - \mathrm{R} \circ d_n([\varphi]))$$
$$= ([\varphi] - \mathrm{Sd}([\varphi]) - \mathrm{R} \circ d_n([\varphi])) - j_{b_\varphi} \circ d_n([\varphi] - \mathrm{Sd}([\varphi]) - \mathrm{R} \circ d_n([\varphi]))$$
$$= (\mathrm{id} - \mathrm{Sd} - \mathrm{R} \circ d_n)([\varphi])$$
$$\quad - j_{b_\varphi}(d_n([\varphi]) - d_n \circ \mathrm{Sd}([\varphi]) - d_n([\varphi]) + \mathrm{Sd} \circ d_n([\varphi]) + \mathrm{R} \circ d_{n-1} \circ d_n([\varphi]))$$
$$= (\mathrm{id} - \mathrm{Sd} - \mathrm{R} \circ d_n)([\varphi])$$

となるので (A.3) が一般に成り立つことが言える.

また, $\partial_i : \Delta^{q-1} \longrightarrow \Delta^q \ (0 \leq i \leq q)$ が引き起こす写像 $\partial_{i,n} : A_n(\Delta^{q-1}) \longrightarrow A_n(\Delta^q)$ に関して $\mathrm{Sd} \circ \partial_{i,n} = \partial_{i,n} \circ \mathrm{Sd}, \mathrm{R} \circ \partial_{i,n} = \partial_{i,n} \circ \mathrm{R}$ が成り立つことも帰納法により確かめられる.

次に,位相空間 X に対して

$$\mathrm{Sd} : S_n(X) \longrightarrow S_n(X), \quad \mathrm{R} : S_n(X) \longrightarrow S_{n+1}(X) \qquad (n \geq 0)$$

を $\mathrm{Sd}([\varphi]) := \varphi_n(\mathrm{Sd}([\mathrm{id}_{\Delta^n}])), \mathrm{R}([\varphi]) := \varphi_{n+1}(\mathrm{R}([\mathrm{id}_{\Delta^n}]))$ (ただし $\varphi_\bullet : S_\bullet(\Delta^n) \longrightarrow S_\bullet(X)$ は $\varphi : \Delta^n \longrightarrow X$ の引き起こす鎖複体の写像) と定義する.このとき,この Sd, R に対しても関係式 (A.3) が成り立つ:実際,

$$d_n \circ \mathrm{Sd}([\varphi]) = d_n \circ \varphi_n(\mathrm{Sd}([\mathrm{id}_{\Delta^n}])) = \varphi_{n-1} \circ d_n \circ \mathrm{Sd}([\mathrm{id}_{\Delta^n}])$$
$$= \varphi_{n-1} \circ \mathrm{Sd} \circ d_n([\mathrm{id}_{\Delta^n}]) \quad (\Delta^n \text{に対する (A.3)})$$
$$= \sum_{i=0}^{n} (-1)^n \varphi_{n-1} \circ \mathrm{Sd} \circ ([\partial_i])$$
$$= \sum_{i=0}^{n} (-1)^n \varphi_{n-1} \circ \mathrm{Sd} \circ \partial_{i,n-1}([\mathrm{id}_{\Delta^{n-1}}])$$
$$= \sum_{i=0}^{n} (-1)^n \varphi_{n-1} \circ \partial_{i,n-1} \circ \mathrm{Sd}([\mathrm{id}_{\Delta^{n-1}}])$$
$$= \sum_{i=0}^{n} (-1)^n (\varphi \circ \partial_i)_{n-1} \circ \mathrm{Sd}([\mathrm{id}_{\Delta^{n-1}}]) = \mathrm{Sd} \circ d_n([\varphi])$$

より第1式が成り立ち,第2式も同様に証明される.(A.3)より任意の $k \geq 1$ について Sd^k が鎖複体の写像 $S_\bullet(X) \longrightarrow S_\bullet(X)$ を引き起こし,また

$$d_{n+1} \circ (\sum_{i=0}^{k-1} \mathrm{R} \circ \mathrm{Sd}^i) = \mathrm{id} - \mathrm{Sd}^k - (\sum_{i=0}^{k-1} \mathrm{R} \circ \mathrm{Sd}^i) \circ d_n \qquad (A.4)$$

が成り立つことが言える.$\mathrm{Sd} : S_\bullet(X) \longrightarrow S_\bullet(X)$ のことを**重心細分 (barycentric subdivision)** という.

重心細分の名の通り,$\mathrm{Sd}([\varphi]) \in A_n(\Delta^n)$ の「大きさ」は $[\varphi]$ の「大きさ」より小さくなっている.これを正確に評価する.d を $\mathbb{R}^{n+1}$ 上のユークリッド距離とする.このとき

$$\mathrm{d}(x+z, y+z) = \mathrm{d}(x,y), \quad \mathrm{d}(cx, cy) = |c|\mathrm{d}(x,y) \quad (x, y \in \mathbb{R}^{n+1}, c \in \mathbb{R})$$

であり,これと三角不等式より

$$\mathrm{d}(x+x', y+y') \leq \mathrm{d}(x,y) + \mathrm{d}(x', y')$$

も成り立つ.

$\mathbb{R}^{n+1}$ の部分集合 X に対して $\mathrm{d}(X) := \sup_{x,y \in X} \mathrm{d}(x,y)$ とおく.$\varphi \in B_n(\Delta^n)$ に対して $\mathrm{d}(\varphi) := \mathrm{d}(\mathrm{Im}\,\varphi)$ とおき,また $\sum_\varphi c_\varphi [\varphi] \in A_n(\Delta^n)$ に対しては $\mathrm{d}(\sum_\varphi c_\varphi [\varphi]) := \max_{c_\varphi \neq 0} \mathrm{d}(\varphi)$ と定める.

$\varphi = [\![x_0, \ldots, x_n]\!] \in B_n(\Delta^n)$ を一つとる.このとき $\mathrm{d}(\varphi) = \max_{i,j} \mathrm{d}(x_i, x_j)$ である:実際,任意の $x = \sum_i c_i x_i, y \in \mathrm{Im}\,\varphi$ に対して

$$\mathrm{d}(x,y) = \mathrm{d}(\sum_i c_i x_i, \sum_i c_i y) \leq \sum_i c_i \mathrm{d}(x_i, y) \leq \max_i \mathrm{d}(x_i, y)$$

であり，同様の議論を y に対しても行うことにより，この右辺が $\max_{i,j} \mathrm{d}(x_i, x_j)$ 以下であることがわかる．

これを用いると，任意の $\varphi = [\![x_0, \ldots, x_n]\!] \in B_n(\Delta^n)$ に対して

$$\mathrm{d}(\mathrm{Sd}([\varphi])) \leq \frac{n}{n+1}\mathrm{d}(\varphi) \tag{A.5}$$

が言える：実際，集合 $\{0, \ldots, n\}$ 上の全単射 $\sigma : \{0, \ldots, n\} \longrightarrow \{0, \ldots, n\}$ に対して

$$\varphi_\sigma := [\![y_{\sigma,0}, \ldots, y_{\sigma,n}]\!], \quad \text{ただし} \quad y_{\sigma,i} := \frac{1}{i+1}\sum_{j=0}^{i} x_{\sigma(j)}$$

とおくと，$\mathrm{Sd}([\varphi])$ は $[\varphi_\sigma]$ の形の元の $\mathbb{Z}$ 係数の線型結合で書けることが帰納法によりわかる．すると $\mathrm{d}(\mathrm{Sd}([\varphi])) \leq \max_{\sigma,k,l}\mathrm{d}(y_{\sigma,k}, y_{\sigma,l})$ となるが，$k \leq l$ とすると

$$\mathrm{d}(y_{\sigma,k}, y_{\sigma,l})$$
$$= \mathrm{d}\left(\frac{1}{k+1}\sum_{i=0}^{k} x_{\sigma(i)}, y_{\sigma,l}\right) \leq \frac{1}{k+1}\sum_{i=0}^{k}\mathrm{d}(x_{\sigma(i)}, y_{\sigma,l}) \leq \max_{0 \leq i \leq k}\mathrm{d}(x_{\sigma(i)}, y_{\sigma,l})$$
$$= \max_{0 \leq i \leq k}\mathrm{d}\left(x_{\sigma(i)}, \frac{1}{l+1}\sum_{j=0}^{l} x_{\sigma(j)}\right) \leq \max_{0 \leq i \leq k}\left(\frac{1}{l+1}\sum_{j=0}^{l}\mathrm{d}(x_{\sigma(i)}, x_{\sigma(j)})\right)$$
$$\leq \frac{l}{l+1}\max_{0 \leq i \leq k, 0 \leq j \leq l, i \neq j}\mathrm{d}(x_{\sigma(i)}, x_{\sigma(j)}) \leq \frac{n}{n+1}\mathrm{d}(\varphi)$$

となるので (A.5) が言える．(A.5) を繰り返し用いることにより

$$\mathrm{d}(\mathrm{Sd}^k([\mathrm{id}_{\Delta^n}])) \to 0 \quad (k \to \infty) \tag{A.6}$$

が言える．

以上の準備の下で，目的となる命題を述べる．X を位相空間，$\mathcal{U} = (U_i)_{i \in I}$ を X の開被覆とするとき，$T_n(\mathcal{U})$ を X の特異 n 単体 $\varphi : \Delta^n \longrightarrow X$ である $i \in I$ に対して $\mathrm{Im}\,\varphi \subseteq U_i$ となるもの全体のなす集合とする．そして $S_n(\mathcal{U})$ $:= \mathbb{Z}^{\oplus T_n(\mathcal{U})}$ とする．このとき $\mathrm{Sd} : S_n(X) \longrightarrow S_n(X), \mathrm{R} : S_n(X) \longrightarrow S_{n+1}(X)$ $(n \geq 0)$ は自然に $\mathrm{Sd} : S_n(\mathcal{U}) \longrightarrow S_n(\mathcal{U}), \mathrm{R} : S_n(\mathcal{U}) \longrightarrow S_{n+1}(\mathcal{U})$ を

引き起こす．また，任意の $\mathbb{Z}$ 加群 M に対して $S_\bullet(\mathcal{U}) \otimes_\mathbb{Z} M$ は自然に $S_\bullet(X) \otimes_\mathbb{Z} M$ の部分複体となり，よって $(S_\bullet(X) \otimes_\mathbb{Z} M)/(S_\bullet(\mathcal{U}) \otimes_\mathbb{Z} M) = (S_\bullet(X)/S_\bullet(\mathcal{U})) \otimes_\mathbb{Z} M$ も複体となる．このとき次が成り立つ．

▶**命題 A.21** 記号を上の通りとするとき，任意の $n \geq 0$ に対して $H_n((S_\bullet(X)/S_\bullet(\mathcal{U})) \otimes_\mathbb{Z} M) = 0$ である．したがって $H_n(S_\bullet(\mathcal{U}) \otimes_\mathbb{Z} M) = H_n(X, M)$ となる．

[**証明**] 後半の主張は前半の主張と完全列

$$0 \longrightarrow S_\bullet(\mathcal{U}) \otimes_\mathbb{Z} M \longrightarrow S_\bullet(X) \otimes_\mathbb{Z} M \longrightarrow (S_\bullet(X)/S_\bullet(\mathcal{U})) \otimes_\mathbb{Z} M \longrightarrow 0$$

に伴うホモロジーの長完全列から従う．また，普遍係数定理より，前半の主張を示すには $H^n(S_\bullet(X)/S_\bullet(\mathcal{U})) = 0 \, (n \geq 0)$ を示せばよい．

$H^n(S_\bullet(X)/S_\bullet(\mathcal{U}))$ の元は $a \in S_n(X)$ で $d_n(a) \in S_{n-1}(\mathcal{U})$ を満たすものの剰余類 $a + S_n(\mathcal{U}) + \mathrm{Im}\, d_{n+1}$ である．$a = \sum_\varphi c_\varphi [\varphi]$ とおく．$c_\varphi \neq 0$ となる φ を 1 つとる．このとき $\Delta^n = \bigcup_{i \in I} \varphi^{-1}(U_i)$ は開被覆であるが，Δ^n がコンパクトであることから，$\epsilon > 0$ を充分小さくとって

$$C \subseteq \Delta^n, \mathrm{d}(C) \leq \epsilon \implies \exists i \in I, C \subseteq \varphi^{-1}(U_i)$$

が成り立つようにできる[3]．今，(A.6)より k を充分大きくとれば $\mathrm{d}(\mathrm{Sd}^k([\mathrm{id}_{\Delta^n}])) \leq \epsilon$ である．したがって $\mathrm{Sd}^k([\varphi]) = \varphi_n(\mathrm{Sd}^k([\mathrm{id}_{\Delta^n}])) \subseteq S_n(\mathcal{U})$ となることが言える．これを $c_\varphi \neq 0$ である全ての φ に対して考えることにより，充分大きな k に対して $\mathrm{Sd}^k(a) \in S_n(\mathcal{U})$ となることが言える．すると (A.4) より

$$d_{n+1} \circ \left(\sum_{i=0}^{k-1} \mathrm{R} \circ \mathrm{Sd}^i\right)(a) = a - \mathrm{Sd}^k(a) - \left(\sum_{i=0}^{k-1} \mathrm{R} \circ \mathrm{Sd}^i\right) \circ d_n(a)$$

となるが，この左辺は $\mathrm{Im}\, d_{n+1}$，右辺の第 2 項，第 3 項は $S_n(\mathcal{U})$ に属する．し

---

[3] この事実の証明は例えば以下の通り：任意の $x \in \Delta^n$ に対してある $r(x) > 0$ と $i(x) \in I$ で $\Delta^n \cap B_\mathrm{d}(x, r(x)) \subseteq \varphi^{-1}(U_{i(x)})$ を満たすものがある．すると $(\Delta^n \cap B_\mathrm{d}(x, r(x)/2))_{x \in \Delta^n}$ は Δ^n の開被覆である．Δ^n はコンパクトなのである有限開被覆 $(\Delta^n \cap B_\mathrm{d}(x_j, r(x_j)/2))_{j=1}^k$ が存在する．そこで $\epsilon := \min_j r(x_j)/2$ とおく．すると任意の $\mathrm{d}(C) \leq \epsilon$ を満たす $C \subseteq \Delta^n$ に対して $x \in C$ をとるとある j に対して $x \in \Delta^n \cap B_\mathrm{d}(x_j, r(x_j)/2)$．これと仮定 $\mathrm{d}(C) \leq \epsilon$ より $C \subseteq \Delta^n \cap B_\mathrm{d}(x_j, r(x_j)/2 + \epsilon) \subseteq \Delta^n \cap B_\mathrm{d}(x_j, r(x_j)) \subseteq \varphi^{-1}(U_{i(x_j)})$．

たがって $a + S_n(\mathcal{U}) + \mathrm{Im}\, d_{n+1} = 0 + S_n(\mathcal{U}) + \mathrm{Im}\, d_{n+1}$ となるので題意が示された. □

▶**系 A.22** X を位相空間, M を $\mathbb{Z}$ 加群とし, M 係数の X の特異余鎖複体 $S^{\bullet}(X, M)$ の部分複体 $S_0^{\bullet}(X, M)$ を

$$S_0^n(X, M)$$
$$:= \{f \in \mathrm{Hom}_{\mathbb{Z}}(S_n(X), M) \mid \text{ある } X \text{ の開被覆 } \mathcal{U} \text{ に対して } f|_{S_n(\mathcal{U})} = 0\}$$

と定める. このとき, 任意の $n \geq 0$ に対して $H^n(S_0^{\bullet}(X, M)) = 0$ である. したがって $H^n(S^{\bullet}(X, M)/S_0^{\bullet}(X, M)) = H^n(X, M)$ となる.

[証明] $S_0^n(X, M)$ の定義に現れる開被覆 $\mathcal{U}$ は $\mathrm{RCov}(X)$ (4.4 節参照) に属するものだと仮定してよい. 命題 A.21 より $H_n(S_{\bullet}(X)/S_{\bullet}(\mathcal{U})) = 0\, (n \geq 0)$ なので, 普遍係数定理より任意の $\mathcal{U} \in \mathrm{RCov}(X)$ に対して $H^n(\mathrm{Hom}_{\mathbb{Z}}(S_{\bullet}(X)/S_{\bullet}(\mathcal{U}), M)) = 0$ である. 定義より $S_0^{\bullet}(X, M) = \varinjlim_{\mathcal{U} \in \mathrm{RCov}(X)} \mathrm{Hom}_{\mathbb{Z}}(S_{\bullet}(X)/S_{\bullet}(\mathcal{U}), M)$ なので $H^n(S_0^{\bullet}(X, M)) = \varinjlim_{\mathcal{U} \in \mathrm{RCov}(X)} H^n(\mathrm{Hom}_{\mathbb{Z}}(S_{\bullet}(X)/S_{\bullet}(\mathcal{U}), M)) = 0$ となる. 後半の主張は前半の主張と完全列

$$0 \longrightarrow S_0^{\bullet}(X, M) \longrightarrow S^{\bullet}(X, M) \longrightarrow S^{\bullet}(X, M)/S_0^{\bullet}(X, M) \longrightarrow 0$$

に伴うコホモロジー長完全列から従う. □

A.3 ド・ラームコホモロジー

本節では C^{∞} 級多様体とその上の C^{∞} 級関数, C^{∞} 級微分形式の定義を述べ, ド・ラームコホモロジーの定義を述べる. また, ポアンカレの補題および 1 の分割に関する結果を述べる.

以下ではユークリッド空間の開集合上の $\mathbb{R}^n$ 値 C^{∞} 級関数やその偏微分については既知であると仮定する.

▷**定義 A.23** X を位相空間とする.
(1) X の n 次元**座標近傍** (coordinate neighborhood) とは X の開集合 U と U から $\mathbb{R}^n$ のある開集合への同相写像 $\varphi : U \longrightarrow \varphi(U) \subseteq \mathbb{R}^n$ との組 (U, φ)

のこと.

(2) X の n 次元 C^∞ **級座標近傍系** (system of coordinate neighborhoods of class C^∞) とは n 次元座標近傍の族 $\{(U_i, \varphi_i)\}_{i \in I}$ で $(U_i)_{i \in I}$ が X の開被覆であり,また任意の $i, j \in I$ に対して合成 $\varphi_j \circ \varphi_i^{-1} : \varphi_i(U_i \cap U_j) \longrightarrow \varphi_j(U_i \cap U_j)$ が C^∞ 級関数であること.

(3) X の n 次元 C^∞ 級座標近傍系 $\{(U_i, \varphi_i)\}_{i \in I}$, $\{(V_j, \psi_j)\}_{j \in J}$ が**同値**であるとは任意の $i \in I, j \in J$ に対して $\psi_j \circ \varphi_i^{-1} : \varphi_i(U_i \cap V_j) \longrightarrow \psi_j(U_i \cap V_j)$, $\varphi_i \circ \psi_j^{-1} : \psi_j(U_i \cap V_j) \longrightarrow \varphi_i(U_i \cap V_j)$ が C^∞ 級関数であるようなもののこと.

n 次元座標近傍 (U, φ) において $\varphi : U \longrightarrow \varphi(U) \subseteq \mathbb{R}^n$ は $\mathbb{R}^n$ 値関数なので,ある実数値関数 $x_1, \ldots, x_n$ により $\varphi(p) = (x_1(p), \ldots, x_n(p))$ $(p \in U)$ と書くことができる.以下では n 次元座標近傍 (U, φ) のことを $(U, x_1, \ldots, x_n)$ と書くこともある.

▷ **定義 A.24** n **次元 C^∞ 級多様体** (C^∞-manifold) とはハウスドルフ空間 X と X 上の n 次元 C^∞ 級座標近傍系 $\{(U_i, \varphi_i)\}_{i \in I}$ の同値類との組のこと.

正確な定義は上の通りであるが,以下では C^∞ 級座標近傍系の同値類から 1 つをとり組 $(X, \{(U_i, \varphi_i)\}_{i \in I})$ で C^∞ 級多様体を表す[4].C^∞ 級座標近傍系を省略して単に X と書くことも多い.定義より,C^∞ 級多様体 $(X, \{(U_i, \varphi_i)\}_{i \in I})$ における X は位相多様体である.

$(X, \{(U_i, \varphi_i)\}_{i \in I})$ が C^∞ 級多様体のとき,X の開集合 U に対して $(U, \{(U \cap U_i, \varphi_i|_{U \cap U_i})\}_{i \in I})$ は再び C^∞ 級多様体となる.これを X の**開部分多様体** (open submanifold) という.

▷ **定義 A.25** C^∞ 級多様体 $(X, \{(U_i, \varphi_i)\}_{i \in I})$ 上の C^∞ **級関数** (C^∞-function) とは写像 $f : X \longrightarrow \mathbb{R}$ で任意の $i \in I$ に対して $f \circ \varphi_i^{-1} : \varphi_i(U_i) \longrightarrow \mathbb{R}$ が C^∞ 級関数となるようなもののこと.

---

[4] 本節で定義する C^∞ 級多様体上の C^∞ 級関数,C^∞ 級 k 次微分形式やその外積,外微分の概念がここで C^∞ 級座標近傍系を同値類から 1 つとる際の選択によらないことを本当は確かめる必要があるが,それは読者に任せることにする.

上の記号で, f の U_i への制限を f_i と書くと, C^∞ 級関数の定義を次のように述べてもよいことがわかる: $(X, \{(U_i, \varphi_i)\}_{i\in I})$ 上の C^∞ 級関数とは写像の族 $(f_i : U_i \longrightarrow \mathbb{R})_{i \in I}$ で任意の $i \in I$ に対して $f_i \circ \varphi_i^{-1} : \varphi(U_i) \longrightarrow \mathbb{R}$ が C^∞ 級関数で, また任意の $i, j \in I$ と任意の $p \in U_i \cap U_j$ に対して $f_i(p) = f_j(p)$ が成り立つようなもののこと.

次に C^∞ 級多様体上の C^∞ 級微分形式の定義を述べる. ここでは C^∞ 級微分形式を形式的に定義することにし, その実質的な意味の説明は省略する.

▷ **定義 A.26** (1) X を位相空間, $(U, \varphi) = (U, x_1, \ldots, x_n)$ をその座標近傍とする. (U, φ) 上の **C^∞ 級 k 次微分形式 (C^∞-differential form of degree k)** とは写像 $\omega : U \longrightarrow \bigwedge^k(\bigoplus_{i=1}^n \mathbb{R} dx_i)$ で $\omega \circ \varphi^{-1} : \varphi(U) \longrightarrow \bigwedge^k(\bigoplus_{i=1}^n \mathbb{R} dx_i) \cong \mathbb{R}^{\binom{n}{k}}$ が C^∞ 級関数となるようなもののこと. ここで $\bigoplus_{i=1}^n \mathbb{R} dx_i$ は $(dx_i)_{1 \leq i \leq n}$ を形式的な基底とする $\mathbb{R}$ 線形空間で $\bigwedge^k(\bigoplus_{i=1}^n \mathbb{R} dx_i)$ はその k 次外冪 [5, p.223] である.

(2) X を位相空間, $(U, \varphi) = (U, x_1, \ldots, x_n), (V, \psi) = (U, y_1, \ldots, y_n)$ をその座標近傍とする. そして $\psi \circ \varphi^{-1} : \varphi(U \cap V) \longrightarrow \psi(U \cap V)$ が C^∞ 級関数であると仮定し, これを $((\psi \circ \varphi^{-1})_1, (\psi \circ \varphi^{-1})_2, \ldots, (\psi \circ \varphi^{-1})_n)$ と書く. また $p \in U \cap V$ とする. このとき $\mathbb{R}$ 線形写像

$$(\psi \circ \varphi^{-1})_p^* : \bigoplus_{i=1}^n \mathbb{R} dy_i \longrightarrow \bigoplus_{i=1}^n \mathbb{R} dx_i$$

を dy_i $(1 \leq i \leq n)$ を $\sum_{j=1}^n \dfrac{\partial (\psi \circ \varphi^{-1})_i}{\partial x_j}(\varphi(p)) dx_j$ に移す写像として定める. また,

$$\wedge^k (\psi \circ \varphi^{-1})_p^* : \bigwedge^k \left(\bigoplus_{i=1}^n \mathbb{R} dy_i \right) \longrightarrow \bigwedge^k \left(\bigoplus_{i=1}^n \mathbb{R} dx_i \right)$$

を $(\psi \circ \varphi^{-1})_p^*$ が k 次外冪に引き起こす線形写像 [5, p.226] とする.

(3) C^∞ 級多様体 $(X, \{(U_i, \varphi_i)\}_{i \in I})$ 上の **C^∞ 級 k 次微分形式** とは (U_i, φ_i) 上の C^∞ 級 k 次微分形式 $(i \in I)$ からなる族 $(\omega_i : U_i \longrightarrow \bigwedge^k(\bigoplus_{i'=1}^n \mathbb{R} dx_{i'}))_{i \in I}$ で任意の $i, j \in I$ と任意の $p \in U_i \cap U_j$ に対して $\omega_i(p) = \wedge^k(\varphi_j \circ \varphi_i^{-1})_p^* \omega_j(p)$ が成り立つようなもののこと.

定義より X 上の C^∞ 級 0 次微分形式とは X 上の C^∞ 級関数のことに他な

A.3 ド・ラームコホモロジー　367

らない．X 上の C^∞ 級 k 次微分形式全体のなす $\mathbb{R}$ 加群を $\Omega^k(X)$ と書く．

微分形式の外積を次のように定義する．

▷**定義 A.27** (1) X を位相空間，$(U,\varphi) = (U, x_1, \ldots, x_n)$ をその座標近傍とする．(U,φ) 上の C^∞ 級 k 次微分形式 $\omega : U \longrightarrow \bigwedge^k(\bigoplus_{i=1}^n \mathbb{R}dx_i)$ と C^∞ 級 l 次微分形式 $\eta : U \longrightarrow \bigwedge^k(\bigoplus_{i=1}^n \mathbb{R}dx_i)$ との**外積 (exterior product)** $\omega \wedge \eta$ とは $p \mapsto \omega(p) \wedge \eta(p)$ により定義される写像 $U \longrightarrow \bigwedge^{k+l}(\bigoplus_{i=1}^n \mathbb{R}dx_i)$ のこと．これは (U,φ) 上の C^∞ 級 $(k+l)$ 次微分形式となる．

(2) C^∞ 級多様体 $(X, \{(U_i, \varphi_i)\}_{i \in I})$ 上の C^∞ 級 k 次微分形式 $\omega := (\omega_i : U_i \longrightarrow \bigwedge^k(\bigoplus_{i'=1}^n \mathbb{R}dx_{i'}))_{i \in I}$ と C^∞ 級 l 次微分形式 $\eta := (\eta_i : U_i \longrightarrow \bigwedge^k(\bigoplus_{i'=1}^n \mathbb{R}dx_{i'}))_{i \in I}$ との**外積** $\omega \wedge \eta$ とは (U_i, φ_i) 上の C^∞ 級 $(k+l)$ 次微分形式 $(i \in I)$ からなる族 $(\omega_i \wedge \eta_i)_{i \in I}$ のこと．任意の $i, j \in I$ と任意の $p \in U_i \cap U_j$ に対して

$$(\omega_i \wedge \eta_i)(p) = \omega_i(p) \wedge \eta_i(p) = (\wedge^k(\varphi_j \circ \varphi_i^{-1})_p^* \omega_j(p)) \wedge (\wedge^l(\varphi_j \circ \varphi_i^{-1})_p^* \eta_j(p))$$
$$= \wedge^{k+l}(\varphi_j \circ \varphi_i^{-1})_p^*(\omega_j(p) \wedge \eta_j(p))$$
$$= \wedge^{k+l}(\varphi_j \circ \varphi_i^{-1})_p^*(\omega_j \wedge \eta_j)(p)$$

が成り立つので，これは X 上の C^∞ 級 $(k+l)$ 次微分形式となる．

次に微分形式の外微分を定義したい．以下，位相空間 X の座標近傍 $(U, x_1, \ldots, x_n)$ と $I = \{i_1, \ldots, i_k\} \subseteq \{1, \ldots, n\}$ $(i_1 < i_2 < \cdots < i_k)$ に対して $dx_I := dx_{i_1} \wedge \cdots \wedge dx_{i_k}$ と書く．

▷**定義 A.28** X を位相空間，$(U, \varphi) = (U, x_1, \ldots, x_n)$ をその座標近傍とする．(U, φ) 上の C^∞ 級 k 次微分形式 $\omega : U \longrightarrow \bigwedge^k(\bigoplus_{i=1}^n \mathbb{R}dx_i) = \oplus_{|I|=k} \mathbb{R}dx_I$ は $\omega = \sum_{\substack{I \subseteq \{1,\ldots,n\} \\ |I|=k}} \omega_I dx_I$（$\omega_I$ は (U, φ) 上の C^∞ 級関数）と書けるが，このとき ω の**外微分 (exterior derivative)** $d\omega$ を

$$d\omega(p) = \sum_{\substack{I \subseteq \{1,\ldots,n\} \\ |I|=k}} \sum_{i=1}^n \frac{\partial(\omega_I \circ \varphi^{-1})}{\partial x_i}(\varphi(p)) dx_i \wedge dx_I \qquad (p \in U)$$

により定義する．これは (U, φ) 上の C^∞ 級 $(k+1)$ 次微分形式となる．

記号を上の通りとし，また f を (U,φ) 上の C^∞ 級関数とするとき

$$dd\omega = 0, \quad d(f\omega) = df \wedge \omega + fd\omega \tag{A.7}$$

が成り立つ：実際，$p \in U$ に対して

$dd\omega(p)$

$$= \sum_{\substack{I \subseteq \{1,\ldots,n\} \\ |I|=k}} \sum_{i,j=1}^{n} \frac{\partial}{\partial x_i} \left\{ \frac{\partial(\omega_I \circ \varphi^{-1})}{\partial x_j} \right\} (\varphi(p)) dx_i \wedge dx_j \wedge dx_I$$

$$= \sum_{\substack{I \subseteq \{1,\ldots,n\} \\ |I|=k}} \sum_{1 \leq i < j \leq n} \left(\frac{\partial^2(\omega_I \circ \varphi^{-1})}{\partial x_i \partial x_j} - \frac{\partial^2(\omega_I \circ \varphi^{-1})}{\partial x_j \partial x_i} \right) (\varphi(p)) dx_i \wedge dx_j \wedge dx_I$$

$= 0,$

$d(f\omega)(p)$

$$= \sum_{\substack{I \subseteq \{1,\ldots,n\} \\ |I|=k}} \sum_{i=1}^{n} \frac{\partial((f \circ \varphi^{-1})(\omega_I \circ \varphi^{-1}))}{\partial x_i}(\varphi(p)) dx_i \wedge dx_I$$

$$= \sum_{\substack{I \subseteq \{1,\ldots,n\} \\ |I|=k}} \sum_{i=1}^{n} \left\{ \frac{\partial(f \circ \varphi^{-1})}{\partial x_i}(\varphi(p))\omega_I(p) + f(p)\frac{\partial(\omega_I \circ \varphi^{-1})}{\partial x_i}(\varphi(p)) \right\} dx_i \wedge dx_I$$

$$= \sum_{\substack{I \subseteq \{1,\ldots,n\} \\ |I|=k}} \sum_{i=1}^{n} \frac{\partial(f \circ \varphi^{-1})}{\partial x_i}(\varphi(p)) dx_i \wedge \omega_I(p) dx_I$$

$$+ f(p) \sum_{\substack{I \subseteq \{1,\ldots,n\} \\ |I|=k}} \sum_{i=1}^{n} \frac{\partial(\omega_I \circ \varphi^{-1})}{\partial x_i}(\varphi(p)) dx_i \wedge dx_I$$

$= (df \wedge \omega)(p) + (fd\omega)(p)$

となる．異なる座標近傍上の微分形式の外微分について次の関係が成り立つ．

▶ **補題 A.29** X を位相空間，$(U,\varphi) = (U, x_1, \ldots, x_n)$, $(V,\psi) = (U, y_1, \ldots, y_n)$ をその座標近傍とし，$\psi \circ \varphi^{-1} : \varphi(U \cap V) \longrightarrow \psi(U \cap V)$ が C^∞ 級関数であると仮定する．また ω, η をそれぞれ $(U,\varphi), (V,\psi)$ 上の C^∞ 級 k 次微分形式とし，任意の $p \in U \cap V$ に対して $\omega(p) = \wedge^k(\psi \circ \varphi^{-1})_p^* \eta(p)$ が成り立つとする．このとき，任意の $p \in U \cap V$ に対して $d\omega(p) = \wedge^{k+1}(\psi \circ \varphi^{-1})_p^* d\eta(p)$ が成り立つ．

[証明] k に関する帰納法により示す. $k=0$ のときは $U \cap V$ 上で $\omega = \eta$ である. $d\omega(p) = \sum_{j=1}^n \frac{\partial(\omega \circ \varphi^{-1})}{\partial x_j}(\varphi(p))dx_j$, $d\eta(p) = \sum_{i=1}^n \frac{\partial(\eta \circ \psi^{-1})}{\partial y_i}(\varphi(p))dy_i$ より

$$(\psi \circ \varphi^{-1})_p^* d\eta(p) = \sum_{i,j=1}^n \frac{\partial(\eta \circ \psi^{-1})}{\partial y_i}(\psi(p))\frac{\partial((\psi \circ \varphi^{-1})_i)}{\partial x_j}(\varphi(p))dx_j$$

$$= \sum_{j=1}^n \frac{\partial(\omega \circ \varphi^{-1})}{\partial x_j}(\varphi(p))dx_j = d\omega(p)$$

となる. $k \geq 1$ のときは η は $\eta = \sum_{\substack{I \subseteq \{1,\ldots,n\} \\ |I|=k}} \eta_I dx_I$ と書けるが, $I = \{i_1, \ldots, i_k\}$ ($i_1 < \cdots < i_k$) に対して $I' := I \setminus \{i_1\}$ とおくと $\eta_I dx_I = \eta_I d(x_{i_1} dx_{I'})$ と書ける. したがって $\eta = f d\zeta$ の形のとき (このとき $\omega(p) = \wedge^k(\psi \circ \varphi^{-1})_p^*(fd\zeta)(p)$) に主張を示せばよい. このとき, $p \mapsto \wedge^{k-1}(\psi \circ \varphi^{-1})_p^*\zeta(p)$ は $(U \cap V, x_1, \ldots, x_n)$ 上の C^∞ 級 $(k-1)$ 次微分形式を定めるので, これを $\wedge^{k-1}(\psi \circ \varphi^{-1})^*\zeta$ とおく. すると (A.7) と帰納法の仮定より

$\wedge^{k+1}(\psi \circ \varphi^{-1})_p^* d\eta(p)$
$= \wedge^{k+1}(\psi \circ \varphi^{-1})_p^*(d(fd\zeta))(p) = \wedge^{k+1}(\psi \circ \varphi^{-1})_p^*(df \wedge d\zeta)(p)$
$= (\psi \circ \varphi^{-1})_p^* df(p) \wedge (\wedge^k (\psi \circ \varphi^{-1})_p^* d\zeta(p)) = df(p) \wedge d(\wedge^{k-1}(\psi \circ \varphi^{-1})^*\zeta)(p)$
$= (df \wedge d(\wedge^{k-1}(\psi \circ \varphi^{-1})^*\zeta))(p) = (fd(\wedge^{k-1}(\psi \circ \varphi^{-1})^*\zeta))(p)$
$= f(p) \cdot d(\wedge^{k-1}(\psi \circ \varphi^{-1})^*\zeta)(p) = f(p) \cdot \wedge^k(\psi \circ \varphi^{-1})_p^* d\zeta(p)$
$= \wedge^k(\psi \circ \varphi^{-1})_p^*(fd\zeta)(p) = \omega(p)$

となる. これで題意が示された. □

補題 A.29 により C^∞ 級多様体上の微分形式の外微分が次のように定義される.

▷ **定義 A.30** C^∞ 級多様体 $(X, \{(U_i, \varphi_i)\}_{i \in I})$ 上の C^∞ 級 k 次微分形式 $\omega := (\omega_i : U_i \longrightarrow \wedge^k(\bigoplus_{i'=1}^n \mathbb{R}dx_{i'}))_{i \in I}$ の**外微分** $d\omega$ とは (U_i, φ_i) 上の C^∞ 級 $(k+1)$ 次微分形式 $(i \in I)$ からなる族 $(d\omega_i)_{i \in I}$ のこと. 補題 A.29 よりこれは X 上の C^∞ 級 $(k+1)$ 次微分形式となる.

定義より，C^∞ 級多様体上の微分形式についても (A.7) が成り立つことがわかる．外微分は写像 $d^k := d : \Omega^k(X) \longrightarrow \Omega^{k+1}(X)$ を定め，(A.7) の第1式より $(\Omega^\bullet(X), d^\bullet)$ は複体をなすことが言える．これを X のド・ラーム複体 (de Rham complex) という．

▷ **定義 A.31** C^∞ 級多様体 X に対して，ド・ラーム複体 $(\Omega^\bullet(X), d^\bullet)$ の n 次コホモロジー $H^n(\Omega^\bullet(X))$ を X の n 次ド・ラームコホモロジー (de Rham cohomology) といい，$H^n_{\mathrm{dR}}(X)$ と書く．

局所的には n 次ド・ラームコホモロジー $(n > 0)$ が 0 になることを示すのが次のポアンカレの補題である．

▶ **命題 A.32（ポアンカレの補題 (Poincaré's lemma)）** $r > 0$ とする．$X = B_\mathrm{d}(0, r) \subseteq \mathbb{R}^m$ のとき複体

$$0 \longrightarrow \mathbb{R} \xrightarrow{\delta} \Omega^0(X) \xrightarrow{d^0} \Omega^1(X) \xrightarrow{d^1} \cdots \tag{A.8}$$

（ただし δ は $c \in \mathbb{R}$ を c に値をとる定数関数に移す写像）のコホモロジーは全て 0 となる．したがって，このときは $H^n_{\mathrm{dR}}(X)$ は $n = 0$ のとき $\mathbb{R}$，$n > 0$ のとき 0 となる．

[**証明**] $X = B_\mathrm{d}(0, r)$ の座標を $x = (x_1, \ldots, x_m)$ とする．$h^0 : \Omega^0(X) \longrightarrow \mathbb{R}$ を $h^0(\omega) := \omega(0)$ と定める．また準同型写像 $h^p : \Omega^p(X) \longrightarrow \Omega^{p-1}(X)$ を，$\omega = f(x) dx_I$ $(I = \{i_1, \ldots, i_p\} \subseteq \{1, \ldots, n\}, i_1 < \cdots < i_p)$ に対して

$$h^p(\omega) := \sum_{j=1}^p (-1)^{j-1} \left(\int_0^1 t^{p-1} x_{i_j} f(tx) dt \right) dx_{I \setminus \{x_j\}}$$

と定めることにより定義する．すると $h^0 \circ \delta(c) = c$ $(c \in \mathbb{R})$ である．また $\delta \circ h^0(\omega) = \omega(0)$ であり，$p \geq 1$ に対しては

$$\begin{aligned} & d^{p-1} \circ h^p(\omega) \\ & = \sum_{k=1}^n \sum_{j=1}^p (-1)^{j-1} \left(\int_0^1 t^{p-1} \frac{\partial}{\partial x_k} (x_{i_j} f(tx)) dt \right) dx_k \wedge dx_{I \setminus \{x_j\}} \end{aligned} \tag{A.9}$$

$$= \sum_{k \notin I} \sum_{j=1}^{p} (-1)^{j-1} \left(\int_0^1 t^p x_{i_j} \frac{\partial f}{\partial x_k}(tx) dt \right) dx_k \wedge dx_{I \setminus \{i_j\}}$$
$$+ \sum_{j=1}^{p} \left(\int_0^1 (t^{p-1} f(tx) + t^p x_{i_j} \frac{\partial f}{\partial x_{i_j}}(tx)) dt \right) dx_I$$

となる．一方，$p \geq 0$ に対して $d^p \omega = \sum_{k \notin I} \frac{\partial f}{\partial x_k}(x) dx_k \wedge dx_I$ より

$$h^{p+1} \circ d^p(\omega) = \sum_{k \notin I} \left(\int_0^1 t^p x_k \frac{\partial f}{\partial x_k}(tx) dt \right) dx_I \qquad (A.10)$$
$$+ \sum_{k \notin I} \sum_{j=1}^{p} (-1)^j \left(\int_0^1 t^p x_{i_j} \frac{\partial f}{\partial x_k}(tx) dt \right) dx_k \wedge dx_{I \setminus \{i_j\}}$$

となる．よって

$$(\delta \circ h^0 + h^1 \circ d^0)(\omega) = \omega(0) + \sum_{k=1}^{m} \int_0^1 x_k \frac{\partial \omega}{\partial x_k}(tx) dt$$
$$= \omega(0) + \int_0^1 \frac{\partial}{\partial t}(\omega(tx)) dt = \omega$$

となる．また $p \geq 1$ のときはは (A.9), (A.10) より（特に (A.9) の右辺の第 1 項と (A.10) の右辺の第 2 項との和が 0 になることに注意して）

$$(d^{p-1} \circ h^p + h^{p+1} \circ d^p)(\omega) = \left(\int_0^1 (p t^{p-1} f(tx) + \sum_{k=1}^{n} t^p x_k \frac{\partial f}{\partial x_k}(tx)) dt \right) dx_I$$
$$= \left(\int_0^1 \frac{\partial}{\partial t}(t^p f(tx)) dt \right) dx_I$$
$$= f(x) dx_I = \omega$$

となる．したがって $(h^n)_{n \in \mathbb{N}}$ は複体 (A.8) 上の恒等写像と零写像との間のホモトピーを定めるので，複体 (A.8) のコホモロジーは全て 0 となる． □

最後にパラコンパクト C^∞ 級多様体上の 1 の分割について述べる．準備の補題をいくつか示す．

▶ 補題 **A.33** C^∞ 級関数 $f \colon \mathbb{R}^n \longrightarrow \mathbb{R}$ で，任意の $x \in \mathbb{R}^n$ に対して $0 \leq f(x) \leq 1$ であり，また $f(x) > 0$ であることと $x \in B_d(0, 1)$ であることが同値であ

るようなものが存在する．

[証明]　まず $\mathbb{R}$ 上の関数 $g(t)$ を

$$g(t) := \begin{cases} e^{-1/t}, & (t > 0), \\ 0, & (t \leq 0) \end{cases}$$

と定める．すると各 $n \in \mathbb{N}$ に対して $g(t)$ が n 回微分可能であり，n 階導関数 $g^{(n)}(t)$ がある有理関数 $P_n(t)$ を用いて

$$g^{(n)}(t) := \begin{cases} P_n(t) e^{-1/t}, & (t > 0), \\ 0, & (t \leq 0) \end{cases} \tag{A.11}$$

の形に書けることが帰納法により言える：実際，(A.11)が成り立つとすると $t > 0$ のとき $g^{(n+1)}(t) = (P_n(t) e^{-1/t})' = (P_n'(t) + t^{-2} P_n(t)) e^{-1/t}$, $t < 0$ のとき $g^{(n+1)}(t) = 0$ であり，また $\lim_{t \to 0} t^{-1} P_n(t) e^{-1/t} = 0$ なので $t = 0$ においても $g^{(n)}(t)$ は微分可能（つまり $g(t)$ は $(n+1)$ 回微分可能）で $g^{(n+1)}(0) = 0$ となる．以上より $g(t)$ が $\mathbb{R}$ 上の C^∞ 級関数であることが言える．また $g(t) \geq 0$ で，$g(t) > 0$ であることと $t > 0$ であることが同値である．これを用いて $\mathbb{R}$ 上の C^∞ 級関数 $h(t)$ を

$$h(t) := \frac{g(1-t)}{g(1-t) + g(t - (1/2))}$$

と定めると $t \leq 1/2$ のとき $h(t) = 1$, $t < 1$ のとき $0 < h(t) < 1$, $t \geq 1$ のとき $h(t) = 0$ である．そこで $f(x)$ ($x = (x_1, \ldots, x_n)$) を $f(x) := h((x_1^2 + \cdots x_n^2)^{1/2})$ と定める．このとき，$(x_1^2 + \cdots x_n^2)^{1/2} < 1/2$ なら $f(x) = 1$ なのでこの範囲で f は C^∞ 級であり，また $(x_1^2 + \cdots x_n^2)^{1/2} > 0$ なら関数 $x \mapsto (x_1^2 + \cdots x_n^2)^{1/2}$ および h は C^∞ 級なので f はこの範囲でも C^∞ 級である．したがって f は C^∞ 級関数となる．また，定義より f が題意の条件を満たすことが確かめられる． □

▶**補題 A.34**　X を C^∞ 級多様体，U を X の開集合，K を U に含まれるコンパクトな部分集合とするとき，ある X 上の C^∞ 級関数 $f : X \longrightarrow \mathbb{R}$ で任意の $p \in X$ に対して $0 \leq f(p) \leq 1$, 任意の $p \in K$ に対して $f(p) > 0$ でかつ任意の $p \in X \setminus U$ に対して $f(p) = 0$ となるものが存在する．

[証明] X の C^∞ 級座標近傍系を適当に同値なものにとり直すことにより，それが各 $p \in K$ に対して $p \in V_p \subseteq U$ となる座標近傍 (V_p, φ) で φ を通じて p が 0 に，V_p が $B_\mathrm{d}(0,2)$ に移るようなものを含むとしてよい．さらに $W_p := \varphi^{-1}(B_\mathrm{d}(0,1))$ とおく．このとき補題 A.33 より V_p 上の C^∞ 級関数 f_p で任意の $q \in V_p$ に対して $0 \leq f_p(x) \leq 1$ であり，また $f_p(q) > 0$ であることと $q \in W_p$ であることが同値であるようなものが存在する．特に $V_p \setminus \overline{W_p}$ 上で f_p は 0 なので，$q \in X \setminus V_p$ に対して $f_p(q) = 0$ と定めることにより f_p を X 上の C^∞ 級関数に延ばすことができる．

さて，定義より $K \subseteq \bigcup_{p \in K} W_p \subseteq U$ であり，K がコンパクトであることより，ある $p_1, \ldots, p_k$ に対して $K \subseteq \bigcup_{i=1}^{k} W_{p_i} \subseteq U$ となる．このとき $f = (\sum_{i=1}^{k} f_{p_i})/k$ とおけば，これは題意の条件を満たす C^∞ 級関数となる． □

位相空間 X 上の関数 $f : X \longrightarrow \mathbb{R}$ に対して $\mathrm{supp} f$ を $\{p \in X \mid f(p) \neq 0\}$ の閉包と定める．

▶**定理 A.35** X をパラコンパクト C^∞ 級多様体とする．このとき X の任意の開被覆 $(U_i)_{i \in I}$ に対して，X 上の C^∞ 級関数の族 $(f_i : X \longrightarrow \mathbb{R})_{i \in I}$ で次の 3 条件を満たすものが存在する．
(1) $\mathrm{supp} f_i \subseteq U_i \quad (i \in I)$.
(2) $(\mathrm{supp} f_i)_{i \in I}$ は局所有限.
(3) 任意の $p \in X$ に対して $\sum_{i \in I} f_i(p) = 1$.

なお，条件 (2) より任意の $p \in X$ に対して $f_i(p) \neq 0$ となる $i \in I$ は有限個である．よって (3) における和 $\sum_{i \in I} f_i(p)$ において有限個を除く項が 0 となるのでこの和は well-defined である．

定理における $(f_i)_{i \in I}$ を，開被覆 $(U_i)_{i \in I}$ に属する **1 の分割 (partition of unity)** という．

[証明] まず，定理を示す際に $(U_i)_{i \in I}$ を細分 $(U'_{i'})_{i' \in I'}$ でおきかえてもよいことに注意する：実際，$\tau : I' \longrightarrow I$ を $U'_{i'} \subseteq U_{\tau(i')}$ を満たすようにとり，また $(f_{i'})_{i' \in I'}$ を開被覆 $(U'_{i'})_{i' \in I'}$ に属する 1 の分割とすると，$(\sum_{\tau(i')=i} f_{i'})_{i \in I}$ が開被覆 $(U_i)_{i \in I}$ に属する 1 の分割となる．したがって $(U_i)_{i \in I}$ を細分すること

により,この開被覆が局所有限で,かつ $\overline{U_i}$ がコンパクトであると仮定してよい.命題 A.11 より X の開被覆 $(V_i)_{i \in I}$, $(W_i)_{i \in I}$ で $\overline{W_i} \subseteq V_i, \overline{V_i} \subseteq U_i \, (i \in I)$ を満たすものが存在する.補題 A.34 より C^∞ 級関数 $g_i : X \longrightarrow \mathbb{R} \, (i \in I)$ で任意の $p \in X$ に対して $0 \leq g_i(p) \leq 1$, 任意の $p \in \overline{W_i}$ に対して $g_i(p) > 0$ でかつ任意の $p \in X \setminus V_i$ に対して $g_i(p) = 0$ となるものが存在する.このとき $\mathrm{supp}\, g_i \subseteq \overline{V_i} \subseteq U_i$ となる.また,任意の $p \in X$ はある W_i に含まれるので $(\sum_{i \in I} g_i)(p) > 0$ となっている.よって $f_i := g_i / (\sum_{i \in I} g_i) \, (i \in I)$ は well-defined で,この $(f_i)_{i \in I}$ が題意の条件を満たすことが確かめられる. □

あとがき

　まえがきでも述べたように，ホモロジー代数については最近いくつかの和書あるいは邦訳書が出版されており，またホモロジー代数や関連する話題についての洋書も多い．本書を書くにあたって一番参考にしたのは筆者が学生時代に読んだ [2] である．特に第1章，2.1-2.4 節，2.10 節，第3章，4.1-4.4 節の内容および全体の構成において [2] を参考にした．ただし，本書では 1.4 節および 2.3 節に見られるように，帰納極限および射影極限をより前面に出したスタイルにした．この点は [16] の影響があると思うが，[16] ほど徹底しているわけではない．ミッチェルの埋め込み定理へと至る 2.5-2.9 節は [13] を参考にした．随伴関手を扱った 2.10 節は [2] の他に [13], [17] も参考にした．3.4 節は [1] および [4]，3.5 節は [1] および [14] も参考にした．3.6 節の内容は [11] および [18] を参考にした．([11] では群のコホモロジーの理論を用いて局所および大域類体論を証明しており，整数論に興味のある方には一読をお勧めする．) 層を扱った第4章では [19] および [14] も参考にした．([19] ではエタールサイト上の層やそのコホモロジーの定義も与えられている．) また，コホモロジーの比較を扱った 4.5 節の内容および関連する付録の内容は [3], [6] を参考にした．A.1 節における定理 A.14 の証明は [20] による．また，A.2 節の内容は [12] によるものが多い．A.3 節の内容は [7], [8] も参考にした．

参考文献

[1] 安藤哲哉，ホモロジー代数学，数学書房，2010．
[2] 河田敬義，ホモロジー代数，岩波書店，1990．
[3] 河田敬義，層の理論，Seminar on Topology B-5, Tokyo, 1971．
[4] 河野明，玉木大，一般コホモロジー，岩波書店，2008．
[5] 斎藤毅，線形代数の世界 抽象数学の入り口，東京大学出版会，2007．
[6] 佐武一郎，De Rham の定理と Poincaré の双対定理，Seminar on Topology B-2, Tokyo, 1957．
[7] 松島与三，多様体入門，裳華房，1965．
[8] 松本幸夫，多様体の基礎，東京大学出版会，1988．
[9] M. Artin, *Grothendieck Topologies*, Harvard, 1962.
[10] H. Cartan, S. Eilenberg, *Homological Algebra*, Princeton, 1956.
[11] J. W. S. Cassels, A. Fröhlich, *Algebraic Number Theory*, Academic Press, 1967.
[12] S. Eilenberg, N. Steenrod, *Foundation of Algebraic Topology*, Princeton, 1952.
[13] P. Freyd, *Abelian Categories*, Harper & Row, 1964.
[14] R. Godement, *Topologie Algébrique et Théorie des Faisceaux*, Hermann, 1958.
[15] B. Iversen, *Cohomology of Sheaves*, Springer, 1986. (前田博信，層のコホモロジー，シュプリンガー，1997.)
[16] M. Kashiwara, P. Shapira, *Categories and Sheaves*, Springer, 2006.
[17] S. MacLane, *Categories for the Working Mathematician*, Springer, 1971. (三好博之，高木理，圏論の基礎，シュプリンガー，2005.)
[18] D. G. Northcott, *An Introduction to Homological Algebra*, Cambridge, 1960. (新妻弘，ホモロジー代数入門，共立出版，2010.)
[19] J. S. Milne, *Etale Cohomology*, Princeton, 1980.
[20] M. E. Rudin, A new proof that metric spaces are paracompact, *Proc. Amer. Math. Soc.* 20(1969), p.603.
[21] C. A. Weibel, *An Introduction to Homological Algebra*, Cambridge, 1994.

記号索引

⊣ 169
$-a$ 1, 2
$\prec$ 324
$\prec'$ 326
$\cong$ 6, 10, 82
$\simeq$ 83, 190
$[\,]$ 268
0 v, 1-3, 8, 10, 108
1 2

$a+J$ 6
$A_1 \cap A_2$ 149
$A_1 \oplus A_2$ 131, 133
(a,b) 349
$[a,b)$ 349
$[a,b]$ 349
Ab 87
$(A_\bullet(X), d_\bullet)$ 359
a^{-1} 3
α_P 290
$A_n(X)$ 359
$^p A_X$ 278
A_X 287
$\mathcal{A}(X)$ 307
a_X 292
$a_X P$ 290

$B_{\mathrm{d}}(x,r)$ 348, 352
$B_n(X)$ 359
$b\varphi$ 359
b_φ 359

$\mathbb{C}$ v
$C_2(\mathcal{A})$ 191
$C(\mathcal{A})$ 185

Cat 89
$(C^\bullet(\mathcal{U},P), d^\bullet)$ 321
$C^n(\mathcal{U},P)$ 321
Coim 121
coim 121
Coker 11, 108
coker 108
Coker^p 281
coker^p 281
$\mathcal{C}^{\mathrm{op}}$ 80
$\coprod_{B,\lambda \in \Lambda} A_\lambda$ 103
$\coprod_\Lambda A$ 102
$\coprod_{\lambda \in \Lambda} A_\lambda$ 102
Cor 272
$\mathrm{Cov}(X)$ 324
$\overline{\mathrm{Cov}}(X)$ 324

(D,E,i,j,k) 223
Δ^n 356
δ^n 188
$d\omega$ 367, 369
$\mathrm{d}(\varphi)$ 361
$((D^{p,q}), (E^{p,q}), (i^{p,q}), (j^{p,q}), (k^{p,q}))$ 227
$d_r^{p,q}$ 219
$\mathrm{d}(\sum_\varphi c_\varphi[\varphi])$ 361
$\mathrm{d}(X)$ 361
$\mathrm{d}(x,y)$ 348, 352

$[E]$ 260
$E_\infty^{p,q}$ 219
$\mathrm{E}(N,M)$ 260
E^n 219
$E_r^{p,q}$ 219
$E_r^{p,q} \Longrightarrow E^{p+q}$ 219

記号索引

ES($\mathcal{A}$)　186
$\text{Ext}^n_{\mathcal{A}}(-,M)$　253
$\text{Ext}^n_{\mathcal{A}}(L,-)$　253
$\text{Ext}^n_{\mathcal{A}}(L,M)$　252
$\text{Ext}^n_R(L,M)$　252

$(f_{ba})_{b,a}$　127
$f^\bullet$　184
f^{-1}　82
$f^\natural$　291
f^p　282
f_P　290
f_p　282
$F^p E$　218
$F^p E^n$　219
$f^p P$　282
$f_p P$　282
$f^\sharp$　11, 82
$^\sharp f$　11, 82
f^*　299
f_*　299
$f^* F$　299
$f_* F$　299
$f \otimes g$　61
f_x　283
$F(Z)$　312
$F_{Z'Z}$　312

$[\![g_1,\ldots,g_n]\!]$　268
$[g_1,\ldots,g_{n+1}]$　268
$(G^\bullet(F), d_F^\bullet)$　310
Gp　85

h^-　94
h_-　94
h^A　93
h_A　93
H^n　186
$\underline{H}^n(-)$　306
$\check{H}^n(\mathcal{U}, P)$　322
$\check{H}^n(X, P)$　325
$H^n(f^\bullet)$　186
$H^n(G, M)$　266
$H_n(G, M)$　266
$H^n(M^\bullet)$　186
$H_n(M_\bullet)$　186
$H^n(U, F)$　305

$H^n(X,-)$　304
$H^n(X, F)$　304
$H_n(X, Y, M)$　232
Hom$^{\text{a}}(\mathcal{A}, \mathbf{Ab})$　157
$\text{Hom}_{\mathcal{C}}(-, A)$　93
$\text{Hom}_{\mathcal{C}}(-,-)$　93
$\text{Hom}_{\mathcal{C}}(A, -)$　93
$\text{Hom}_{\mathcal{C}}(A, B)$　80
Hom$(\mathcal{C}, \mathcal{D})$　90
$\text{Hom}_{\mathcal{I}}(i, i')$　95
$\text{Hom}_R(M, N)$　10
H^p_{I}　234
H^q_{II}　234

I^2　5
id　10
id_A　80
$\text{id}_{\mathcal{C}}$　89
id_F　90
id_M　10
IJ　5
$(I, \leq)^{\text{op}}$　41
Im　11, 120
im　120
Im^p　281
im^p　281
I^n　5
Inf　270
I^{op}　41
$\mathcal{I}^{\text{op}}$　15
i_X　293

j_b　359
$j_!$　302
$j_! F$　302
$j_{!p}$　302
$j_{!p} P$　301

Ker　11, 108
ker　108
Ker^p　281
ker^p　281

$\mathcal{L}$　161
$\varinjlim$　36, 43, 96
$\varinjlim^p$　279
$\varprojlim$　37, 44, 97

$\varprojlim^p$ 279
$L(M)$ 164
l_M 164
$L_n F$ 205
$L_n F(A)$ 205
$L_n F(f)$ 205

$\mathcal{M}$ 160
M/N 9
M^{ab} 173
$M^\bullet$ 183
$M_\bullet$ 184
$(M^{\bullet,*}, d_1^{\bullet,*}, d_2^{\bullet,*})$ 191
$(M^\bullet, d^\bullet)$ 183
$(M_\bullet, d_\bullet)$ 184
$M^{\bullet,*}$ 191
$M(F)$ 161
m_F 161
M^G 266
M_G 266
M^Λ 33
$[M, M]$ 173
M^n 33, 184
M_n 184
Mod-R 87
$M^{\oplus \Lambda}$ 33
$M^{\oplus n}$ 33
$m \otimes n$ 59
$M \otimes_R N$ 59

$\mathbb{N}$ v

O 108
$\mathrm{Ob}\,\mathcal{C}$ 80
$\mathrm{Ob}\,\mathcal{I}$ 95
$(\Omega^\bullet(X), d^\bullet)$ 370
$\omega \wedge \eta$ 367
$\Omega^k(X)$ 367
$\Omega_X^\bullet$ 343
Ω_X^n 343
$\bigoplus_{\lambda \in \Lambda} M_\lambda$ 28
$\mathbb{O}_X$ 277

$P^\natural$ 290
$\prod_{B, \lambda \in \Lambda} A_\lambda$ 104
$\prod_{i \in I} \mathcal{C}_i$ 81
$\prod_\Lambda A$ 102

$\prod_{\lambda \in \Lambda} A_\lambda$ 102
$\prod_{\lambda \in \Lambda} M_\lambda$ 28
$\mathrm{PSh}(X, \mathcal{C})$ 278
P_{VU} 278
P_x 283
$\mathcal{P}(x)$ 79

$\mathbb{Q}$ v
$\mathbb{Q}_p$ 55

R 359, 360
$\mathbb{R}$ v
R/I 6
$\mathrm{RCov}(X)$ 326
Res 270
R-**Mod** 87
$R^n F$ 215
$R^n F(A)$ 215
$R^n F(f)$ 215
$R^n f_*$ 304
$R^n f_* F$ 304
R^{op} 3

$S_0^\bullet(X, M)$ 364
$S_{0, X, M}^\bullet$ 338
$S_{0, X, M}^n$ 338
$S_\bullet(X, Y)$ 232
Sd 359, 360
$\mathrm{SES}(\mathcal{A})$ 186
Set 84
$\mathrm{Sh}(X, \mathcal{C})$ 286
$\sum_{\lambda \in \Lambda} a_\lambda$ 2
$\sum_{\lambda \in \Lambda} I_\lambda$ 4
$\sum_{\lambda \in \Lambda} N_\lambda$ 8
$S_n(\mathcal{U})$ 362
$S_n(X)$ 356
$S^n(X, M)$ 356
$*_{\lambda \in \Lambda} A_\lambda$ 113
$\mathrm{supp} f$ 319, 373
$s|_V$ 303
s_x 283
$S_{X, M}^\bullet$ 338
$\overline{S}_{X, M}^\bullet$ 339
$S_{X, M}^n$ 337
$s|_{Z'}$ 312

$T_n(\mathcal{U})$ 362

$T_n(X)$ 356
Top 88
$\text{Tor}_n^R(-, M)$ 239
$\text{Tor}_n^R(L, -)$ 239
$\text{Tor}_n^R(L, M)$ 238
$\text{Tot}(M)$ 192
$(\text{Tot}(M)^\bullet, d^\bullet)$ 192
$\text{Tot}(M)^n$ 192

$\mathfrak{U}$ 79

$[\mathcal{U}]$ 324
$U_{i_0 \cdots i_n}$ 321
$\bigcup_{\lambda \in \Lambda} A_\lambda$ 149

$[\![x_0, \ldots, x_n]\!]$ 359

$\mathbb{Z}$ v
$\overline{\mathbb{Z}}$ 347
$\mathbb{Z}[G]$ 264
$\mathbb{Z}_p$ 41

用語索引

■ 数字／欧文

C^∞ 級関数　365
C^∞ 級座標近傍系　365
C^∞ 級多様体　365
C^∞ 級微分形式　366
Ext　253
E_r 項　219
E_r 退化　219
E_∞ 項　219

p 進整数環　41
p 進体　55

T_1 空間　350
T_2 空間　350
T_3 空間　350
T_4 空間　350
Tor　238

■ あ行

アーベル圏　118
アフィン写像　359

位相　347
位相空間　347
位相多様体　354
1 の分割　373
イデアル　4

上に有界　184, 191
宇宙　79
埋め込み　56, 90

■ か行

開基　348

開球　352
開集合　347
解集合条件　177
外積　367
開被覆　349
外微分　367, 369
開部分多様体　365
可換環　2
可換群　1
可換図式　16, 95
可換体　4
可逆元　3
核　11, 108
拡大　150, 259
加群　7, 265
可縮　357
可除加群　69
加法圏　127
加法的　139
環　2
関手　17, 89
関手の圏　90
完全　18, 123, 139
完全対　223
完全部分圏　139
完全列　18, 123

基底　33
帰納極限　36, 96
逆元　1, 3
逆射　82
逆像　282, 299
キュネス公式　249, 259
キュネススペクトル系列　245, 257

共終　57
強収束　220
共変関手　89
極限　219
局所可縮　341
局所的に小さな圏　80
局所有限　349
距離　352
距離付け可能　352

茎　283
グロタンディーク圏　150
グロタンディーク-ルレイスペクトル系列
　　236, 306
クロネッカーのデルタ　329
群環　264

結合　359
結合法則　1, 2, 16, 80
圏　17, 80
圏同値　91

項　184
交換子群　173
交換法則　1, 2
高次順像　305
合成則　16, 80
恒等関手　89
恒等自然変換　90
恒等射　80
恒等写像　10
5項補題　20
ゴドマン分解　310
コホモロジー　186, 266
コホモロジー長完全列　188
コンパクト　350

■ さ行

細層　319
細分　349
差核　105
座標近傍　364
鎖複体　184
作用　265
差余核　104

自然同値　89, 90

自然変換　89
始対象　106
下に有界　184, 191
自明　150, 266
射　80, 184
射影極限　37, 97
射影的加群　65
射影的分解　193
射影的対象　142
弱収束　220
自由加群　33
自由群　173
重心　359
重心細分　361
自由積　113
収束　220
終対象　106
柔軟層　312
充分射影的対象をもつ　143
充分単射的対象をもつ　143
充満　90
充満部分圏　91
順像　282, 299
準同型写像　6, 10
準同型定理　14
商対象　83
剰余加群　9
剰余環　6
剰余類　9

推移写像　37
随伴　169
随伴射　171
随伴同型　169
図式　15, 89, 95
スペクトル系列　219

整域　4
正規空間　350
制限写像　270, 278, 312
斉次基底　268
生成する　179
生成対象　144
正則空間　350
積　81, 102
切除定理　233

全射　82
前層　278
全複体　192

層　286
像　11, 120
層化　290
層係数コホモロジー　304
相対特異ホモロジー　232

■ た行
体　3
台　319
対象　80
多重複体　193
単位元　1, 2
単位元をもつ環　3
単関手　159
短完全列　18, 124
単元　3
単項イデアル　5
単項イデアル整域　5
単射　82
単射的加群　68
単射的対象　142
単射的分解　202
単射的包絡　150
小さな　79
小さな圏　80
チェックコホモロジー　322, 325
忠実　90
長完全列　18, 124
頂点　15
直積　28
直和　28
定数図式　115
定数前層　278
定数層　288
添加イデアル　265
添加写像　265
テンソル積　59
同型　6, 10, 82
同型写像　6, 10
同相　348

同相写像　347
同値　83, 259, 365
導来対　225, 228
特異 n 鎖体　356
特異 n 単体　356
特異 n 余鎖体　356
特異コホモロジー　357
特異鎖複体　357
特異ホモロジー　357
特異余鎖複体　357
特殊随伴関手定理　180
凸　359
ド・ラームコホモロジー　370
ド・ラーム複体　370

■ な行
軟弱層　308
二重次数付き完全対　227
二重複体　191
捻れ元　74

■ は行
ハウスドルフ空間　350
パラコンパクト　350
バランス写像　60
反対環　3
反対圏　80
反変関手　89
非斉次基底　268
非零因子　69
左イデアル　4
左カルタン–アイレンバーグ分解　201
左完全　139
左随伴関手　168
左導来関手　208
表現可能　93
標準 n 単体　356
標準的射影　10, 28, 37, 97, 102, 104
標準的包含　10, 28, 36, 96, 102, 103
標準複体　268
非輪状対象　211, 216
非輪状分解　211, 216
ファイバー積　104

ファイバー和　103
フィルター付け　218
フィルター付けされた対象　218
フィルタード　48
複積　131, 133
複体　184
部分位相空間　347
部分加群　8
部分圏　81
部分対象　83
不変加群　266
普遍係数定理　251, 259
普遍性　12, 29, 37, 60
フレイドの随伴関手定理　177
分配法則　2
分裂　32, 136

閉集合　347
平坦加群　72
平坦分解　242
閉被覆　349
閉包　347
蛇の補題　22, 168
辺　15

ポアンカレの補題　370
包含関手　90
忘却関手　92
膨張写像　270
膨張制限系列　271
ホモトピー　190
ホモトピック　190
ホモロジー　186, 266
本質的拡大　150
本質的全射　90

■ ま行

右イデアル　4
右カルタン–アイレンバーグ分解　205
右完全　139
右随伴関手　169
右導来関手　216
ミッチェルの埋め込み定理　167
密着位相　348

無捻加群　74

芽　284

■ や行

有界　184, 191, 227, 350
ユークリッド位相　348
ユークリッド距離　352
ユークリッド空間　348
有限　218, 349
有限生成　9
有向グラフ　15
有向集合　49
余核　11, 108
余境界輪体　270
余鎖複体　183
余制限写像　272
余生成対象　145
余像　121
米田埋め込み　95
米田の補題　94
余不変加群　266
余輪体　270

■ ら行

ラッセルの逆理　78
離散位相　348
両側イデアル　4
両側加群　7
リンドン–ホッホシルト–セールスペクトル系列　274

類　78
零延長　301, 302
零加群　8
零環　3
零元　2
零射　108
零写像　10
零対象　108
連結　57
連結射　188
連続写像　347

■ わ行

和　4, 8, 101

Memorandum

Memorandum

Memorandum

Memorandum

Memorandum

Memorandum

〈著者紹介〉

志甫 淳（しほ あつし）
1997 年　東京大学大学院数理科学研究科博士課程修了
現　在　東京大学大学院数理科学研究科教授
　　　　博士（数理科学）
専　攻　数論幾何学
著　書　Weight Filtrations on Log Crystalline Cohomologies of Families of Open Smooth Varieties（共著，Springer，2008）

共立講座　数学の魅力 5	著　者	志甫　淳　ⓒ 2016

層とホモロジー代数
Sheaves and Homological Algebra

2016 年 1 月 25 日　初版 1 刷発行
2024 年 4 月 25 日　初版 5 刷発行

発行者　南條光章

発行所　共立出版株式会社

〒112-0006
東京都文京区小日向 4-6-19
電話番号　03-3947-2511（代表）
振替口座　00110-2-57035

共立出版ホームページ
www.kyoritsu-pub.co.jp

印　刷　大日本法令印刷

製　本　ブロケード

検印廃止
NDC 411.76
ISBN 978-4-320-11160-8

一般社団法人
自然科学書協会
会員

Printed in Japan

─────────────────────
JCOPY 〈出版者著作権管理機構委託出版物〉
本書の無断複製は著作権法上での例外を除き禁じられています．複製される場合は，そのつど事前に，出版者著作権管理機構（TEL：03-5244-5088，FAX：03-5244-5089，e-mail：info@jcopy.or.jp）の許諾を得てください．

「数学探検」「数学の魅力」「数学の輝き」の三部からなる数学講座

共立講座 数学の魅力 全14巻 別巻1

新井仁之・小林俊行・斎藤 毅・吉田朋広 編

大学の数学科で学ぶ本格的な数学はどのようなものなのでしょうか？この「数学の魅力」では，数学科の学部3年生から4年生，修士1年で学ぶ水準の数学を独習できる本を揃えました。代数，幾何，解析，確率・統計といった数学科での講義の各定番科目について，必修の内容をしっかりと学んでください。ここで身につけたものは，ほんものの数学の力としてあなたを支えてくれることでしょう。さらに大学院レベルの数学をめざしたいという人にも，その先へと進む確かな準備ができるはずです。

4 確率論
髙信 敏著

確率論の基礎概念(確率空間他)／ユークリッド空間上の確率測度(特性関数他)／大数の強法則／中心極限理(リンデベルグの中心極限定理他)／付録

320頁・定価3520円
ISBN978-4-320-11159-2

5 層とホモロジー代数
志甫 淳著

環と加群(射影的加群と単射的加群他)／圏(アーベル圏他)／ホモロジー代数(複体／射影的分解と単射的分解／他)／層(前層の定義と基本性質他)／付録

394頁・定価4400円
ISBN978-4-320-11160-8

11 現代数理統計学の基礎
久保川達也著

確率／確率分布と期待値／代表的な確率分布／多次元確率変数の分布／標本分布とその近似／統計的推定／統計的仮説検定／統計的区間推定／他

324頁・定価3520円
ISBN978-4-320-11166-0

◆主な続刊テーマ◆

1 代数の基礎 ……………… 清水勇二著
2 多様体入門 ……………… 森田茂之著
3 現代解析学の基礎 …… 杉本 充著
6 リーマン幾何入門 …… 塚田和美著
7 位相幾何 ……………… 逆井卓也著
8 リー群とさまざまな幾何
　　　　　　　　　　　　宮岡礼子著
9 関数解析とその応用 …新井仁之著
10 マルチンゲール …… 高岡浩一郎著
12 線形代数による多変量解析
　　　・・柳原宏和・山村麻理子・藤越康祝著
13 数理論理学と計算理論
　　　　　　　　　　　　田中一之著
14 中等教育の数学 ……… 岡本和夫著
別巻 「激動の20世紀数学」を語る
　　猪狩 惺・小野 孝・河合隆裕・
　　高橋礼司・服部晶夫・藤田 宏著

【各巻：A5判・上製本・税込価格】
(価格は変更される場合がございます)

※続刊のテーマ，執筆者は変更される場合がございます

共立出版

www.kyoritsu-pub.co.jp
https://www.facebook.com/kyoritsu.pub